大庆油田特高含水期开发政策及界限研发与实践

方艳君　张继风　孙洪国　等著

U0322836

石油工业出版社

内 容 提 要

本书系统介绍了大庆油田在特高含水期制定开发政策与技术界限使用的主要技术方法，包括中高渗透油田长垣水驱三次加密及层系井网优化调整，以及增产措施与注采系统及注采结构调整技术政策界限；低渗透、特低渗透大庆外围油田井网加密及注采系统调整，以及单砂体注水和超前注水时机与方式；化学驱开发潜力技术经济界限与合理产量规模确定方法，以及成本变化规律与经济效益对比方法；多构成油田储采变化规律与增储经济界限评价方法等内容。

本书可供从事油气田开发工作的研究人员、开发规划编制人员、油气藏工程技术人员，以及石油院校相关专业师生阅读参考。

图书在版编目（CIP）数据

大庆油田特高含水期开发政策及界限研发与实践 /
方艳君等著 . -- 北京：石油工业出版社，2024. 8.
ISBN 978-7-5183-6828-0

Ⅰ . TE34

中国国家版本馆 CIP 数据核字第 2024LX5030 号

出版发行：石油工业出版社
　　　　（北京安定门外安华里 2 区 1 号楼　　100011）
　　　　网　　址：www.petropub.com
　　　　编辑部：（010）64523829　　图书营销中心：（010）64523633
经　　销：全国新华书店
印　　刷：北京中石油彩色印刷有限责任公司

2024 年 8 月第 1 版　2024 年 8 月第 1 次印刷
787 毫米 × 1092 毫米　开本：1/16　印张：34.25
字数：810 千字

定价：135.00 元

PREFACE

前 言

高质量、高效益、高水平、可持续是油田开发的永恒追求。要实现这一目标，不仅需要开采技术的进步，还需要与之相匹配、相适应的开发政策、合理的技术经济界限，以确保油田开发保持良性循环。本质上讲，制定油田开发政策界限的目标是实现"多、快、好、省"。"多"就是总的采油量要多，即最大限度地提高油田采收率；"快"就是获得尽可能高的采油速度，尽可能快地把原油从地下采出来；"好"就是油田开发的井网系统、压力系统、注采系统与其开发阶段相匹配，避免发生不利的地下形势；"省"就是尽可能降低成本，以获得尽可能高的经济效益。总之，制定合理的油田开发政策与技术经济界限是确保原油可持续发展、提高整体开发效率的关键。通过积极探索、不断实践完善，逐步形成了一套适合油藏特征的全生命周期开发政策，以确保油田的科学开发和利用，从而实现油田最优开采速度、最优开采路径与最优开采时间的相互协调和统一。

大庆油田开发技术人员在多年的油田开发政策制定及技术经济界限研究工作中积累了一些经验，也吸取了很多教训。为了总结经验以利再战，也为了石油界同行在工作中有所借鉴，通过对近四十年来一系列专题研究及现场实际工作的进一步系统总结、梳理和提炼，编写了这本《大庆油田特高含水期开发政策及界限研发与实践》一书。本书由大庆油田企业首席技术专家方艳君执笔，全书共分为六章，第一章由方艳君、张继风、田晓东编写，第二章由张善严、赵秀娟等编写，第三章由张继风、方艳君、吴晓慧等编写，第四章由方艳君、周锡生、潘国辉、李刚编写，第五章由李洁、孙洪国、李榕、毛一评编写，第六章由王禄春、张继风、孙志杰、姚建编写。全书由方艳君、张继风组织编写和修改完善，由方艳君审定。本书还汲取了大庆油田方亮、金贤镐、李颖、单峰、崔建峰等专家的研究成果，在此一并表示感谢！

由于著者水平有限，书中可能存在不足和不妥之处，望读者见谅，同时恳请业内专家和读者提出宝贵意见和建议，以便做好本书的完善和再版工作，共同提高油田开发政策与技术界限研究技术的理论水平和实践应用能力。

CONTENTS

目 录

第一章

油田不同开发阶段政策实施及典型案例

制定科学的开发政策、确定合理的技术经济界限，是确保油田开发保持良性循环的重要保障。油田开发过程既有连续性又有其阶段性，必须充分认识油田开发的阶段性，针对不同开发阶段的变化特点采取不同的技术政策和措施才能开发好油田。注水开发大型非均质多油层砂岩油田是一个很长的过程，少则几十年，多则上百年。国内外也还没有完全结束开采期的大型砂岩油田。但是，在开发全过程中，不同开发阶段具有各自的特点，需适应不同开发阶段的变化，制定相应的技术政策和调整对策，这对不断改善油田开发效果、提高油田采收率具有十分重要的作用。

第一节　国内外典型油田主要开发政策历史回顾

对油田开发政策的认识，随着油田开发深入而不断加深，因而，需要了解国内外油田开发历程[1]，进而对油田开发所采取的技术政策界限的发展历程有一个更为深入的了解。

一、国外油田

（一）美国油田

20 世纪 30 年代以前的美国一旦发现油田，为抢占租地，抢先打井采油，油田开发是盲目的，处于"掠夺式开采"的初期阶段。打井出油，出不了就用机械办法抽油。"钻井加抽油"就是当时油田开发的理念，以"井"为单元作为石油开采的基点，"井打得越多，采出的油量越多"是油田开发的主导思想。在其影响下，以很密的井网钻大量的油井。油田开采的动力主要靠天然能量采油，包括天然水驱、溶解气驱、气顶膨胀弹性驱等。生产建设的投资是油田为主一次投入的，这一阶段称为"一次采油"。以下两个实例是当时开发状况的缩影。

美国宾夕法尼亚州的布莱福得油田 1871 年发现后，就大量钻井采油，由于油田天然能量消耗没有补充，1886 年高产期（日产油量达 60000bbl）后，产量迅速下降，大量油井停产废弃，到 19 世纪末油田日产油量不到 10000bbl。另一典型实例是美国东得克萨斯油田，1930 年第一口井喷油从而发现该油田后，石油经营者们便蜂拥而至，在当地小镇周围，钻了近万口采油井。10 年内全油田 560km² 面积上，共钻 3 万多口井，油井出现明显的井间干扰，边水迅速推进，油井过早见水，含水上升，油井产量迅速下降，这又促使油田主协调众多开采者之间的争夺、限制产量来保护油田生产，当时得克萨斯州立法部门和铁道委员会制定了一些限制性的规定。起初只限定了单井采油强度，即按油层厚度来确定限额产量，但是不限制井距的大小，这实际上还是鼓励多打井。而且如果某个开采者在油田的一个局部地区，井钻得越密，油层压力降得越低，周围地区的油可以更多地向此开采区流动，可以获得更多的收益。所以若干年之后才逐步对井距、井数等措施做出一些规定。

20 世纪 30 年代以后随着井深增加，钻井费用加大，井距也逐渐放大。经过实践认识到地质上、能量上统一的油藏，其钻井数目和井网密度并不影响最终采出油量，放大井距遂逐渐成为普遍的行为。油田开发转入所谓"保守开采"阶段。

依靠天然能量开采的一次采油，除天然水驱油藏水体较大、水驱能量较高的油藏，能获得较高的采收率外，其他天然能量开采的油藏采收率都较低（一般为 8%～10%）。为了增加油田产油量，提高原油采收率，美国石油开采者采用向油层注水（或注气）的方式采油，人工补充油层能量，使油田产量重新增加，因为生产建设需油田第二次投资，这种开发方式称为二次采油。

实行注水开发油田最初具有偶然性。前面提到的美国宾夕法尼亚州布莱福得油田在高产期后，产油量迅速递减，很多油井停产废弃，由于是裸眼完井或有些井是拔套管而不封堵，或下了套管却被腐蚀，有浅层淡水流入产油层段中。经营者发现废弃井进入产油层的水引起相邻油井产油量增加，意识到这是增加产油量的一种方法，就开始向油层注水。1907 年实施注水的布莱福得油田的产油量有明显的增长。最初注水方式为环状注水，以后环状注水法被行列注水所代替。到 1928 年行列注水又发展到"五点法"注水井网。起初，很多经营者都曾反对向产油砂层注水。宾夕法尼亚州通过了一条法令，要求封堵废弃井和水淹井以防止油水活动的混乱，曾起着制止注水的作用。当时，注水是秘密进行的。1921 年宾夕法尼亚州立法部门才承认了往布莱福得油田产层注水的合法性。以后注水开发方式在美国各产油区逐渐得到推广：1931 年在俄克拉何马州，1935 年在堪萨斯州，1936 年在得克萨斯州相继实施了注水。

注水（或注气）二次采油方法，使开发工作进入了一个新的阶段。要用注入水或注入气体来驱替出尽可能多的油，前提是在注入井到采油井之间油层必须是连通的，注采井网必须适合于油藏特点，在平面上布置得合理，才能取得更大的水驱油波及体积。这就要求在开发钻井之前，对油藏的地质和流体状况有个基本的认识。在开采中不能只注意对油井井筒和井底状况的研究，而且要研究井与井之间的油层中的状况，包括油水的运动、驱替波及程度和油层地质条件。这样，开发工作不能以油井作为单元，而要从油藏整体上去研究和考虑问题。必须将油藏作为一个开发单元，油井只是观察油藏的点。从总体上认识了油藏特征之后，才能采取措施获得最大采油量，这时单井已降到了第二位的作用。这样就促进了同一个油田上的许多开采者陆续走联营的道路，统一制定开发措施，统一管理油田。

为了做好注水开发设计并尽可能准确地预测油藏在开采过程中动态变化的发展趋势

和最终采出油量，地下流体渗流力学和油藏工程学得到了发展。随着对油藏非均质性认识的深入，并得到大型电子计算机技术的支持，到 20 世纪 70 年代，发展了油藏数值模拟技术，它可以针对具体的油藏地质数字化模型进行一维、二维和三维的油藏注水开发的动态数值模拟，用于解决非均质油藏注水开发过程中压力、含水、产量及采收率的定量预测问题。

由于对油藏非均质性和开采过程中油水运动状况的研究，进一步认识到用稀井网开发油田对于非均质性严重的油藏是不适应的。开采过程中在渗透性差的层位中和平面上渗透性差的部位，都会留下较多的剩余油分布。在剩余油饱和度高的部位，补钻部分加密调整井，对改善开发效果的作用是非常明显的。这种认识并不是简单地回到"井越多，采油量也越多"的初期认识上去，而是从普遍密井网到普遍稀井网发展到针对储层非均质性加密局部井网进行调整，形成更科学的开发井网体系是开发工作认识上的发展和提高。

二次采油技术从 20 世纪 30 年代一直沿用至 21 世纪初，目前美国注水开发的石油产量占石油总产量的 50% 以上。由于油藏的非均质性及油水黏度差异较大，注水开发的油田注入水波及体积和水驱油效率一般不高，致使石油的最终采收率一般只有 30%～40%，即二次采油结束时，还有一多半的原油留在地下未被采出。早在 1973 年中东战争时，阿拉伯等第三世界国家以石油作为"武器"，油价暴涨，导致第一次世界石油危机发生。以美国为首的西方各大石油公司在已开发的老油田上积极开展提高石油采收率技术（EOR）的研究与开发，这些技术被称为三次采油技术。

由于三次采油技术的发展，油田开发工作又进入了一个新的阶段。相对于一次采油和二次采油，三次采油工艺复杂、费用高，一旦对油藏中剩余油的含量及分布做出错误的估算，在经济上就将得不到收益。此外，三次采油的各种方法对于油藏地质和流体条件有十分严格的要求，必须选择相适用的方法才能有效，否则就会失败，这就使三次采油技术具有较大的风险性。因此，美国石油公司及大学纷纷开展各种三次采油机理的基础性研究，石油开发地质工作者和油藏工程师们更加详细而确切地估算油藏内剩余油储量，更加严格地研究油藏的各种流体特征。美国对于提高石油采收率问题，一直把它作为一项重大的能源政策来看待，美国能源部在加速提高石油采收率技术研究与发展方面采取了两项重大措施：一是直接资助、扶植研究。1976 年政府组织完成了提高采收率总体规划，对 95 个现场试验进行资助，共投资 25 亿美元，规定此类研究项目一经批准政府就负担投资的 1/3，承办公司承担 2/3。二是政策激励、税率优惠。1979 年美国能源部为了促进这些提高采收率新方法迅速工业化应用，规定凡是应用这些新方法采出的石油在美国国内可按国际石油价格出售，并把税率降低为 30%（一般老油田税率为 70%）。这些激励政策的实施使三次采油现场项目增加到 426 个，预计可多采 30×10^8 bbl 原油。

根据美国的资源和油价等因素，在各种提高石油采收率方法中，大规模投入工业化使用的主要有注 CO_2 气混相驱，以及重油（稠油）蒸汽驱，而聚合物及表面活性剂等化学驱，虽然进行过不少基础研究及先导性现场试验，但是由于成本昂贵，储层特征的针对性不强，目前尚未进入工业化推广。

以美国为首的西方国家，在 20 世纪 60—70 年代起，从墨西哥湾开始，纷纷开展海上油气勘探开发，这股热潮迅速遍及世界各海域，这对油田开发工作的推动和促进影响巨大。由于海上作业耗资大、风险高、海况与工程环境复杂，对各项工作要求高，形成了一整套完全不同的开发指导思想。首先是以少量的探井资料对油气藏做出比较正确的认识，设计开发井位和部署钻井平台。这就要深入细致地做好开发前期的评价工作，包括油气藏评价、可行性研究、风险开发分析，在此基础上编制总体开发方案（ODP）。所以必须采用各种有效认识油层的新技术和新方法。如充分利用地震资料，用地震地层学方法详细研究油田构造、岩性、地层关系，以及油气分布范围，使详探井的数目大大减少，一个油田往往只有不到 10 口井，甚至在断层较少的油田只有 3～4 口井。对这些少量井的资料则充分利用、"吃光榨尽"。通过岩心、测井，包括倾角测井资料的综合研究，作沉积相的判断，提出油层地质模型；通过分层测试及测井解释加上试井结果，圈定出含油面积，用概率法确定最大机遇率下的储量数字，提供开发决策依据。其中特别重视海上延长测试技术（EDST），就是为了减少油田开发风险，掌握生产中可能出现而事先一般无法预计的问题。

随着以后生产井的完钻，还要随时增做油藏描述，不断深化对储层的研究，有的要修正原来设计的地质模型，使其更接近油藏实际，以此来指导钻井部署与开发方案的调整。这种不断的认识—实践—再认识的原则在实际工作中得到最充分的贯彻。进入实施方案、进行开发的阶段，则明确贯彻少井高产、高速开发的方针；以最快的速度钻井与完井；以较大的生产压差、较高的采油速度开采，尽可能缩短单个油田的生命周期。同时执行低成本开发战略，力争在较短的时间内获得较高的投资回报。

在此过程中，除尽可能采用先进的工程技术（如长距离水平井段、多底井等）外，在海上油田的作业管理上也颇具特色。一般实行精细集约型管理方式，各专业工种间立体交叉式的协同动作，将非生产时间（停工待料、维修、工序衔接等）压缩为零。并大力推行标准化、简易化、本地化的优化设计与工程建造。对待"边际油田"，从系统观念出发，组织"油气田群"方式联合开发，做到优劣搭配、大小互补、有序衔接、充分利用已有基础设施，变无利为有利，盘活难采资源。以上种种措施，都是从海上油田实际出发而萌生、发展，逐步完善的，体现了共性与个性、普遍性与特殊性、系统性与阶段性统一的原则。

以普鲁德霍湾油田为例，该油田位于美国阿拉斯加北坡，是北美最大的常规油田。油田在 1977 年投产时，共有 104 口生产井。1977—1980 年为上产阶段，此阶段依靠气顶膨胀和重力泄油，阶段末油井开井 120 口，年产油 7889×10^4 t，采油速度 2.15%，可采储量采出程度 11.0%，综合含水率 2.7%。主要是以消耗地层能量方式开发，在原始气顶下方的油区主要靠重力泄油方式开采。生产策略主要是在最低的生产气油比下实现最大的日产油能力。产出的天然气被广泛地进行回注，通过重新注入气驱—重力驱层位用于剩余油提高采收率。1981—1988 年为稳产阶段，1981 年开始了反九点法井网注水。1987 年，开始实施了注天然气驱、CO_2 混相驱，并获得了成功。该阶段钻井工作量较大，到 1988 年井数约 680 口井，年产量达到峰值 8160×10^4 t，采油速度 2.2%，可采储量采出程度 43.1%，综合含水率 33%。为保持油田稳产，在普鲁德霍湾实施北美最大的注水工程。井网形式反九点法，边缘采用线性驱替排列。通过向油层注入海水和采出水，减少了整个油田的压力递减速度。水驱取得很好效果，在所有的主要水驱区块，其平均采收率达到了 50%。1989—2002 年为快速递减阶段。1987 年油田产量达到峰值后产量开始递减，年递减率为10%。为了解决混相驱中的重力分离造成整个过程波及效率低的问题，20 世纪 90 年代对混相驱的井网进行了加密，并发明了混相溶剂注入法（MIST 方法）提高了混相驱和水驱的波及效率。阶段末油井数达到 1000 口，年产油 2352×10^4t，采油速度 0.6%，可采储量采出程度 75.0%，综合含水率 73%。2003—2008 年为缓慢递减阶段。由于油田的气顶气大范围地突入生产井，造成油田气油比剧烈上升，油藏压力以 $0.17 \sim 0.24$MPa/a 的速度下降。2003 年起实施了气顶注海水技术，到 2008 年底，生产井 1128 口，注气井 34 口，注水井 88 口（大部分为处于不同周期的水气交注井），油田产量递减到 1541×10^4t，采油速度 0.4%，可采储量采出程度 80.4%，综合含水率 79.3%。同时，实施了水气交注（WAG）开发技术来改善油田开发效果。

（二）苏联油田

苏俄石油工业如果从 19 世纪初（1813 年阿塞拜疆的巴库划入沙俄版图时期）开始算起，至今已有近 200 年的历史。据记载，早在 1594 年，巴库的阿普歇伦半岛上就已经出现人工挖坑采油。1872 年，这里用蒸汽机带动的顿钻钻成了俄国第一口近代油井，被称为苏俄石油工业的开端。苏俄石油工业发展大致可划分为 4 个阶段：

（1）19 世纪初至 20 世纪 40 年代。为石油工业初期发展阶段，当时主要油田在巴库及北外高加索地区，油田的规模不大，一般是高幅度隆起、低黏度高产油藏；具有活跃的水驱，所以长期采用依靠天然驱动能量的方式开发，产量下降时，主要靠多打井增加石油产量，至 20 世纪 30 年代，全国石油产量约 2000×10^4t。

在"十月革命"之后，苏联所有矿产资源成为社会主义国家所有，实施计划性的油田开发和调整。1918 年 5 月根据古勃金的动议，在国民经济最高委员会燃料部中设立石油委员会，实施对采油和油田开发的领导管理。1933 年召开第一届全苏石油工作者代表大会，是开发计划系统发展道路上的重要阶段，大会出版文件《油田计划性开发》，主要是古勃金及其合作者们的报告，其中关于油田开发政策问题，强调油田开发系统的目的应确保：

① 对原油的计划需求；

② 资本投入的高效益；

③ 采收率得到提高。

可以说油田开发合理性的基本准则，在这时初步确立起来。会上还由马克西莫维奇作了《编制油田总体开发方案的方法》的报告，阐明总体计划既要立足于一般的资料，又要基于各个油层的开发计划，为了编制个别油层的开发计划，必须知道地质—物理条件：油层、石油、水、气的特征，有关压力、温度的资料；有关储量、驱动类型、过去和现在开发状况的信息。强调在编制油层开发计划时，应该研究"油层开发系统、井筒距离，当然还有井网密度、油井投产顺序，以及随后二次采油方法的应用等。在此条件下，主要的准则是：油层驱动条件、储量、原油品位和现阶段对原油的需求量"等。这些基本代表了这个时期对油田总体开发的认识，是苏联社会政治体制下区别于美国西方的一大特点。

（2）20世纪30年代至60年代。为苏联石油工业的第一次高速发展阶段，这一时期在伏尔加—乌拉尔的广阔地区勘探发现了一大批泥盆系和石炭系的大型和特大型的油田，如著名的杜依玛兹油田、罗马什金油田和巴夫林油田等。这些大型、高产能、高品位油田发现并投入开发，使苏联石油产量增长了6倍，至20世纪60年代初，全苏石油产量达到1.2×10^8t以上。也由于这些大型、特大型油田开发的需要，以往靠天然驱动能量密井网的开发方式和采油技术已不适应形势发展需要，亟须一套全新的油田开发理论、方式和技术。这时保持油层压力，向油层注水的概念和方法应运而生。1945年召开的第一届全苏强化采油方法会议上，通过会议主报告可以看出，在苏联已相当枯竭的油田上，无论是保持油层压力的方法，还是二次采油的方法，在工业范围内均没有进行过，只是介绍了哈萨克斯坦多索尔和马卡特油矿采用注水方法的"有趣结果"，指出"这是我国借助于向位于生产井之间的注水井中注水的方法，实行工业性提高石油产量和石油采收率的首例"。石油人民委员会通过了关于发展二次采油和保持油层压力方法提高采收率的决议，决定会后由苏联科学院院士克雷洛夫为首的专家组负责油田开发方案的设计与编制工作，提出和实施了采用稀井网注水，人工保持油层压力的开发方式。1946年开始在杜玛兹油田的泥盆系油藏采用边外注水，成为应用新工艺的先驱。1954年在罗马什金油田采用更为先进的边内注水方法，取得极大的成功。这样，从根本上改变了油田开发系统，大大改善了油田开发的技术经济指标，用较少的投入满足了国内燃料需求的平衡，也为油田科学开发基础的建立作出贡献。注水开发很快在全苏推广，到1965年注水开发的油田的产量达到70%以上。

应该指出，在最早采用注水方式时，苏联是学习借鉴了美国的做法，当发现杜依玛兹油田时，就有专家建议必须考虑杜依玛兹油田（当时苏联最大的油田）泥盆系与美国东得克萨斯乌德拜油田的相似之处。后者是1930年发现的，有关该油田在弹性驱动条件下开发和如何补充油层能量问题，美国的专家学者广泛地讨论过，引起世界普遍关注。1938年开始，东得克萨斯油田在世界上首次工业性采用边外注水。据此，苏联专家马克西莫维奇首先提出建议，杜依玛兹油田必须采用边外注水开发。可以说保持油层能量注水方式起初从美国引进，但作为油气田开发的基本原则，在苏联得到更广泛、更深入的推广普及。

（3）20世纪60年代至80年代。为苏联石油工业的第二个高速发展阶段。这一时期在西西伯利亚和秋明州发现了又一批亿吨级储量的油田，特别是像萨马特洛尔油田和特大型的马蒙托夫和费德洛夫油田投入开发，使全苏年产量达到5×10^8t以上，1989年全苏石油年产量达5.5×10^8t的水平。

这一时期苏联继续推广注水保持油藏能量的开发方式，全苏注水开发的产油量已占全苏石油总产量的90%以上。随着伏尔加—乌拉尔注水开发油田进入中晚期，由于油田开发实践经验不断积累和科技研究的新进展，注水开发技术有了新的认识和发展：一是超出原始地层压力的高压注水会导致将原油驱赶到含油边界以外，应改为适度保持压力开采。二是认识到过稀井网（$50 \times 10^4 m^2/$井）不适应油层非均质的复杂情况，在开发中后期产量下降，采收率降低，到 20 世纪 70 年代开始在西西伯利亚油田开发设计中采用（$16 \sim 25$）$\times 10^4 m^2/$井的井网密度，并在伏尔加—乌拉尔老油田开发晚期采用加密井网的技术。三是在井网优化上，为了解决油田迅速投入开发和初期由于资料不足造成开发风险高的矛盾，采取了分阶段进行开发设计，投入开发，使油田开发过程富于灵活性易于调整和控制。四是在注水开发中晚期采用周期注水等不稳定注水和改变水流方向的水动力学开采方法，改善注水开发效果和水驱油采收率。

但是人们的认识过程是曲折的。这个阶段一开始，为了开发好西西伯利亚的萨马特洛尔巨型油田，在没有进行充分分析的情况下，把在伏尔加—乌拉尔地区油田开发经验连同初期的缺点，也都照搬在萨马特洛尔油田。由于当时的形势，采用了高采油速度。设计的开发层系过大，采用了较稀的井网。所有这些都对该油田的开发产生了负面影响，以致后来产油量过早地加速下降。为了改正这些缺点，这时提出了"优化和完善开发系统"的概念。

由于苏联国内石油后备资源比较充足，因此不像美国那样大力发展和应用提高石油采收率的三次采油技术，但是在一些注水开发晚期的油田，也开展一些三次采油技术的小规模试验，而且在技术工艺方面有自己的特色。如注稀浓度阴离子表面活性剂化学驱油（活性水驱油）技术、造纸用废液改性的木质素磺酸盐化学驱油技术，不同浓度硫酸驱油技术，以及向油层中注培养液激活油层中固有的细菌进行驱油的微生物法采油技术等。

（4）20 世纪 80 年代末至 21 世纪初。为俄罗斯石油产量下降、恢复和再发展时期。20 世纪 80 年代后期俄罗斯石油产量急剧下降，从 1989 年年产 $5.42 \times 10^8 t$ 下降到 20 世纪 90 年代中后期的 $2.91 \times 10^8 t$，年平均下降 $5000 \times 10^4 t$。产量下降的原因一方面是已投入开发的大型、超大型油田普遍进入产量下降的开发中晚期阶段，而新投入开发的大油田油层埋藏深、地质条件复杂，属于难开采储量，采油速度偏低，其产量增加不能弥补老油田产量的下降。产量下降的另一重要原因是俄罗斯政治形势突变、经济形势恶化，对石油工业投资锐减、税收增加、设备价格上涨，导致设备老化，使得石油开发形势恶化。

20 世纪 90 年代后期至 21 世纪初，俄罗斯经济形势逐渐好转，重新对全俄石油工业实行集中统一管理，加大资金投入，依靠俄罗斯丰富的石油资源和科技实力，使俄罗斯石油工业得到恢复和重新高速发展，2005 年，俄罗斯全国石油年产量达到 $4.7 \times 10^8 t$，仅次于沙特阿拉伯，居世界第二位。

在回顾油田开发历程时，俄罗斯专家特别强调上述几个大型、特大型油田开发经验的重要意义，是它们的开发实践，成就了苏俄油田开发的理论观点，创建了大油田开发的理论基础，确立了一套全新的开发系统、方法和工艺，并且不断完善和推广应用。这些油田在当时成了名副其实的"试验场"。凡是油田开发领域一切新的和先进的东西都在这里得到了检验。许多工艺上的方案后来已成为石油科学的经典，被苏联所有的油田采用，并且在其他国家也得到了广泛的应用。当然也曾有过失误的情况，例如：关于最终采收率与井网密度的关系无关的论点；将油层物性不同的一些油层合为一个开发层系；在油水过渡带油井能有效地排油；在采出液含水率达50%的情况下急促关井等。"有许多情况往往是这样，一开头似乎带有普遍性，但是在进一步推广过程中来推敲，则会因具体条件不同而大相径庭"。所以他们指出："无论何时，油田开发基本原理都不应成为教条。"

在总体评价上，俄罗斯专家往往不无自豪地强调以下几点：一是俄罗斯全国超过40%的平均采收率值，与世界其他产油国相比是最高的；二是在20世纪80年代末，苏联全国年产油量曾达到最高水平（与其他所有国家比），为6.24×10^8t；三是90%以上的采油量是采用保持油层压力方法的，这与除中国之外的世界其他国家的类似指标相比是最高的；四是1917年至20世纪80年代末，在社会主义市场经济体制下，每个油田都作为整体进行开发，编制总体开发方案，这使美国的一些专家十分羡慕，称之为联合系统（Unit System），希望美国也应该这样。

以杜马兹油田为例，该油田于1944年逐步投入开发，产量由年产150×10^4t，逐步上升到1954年的989×10^4t。该阶段由于对地质情况认识不清，油田的开发工作一度出现了很大的波动。通过开发系统的调整，在1955—1967年，杜马兹油田保持了原油产量1000×10^4t以上稳产，综合含水率保持在60%以内。杜马兹油田开发史的转折点出现在1967年，年底产量出现了下降，年产量由1967年的1403×10^4t下降到1971年的585×10^4t，综合含水率由61.8%上升到82.9%。这个阶段年递减率15%，含水上升率为5%。杜马兹油田自1972年开始，综合含水率达到85%。可采储量采出程度大于70%，开发进入高含水后期开发阶段。由于在该阶段做了大量的综合调整工作，使得油田保持了较长时间的稳产。在1972—2005年期间，该阶段累计采出原油占总可采储量的21%。截止到2005年，该油田年产量53×10^4t，综合含水率超过97%。1944—1954年为油田逐步投入开发阶段，D1层和D2层两套开发层系分采，早期边外注水保持油层压力开发，注水井布置在外含油边界以外。方案实施中暴露出的主要问题：① 注水工作落后于采油，地层压力大幅度下降。② D1层和D2层之间原来认为有良好的隔层，但钻井后发现许多地方是互相连通的，具有同一水动力系统。注入D2层的水在D1层中央尚未钻井采油的地方发生了窜流，出现了无控制的水淹，打乱了原设想的分两套层系独立开采的计划。1955—1960年为D1层和D2层开发系统调整阶段。这一阶段，针对水窜的问题和油田地层压力大幅度下降，单井产量下降的问题，提出了改善油田开发效果的措施：① 补钻新的注水井，将注水线移近外含油边界；② 加速补钻未钻的注水井，以保证注水线上的注水井能较均衡地注水；③ 提高注水压力，对注水井进行压裂投注；④ 减少D2层的注水量，增加D1层的注水量，防止D2层向D1层窜流；⑤ 在构造西北翼储油性质较差地区实行点状注水，提高D1层压力；⑥ 进行边内注水试验，将D1层中央部分投入开发。采取上述措施后，1961年整个泥盆系油层，自喷井占37%，采油量占59%，综合含水率不到21%。有107口井恢复了自喷，窜流现象有所减弱。1961—1966年为强化油田开发阶段。油田由边外注水转变为内部注水，新设计方案的基本原则是实施内部注水，强化油田开发，保证油田的任何一部分都可根据需要有效地投入开发，而不受其他开发区的影响，从而进一步提高原油采收率：① 油田逐步切割成 18 个开发区，转为块状注水；② 强化开采水淹井，对水淹井进行强化采液，以提高或保持采油量稳定；③ 封堵高含水层；④ 提高注水压力。这些措施的实施，使油田采油速度不断提高。1965 年、1966 年两年采油速度达到 2.2%，为油田投产以来的最高值。1966 年在采出程度 32%、综合含水率 58% 的条件下，达到了峰值产量 1461×10^4t。1967—1971 年为产量快速下降阶段，杜马兹油田在 1967 年底出现了产量的急剧下降，从此油田进入快速递减阶段。当时（1967 年）认为：在强烈水淹和产量下降的情况下，继续保持或再提高采液水平和注水量是不合理的。在这个方针的指导下，杜马兹油田从 1968 年开始减少了注水量，并在 1969 年关闭了大量的含水率在 90% 以上的高产井，这是造成油田产量下降的一个重要原因。这一时期为了缓解产量递减，采取了以下措施：① 增加新的切割注水井排；② 补钻新的生产井；③ 一部分采油井安装大排量电泵。采取上述措施后，对减缓产量下降起到了一定作用。1972—2005 年为高含水后期开发阶段。在这一阶段由于做了大量的综合调整工作，使该油田产量保持了较长时期的稳定：① 继续强化开采，进一步完善注水系统；② 对高含水井进行强采；③ 钻加密调整井，进一步提高储量动用率；④ 采用综合地质技术措施（堵水、压裂、酸化等）进行挖潜；⑤ 加快修井速度和延长免修期。采取上述措施之后，整个杜马兹油田产量保持在 400×10^4t 左右。1994 年 1 月，杜马兹油田泥盆系油藏的开发已处于结束期。采出了原始可采储量的 94%，含水率为 97%，估算原油采收率已经达到了 55.2%，证明了泥盆系油藏开发的高效率。

二、国内油田

（一）开发概况

（1）20 世纪 50 年代引进苏联的注水开采方法。

20 世纪 40 年代老君庙油田[2]投入开发，当时没有总体开发方案，首先在顶部集中钻井后又向腰部延伸扩展，主要依靠天然能量开采。随着原油不断被采出，油层压力不断下降，很快进入溶解气驱开采，气油比不断上升，油井产量大幅度下降，油井生产条件越来越差。顶部形成次生气顶，因为压力下降较大，腰部井则经常停抽停产。衰竭式开采的结果很不理想。

1954 年在苏联专家的帮助指导下，对老君庙油田 L 油层制订了边外注水、顶部注气的开发方案。边外注水实施后，一部分油井见到了注水效果，油层压力有所恢复，油井产量有所增加，但注水受效范围较小，内部大部分油井仍见不到注水效果，同时在部分地区出现水的指进。另外，由于边部低渗透层的遮挡，注入水主要窜入边外水区，内部油井见不到效果。初步实践说明，注水可以改善开发状况，但这种方式不适应老君庙油田 L 油层的实际情况。

1957 年玉门油矿请来苏联总体规划设计专家组。其中开发专家对老君庙油田 L 层的注水情况进行了研究，并对 L 油层注水方案进行了调整，同时也对其他层的注水进行了研究。这对老君庙油田的注水开发方案的实施向前推进了一步。

1955 年，发现了新中国成立后的第一个大型油田——新疆克拉玛依油田。1958 年北京石油科学研究院与苏联全苏石油研究所共同编制出克拉玛依油田一区至四区总体开发方案，并于 1960 年进行了修改。开发方案主要采取在油田内部切割注水，两排注水井中间布 5 排生产井的注水方式。方案实施后表明，最初的开发方案不完全适应油层的具体情况，因此又经过多次调整，但这种新的注水开采方法的引进给出很大的启发。

（2）20 世纪 60—70 年代开创我国油田自主开发之路。

大庆油田的开发不仅使我国石油工业发生了历史性的转变，而且是我国油田开发创造具有自己特色的科学之路的开端。

20 世纪 60 年代初，大庆油田发现，为了实现科学有效的开发进行了许多极其重要的地质、油藏、钻采工程研究，以及室内、矿场试验研究。生产实践和理论研究都说明早期内部注水保持压力开发有着很强的生命力，也初步揭示出注水开发非均质多油层油藏将是一个很复杂的过程。1964 年勘探开发技术座谈会上的一批报告，总结了几个很重要的开发问题。一是实施早期内部注水的开发原则，从根本上避免了由于油层能量的消耗、压力下降所造成的一系列复杂情况和生产上的被动，为开发其他油田提供了有益的借鉴。二是从油砂体入手研究开发部署和开发过程中的问题。油砂体是控制油水运动的基本单元，不同的油砂体对井网密度、注水方式的要求有着较大的差别。从此入手是研究优化注采井网系统的有效途径。三是在注水开发过程中，由于存在储层间的差异、平面差异，以及层内不同部位间的差异，在注水开发过程中就出现了三大矛盾，因此对非均质多油层油藏，不但要认真划分组合开发层系，还要实施分层配水和分层采油。四是像大庆这样非均质性较严重的油藏要实行多次布井、多次开采的策略。注水开发油藏是反复实践、反复认识的过程，需要根据实践中获得的新认识，进行不断调整。

20 世纪 60 年代末和 70 年代初渤海湾等地区又有一批大中型油田投入开发。这批油田包括类似大庆这样的非均质、多油层油藏，也包括复杂断块油藏、特高渗透非均质多层油藏、常规稠油油藏、碳酸盐岩底水潜山油藏和低渗透油藏。这些油田都有自己的特殊性，实施的早期注水保持压力开采都见到了较好的效果，但也出现了一些新情况、新问题。在克服解决这些问题的过程中对实施早期注水保持压力开采方法有了创新和完善。

（3）20 世纪 80 年代油田注水开发技术日趋成熟并积极探索新领域。

①我国主力油田开发进入全面调整阶段。

已投入开发的油田，特别是一批主力油田进入有计划的全面调整阶段。这些调整以细分开发层系和加密井网、强化注水系统、改善分层注水为主要内容，目的是提高注采系统对水驱储量控制程度和剖面上储量的有效动用程度，目标是增加注入水的波及体积、提高注水采收率、增加稳产基础。在油藏调整工作中，逐步强化了系统工程概念，将油藏地质、油藏工程、采油工程、地面生产系统和经济分析综合研究作为一个整体，提高了调整的综合效果，使各方面更加相互协调，减少了制约。1981 年 6 月 3 日国务院决定，石油工业实行 1×10^8t 原油产量包干，即完成年产 1×10^8t 原油生产任务后，可将超产和节约的自用油和降低消耗的原油出口，把国际价格与国内价格的差额收入作为石油勘探开发基金，大大调动了石油职工的积极性，扩大了资金的来源，为勘探开发创造了较好的资金条件。原油产量通过 1981 年、1982 年的调整，1983 年恢复到 10554×10^4t，1985 年达到 12479.0×10^4t，1990 年增长到 13692.1×10^4t，保持了持续增长。

② 油田调整的深入发展是对油藏非均质认识的深化过程。

这些调整的重点主要是针对储层不连续性和平均渗透率变差和各层层间渗透率差异引起的层间干扰进行的，所以多为"整体"调整，也是实施"多次布井、多次开发的重要组成部分"。随着开发的深化和理论研究的深入，揭示出对于原油黏度较高的油藏，当含水率达到 60%（高含水）以后，仍有 40%～50% 的可采储量待开采，认识到仍有较长的时期为主要开发阶段，在此阶段对油藏有计划地提高油井和整个油藏的产液量是很重要的措施。同时也逐步认识到由于油藏非均质严重和原油黏度比较高，实施注水开发将要在以水换油中付出较大的代价，即便是这样，注水采收率仍是较低的。

同时，随着低渗透油藏不断投入开发，如何提高这类油藏的注水开发效果也提到了重要日程。总结分析一批低渗透油藏的注水和开发状况，普遍存在着注水井憋压的情况，但油井仍处低压状况中，注入水不能有效地驱动原油，随即以缩小注采井距为主进行了注采井网调整，见到了较好的效果，揭示出对低渗透油藏不仅要考虑注采井网系统对储量的控制程度，还要考虑能够建立起有效的驱动，同时也应考虑如何将压裂改造纳入油藏开发之中。到 1990 年，低渗透油田的年产量达到 1000×10^4t。

③ 确定将三次采油提高采收率作为重要发展战略。

从 20 世纪 60 年代开始就十分重视提高采收率的研究工作。一方面不断深化室内实验研究，另一方面也陆续开展了一些矿场试验，有的也见到了效果。20 世纪 80 年代后期一些油田特别是东部一批主力油田，经过层系、井网的调整，开采程度不断加深，有的已进入高含水中后期，能否进行提高采收率工作，就有着很大的意义。在室内大量实验研究的基础上，聚合物驱矿场试验取得了初步效果。组织的两次国外提高采收率调研和我国注水开发油田提高采收率方法的筛选评价，都说明我国有一批主力油田实施聚合物驱提高采收率有较大的潜力。根据调研结果和我国的矿场试验，认为聚合物驱的技术是比较成熟的。因此确定将聚合物驱提高采收率作为发展战略。1998 年做出以下主要决策：一是将聚合物驱作为提高采收率工业化生产的首选；二是在国内建设制造聚合物的工厂，以有效地提供原料；三是着手试制有关设备装置，同时加快扩大矿场试验和其他的技术准备。这些都为 20 世纪 90 年代进入工业化生产创造了前提条件。

（4）20 世纪 90 年代以来为攻坚啃硬、技术突破阶段。

进入 20 世纪 90 年代，东部地区大多数主力油田已进入高含水后期或特高含水期，开采难度越来越大，主要油区勘探程度已较高，勘探难度也较大。西部地区油气勘探有了一系列的重要发现，在这种情况下，陆上石油提出了"稳定东部，发展西部"的重要战略，即在产量规模上通过西部的增产补上东部的减产，从而实现了整体的稳定生产，同时开发技术水平有了很大的提高，实践证明这一决策是正确的。

低渗透油田开发方面，采用新技术、开拓新领域见到了很好的效果。如将压裂引入鄯善特低渗透油田的注水开发中，实施整体压裂，控制支撑缝的延伸长度，注水采取微超破裂压力，既充分利用了裂缝的作用，又防止了水的窜流。塔里木油田在超深（5000～6000m）油藏采取少井高产的做法，实现了高效开发。克拉玛依石西火成岩裂缝性块状底水油藏在主力部位利用水平井开发也见到了好的效果。塔里木哈得油田石炭系中泥岩段薄砂层层状边水油藏埋深5000m，只发育两个砂层，2号砂层分布比较稳定，油层渗透率2000mD，为高流度油藏。采用水平井（或台阶式水平井）开发收到了很好的效果。长庆油田随着勘探的发展，在安塞油田取得很大突破的同时，又不断开发建设了一批低渗透、特低渗透油田，已形成了以低渗透为主的原油生产基地。塔里木和长庆天然气的勘探、开发都有了非常大的发展，形成了西部地区两个重要的天然气区，对西气东输形成了主要的支撑点。

以大庆油田聚合物驱形成大规模的工业化生产为代表的三次采油技术取得重大突破。大庆油田聚合物驱先导试验取得了成功，如北一区断西注聚合物6个月后油井陆续见效，含水率大幅度下降，产量很快增加。见效后该区日产油量由651t上升到1304t，试验区提高采收率12.6%，每吨聚合物增油124t，试验证明在较大面积内聚合物驱可以较大幅度提高采收率。通过进一步的攻关试验，配套工艺技术已基本成熟，2002年大庆油田聚合物驱年产油突破1000×10^4t，不但在大庆稳产接替中发挥了重要作用，而且在驱油机理研究、工艺技术配套完善和规模有效应用等方面都具有重大突破。大庆成为世界上第一个真正实现聚合物驱工业化生产的典范。除此以外，复合驱采油技术和微生物采油技术也有了显著发展。特别是三元复合驱在克拉玛依油田二中区北部进行先导试验，试验结果表明提高采收率23%；大庆油田杏二中三元复合驱工业性试验，可以提高采收率21.5%，北二区西部开展Na_2CO_3弱碱复合驱工业化矿场试验，也取得了显著效果。此外，胜利孤岛、孤东油田在先导试验的基础上也开展了工业化矿场试验，都见到了增油降水提高采收率的效果。河南双河油田（油层温度72℃）进行了高温聚合物驱矿场试验也获得了成功，比水驱采收率提高10.4%。

（5）21世纪以来为改革创新、深化发展阶段。

1999年，中国石油、中国石化、中国海油联袂进行重组改制，陆续组建了各自的股份公司。2000年至2001年，三家股份公司先后实现在海外成功上市，国有石油公司的产权改革取得了历史性突破。2003年成立了中国中化集团，2005年重新组建陕西延长石油。通过利用国内、国际两个市场、两种资源，实现内外发展的联动，国内油田开发实现与国际接轨。

随着勘探理论认识的提升和工程技术的进步，我国在深层碳酸盐岩、碎屑岩、火山岩三大领域都取得了一系列重大突破，深层油气勘探进入规模发现阶段。相继形成了四川盆地川中、川东北，塔里木盆地库车坳陷大北—克深地区等数个万亿立方米的深层大气区，

以及塔北隆起超过 10×10^8t 的深层大油区。

随着油田开发技术的突破和攻关，东部老油田在历经几十年开采，面临着资源品位降低、储量接替矛盾突出、油井产量下降、综合含水率上升等一系列难题下，成功创建老油田开发调整新模式，对老油田长期效益开发起到示范引领作用。作为东部老油田的代表，大庆油田持续攻关三次采油技术，引领世界油气行业提高采收率技术的发展，截至 2022 年，三次采油产量累计突破 3×10^8t，助力百年油田建设。同时，我国非常规油气勘探开发取得战略性突破，持续完善非常规油气理论体系，不断升级工程技术装备，非常规资源开发成绩瞩目：长庆油田建成我国首个百万吨整装页岩油开发示范区，大庆古龙陆相页岩油、新疆吉木萨尔页岩油相继进入大众视野，助推我国油气增储上产迈上新台阶。持续拓展超深层，开辟新空间。我国深层超深层油气资源占全国油气资源总量的 34%，其中 83% 的深地油气仍有待探明开发。向地球深部进军，成为石油战线保障国家能源安全的必由之路。2023 年 5 月，我国首口万米科探井在塔里木盆地鸣笛开钻，目标深度直指 1.11×10^4m，推动国内油气勘探开发向深地推进。

2022 年，围绕老油田硬稳产、新油田快突破、海域快上产，大力提升勘探开发力度，原油产量规模回升至 2.04×10^8t；通过加大新气田勘探开发力度、坐稳常规天然气主体地位、推动非常规气快速上产，天然气产量约 2200×10^8m³，年增产量连续 6 年超百亿立方米。其中，大庆油田连续 8 年实现 3000×10^4t 稳产，胜利油田连续 6 年稳产 2340×10^4t 以上。苏里格气田突出技术创新、强化效益建产，产量突破 300×10^8m³。海上推进老气田调整挖潜、低效井措施治理和新气田快速建产，天然气产量首次突破 200×10^8m³。

（二）大庆油田

松辽盆地北部西为大兴安岭、东北为小兴安岭、东南为张广才岭，南部是松花江。盆地内部大部分地区属松花江流域，主要为大片的平原湖沼，地形平坦，只在河流附近和近盆地边部有一些垄岗。盆地内部地面海拔一般为 130～150m，相对高差一般不超过 50m。

盆地内交通便利，有哈齐（哈尔滨—齐齐哈尔）、齐京（齐齐哈尔—北京）、沈哈（沈阳—哈尔滨）、滨北（哈尔滨—北安）、滨洲（哈尔滨—满洲里）等铁路，以及绥满、京哈、大广、嫩泰等高速公路纵贯盆地，组成铁路、公路网，形成运输干线。盆地内各市、县之间，以及较大的乡、镇之间均有公路连接，各村、屯之间基本实现了村村通公路。此外，大庆 2009 年 9 月 1 日萨尔图机场建成并正式投入使用，开通了前往北京、天津、上海、广州等地的航线，辅以松花江水道季节性通航，交通更加方便。

盆地内气候特点是冬季长而寒冷，夏季短而多雨，春季风大干旱，秋季凉爽早霜。年平均气温 −0.6～4℃，极端最低气温 −38.1℃，极端最高气温 36.3℃，年降水量为 400～600mm，其中约有三分之二集中在夏季。夏季由于阴雨连绵，道路泥泞，且有些地下的含油有利地带在地面上位于河网、鱼池、湖泊、沼泽等地势低洼处，以致常常被迫移动井位或暂缓施工。冬季由于严寒，须配齐全套保温设备才能进行钻井等作业，增加了施工费用和能源消耗。

松辽平原是我国重要的商品粮基地，盛产玉米、高粱、小麦等，工业除大庆、扶余两大石油基地外，还有哈尔滨、齐齐哈尔等地以重型机械、航空工业为主的重工业，以及各种轻工业。

松辽盆地北部油气勘探面积 $12×10^4km^2$，隶属于黑龙江省。区内地形较平坦，主要为农田、草原和湖沼。铁路及高速公路、省管主干公路及油田公路贯穿整个探区，交通便利。石油勘探主要目的层为萨尔图、葡萄花、高台子和扶杨油层，其次为黑帝庙油层，天然气勘探主要目的层为营城组、沙河子组。在陆相生油理论和陆相油气藏勘探技术基础上，形成了松辽盆地大型坳陷湖盆油气成藏地质理论、松辽盆地断陷期天然气成藏地质理论，逐步建立了大型坳陷湖盆油气藏勘探技术系列、深层火山岩气藏勘探技术系列、致密油气勘探技术，有效地促进了油气勘探的长足发展。

1. 勘探历程

大庆探区油气勘探已走过60年的辉煌历程，油气勘探事业的发展是地质理论不断深化、勘探技术不断进步的具体体现，是一个实践、认识、再实践、再认识的过程。随着石油地质理论的不断创新发展，钻井、地震、增产改造等工程技术的飞速革新，油气勘探不断取得重大发现，迎来多次储量增长高峰，经历了跨越式增长、平缓增长和较快速递增等不同增长阶段。

（1）大庆油田发现阶段（1955—1964年）。

1955—1959年对松辽盆地的石油地质条件进行普查，部署的松基三井，测试获得 $14.93m^3/d$ 的工业油流，揭开了大庆油田大发现的序幕。

1960—1964年为整装落实大庆油田，开始了声势浩大的大庆会战，证实了松辽盆地是一个大型陆相含油气沉积盆地。在这一阶段，建立了松辽盆地地层层序，研究了盆地发育史，认识了盆地基本构造格架，初步划分了构造单元，并指出中央坳陷区为有利探区，为后期的油田开发和长垣外围勘探打下了坚实的基础。

20世纪60年代初，是油田的发现阶段。以陆相生油理论和背斜油藏理论为指导，系统开展了区域性地质勘探工作；以大型正向构造为目标，采用光点地震勘探技术，发现了大庆长垣特大背斜构造油气田，在较短时间内储量增长较快。该阶段是大庆油田勘探史上第一次储量增长高峰，谱写了新中国石油勘探的光辉篇章。储量的快速增长得益于陆相生油理论的指导、对盆地的总体认识、科学部署和正确决策。

（2）构造油气藏勘探阶段（1965—1985年）。

这一阶段的勘探领域仍然在松辽盆地北部，同时深入发展了陆相生油和背斜油藏理论。在区域普查成果基础上，使用光点、模拟二维地震勘探技术，采用跟踪射孔、钻井、压裂等设备，探索长垣外围的局部构造和鼻状构造带，发现了一批中、小规模油气田。

1965—1973年，我国石油工业勘探战略进行重大转移，松辽盆地勘探工程量投入相对较少，以少量的针对小构造钻探为主。

1974—1978年，恢复了勘探工作活力，勘探工程量增加。在朝阳沟地区的扶余、葡萄花油层落实了上亿吨大型岩性—构造油田；在升平、龙虎泡油田也提交了石油探明地质储量,储量增长相对平缓,变化幅度较小;在齐家—古龙凹陷发现 9 个工业油气流地区;中央古隆起带肇州西凸起上的肇深 1 井和三站构造的三深 1 井获低产气流。同时,勘探新装备、新技术、新工艺得到了广泛应用与较快发展。

1979—1983 年,主要探明了三肇凹陷的徐家围子、榆树林、宋芳屯、模范屯等油田的葡萄花油层岩性油藏,储量增长幅度相对较小。

1984—1985 年,大庆油田通过开展第一次油气资源评价,初步对松辽盆地北部油气资源前景有了较全面的认识。海拉尔盆地海参 4 井获工业油流,发现了新的含油气盆地。

(3)构造—岩性油藏及小型构造气藏勘探阶段(1986—2000 年)。

这一阶段为松辽盆地北部岩性油藏勘探储量快速递增时期,形成了大型陆相坳陷盆地油气勘探理论,建立了薄互层低渗透岩性油藏勘探配套技术,全面应用数字二维勘探技术、少量应用三维地震勘探技术,数字地震勘探代替了模拟地震勘探。自 1988 年开始应用三维地震勘探之后,地震资料品质明显改善,储层横向预测能力大幅提高,同时由于应用了先进的油层改造技术,带来了储量的快速增长。这一时期不仅在松辽盆地北部大庆长垣以东地区拿下了储量规模超过 $10 \times 10^8 t$ 的大面积岩性油藏区,而且西部古龙、龙西—巴彦查干等地区展示了多层位含油特点,局部已经连片,整体连片含油的趋势逐渐明朗。松辽盆地北部深层受当时地震勘探技术和钻探能力的限制,勘探主要集中于古中央隆起带和断陷边部的构造圈闭,先后在泉头组、登娄库组有多口井获工业气流,相继发现了昌德、汪家屯、升平等一批中小型气藏,但由于砂岩储层致密、产能低,无法形成规模储量。

该阶段形成了大庆油田勘探史上第二次储量增长高峰。海拉尔盆地勘探成果不断扩大,多个区带获工业油流。

(4)岩性油藏勘探与深层火山岩规模增储阶段(2001—2010 年)。

在这一阶段,大庆油田形成了向斜区成藏认识,丰富了大型陆相坳陷湖盆油气勘探理论,发展了薄互层低渗透储层预测、复杂油水层识别和高精度三维地震勘探等核心技术。核心勘探技术的显著进步掀起了新一轮勘探发现高潮:松辽盆地北部中浅层实施精细勘探,葡萄花油层实现"满凹含油",扶余油层在三肇凹陷实现连片含油;深层天然气勘探通过"三个转变"发现了中国东部第一大天然气田——徐深气田。同时,海拉尔等外围盆地勘探取得重大突破,相继在苏德尔特、贝中发现高产高丰度油藏;方正断陷方 6 井、方 4 井相继获得工业油流;依—舒等外围盆地石油勘探取得历史性突破。2005 年 8 月,大庆油田公司成功收购蒙古国塔木察格 3 个勘探区块,首次独立勘探开发海外区块,会战三年,探索形成了整体、快速、立体、高效的海外勘探开发模式。

该阶段形成了大庆勘探史上第三次储量增长高峰。

(5)多类型油气藏勘探阶段(2011 年至今)。

随着老区勘探程度的不断提高,深层火山岩和海拉尔—塔木察格盆地两大勘探会战的结束,大庆油田逐步进入常规油与火山岩精细勘探、非常规油气攻坚勘探阶段和新区新领域勘探阶段。松辽盆地北部中浅层在精细常规油同时,重点攻关扶余油层致密油,同时积极探索青山口组页岩油;松辽盆地北部深层精细火山岩同时,主要勘探对象变为营城组溢流相火山岩和沙河子组致密气；此外，新流转的塔里木盆地塔东区块及四川流转区块主要勘探目标以碳酸盐岩为主。同时，加强海拉尔及外围盆地勘探。由于勘探对象复杂、技术适应性差，大庆油田勘探面临技术攻坚难关。2011 年以来，大庆油田深化了斜坡区成藏认识，完善了大型陆相坳陷湖盆油气勘探理论，探索形成了致密油气勘探理论，开展了水平井加大规模体积压裂等核心技术攻关，建立了"甜点"识别与评价、水平井加大规模体积压裂等配套技术，此外初步形成页岩油实验分析、单井评价、钻完井、增产改造配套技术，研究发展了碳酸盐岩勘探理论及配套技术。油气勘探取得了显著效果。

2. 开发历程

大庆油田 1960 年投入开发，先后经历了开发试验、快速上产、5000×10^4t 高产稳产、4000×10^4t 持续稳产、振兴发展 5 个阶段，实现了年产原油 5000×10^4t 以上连续 27 年稳产，4000×10^4t 以上连续 12 年稳产，累计产油 24.03×10^8t。

（1）开发试验阶段（1960—1964 年）。

油田投入开发初期就暴露出了边底水不活跃、靠天然能量开采采收率低的问题，开展十大开发试验，确立了"早期内部注水，保持压力开采"的油田开发技术政策，使油田快速投入开发。1964 年，大庆油田生产原油 625.04×10^4t，占全国总产量的 73.7%，成为我国最大石油生产基地，在实现我国石油基本自给中发挥了关键作用。

（2）快速上产阶段（1965—1975 年）。

对非均质多油层实施笼统注水后，暴露出"注水三年，水淹一半，采收率不到 5%"的单层突进问题，确立了分层开采的开发方针，发展形成了"六分四清"的分层注采技术，在发挥主力油层作用的同时，改造和挖掘较差油层生产潜力，使油层压力稳定回升，含水保持稳定，在油田快速上产中发挥了重要作用。到 1975 年底，喇嘛甸、萨尔图、杏树岗油田全面投产，当年产油 4626×10^4t，形成年产原油 5000×10^4t 的生产能力。

（3）5000×10^4t 高产稳产阶段（1976—2002 年）。

快速上产稳产阶段（1976—1980 年）。油田开发"立足于主力油层，立足于基础井网，立足于自喷开采，立足于现有工艺技术"，通过不断提高注水强度，提高油田压力水平，并对主力油层进行细分注水、平面调整、压裂改造、分层堵水等措施，不断提高注水波及体积，1976 年油田年产油量达到 5000×10^4t，并实现了中含水期的油田稳产。年产油量保持在（5023～5030）$\times 10^4$t，到 1980 年标定采收率达到 28.87%。

稳产再 10 年阶段（1981—1990 年）。喇萨杏油田开发调整措施从"六分四清"为主的综合调整转变到以钻建细分层系调整井为主；开发方式由自喷开采逐步转变到机械采油；挖潜对象从高渗透主力油层逐步转变到中低渗透的非主力油层，1990 年年产油 5145.39×10^4t，采油速度 1.24%，采出程度 24.86%。在此期间，长垣南部油田逐步投入开发，1979 年葡北油田开始投产，1984 年葡南油田投产结束，长垣南部油田 1985 年产量最高达到 287.81×10^4t，并进入加密调整稳产阶段。外围油田也由注水开发准备阶段进入上产阶段，至 1985 年底，已有杏西、宋芳屯和龙虎泡 3 个油田较大规模投入开发。在加大葡萄花油层开发步伐，产油量稳步增长的基础上，朝阳沟、榆树林和头台油田开展了扶杨油层开发试验，并对中渗透萨葡油层和裂缝性低渗透、特低渗透油层注水开发调整技术进行了研究。1990 年大庆油田的年产量达到 5562.24×10^4t，采油速度达到 1.23%，标定采收率 40.49%。

持续高产稳产阶段（1991—1995 年）。喇萨杏油田利用二次加密调整的有利时机，通过"结构调整、稳油控水"，对注水结构、产液结构和储采结构进行了调整，控制了油田产液量增长和含水上升速度，使油田在"八五"期间年产油量保持在 5000×10^4t 以上稳产，五年含水率只上升了 1.18 个百分点，取得了较好的开发效果。长垣南部各油田进行了一次加密调整、注采系统调整和敖包塔油田的投产，年产量一直稳定在 260×10^4t 以上。外围油田进入持续上产阶段，到 1995 年产量达到 292.4×10^4t。1995 年大庆油田的年产量达到 5600.69×10^4t，采油速度为 1.21%，标定采收率 44.64%。

聚合物驱和外围油田快速上产阶段（1996—2002 年）。1996 年聚合物驱技术开始进行工业化推广应用，随着投注区块增加，年产油量逐步上升，由 1996 年的 294×10^4t 增加到 2002 年的 1135×10^4t。外围油田通过开展特低渗透油藏井网优化试验，应用地震砂体预测技术，使一些品质较低的储量投入了开发，同时加大了老开发区注采系统和注水结构调整的力度，开展井网加密试验并推广应用，此外还开展了两类油层合采、提捞采油开发试验研究，年产油量由 1995 年的 292×10^4t 上升到 2002 年的 428×10^4t。聚合物驱和外围油田的快速上产，为油田实现 5000×10^4t 以上 27 年高产稳产奠定了坚实的基础，2002 年年产油 5013×10^4t，采油速度 1.03%，标定采收率 47.16%。

（4）4000×10^4t 持续稳产阶段（2003—2015 年）。

科学调产阶段（2003—2007 年）。针对主体喇萨杏油田进入特高含水期开采、产量进入递减阶段的实际状况，大庆油田公司提出了"11599"工程。长垣水驱通过实施"两个细化"，实现了"两个控制"，三年含水率少上升 1 个百分点，自然递减率控制到 9%；聚合物驱通过实施"两个优化"，实现了"两个提高"，聚合物驱年产油量连续 5 年保持在 1100×10^4t 以上；外围油田通过实施"两个推进"，实现了"两个加快"，即储量动用加快、产能建设加快，产量由 2002 年的 428×10^4t 上升到 2007 年的 576×10^4t。2007 年油田总产量 4170×10^4t，采油速度 0.81%，采收率 46.72%。

精细挖潜阶段（2008—2015 年）。该阶段的主要矛盾是资源潜力不足，储采失衡严重，自然递减控制难度增大，套损形势日趋严峻，按照"立足长垣、稳定外围、依靠技术、夯实基础、突出效益"的开发思路，长垣水驱大力推进"四个精细"控递减，精细挖潜阶段自然递减率控制到 5% 左右；三次采油依靠聚合物驱"四最"提效率和三元复合驱规模推广，产量上升到 2014 年的 1415×10^4t，达到历史最高水平；外围油田通过海塔盆地快速上产，产量上升到 2014 年的 678×10^4t，达到历史最高水平。大庆油田到 2014 年实现了 4000×10^4t 7 年硬稳产。

（5）振兴发展阶段（2016 年至今）。

2016 年，在中国石油天然气集团公司组织下，编制了大庆油田振兴发展规划，确立了"当好标杆旗帜，建设百年油田"的总体目标。依靠老油田精准开发、大幅度提高采收率关键技术突破、资源潜力不断增加、海外和天然气快速上产，保持油气当量 4000×10^4t 以上。持续推进长垣水驱控水提效、化学驱提质提效、外围油田挖潜增效，到 2020 年，大庆油田产油量保持在 3000×10^4t 以上水平，采油速度 0.53%，标定采收率 45.83%。

3. 不同阶段开采政策

大庆油田根据不同开发阶段的开发特点，在每个五年期间研究制定了相应的开发技术政策，为原油 5000×10^4t 高产稳产、4000×10^4t 阶段稳产的开发调整指明了对策和方向，也为油田开发保持良性循环奠定了基础。"五五"期间提出了"四个立足"，即立足于主力油层、立足于基础井网、立足于自喷开采、立足于现有工艺技术；"六五""七五"期间提出了"三个转变"，即从"六分四清"为主的综合调整转变到以钻细分层系的调整井为主、开采方式由自喷开采逐步转变到全面机械采油、挖潜对象从高渗透主力油层逐步转变到中、低渗透油层的非主力油层；"八五""九五"期间提出了"三个调整"，即井网加密调整、结构调整和注采系统调整；"十五"期间提出了"四个转变"，即调整措施由增油为主的措施向控水和增油相结合措施转变、调整方式由井网加密向井网综合利用方向转变、驱油方式由单一水驱向多元化驱替方式转变、压力系统由高压系统向相对低压系统转变；"十一五""十二五"期间形成了"分类研究，分步调整，多种驱替方式并举"的开发政策，即油层分类研究、开发调整分步进行、水驱和化学驱多驱替方式并举。"十三五"以来，面对储采结构失衡、开发对象变差、多驱替方式并存的实际，攻关研究了中高渗透油田特高含水阶段水驱开发技术政策、低渗透油藏合理注采比和化学驱开发技术政策界限，科学地指导了油田高效、有序开发。

20 世纪 60 年代，大庆油田的发现和开发，在中国油田开发史上具有里程碑式的地位。完全摆脱了盲目照搬国外做法的窠臼，依靠自主创新、建立起陆相油藏开发的比较完整的工作与技术体系。

吸取在这之前国内外油田开发的经验教训，强调"立足地下"，下苦功研究油田地质，要求取全取准地下地质数据，掌握齐全准确的第一性资料。针对陆相非均质性严重的特点，反对"粗估冒算大平均"，不以大段平均值掩盖储层各段的特征。"石油工作者的岗位在地下，斗争对象是油层"的著名论断，就是这时提出的。大庆油田的地质研究经历了20 世纪 60—70 年代的陆相湖盆小层对比，到 70—90 年代的细分沉积相与表外储层研究，1999—2007 年研究建立密井网条件下储层精细描述技术，以及 2008 年以来研究形成井震结合储层精细描述技术，实现了更小尺度地质体的三维定量表征，积极推动油田全面注水开发、三次大规模加密调整，以及三次采油工业化推广。充分印证了每一次技术进步和地质认识的深化都大幅度提高可采储量和采收率的事实。

强调"一切经过试验"，以矿场先导性试验研究油田开发规律、提高开发水平。油田开发一开始，就在中区开展 30km² 的生产试验区，1965 年在萨北开展的小井距单层开采试验，将几十年开采过程缩短，以便及早发现问题、掌握规律、研究对策，做好技术储备。几十年间大庆油田先后开展 300 多项重要的先导性试验，都发挥了重要作用。强调分析矛盾，抓住主要矛盾，促使矛盾的转化。整个油田开发过程，地下油水分布处于剧烈的变化运动中。在开发的各个阶段，表现出不同的矛盾状态，在多种矛盾中主要矛盾又与次要矛盾交叉叠合，十分复杂。认识并抓住主要矛盾，针对矛盾的不同性质，用不同的方法解决，才能使开发进程不断加深，大庆油田注水开发早期，认识并处理好注水与采油的关系、"水利与水害"的关系；处理好主力层与非主力层的关系；处理好稳产与高产的关系等，使油田中低含水开采阶段保持了较长时间的稳产，为油田生产争取了主动。

　　强调实施以成熟技术为核心的系统工程。20 世纪 80—90 年代是中国油气田深入开发、全面调整提高的阶段。此时东部投产较早的老油田进入高含水、特高含水阶段，含水上升和原油产量递减速度加快。为了实现 5000×10^4t 以上持续高产稳产，油田开发在"立足于主力油层，立足于基础井网，立足于自喷开采，立足于现有工艺技术"原则的指导下，推广应用了"稳油控水"系统工程，提高水驱采收率，延长稳产期。"稳油控水"是根据陆相油藏非均质性和开发过程中油层水淹状况的不均匀性，对油藏三大差异的进一步调整和治理的系统工程，由大庆油田最早提出和实施，以后各油田在推广中，都结合各自特点有所发展创新。主要是通过调整注水结构、调整产液结构、调整储采结构 3 个方面入手，实施结果是开发效果明显提高。推广"稳油控水"技术 5 年后，与原规划指标对比，产液减少 3.67×10^8t，注水量减少 2.34×10^8t，综合含水率降低 2.1%。走出了长期困扰油田开发的"要稳定产量—大量提高产液量—更大量增强注水量—使地面供、注、输等系统饱和、不断扩建—不断增加投入、提高成本、降低效益"的怪圈。

　　到 2003 年，油田已经在 5000×10^4t 以上稳产 27 年，创造油田开发史上的奇迹。但同时暴露了油田开发中的很多矛盾和问题。主体喇萨杏油田含水率已接近 90%，即将进入特高含水期开发阶段，水油比将由"八五"期间的 4∶1 急剧增长到 9∶1，低效无效循环严重，能耗加大，成本上升；油田后备资源严重不足，储采平衡系数只有 0.5 左右，剩余可采储量不足 5×10^8t，且 85% 以上分布在特高含水油层；油田增储上产的主要对象基本处于世界油田开发的技术经济极限，开发难度极大。如何科学合理制定特高含水期油田开发战略及目标，不仅直接关系到大庆油田的可持续发展，而且对我国石油工业和地区经济的发展具有重要意义。为此，综合运用系统工程思想和油田开发理论，研究并制定"十五"后三年油田开发战略及"11599"工程目标（三年新增石油可采储量 1×10^8t，油田综合含水率少上升 1 个百分点，外围油田年产油达到 500×10^4t，老区水驱自然递减率控制到 9%，聚合物驱年产油量保持在 900×10^4t 以上）。通过油田上下的艰苦努力，到"十五"末全面完成各项指标。"11599"工程的实施，发展了油田开发和规划理论，发展了开发指标预测技术，制定了特高含水期油田开发技术政策，形成了特高含水期油田开发的新模式，为"十一五"油田开发探索了新思路，快速扭转了由于产量下降弥漫在油田上下的颓势。

　　"十一五"初期，大庆油田产量递减幅度依然很大，2008 年国家领导人到大庆调研提出大庆油田要在 4000×10^4t 稳上一段时间。作为油田产量主体的水驱油田（占油田总产量的 70% 以上）需要贡献更多的产量。当时面对的难题是：长垣水驱剩余油高度分散，优质储量不断转移到三次采油，递减加大；外围油田成本高、新建产能品质差、补产能力弱。为此，油田提出实施精细挖潜工程，在长垣水驱、外围油田分别建立 6 个精细挖潜示范区。以"油田高含水≠每口井都高含水、油井高含水≠每个层都高含水、油层高含水≠每个部位、每个方向都高含水、地质工作精细≠认清了地下所有潜力、开发调整精细≠每个区块井和层都已调整到位"的五个不等于潜力观为指导，以"精细油藏描述、精细注采系统调整、精细注采结构调整、精细生产管理依靠少打井"四个精细为手段，发展形成特高含水期水驱精细挖潜配套技术，形成复杂大系统下精细、高效的开发管理模式，长垣水驱 6 个示范区实现了产量不降、含水不升；外围油田 6 个示范区大幅度控制含水率、递减率，低于外围平均水平 2 个百分点、6 个百分点，实现了"控递减、控含水"目标。并以示范区为引领，在全油田推广，水驱产量保持了稳定，长垣水驱年产油量由"十一五"初期的年递减 150×10^4t 降低到 40×10^4t 左右，极大地提高了水驱的开发效果，保证了油田 4000×10^4t 以上稳产到"十二五"末。

大庆油田三次采油技术从 1996 年开始工业化推广，其中聚合物驱 1965 年开始室内研究，1996 年工业化推广；复合驱 1983 年开始室内研究，2014 年工业化推广。截至 2022 年底，动用地质储量 15.52×10^8t，累计产油 2.97×10^8t，已成为全油田提高采收率的"发动机"。由于开发对象由一类油层到二类 A 及二类 B 油层，驱动方式上也增加了三元复合驱技术，对象逐渐变差，复合驱配套技术还在不断完善之中。进入"十三五"以来，受到对象变差、化学剂质量、聚合物驱污水过盈问题、三元复合驱采出液及原油集输达标处理问题日益凸显的影响，一些区块呈现出采收率降低、注采速度波动大、开发效益差等问题，在 2018 年技术座谈会上，大庆油田公司明确提出三次采油提质提效工程。一是推广抗盐聚合物应用规模，解决污水过盈问题。建立了抗盐聚合物筛选评价方法和产品技术要求，优选出以 LH2500 为代表的抗盐聚合物产品。在先导试验取得成功的基础上，抗盐聚合物驱已在萨中、喇嘛甸和杏树岗开发区推广应用 14 个工业化区块，累计动用地质储量 7851×10^4t，占聚合物驱的 37.5%，预测提高采收率 13～15 个百分点，较传统聚合物多提高 3 个百分点，降低聚合物用量 20%。二是研发出脂肽／石油磺酸盐弱碱复合驱油体系，界面活性、抗吸附性能得到进一步提升。在南四东开展了脂肽／石油磺酸盐弱碱复合驱现场试验，预测最终提高采收率 19.9 个百分点，表面活性剂成本降低 11.3%。并在萨南等开发区推广 7 个区块，动用地质储量 4244×10^4t。三是持续深化对标管理。建立并完善"开发、区块、井组"分层次对标管理体系，统一各开发区井组分类标准，井组效果评价更具一致性，动态调整更具针对性。年实施注入方案调整 7079 井次、增产增注措施 1310 井次，浓度匹配率继续保持在 93% 以上，分注率由 70.7% 提高到 71.6%，压裂初期单井日增油保持 5t 以上。四是强化注入体系质量管理。完善注入质量管理体系，紧紧抓住药剂管理、母液配制、体系注入、设备修保四个环节，严格执行方案，保证化学驱配制注入质量。年实施"冲、洗、分、修"等措施 4.34 万项次，注入体系质量合格率提高到 95.1%，黏损率控制到 21.4%。经过"十三五"期间技术研发及综合治理，三次采油区块整体开发水平进一步提升，到 2023 年已经连续 22 年保持年产量 $1000 \times 10^4 t$ 以上。

（三）其他典型油田

被誉为中国石油工业摇篮的玉门油田，1939 年发现老君庙油田，从 1939 年到 1949 年累计产油 $52.4 \times 10^4 t$，是近代石油工业主要基地。玉门油田开发初期应用的是西方的技术与装备，俄国成立以后，又是全盘学习苏联的经验，1954 年编制老君庙 L 油层边外注水方案。其后不久，1956 年新疆克拉玛依油田发现后，着手编制开发方案，这两个方案都是在苏联专家帮助下进行的，所以从工作方法到基本地质概念都是从苏联学来的。注水方案完全照搬苏联第二巴库海相陆源碎屑岩储层的经验，根本谈不上对我国陆相油藏特殊性的认识。注水方式则按大面积连续分布的砂岩油层模式，确定一排边外注水井和三排采油井的部署，实施后效果是不理想的。而克拉玛依油田为冲积扇砾岩储层，其复杂多变的洪积相特性被忽视了，被当作广泛分布的砂岩看待，本来克上组与克下组完全是两个压力系统、两种油气性质，生产能力相差甚远的两个油藏，而原方案根据不多的岩心资料将其看作差异不大，采取了合注合采的很长行列的内切割注水井网。所以实施后，严重脱离油藏实际，不到两年油田出现"恶化"局面，在以后的开发过程中，被迫采取重大的调整措施。

从总体来说，作为新中国石油工业的基地，玉门在油田开发的多个方面发挥了先行和摇篮的作用。它是第一个注水注气补充能量开发的油田，也是首次应用油矿地质学概念，对油层连通状况与性质特征进行分析研究，开了以后大庆油田"小层对比"的先河；是第一次针对 M 油层低渗透率特性的认识，提出对低渗透油层的开发要采取区别对待的办法，第一次应用酸化压裂技术改造油层取得成功；当时开发的鸭儿峡油田是我国第一个深井油田（井深 2800~3000m）。这些就是玉门人常说的起到了"三大"（大基地、大学校、大试验田）、"四出"（出产品、出经验、出人才、出队伍）作用，玉门油田确实在我国石油工业及油田开发史上占有重要的一页。

20 世纪 60 年代末至 70 年代，我国渤海湾地区和中西部地区发现并投产了一大批新油田。这批油田有胜利孤岛的常规稠油油田，华北任丘、胜利义和庄、桩西等海相碳酸盐岩古潜山油田，辽河高升、曙光特超稠油油田和中原濮西等气顶砂岩油田，以及港中、渤南、马岭、朝阳沟、新立、马西、文东和尕斯库勒等低渗透、特低渗透油田。由于大庆油田开发取得巨大的成功，大庆经验一度被模式化并且到处套用，然而到了渤海湾地区，面对复杂的断块油田，大长井段、多油层、多油水系统、多种油品性质等，大庆整装砂岩油田开发的一些具体做法就不适应了。事实迫使人们重新思考、重新认识"多样性"的特点和采取相应对策。在借鉴国外类似油田开发经验教训的基础上，分别采用了不同的开发方式和工艺技术：以任丘为代表的碳酸盐岩古潜山油藏，采用了边、底注水，稀井高产方式；以孤岛为代表的常规稠油油藏采用了高压强化注水、大泵提高采液量等开发方式及先期防砂、堵水调剖、掺水降黏的工艺技术；以大庆喇嘛甸和中原濮西油田为代表的气顶油藏采用了先采纯油区，后采油气缓冲区及气区，在油气边界气区注水建立隔离带的开发程序和开发方案；对低渗透、特低渗透油田采用了早期注水、压裂投产和保护油层等系列化开发方式及工艺技术。这些复杂类型油田开发成功，丰富与发展了我国以注水开发为主体的油田开发方式及采油工程技术，也大大开阔了开发人员的眼界与思路。体会到客观世界是丰富多彩的、油藏类型是复杂多样的，套用一种模式不行，还得从实际出发，走自己的路。

油田开发政策与技术界限通常是针对不同开发阶段而制定的，不同开发阶段的开发特点不同，采取的开发技术政策也不同。因而在制定油田开发技术政策之前，需明确油田所处的不同开发阶段。

第二节　开发阶段综合划分方法

根据《石油天然气工业术语　第1部分：勘探开发》（GB/T 8423.1—2018）中的定义，开发阶段是将整个油田开发过程按产量、含水、开采特点等变化情况划分的不同开发时期。按含水变化可分为无水采油阶段、低含水采油阶段、中含水采油阶段、高含水采油阶段；按产量变化可分为全面投产阶段、高产稳产阶段、产量递减阶段、低产阶段；按开发方式可分为一次采油阶段、二次采油阶段、三次采油阶段。矿场实践中也是通常按开发指标划分油田的不同开发阶段，一般包括按含水划分（低含水期油田、中含水期油田、高含水期油田、特高含水期油田）、按可采储量采出程度划分（低采出程度油田、中采出程度油田、高采出程度油田）、按剩余可采储量采油速度划分（低采油速度油田、中采油速度油田、高采油速度油田）等，其中最为常用的是按含水阶段和产量变化趋势划分油田开发阶段。

一、单一指标划分方法

（一）含水高低

据中国石油天然气集团有限公司制定的《油藏工程管理规定》（2021版）按照含水的高低，油田开发阶段可划分为低含水期、中含水期、高含水期和特高含水期，并明确了不同含水期注水开发油田要取得较好的阶段技术经济效益，需着重搞好以下调控措施。

（1）低含水期（含水率小于20%）。该阶段油田开发动态特点是注水见效和主力油层发挥作用。其主要工作要努力控制注入水均匀推进，防止单层突进和局部舌进，提高无水和低含水期采收率。

（2）中含水期（含水率20%～60%）。该阶段主力油层普遍见水，部分油层水淹，层间和平面矛盾加剧，含水上升较快。其主要工作是搞好层间产量接替和平面注采强度调整，扩大注入水的波及体积，确保油田高产稳产。

（3）高含水期（含水率 60%～90%）。

① 高含水前期（含水率 60%～80%）。该时期主力油层产量处于递减状态。该时期主要工作是搞好油田开发层系、井网、注采系统调整，以及其他挖潜措施，增加可采储量，有条件的油田要采取提高排液量措施，尽量提高高峰期采出程度。

② 高含水后期（含水率 80%～90%）。该时期各类油层普遍水淹，剩余油分布分散，产量处于总递减状态。该时期主要工作是搞好精细油藏描述，开展改善二次采油和三次采油，延缓产量递减速度，提高采收率。

（4）特高含水期（含水率大于 90%）。该阶段储层剩余油高度分散，主要工作是努力提高注水利用率，控制生产成本；开展精准油藏描述，进一步采取改善二次采油和三次采油提高采收率技术进行深入精细挖潜，延长油田经济有效开采期。

（二）产量变化趋势

按产量变化趋势，大体上可划分为三个阶段，即产量上升阶段、稳产阶段、递减阶段。童宪章院士提出把一个早期注水开发的油田划分为三个开发阶段的方法：（1）准备阶段。从油田投产开始，到产量达到峰值年产油量的 75% 时为止，其特点是随着投产井数的增加产油量不断上升。（2）稳产阶段。界定为年产油量大于峰值年产油量的 75% 以上的整个阶段，其特点是开发井投产大体完毕，油井与油田产量均处于高产稳产状况。（3）递减阶段。为年产油量降到峰值年产油量的 75% 以下的整个阶段，其特点是油田产量较快下降，产量持续递减直至结束。上述按产量划分开发阶段的方法，其"产量"多用年产油量、年采油速度或年平均产油水平；在划分时常用月产油量、月平均产油水平或折算采油速度来划分，这可视其需要与方便而定。对于稳产阶段的划分指标与技术界限，当前主要依据陈元千[1]的成果，不同开发阶段油田按无量纲采油速度（比采油速度）与可采储量采出程度关系曲线来划分开发阶段，无量纲采油速度（比采油速度）在 0.8～1.0 之间为稳产阶段。

由于采取的开发方式和调整方式的不同，各阶段出现的时间和持续的长短也不同。一般而言，第一阶段的特点是采油量在含水率较低的情况下增长（对应低含水期），在该阶段将钻完主要部分的生产井和建立注水系统，以达到最高采油水平为标志而结束第一阶段。第二阶段的特点是保持稳定的高采油水平，在该阶段含水率迅速上升（对应中含水期、高含水前期）。第三阶段的特点是采油量下降，调整措施工作量大，在该阶段含水率上升较为缓慢（对应高含水后期及以后），特别是进入特高含水期后，采油水平低，调整潜力小，开发年限长，经济效果差。

对实际油田开发而言，含水高低和产量变化趋势不存在必然的对应关系，需要根据自身特点进行判定。对我国油田而言，绝大多数均为砂岩油田且已进入特高含水开发阶段，但依然具有较大的开发调整潜力，且该阶段开采时间较长，而原有的开发阶段划分方法并未考虑到油田的具体实际。因此，针对这种情况，需要研究建立油田开发第三阶段综合指标划分标准，进一步细化开发阶段，为制定相应的技术政策界限提供必要的基础。

二、开发后期油田多指标综合划分方法

（一）国外油田开发后期划分标准

（1）西方国家关于成熟油田或油田开发后期的划分标准。

整个业界[3]并没有一个统一的标准或定义来界定成熟油田，每个国家或石油公司都可以通过自己的战略目标来划分成熟油田。根据不同的油田生产程度，成熟油田可以有多种定义，对于所有定义中的成熟油田，均可通过对油藏、油井和设施采用先进的物探科技、石油工程，以及其他合适的手段，提高油气可采储量潜力。

成熟油田的定义如下：

当油田累计产量大于等于原始的 2P 储量（证实储量加概算储量）的 50% 时，即可视为成熟油田。

当油田投产超过 25 年时，即使累计产量低于 2P，但考虑油田地面或地下设施的可用寿命需采用新战略，也应视为成熟油田。

如果已过峰值，产量出现下滑，则也被视为成熟油田。

当石油交易的收入降低到与开采成本相同时，油田就达到了其经济上限。在这种情况下，可以称之为成熟油田，抑或是边际油田。

还有一些咨询公司对成熟油田有着自己的定义：

伍德麦肯锡：当剩余可采储量不大于 33% 时，称为成熟油田。

DAKSIQ：当生产初期接近结束、生产率已过峰值且出现缓幅下滑时，油田进入成熟期。

（2）苏联关于成熟油田或油田开发后期的划分标准。

苏联把进入开发后期的油田划分为两个阶段[4-5]，即快速递减阶段和缓慢递减阶段，也就是把原第三阶段进一步细分为第三、第四两个阶段，有两种划分方法划分这两个开发阶段：一种划分方法是根据综合含水率来划分，在含水率达到 80%～90% 之后，含水率的增长幅度开始下降，含水率曲线的拐点即为第三阶段的结束。另一种划分方法是按可采储量采油速度来划分，认为产油量下降区间的曲线平缓段是当原始可采储量采油速度降到 2% 左右时出现的，将可采储量采油速度降到 2% 作为第三阶段与第四阶段的界限，并且这一划分标准也可用于开发晚期没有平缓段的油田。这两种划分方法都有一定根据，但划分标准是单一指标，考虑得不够全面。

考虑水驱砂岩油田开发后期具有较大调整潜力和较长开发时间的实际，借鉴苏联的开发阶段划分方法，将原第三阶段划分为快速递减阶段（第三阶段）、缓慢递减阶段（第四阶段）两个阶段，更为符合国内油田开发的特点。为了更为合理地给出第三阶段与第四阶段的划分标准，首先需先研究进入开发后期典型油田的开发指标特点。

（二）开发后期典型油田的开发特点

（1）国外油田进入开发后期阶段实例。

以土库曼斯坦的古姆达格油田为例，该油田目前处于开发晚期，1949 年投入开发，

截至 2000 年底，油田总开发井数为 847 口，开井数 437 口，报废井及观察井 410 口，地质储量采出程度 57.9%，可采储量采出程度 92.3%，含水率 77.6%。

从油田的产量变化趋势来看，可分为以下四个阶段。

第一阶段为 1949—1953 年，是产量上升的初期开发阶段，地面工程建设日益完善，钻井投产井数逐年增加，产量快速上升。

第二阶段为 1954—1962 年，是高产稳产阶段，可采储量采油速度保持在 4.6% 以上，方案设计生产井绝大部分已钻投、注水、注气措施已实施，无量纲采油速度由 1954 年的 0.85 上升到 1959 年的 1.0，达到历史上最高峰；1962 年无量纲采油速度降低为 0.85。

第三阶段为 1963—1972 年，是产量快速下降阶段，尽管 1963 年仍有少部分新井投产，但由于注水、注气满足不了产液量的需求，地层压力下降严重，导致产量递减加快，至 1972 年无量纲采油速度降低为 0.25，平均年递减率为 11.5%。

第四阶段为 1973—2000 年，是产量缓慢下降阶段，也就是油田进入了开发晚期，由于停止了注气，并陆续减少了注水，主要靠边水和溶解气驱动，导致驱动能量严重不足，地层压力进一步下降，各种增产措施效果变差，油田在较低的液量下开采，采液规模由 1973 年的 164.68×10^3t 递减到 1999 年的 39.39×10^3t，无量纲采油速度由 1973 年的 0.24 降低到 2000 年的 0.04。

古姆达格油田进入开发晚期以来，主要有以下开发特点：

① 采油速度极低。古姆达格油田进入开发晚期以来的采油速度与其产量高峰期的采油速度相比，仅为高峰期的 0.27 倍。

② 可采储量采出程度高。古姆达格油田进入开发晚期阶段的可采储量采出程度达到 85%，此后缓慢增加。

③ 措施效果差，措施增油量少。古姆达格油田开发晚期阶段的主要增产措施就是补孔，增产效果不好，近十年来总措施增油量只有 21.44×10^3t。

④ 综合含水率上升慢。古姆达格油田晚期阶段对高含水的井层实行关闭和封堵来控制伴生水量，使其综合含水率上升慢，在目前可采储量采出程度已达 92.08% 的情况下，油田综合含水率只有 77.6%。

对国外其他油田晚期开发阶段的特点也进行了分析（表 1-2-1），可以看出，这些油田存在共性的地方都是晚期阶段采油速度低、可采储量采出程度高、综合含水率也较高，但上述指标在量值上有一定差别。

（2）喇萨杏油田早期投入开发的高含水区块开发特点。

与国外油田相比，在相同采出程度下，喇萨杏油田的含水明显高于其他油田。这主要与油层条件和开发做法有关。喇萨杏油田由于原油黏度高、储层非均质性严重和早期内部注水保持能量的开发方式，使其开发早、中期含水上升快，采出程度低，相当多的可采储量要在高含水期采出。根据开发规律研究成果，喇萨杏油田水驱大约 20% 的可采储量要在含水率 90% 以后采出，特高含水期仍是重要的开发阶段。因此，对于喇萨杏油田来说，进入特高含水期不一定是进入开发的晚期阶段，而进入开发晚期阶段却一定是在特高含水期以后，也就是说，含水高低不是衡量喇萨杏油田进入晚期开发阶段的唯一指标，但却是一项重要指标。

表 1-2-1　国外各油田开发后期开发指标对比表

油田	综合含水率/%	可采储量采出程度/%	无量纲采油速度
巴夫雷	78.30	59.98	0.22
杜马兹	92.00	87.76	0.23
罗马什金	87.42	85.60	0.15
东得克萨斯	76.20	62.63	0.30
曼恰洛夫	80.00	68.50	0.40
托奇莱特	92.00	84.34	0.04
帕宾那	65.40	63.60	0.49
十月	81.60	70.75	0.27
阿克萨克夫	85.80	71.34	0.42
丘列斗蒂	80.00	82.58	0.23
杜依玛兹	90.80	82.13	0.27
古姆达格	72.60	80.08	0.23
平均	81.84	74.94	0.27

　　为更好地分析晚期开发阶段的特点，选取了投产时间较早、综合含水率较高的喇嘛甸油田纯油区 LB 块进行分析。喇嘛甸油田纯油区 LB 块 1973 年投入开发，截至 2000 年底，区块总油井数 973 口，开井数 878 口，可采储量采出程度 86.11%，地质储量采出程度 23.98%，油田综合含水率 93.02%，采油速度 0.415%，剩余可采储量采油速度 11.3%。

　　从其开发历程来看，有两次大的加密调整，使油田产量上了两个台阶，2000 年产量已进入缓慢递减阶段，主要开发特点是"三高两低"，即综合含水率高、可采储量采出程度高和井网密度高；采油速度低、措施单井增油量低。

　　① 综合含水率高。截至 1997 年底，该区块含水率就已超过 90%，即进入了液油比急剧增长阶段，目前其综合含水率 93.02%，比喇萨杏油田水驱平均含水率高 4.22 个百分点。

　　② 可采储量采出程度高。该区块 2000 年底可采储量采出程度 86.71%，比国外油田进入晚期开发阶段的可采储量采出程度高出 10 个百分点。

　　③ 井网密度高。该区块井网密度 60 口 /km²，已接近喇嘛甸油田经济极限井网密度。

　　④ 采油速度低。与产量高峰期的采油速度比，该区块 2000 年采油速度只是高峰期的 0.30 倍。

　　⑤ 措施单井增油量低。该区近年来压裂单井增油量和换泵单井增油量都已接近措施单井增油的经济界限。

（三）第三阶段与第四阶段划分方法

（1）综合指标划分方法与界限。

根据上述分析研究，可用两类 5 项指标来划分油田开发的第四阶段。

第一类：开发指标。

①无量纲采油速度，即目前采油速度与最大采油速度的比值。

②可采储量采出程度。

③综合含水率。

第二类：调整潜力指标。

④措施单井增油量 / 措施经济极限单井增油量。

⑤井网密度 / 经济极限井网密度。

其中第一类指标是基于国内外油田开发晚期阶段共性特点而选定，第二类指标是根据油田进入开发晚期阶段后调整潜力小和经济效益而选定的。

通过 42 个区块的开发指标对比分析，以及水驱开发潜力评价结果，结合国外油田情况，将划分标准定为无量纲采油速度 0.2，可采储量采出程度 80%，综合含水率 90%，措施单井增油量与措施经济极限单井增油量比值为 1.2，井网密度 / 经济极限井网密度比值为 0.8。达到这 5 项指标界限后（表 1-2-2），可以判定该油田或区块进入第四阶段，从而为制定相应的调整对策提供基础。

表 1-2-2　油田进入第四阶段的各项衡量指标界限

指标	无量纲采油速度	可采储量采出程度 /%	综合含水率 /%	措施单井增油量 / 措施经济极限单井增油量	井网密度 / 经济极限井网密度
界限	0.2	80	90	1.2	0.8

（2）喇萨杏油田各区块及分类井的阶段划分结果。

根据上述标准，对喇萨杏油田 42 个区块及各区块的分类井划分了开发阶段。处于开发第一阶段的有 4 个区块的二次井和 1 个区块的一次井，控制储量占总数的 1.28%；处于开发第二阶段的有 9 个区块的二次井、2 个区块的一次井和 4 个开发区块，控制储量占 9.7%；处于开发第三阶段的包括 7 个区块的基础井、22 个区块的一次井、10 个区块的二次井和 13 个开发区块，控制储量占 58.4%；处于开发第四阶段的主要是基础井，共有 30 个区块的基础井进入了开发第四阶段，还包括喇嘛甸油田的三个纯油区区块，这些部分控制储量占 31.9%。

①采油速度变化趋势。

采油速度反映采油动态，在整个开发过程中的变化趋势是第一阶段迅速增大，增长的速度取决于钻井与工程建设的速度；第二阶段保持在较高的水平上，这一阶段的平均采油速度为最高速度；第三阶段采油速度大幅度降低；进入第四阶段后在较低的采油速度下缓慢递减。

油田的最大采油速度受多种因素影响，对此苏联做了大量的研究，认为主要与油田大小、油藏的产油能力，以及油田所采用的开发系统、开发调整方式等有关。喇萨杏油田分类井中，二次井由于采用了强化开采方式、控制地质储量低，最高采油速度比同一区块的基础井和一次井高，各开发区块基本在 2%～4% 之间，平均为 2.80%；基础井达到的最高采油速度基本在 0.8%～3.0%，平均为 1.87%；一次井达到的最高采油速度基本为 1%～4%，平均为 2.35%。

对于开发区块来说，由于各类井依次投产，总的投产时间拖得很长，能够在较长的时间内保持高的采油水平，但达到的最高采油速度要小于分类井，喇萨杏油田各开发区块在第二阶段的最高采油速度基本为 0.6%～2.5%，平均为 1.4%。大于 2.0% 的区块有 5 个，主要在萨南和杏北油田；小于 0.8% 的区块有 5 个，其中有 2 个区块在萨中油田。萨中油田各区块的最高采油速度都较低，除萨中高台子采油速度达到 2%、西区的采油速度 1.2% 外，各区块最高采油速度都在 1.0% 以内。

最高采油速度的大小决定油田的稳产年限，一般来说，达到的最高采油速度越大，稳产年限越短。喇萨杏油田各开发区块最高采油速度与稳产年限从回归关系来看，总的趋势是符合上述规律。分类井也基本符合这一规律，萨中油田各区块的基础井在第二阶段最高采油速度较低，稳产年限都超过 8 年；喇嘛甸油田各区块基础井最高采油速度都大于 2%，稳产年限都不超过 5 年。

喇萨杏油田各区块基础井的采油速度都很低，其中有 22 个区块的采油速度低于 0.5%，最高的也只有 0.7%，平均为 0.37%。而基础井目前基本上都进入第四阶段，少部分处于第三阶段末，因此，提高采油速度的余地不大。

一次井目前的采油速度基本为 0.4%～2.0%，平均采油速度为 1.21%。其中萨中以北油田各区块中，除南一区外，采油速度都低于 0.6%，而萨中油田的北一区断块、中区、过渡带仍处于第三阶段，还有提高采油速度的潜力。萨南以南油田各区块中，除了处于第一阶段、第二阶段的南二区—南三区行列、杏北过渡带采油速度较高外，其他区块采油速度基本为 1.0%～2.0%，其中杏六区—杏七区、杏十三区纯油区采油速度低于 0.9%，有提高的余地。

二次井目前的采油速度范围基本为 1.0%～4.0%，平均采油速度为 2.4%。其中喇嘛甸和萨北油田各区块的采油速度仍较低，都在 2.0% 以内，这些区块都已进入第三阶段，因此，对这些区块来说，提高采油速度的余地不大。萨中油田多数区块的采油速度都大于 3.0%。萨南以南油田多数区块的采油速度也较高，为 2.0%～4.0%，这些区块基本处于第二阶段和刚刚进入第三阶段，还有采油速度较高的南二区—南三区面积仍处于第一阶段。采油速度低于 1.5% 的南四区—杏一区和杏八区—杏九区纯油区有提高采油速度的潜力。

② 采液速度变化趋势。

采液速度的变化趋势与油田的开发调整做法有关，但在第一阶段、第二阶段，采液速度基本上是增加的。第三阶段，有些油田采液速度增加，有些油田采液速度降低。油田进入第四阶段，采液速度总的趋势是下降的。

喇萨杏油田分类井中，基础井在各个开发阶段的采液速度都明显低于同一区块的一次井和二次井，二次井采液速度是基础井的2～3倍。在第一阶段、第二阶段，喇萨杏油田分类井及开发区块采液速度都是增加的，在第三阶段，由于喇萨杏油田采取了结构调整、稳油控水的调整方式，几乎所有区块的一次井和二次井在第三阶段的采液速度都是增加的，而基础井在第三阶段采液速度增加的区块占37%，采液速度下降的区块占63%，采液速度增加的主要是喇嘛甸油田各区块和杏北油田的大部分区块的基础井，采液速度下降的主要是萨尔图油田和杏南油田一些区块的基础井。

在已进入第四阶段的20个区块的基础井中，有11个区块在第四阶段的采液速度是下降的，其余9个区块第四阶段的采液速度基本上是稳定的。由于进入第四阶段的都是高含水、特高含水区块，高含水井比例高，以后的开发中会有大量的关井和堵水措施，因此，采液速度总的趋势是下降的。

从基础井目前阶段的采液速度来看，变化范围较大，为1.0%～8.0%。萨中油田各区块采液速度低，都不到3.0%，虽已进入第四阶段，但采液速度低于喇萨杏油田各区块平均水平，仍然要提高采液速度。其他各油田的采液速度除杏十三区纯油区采液速度太低，需提高外，其他区块的采液速度都大于4.0%，喇中块、南块、北三区含水高于南部油田，采液速度也较高，应适当降低。杏四区—杏六区面积采液速度是其他区块平均采液速度的一倍还多，应适当降低。

一次井的采液速度变化范围更大，为1%～20%，但多数区块为4%～10%。由于一次井是目前水驱挖潜的主要对象，因此，对于采液速度低于5.0%的各类区块，都应适当提高采液速度。而高于喇萨杏油田各区块平均采液速度一倍还多的两个区块杏四区—杏六区面积、杏八区—杏九区纯油区采液速度应适当降低。杏北过渡带处于第二阶段，因此采液速度高。

二次井的采液速度变化范围更大，为3%～40%，但多数区块为10%～20%。杏八区—杏九区纯油区处于第二阶段，采液速度低，有提高的余地。南四区—杏一区和北一二排刚刚进入第三阶段，采液速度低，也应适当提高。采液速度高的几个区块杏十三区过渡带、中区、杏十区—杏十二区纯油区、南一区、西区都是处于第一阶段、第二阶段的区块。

第三节　高含水后期油田开发政策制定案例

1990年，已连续15年保持年产原油5000×10^4t以上高产稳产的大庆油田含水率已高达78.96%，即将进入高含水后期开发阶段。"八五"期间，大庆油田要继续保持年产原油5500×10^4t，如果沿用"提液稳油"的办法，只稳油不控水，油田含水率将由78.96%上升到86.36%，同期年产液量也将由2.61×10^8t猛增到4.23×10^8t。这将大幅度增加工程量和投资额，使开发效益明显降低，并将给"九五"油田稳产带来极为不利的影响。因此，油田提出并制定了"稳油控水"系统工程，即立足于大庆油田地质开发基本特点，在精细地质研究的基础上，综合油藏、地球物理测井、钻井、采油和地面集输等专业工程技术，形成了一套具有中国特色的高含水期"稳油控水"结构调整技术。其主要内容及特点是：把油田开发作为一个系统工程，针对油田多油层的非均质性和注水开发过程的不均衡性，通过对油田注水、产液和储采结构进行有效调整，充分挖掘各类油层特别是低含水差油层的生产潜力，既要确保实现年产原油 $5500 \times 10^4 t$ 继续稳产，又要有效控制油田总产水量和综合含水率的上升速度，从而改善高含水期油田开发总体经济效益，并为油田进一步延长稳产期创造相对更为有利的条件。"八五"期间大庆油田通过实施该项目，在年产原油 $5000 \times 10^4 t$ 以上已连续稳产 15 年，综合含水率达 78.96% 的条件下，五年累计生产原油 $27918.86 \times 10^4 t$，综合含水率只上升 1.34 个百分点，取得了显著的社会效益和经济效益。与国家审定的同期油田开发规划指标相比，五年累计多产原油 $610.86 \times 10^4 t$，综合含水率少上升 6.06 个百分点，少注水 $8617 \times 10^4 m^3$，少产液 $2.48 \times 10^8 t$，少用电 $15 \times 10^8 kW \cdot h$，合计增收节支 150×10^8 元左右，并为"九五"油田继续保持较高稳产水平赢得了主动权，开创了高含水期提高油田开发总体经济效益的新路子。关于"稳油控水"系统工程已有较多论述，在此不再赘述。

下面以 2002 年大庆油田即将进入特高含水期且产量进入有序调整阶段而开展实施的"11599"系统工程为例，说明在该阶段采取的开发政策与技术界限以及实施的效果。

一、"11599"系统工程目标提出的背景

"十五"期间，油田开发对象发生了明显的转变，老区水驱由二次加密转向三次加密，聚合物驱由北部主力油层转向南部主力及二类油层，外围油田即将开发的油层储量丰度更低、渗透率更差；主体油田喇萨杏即将进入特高含水期开发，水驱年产量递减 $400 \times 10^4 t$，2002 年以前，聚合物驱以平均每年 $150 \times 10^4 t$ 能力补产，而 2002 年以后，聚合物驱产量达到高峰，难以继续增加，无法弥补水驱产量递减，外围油田每年增产也只有 $(30 \sim 50) \times 10^4 t$。大庆油田开发向何处发展，成为油田上下讨论的焦点，面对这一现状，大庆油田提出"十五"后三年实施"11599"工程目标，指明了油田开发调整方向。为实现这一目标，积极调研国外油田的做法和经验，并实地到国内玉门油田、胜利油田考察学习；联合攻关，攻难克坚。油藏工程与采油工程、测试工程、地面工程等各路联合攻关，攻克了制约油田的技术关键。通过三年的共同努力，做了大量艰苦细致的工作，实现了"11599"系统工程目标，油田开发水平进一步提高。

（一）主体喇萨杏油田将进入特高含水期开采，油田战略目标不十分明确

到 2002 年底，大庆油田综合含水率 87.98%，可采储量采出程度 75.23%，已进入"双高"阶段开采，其中主体喇萨杏油田预计 2003 年将进入特高含水期开采，大庆油田即将进入产量总递减阶段，油田开发工作者对油田"十五"期间的发展战略目标不十分明

确，油田产量应该保持在什么水平，外围油田上产规模是多少，三次采油保持在什么样的产量规模，增加可采储量的主要技术方向是什么，这些与油田发展相关的战略目标需要有一个明确的认识。

（二）油田产量进入递减阶段，产量递减规律和含水上升规律认识不深刻

与国内外其他油田相比，大庆油田产量变化趋势主要有以下特点：一是油田保持长期稳产；二是在高含水后期产量才开始递减；三是比采油速度一直较高，在 0.9 左右。上述开发特点决定了大庆油田的递减率较大，2002 年达到了 13% 左右。今后的递减率能否得到有效控制，每年的产量递减幅度是多少，能否实现中国石油天然气集团有限公司（简称中国石油）给大庆油田每年递减（150～200）×10^4t 的调整目标，含水上升率能否减缓，对这些水驱开发规律还没有深刻的认识。

（三）油田已有的技术措施不能完全满足特高含水期开发的需要

一是在特高含水期，随着含水上升，高含水井比例增加，低效、无效循环问题比较严重，需要攻克大孔道识别与治理技术，发展特高含水期控水挖潜配套技术；二是三次采油主力油层已投注聚合物区块需要加大综合调整力度，进一步改善聚合物驱的开发效果，二类油层聚合物驱技术必须加大研究力度，加快现场试验步伐，尽快实现三次采油的产量接替；三是与"九五"相比，"十五"期间外围油田的开发对象油藏性质更差，油藏类型主要为岩性及复杂油藏，渗透率、流度、储量丰度逐渐降低，裂缝发育状况越来越差，外围特低渗透、特低丰度油藏有效开发技术不成熟。

（四）油田新增可采储量逐年减少，后备资源不足

油田要保持一段时间稳产，储采平衡系数应在 1 以上较为合理。大庆油田 1992 年以来，储采平衡系数一直在 1 以下稳产到 1995 年，1996 年开始采用聚合物驱，由于聚合物驱采油速度较高，大庆油田在储采平衡系数 0.5～0.6 的情况下又稳产 7 年。今后由于聚合物驱由补产作用转变为自身产量稳定，主要上产对象的增储能力逐渐减弱，储采平衡系数逐渐降低，2002 年的储采平衡系数只有 0.5，其中水驱只有 0.17，油田储采形势不容乐观，减缓产量递减的难度较大。

（五）油田开发对象普遍变差，投资成本加大

随着油田开发对象的逐渐转变，单井日产逐年下降，建百万吨产能井数逐年增加，由 2000 年的 1071 口上升到 2002 年的 1189 口，投资成本加大。

面对这一现状，大庆油田公司审时度势，提出"十五"后三年"以增加可采储量为核心，以创新技术为支撑，以提高经济效益为目标"的"11599"系统工程。

"1"：三年增加可采储量 $1×10^8$t；

"1"：三年含水率少上升 1 个百分点；

"5"：外围油田上产 $500 \times 10^4 t$；

"9"：老区自然递减率控制到 9%；

"9"：三次采油产量保持 $900 \times 10^4 t$ 规模。

通过实施"11599"工程，将极大地改善油田开发效果，提高经济效益，大庆油田开发将开辟出一条老油田缓慢递减的开发模式。

二、喇萨杏油田水驱三年含水率少上升 1 个百分点、递减率控制到 9% 以内的依据及效果

（一）喇萨杏油田水驱三年含水率少上升 1 个百分点的依据

1. 喇萨杏油田特高含水期含水上升率在 1 个百分点左右

2002 年底，油田年均含水率为 89.12%，即将进入特高含水开采阶段。由于结构调整的余地逐渐变小和控制含水上升的各项开发调整措施的控水作用逐渐变小，含水上升率一直保持在 1.0 左右。

（1）"八五"期间结构调整控水效果明显，"九五"以来结构调整余地变小。

为了分析结构调整对含水的影响，以分类井为基本单元，采用结构分析的方法，对各类井产液结构变化对含水的影响进行了分析。结果表明：整个油藏的含水变化主要受分类井的结构系数变化和含水变化两个因素的影响。即

$$\Delta f_w = \sum_{i=1}^{n} \left(a_i \Delta f_{w结i} + \Delta a_i f_{w结i} + \Delta a_i \Delta f_{w结i} \right) \qquad （1-3-1）$$

$$a_i = \frac{Q_{li}}{Q_l}$$

$$f_{w结i} = a_i f_{wi}$$

式中　a_i——结构系数；

　　　Q_{li}，Q_l——分别为第 i 类井产液量、全区产液量，$10^4 t$；

　　　f_{wi}——第 i 类井的含水率（又称结构含水率）。

应用上述方法，对喇萨杏油田结构调整效果进行了分析。

从 1990 年到 1995 年，尽管各类井含水都是上升的，但由于含水较高的基础井结构系数减少，结构含水大幅度下降；而含水较低的二次井和一次井结构系数增加，结构含水上升，使全油田五年时间含水率从 78.54% 上升到 79.94%，仅上升了 1.4 个百分点。年平均含水上升率为 0.21%。

与"八五"期间相比，"九五"期间各类井含水差异逐渐变小，结构调整余地逐渐变小，基础井结构系数的下降幅度、二次井和一次井结构系数的增加幅度都明显减小，结

构调整控水效果变差。从 1996 年到 2003 年，全油田六年时间含水率从 80.69% 上升到 89.16%，上升了 8.47 个百分点。年平均含水上升率为 1.3%。

（2）生产措施控水效果逐年变差，对控水起主要作用的新井和压裂控水作用变小。

"十五"期间，油井主要控水措施大体可分为四类：新井投产、油井压裂、提液、堵水。通过对历年各项措施效果进行分类统计，采用贡献值分析方法，对各类措施的控水效果和作用进行了分析。结果表明：措施对控制全区含水率的作用主要受措施含水率与自然含水率的差别及措施增液量占全区比例两项因素的影响。

即第 i 项措施对全区控制含水率的绝对贡献值为：

$$\Delta f_{wi} = \frac{Q_{li}}{Q_l}\left(f_{w自} - f_{wi}\right)$$ （1-3-2）

式中　$f_{w自}$——全区自然含水率；

　　　f_{wi}——各种措施增液量的含水率。

应用上述方法对喇萨杏油田 1990 年以来措施对油田含水变化的影响进行了分析。

1996 年以来，各项措施的控水作用都比"八五"期间下降了一个台阶。压裂措施的控水作用由"八五"期间的 0.3 降为"九五"期间的 0.1；提液措施近几年来的控水作用极其有限；新井的控水作用比例近两年来有所减小，"八五"期间控水作用最高达到 0.5，目前只有 0.08 左右。从近几年各项措施对控水的贡献系数来看，新井和压裂依然是控水的主要措施。

由于各项控水措施的控水作用逐渐减弱，含水上升速度较快，近几年含水上升率在 1 个百分点左右。2002 年油田年均含水率为 89.12%，如果年含水上升 1 个百分点，预计 2005 年年均含水率达到 92.12%，年采液速度高达 9% 以上，年产液增长率 4.8%，三年累计产水高达 $87505 \times 10^4 m^3$。

2. "十五"后三年控制含水上升速度的有利因素分析

（1）随着含水升高，特高含水期含水上升率将逐渐下降。

① 油田特高含水期各种地质开发因素对含水上升率的影响差异逐渐变小。

a. 原油黏度对含水上升率的影响逐渐减小。

应用不同黏度的相对渗透率曲线，计算了含水率与含水上升率关系曲线。可以看出，不同原油黏度，在含水率 60% 以前，对含水上升率的影响较大，在含水率 60% 以后，影响会大幅降低。

b. 油层的非均质性对含水上升率的影响也逐渐减弱。

设计了不同渗透率级差下的两层模型，研究在同时开采时其含水上升规律。研究表明，油层的非均质程度越高，含水上升速度越快。在中、高含水期，油层非均质程度对含水上升的影响较大，渗透率级差越大，含水上升越快；到了特高含水期，即含水率高于 90% 以后，油层非均质程度对含水上升的影响作用相对变小，而且渗透率级差越大，含水上升率越小。

② 特高含水期含水上升率将逐渐下降。

数值模拟计算结果表明，喇萨杏油田的含水上升率在中含水期为 5% 左右，进入高含水期后逐渐下降，特高含水期时降为 1.2% 左右。从小井距的统计结果来看，与数模计算的趋势一致，在含水率 90% 时，含水上升率在 1.5% 左右。从油田实际含水上升率的统计结果来看，也是逐渐降低的。苏联的统计结果也说明了这一点，在相同的含水阶段，低黏油田的采出程度较高。喇萨杏油田为非均质严重的高黏油田，与低黏油田相比，相同含水阶段的采出程度较低，近 20% 的可采储量要在特高含水期采出，尽管中低含水期含水上升较快，但在特高含水期含水上升率逐渐下降，低于低黏油田的含水上升率。

（2）油田仍具有控制含水上升的措施潜力。

对多层非均质的油田而言，之所以能够通过各种开发调整措施来控制含水上升速度，主要是因为不同油层处于不同的含水阶段，利用含水和采油速度的差异来达到这个目的。矿场统计结果表明：一是由于采取了调整措施，使全区的含水上升率和上升值下降；二是措施部分处于低含水、含水上升率较大阶段；三是如果后续措施潜力减少，全区含水上升率要加大，但含水值低于调整前。实际上喇萨杏油田"八五"期间就是针对基础井、一次井、二次井三类井网之间含水差异，通过注水、储采、产液三大结构调整措施，实现了三年含水率上升不过 1% 的目标，创出了一条注水开发油田高含水中、后期"稳油控水"的开发模式，取得了巨大的技术成果和经济效益，延缓了油田进入特高含水期的时间。

油田进入特高含水期，同样可以针对油田非均质特点，以及特高含水期存在的严重低效、无效循环的状况，通过井网内、各油层组、各沉积单元间及厚油层内的结构调整，控制含水上升，开辟出一条控水挖潜的途径。喇萨杏油田水驱特高含水期控制含水上升速度主要应加强两个方面的工作：一是努力增加可采储量；二是大力控制注入水无效、低效循环。主要措施有：水井综合调整措施、井网加密调整、注采系统调整、周期注水、水井综合调整措施、深浅调剖、堵水等。这些措施在特高含水期仍能起到较好的增油降水效果。

1）油水井综合调整措施提高采收率的机理及宏观潜力预测

（1）油水井综合调整措施提高采收率的机理。

油水井综合调整措施是改善油田开发效果的重要手段，这些措施主要包括压裂、分注、堵水、调剖等。运用建立的结构调整数学模型对油水井综合调整措施的效果进行了研究。

① 模型的建立。

为使问题简化，突出主要矛盾，概括了层间非均质和平面非均质两种结构调整模型进行分析。

a. 层间结构调整模型。

假定油层在纵向上由一系列性质不同、含水不同的层段组成。分层注水、堵水、压裂等措施改变了高、低渗透层段的渗流条件，从而加速低含水差油层的开采，取得好的开发效果。上述控制措施和开发指标动态之间的联系，各层段之间的相互影响可由下列微分方程组来描述。

压力方程：

对于注水开发油田，油水井地层压力间可能存在较大的差别，所以将油水井区域分开考虑，根据物质平衡原理和两区域间存在的窜流作用，可推导出如下压力变化微分方程：

$$\frac{\mathrm{d}p_{oi}}{\mathrm{d}t} = \frac{(1-S_{wc})(n_o+n_w)}{N_iC_t}\left[\frac{n_w}{n_o+n_w}\lambda_i(p_{wi}-p_{oi})-\frac{Q_{li}}{n_o}\right] \qquad (1-3-3)$$

$$\frac{\mathrm{d}p_{wi}}{\mathrm{d}t} = \frac{(1-S_{wc})(n_o+n_w)}{NC_t}\left[\frac{Q_{ji}}{n_w}-\frac{n_w}{n_o+n_w}\lambda_i(p_{wi}-p_{oi})\right] \qquad (1-3-4)$$

式中 i——层段数，$i=1$，2，$\cdots$，n；

Q_{li}，Q_{ji}——分别为层段产液量和注水量，m^3/d；

λ_i——第 i 层段油水井区域传导率；

p_o——油井压力，MPa；

p_w——水井压力，MPa；

N——地质储量，10^4t；

S_{wc}——残余水饱和度；

n_o，n_w——油井、水井数，口；

C_t——岩石综合压缩系数，MPa^{-1}。

含水方程：

喇萨杏油田大量的相对渗透率曲线回归分析表明，采出程度与含水率的关系可运用式（1-3-5）较好地描述。

$$R = a - b\ln\left(\frac{1}{f_w}-1\right) \qquad (1-3-5)$$

式中 R——采出程度；

f_w——含水率；

a，b——有关常数。

这一规律，实践证明对于相对均质油藏也是适用的，因此，可作为单层的采出程度与含水率变化关系式。

从式（1-3-5）不难推出含水率变化微分方程：

$$\frac{\mathrm{d}f_{wi}}{\mathrm{d}t} = \frac{Q_{li}}{N_ib}(1-f_{wi})^2 f_{wi} \qquad (1-3-6)$$

由式（1-3-3）、式（1-3-4）和式（1-3-6）所组成的 $3n$ 个非线性方程组可使用一种有效的数值方法求解出给定的地质和工艺措施条件下的基本开发指标变化，从而求出其他开发指标变化规律。

以上诸式中 Q_{li} 可由式（1-3-7）计算：

$$Q_l = \left[n_o + \left(k_p - 1 \right) n_f - n_p \right] J_b e^{bf_w} \left[\left(p_r - p_f \right) - c \left(p_b - p_f \right)^2 \right] \quad （1-3-7）$$

式中　　k_p——压裂减少渗流阻力倍数，可由水动力学计算或矿场统计得到；

　　　　J_b——泡点压力下的采油指数，$m^3/（d \cdot MPa）$；

　　　　p_r，p_b，p_f——分别为油井区平均地层压力、泡点压力、流压，MPa；

　　　　n_f，n_p——分别为压裂井数和堵水井数，口；

　　　　b，c——系数。

对于给定全区液量条件下，流压求解由下列方程得到：

$$Q_{li} = \sum \left[n_o + \left(k_p - 1 \right) n_{fi} - n_{pi} \right] J_{bi} e^{b_i f_{wi}} \left[p_{oi} - p_f - c \left(p_b - p_f \right)^2 \right] \quad （1-3-8）$$

b. 平面结构调整模型。

不失一般性，平面结构调整模型可假设为 1 口水井区域和 n 口不同油层性质和含水的油井区域组成，运用与层间结构调整相类似的方法，可以推导出油水井区压力方程分别为：

$$\frac{\mathrm{d}p_{oi}}{\mathrm{d}t} = \frac{\left(1 - S_{wc} \right) n_i}{N C_t} \left[\frac{\lambda_i \lambda}{\lambda + \sum \lambda_i} \left(p_w - p_{oi} \right) - Q_{li} \right] \quad （1-3-9）$$

$$\frac{\mathrm{d}p_w}{\mathrm{d}t} = \frac{\left(1 - S_{wc} \right) n_i}{N C_t} \left[Q_w - \frac{\lambda_i \lambda}{\lambda + \sum \lambda_i} \left(p_w - p_{oi} \right) \right] \quad （1-3-10）$$

式中　　Q_w——注水量，m^3/d；

　　　　λ，λ_i——全层、第 i 层段油水井区域传导率。

平面结构调整模型中的含水方程仍用式（1-3-5）描述。可以看出，除系数差别外，平面结构调整微分方程与层间结构调整模型具有相同的形式，因此，层间结构调整作用和平面调整作用可用统一的微分方程式进行描述。或者说，运用层间结构调整模型，通过系数调整，即可描述整个结构调整效果。

② 各种措施效果分析。

运用上述结构调整数学模型，对措施调整后的作用进行了分析，得到以下几条重要的规律性认识：

一是措施后最终采收率增加。计算结果表明，分层注水，差油层压裂，以及高含水层堵水等措施作用与无措施自然开采条件相比较，差油层开采速度变快，产液比例增大，高含水层得到一定限制，水驱效果变好，达到含水率极限（98%）后整体采收率均有不同程度的提高（表 1-3-1）。

表 1-3-1 措施调整前后采收率变化对比表

项目	采收率 /%		
	无措施	措施后	增值
分注	37.48	38.52	1.04
压裂	37.48	37.27	0.79
堵水	37.48	38.59	1.11

二是差油层渗透率越低,储量比例越大,结构调整后采收率增加值越高。

三是在不同含水时机进行结构调整提高采收率差别不大。

计算结果表明,在同一种措施强度情况下,措施实施的早晚对最终采收率(含水率98%时采出程度)影响不大(表 1-3-2),但早期进行措施使早期阶段效果变好。例如某计算模型条件下,含水率60%时分注后十年内阶段增油2.43%,产水减少0.48%。而含水率90%时分注,增油1.54%,产水减少0.31%。

需要强调的是,为解决平面矛盾而进行堵水,如果时机过早,堵水井区域得不到有效开采,最终采收率降低。

四是其他条件不变且高低渗透层差异比较大情况下,措施强度增大,最终采收率增高(表 1-3-3 和表 1-3-4)。

表 1-3-2 不同含水时机措施后采收率增值对比表   单位:%

方案 / 项目	措施时含水率	分注	压裂	堵水
1	50	0.72	0.16	0.78
2	70	0.72	0.16	0.79
3	90	0.73	0.17	0.81

表 1-3-3 不同分注率下采收率变化对比表   单位:%

方案 / 项目	分注率	不分注	分注后	增值
1	40	38.09	38.83	0.74
2	60	38.09	38.98	0.89
3	80	38.09	39.04	0.95

表 1-3-4 不同压裂井数比例采收率变化对比表

方案 / 项目	压裂井数比例	压前 /%	压后 /%	增值 /%
1	1:5	37.51	37.64	0.13
2	1:2.5	37.51	37.74	0.23
3	1:1.67	37.51	37.84	0.33

（2）油水井综合调整措施潜力预测。

在深化潜力认识的基础上，研究了油水井综合调整措施潜力。通过对喇萨杏油田细分区块和细分层系潜力的研究，认清了分区块、分类井间含水率、采出程度、储采比、地面井网密度、油水井数比、总压差等开发指标的差异。采用层次分析法，得到各区块结构调整潜力指数，并将潜力指数按照大于 1.05、0.95～1.05、小于 0.95 划分为三个区，明确了各区块井网加密、注采系统调整、综合调整措施，以及周期注水的结构调整潜力（表 1-3-5）。

表 1-3-5　喇萨杏油田分区块潜力评价结果

项目	大（潜力指数大于 1.05）			中（潜力指数 0.95～1.05）			小（潜力指数小于 0.95）		
	区块数/个	面积/km²	地质储量/10⁴t	区块数/个	面积/km²	地质储量/10⁴t	区块数/个	面积/km²	地质储量/10⁴t
数量	8	192	80081	11	238	141797	9	208	88241
比例/%	28.6	30.1	25.8	39.3	37.3	45.7	32.1	32.6	28.5

2）油井常规潜力预测

运用关联分析和数据组合处理方法，建立了预测模型，对油井常规措施潜力进行了预测。现以压裂潜力预测模型为例介绍措施潜力预测模型。

（1）压裂措施潜力预测模型。

在单因素分析的基础上，确定与增油量相关的影响因素。

灰色关联度分析方法是一个系统发展变化态势的定量描述和比较方法，它能定量地给出任意两个因素之间的关联程度。这里是求每一个影响因素对压裂增油量的关联度。用灰色关联度分析方法进行相关性分析的主要过程如下：

① 数据处理。

首先对数据进行处理，使处理后的数据满足：一是可比性；二是接近性；三是极性一致性，这里采用初值化处理方法。

以增油量为参考数列（母序列），影响因素为比较数列（子序列）。即

参考数列：

$$q_0=\{q_0（1），q_0（2），\cdots，q_0（n）\}$$

比较数列：

$$q_i=\{x_i（1），x_i（2），\cdots，x_i（n）\}，i=1，2，\cdots，m$$

式中　$q_0（n）$——第 n 口压裂井在有效期的增油量；

　　　$x_i（n）$——第 n 口压裂井的第 i 个影响因素；

　　　n——统计的压裂井数；

　　　m——影响因素个数。

参考数列和比较数列中的每个数据为经过初值化处理后的数据。

② 求关联系数。

$$\varepsilon_i(t) = \frac{\min\limits_i \min\limits_t |q_o(t) - q_i(t)| + \rho \max\limits_i \max\limits_t |q_o(t) - q_i(t)|}{|q_o(t) - q_i(t)| + \rho \max\limits_i \max\limits_t |q_o(t) - q_i(t)|} \tag{1-3-11}$$

式中　$\varepsilon_i(t)$ ——比较数列与参考数列的关联系数，它表示两数列的相对差值；

$\min\limits_i \min\limits_t |q_o(t) - q_i(t)|$ ——比较数列与参考数列差值的绝对值的最小值；

$\max\limits_i \max\limits_t |q_o(t) - q_i(t)|$ ——比较数列与参考数列差值的绝对值的最大值；

ρ ——分辨系数，一般取值 0.5。

按公式（1-3-11）可求出比较数列与参考数列的关联度数列：

$$\varepsilon_i = \{\varepsilon_i(1), \varepsilon_i(2), \cdots, \varepsilon_i(n)\}, \ i=1, 2, \cdots, m$$

③ 计算关联度。

$$r_i = \frac{1}{n}\sum_{i=1}^{n}\varepsilon_i(t), \ i=1, 2, \cdots, m \tag{1-3-12}$$

式中　r_i——第 i 个影响因素对增油量的关联度。

本次分析共选择了油井压裂层段的有效厚度、油井压裂层段的油层渗透率、综合含水率、压裂前井底流压、压裂前油井生产时间、压裂前油井月产油、压裂前油井月产液、加砂量、混砂比等共 9 个影响因素。由于不能进行逐井施工设计，因此在压裂方式及加砂量、混砂比等施工参数确定的前提下，对影响参数的关联度进行计算。

根据关联度的计算结果，确定出 5 个对压裂增油量影响较大的参数作为建立模型的影响因素（表 1-3-6）：油井压裂层位的地层有效厚度 h、油井压裂层位的地层有效渗透率 K、综合含水率 f_w、压裂前井底流压 p_{wf} 和压裂前油井生产时间 t。

$$r_i = (0.733969, 0.732275, 0.699483, 0.69688, 0.562069)$$

表 1-3-6　各因素对增油量的关联度

因素	h	K	f_w	p_{wf}	t
与增油量的关联度	0.733969	0.732275	0.699483	0.69688	0.562069

④ 压裂潜力预测模型的建立。

利用数据组合处理方法建立压裂潜力预测模型的基本原理是：

把原始数据分为拟合数据和检验数据两组，拟合数据用来估计参数，检验数据用来对每一个回归方程进行评估。然后是变量的自组织，即用系统的输入变量 $x_1, x_2, \cdots, x_m$ 组成变量对，计算每组变量输入输出的回归方程。用残差平方和最小的判据对回归方程的效果进行评估，选出最佳者保留下来，可得到一组对输出变量进行估计的二次方程。用得到的回归方程生成第二代输入变量的观测值，以取代原始变量。重复此过程，直到残差平方和最小，这时挑出最后一代多项式中最好的一个，进行反向替代，就可得到输入输出模型。

根据上述原理及因素分析结果，编制了数据组合处理方法 Matlab 程序，建立了杏北开发区压裂潜力预测模型。将进行均值化处理后的压裂井数据分为拟合数据和检验数据两组，以上述五个参数为自变量，以增油量为因变量，建立拟合公式：

第一级：

$$y_1' = 1674.12 + 389.9188 p_{wf} - 193.8796 h + 7.0058 p_{wf} h + 63.4708 p_{wf}^2 - 5.6392 h^2$$

$$y_2' = 1945.87 + 1686.898 p_{wf} - 17.9825 f_w - 5.1963 p_{wf} f_w - 111.8435 p_{wf}^2 - 0.1971 f_w^2$$

$$y_3' = 2621.96 - 298.6715 h - 1501.645 K - 191.8667 Kh + 23.4092 h^2 - 5479.632 K^2$$

$$y_4' = -1012.58 + 483.2681 h + 0.5673 t - 0.0563 ht + 0.0544 h^2 - 4.3259 \times 10^{-5} t^2$$

第二级：

$$y_1'' = 3.9558 - 7.4822 y_1' - 1.2714 y_3' + 0.6173 y_1' y_3' + 4.2652 y_1'^2 + 0.6173 y_3'^2$$

$$y_2'' = -1.1743 + 1.5307 y_2' + 1.8196 y_3' - 0.5438 y_2' y_3' - 0.0424 y_2'^2 - 0.5438 y_3'^2$$

$$y_3'' = 1.0585 + 0.4856 y_2' - 0.5522 y_4' - 0.0462 y_2' y_4' - 0.0009 y_2'^2 - 0.0462 y_4'^2$$

第三级：

$$y_1''' = 2.1409 - 1.9953 y_1'' - 2.0773 y_3'' + 1.7947 y_1'' y_3'' - 0.8172 y_1''^2 + 1.7947 y_3''^2$$

$$y_2''' = 0.1221 + 0.2157 y_2'' + 0.6801 y_3'' + 0.12 y_2'' y_3'' - 0.2112 y_2''^2 + 0.12 y_3''^2$$

第四级：

$$y = 0.0426 - 0.0329 y_1''' + 0.8437 y_2''' + 0.2167 y_1''' y_2''' - 0.1658 y_1'''^2 + 0.2167 y_2'''^2$$

式中　　K——油井压裂层位的地层有效渗透率，D；

h——油井压裂层位的地层有效厚度，m；

p_{wf}——压裂前井底流压，MPa；

f_w——压裂前井口含水率；

t——压裂前油井生产时间，d；

y——油井在有效期内增油量，t；

y'，y''，y'''——中间变量。

表 1-3-7 为杏北开发区部分井普压增油量实际值与预测值对比结果。从中可看出，预测增油量值与实际值十分接近，误差在 10% 以内，说明建立的油井压裂效果预测模型符合实际情况，能够满足油田规划要求。

表1-3-7 杏北开发区部分井普压增油量实际值与预测值对比表

井号	K/D	h/m	p_{wf}/MPa	f_w/%	t/d	实际增油量/t	预测增油量/t	误差/%
X3-D3-322	0.193	4.4	3.71	85.10	4964	1599.99	1568.00	2.00
X1-3-117	0.120	2.3	4.64	92.20	4891	1874.11	2031.70	8.41
X7-D2-117	0.174	3.3	1.80	90.00	4288	1084.16	1133.90	4.59
X3-31-615	0.041	3.3	2.31	88.15	1679	1562.76	1689.20	8.09
X7-31-641	0.020	0.5	1.09	81.80	850	1687.48	1635.50	3.08
X6-31-647	0.003	0.8	1.77	62.50	638	3652.74	3876.20	6.12
X1-D4-633	0.103	2.7	2.34	71.40	2828	2572.69	2344.60	8.87
X3-1-370	0.126	4.3	2.38	66.70	5412	1419.98	1509.60	6.13
X7-40-634	0.152	1.4	1.62	48.00	912	1687.20	1574.23	6.70
X6-2-B463	0.435	2.0	1.62	79.20	759	1587.73	1727.10	8.79

运用同样方法,建立了"三换"(换机油、换空气滤清器、换防冻液)、堵水措施潜力预测模型,在此不再赘述。

(2)"十五"期间综合调整措施潜力预测。

运用建立的措施潜力预测模型,对"十五"期间的综合调整措施潜力进行了预测,可压裂3065口,增油233.5×10⁴t;"三换"3030口,增油121.4×10⁴t;堵水2000口。

3)老区加密潜力

"九五"以前,新井在控制含水上升速度方面起到了重要的作用。"十五"后三年,老区加密潜力逐渐转向三次加密。研究表明,三次加密井不仅能够挖潜表外储层及薄差层的潜力,还能改善原井网的开发效果,减缓套管损坏速度,完善注采系统,提高开发水平。大庆长垣油田2004年及以后井网加密潜力包括二次加密(含过渡带加密和扩边)和三次加密。潜力优选评价结果表明,在油价1200元/t,单井控制可采储量4500t的条件下,喇萨杏油田可部署加密井3003口(其中:三次加密井1696口;二次加密井639口;过渡带及扩边668口);在降投资的情况下(投资降至95×10⁴元/口),可部署加密井4318口。在均匀布井条件下,可部署加密井7145口(表1-3-8和表1-3-9)。

表1-3-8 大庆长垣2004年及以后油田井网三次加密潜力汇总

区块	均匀部署井数			目前投资井数				降投资后增加井数			
	油井/口	水井/口	合计/口	油井/口	水井/口	合计/口	能力/10⁴t	油井/口	水井/口	合计/口	能力/10⁴t
萨中	1128	331	1459	402	127	529	36.18	298	74	372	17.88
萨南	75	73	148	22	22	44	1.98	26	25	51	1.56
萨北	347	294	641	240	195	435	21.60	53	48	101	3.18

区块	均匀部署井数			目前投资井数				降投资后增加井数			
	油井 /口	水井 /口	合计 /口	油井 /口	水井 /口	合计 /口	能力 /10^4t	油井 /口	水井 /口	合计 /口	能力 /10^4t
杏北	752	269	1021	139	49	188	12.51	138	52	190	7.98
杏南	725	179	904	126	42	168	11.34	107	29	136	1.74
喇嘛甸	345	318	663	173	159	332	15.53				
喇萨杏合计	3372	1464	4836	1102	594	1696	99.14	622	228	850	32.34

表 1-3-9 大庆长垣 2004 年及以后油田二次加密、过渡带及扩边潜力表

区块	均匀部署井数			目前投资井数				降投资后增加井数			
	油井 /口	水井 /口	合计 /口	油井 /口	水井 /口	合计 /口	能力 /10^4t	油井 /口	水井 /口	合计 /口	能力 /10^4t
萨中	250	89	339	250	89	339	56.80				
萨南	308	231	539	218	149	367	22.32	29	24	53	1.74
萨北	176	114	290	47	49	96	4.23	29	27	56	1.74
杏南	304	247	551	116	94	210	10.44	125	112	237	7.50
喇嘛甸	333	257	590	166	129	295	14.94				
喇萨杏合计	1371	938	2309	797	510	1307	108.73	183	163	346	10.98

4)"十五"后三年注采系统调整潜力 552 口,提高采收率 1 个百分点左右

(1)特高含水期注采系统调整可提高采收率 1 个百分点左右。

研究表明,注水开发油田在一定的压力系统条件下,存在一个合理油水井数比,即

$$n = \sqrt{\frac{J_1}{J_w}} \qquad (1-3-13)$$

式中 n——油水井数比;

   J_1——吸水指数,m³/(d·MPa);

   J_w——采液指数,m³/(d·MPa)。

在合理油水井数比条件下,注采系统具有最大的生产能力。该值随含水率的变化而不同,因此开发过程中要适时进行注采系统调整。注采系统调整实践表明,注采系统调整的主要作用是通过油井转注等措施提高水驱控制程度,增加水驱方向,提高水驱采收率,并控制含水上升速度;通过增加注水量,注够水注好水,恢复低压区块的压力水平,放大油井生产压差,提高油井产量,减缓产量递减。另外,调整以后,增加了注水井点,为降低注水压力、调整优化油藏压力系统创造了条件,有利于区块间压力的平衡,控制套管损坏速度。

数值模拟计算结果表明,高含水后期注采系统调整提高水驱采收率 0.8～1.0 个百分点（表 1-3-10）,断层等原因造成注采井网严重不完善井区调整后可以提高 1 个百分点以上。

表 1-3-10　杏 1-3 区西部乙南块注采系统调整数值模拟结果表

序号	方案	转注前五年指标				含水率 98% 时主要指标				
		平均递减率 /%	平均含水上升率 /%	累计产油量 /10^4t	累计产水量 /10^4m³	累计产油量 /10^4t	累计产水量 /10^4m³	累计注水量 /10^4m³	采收率 /%	生产时间 /d
1	基础方案	6.73	1.316	4876	11833	6037	40555	47416	58.62	27154
2	一次井转角井	5.89	1.275	4891	11842	6074	41197	48106	58.97	27344
3	一次井转边井	6.33	1.356	4885	11969	6041	39757	46593	58.65	26079
4	二次井转角井	5.59	1.165	4897	11879	6115	41259	48215	59.37	27114
5	二次井转边井	6.59	1.308	4886	11923	6055	39941	46775	58.79	26409

虽然喇萨杏油田经过多次布井以后,高含水后期的水驱控制程度已经较高,一般在 85% 以上,有些区块达到 90% 左右,注采系统调整以后水驱控制程度增加的幅度有限,但调整以后多向连通比例增加,有利于提高水驱储量的连通系数,扩大水驱波及体积,提高水驱采收率。近几年注采系统调整实践表明,在高含水后期对注采系统不适应区块进行调整仍然可以取得较好的调整效果,采收率提高值在 1 个百分点左右（表 1-3-11）。例如,南 6-8 区二次加密井于 2000 年 6 月进行注采系统调整以后,水驱控制程度提高 8 个百分点,多向连通比例提高 45 个百分点,提高采收率 0.9 个百分点,含水上升率下降 0.4 个百分点,地层压力回升 1.23MPa,调整后 6 个月弥补油井转注损失的产量,产量综合递减减缓 1.9 个百分点,区块平均注水压力下降 0.5MPa,区块年套损井数减少到 12 口,为调整前年套损井数的一半。

表 1-3-11　注采系统调整典型区块调整效果对比表

调整区块	调整时间	开始见效时间 /月	弥补产量时间 /月	调前产量递减率 /%	调后产量递减率 /%	提高采收率 /%
喇一试验区	1988 年 6 月	3	6	7.10	稳产 1 年	1.56
喇二试验区	1988 年 6 月	3	7	23.50	11.50	1.66
喇四矿	1990—1991 年	3	5	11.00	稳产 1.5 年	1.92
南 2-3 区高台子	1998—1999 年	5	10	18.50	13.10	0.80
北二西试验区	2000 年 12 月	2	3	25.00	稳产 1 年	1.02
南 6-8 区二次加密	2000 年 6 月	3	6	15.89	13.15	0.90
南 5 区二次加密	2000 年 10 月	5	11	15.05	13.45	0.80

（2）"十五"后三年注采系统调整潜力552口。

根据喇萨杏油田各注采系统调整对象的不适应程度，参照合理油水井数比值，预计"十五"后三年需转注油井552口，增加可采储量198.7×10^4t。

5）周期注水可提高采收率值，同时节约注水

（1）周期注水的作用机理是层系间、层段间或平面上不同区域间产生窜流。

①层内非均质条件下周期注水作用机理。

a. 周期注水在高、低渗透层段间产生不稳定窜流。

数值模拟计算表明，在常规注水情况下，由于交换作用，高、低渗透层间势函数趋于平衡，而在周期注水停注或减少注入量半个周期内，由于含油饱和度（是影响综合弹性压缩系数的重要因素）和渗透率差异，使高渗透层段压力下降快，低渗透层段压力下降慢，导致了同一时刻内高渗透层段压力较低，低渗透层段压力较高，从而产生层段间不稳定势差，形成附加压力差。相反，在重新注水或加大注水量半个周期内，高渗透层段压力恢复快，低渗透层段压力恢复慢，又产生反向附加压力差。这说明在周期注水的两个半周期内，层段间发生了方向相反的两种不稳定窜流。

b. 周期注水对层内非均质油层开发效果的影响。

前面说明了周期注水时层段间产生了附加窜流，这个附加窜流与前两种不同，其方向随着注水方式的改变而变化。在停注或减少注水量半周期内，油水均从低渗透层段窜向高渗透层段，而在重新注水或加大注水量半周期内油水又均从高渗透层段窜向低渗透层段，只是由于流度的差异，使在一个完整周期内有更多的水从高渗透层段（通常是高含水层）窜向低渗透层段（通常是低含水层），更多的油从低渗透层段窜向高渗透层段，从而增加了水驱均匀性。

由以上分析可推知，周期注水产生的附加窜流是非均质油层纵向产生的不稳定渗流场的一种固有特性，永远起到均匀水淹的作用，永远是油田开发的有利因素。说明周期注水适合于各种类型油藏，适合于油田的不同开发阶段。

在周期注水过程中，之所以会产生附加窜流根本原因是层段间渗透率和饱和度的差异。这种差异越大，层段间压力差将越大，流度差也越大，从而在一个周期内高渗透层段深入到低渗透层段中的水量和低渗透层段深入到高渗透层段中的油量也越多，即周期注水效果越明显，换句话说，当层段间矛盾越突出时越适合采用周期注水。

②层间非均质条件下周期注水作用机理。

如果高渗透层作为一个开发层系，即具有相同的井底流压时，两层产液比可由式（1-3-14）给出：

$$r = \frac{q^{(l)}}{q^{(h)}} = \frac{\alpha_q^{(l)} K^{(l)} h^{(l)} \left(p^{(l)} - p_w \right)}{\alpha^{(h)} K^{(h)} h^{(h)} \left(p^{(h)} - p_w \right)} \quad (1-3-14)$$

式中　α_q——与井况、黏度有关的系数；

（l），（h）——分别代表低渗透层、高渗透层。

因此，充分发挥低渗透层潜力，解决层间矛盾从本质上讲就是想方设法提高 r 值。

对低渗透层进行补孔、压裂（提高 $\alpha_q^{(1)}$ 值）等工艺措施是提高 r 值的有效方法，下面分析周期注水对 r 值的影响。

不同于层内非均质油层，在常规注水情况下，只要注采比稍不平衡，高渗透层段、低渗透层段间就会存在压力差。当注采比较大时，高渗透层压力高，低渗透层压力低，使比值 $\dfrac{\left(p^{(1)}-p_w\right)}{\left(p^{(h)}-p_w\right)}$ 变小，即 r 值变小，也就是说低渗透层得不到很好的发挥。

反之，当注采比比较小时，低渗透层压力高，高渗透层压力低，使比值 $\dfrac{\left(p^{(1)}-p_w\right)}{\left(p^{(h)}-p_w\right)}$ 变大，即 r 值增大。说明降压开采会更好地动用低渗透层。

在周期注水的停注半周期内，注采比（等于 0）远小于 1，r 值增大，提高了低渗透层的动用状况。而重新注水后，注采比增大，r 值减小，仍然主要开采高渗透层，但增加了地层能量，为下一次停注半周期内的高效利用低渗透层做了物质上的准备。如此重复下去，人为地创造了一系列压力下降过程，其作用实质上是在"时间域"上将高、低渗透层分层开采，减少了层间干扰，缓解了层间矛盾，提高了最终原油采收率。

③平面非均质条件下周期注水效果。

与层内非均质油层相类似，周期注水也会使平面上高、低渗透性条带或区块间发生交渗现象，使低渗带中的残余油流向高渗透带并被开采出来，从而提高采收率。

数值模拟计算表明，虽然周期注水解决平面矛盾不如层内、层间那样有效，但只要高、低渗透条带间渗透率级差足够大，接触面积足够大，周期注水也会取得很可观的效果。

（2）油田周期注水实践表明，周期注水提高采收率值 1 个百分点左右，同时节约大量注水量。

大庆油田在太南油田首次进行周期注水试验取得良好效果以来得到了广泛的应用，进入高含水期后大庆油田在采油一厂到六厂都进行了周期注水试验，取得了较好的增油降水效果，采收率提高值在 1 个百分点左右（表 1-3-12）。

随着周期注水技术的发展和完善，该项技术应用规模不断扩大，应用对象已经从基础井网扩展到一次加密井、二次加密井，从主力油层扩展到非主力油层，并在薄差层开展周期注水试验。周期注水技术已成为控制产量递减、控制含水上升速度、控制成本的一项重要措施。

在分析目前含水现状和控制含水上升的有利因素的基础上，大庆油田公司提出了三年含水率少上升 1 个百分点的工作目标。若三年含水率少上升 1 个百分点，共可少产水 $8000 \times 10^4 \mathrm{m}^3$ 左右，三年节约成本 7 亿元。

表 1-3-12　周期注水典型区块调整效果对比表

区块	周期注水时间	采收率提高值 / %	阶段增油量 / 10^4t	少产水量 / 10^4m³	少注水量 / 10^4m³
葡北 5 断块	1986 年	0.93	5.60	12.20	17.03
杏 6 区中块	1993 年 4 月		1.30	21.26	18.77
杏 1 区、杏 2 区东部	1996 年 7 月	1.47	1.97	16.81	54.29
喇北试验区	1997 年 6 月	1.56	0.92	14.42	66.38

（二）喇萨杏自然递减率控制到 9% 的理论依据

1. 喇萨杏油田由于稳产期长、稳产期末的采油速度和采出程度高，因此从总产量递减来看，初始递减率较大

（1）稳产期越长，稳产期末的采油速度越高，初始递减率越大。

油田的产量变化趋势在经历上产和稳产阶段以后，便进入递减阶段。油田产量开始递减后，初始递减率主要受稳产期的采油速度和采出程度的影响。为简便起见，利用指数递减的变化规律来研究稳产期后初始递减率与稳产期末采出程度和采油速度的关系。假设在指数递减前的稳产期为 T，产油量为 Q_T，极限产油为 q_{ol}，递减后可采储量为 N_{pl}，递减前产量为 Q_i，则：

$$N_R = Q_T + N_{pl} = Q_T + N_{pl} = Q_T + \frac{Q - q_{ol}}{D_i} \tag{1-3-15}$$

故初始递减率为：

$$D_i = \frac{1 - \dfrac{q_{ol}}{Q}}{\dfrac{N_R}{Q} - T} = \frac{1 - \dfrac{q_{ol}}{Q}}{\dfrac{1}{v_{NR}} - T} \tag{1-3-16}$$

式中　N_R——可采储量，10^4t；

　　　Q——稳产期年产油，10^4t；

　　　v_{NR}——稳产期末可采储量采油速度。

由公式（1-3-16）可以看出，稳产期后递减率与稳产期末采出程度和采油速度有关系，稳产期越长，稳产期后的初始递减率越大；稳产期末的采油速度越大，初始递减率也越大。

（2）稳产期末可采储量采出程度越高，稳产期后初始递减率越大。

根据指数递减规律同样可以推导出初始递减率与稳产期末可采储量采出程度的关系：

$$N_R = Q_T + \frac{Q - q_{ol}}{D} \tag{1-3-17}$$

$$1 = R + \frac{v_{NR} - v_{ol}}{D} \qquad （1-3-18）$$

$$D_i = \frac{v_{NR} - v_{ol}}{1 - R} \qquad （1-3-19）$$

式中　R——稳产期末采出程度；

　　　v_{ol}——经济极限采油速度。

由式（1-3-19）可以看出，稳产期后递减率与稳产期末采出程度也有关系，在稳产期相同的情况下，稳产期末可采储量采出程度越高，初始递减率也越大。

从喇萨杏油田的实际情况来看，连续稳产 22 年，稳产期末可采储量采出程度和采油速度较高，分别为 70.01% 和 1.2%，因此"九五"以来递减率一直较高，在 10% 左右。

2."九五"以来喇萨杏油田自然递减率一直在 10% 以上

由于喇萨杏油田采取了多次布井、接替稳产的开发模式，保持了长期稳产，而且比采油速度一直较高，在 0.9 左右，因此到高含水后期产量才开始递减，递减率较大，近几年一直在 10% 以上。喇萨杏油田递减率一直较高主要有以下几个方面的原因。

（1）新井对自然递减的贡献逐渐减小。

随着开发对象的逐渐变差，年建成能力逐年减少，新井对自然递减的贡献逐渐减小。贡献率由"九五"期间的 3 个百分点降到"十五"的 2 个百分点以下（表 1-3-13）。

表 1-3-13　长垣水驱影响递减率因素统计　　　单位：%

年份	新井贡献值	钻关贡献值	封堵贡献值	调压贡献值
1996	-2.21	0.62		
1997	-3.03	0.67		
1998	-3.59	0.74		
1999	-3.38	0.80	0.05	
2000	-2.14	0.72	0.15	
2001	-2.52	0.95	0.12	
2002	-1.93	0.81	0.07	0.89

（2）钻关影响产量加大。

随着井网密度的加大，每年钻井降压地区影响的产量也在加大。"九五"期间由于钻井降压影响的产量递减率为 0.6～0.8 个百分点，"十五"期间影响值在 0.8 个百分点以上（表 1-3-13）。

（3）老井措施效果下降，对控制自然递减的作用逐渐减弱。

对比"九五"以来长垣水驱压裂、三换井数及年增油量变化可以看出，虽然井数在增加，但年增油量呈现下降趋势。压裂单井年增油由"九五"初期的 1000t 以上下降到

"十五"前三年平均不足 600t（表 1-3-14）。目前生产井中有 86% 已实施过压裂，压裂砂岩厚度比例 60.4%，有效厚度比例 54.2%，压裂对象也由二次加密的中低渗透层转向三次加密的低渗透、特低渗透表外储层，措施挖潜难度越来越大，后效性越来越差，对控制递减的作用越来越弱。

表 1-3-14　长垣水驱压裂、三换井数和增油量变化情况对比

	年份	1996	1997	1998	1999	2000	2001	2002
压裂	井数 / 口	1080	906	881	957	907	1043	1007
	单井年增油量 /t	1420	1155	830	804	656	851	605
	年产油量 /10⁴t	153.4	104.6	73.1	77.0	59.5	88.7	60.9
三换	井数 / 口	594	548	537	878	946	724	627
	单井年增油量 /t	514	770	683	463	277	365	321
	年产油量 /10⁴t	30.6	42.2	36.7	40.7	26.3	26.5	20.1

（4）"九五"以来套损对老井自然递减影响比较大。

以杏北油田为例，1996—2003 年套损井每年影响递减 1 个百分点左右（表 1-3-15）。

表 1-3-15　杏北油田 1996—2003 年套损影响情况

年份	注水井套损井数 / 口	油井套损井数 / 口	影响产油量 /10⁴t	影响自然递减 /%
1996	56	59	8.80	1.06
1997	70	102	11.24	1.36
1998	82	95	13.53	1.65
1999	98	95	9.67	1.21
2000	75	33	6.67	0.87
2001	77	90	7.80	1.10
2002	108	84	8.77	1.32

（5）水驱产量转入聚合物驱，加大了水驱产量递减。

由于主力油层每年都有新区块投入注聚合物，因此有一部分产量转入聚合物驱，从而加大了水驱产量递减（表 1-3-16）。这部分产量主要包括三部分：一是聚合物驱利用井的产量；二是空白水驱产量；三是聚合物驱井的水驱产量。

表 1-3-16　喇萨杏油田主力油层聚合物驱转移影响产量统计表

年份	1996	1998	1999	2000	2001	2002
转为聚合物驱产量 /10⁴t	146.3	102.8	16.3	34.1	87.4	111.8
加大递减 /%	2.90	2.32	0.39	0.86	2.33	3.14

（6）聚合物驱区块封堵水驱目的层，使水驱产量减少（表1-3-17），随着二类油层聚合物驱规模的扩大，今后封堵对产量的影响会逐步加大。

表1-3-17　喇萨杏油田主力油层聚合物驱封堵影响产量统计表

年份	1998	1999	2000	2001	2002
影响产量 $/10^4t$	0.11	2.01	5.94	4.62	2.51
加大递减 /%		0.05	0.15	0.12	0.07

由于上述几个方面的原因，油田产量递减率一直较大，在10%左右。

3. 控制自然递减率的有利因素分析

尽管"十五"后三年控制递减率的难度较大，但仍有许多有利因素。

（1）水驱油田进入了特高含水期开采，单油层递减率随含水上升逐渐下降。

单油层水驱油田开始递减后，如果采液速度保持不变，今后的递减率将受含水上升规律的影响。数值模拟计算表明，对单油层来说，当采液速度保持稳定时，递减率的变化趋势与含水上升率的变化趋势一致，含水上升率增大，递减率随之增大，含水上升率达到最大值后开始下降，递减率也随之下降，因此控制含水上升速度可以减缓产量递减率。

（2）从产量结构来看，递减率较低的产量所占比例增加。

在多油层条件下，由于不同层的含水变化规律不一样，因此递减率变化规律也不一样。如果各油层同时开采，在特高含水期，递减规律趋于一致，随含水上升率的降低而减小；如果各油层不同时开采，假设共有 n 类井投产，由递减率的定义有：

$$D_t = -\frac{\sum_{i=1}^{n}Q_{it} - \sum_{i=1}^{n}Q_{it-1}}{\sum_{i=1}^{n}Q_{it-1}} = \sum_{i=1}^{n}D_{it}R_{it-1} \qquad （1-3-20）$$

式中　D_t——全油田第 t 年自然递减率；

Q_{it}，Q_{it-1}——第 i 类井第 t 年、第 $t-1$ 年的产油量；

D_{it}——第 i 类井第 t 年自然递减率；

R_{it-1}——第 i 类井第 $t-1$ 年的产油量比例。

可以看出，全油田第 t 年的自然递减率不但与每类井的自然递减率有关，还与该类井第 $t-1$ 年的产油量比例有关，是一个变化规律很复杂的指标。

从各类井含水率来看，目前各类井的含水率均在80%以上，含水上升率和递减率处于减缓阶段。从产量比例来看，含水率80%以上的产量比例占77%左右（表1-3-18），这也是减缓递减的有利因素。

（3）从各开发区各类井的递减类型来看，基础井全部是双曲递减类型，递减率开始减缓。

从油田实际递减类型来看，也证明了这一点。对已经发生递减的各类井进行了统计

（表1-3-19），指数递减占27个，双曲递减占15个，调和递减占5个。其中基础井全部是双曲递减类型，递减率开始减缓。

表1-3-18 喇萨杏油田高含水井状况统计表 单位：%

年份	$f_w < 80\%$ 的比例		$80\% \leqslant f_w < 98\%$ 的比例		$f_w \geqslant 98\%$ 的比例	
	井数	产油量	井数	产油量	井数	产油量
1990	69.49	69.19	29.86	30.76	0.65	0.05
1991	66.69	66.59	32.73	33.35	0.58	0.06
1992	66.48	67.72	32.09	32.14	1.43	0.14
1993	65.51	66.97	33.32	32.92	1.17	0.11
1994	63.37	66.31	35.79	33.61	0.84	0.08
1995	59.39	64.71	39.88	35.21	0.73	0.08
1996	54.81	62.40	44.01	37.46	1.18	0.14
1997	46.86	54.47	51.93	45.33	1.21	0.20
1998	44.77	50.19	54.27	49.69	0.96	0.12
1999	38.49	43.83	60.35	56.00	1.16	0.17
2000	34.55	38.30	63.72	61.50	1.73	0.20
2001	30.48	33.83	67.58	65.96	1.94	0.21
2002	25.94	30.06	72.03	69.69	2.03	0.25
2003	23.02	27.24	74.35	72.38	2.63	0.38

（4）基础井网具有提液潜力。

为控制油田含水上升速度，基础井网的采油速度一直较低。从各开发区基础井网的开发状况来看，目前产液量基本保持稳定，产量变化呈双曲递减规律，目前的采油速度只有高峰期的1/5左右。与高峰期的产液能力相比，有较大的提液能力。采油二厂南二区一三区面积中块基础井网提液试验表明，通过整体优化提液，两年来产量保持不递减，而且本井网的含水上升速度保持稳定。如果适当提高产液量，每年可增加产量规模，减缓产量递减。

根据对递减规律及控制递减有利因素的分析，提出了"十五"后三年递减率控制在9%以内的工作目标。

（三）喇萨杏水驱通过实施精细开发实现控水挖潜

通过对喇萨杏水驱含水变化规律、产量递减规律及挖潜措施潜力的分析可以看出特高含水期水驱开发面临的困难：

表 1-3-19　喇萨杏油田递减规律统计表

分类井	递减指数					
	喇嘛甸	萨北	萨中	萨南	杏北	杏南
基础井	0.00150	0.33405	0.20661	0.36244	0.15440	0.41327
一次井	0.04834	0.00125	0.00132	0.00090	0.00094	0.00056
高台子井			0.00096	0.00072		
四条带		0.00109				
1993 年二次井	0.42244		0.99996	0.07343		
1994 年二次井	0.00066		0.51287	0.29572	0.99994	
1995 年二次井	0.07495		0.06933	0.27813	0.00071	
1996 年二次井	0.63418	0.00087	0.99882	0.00050	0.07125	0.19789
1997 年二次井			0.00190	0.00049	0.17572	0.34653
1998 年二次井			0.99963	0.00048	0.00115	0.99981
1999 年二次井			0.00081	0.56470	0.00094	0.17572
1997 年扩边井						0.04153
1998 年扩边井						0.01738
1999 年扩边井						0.00032

指数递减：27 个，双曲递减：15 个，调和递减：5 个

（1）结构调整潜力逐渐变小；

（2）各项增产措施的控水控递减的作用逐渐变小；

（3）由于上述原因含水上升率一直较高；

（4）产量递减率较高。

因此水驱开发必须实施精细开发，在精细油藏研究的基础上，以多学科研究为手段，以"关、停、调、堵，提、压、补、钻"等综合调整为主要措施，精细油田开发调整技术和结构调整技术，实施综合调整，达到控水挖潜的目的。

按上述思想，深化研究了高含水后期和特高含水期水驱开发指标变化规律、控水潜力、控水措施及技术政策界限，开辟了控水挖潜试验区，加大控水挖潜调整力度。

1. 开展了多项科研攻关，为形成特高含水期挖潜配套技术奠定了基础

（1）深化了水驱开发规律认识，增强了宏观控制油田开发趋势的能力。

运用油藏工程理论结合油田开发实际，研究了水驱开发规律：

① 研究了地质开发因素和控水措施对含水上升的影响；

② 研究了不同条件下的递减率变化规律及影响因素；

③ 研究了各种开发调整措施的作用机理；

④ 研究了控水控递减的有利因素和不利因素。

上述研究为增强宏观控制油田开发趋势的能力奠定了基础。

（2）细化了潜力认识，为控水挖潜提供了物质基础。

① 通过对喇萨杏油田细分区块和细分层系潜力的研究，采用层次分析法，明确了各区块井网的油水井综合调整潜力。

② 运用关联分析方法，建立了常规措施潜力预测模型，给出了常规措施潜力。

③ 深化了单砂体注采关系研究，形成了单砂体主采关系调整配套技术；研究了高含水后期注采系统调整的方式。确定了4种类型，14种调整方式，给出了调整潜力。

④ 研究了喇萨杏油田三次加密调整技术。在精细油藏描述的基础上，研究了三次加密井网部署、开发对象、射孔界限、完井方式等配套措施，给出了三次加密潜力。

⑤ 深化了对周期注水的认识，拓宽了周期注水对象，扩大了周期注水规模。

（3）研究了各项开发指标的技术政策界限，为油田开发调整提供了依据。

① 研究了不同开发阶段分类井含水上升率、递减率界限。建立了措施条件下的开发指标预测方法，初步确定了油田开发阶段的评价指标，首次系统研究了喇萨杏油田多个指标控制下的开发阶段划分理论，提出了开发强度的概念，研究了开发强度与递减率、含水上升率的关系。

② 研究了喇萨杏油田高含水井关井、关层的技术界限。从经济效益的角度提出了效益井、边际井、无效井的概念；建立了单井无效产油、产液、含水模型，边际井和效益井经济界限模型；对无效井进行了分类，并分别给出了治理对策；建立了无效产油层的界限模型，给出了单层堵水界限和关层界限。

（4）发展了"大孔道"的识别与治理技术，为控制低效无效循环奠定了基础。

① 从地质成因分析、高含水后期油层物性及渗流特征研究、室内天然岩心试验，以及油田动态参数的综合分析判断等方面发展了"大孔道"的识别技术。

② 研究了以水驱深度调剖作为治理"大孔道"的主要技术，研究了其技术界限和主要技术要求；确定了选井、选层的原则，并在长垣各采油厂选取了典型井组进行试验，形成了"大孔道"的初步治理技术。

2. 通过实施特高含水期精细结构调整技术，有效控制了含水上升和产量递减速度

在上述研究和精细地质研究的基础上，以多学科油藏管理为手段，编制了个性化的综合调整方案，并对分层注水、注采系统调整、周期注水、浅调剖等措施加大了实施力度，实施精细调整，含水上升速度和产量递减率得到了有效控制。

（1）通过实施特高含水期精细结构调整技术，控制无效产液量 $5249.1 \times 10^4 \text{m}^3$，减缓自然递减率2.48个百分点。

"十五"后三年，通过实施精细调整技术，有效地控制了含水上升和产量递减，与2002

年相比，"十五"后三年有效调整工作量明显增加，有效调整井数 15052 口（表 1-3-20），控制无效产液量 5249.1×10⁴m³，占控水作用的 53.8%（表 1-3-21）；多产油 90.9×10⁴t，占总多产油量的 51.05%，减缓自然递减率 2.48 个百分点（表 1-3-22）。

表 1-3-20 喇萨杏油田"十五"后三年水井综合调整措施工作量变化表

年份	注水井		采油井				
	完成井数 /口	有效井数 /口	见效井数 /口	见效前		见效后	
				日产油量 /t	综合含水率 /%	日产油量 /t	综合含水率 /%
2002	5029	3915	7150	40580	90.56	42049	90.21
2003	5647	4826	9189	55642	91.71	58081	91.23
2004	6304	5145	8761	40939	91.23	42961	90.86
2005	5943	5081	8260	28116	93.28	28559	93.21
合计	17894	15052	26210				

表 1-3-21 喇萨杏油田"十五"后三年水井综合调整措施控水作用比例

项目	措施	新井	高含水关井	周期注水	注采系统调整	综合调整方案	合计
控制无效产液量 /10⁴m³	588.8	383.0	2843.7	335.0	357.8	5249.1	9757.4
比例 /%	6.03	3.93	29.14	3.43	3.67	53.80	100.00

表 1-3-22 喇萨杏油田"十五"后三年水井综合调整措施递减作用比例

项目	新井	综合调整方案	注采系统调整	周期注水	合计
多产油 /10⁴t	65.4	90.9	15.8	5.9	178.0
比例 /%	36.76	51.05	8.86	3.32	100.00
递减贡献率 /%	1.78	2.48	0.43	0.16	4.85

（2）通过单砂体注采关系调整技术控制无效产液量 357.8×10⁴m³，减缓自然递减率 0.48 个百分点。

注采系统调整技术的发展和完善，为调整和完善高含水后期注采关系提供了技术保证，不适应区块层系逐渐得到调整，调整的层次不断深入，由区块、井网层系注采关系调整深入到单砂体注采关系调整，从而取得了较好的调整效果。"十五"后三年喇萨杏油田实施注采系统调整 20 个区块，转注油井 520 口，油水井大修 404 口，油水井补孔 534 口，补充钻井 72 口，增加可采储量 264.2×10⁴t，控制无效产液量 357.8×10⁴m³，占控水作用的 3.67%；多产油 15.8×10⁴t，占总多产油量的 8.86%，减缓自然递减率 0.48 个百分点。

（3）三次加密调整控制无效产液量 383×10⁴m³，减缓自然递减率 1.78 个百分点。

通过对剩余油进行精细描述，结合数值模拟手段，研究了三次加密射孔界限，"十五"

后三年，喇萨杏水驱加密井年均含水率呈逐年下降趋势，2004 年新井年均含水率 74.5%，比 2000 年下降 8 个百分点。预计到 2005 年底，三次加密投产油水井 2218 口，建成产能 132.6×10^4t。"十五"后三年通过加密调整控制无效产液量 383×10^4m³，占控水作用的 3.93%；多产油 65.4×10^4t，占总多产油量的 36.76%，减缓自然递减率 0.16 个百分点。

（4）通过周期注水技术控制无效产液量 335×10^4m³，减缓自然递减率 1.78 个百分点。

"十五"后三年，周期注水技术不断发展，周期注水方式由以往单一全井的同步周期注水发展到区块内注水井之间交错周期注水、主力油层周期注水而非主力油层常规注水、分层异步周期注水等多种方式；停、注半周期由相等逐步发展为停、注时间不同的半周期；应用对象从基础井网扩展到一次、二次加密井，从主力油层扩展到非主力油层，并在薄差层开展周期注水试验。"十五"后三年周期注水达 1000 井次，控制无效产液量 335×10^4m³，占控水作用的 3.43%；多产油 5.9×10^4t，占总多产油量的 0.16%，减缓自然递减率 0.16 个百分点。

（5）通过高含水井关井控制无效产液量 2843.7×10^4m³。

对治理无效的高含水井，坚决实施关井措施。"十五"后三年共关高含水井 650 口，控制无效产液量 2843.7×10^4m³，占控水作用的 29.14%。

"十五"后三年还精细了常规压裂、三换等措施配套技术，形成了"超前培养、精心选井、精细选层、优化设计、强化监督、及时保护"的措施井管理配套方法，加大了措施实施力度，提高了措施效果，有效地控制了措施井含水上升。

通过上述措施，"十五"后三年，喇萨杏油田水驱含水率实际少上升 1.3 个百分点，三年少产水 9757×10^4m³，未措施老井累计增油 178×10^4t，实现了三年含水率少上升 1 个百分点，递减率控制在 9% 以内的奋斗目标。

三、三次采油产量保持 900×10^4t 规模的依据及效果

（一）提出依据

根据"十五"规划部署，聚合物驱产量可保持（800～900）× 10^4t。从"十五"前两年的实施情况来看，"十五"后三年聚合物驱产量实现 900×10^4t 的难度较大。主要有以下几个方面的原因：

一是"十五"期间，已投注聚合物区块大部分将进入含水上升阶段，产量逐年下降，注聚合物对象转向南四区以南主力油层和二类油层。南四区以南主力油层是分流平原相砂体，单层厚度比北部主力油层薄 1～4m。二类油层具有小层数增多，单层厚度变小，三角洲分流平原、三角洲内前缘、三角洲外前缘相中的七种沉积类型砂体纵向上交错分布，层间矛盾突出的特点，与北部主力油层相比，储量品位明显变差，聚合物驱开发效果变差，提高采收率值降低，如杏十三区聚合物驱方案预计含水率下降幅度为 16.47 个百分点，实际降低 11.2 个百分点，比方案预计低了 5.27 个百分点；方案预计采收率提高值为 8.92%，

实际为 5.36%，比方案预计低了 3.56 个百分点，若保持相同的产量规模，投入的地质储量和钻建工作量都要增加。

二是根据大庆油田"十五"开发规划安排，2004 年和 2005 年在萨中和萨北地区将有 4 个工业化区块进行二类油层聚合物驱开采，但当时有关二类油层的层系组合、注采井网和井距、注入参数、效果评价及注采工艺技术等问题亟待攻关解决。必须加大二类油层聚合物驱技术研究力度，加 9 快现场试验步伐，尽快实现三次采油的产量接替。

三是随着措施工作量加大，聚合物驱成本也在逐年增加。

针对上述情况，大庆油田公司提出了聚合物驱开发的"210"工程目标，即通过各种有效的技术措施使聚合物驱开采区块的提高采收率值比方案设计再增加 2 个百分点，聚合物干粉用量比计划节省 10% 的工作目标，确保 2005 年三次采油产量保持在 900×10^4t 规模。

（二）聚合物驱通过"细化潜力、完善技术"确保产量规模保持在 900×10^4t

"十五"后三年，油田开发人员创新思维，在深化聚合物驱开发规律、细化潜力认识基础上，深刻地认识到，进一步优化聚合物驱方案，优化聚合物驱全过程的综合调整技术，并采取分块研究、分块管理、分块考核"三分"的管理手段，提高已投注聚合物区块和新投注聚合物区块的开发效果，才能确保 2005 年三次采油产量规模保持在 900×10^4t。因此油田科技人员加强了以下几个方面的研究工作。

1. 深化了聚合物驱开发指标变化规律研究，建立了聚合物驱开发指标预测模型

根据注聚合物区块动态反映特点，将聚合物驱全过程分为未见效阶段、含水下降阶段、低含水稳定阶段、含水回升阶段和后续水驱五个阶段。建立了不同阶段开发指标模型。研究了见效时间与河道砂比例、层间渗透率级差、注聚合物前采出程度和初含水之间的关系；含水下降幅度与河道砂比例、渗透率变异系数、采出程度、初含水、边角井比例、合采井比例和深度调剖比例等参数之间的关系；含水回升时间与油层厚度、河道砂比例等参数之间的关系。为不同阶段实施不同的调整措施提供了条件。通过上述研究，使聚合物驱开发指标预测精度得到提高，为实施开发调整奠定了基础。

2. 细化了聚合物驱潜力认识

（1）由于注聚合物对象的变差、已经实施注聚合物区块之间由于地质条件不同使得开发效果产生差异，因此油田已有的聚合物驱油层分类标准已经无法满足对聚合物驱储量潜力的认识。在综合考虑油层发育特点、油层对不同聚合物相对分子质量和不同注采井距的适应性、聚合物驱控制程度、提高采收率指标等多项因素的情况下，建立了新的油层分类标准。将萨葡高油层分成三个大类，每一大类再分成两个亚类。不同类型油层采取不同的聚合物驱开发方案和挖潜措施，实施个性化方案优化设计。

（2）优化了潜力计算方法，将聚合物驱潜力细化到区块，具体到开发层系。平面上以

68 个开发区块作为基本的计算单元（过渡带计算到各油层组的含油内边界）。纵向上细分开采层系，按研究确定的层系组合原则，把聚合物驱的储量潜力落实到了具体区块的具体层系。

（3）以聚合物驱控制程度作为衡量聚合物驱提高采收率的量化参数，按照聚合物驱控制程度与提高采收率关系图版逐一预测分区块分层系的提高采收率指标，使增油潜力的计算结果更切合实际。

3. 完善和发展了一套聚合物驱方案优化和聚合物驱全过程综合调整技术

聚合物驱经过十年的工业化推广，在创新发展了领先国际水平的开发调整技术的同时，建立了一套聚合物驱方案优化及与其配套的综合调整方法，提高了各种开发技术的应用效果。

（1）形成一套一类、二类油层层系组合和井网优化部署技术，保证了聚合物驱开发效果。

（2）针对不同区块及所处于的不同注聚合物阶段，编制个性化调剖方案，优化段塞组合，使调剖效果更加显著。

（3）优化注聚合物方式。对于层间矛盾突出的区块尤其是二类油层采用整体分层分质注聚合物、周期注聚合物等方式，进一步挖掘油田聚合物驱潜力，提高聚合物驱开发的技术经济效果。

（4）聚合物相对分子质量由仅限于中分子应用发展为高分子及超高分子抗盐聚合物的应用。

（5）研究了聚合物停注时间，设计用量由 570mg/（L·PV）增加到 640mg/（L·PV）以上，采用停井不停站的做法，改善聚合物驱效果，提高聚合物驱采收率。

（6）针对不同地区不同井组聚合物驱效果存在较大差异的实际，优化注入浓度、黏度、注入速度等参数的调整方案。

从"十五"期间的执行情况来看，各种方案调整、压裂、换泵措施工作量逐年加大（表 1-3-23）。

表 1-3-23　"十五"期间聚合物驱实施工作量统计

年份	分注		调剖井数 /口	方案调整 /井次	压裂井数 /口	三换井数 /口
	分注井数 /口	比例 /%				
2001	60	4.68	140	1229	164	156
2002	160	10.55	67	1704	359	94
2003	369	15.09	138	2054	226	81
2004	615	27.73	164	2394	291	180
2005	915	41.95	151	2500	269	215

4. 研究形成了二类油层聚合物驱技术，提高采收率值在 8 个百分点以上

研究建立了二类油层聚合物驱层系组合、井网井距确定的原则和标准；提出了限制二类油层注聚合物对象、建立聚合物驱控制程度的概念；确定了聚合物相对分子质量、注入速度、聚合物用量、聚合物浓度等参数的选择方法；实施注聚合物前区块整体分层注入、个别井组深度调剖的做法。从现场试验到工业化推广，初步形成了一套二类油层聚合物驱的配套技术，已经实施注聚合物的二类油层达到了提高采收率 8％ 的目标，高于试验区效果。如萨中油田在总结北一区断西下返，中新 201 站先导性试验区取得的认识和经验的基础上，在北一二排西部二类油层工业化聚合物驱过程中，进一步完善了井网、井距、层系组合原则及方案设计，严格控制二类油层注采对象。加大分层注聚合物力度，分注井比例达 46％；以注定采，最大程度完善河道砂注采关系，河道砂控制程度达到 77.4％；优化注入方案，加强跟踪调整措施，目前见到了较好的增油降水效果。含水率下降 12.7 个百分点，好于数模，见效高峰期见效井比例高达 90.9％，高于主力油层见效井 85％ 的比例。

5. 建立了一套精细聚合物驱管理的办法

成立了由大庆油田公司领导、各二级单位负责聚合物驱的副大队长为责任人的管理网络，采取分区块承包责任制，汇集研究院、采油院、设计院和各采油厂形成月度例会制度，减少解决问题的中间过程，创出了一套集约化管理体系，建立了一套精细聚合物驱管理的办法，大幅提高工作效率，确保出现问题及时整改，有效减少了生产管理对聚合物驱开发效果的影响。

通过上述工作，提高了已投注聚合物区块开发效果，10 个已经结束注聚合物区块提高采收率值在 12％ 以上，高出方案设计 2 个百分点；二类油层聚合物驱技术逐渐成熟，采收率提高值在 8 个百分点以上。聚合物驱连续四年三次采油年产量在 1000×10^4t 以上（表 1-3-24）。

表 1-3-24   大庆油田三次采油产量构成   单位：10^4t

年份	年产量	工业化区块产量	试验区产量	空白水驱产量	聚合物用量
1996	295.0	215.0	80.0		2.1
1997	559.0	497.8	61.2		3.8
1998	817.0	761.5	55.5		4.8
1999	827.0	766.7	60.3		6.5
2000	907.0	872.9	34.1		6.8
2001	953.0	870.0	83.0		7.6
2002	1134.0	1056.7	77.3		7.6
2003	1234.0	1044.0	73.3	116.7	7.8
2004	1193.2	1055.4	80.5	57.3	8.1
2005	1129.6	981.7	50.4	97.5	9.3

四、外围油田上产 500×10^4t 的依据及效果

（一）提出依据

在喇萨杏水驱自然递减率控制到 9% 以内，三次采油产量保持 900×10^4t 的情况下，大庆油田的产量递减幅度依然达不到中国石油天然气股份有限公司的战略调整目标。为减缓油田产量递减幅度，外围油田需要加快增储上产步伐，因此对外围油田能否上产 500×10^4t 进行了深入研究。

1. 老井产量预测

由于外围油田储层渗透率低、砂体规模小、水驱控制程度较低，1999 年以来，外围油田产量综合递减率一直为 12.4%~15.8%。按此趋势预测，同时考虑通过老区加密、注采系统调整加大控制自然递减力度，考虑新技术增油措施，2002 年以前的井其产量 2005 年可增加到（316~330）$\times 10^4$t。如果外围油田 2005 年年产油量上产到 500×10^4t，实现稳产 3~5 年的新要求，则要求外围新区年建成产能达到 80×10^4t。

2. 外围上产 500×10^4t 的储量基础

到 2001 年底，外围油田已探明未动用储量为 7.3×10^8t，其中待核销储量 1.1×10^8t，渗透率小于 0.5mD 的储量 1.6×10^8t，流度小于 0.5 的储量 2.0×10^8t，剩余可供优选的储量为 2.6×10^8t。如果三年能动用 1.0×10^8t 储量，产能速度按 1.2% 计算，年均建产能 40×10^4t 左右。

从"九五"以来提交探明储量来看，近几年在 6000×10^4t 左右，动用率按 60%、产能速度按 1.2% 计算，年均建产能 43×10^4t 左右。

按上述计算，已探明未动用储量和待探明储量合计年均建产能 83×10^4t，从储量资源来看，2005 年外围油田能够上产到 500×10^4t，上产的关键是攻克特低渗透、特低丰度油藏有效开发技术。

（二）外围油田通过实施"两个创新"实现上产 500×10^4t 的目标

外围已开发油田部分区块已进入中高含水期，新投区块品质差，递减加大；待开发油田已探明未动用储量较多，且近几年提交探明储量有所增加，但具有单层厚度薄，砂体分布零散，储量丰度极低，渗透率、流度极低，裂缝不发育，以及油藏类型复杂等特点，基本处于低渗透油田开发的技术经济极限。必须通过创新开发技术，创新经营管理模式，挑战技术瓶颈，才能使外围油田储量动用率大幅度提高，产能建设增加，确保 2005 年实现年产 500×10^4t 的目标。

1. 深化了潜力认识，为外围油田上产提供了物质基础

（1）首先细分了评价单元。按照"单层位分析、多层位评价"基本思路，将分布于 21 个油田的未动用储量划分为 282 个评价单元，其中葡萄花油层 137 个，扶杨油层 98 个，重新落实每个评价单元面积、储量、油藏深度、储层物性、原油黏度等参数，为建立

评价单元概念地质模型、优选未动用储量开发潜力提供了基础。

（2）分类落实了储量潜力。在详细分析了外围油田分油层、分采油厂未动用储量构成的基础上，对葡萄花油层、扶杨油层未动用储量分类。葡萄花油层按照储量丰度分为两类；扶杨油层储量按照渗透率和原油流度分为四类。不同的类别采用不同的技术措施动用。针对扶杨油层未动用储量比例大、地质特征复杂的特点，研究了扶杨油层未动用储量优选界限和有效驱动技术界限。

2. 深化了地质认识，研究发展了多元化开发技术，有效动用了难采储量

针对外围油田难采储量基数大、动用难度大的现状，从外围油田地质研究入手，形成了葡西油水同层复杂解释技术，优选动用储量 $1572 \times 10^4 t$；发展了低丰度葡萄花油层水平井技术，突破了超薄油层技术界限，动用地质储量 $314 \times 10^4 t$；形成了裂缝不发育扶杨油层大型压裂多元开发技术，动用肇源油田储量 $218 \times 10^4 t$，难采储量动用程度大幅度提高；针对海拉尔油田油藏类型复杂，水敏严重，凝灰质储层、断块裂缝型潜山油藏地质认识尚不清楚，开发难度极大的问题，开辟了 3 个先导性矿场试验区，发展形成了海拉尔油田复杂断块油藏强水敏储层注水开发技术，使裂缝、潜山油藏得到有效动用，三年动用储量 $3922 \times 10^4 t$，2005 年海拉尔油田产量达到 $41 \times 10^4 t$。

"十五"期间，五年提交探明储量 $37876 \times 10^4 t$，动用地质储量 $17710 \times 10^4 t$，"十五"后三年储量动用率由原来的近 40% 提高到 80% 以上（表 1-3-25）。五年钻井数 7076 口，建成产能 $500.29 \times 10^4 t$，新区新井当年产量 $152.5 \times 10^4 t$，平均每年 $30.5 \times 10^4 t$，占外围油田五年年均产量的 6.7%。

表 1-3-25　大庆外围油田 2000 年以来提交探明储量动用情况

项目	2001 年		2002 年		2003 年		2004 年		2005 年		累计储量动用率/%
	动用储量/$10^4 t$	动用率/%	动用储量/$10^4 t$	动用率/%	动用储量/$10^4 t$	动用率/%	动用储量/$10^4 t$	动用率/%	动用储量/$10^4 t$	动用率/%	
2001 年新增	322	4.9	448	6.8	1083	16.4	114	1.7	404	6.1	35.88
2002 年新增	851	16.1	266	5.0	224	3.4	221	4.2	418	7.9	37.47
2003 年新增			115	1.7	1186	17.9	913	13.6	2887	42.9	75.84
2004 年新增							2396	23.0	4045	38.9	80.51
2005 年新增									1088	13.6	13.60

3. 创新建立了井网加密调整和注采系统调整技术，有效控制老井递减率

针对外围油田储层砂体发育差、开发较早的葡萄花油层已进入中高含水期、产量递减快和扶杨油层采油速度低等开发实际，在油藏分类评价和井网适应性研究的基础上，研究出基于低渗透油藏非达西渗流理论的井网加密技术经济界限，并根据已经实施井网加密的区块仍难于达到有效控制砂体的目的，发展了针对不同类型油层的 9 种井网加密和注采系统调整方式，有效地控制了老区递减。

2001—2005 年，外围油田共加密 800 口。调整区块实施调整后，水驱控制程度平均提高 8.76 个百分点，采收率平均提高 2.4 个百分点（表 1-3-26），增加可采储量 $180 \times 10^4 t$，有效地控制了外围老区的含水上升、产量递减，老井自然递减率由 15.3% 控制到 13.5%。

表 1-3-26 外围油田 2001—2004 年加密调整情况统计表

年份	面积 / km^2	储量 / $10^4 t$	井数 / 口	水驱控制程度 /%			采收率 /%			可采储量 /$10^4 t$		
				调前	调后	增值	调前	调后	增值	调前	调后	增值
2001	18.4	959	162	68.02	76.14	8.12	20.13	23.36	3.23	193.0	224.0	31.0
2002	23.7	1515	122	68.57	79.63	11.07	20.92	23.23	2.31	317.0	352.0	35.0
2003	21.2	1200	107	67.53	74.57	7.03	21.68	24.01	2.33	260.1	288.1	28.0
2004	34.5	2004	220	70.37	79.20	8.83	22.64	24.74	2.10	453.8	495.8	42.0
合计 / 平均	97.8	5678	611	68.62	77.39	8.76	21.56	23.95	2.40	1223.9	1359.9	136.0

4. 创新了经营管理模式，储量动用率大幅度提高

（1）为了有效动用外围"三低"（丰度低、渗透率低、产量低）油田储量，在经营方式上，采用小油田公司体制，与地方、存续企业及国外公司合作，降低开发投资和成本，提高难采储量动用。小油田公司目前已累计动用储量 $19039 \times 10^4 t$，年产油量由 2002 年的 $176 \times 10^4 t$ 上升到 2005 年的 $208 \times 10^4 t$。

（2）在管理模式上，实施勘探开发一体化，探明储量逐年增加，2004 年突破 $1 \times 10^8 t$，达到近十年来最高水平，探明储量动用率跨越式提高，由原来的近 40% 提高到 80% 以上。

（3）在难采储量优选动用上，运用"百井工程"模式，突出以"种子井"为中心的油藏评价方法，逐步形成了一套地质、测井、地震相模式预测的油藏评价技术，在油藏认识和工作量部署上都实现了真正意义上的勘探开发一体化。2004 年、2005 年设计井位 451 口，动用储量 $1290 \times 10^4 t$，建产能 $30.6 \times 10^4 t$，目前已完钻 172 口。

"十五"后三年，外围油田为了实现上产 $500 \times 10^4 t$ 的目标，大庆油田公司上下进一步解放思想，走出去、请进来，聘请国内外知名专家讲学，开展专题研究，并分期分批到长庆油田、华北二连油田、吉林油田等地学习考察，通过创新经营管理模式，创新开发技术，挑战技术瓶颈，使外围油田储量动用率大幅度提高，产能建设增加，年产量不断上升，实现了 2005 年年产 $500 \times 10^4 t$ 的目标。

五、三年增加可采储量 $1 \times 10^8 t$ 的依据及效果

（一）提出依据

按"十五"规划部署，"十五"后三年老区新增可采储量 $7000 \times 10^4 t$ 左右。从探明可

采储量来看，1996 年以来提交探明可采储量为（1300～1600）× 10^4t（表 1-3-27）。根据上述实际情况，提出了三年增加可采储量 1× 10^8t 的工作目标。

表 1-3-27　1996—2002 年大庆油田提交探明储量数据表

年份	开采层位	面积 / km^2	地质储量 / 10^4t	可采储量 / 10^4t	有效厚度 / m	有效孔隙度 / %	平均储量丰度 / （10^4t/km^2）	储量类别	平均埋深 / m
1996	p、f、y	397.95	8220	1432	3.80	13.7	20.66	Ⅲ	1681.0
1997	s、p、f	296.28	8205	1780	3.80	16.6	27.69	Ⅲ	1634.1
1998	g、f	478.40	8036	1834	2.73	12.3	16.80	Ⅲ	1826.8
1999	h、p、f	165.53	4266	939	5.32	16.3	25.77	Ⅱ—Ⅲ	1476.3
2000	p、h	322.30	6559	1608	3.60	17.0	20.35	Ⅲ	1505.0
2001	f、y、p、n_2	191.40	6609	1457	9.25	16.3	34.53	Ⅱ—Ⅲ	1396.9
2002	p、n_2	108.40	5284	1319	4.51	20.9	48.75	Ⅰ—Ⅱ	1101.9

注：p—葡萄花油层；f—扶余油层；y—杨大城子油层；h—黑帝庙油层；n_2—嫩 2 段油层。

（二）"十五"后三年通过创新开发技术确保增加可采储量 1× 10^8t

油田发展的历史证明，每一次地质认识的深化、理论的创新、技术的进步都会带来储量资源的增长和油田采收率的提高。"旋回对比，分级控制"的小层对比方法，带来了储层认识的第一次深化，使可采储量由 6.82× 10^8t 增加到 12.39× 10^8t。细分沉积相理论的应用，提高了中低渗透层储量的动用程度，可动用地质储量由 25.7× 10^8t 上升到 41.7× 10^8t。精细地质研究使储层细分沉积相技术产生了质的飞跃。对储层的认识进一步深化，使表外储层地质储量得到有效动用。因此"十五"期间要不断发展新技术，向技术要储量，才能确保可采储量不断增加。

"十五"期间，广大科技人员努力攻关，长垣水驱开发调整技术不断"精细化"，三次采油开发技术不断"创新化"，外围"三低"油田难采储量开发技术向"多元化"发展，形成了大庆油田"十五"期间的集成化技术系列，为油田储量的有效开发动用提供了技术保障。"十五"后三年实现了增加可采储量 1× 10^8t 的目标。老区水驱累计新增动用可采储量 1391× 10^4t，聚合物驱新增动用可采储量 2160× 10^4t，外围新区新增动用可采储量 2765× 10^4t，勘探新增探明可采储量 4527× 10^4t，累计新增可采储量 10843× 10^4t。

2003 年统计数据表明，与国内同类油田相比，采收率高出 10 百分点以上（表 1-3-28）。

六、"11599"工程实施后的体会

经过三年的实施，圆满完成了"11599"工程目标。"11599"工程目标的提出，具有科学的理论依据，统一了思想，明确了工作方向；"11599"工程的实施，发展形成了一套

特高含水期油田有效开发技术，创造了巨大的社会效益和经济效益，积累了丰富的油藏管理经验，坚定了建设"百年油田"的信心，使油田开发调整步入了良性循环，油田开发再上一个新水平、新台阶。

表1-3-28　2003年国内同类油田采收率对比　　　　　单位：%

油田	采收率	油田	采收率
大庆	47.2	新疆	25.0
玉门	30.6	辽河	24.3
塔里木	29.9	青海	23.8
华北	27.8	长庆	23.4
吉林	27.1	冀东	19.1
土哈	26.4	西南	7.6
大港	26.2		

（一）统一了思想，为油田开发调整明确了方向

经过三年的探索与实践，证实了"11599"系统工程是在油田处于产量递减阶段制定的符合油田实际的战略目标，它改变了人们思想上对产量递减阶段消沉的看法。在尊重客观实事的前提下，通过解放思想、大胆实践、创新技术，在储采失衡的状况下，能够达到减缓油田递减速度，进一步提高采收率的目标。为特高含水期油田开发调整、实现油田良性开发明确了方向。

（二）细化了潜力认识，坚定了油田发展的信心

"十五"期间，深入研究了长垣水驱各类油层动用状况及剩余储量分布特点；根据对聚合物驱区块和水驱区块各类油层的动用状况分析，对适合三次采油的储量进一步进行了细化研究；对已探明未动用储量根据其分布特点进行了详细研究，量化了不同经济条件下的效益储量。上述研究进一步细化了开发潜力，为油田开发提供了坚实的物质基础，坚定了油田发展的信心。

（三）发展了开发技术，为油田开发调整提供了技术保证

在储量接替难度逐年加大的形势下，油田开发技术的发展与完善，以及瓶颈技术的突破显得尤为重要。特高含水期控水挖潜技术的形成，为喇萨杏水驱特高含水期综合调整挖潜提供了技术保证；三次采油技术的进一步突破、发展和完善，为油田进一步提高采收率奠定了基础；外围油田特低渗透、特低丰度油藏有效开发技术的创新发展，为"三低"油田难采储量的有效动用创造了条件。

（四）精细了油田管理，为特高含水期油田开发提供了宝贵的经验

针对长垣水驱特高含水期开发对象越来越复杂、油田开发技术分支越来越细的状况，通过"两个精细"，实现了控水控递减的挖潜目标；三次采油开发通过采取分块研究、分块管理、分块考核"三分"的管理手段，实施了集约化油藏管理，提高了已投注聚合物区块和新投注聚合物区块的开发效果。"十五"开发实践表明，特高含水期更需要实施精细管理、精细挖潜才能实现有效开发。"11599"工程的实施为特高含水期油田开发提供了宝贵的经验。

（五）提高了经济效益，为油田持续有效发展奠定基础

"十五"后三年实现了"11599"工程目标，三年多产油 476×10^4t，少产水 8554×10^4m^3，少注水 7656×10^4m^3，油价按 25 美元/bbl 计算，创产值 66 亿元，取得了巨大的技术经济效果。

七、结论与认识

（1）"十五"期间，主体喇萨杏油田将进入特高含水期开采，大庆油田产量进入总递减阶段，油田战略目标不十分明确；对产量递减规律和含水上升规律认识不深刻；油田已有的技术措施不能完全满足特高含水期开发的需要；油田新增可采储量逐年减少，后备资源不足；油田开发对象普遍变差，投资成本加大。针对这种开发形势，适时提出"11599"工程目标是符合油田开发实际的战略目标，为"十五"油田开发明确了方向。

（2）研究了喇萨杏油田含水上升加快、自然递减率较高的主要原因和控制油田这两项指标的有利因素；研究了控水挖潜措施的作用机理和潜力；深化了水驱开发规律研究；细化了开发潜力研究；研究了主要开发指标的技术政策界限，发展了"大孔道"的识别与治理技术。控水挖潜措施效果分析表明，喇萨杏油田三年含水率少上升 1 个百分点和自然递减率控制在 9% 以内是可行的。

（3）与"十五"规划进行对比，从三次采油开发对象的变化、技术发展现状及经济效益三个方面研究了保持 900×10^4t 规模的难度；深化了聚合物驱开发指标变化规律研究，提高了预测精度；细化了聚合物驱潜力研究；完善和发展了一套聚合物驱方案优化和聚合物驱全过程综合调整技术；研究形成了二类油层聚合物驱技术；建立了一套精细聚合物驱开发的管理办法。研究表明，"十五"期间通过"两个优化"，三次采油产量规模可以保持在 900×10^4t。

（4）外围油田开发深化了已探明未动用潜力研究；研究发展了多元化开发技术；研究了井网加密调整和注采系统调整的技术经济界限。研究表明，外围油田通过"两个创新"有效动用难采储量和控制老区产量递减，可以实现上产 500×10^4t 的战略目标。

（5）储量资源的增长和油田采收率的提高需要地质认识的深化、理论的创新、技术的进步，"十五"期间，长垣水驱开发调整技术不断"精细化"，三次采油开发技术不断"创

新化"，外围"三低"油田难采储量开发技术向"多元化"发展，形成了大庆油田"十五"期间的集成化技术系列，为实现增加可采储量 $1 \times 10^8 t$ 的目标提供了技术保障。

（6）"11599"工程的提出，统一了思想、明确了工作方向；"11599"工程的实施，发展完善了开发技术、创造了巨大的社会效益和经济效益；"11599"工程的实现，积累了油藏管理经验、坚定了建设"百年油田"的信心，并为特高含水期油田有效开发提供了宝贵经验。

参 考 文 献

[1]金毓荪，蒋其垲，赵世远，等.油田开发工程哲学初论［M］.北京：石油工业出版社，2007.
[2]谭文彬.中国油田开发实践回顾［M］.北京：石油工业出版社，2007.
[3]廉抗利.成熟油田开发回顾（二）［J］.国外石油动态，2007，243（13）：8-19.
[4]巢华庆.罗马什金油田地质、开发与开采［M］.北京：石油工业出版社，2003.
[5]陈元千.油气藏工程计算方法［M］.北京：石油工业出版社，1992.

第二章

长垣水驱井网加密及层系优化调整技术界限

理论研究和开发实践表明，井网密度的大小对储量的控制程度有直接影响，从而对采收率产生影响[1-4]。喇萨杏油田历经三次井网加密，实现了阶段稳产和采收率的逐步提高。本章在研究井网密度与采收率理论关系[5]基础上，重点介绍了喇萨杏油田三次井网加密主要指标技术界限，典型区块"二次开发"方式，以及特高含水期层系优化调整主要指标及技术界限。

第一节　井网密度与采收率关系理论分析

目前对井网密度与采收率关系的研究方法主要有数值模拟法、基于井距对连通性影响的概率分析方法和经验统计法。其中数值模拟法和经验统计法比较常用，数值模拟法的使用效果与所建地质模型关系非常大、所需数据量大、成本高，因而，相对而言，采用基于油田开发动态的经验法是更好的选择。谢尔卡乔夫公式作为传统的井网密度与采收率研究方法，目前仍在各大油田广泛使用，并不断获得改进和发展完善。

一、井网密度与采收率关系研究方法

（一）谢尔卡乔夫公式（模型一）

苏联学者谢尔卡乔夫于 20 世纪 60 年代末根据油田数据统计结果提出的井网密度与采收率之间的关系模型，认为随着井网密度的增加，采收率是递减上升的。其表达式如下：

$$E_R = E_D e^{-a/s} \qquad (2-1-1)$$

式中　E_R——采收率；

E_D——驱油效率，表示油田井网密度趋于无穷大时的采收率；

s——井网密度，口 /km^2；

a——井网指数，与油藏属性有关，该值综合反映了油层的砂体连续性、非均质程度及流体性质，一般油层层数越多、砂体连通性越差、非均质性越严重，a值就越大。

在式（2-1-1）的两边同乘地质储量 N，有：

$$N_R = N E_D e^{-a/s} \qquad (2-1-2)$$

式中　N——地质储量，10^4t；

　　　N_R——可采储量，10^4t。

该模型形式简单，常用其计算油田开发调整阶段的可采储量。

（二）根据多油田油藏参数统计回归的谢尔卡乔夫公式变形（模型二）

齐与峰等[1]研究了国内多个油田的开发资料，通过统计回归得到了井网指数和流度之间的关系式。

其表达式如下：

$$E_R = E_D e^{-\frac{18.4}{(K/\mu_o)^{0.418}s}} \tag{2-1-3}$$

式中　K——渗透率，mD；

　　　μ_o——地下原油黏度，mPa·s。

很明显，通过式（2-1-3），只需知道油田的油藏参数渗透率 K 和地下原油黏度 μ_o，即可以得到井网指数 a，并建立起一定的井网密度下对应的采收率，再得到驱油效率 E_D。

但是该模型的局限性在于，它是多数油田的回归，只能代表不同油田的平均水平，在针对一个具体油田时，该模型的精确度不高。

（三）考虑注采井数比的谢尔卡乔夫公式变形（模型三）

杨凤波[2]系统研究了不同面积注水井网下注采井数比、平均每口注水井控制含油面积单元、井网密度三个特征参数之间的理论关系，并建立了注采井数比、井网密度和采收率之间的关系。其表达式如下：

$$E_R = E_D e^{-\frac{b}{M^{1.5}s}} \tag{2-1-4}$$

式中　M——注采井数比。

由于关系式（2-1-4）是在油层等厚并假设注入水波及厚度均匀的条件下进行讨论的，实际反映的是井网密度、注采井数比对平面波及系数影响的关系表达式。因此，该模型比较适合于层系平面调整分析研究，而对于层间及层内细分调整存在局限性。

（四）综合油藏参数、注采井数比的谢尔卡乔夫公式变形（模型四）

彭长水[3]在借鉴范江[4]等运用量纲和概率论的分析方法的成果后建立的一种非均质油藏波及模型，同时也借鉴了杨凤波提出的注采井数比对采收率的影响。在前人的研究基础上，建立了综合反映油藏参数，油层非均质性，井网参数，井网密度与水驱采收率的关系的表达式。其表达式如下：

$$E_R = E_D e^{-\frac{a\phi S_o hs}{M^{0.5}K_e^{1.5}A_c}} \tag{2-1-5}$$

式中　K_e——油层有效渗透率，mD；

　　　ϕ——孔隙度；

　　　S_o——含油饱和度；

　　　h——油层有效厚度；

　　　s——井网密度，口/km^2；

　　　M——注采井数比；

　　　a——井网系数；

　　　A_c——井网参数。

该模型在一定条件下，可以转化为谢尔卡乔夫公式、杨凤波及范江等的模型。

二、合理井网密度和极限井网密度计算方法

井网密度是油田开发方案中一个重要的参数，一直是油藏工程领域的一个研究热点，其中，合理井网密度是油田开发和调整方案制定的依据。

合理井网密度有经济和技术两个方面的含义，在经济方面是指利润最大时的井网密度，在技术方面是使采收率最大时的井网密度。也有人认为合理井网密度是既能满足油田的开采速度和获得最佳的经济效益，又能获得较高的最终采收率的井网密度。还有人从风险的角度考虑，认为能够尽快收回投资的井网密度即为合理井网密度。

在一定的生产和经济条件下，井网密度与净现值（NPV）呈偏态的"抛物线"型关系，即在井网密度达到某一值时，增加的产量的收益不足以抵偿井网加密的投入，油田净现值为 0，该井网密度即是油田在一定的生产和经济条件下的经济极限井网密度。

该方法的原理是从投入产出平衡的角度，采用净现值增量法，只考虑因井网加密增加的收入和投入项，对油田加密调整期的经济合理井网密度和极限井网密度进行分析计算。

（一）等产量的净现值交会图法（方法一）

油田调整项目的净利润可以用式（2-1-6）计算：

$$利润\ V = 销售净收入\ V_1 - 开发投资\ V_2 - 操作成本\ V_3 \qquad （2-1-6）$$

对于井网加密调整来说，销售净收入等于因井网密度增加而增加可采储量的价值的折现值减去销售税金。结合谢尔卡乔夫公式，井网加密的销售净收入现值为：

$$V_1 = \left(P - R_{\mathrm{Tax}}\right) N \left[\left(E_D \mathrm{e}^{-a/s} - E_R\right)/t\right]\left[\left(1+i\right)^t - 1\right]/i \qquad （2-1-7）$$

式中　N——地质储量，10^4t；

　　　s——加密调整后的井网密度，口/km^2；

　　　P——原油价格，元/t；

　　　R_{Tax}——税率，元/t；

　　　E_D——驱油效率；

E_R——加密调整前的采收率；

a——井网系数；

i——贴现率；

t——评价年数。

新增开发投资主要为钻井投资和地面建设投资，投资现值为：

$$V_2 = M(As - n)(1+i)^{t-1} \qquad (2-1-8)$$

式中　M——单井投资，万元／口；

A——油藏面积，km^2；

n——加密前井数，口。

操作成本包含动力费、注入费、作业费、生产工人工资和福利等与生产直接相关的成本及管理费用，其现值可用式（2-1-9）计算：

$$V_3 = GN \left[\left(E_D e^{-a/s} - E_R \right) / t \right] \left[(1+i)^t - 1 \right] / i \qquad (2-1-9)$$

式中　G——吨油操作成本，元／t。

加密调整项目的收入项为 V_1，投入项为 V_2+V_3，以井网密度为横坐标，净现值为纵坐标，分别作不同 V_1—s 和 V_2+V_3—s 的关系曲线，两条曲线差的最大值对应的井网密度为经济合理井网密度，曲线的交点为经济极限井网密度。

（二）等产量的净现值解析法（方法二）

将式（2-1-7）至式（2-1-9）代入式（2-1-6），并整理，则加密调整项目的净现值为：

$$V = N(P - R_{Tax} - G) \frac{E_D e^{-a/s} - E_R}{t} \frac{(1+i)^t - 1}{i} - M(As - n)(1+i)^{t-1} \qquad (2-1-10)$$

1. 经济合理井网密度解析算法

在其他条件不变的情况下，加密增加的利润先随着井网密度的增加而增加，达到一个峰值后，会随着井网密度的增加而减小。在利润达到峰值处，$\dfrac{\partial V}{\partial s} = 0$，此时的井网密度为在一定的开发方式和经济条件下的加密经济合理井网密度。

将式（2-1-10）对井网密度 s 求偏微分，并令 $\dfrac{N}{A} = \rho_o h \phi S_o$，则有：

$$a \left[\rho_o h \phi S_o (P - R_{Tax} - G) E_D \right] \left[(1+i)^t - 1 \right] e^{-a/s} \cdot \frac{1}{s^2} = M(1+i)^{t-1} it \qquad (2-1-11)$$

令

$$A = a\left[\rho_o h\phi S_o\left(P - R_{Tax} - G\right)E_D\right]\left[\left(1+i\right)^t - 1\right]$$

$$B = M\left(1+i\right)^{t-1}it$$

则式（2-1-11）可以写为：

$$\frac{A}{B} = s^2 e^{a/s} \qquad （2-1-12）$$

对式（2-1-12）中的 $e^{a/s}$ 项进行泰勒级数展开，展开方程为：

$$e^{a/s} = 1 + \frac{a}{s} + \frac{a^2}{2!s^2} + \cdots + \frac{a^n}{n!s^n} + \cdots \qquad （2-1-13）$$

取前三项，则展开误差为：

$$Re = \frac{a^3}{3!s^3} + \frac{a^4}{4!s^4} + \cdots$$

一般对于老油田说来，$a < 5$，而 $s > 50$，误差 $Re \ll 1$，可以忽略不计。因此通过解二次方程，可得经济合理井网密度计算公式：

$$s = \frac{1}{2}\left\{-a + \sqrt{-a^2 + \frac{4a\left[\rho_o h\phi S_o\left(P - R_{Tax} - G\right)\times E_D\right]\times\left[\left(1+i\right)^t - 1\right]}{M\left(1+i\right)^{t-1}ti}}\right\} \qquad （2-1-14）$$

式中 ρ_o——原油密度，t/m^3。

2. 经济极限井网密度解析算法

根据式（2-1-10），令油田加密调整项目净利润 $V = 0$，有：

$$N\left(P - R_{Tax} - G\right)\frac{E_D e^{-a/s} - E_R}{t}\frac{\left(1+i\right)^t - 1}{i} - M\left(As - n\right)\left(1+i\right)^{t-1} = 0 \qquad （2-1-15）$$

将 $e^{-a/s}$ 用泰勒级数展开，取前三项，并设 $B = N\left(\dfrac{P - R_{Tax} - G}{M}\right)\dfrac{\left(1+i\right)^t - 1}{ti\left(1+i\right)^{t-1}}$，式（2-1-15）

变为：

$$s^3 - \left(\frac{BE_D - BE_R + n}{A}\right)s^2 + \frac{BE_D a}{A}s - \frac{Ba^2}{2A} = 0 \qquad （2-1-16）$$

式（2-1-16）可求解出三个根，根据值的情况取其中的一个实根，有：

$$s = \sqrt[3]{-\frac{q}{2} + \sqrt{\frac{q^2}{4} + \frac{p^3}{27}}} + \sqrt[3]{-\frac{q}{2} - \sqrt{\frac{q^2}{4} + \frac{p^3}{27}}} + \frac{BE_D - BE_R + n}{3A} \qquad （2-1-17）$$

其中

$$p = \frac{3ABa - \left(BE_D - BE_R + n\right)^2}{3A^2}$$

$$q = \frac{2}{27}\left(\frac{n + BE_D - BE_R}{A}\right)^3 + \frac{aB\left(BE_D - BE_R + n\right)}{3A^3} - \frac{Ba^2}{2A}$$

因此，式（2-1-17）为在当前生产和经济条件下，进行井网加密的经济极限井网密度表达式。

（三）递减产量的净现值交会图法（方法三）

从经济合理井网密度盈亏分析及上面两种合理和极限井网密度计算方法可以看到，在计算销售收入和操作成本时所采用的年产量为加密新增可采储量除以评价年限，这表示在评价期内的年产量是相等的。但从喇萨杏油田的典型区块的加密历史来看，加密达到产量高峰后，产量下降很快。由于在计算现金流入时，都需要考虑资金的时间价值，即使在假设油价不变的情况下，同样的产量在经济评价期初期和后期的现值是不同的，同时由于含水率的增加会导致操作成本变化，因此采用年平均产量和实际产量剖面进行经济评价的差别较大。

1. 方法原理

根据井网密度与可采储量的关系，可以计算井网加密前后的可采储量增量，假设加密后产量符合指数递减规律，就可以计算出可采储量增量在评价期内的产量增量剖面。因此作以下基本假设：

（1）加密前后的产量均符合指数递减规律；

（2）各井网的经济极限产量均为 Q_{Lim}；

（3）加密井同时投产，投产后即开始递减；

（4）加密井的寿命为40年，25年可采出新增可采储量的80%。

根据上述假设，加密前进入递减期后的递减产量为：

$$Q_1 = Q_{01}e^{-D_1(t-t_1)} \tag{2-1-18}$$

式中　Q_1——加密前进入递减期产量，10^4t；

Q_{01}——加密前初始递减产量，10^4t；

D_1——加密前初始递减率；

t——递减时间，月或年；

t_1——加密前初始递减时间，月或年。

加密后产量为：

$$Q_2 = Q_{02}e^{-D_2(t-t_2)} \tag{2-1-19}$$

式中 Q_2——加密后进入递减期产量，10^4t；

Q_{02}——加密后初始递减产量，10^4t；

D_2——加密后初始递减率；

t_2——加密后初始递减时间，月或年。

加密前的可采储量为：

$$N_{R1} = N_{P10} + \frac{Q_{01} - Q_{Lim}}{D_1}$$ （2-1-20）

式中 N_{R1}——加密前可采储量，10^4t；

N_{P10}——加密前累计产量，10^4t；

Q_{Lim}——极限产量，10^4t。

加密后的可采储量为：

$$N_{R2} = N_{P10} + \frac{Q_{01} - Q_1(t_2)}{D_1} + \frac{Q_{02} - Q_{Lim}}{D_2}$$ （2-1-21）

式中 N_{R2}——加密后可采储量，10^4t；

$Q_1(t_2)$——加密前井在加密初期产量，10^4t。

因此可采储量增量为：

$$\Delta N_R = N_{R2} - N_{R1} = \frac{Q_{02} - Q_{Lim}}{D_2} - \frac{Q_1(t_2) - Q_{Lim}}{D_1}$$ （2-1-22）

式中 ΔN_R——加密新增可采储量，10^4t。

如果取 $Q_{Lim}=0$，式（2-1-22）可变为：

$$Q_{02} = \left(\Delta N_R + \frac{Q_{01}}{D_1}\right)D_2$$ （2-1-23）

在假设不同的加密后递减率，可计算出初始递减产量。由于存在经济极限，因此所有新增可采储量不可能完全经济开采。假设生产期，调整递减率，使生产期内的递减产量增量的累计值等于新增可采储量，从而确定加密后初始产量，以及产量剖面。从上文可以看到，产量增量的分布与生产期的选择关系密切，选取的生产期越长，递减率取值越小，初始产量越小，产量增量剖面相应越小。

2. 计算流程

矿场最为常用的是净现值交会图法，下面说明具体测算流程：

（1）产量预测。

取生产期为 25 年，按式（2-1-23）假设递减率，计算初始递减产量，然后用试差法调整递减率，使生产期内的累计产量等于增加的可采储量的 80%，可以确定不同井网密度下的产量剖面。

（2）产液量预测。

油田的操作成本与产液量紧密相关，产液量可由产油量和含水率关系式计算出来。一般来说，由于加密井投产时的含水率相对老井较低，因此加密会影响区块含水率的变化趋势。

井网加密虽然会在一定时期内影响含水率大小，但不会改变含水率和采出程度规律，而且进入高含水期后，加密对含水率的影响减小。因此可以采用 Logistic 模型预测不同开发时间的含水率，则有：

$$f_w(t) = \frac{1}{1 + Fe^{-bt}} \qquad (2-1-24)$$

式中　F，b——模型常数；

　　　t—— 生产时间，年。

加密后产液量为：

$$Q_L(t) = \frac{Q_o(t)}{1 - f_w(t)} \qquad (2-1-25)$$

（3）净现值计算。

根据相应的计算方法或标准、规范等确定相应的经济参数取值。油田加密调整应采用增量法，即采用增量效益和增量费用进行分析。

评价期内各年因井网加密增加的收入为：

$$C_{in} = \left[Q_{o2}(t) - Q_{o1}(t) \right] P \qquad (2-1-26)$$

式中　P——原油价格，元 /t。

加密调整的基建投资为：

$$C_{out1} = (As - n)(dC_{01} + C_{02}) \qquad (2-1-27)$$

式中　d——平均钻井深度，m；

　　　C_{01}——单位进尺钻井成本，万元 /m；

　　　C_{02}——单井地面建设成本，万元 / 口。

加密后井数增加带来材料费、井下作业费的增加，产油量、产液量、注入量增加也会带来动力费、运输费和注入费等费用的增加，因工作量增加使工人人数增加也会带来操作费用的增加。加密调整后增加的操作费用为：

$$C_{out2} = (As - n)(C_1 + C_2 + C_3 + C_4) + \Delta Q_L(t)(C_5 + C_6 + C_7)$$
$$+ \Delta Q_{inj}(t) C_8 + \Delta Q_o(t) C_9 + m(C_{10} + C_{11} + C_{12}) + C_{out1} C_{13} \qquad (2-1-28)$$

式中　C_1——材料费，元/（口·年）；

　　　C_2——井下作业费，元/（口·年）；

　　　C_3——测井试井费，元/（口·年）；

　　　C_4——其他直接费用，元/（口·年）；

　　　C_5——燃料费，元/t；

　　　C_6——动力费，元/t；

　　　C_7——油气处理费，元/t；

　　　C_8——驱油物注入费，元/t；

　　　C_9——运输费，元/t；

　　　C_{10}——生产人员工资，万元/（人·年）；

　　　C_{11}——职工福利费，万元/（人·年）；

　　　C_{12}——厂矿管理费，万元/（人·年）；

　　　C_{13}——维护维修费，元/口；

　　　ΔQ_o——产油量增量，t；

　　　ΔQ_L——产液量增量，t；

　　　ΔQ_{inj}——注入量增量，t；

　　　m——生产工人人数。

　　税费由资源税、教育和城市附加费和增值税组成，增值税有一部分可以按国家规定减免，教育和城市附加费为增值税按相关规定值选取。加密调整后因产量增加而增加的综合税费为：

$$C_{out3} = 1.1\left(C_{in}T_1 - fC_{out2}\frac{T_1}{1+T_1} \right) + \Delta Q_o(t)T_2 \qquad （2-1-29）$$

式中　T_1——增值税率；

　　　T_2——资源税率；

　　　f——操作成本中增值税减免比例。

　　因此加密调整项目的净利润现值为：

$$V = \sum_{t=0}^{n} \left(C_{in} - C_{out1}r - C_{out2} - C_{out3} \right)(1+i)^t \qquad （2-1-30）$$

式中　r——固定资产折旧率。

　　根据不同的井网密度和不同的油价可计算各年度的现金流入和流出，并计算利润。在此基础上，根据不同的井网密度，计算出相应的产油量和产液量剖面，以及利润净现值，可以得到井网密度和净现值间的关系，净现值最大时对应的井网密度为经济合理井网密度，净现值为 0 时的井网密度为经济极限井网密度。

三、分层系合理井网密度计算方法

传统的井网密度研究只是针对地面井网密度的适应性，随着油田科学、高效开发的深入和为了适应油田稳产目标的战略要求，需将传统的井网密度研究逐步细化，将地面井网密度的适应性研究转移到地下井网密度的适应性研究。

首先，随着油田开发的深入，目前喇萨杏油田多种驱替方式并存、水驱多套井网开采，各种驱替方式之间、水驱各套井网之间、各类油层之间的干扰日趋严重，单纯地统计地面井点的井网密度进行各类研究已不能准确反映目前的油田开发形势。以萨北北三区东部为例，目前该区块地面井网密度 32.97 口 /km²，地下各层系井网密度见表 2-1-1。可以看出，各层系地下井网密度小于地面井网密度，且相差较大，因此，只研究地面井网密度已不能反映油田实际，应该以地下井网为研究对象，确定其适应性。

表 2-1-1　北三区东部各层系地下井网密度

层位	地面	萨尔图	葡萄花	高台子
井网密度 /（口 /km²）	32.97	19.20	16.80	19.80

其次，从各类油层之间的关系来看，各类油层之间的动用程度差异较大，局部地区同一油层注采关系不完善，因此目前的合理井网密度计算方式已不能准确反映地下储层的调整潜力。

为此，以分类油层井网密度为研究对象，通过计算得到分类油层合理井网密度及开发潜力，为今后的层系开发调整提供决策依据。

（一）地下分层系动态数据劈分方法

井网密度与采收率关系研究中主要包括净现值法、井网密度与采收率关系、分层系动态数据劈分等研究方法。

需要根据一定的方法将区块的动态数据劈分到各类油层。因此，寻找一种准确、合理的各类油层动态数据劈分方法是计算分类油层合理井网密度的一个关键点。

KH 值法是油田工作人员常用的一种动态数据劈分方法，具有所需资料少、资料容易获取、劈分方法简单的特点。但由于这种方法将渗透率考虑为一个定值（绝对渗透率），导致劈分精度与实际相差较大，但在没有其他方法的情况下，劈分结果仍然具有一定的借鉴作用。

考虑到 KH 值劈分法应用的广泛性和简便、快捷的特点，在 KH 值法的基础上，根据油藏开发规律，应用各油层相渗曲线，将渗透率 K 考虑为含水率的函数，经过理论推导得到了一种动态数据劈分方法。

1. 假设条件

应用此方法劈分动态数据作以下假设：

（1）油藏满足达西渗流规律；

（2）油藏各层系为均质油层；

（3）各油层油相黏度相同，水相黏度相同；

（4）各油层驱动压力梯度相同。

2. 建立动态数据劈分模型

（1）无水采油期（$f_{\mathrm{w}}=0$）。

无水采油期油相渗透率不变，动态数据劈分方法与 KH 值法相同。

$$q_{\mathrm{o}i} = \frac{K_i h_i}{\mu_{\mathrm{o}}} \times 2\pi r \frac{\mathrm{d}p}{\mathrm{d}r} \qquad （2-1-31）$$

$$Q_{\mathrm{o}} = \sum_{i=1}^{n} q_{\mathrm{o}i} = \sum_{i=1}^{n} \frac{K_i h_i}{\mu_{\mathrm{o}}} \times 2\pi r \frac{\mathrm{d}p}{\mathrm{d}r} \qquad （2-1-32）$$

$$\frac{q_{\mathrm{o}i}}{Q_{\mathrm{o}}} = \frac{K_i h_i}{\sum_{i=1}^{n} K_i h_i} \qquad （2-1-33）$$

式中　K_i——第 i 油层组绝对渗透率，D；

　　　h_i——第 i 油层组射开厚度，m；

　　　μ_{o}——油相黏度，mPa·s；

　　　p——油层压力，MPa；

　　　r——径向距离，m；

　　　$q_{\mathrm{o}i}$——第 i 油层组产油量，10^4t；

　　　Q_{o}——总产油量，10^4t。

各油层产油量占总产油量的比例即为该油层地层系数占总地层系数的比例。

（2）见水采油期（$0<f_{\mathrm{w}}<1$）。

油层见水后，油水相对渗透率随着含水率的不断变化而变化，将各类油层相对渗透率考虑为含水率的函数，即

$$K_{\mathrm{ro}i} = \phi\left(f_{\mathrm{w}i}\right) \qquad （2-1-34）$$

根据油水两相渗流理论可推导出：

$$q_{\mathrm{o}i} = \frac{K_i K_{\mathrm{ro}i} h_i}{\mu_{\mathrm{o}}} \times 2\pi r \frac{\mathrm{d}p}{\mathrm{d}r} \qquad （2-1-35）$$

$$Q_{\mathrm{o}} = \sum_{i=1}^{n} q_{\mathrm{o}i} = \sum_{i=1}^{n} \frac{K_i K_{\mathrm{ro}i} h_i}{\mu_{\mathrm{o}}} \times 2\pi r \frac{\mathrm{d}p}{\mathrm{d}r} \qquad （2-1-36）$$

$$\frac{q_{\mathrm{o}i}}{Q_{\mathrm{o}}} = \frac{K_i K_{\mathrm{ro}i} h_i}{\sum_{i=1}^{n} K_i K_{\mathrm{ro}i} h_i} \qquad （2-1-37）$$

式中　K_i——第 i 油层组绝对渗透率，mD；

　　　$K_{\mathrm{ro}i}$——第 i 油层组油相相对渗透率。

将式（2-1-34）代入式（2-1-37），得到各类油层年产油量为：

$$q_{\mathrm{o}i}^t = \frac{K_i \phi_i \left(f_{\mathrm{w}i}^t\right) h_i}{\sum\limits_{i=1}^{n} K_i \phi_i \left(f_{\mathrm{w}i}^t\right) h_i} Q_{\mathrm{o}}^t \qquad (2\text{-}1\text{-}38)$$

同理可以得到：

$$\frac{q_{\mathrm{w}i}}{Q_{\mathrm{w}}} = \frac{K_i K_{\mathrm{rw}i} h_i}{\sum\limits_{i=1}^{n} K_i K_{\mathrm{rw}i} h_i} \qquad (2\text{-}1\text{-}39)$$

根据分流量方程：

$$f_{\mathrm{w}i} = \frac{1}{1 + \dfrac{\mu_{\mathrm{w}}}{\mu_{\mathrm{o}}} \dfrac{K_{\mathrm{ro}i}}{K_{\mathrm{rw}i}}} \qquad (2\text{-}1\text{-}40)$$

得到水相相对渗透率和含水率之间的关系：

$$K_{\mathrm{rw}i} = \frac{\mu_{\mathrm{w}}}{\mu_{\mathrm{o}}} \frac{\phi\left(f_{\mathrm{w}i}\right) f_{\mathrm{w}i}}{\left(1 - f_{\mathrm{w}i}\right)} \qquad (2\text{-}1\text{-}41)$$

将式（2-1-41）代入式（2-1-39），得到各类油层年产水量为：

$$q_{\mathrm{w}i}^t = \frac{K_i \dfrac{\phi_i(f_{\mathrm{w}i}^t) f_{\mathrm{w}i}^t}{\left(1 - f_{\mathrm{w}i}^t\right)} h_i}{\sum\limits_{i=1}^{n} K_i \dfrac{\phi_i\left(f_{\mathrm{w}i}^t\right) f_{\mathrm{w}i}^t}{\left(1 - f_{\mathrm{w}i}^t\right)} h_i} Q_{\mathrm{w}}^t \qquad (2\text{-}1\text{-}42)$$

式（2-1-38）和式（2-1-42）为各类油层年产油量和年产水量的计算公式。

3. 模型的求解

式（2-1-38）和式（2-1-42）中含有 $q_{\mathrm{o}i}^t$、$q_{\mathrm{w}i}^t$、$f_{\mathrm{w}i}^t$ 三个未知数，方程不能直接求解，因此还需要其他约束条件。如果能找到各类油层 $f_{\mathrm{w}i}^t$—R_i^t 和 $q_{\mathrm{o}i}^t$—R_i^t 的关系，形成四个方程四个未知数，方程组便可以求解。

（1）$f_{\mathrm{w}i}^t$—R_i^t 关系的确定。

$f_{\mathrm{w}i}^t$—R_i^t 关系可以通过甲型水驱特征曲线的推导得到。

$$\ln W_{\mathrm{p}} = b N_{\mathrm{p}} + a \qquad (2\text{-}1\text{-}43)$$

式中　N_{p}——累计产油量，10^4t；

W_p——累计产水量，10^4t；

a，b——拟合系数。

甲型水驱特征曲线两边对时间求导得：

$$\frac{1}{W_p}\frac{\mathrm{d}W_p}{\mathrm{d}t}=b\frac{\mathrm{d}N_p}{\mathrm{d}t} \qquad (2-1-44)$$

由 $\dfrac{\mathrm{d}W_p}{\mathrm{d}t}=Q_w$、$\dfrac{\mathrm{d}N_p}{\mathrm{d}t}=Q_o$ 整理后得：

$$\ln W_p = \ln\frac{f_w}{1-f_w}+\ln\frac{1}{b} \qquad (2-1-45)$$

由式（2-1-43）和式（2-1-45）得到：

$$R=\frac{N_p}{N}=\frac{1}{bN}\cdot\ln\frac{f_w}{1-f_w}-\frac{1}{bN}(a+\ln b) \qquad (2-1-46)$$

令 $B=\dfrac{1}{bN}$、$A=-\dfrac{1}{bN}(a+\ln b)$，系数 A 和 B 可以通过拟合对应油层相渗数据中 R—$\ln\dfrac{f_w}{1-f_w}$ 的关系得到。即

$$R=B\ln\frac{f_w}{1-f_w}+A \qquad (2-1-47)$$

由式（2-1-47）得到：

$$f_w=\frac{\mathrm{EXP}\left(\dfrac{R-A}{B}\right)}{1+\mathrm{EXP}\left(\dfrac{R-A}{B}\right)} \qquad (2-1-48)$$

根据式（2-1-48），可以得到各类油层 $f_{wi}^{\,t}$—$R_i^{\,t}$ 关系，即

$$f_{wi}^{\,t}=\frac{\mathrm{EXP}\left(\dfrac{R_i^{\,t}-A_i}{B_i}\right)}{1+\mathrm{EXP}\left(\dfrac{R_i^{\,t}-A_i}{B_i}\right)} \qquad (2-1-49)$$

式（2-1-49）为甲型水驱曲线结合相渗数据得到的 $f_{wi}^{\,t}$—$R_i^{\,t}$ 的关系式。

（2）$q_{oi}^{\,t}$—$R_i^{\,t}$ 关系的确定。

由采出程度的定义可以得到 $q_{oi}^{\,t}$—$R_i^{\,t}$ 的关系：

$$R_i^t = \frac{N_{pi}^t}{N_i} = \frac{N_{pi}^{t-1} + q_{oi}^t}{N_i} \qquad (2-1-50)$$

式中　N_{pi}^{t-1}——上一年度油层累计产油量，10^4t；

　　　N_i——油层地质储量，10^4t；

　　　R_i^t——油层采出程度。

（3）求解方法。

方程中含有 q_{oi}^t、q_{wi}^t、f_{wi}^t 和 R_i^t 四个未知数，方程组可以求解。先给定一个年产油量初值，通过循环迭代的方法求解，直至各层系产油量、产水量收敛时为止，此求解过程可以编写计算机程序来实现。

（4）求解步骤。

① 确定各油层年产油量初值 $q_{oi}^{t(0)}$。初值的选取分为 $f_w=0$ 和 $f_w>0$ 两种情况，具体确定方法见式（2-1-51）：

$$q_{oi}^{t(0)} = \begin{cases} \dfrac{K_i h_i}{\sum\limits_{i=1}^n K_i h_i} Q_o^t, & f_w=0 \\[2mm] \dfrac{Q_o^t}{Q_o^{t-1}} q_{oi}^{t-1}, & f_w>0 \end{cases} \qquad (2-1-51)$$

式中　Q_o^t——当年总产油量，10^4t；

　　　Q_o^{t-1}——上一年度总产油量，10^4t；

　　　q_{oi}^{t-1}——上一年度第 i 油层产油量，10^4t。

② 确定各油层采出程度初值 $R_i^{t(0)}$：

$$R_i^{t(0)} = \frac{N_{pi}^t}{N_i} = \frac{N_{pi}^{t-1} + q_{oi}^{t(0)}}{N_i} \qquad (2-1-52)$$

式中　N_{pi}^{t-1}——上一年度第 i 油层累计产油量，10^4t；

　　　N_i——第 i 油层地质储量，10^4t；

　　　$R_i^{t(0)}$——第 i 油层采出程度初值。

③ 计算各油层含水率初值 $f_{wi}^{t(0)}$。

④ 计算各油层年产油量 $q_{oi}^{t(1)}$。

⑤ 确定各油层 $q_{oi}^{t(0)}$ 与 $q_{oi}^{t(1)}$ 差值是否满足精度要求，不能满足精度要求将 $q_{oi}^{t(1)}$ 值赋予 $q_{oi}^{t(0)}$，重复步骤②至步骤④，直至满足精度要求。

该方法以油藏渗流理论为基础，结合油藏重要的相渗数据，符合油藏开发原理，具有所需资料少、劈分方法简单、劈分速度快的优点，特别适合于劈分单井和区块的动态数据。

（二）典型区块地下分层系合理井网密度

为进一步说明长垣水驱各类油层合理井网密度研究的应用过程，下面以典型区块为例进行详细阐述。其中，以杏十一区为例，对分层动态数据劈分方法准确性和精确度进行了验证，以中区西部为例，将分层合理井网密度计算结果与加密方案潜力进行了对比。

1. 杏十一区纯油区地质及开发概况

1）地质概况

杏十一区纯油区位于杏树岗油田南部，含油面积 12.7km²，地质储量 3779.9×10⁴t，其中表外储量 544.9×10⁴t。

油藏类型为背斜构造油藏。全区共发育萨Ⅱ、萨Ⅲ、葡Ⅰ三个油层组 72 个细分沉积单元。葡Ⅰ2-3 为主力油层，其他为非主力油层。主力油层为三角洲分流平原相和内前缘相沉积。非主力油层除萨Ⅱ15 是滨外坝沉积、葡Ⅰ12 是三角洲内前缘相沉积外，其余为三角洲外前缘相沉积。

2）开发概况

杏十一区纯油区 1971 年投入开发（表 2-1-2），目前四套井网交叉开采，平均单井发育砂岩厚度 48.07m，有效厚度 20.93m。基础井网采用 400m 井距四点法面积井网，萨、葡一套层系合采，平均单井射开砂岩厚度 35.20m，有效厚度 19.75m。1988—1993 年进行一次加密调整，井网部署采用新老注水井同井场，以老注水井为中心，旋转 30°角，沿基础井分流线上布井，开采对象为除萨Ⅱ15 层以外非主力油层中未动用和动用差的油层，以表内层为主，平均单井射开砂岩厚度 28.01m，有效厚度 10.37m。1997 年进行以开采有效厚度小于 0.5m 表内差层和表外储层为主的二次加密调整，注采井距 346m，并同时进行了注采系统调整，形成行列注水开发井网，平均单井射开砂岩厚度 18.86m，有效厚度 4.17m。2005 年进行三次加密调整，只布采油井，将二次加密油井转注，并利用原二次水井，形成与二次井综合考虑的注采井距为 200m 的规则面积井网，主要开采表外储层及动用差的表内薄差层，平均单井射开砂岩厚度 11.18m，有效厚度 1.33m。

表 2-1-2　杏十一区纯油区开发简况

年份	井网	开采层系	注采井距/m	布井方式	井数/口	调整后井网密度/（口/km²）
1971	基础井	萨、葡	400	四点法面积	88	6.93
1988—1993	一次调整井	萨、葡非主力油层	346	四点法面积	98	14.65
1997—1998	二次调整井	萨、葡表外及表内差层	346	行列注水	143	25.91
2005—2006	三次调整井	萨、葡表外及表内差层	200	行列注水	232	44.17

3）基础数据

（1）静态数据。

提取了杏十一区纯油区油水井数、砂岩厚度、有效厚度、渗透率和孔隙度等静态数据
（表2-1-3）。

表 2-1-3　杏十一区纯油区静态数据

项目	井别	油层组	井数 / 口	平均砂岩厚度 / m	平均有效厚度 / m	渗透率 / D	井网密度 / （口 /km²）	孔隙度 / %
基础	水井	合计 / 平均	28	37.56	18.54	0.2429	2.20	24.24
		葡Ⅰ	28	17.61	10.35	0.2882	2.20	24.57
		萨Ⅱ	28	17.81	7.63	0.1859	2.20	24.03
		萨Ⅲ	23	2.61	0.69	0.0635	1.81	21.60
	油井	合计 / 平均	60	33.71	19.76	0.1715	4.72	22.22
		葡Ⅰ	58	18.47	13.08	0.2155	4.57	22.97
		萨Ⅱ	59	15.17	6.89	0.0840	4.65	21.99
		萨Ⅲ	38	1.48	0.53	0.0549	2.99	22.00
一次加密	水井	合计 / 平均	40	26.71	9.90	0.1454	3.15	24.22
		葡Ⅰ	39	7.95	3.14	0.2497	3.07	24.26
		萨Ⅱ	40	17.11	6.38	0.0923	3.15	24.26
		萨Ⅲ	36	2.05	0.51	0.0788	2.83	22.98
	油井	合计 / 平均	55	27.24	9.72	0.1432	4.33	24.29
		葡Ⅰ	54	7.39	2.82	0.2566	4.25	24.50
		萨Ⅱ	55	17.65	6.32	0.0923	4.33	24.26
		萨Ⅲ	52	2.47	0.68	0.0640	4.09	23.36
二次加密	水井	合计 / 平均	98	18.24	3.91	0.1055	7.72	23.63
		葡Ⅰ	96	5.19	1.04	0.1640	7.56	23.58
		萨Ⅱ	98	10.59	2.42	0.0882	7.72	23.84
		萨Ⅲ	93	2.71	0.49	0.0507	7.32	22.68
	油井	合计 / 平均	44	21.07	4.92	0.0859	3.46	23.70
		葡Ⅰ	40	5.92	1.20	0.1261	3.15	23.49
		萨Ⅱ	44	13.04	3.37	0.0759	3.46	23.80
		萨Ⅲ	43	2.71	0.47	0.0600	3.39	23.32

续表

项目	井别	油层组	井数/口	平均砂岩厚度/m	平均有效厚度/m	渗透率/D	井网密度/（口/km²）	孔隙度/%
三次加密	水井	合计/平均	30	13.25	1.56	0.0577	2.36	17.27
		葡Ⅰ	22	2.71	0.37	0.0706	1.73	17.85
		萨Ⅱ	30	9.34	1.14	0.0569	2.36	17.25
		萨Ⅲ	28	2.06	0.16	0.0401	2.20	16.32
	油井	合计/平均	202	10.87	1.29	0.0520	15.91	17.09
		葡Ⅰ	145	2.35	0.29	0.0571	11.42	17.53
		萨Ⅱ	195	7.28	0.90	0.0498	15.35	16.92
		萨Ⅲ	192	2.27	0.22	0.0561	15.12	17.38
全区	水井	合计/平均	196	21.96	6.86	0.1686	15.43	23.82
		葡Ⅰ	185	7.36	2.81	0.2518	14.57	24.20
		萨Ⅱ	196	12.76	3.78	0.1163	15.43	23.73
		萨Ⅲ	180	2.46	0.47	0.0587	14.17	22.21
	油井	合计/平均	361	18.40	6.09	0.1420	28.43	22.26
		葡Ⅰ	297	6.89	3.37	0.2108	23.39	23.00
		萨Ⅱ	353	10.93	3.05	0.0800	27.80	22.14
		萨Ⅲ	325	2.27	0.36	0.0589	25.59	17.54

（2）动态数据。

提取了杏十一区纯油区历年年产油量、年产水量和含水率数据。

（3）相渗数据。

通过5口取心井的相渗资料处理，得到了杏十一区萨Ⅱ、萨Ⅲ、葡Ⅰ和全区的相渗数据。

① 相渗数据均值归一化处理：

应用相渗归一化程序，计算得到了杏十一区萨Ⅱ、萨Ⅲ、葡Ⅰ和全区的相渗数据。

② 确定 f_w—R 的关系：

由各类油层归一化后的相渗数据拟合得到了 f_w—R 的关系。

萨Ⅱ组 f_w—R 关系曲线为：

$$R = 0.0473 \ln \frac{f_w}{1 - f_w} + 0.2365$$

萨Ⅲ组 f_w—R 关系曲线为：

$$R = 0.0386\ln\frac{f_w}{1-f_w} + 0.362$$

葡Ⅰ组 f_w—R 关系曲线为：

$$R = 0.0573\ln\frac{f_w}{1-f_w} + 0.2972$$

全区 f_w—R 关系曲线为：

$$R = 0.0561\ln\frac{f_w}{1-f_w} + 0.2891$$

③确定 f_w—K_{ro} 的关系：

由各类油层归一化后的相渗数据拟合得到了 f_w—K_{ro} 的关系。

萨Ⅱ组 f_w—K_{ro} 关系曲线：

$$K_{ro} = -0.3569f_w^3 + 0.5862f_w^2 - 1.2266f_w + 1.0038$$

萨Ⅲ组 f_w—K_{ro} 关系曲线：

$$K_{ro} = -0.5908f_w^3 + 0.853f_w^2 - 1.2604f_w + 1.0074$$

葡Ⅰ组 f_w—K_{ro} 关系曲线：

$$K_{ro} = -0.7956f_w^3 + 1.4238f_w^2 - 1.6257f_w + 1.0019$$

全区 f_w—K_{ro} 关系曲线：

$$K_{ro} = -0.6819f_w^3 + 1.2187f_w^2 - 1.5344f_w + 1.0028$$

（4）油藏参数和经济参数。

杏十一区基本参数见表 2-1-4。

表 2-1-4　杏十一区块油藏参数和经济参数表

序号	参数	单位	数值
1	葡萄花油层（葡Ⅰ）地质储量	10^4t	2142
2	萨尔图油层（萨Ⅱ+萨Ⅲ）地质储量	10^4t	1093
3	葡萄花油层（葡Ⅰ）注采井数比	—	0.63
4	萨尔图油层（萨Ⅱ+萨Ⅲ）注采井数比	—	0.54
5	含油面积	km²	12.7
6	税金	元/t	66.5

序号	参数	单位	数值
7	矿场资源补偿费	元/t	28.03
8	钻井投资	万元/口	136.14
9	地面建设投资	万元/口	50
10	吨油操作成本	元/t	634.72
11	其他费用	元/t	60
12	评价年限	年	10
13	贴现率	%	12

2. 动态数据劈分及验证

（1）分层系动态数据劈分结果。

应用改进的动态数据劈分方法，劈分得到了杏十一区萨Ⅱ、萨Ⅲ和葡Ⅰ层系历年产油量和产水量变化情况。

通过劈分结果来看，劈分的数据符合各开发阶段数据特点。但劈分结果的准确性需要进一步验证。

（2）劈分结果的验证。

① 产量对比。

应用杏十一区数值模拟结果，将劈分结果与数值模拟计算结果和 KH 法劈分结果进行了对比分析。可以看出，萨Ⅱ + 萨Ⅲ组和葡Ⅰ组的 KH 值改进法劈分结果与数模结果吻合得比较好，变化趋势基本保持一致，与数值模拟结果相比误差在 7% 以内，劈分精度比 KH 值法提高了 13 个百分点。

② 含水率对比。

将劈分油层年产油和年产水的含水率与劈分后由年产油和年产水计算的含水率进行对比。由对比结果可以看出，劈分油层年产油和年产水的含水率与劈分后计算的含水率吻合得较好，特别是在 2000 年后，两个含水率偏差在 1% 以内。

由产量对比和含水率对比可以看出，KH 值改进法提高了原有 KH 值法的劈分精度，劈分结果科学、合理，能够满足实际应用需要。

3. 地下分层系合理井网密度

在计算合理井网密度时以油层组为研究对象，将各油层组单独考虑为一套井网，且每个油层组单独考虑单井投资。通过计算得到不同油价下各油层组的合理井网密度和加密井数（表 2-1-5）。由计算结果可以看出，萨尔图组在油价 50 美元/bbl 和 60 美元/bbl 情况下没有加密潜力。

表 2-1-5　杏十一区各类油层合理井网密度计算结果

区块	层位	目前井网密度 / （口 /km²）	油价 / （美元 /bbl）	合理井网密度 / （口 /km²）	加密井数 / 口
杏十一区	萨尔图	42.5	50	—	—
			60	—	—
			70	45.14	33
	葡I	38.7	50	40.39	21
			60	46.10	93
			70	51.20	158

根据不同井网密度下彭长水[3]的井网密度与采收率关系模型，各层系当前井网密度 S_1 下的可采储量为 N_{R1}，合理井网密度 S_2 下可采储量为 N_{R2}，则采收率提高幅度为：

$$\Delta E_R = \frac{N_{R2}}{N} - \frac{N_{R1}}{N} = E_D \left(e^{\frac{-\beta}{R^{0.5}A_c S_2}} - e^{\frac{-\beta}{R^{0.5}A_c S_1}} \right) \quad (2-1-53)$$

设油田投入开发的地质储量为 N，则加密后可增加可采储量 ΔN_R 为：

$$\Delta N_R = N\Delta E_R = NE_D \left(e^{\frac{-\beta}{R^{0.5}A_c S_2}} - e^{\frac{-\beta}{R^{0.5}A_c S_1}} \right) \quad (2-1-54)$$

取不同油价下的合理井网密度和当前井网密度比较，得到杏十一区各层系该油价下的采收率提高幅度及潜力（表 2-1-6）。

表 2-1-6　杏十一区各类油层加密潜力

区块	层位	地质储量 / 10⁴t	采出程度 / %	油价 / （美元 /bbl）	合理井网密度 / （口 /km²）	加密井数 / 口	提高采收率 / %
杏十一区	萨尔图	1093	39.97	50	—	—	—
				60	—	—	—
				70	45.14	33	0.35
	葡I	2142	49.70	50	40.39	21	0.18
				60	46.10	93	0.69
				70	51.20	158	1.05

本节建立了一套分层系合理井网密度确定方法，该方法为区块加密调整、层系优化组合、二三结合等技术实施提供了数据劈分方法，为油田后期的有效开发，确保油田开发获得更好的经济效益，实现油田高产稳产目标提供了数据技术支持。

四、合理井网密度影响因素分析

根据前述可知，储量丰度、井网系数、驱油效率、油价、单井投资、吨油操作成本、开发评价时间、贴现率等指标对合理井网密度都有影响，这些影响因素分为油藏因素和经济因素两大类。根据井网密度与采收率的关系模型，并从合理井网密度的定义出发，选取了矿场最为常用的模型四［式（2-1-5）］作为评价模型，并通过产量盈亏分析法，定量分析油藏因素及经济因素对合理井网密度的影响。

（一）油藏因素

影响合理井网密度的油藏方面的因素主要有孔隙度、渗透率、含油饱和度和油藏的非均质程度。

（1）孔隙度和渗透率。

油层的渗透率是影响油藏产能的一个重要因素。一般油藏的孔隙度和渗透率都有一定的相关关系，对喇萨杏油田 42 个区块的油藏物性参数进行回归，得到喇萨杏油田的孔渗相关关系式为：

$$\lg K = 0.217\phi - 2.9762 \tag{2-1-55}$$

根据式（2-1-55），与矿场最为常用的模型四联立，可以计算不同孔隙度下的井网密度与采收率关系，从而对孔隙度和渗透率的敏感性进行分析计算。

计算结果表明：随着孔隙度的增大，合理井网密度减小。孔隙度的增大，增加了地层流体的流动性，使得在开发相同储量的情况下，所需的密度也相应变小。当孔隙度为 0.23 时，合理井网密度为 80 口 /km²，当孔隙度为 0.27 时，合理井网密度为 35 口 /km²。

随着渗透率的增大，合理井网密度也变小。渗透率的增加，同样使得流体的流动更加容易。当渗透率为 100mD 时，合理井网密度为 85 口 /km²，当渗透率为 1000mD 时，合理井网密度为 27 口 /km²。

（2）含油饱和度。

喇萨杏油田的萨、葡、高油层的含油饱和度与油层物性和含油高度密切相关。通过统计回归，得到了 1100m 深度下含油饱和度与渗透率关系如下：

$$S_o = 9.2484 \ln K + 11.922 \tag{2-1-56}$$

将式（2-1-56）代入式（2-1-5）可以计算驱油效率，再与矿场最为常用的模型四联立，从而可以分析计算含油饱和度对合理井网密度的影响程度。

随着含油饱和度的增加，合理井网密度变小。计算结果表明：当含油饱和度为 0.55 时，合理井网密度为 83 口 /km²，当含油饱和度为 0.75 时，合理井网密度为 29 口 /km²。

（3）油层厚度。

理论分析及矿场实践表明，油层有效厚度对合理井网密度有直接影响，影响程度比较大。

随着油层厚度的增加，合理井网密度也增大。因为随着油层有效厚度的增加，使得油藏的成藏条件变好，油藏的储量丰度也变大，需要更大的井网密度来控制储量。计算结果表明：当油层有效厚度为 10m 时，合理井网密度为 31 口 /km^2，当油层有效厚度为 70m 时，合理井网密度为 79 口 /km^2。

（4）渗透率变异系数。

渗透率变异系数一般是表征油层的非均质性的参数，油层非均质性直接影响了水驱开发的波及效率，对开发效果影响很大。

随着渗透率变异系数增大，合理井网密度也增大。这是因为陆相沉积具有较强的非均质性。渗透率变异系数越大，其非均质性越强，因此需要的合理井网密度也越大。计算结果表明：当渗透率变异系数为 0.4 时，合理井网密度为 43 口 /km^2，当渗透率变异系数为 0.8 时，合理井网密度为 48 口 /km^2。

（5）注采井数比。

不同的注采井数比对应不同的井网形式，不同井网形式的面积波及效率不同，对油藏的水驱开发效果有很大影响。合理井网密度随注采井数比的增大而变小。

随着注采井数比的增加，使得地层流体的驱动力的源相应增加，从而提高油藏的波及体积。计算结果表明：当注采井数比为 0.33 时，合理井网密度为 53 口 /km^2，当注采井数比为 3 时，合理井网密度为 29 口 /km^2。

（二）经济因素

（1）油价。

油价直接影响收益，相同的井网密度下，油价高则收益大。油价越高，合理井网密度也越大。计算结果表明：当油价为 1400 元 /t 时，合理井网密度为 37 口 /km^2，当油价为 3000 元 /t 时，合理井网密度为 62 口 /km^2。

（2）吨油操作成本。

吨油操作成本对收益也有直接影响，吨油操作成本越高，收益越低。吨油操作成本越高，合理井网密度越小。计算结果表明：当吨油操作成本为 200 元时，合理井网密度为 53.62 口 /km^2，当吨油操作成本为 550 元时，合理井网密度则为 47.62 口 /km^2。

（3）单井投资。

单井投资也是影响收益的重要因素，单井投资越高，收益越低。随着单井投资的增加，合理井网密度逐渐变小。计算结果表明：当单井投资为 150 万元，合理井网密度为 60 口 /km^2，当单井投资为 300 万元，合理井网密度为 42 口 /km^2。

（4）税金。

税金是油田为国家作贡献的直接体现，对油田收益产生直接影响，税率越高，油田收益越低。税金越高，合理井网密度越小。计算结果表明：当税金为 200 元 /t 时，合理井网密度为 51 口 /km^2，当税金为 1000 元 /t 时，合理井网密度为 34 口 /km^2。

（5）生产年限。

将油藏开发的经济评价年限取为油藏的开发年限就可以计算不同开发年限对合理井网密度的影响程度。以生产年限作为评价年限时，评价年限越高，合理井网密度越小。计算结果表明：当评价年限为 6 年时，合理井网密度为 63 口 /km^2，当评价年限为 22 年时，合理井网密度为 44 口 /km^2。

（6）贴现率。

这里的贴现率是指用于把未来现金收益折合成现在收益的比率。从不同贴现率对合理井网密度的影响程度可以看出，贴现率越高，合理井网密度越小，但是影响不是很大。计算结果表明：当贴现率为 0.08 时，合理井网密度为 56 口 /km^2，当贴现率为 0.15 时，合理井网密度为 48 口 /km^2。

综合上述影响合理井网密度的因素分析，不同因素对经济合理井网密度的影响效果可分为正相关和负相关两类（表 2-1-7）。

表 2-1-7　合理井网密度的影响因素总结表

油藏因素		经济因素	
正相关	负相关	正相关	负相关
油层厚度 渗透率变异系数	孔隙度 饱和度 渗透率 注采井数比	油价	操作成本 单井投资 税金 贴现率 生产年限

（三）加密井单井增加可采储量经济界限

井网加密对油田开发可能有三种作用：一是增加可采储量；二是不增加可采储量仅提高采油速度；三是既增加可采储量又提高采油速度。仅提高采油速度的加密井会缩短开发年限，相同的动用储量下，开发年限越短，合理井网密度越高，但达到生产年限时的累计净利润却不高，不过可以缩短投资回收期，降低经济风险。加密井增加可采储量，意味着总销售收入的增加。根据谢尔卡乔夫公式，加密井增加的可采储量为：

$$dN_R = NE_D \frac{ae^{-\frac{a}{s}}}{s^2} ds \qquad (2-1-57)$$

其中 $ds = \frac{dn}{A}$，A 为区块面积，加密井单井增加可采储量为：

$$dN_R = NE_D \frac{ae^{-\frac{a}{s}}}{As^2} dn \qquad (2-1-58)$$

从式（2-1-58）看到，在不同的井网密度下，单井增加可采储量的值不同，而且由开发方式、油藏条件和原井网密度决定。

随着井网密度的不断增加，加密井增加的可采储量越来越小。因此就存在一个经济界限，当油田在一定的井网密度下，加密井增加的可采储量必须要大于该经济界限，否则就没有经济效益。对经济政策界限进行评价，有较大的意义。一方面它可以指导油田的加密调整，另一方面也从侧面反映出井网设置是否具有合理性。

则单井增加的可采储量销售收入为：

$$V_1 = \frac{\left(P - R_{\text{Tax}}\right)\dfrac{\mathrm{d}N_{\text{R}}}{\mathrm{d}n}}{t\left[\left(1+i\right)^t - 1\right]/i} \tag{2-1-59}$$

单井钻井及基建成本为：

$$V_2 = M\left(1+i\right)^{t-1} \tag{2-1-60}$$

操作成本为：

$$V_3 = \frac{G\dfrac{\mathrm{d}N_{\text{R}}}{\mathrm{d}n}}{t\left[\left(1+i\right)^t - 1\right]/i} \tag{2-1-61}$$

打一口加密井必须满足 $V_1 \geqslant V_2 + V_3$，即得：

$$\frac{\mathrm{d}N_{\text{R}}}{\mathrm{d}n} \geqslant \frac{M\left(1+i\right)^{t-1}it}{\left(P - R_{\text{Tax}} - G\right)\left[\left(1+i\right)^t - 1\right]} \tag{2-1-62}$$

式（2-1-62）即为加密井单井增加可采储量的经济界限。

随着油价的升高，经济政策界限不断降低。以喇萨杏油田为例，在油价为1400元/t的情况下，单井增加的可采储量必须大于5070t。而当油价为3200元/t时，单井增加的可采储量为1791t。说明随着油价的攀升，油田的加密潜力是不断提升的。

同时，根据该经济政策界限，在油田进行加密时，单井增加的可采储量必须要大于该值，否则井网在经济上不划算。

五、实例应用

（一）典型区块开发历程

以喇萨杏油田杏四区—杏六区行列区块为例进行说明。该油田于1967年投入开发，属于杏树岗油田，面积53.0km²，地质储量18787.4×10⁴t。区块1967年投产，1986年开始进行一次加密，1994年开始二次加密，2003年开始三次加密。截至2006年底，含水率91%，油水井1976口，该区块的油藏参数见表2-1-8。

表2-1-8 杏四区—杏六区行列油藏参数表

面积 / km²	地质储量 / 10⁴t	有效厚度 / m	孔隙度 / %	渗透率 / mD	含油饱和度 / %	黏度 / (mPa·s)	储量丰度 / (10⁴t/km²)
53	18787.4	22.8	25.1	368	66.4	6.7	354

2006年，开发油水井数为1976口，井网密度为37口/km²。其井网状况见表2-1-9。

表2-1-9 杏四区—杏六区行列井网状况

井网	油井总井数 / 口	水井总井数 / 口	总数 / 口	井网密度 / (口/km²)
基础井	206	123		
一次井	355	236	1976	37
二次井	631	425		

根据以上分析，计算得到了在不同井网密度下所对应的该区块的可采储量，见表2-1-10。

表2-1-10 杏四区—杏六区行列在不同井网密度下对应的采收率

年度	井网密度 / (口/km²)	可采储量 /10⁴t	采收率 /%
1967—1984	5.66	6500	34.60
1985—1996	17.74	9611	51.16
1996年至今	38.07	10971	58.40

依据表2-1-10，结合该油田的油藏属性，分别得到了上述四种采收率与井网密度的模型结果。

模型一：

$$E_R = 0.63e^{-3.414/s}$$

模型二：

$$E_R = 0.6391e^{-3.448/s}$$

模型三：

$$E_R = 0.59e^{-0.9984/(M^{1.5}s)}$$

模型四：

$$E_R = 0.62e^{-1.658/(M^{0.5}A_c s)}$$

（二）经济合理井网密度下的采收率提高值

根据2006年底喇萨杏油田的经济评价参数值，结合所建立的盈亏等产量合理井网密度的评价模型，该区块在不同模型下、在不同油价下对应的合理井网密度见表2-1-11。

表 2-1-11　杏四区—杏六区行列在不同油价下对应的合理井网密度

油价 /（元 /t）		1600	1800	2000	2200	2400	2600	2800
井网密度 / （口 /km²）	模型一	41	44	47	51	53	56	59
	模型二	41	45	48	51	54	57	59
	模型三	29	32	34	36	38	40	42
	模型四	38	41	44	47	49	52	54

模型三得到的合理井网密度相对于模型一和模型二及模型四要小；模型一最大，但与模型二和模型四相差也不大。

在油价为 40 美元 /bbl（约为 2200 元 /t）的情况下，以模型一和模型四作为评价依据，合理井网密度为 47～51 口 /km²。

以模型一得到的合理井网密度为评价依据，得到了该区块在不同合理井网密度下对应的可采储量增加值及采收率提高值（表 2-1-12）。

表 2-1-12　杏四区—杏六区行列在不同油价下合理井网密度及采收率提高值

油价 /（元 /t）	1400	1600	1800	2000	2200	2400	2600
合理井网密度 /（口 /km²）	41	44	47	51	53	56	59
采收率提高值 /%	0.41	0.79	1.09	1.34	1.55	1.73	1.89

第二节　高含水后期三次加密调整技术界限

国内外油田开发实践表明，井网加密调整是油田开发中的最为重要的技术手段，对提高油田采收率的作用巨大。喇萨杏油田是典型的非均质多层砂岩油田，属于大型陆相浅水湖盆河流三角洲沉积体系，无论是层间还是平面，相变都十分剧烈，层间和平面非均质严重，这就决定了大庆油田的开发必然要经历"多次布井、多次调整"的调整过程。

从调整方式上来看，喇萨杏油田水驱共经历两个开发阶段：一是基础井网开发阶段，二是以细分开发对象为主的井网加密调整阶段，先后开展了三次井网加密，形成了一套适合非均质多层砂岩油田特点的层系细分、井网加密调整技术[6]。作为大庆油田一项主要的技术，井网加密调整为喇萨杏油田实现阶段高产稳产、水驱采收率达到 50% 以上做出了重要贡献。

一、喇萨杏油田前两次井网调整历程及取得的效果

喇萨杏油田 20 世纪 60 年代基础井网投入开发，在充分调研国内外类似油田的开发方式及效果后，采取了早期内部切割注水、保持压力开采的方式，并取得了较好的效果，于 1976 年迅速上产到 5000×10⁴t；1980 年油田开始全面实施以细分对象为主的井网加密

调整，可分为两个阶段，即一次加密调整阶段、二次加密调整阶段。虽然总体分为三个阶段，但做法和技术思路上却是相同的，因此，可把这两次加密看成是同一类调整，这类调整因为分两次进行，所以历时较长，从 1980 年开始，其中一次加密历时 11 年，二次加密历时 10 年。

（一）基础井网开采阶段，提出了"早期内部横切割注水，保持压力开采"的油田开发政策

在充分调研国内外一些类似油田的开发方式及效果的基础上，针对大庆油田"地下能量不充足"的特点，提出了"早期内部横切割注水，保持压力开采"的油田开发方针，并在不同类型区块，针对油层发育特点，采用了 1.1～3.2km 切割距行列注水井网进行开发，这种开发方式弥补了大庆油田地层能量不足的缺陷，使投产区块年产油量迅速上升到 $400 \times 10^4 t$ 以上。

随着投入开发区块的不断增加，油田产量也迅速提高，但就在快速上产的关键时期，由于非均质性严重，投产较早的区块暴露出单层突进严重、层间干扰大的主要矛盾，针对这个问题，创新提出了分层开采的开发方针，发展了"六分四清"分层开采技术（"六分"：分层注水、分层测试、分层试验、分层改造、分层研究、分层采油。"四清"：分层压力清、分层产量清、分层注水量清、分层产水情况清），有效解决了当时制约上产的主要问题，到 1976 年，油田迅速上产到 $5000 \times 10^4 t$，成为引领全国油气行业发展的第一大油田。并通过"立足主力油层、立足基础井网、立足自喷开采、立足现有工艺"的四个立足，实现了第一个五年稳产。

（二）以细分对象为目的进行了两次较大规模的加密调整

（1）一次加密调整，使中低渗透油层潜力得到有效发挥，实现了开发对象上的细分。

油田开发进入高含水期以后，高渗透主力油层对低渗透差油层的干扰越来越严重。当时测算表明，如果继续保持原井网和开采方式，年产油量 5 年内将下降 37%，难以实现 $5000 \times 10^4 t$ 继续稳产，分层开采技术已不能充分发挥低渗透油层的作用。因此，如何充分挖掘低渗透油层的潜力，实现产量接替，继续保持油田稳产，就成为油田高含水期必须重点研究的课题。

在 1970—1980 年的十年期间，大庆油田多次开展现场试验，认识低渗透油层的生产能力，首先在中区西部开展了 8 口井的双管采油试验（即高渗透高含水主力油层与低渗透动用差的油层分别单独开采）。试验表明，高含水主力油层可继续提高注采强度，充分发挥作用，低渗透油层由于消除了高含水层的干扰，每口井日产原油可达 10t 左右，具有较高的生产能力。1973 年在萨中地区开展了调整井试验，因担心新井产量太低，把萨葡油层中的一些中低渗透层和低含水层一起射开，结果三分之一的油层动用好，三分之一的油层动用差，三分之一的油层仍然不动用，说明层间干扰没有得到彻底解决。1979 年开展了高台子低渗透油层开采试验，开采对象中许多是未划有效厚度的含油砂岩，其中 90%

的厚度小于 2m、60% 的厚度小于 1m、35% 的厚度小于 0.4m，由于高Ⅱ组、高Ⅲ组沉积环境和油层性质有差异，分别采用 150m 井距单独开采，形成独立的注采系统，举升方式为抽油开采，对部分差油层进行了压裂改造。试验结果表明，单井日产油量可达 20~30t。

通过上述几项试验，改变了人们对低渗透层生产能力的认识，只要较好地解决层间干扰这一主要矛盾，低渗透油层就能有效发挥作用，具有较高的生产能力。

在开展现场试验的同时，又开展储层细分沉积相研究，认识低渗透层的储量潜力。从沉积成因入手，以动静结合为手段，依据多种划相指标，对 6000 多口井进行了细分沉积相研究。突破了从湖相到河流—三角洲相的认识，将萨、葡、高油层划分为五种大相、九种亚相，搞清了各种不同沉积环境油层的非均质特征，发展了"旋回对比、分级控制、不同相带区别对待"的单油层对比方法。短梯度电阻率和微电极测井精度的提高，深、浅三侧向测井的普及，可以把 0.2~0.4m 的油层分辨出来。通过细分沉积相研究和新的油层对比方法，充分揭示了低渗透油层的沉积特征。

结合密闭取心井和分层测试资料认识到，基础井网高含水期，动用差和未动用油层分布在不同沉积环境形成的砂体变差部位，河流沉积区的潜力分布在大小河道泛滥所形成的小型、不规则席状砂中，三角洲内前缘相沉积区的潜力分布在分流河道两侧的席状砂内，而三角洲外前缘相沉积区的潜力则分布在大面积发育的席状砂中，要想进一步挖掘这部分潜力，就要将这些油层从基础井网中细分出来单独开采。

在配套工艺方面，针对加密井网层数多、低渗透薄油层的特点，成功研究了磁性定位射孔技术，保证了 0.2~0.4m 油层的射孔精度。

随着开采工艺技术的发展、开发层系组合的变化，有效厚度下限值需要重新确定，储量需要复算。根据以上认识重新确定计算储量的有效厚度下限：含油产状由原来的油砂级降为油浸级，渗透率下限由原来的 100mD 降为 20mD，起划厚度由原来的 0.5m 降为 0.2m。其中 0.2~0.4m 的薄油层和厚度大于 0.5m 的低渗透油层增加储量 9.7×10^8t，这些储量多数可以作为层系细分调整对象。

按照新的标准和界限，1985 年对储量进行了复算，复算后储量由原来的 25.7×10^8t 增加到 41.7×10^8t，这些增加的储量成为一次加密调整的物质基础。

在搞清调整对象的沉积类型和特征的基础上，又经过进一步现场试验和大量渗流力学研究，确定了细分层系开发调整的原则与主要做法。

首先是油层相控原则：同一层系内油层的沉积条件大体相同，一般可按砂岩组确定调整和细分对象，使调整层段相对比较集中。

其次是物性级差原则：在层系调整中优化油层渗透率组合，对河流作用较强的沉积体系，可用渗透率级差小于 5 作为组合层系的界限；对油层沉积时河流较弱的三角洲前缘席状砂，应该用渗透率级差小于 3 作为组合层系的界限（表 2-2-1）。

层系独立原则：每套层系要有独立的注采系统，新老井要错开布井，井距为 200~250m，水驱控制程度要达到 80% 以上。

表 2-2-1　杏十区—杏十二区油层渗透率级差与出油状况关系对比表

渗透率级差	总数		出油			不出油		
	层数	厚度 / m	层数	厚度 / m	厚度占比 / %	层数	厚度 / m	厚度占比 / %
<3	196	559.5	142	492.4	88.0	54	67.1	12
≥3	643	392.8	28	54.3	13.8	615	338.5	86.2
合计	839	952.3	170	546.7	57.4	669	405.6	42.6

调整改造原则：在开采过程中要搞好分层（段）注水和分层措施调整，应用多裂缝或限流压裂改造等进攻性手段，提高低渗透油层的动用程度。

最后是高效开采原则：要求每套调整层系的初期含水率低于 30%，平均单井日产油量达到 8~10t，平均单井可采储量达到（3~5）×10^{4}t。

对于低渗透差油层的开发调整，理论上的研究表明，其注水方式以采用面积注水方式比较适宜，合理井距以 200~300m 为好。而在面积注水方式中，相同井距的五点法与反九点法面积井网相比，五点法井网好于反九点法井网。考虑大庆油田基础井网的特点，为了尽量保持油层原有的水淹规律和油层中的油水分布，以利于后期的再次调整；同时考虑反九点井网采油井多，有利于稳产，因此层系调整井在井网部署时不同类型区块采取了不同的层系井网方式。

喇萨杏油田一次加密调整自 1981 年开始至 1991 年全面完成，历时 11 年。整个油田全面均匀部署了一次加密井网，共部署油水井 11000 多口，增加可采储量 5.5×10^{8}t，确保了大庆油田在"六五""七五"期间继续高产稳产和高效开发。

（2）二次加密调整，使薄差油层进一步得到有效动用。

在一次加密调整的过程中，又对加密较早的喇嘛甸油田和萨北开发区进行了精细解剖。薄差层仍有 20%~30% 的厚度动用差或未动用，剩余油分布复杂。从密闭取心检查井中发现有含油显示但未计算储量的油层——表外储层，含油产状以油斑为主，在电测曲线上起伏幅度很小，以前都视为泥岩，作为隔层对待。其能否成为进一步接替的潜力，需要加深认识和攻关。

为此，从 1986 年到 1990 年，组织技术人员开展了针对表外储层的一系列研究，逐步认识了表外储层的地质特征，表外储层在开采中的作用及表外储层的潜力，为油田全面开展二次加密调整提供了理论和实践依据。

表外储层主要以泥质粉砂岩为主，含有少量的薄层粉砂岩和含钙粉砂岩。主要有三种产状：

条带状结构：含油部分厚度一般仅 1~2cm，与非含油部分互层叠合，呈千层饼状；

极薄层状结构：含油部分厚度为 2~5cm，分布较稳定，两含油条带之间有较稳定的薄泥岩层相隔；

斑块状结构：含油部分与非含油部分呈搅混的斑块状。

　　表外储层平面分布有四种模式：决口泛滥型、局部变差型、充填连片型和稳定砂席型。砂体解剖结果表明，表外层是表内层在平面上的自然延续，是向泥岩延伸时的过渡性岩性，它分布于表内层的顶、底、周边及内部变差带，是属于水动力不足的低能环境下的沉积物。从平面上来看，多数表外层和表内层是交互分布的、互相连通的，是一个统一体。增划表外层后，油砂体平面上的连续性、完整性明显变好，面貌也大为改观。进一步深化了对储层的认识，实现了地质认识上的又一次飞跃。

　　通过试验研究，认识到开采表外层有以下作用：局部变差型、充填连片型表外层，通过油层改造，具有较高的出油或吸水能力；外前缘相的稳定砂席型表外层，由于分布面积较大，物性很差，必须加密井网，把注采井距缩小到200m以内，通过强化压裂改造，也具有一定的出油和吸水的能力。表外层投入开发使用后，可使薄差油层注采的完善程度明显提高，不仅可以开采表外层自身原油，也可以提高表内层的储量动用程度，对整体改善薄差油层的开发效果，提高水驱采收率具有重要作用。

　　另外，一次加密缓解了层间矛盾，使得采收率提高了13.1%，但是由于当时对低渗透油层的生产能力认识不足，为了确保一次加密井的产能而未对目的层进一步细分，随着油田开发的不断深入，其矛盾也日益突出：

　　一是含水上升和产量递减较快，水驱效果变差。进入20世纪80年代以来，油田各区块含水上升率在5%～9%之间，为了改善开发效果，各区块相继加大了措施工作量。以北一区断西为例，仅1986年一年时间里，就有占有效厚度43%的油层进行过压裂，堵水厚度占21.7%，即使在这么高的措施程度下，综合含水率仍然达到了80%以上，采出程度却只有20.3%，开发效果较差。

　　二是因层间干扰，薄差层动用程度较低。在一次加密调整的过程中，又对加密较早的喇嘛甸油田和萨北开发区进行了精细解剖。结果发现薄差层仍有20%～30%的厚度动用差或未动用，剩余油分布复杂。

　　三是原井网井距大，差油层注采系统不完善。一次加密井网一般采用井距300m左右的面积井网，差油层水驱控制程度较低。二次加密前，萨北开发区萨尔图油层水驱控制程度砂岩比例为71.8%，有效厚度比例为75.9%。

　　通过前面的分析可以看出，有表外储层作为基础，30%的动用差的薄差表内层作为补充，二次加密调整具备了物质上的条件。

　　通过对典型区块的逐井逐层解剖认识到，表外层和薄差层剩余油有三种类型：一是在未划出表外层时，原注采井网中注采系统很不完善，砂体中有注无采、有采无注或缺注、缺采现象比较普遍。划出表外层后，就形成了以表外层为主，包含周边表内未动用薄差层的剩余油富集区。虽然这些剩余油分布很分散，但纵向上各砂岩组中、平面上各个部位都有分布，叠加后各井厚度相差不太大，完全具备第二次均匀加密调整的物质基础。

　　经过反复分析和测算，大庆喇萨杏油田表外层的地质储量为 $7.4 \times 10^8 t$。

　　通过对剩余油分布特点研究和开采试验，总结了油田二次加密调整的原则和主要做法：一是以表外层为主，包括未动用的薄差油层，全油田均匀部署井网；二是新老井协调，以完善单砂体注采系统为主要射孔原则；三是利用水淹带（已水淹主体部位）驱油，挖掘其两侧薄差油层的难采储量潜力。

有了井网加密调整的物质基础，通过攻关又有了先进的工艺技术作为保证，大庆油田从北到南全面开展了二次加密调整。这是一次以缓解平面矛盾为主的真正意义上的井网加密。

喇萨杏油田二次加密调整自 1991 年开始至 2000 年完成，历时 10 年。共部署加密调整井 17000 多口，增加可采储量 1.34×10^8t，采收率提高了 3.21 个百分点，为大庆油田"八五""九五"期间的继续高产稳产起到了重要作用。

二、三次加密调整原则与技术经济界限

为了搞清喇萨杏油田三次加密的可行性及潜力，1996—2001 年期间，在喇萨杏油田各开发区分别开展了一个三次加密矿场试验区，共布油井 248 口，水井 86 口，井网密度 50～111 口 /km²。

通过矿场试验认识到，三次加密调整对象油层薄、物性差，表外层和表内层有效厚度小于 0.5m 薄层的比例高达 65%～95%，渗透率平均 0.01D 左右；单层分布高度零散和复杂，纵向上与见水层交互分布，平均每 100m 井段仅有 3～4 个潜力层，平面上分布非常零散。三次加密调整对象已在一次、二次加密井网中射开，与原井网层系及水淹油层接触关系复杂，整体分布不均衡，平面叠加后剩余油富集区、贫乏区互相嵌套，对如何选择经济有效部位钻井，同时又建立较完善的注采系统带来较大难度。

通过开展三次加密试验和相关方法、技术研究，确立了以储层精细描述和剩余油综合研究为基础，采取均匀布井、优选钻井和分步实施的做法，近期局部调整与长远综合调整整体考虑，优化地面井网与地下砂体配置关系的指导思想。

（一）三次加密调整原则

三次加密调整对象是二次加密后纵向上和平面上分散的、不易动用的表外储层和部分表内薄差层，调整井网不具备独立、完整的开发层系和注采系统。通过试验和研究确定三次加密调整布井的主要原则为：

1. 在可布井范围内三次加密井网部署应尽量均匀

剩余油分布的不均衡性决定了三次加密调整必须采用不均匀布井方式。但在可布井范围内，要充分考虑到后期井网综合利用及与三次采油相结合的可能，整体上应能形成较完整的注采系统，以利于提高井网的综合利用率。

2. 以完善差油层注采系统为目的

根据剩余油的分布特征搞好与原井网（二次井和一次井）的结合、与现有聚合物井网的结合，同时注意与注采关系调整的结合。

三次加密的主要潜力对象是表外储层和表内薄差层，这类油层由于物性差，在大井距

开采的条件下，难以有效动用，因此，三次加密调整应在新老井网结合的基础上，缩小差油层的注采井距，尽可能地减少二线受效及同井别井间平衡区域，根据调整对象的特点尽可能地减少同井场布井。

3. 根据注采系统完善的需要，设计适当比例的注水井

三次加密是在二次加密基础上进行的，虽然开采对象是二次加密后的剩余油，但在空间上与二次加密井开采对象是相同的，相连通的，没有独立性，因此三次加密只能是以完善注采关系来挖掘剩余油。

从剩余油的成因来看，主要原因是注采不完善，喇嘛甸三次加密试验区剩余油成因类型中注采不完善的比例占63.3%，注水井吸水差的比例占21.1%，有80%以上的剩余油都与注水有关。

从前述的四个先导性试验区的表外储层状况来看，动用程度只有30%～40%，动用状况没有得到根本的改变，设计注水井少是主要原因之一。

分析表明二次加密井中未动用厚度大部分由注不进水造成，那么三次加密首先要解决的问题就是表外储层的注水问题，因此三次加密应布适当比例注水井。

4. 为保证三次加密效果，应严格射孔选层，应尽可能单独开采表外储层

从三次加密试验结果来看，表外储层动用程度低的一个原因是射开表内层厚度比例偏大，层间干扰没有得到根本解决。统计结果表明北二东、喇嘛甸北块和南六区中块试验区射开表外储层厚度比例分别只有49.1%、54.2%和57.1%，表外储层与表内储层相比，岩性、物性变差，在合采条件下，因受表内储层干扰影响其动用。

研究认为，储层厚度动用比例与层数、厚度的关系可用以下数学关系式表达：

$$f(x,y)=\frac{1}{a(x-1)^b y^c} \qquad (2-2-1)$$

式中　$f(x,y)$——油层厚度动用比例；

　　　x——油层层数，$x \geq 6$；

　　　y——油层厚度，$y \geq 2.5$，m；

　　　a，b，c———回归系数。

根据此关系式，为保证表外储量动用程度能达到70%以上，确定单井开采层数及厚度界限为，单井射开层数不宜超过25层，厚度不宜超过15m。由于注水井可以通过细分注水工艺减缓层间干扰，因而其界限可适当放宽一些；油井开采层数及厚度界限应比注水井严格。同时为了保证调整井的经济合理性（单井控制可采储量不低于5000t），一般单井射开厚度不应小于8m。

5. 为提高表外储层的生产能力，原则上采用压裂完井投产投注

针对三次加密调整对象油层薄、物性差的特点，开展了限流法、YD-127、YD-89，再加复合酸等多种完井方法的研究与试验，从三次加密调整试验和大面积进行的三次加密

调整井的生产情况来看，限流法压裂完井效果好，初期产能较高，综合含水率较低。

杏一区—杏三区乙块压裂完井的油井产液强度是普通完井的 2.05 倍，初期产油量是 YD-127 弹完井的 2.59 倍，是 YD-89 弹完井的 3.71 倍，压裂完井初期含水率比 YD-127 弹完井低 8.12 个百分点（表 2-2-2）。

表 2-2-2　不同完井方式油井投产效果对比

完井方式	对比井数 / 口	平均射开厚度		初期单井日产量		含水率 / %	沉没度 / m	开采强度	
		砂岩 / m	有效 / m	液 /t	油 /t			液 /[t/ (d·m)]	油 /[t/ (d·m)]
限流	24	22.24	2.54	16.46	7.42	54.92	366	0.74	0.33
YD-89+ 复合酸	2	13.75	1.35	5.00	1.50	70.00	241	0.36	0.11
YD-127+ 复合酸	3	27.50	3.07	16.67	5.00	70.01	344	0.60	0.18
YD-127	37	21.66	2.42	7.74	2.86	63.04	72	0.36	0.13
YD-83+YD-89+ 复合酸	1	19.70	0.90	4.00	3.00	25.00	0	0.20	0.15
YD-83+YD-89	2	24.75	1.10	4.40	1.00	77.27	10	0.18	0.04
YD-89	1	24.10	2.50	3.00	2.00	36.00	0	0.12	0.08
YD-127 复合射孔	3	27.23	3.87	1.67	0.67	59.88	175	0.06	0.02
合计 / 平均	73	22.18	2.46	10.44	4.26	59.20	180	0.47	0.19

另外，根据试验区试油井杏 2-341-33 井首试层高 I12 试油结果，该层经 YD-89 型射孔枪负压射开一类表外厚度 1.5m，采用 MFE（Ⅱ）地层测试器测试，试油结论为干层。通过单层压裂改造，平均加砂强度 4.0m³/m，压后测试结果折算日产油量 0.68t，试油结论为低产油层。说明表外储层必须采取压裂改造措施才能得到较好动用，获得较高的初期产能。

（二）三次加密调整井位部署的技术经济界限

在市场经济条件下，三次加密调整在实现完善薄差油层的注采系统、减缓油田递减、降低含水、提高水驱采收率的同时，还应保证具有一定的经济效益，做到经济有效开发。研究三次加密调整井经济界限可以进一步明确三次加密可布井的厚度下限、布井范围和井数，合理确定加密调整区块，优化三次加密井位，确定有效的布井面积，降低低效井或无效井比例。

1. 三次加密井网密度界限

由纯油区井网密度与水驱采收率统计关系可知，虽然不同开发区最终采收率有所区别，在井网密度达到 50～60 口 /km² 以后，井网再加密，采收率增加幅度已很小，说明技术上的合理井网密度应控制在 60 口 /km² 之内。

由于各开发区油层发育情况不同，井网密度不能唯一确定某区块能否加密，但可根据井网密度的上限值分析可加密潜力的大小。如萨中纯油区（萨、葡）在现井网密度的基础上，井网密度可以增加 16.1 口 /km²，加密潜力较大；杏南纯油区只能增加 3.3 口 /km²，加密潜力较小，喇五套区、喇六套区、杏四区—杏六区面积等区块不具备进一步加密的条件。

2. 三次加密单井控制可采储量界限

三次加密调整的规模应以经济有效为原则，尽可能地扩大布井范围，尽可能多地部署井网。优先在经济有效的区域内钻井，通过降低投资和成本可降低三次加密的产量、增储界限，扩大可布井的范围，用较多的井位形成规模效益。除井网密度可作为三次加密调整的宏观控制外，单井控制可采储量界限是确定三次加密可布井范围的物质基础界限。

根据投入产出平衡原理，考虑钻井、基建、操作成本、税收、内部收益率等参数后，可得到单井经济可采储量下限值 N_{Rmin}：

$$N_{Rmin} \geq \frac{\dfrac{na(1+a)^n}{(1+a)^{n-1}-1+a}(S_Z+S_J)}{J(1-Y)-C_d-C_s} \qquad （2-2-2）$$

式中　S_Z——单井钻完井费用，万元；

　　　S_J——基建费用，万元；

　　　C_d——原油成本，万元 /t；

　　　a——贴现率；

　　　J——原油价格，万元 /t；

　　　C_s——吨油税金，万元 /t；

　　　n——经济开采年限，年；

　　　Y——内部收益率。

从式（2-2-2）中可以看出，在投资、成本等因素确定后，油价是确定三次加密单井控制可采储量的主要因素。为此参照规划方案经济评价参数选取标准等相关文件规范等，可计算得到不同油价下的单井控制可采储量下限值。分析认为油价在 1500 元 /t 时，单井控制储量可降到 4000t，油价在 2000 元 /t 时，单井控制储量可降到 3000t 左右。此外，投资也是影响可采储量下限的重要因素。在同一油价下，单井投资若减少 10%，则可采储量下限也相应降低 10%。因此，在三次加密部署时，应充分考虑油价和投资的变化趋势，确定布井范围。

3. 三次加密井可调厚度和初产能界限

三次加密以完善注采关系为主，布井方式受现井网的严格限制。在不同经济条件下，确定合理的可调厚度和初产量下限以保证三次加密井经济有效是必要的。为此，按单井控制可采储量 5000t，分析了不同油价下三次加密井单井初产能下限，在 1200 元 /t 时，产能下限为 3t/d，在油价为 1400 元 /t 时，产能下限可降到 2.3t/d。

产量下限计算如下：

$$q_c = \frac{\left(Z_{jz} + D_{mz} + Y_{bz}\right)\beta D_a\left(nr + r + 2\right) + SP}{0.073\tau r_0\left[P_c - S_j - f_y - a - a_1\left(1+i\right)^{t/2} - B\left(1+i\right)^{t/2}\dfrac{f_w}{1-f_w}\right]\left[1-\left(1-D_a\right)^t\right]} \qquad (2-2-3)$$

式中　　D_a——自然递减率；

　　　　β——油井系数；

　　　　τ——采油时率；

　　　　r_0——原油商品率；

　　　　a——与油有关系数；

　　　　a_1——与油有关半变动系数；

　　　　B——与含水有关的系数；

　　　　S_j——吨油税金，元 /t；

　　　　f_y——吨油费用，元 /t；

　　　　q_c——初期临界产量，t/d；

　　　　f_w——含水率；

　　　　Z_{jz}——单井钻井投资，万元 / 口；

　　　　D_{mz}——单井地面建设投资，万元 / 口；

　　　　Y_{bz}——单井预备、价差投资，万元 / 口；

　　　　t——开采年限，年；

　　　　n——投资回收期，年；

　　　　P_c——原油价格，元 /t；

　　　　r——投资贷款利率；

　　　　SP——单井固定成本，万元；

　　　　i——成本上升率。

可调厚度下限是满足三次加密井有足够的控制开采储量和初产能的必要条件，确定可调厚度下限应考虑三次加密井初期含水率、井距等因素。根据喇萨杏油田薄层储量的计算参数，从理论上计算了不同井距、不同初含水率条件的可调厚度下限值。计算结果表明，在初期含水率为 60% 时，三次加密井厚度（折算有效厚度）下限应在 3.3～4.7m。如果考虑不同油价，单井控制储量减少 1000t，厚度减少 20%。

（三）表外储层的动用比例界限

表外储层是三次加密调整的主要对象，其动用程度的高低直接影响三次加密调整效果。对三次加密试验区环空测试资料的统计表明，在不同的内外部条件下，表外储层动用比例存在明显差别。

1. 处于不同砂体位置的表外储层动用程度

表外储层与表内层相接：在注采关系完善情况下，能够得到较好动用。北二东这类砂体中的表外储层动用层数比例达到 60%，杏一区—杏三区乙块为 57.8%。

表外储层大面积分布：在注采关系完善情况下，北二东这类砂体中的表外储层动用层数比例为 37%，杏一区—杏三区乙块为 45.5%。

表外储层分布连续性差：在井组注采关系难以完善的情况下，尽管三次加密油井射开，由于无能量驱动，基本不动用。

2. 不同厚度级别表外储层动用程度

通过对表外储层按单层砂岩厚度分级统计动用状况（表 2-2-3）表明，单层砂岩厚度较大的表外储层动用程度较高。

表 2-2-3　三次加密油井表外储层按厚度分级动用状况统计　　　　单位：%

项目	≤0.7m		0.8～1.0m		>1.0m	
	层数占比	厚度占比	层数占比	厚度占比	层数占比	厚度占比
一类表外	28.79	28.17	37.21	38.44	43.59	45.18
二类表外	32.17	29.40	33.33	32.04	42.86	44.39
平均	30.36	28.68	36.36	37.09	43.40	44.97

3. 不同完井方式表外储层动用状况

杏一区—杏三区乙块限流压裂与非限流压裂方式完井的三次加密油井的环空测试资料对比分析表明，两者表外储层动用层数及砂岩厚度比例分别相差 20.94 个百分点和 18.17 个百分点（表 2-2-4）。

表 2-2-4　不同完井方式三次加密油井表外储层动用状况统计

完井方式	井数	一类表外		二类表外		表外储层	
		层数比例 / %	厚度比例 / %	层数比例 / %	厚度比例 / %	层数比例 / %	厚度比例 / %
限流压裂	5	57.69	55.03	53.97	55.49	55.65	55.26
非限流压裂	17	36.69	38.81	31.68	33.60	34.71	37.09
差值	—	21.00	16.22	22.29	21.89	20.94	18.17

对喇萨杏油田二次加密调整区块表外储层动用状况与压投比例的统计分析结果表明，二者具有较好的相关性，据此回归出如下关系式：

$$Y=0.453X+46.243 \qquad\qquad (2\text{-}2\text{-}4)$$

式中　　Y——表外储层动用程度；

　　　　X——压投比例。

4. 表外储层动用比例界限分析

无论是先导性试验区还是近期的配套技术试验区，三次加密井射开的表外储层初期动用比例均偏低。从杏一区—杏三区乙块三次加密试验区统计资料来看，表外储层限流压裂井初期动用比例在55%左右，其他井动用比例在30%～40%之间。但初期统计数据并不能真实地反映表外储层的动用状况。因为随着水驱开发过程的延长，加上后期的措施改造，表外储层动用比例会进一步提高。4个先导性试验区投入开发后，表外储层动用与初期相比，提高值均在20%以上。此外，表外储层受物性条件限制，具有明显的间歇动用特点。如杏3-311-30井连续4次的吸水剖面测试资料显示，历次均不吸水的层数比例只有19%，而单次统计不吸水比例在50%～70%之间。实际上，若以多次测试资料分析，大部分表外储层可以动用。

对喇萨杏油田有多次测试资料的二次加密井动用状况分析表明，70%以上的表外储层都有过动用显示，只不过动用程度存在差异。如杏四区—杏五区行列区有3次吸水剖面资料的42口二次加密井统计结果表明，表外储层总体上动用比例78.7%，动用好的比例53.8%，动用差（仅一次动用）的比例24.9%。

因此，综合分析认为：总体上看，若考虑后期措施改造的作用及表外储层间歇动用的特点，三次加密调整井射开的表外储层动用比例可达70%左右。

以上分析表明，三次加密调整经济界限不仅与单井控制可采储量有关，而且与调整方式、初期产能及初期含水率有关。因此，如何客观地评价剩余油的大小及分布，合理确定三次加密调整方式，增加初期产能，降低含水是确保三次加密经济合理的关键。

三、三次加密调整方案设计方法

三次加密调整的井位部署总体上要在精细地质描述的基础上，以剩余油描述结果为依据进行不均匀布井。

（一）以精细地质描述技术作先导，为正确认识储层动用状况，搞清剩余油的空间分布奠定基础

众所周知，由于储层沉积格局的复杂性和成岩变化的多样性，导致陆源碎屑沉积砂岩油田储层空间分布的复杂性。对喇萨杏油田来说，储层平面上河道砂、薄层砂、表外层、泥岩区呈错综复杂的分布，储层不同部位厚度、渗透率等物性参数差别也很大。在现有的井网条件下，砂体的各种非均质性、断层切割和构造起伏等是影响油水分布的主要因素。因此，只有深入地进行精细地质研究，才能为寻找剩余油相对富集部位进行三次加密调整挖潜工作奠定基础。

所谓储层精细描述技术，即是在当代沉积学理论指导下，依据油田密井网测井资料所反映的各种沉积特征和沉积界面，以及储层特有的沉积规律和模式，采用层次分析和模式预测描述法，由大到小，由粗到细，分层次解剖砂体几何形态和内部建筑结构，精细地

建立储层地质模型（沉积模型和物性非均质模型），系统描述储层宏观非均质体系的技术。储层分级描述的层次如下：

（1）在整套储层中划分岩相段，按照各岩相段中砂泥岩空间分布结构的不同，分别选择相应油层细分对比方法；

（2）岩相段内细分对比到沉积单元或单砂层；

（3）沉积单元或单砂层中平面上细分沉积微相（分河道砂、主体席状砂、非主体席状砂、表外储层），并合理组构相分布；

（4）在复合砂体中进一步识别描述单砂体，判别砂体成因类型，预测砂体几何形态和井间边界；

（5）解剖单砂体内部建筑结构，描述砂体物性非均质特征，建立储层精细沉积模型、物性非均质模型；

（6）揭示砂体内部更深层次的非均质特征，如加积方式、加积体和薄夹层等分布特征。

在分级描述过程中，根据河道砂、河间砂、三角洲前缘砂各自的发育特征，采取不同相带区别对待分别进行描述。对储层的连续性、砂体几何形态、井间边界位置、砂体厚度分布和渗透率的平面非均质性采用模式预测描述法，以提高描述的可靠性和预见性。

每一个开展三次加密调整的区块，首先要开展储层精细描述。如杏一区—杏三区乙块配套技术试验区，纵向上将 75 个非主力油层细分为 100 个沉积单元，平面上勾画 4 种微相，纵向上划分为 6 种沉积类型，为后续研究打下了坚实的基础。

（二）以剩余油综合描述技术为手段，为三次加密调整不均匀布井提供依据

近年来，在油田常规测井水淹层解释方法、生产剖面测试方法、密闭取心检查井分析方法、动静结合分析方法基础上，发展了功能模拟预测、油层储量动用状况定量描述、单油层剩余油模糊综合评判、神经网络模式识别方法，基本形成了一套能够适应高含水后期剩余油综合描述的系列方法。同时还发展了百万节点数值模拟预测剩余油技术。单一剩余油描述方法均各具特点，也互有不足，必须互相补充、印证，才能较准确地判断地下剩余油的分布。

三次加密调整剩余油分析就是对上述方法的综合应用，即综合分析判断剩余油的方法，就是以精细地质研究为基础，充分利用新系列水淹解释资料、密闭取心检查井资料、分层测试等动态资料，采用多种方法综合分析，通过宏观控制、微观解剖、潜力定量、逐井逐层扫描四个环节判断剩余油。通过在近年来进行的二次加密调整和三次加密调整区块井位部署、射孔选层工作中的广泛应用，剩余油综合描述技术已日趋完善，基本上可以满足三次加密调整需要。

剩余油描述方法在三次加密调整方案设计的具体应用步骤如下：

（1）依据储量标定结果，利用动态测试资料，结合水驱控制程度，对各个区块按剩余储量大小排队，选择有利的调整挖潜区块。

（2）应用油层储量动用状况定量描述方法和单油层剩余油模糊综合评判方法确定区块内井网间不同部位的剩余油厚度和储量，预测加密井点不同水淹级别及不同隔层条件下的厚度与砂体类型。

（3）应用单油层剩余油模糊综合评判、神经网络模式识别及数值模拟方法，并结合测井解释、测试等动态资料，搞清井点的剩余油空间分布，对剩余油成因进行分类和总结。

（4）编绘出单层及综合的剩余油分布图。

（三）以"三个结合"为指导，以经济界限为尺度，实现不均匀布井

三次加密调整井的部署方法是一项综合性很强的工作。围绕着充分挖掘剩余油的这一根本目标，必须进行合理井距、新老井网衔接、注采关系完善、注水方式选择，以及经济效益对比等多方面的分析论证。从喇萨杏油田实际情况出发，根据对试验区的总结评价、已编制方案的经验和专题研究结果，认为三次加密调整井网部署方法应以"三个结合"（与原井网调整、注采系统调整、三次采油相结合）为指导，以经济界限为尺度，实现不均匀布井。

1. 根据调整对象的性质和经济界限，合理确定注采井距

三次加密调整井开采的油层以薄差层和表外层为主，油层物性差，渗流阻力大，注采井距不宜过大。从检查井资料统计情况来看，随检查井与注水井之间距离的增大，表外储层水淹比例逐渐变小。水淹状况变化较大的距离界限在250m，注采井距大于250m以后，水淹比例只有20%左右，即井距过大，薄差油层动用较差。这说明要使三次加密调整对象得到较好动用，注采井距应在250m以内。但注采井距过小，含水上升速度较快，上升幅度越大，含水越高，经济效益越差，如北二东密井网试验区南块。

综合上述两方面的原因，结合各区块已有的井网，认为使薄差油层及表外层有效开发的合理注采井距应在200m左右，与二次加密井距离150m左右比较匹配。但由于各调整区块井网形式、潜力大小均有所差别，其合理井距的确定应与原井网统一考虑，根据可调厚度的大小确定，原则上不能大于250m。

2. 根据剩余油的分布特点，与原井网统一考虑确定注水方式

三次加密调整的重要目的是提高水驱控制程度，增加水驱受效方向，使差油层能很好地动用起来。因此，三次加密调整井网部署要根据调整对象特点和构造特征选择合适的注水方式，以保证达到较高的水驱控制程度和采收率。但由于三次加密调整对象不具有独立性，其井网部署还受原井网的严格限制，注水方式必须与原井网统一考虑。从喇萨杏油田二次加密调整后井网现状看，纯油区井网数达到3套以上，部分地区达到6套以上。三次加密调整井不可能与每套井网都衔接很好。因此，必须根据剩余油的纵向分布情况，抓住主要矛盾，选择与调整对象的主体相匹配的原加密层系井网统一考虑注水方式。如北三东地区70%左右的剩余油分布在一次加密调整井控制的葡Ⅱ组和高台子油层中，二次加密未射孔。因此，三次加密井设计主要考虑与一次加密井衔接。

从喇萨杏整体上来看，与三次加密调整对象相近的主要是二次加密井网。因而，注水方式的选择应主要与二次加密井网形成统一的注采系统。一般来说，对一次、二次加密井网采用五点法或反九点法面积注水地区，三次加密井应以五点法面积井网为主，与二次加密井形成线性或块状注水方式，如杏一区—杏三区西部二次加密井网为250m反九点面积井网，三次加密井布在二次加密井排间井间，与二次加密井形成斜线状或局部的块状注水方式，三次加密井自身井距250m左右，二次、三次加密井注采井距150～200m之间，整体上为176m。对于原井网为行列井网，且注采井距偏大的地区，三次加密应以布油井为主，通过二次加密井转注形成不同形式的面积注水井网，如杏十区—杏十二区三次加密试验井在原井网井排间均匀布一排油井，转注二次油井，形成四点法面积注水井网，注采井距200m。

3. 以经济界限为尺度，优选设计三次加密井位

由于剩余油分布的不均衡性，要保证三次加密调整效果，井位设计必须以经济界限为尺度，合理划分布井区选择经济有效部位优选设计，做到均匀部署，不均匀钻井。具体操作步骤为：

（1）在布井方式确定的基础上，根据加密时的原油价格，考虑钻井、基建、生产过程的经济参数，按照单井可采储量和可调厚度经济下限，划分布井区域，并根据剩余油分析结果绘制布井区域等值图。等值图的绘制要充分考虑剩余油成因及不同类型剩余油层对布井区选择精度的影响，尽可能保证区域划分的精度。

一是可调厚度累加中要去掉因砂体分布不连续、射开后难以与周围井完善注采关系的厚度。

二是可调厚度累加中要去掉只局部井点存在、周围已大面积水淹的厚度。

三是由于表内、表外层含油性差异较大，等值图绘制应分析各类油层所占比例关系，按含油性的差异，将表内和表外储层折算到同一标准。

（2）以井组为单元，优化三次加密井位。实际布井过程中，井位优化的基本做法一是油井要部署在高剩余油饱和度部位，避免在主流线布井，同原注水井井距原则上要大于150m；二是要充分考虑后期利用，避免同井场布井；三是根据所处井区可调厚度分布特点，抓住主要剩余油富集层段，协调与邻近层系井网井的注采关系，如北三东北3-341-54井、北3-341-55井、北3-341-56井、北3-341-57井井区，从萨、葡、高各类油层剩余油叠加等值图来看，该区域萨尔图油层剩余厚度占优，在对三次加密井自身注采系统影响不大的情况下，将这4口井调整到二次加密井的排间、井间，以利于控制含水上升；四是对原井网不规则井区，要根据井区实际情况，灵活调整，如在原注水井排附近采用抽稀布井或暂缓布井等灵活布井方式，在断层区按点状注水方式布井。

4. 以充分挖掘剩余油为目的，完善差油层的注采系统

从充分挖掘剩余油的角度出发，三次加密调整的同时，还应该与薄差层注采系统调整有机结合，尽可能减少死油区面积，增加水驱方向数。具体方案设计主要应考虑以下两点：一是对经济有效布井区通过钻新井和老井转注按井组完善系统，如前面提到的杏十区—杏十二区。二是对经济有效布井区以外，二次加密井网注采不完善的井区，可通过抽稀布井降低厚度界限，局部补充完善钻井。如南四区三排是基础井网注水井排，二次加密未钻水井，致使该井排两侧二次加密死油区面积较大，因此，三次加密调整时补充设计了9口注水井。三是对二次加密注采系统适应性差而三次加密未布井区，同时进行注采系统调整。

（四）以生产实际与理论研究为依据，客观预测三次加密调整效果

1. 初期含水率预测

加密井初期含水率的确定往往是根据经验、试验区或其他类似区块的资料类比得到。从已投产的三次加密区块初期含水率来看，投产初期含水率均高于实际方案预测值，甚至差别较大。初期含水率预测的误差在一定程度上影响了三次加密其他指标的预测精度。分析认为，由于三次加密调整对象为二次加密后空间动用差或未动用的剩余油层，客观上必然存在初期含水率，其初期含水率除受潜力层的分析精度影响外，同时也受固井质量、隔层条件等因素的影响。喇萨杏油田不同区块综合含水率与加密井初期含水率的统计结果表明，加密井初期含水率与加密时区块的综合含水率存在着一定的关系，无论是一次加密井、二次加密井，还是三次加密井，只要区块的综合含水率接近，加密井的初期含水率也比较接近。

经回归，加密井初期含水率与加密区块含水率的关系可用式（2-2-5）表示：

$$f_j = 0.0394 e^{3.2953/f_q} \tag{2-2-5}$$

式中　f_j——加密井初期含水率；

　　　f_q——加密时区块含水率。

考虑到射孔选层精度的提高和不均匀布井的实际，式（2-2-5）的计算结果可作为三次加密井初含水率上限值。

2. 三次加密井可采储量计算方法

加密调整井增加可采储量的计算方法通常有井网密度法、数值模拟法和静态法三种。其中，井网密度法公式简单，计算方便，但可信度差；数值模拟方法虽相对可靠，但计算过程长，往往不能满足方案编制需要；因此，在前期方案编制中静态法被广泛采用。

静态法应用的关键是采收率的确定。但实际应用过程中，常常忽略或过低估计了初期含水率及动用比例对计算结果的影响，导致投产后的实际效果与预测值产生较大的偏差，直接影响了经济效益的评价。

分析认为，三次加密调整井的初期含水率对确定可采储量影响较大，主要是反映在三次加密井初期含水率与采收率的关系上。为确定三次加密初期含水率与采收率的关系，主要是通过理论研究，即考虑不同动用厚度比例条件下数值模拟计算，同时结合油田开发的实际资料，给出了三次初期含水率与采收率的关系模型。从计算结果可以明显看出，在三

次加密井初期含水率为70%以前，随着初期含水率的增加，采收率以近似直线趋势递减，但递减的幅度较小。在初期含水率为70%以后，采收率的递减幅度明显加快。从理论图版与小井距实际曲线可以看出，二者是比较一致的。可见，初期含水率与动用比例对三次加密井可采储量预测的影响是相当大的。

因此，用静态法计算三次加密井可采储量时必须进行初期含水率和动用比例的修正，使之能客观预测三次加密调整效果。修正后的计算步骤和公式如下：

（1）根据调整对象的油层性质确定油层驱油效率：

$$E_d=0.4508+0.8857\exp\left[-200/\left(K+400\right)\right]-0.5\lg\mu_R \qquad (2-2-6)$$

式中　E_d——驱油效率；

　　　K——有效渗透率，mD；

　　　μ_R——油水黏度比。

驱油效率也可以通过检查井同类油层岩心分析直接得到。

（2）再根据可采储量采出程度经验法或类比法确定在一定初期含水率情况下地质储量采出程度（R_{ro}），进而求出剩余地质储量：

$$N_f=N_o\left(1-E_dR_{fo}\right) \qquad (2-2-7)$$

式中　N_f——剩余地质储量，10^4t；

　　　N_o——可动油储量，10^4t；

　　　R_{fo}——地质储量采出程度。

（3）计算加密调整对象进行初期含水率校正后的采收率：

$$E_R=E_d\left(1-R_{fo}\right)/\left(1-E_dR_{fo}\right) \qquad (2-2-8)$$

式中　E_R——采收率。

（4）计算经动用比例（Y）校正后的可采储量：

$$N_R=E_RN_fY \qquad (2-2-9)$$

式中　Y——矿场统计储量动用比例。

（五）按单砂体完善注采关系，选择性射孔

三次加密调整不仅要根据剩余油分布选择性布井，而且还要新老井结合，按单砂体完善注采系统，选择性射孔。由于三次加密调整对象与原井网射开油层在空间上是不可分割的统一整体，要做到按单砂体完善注采关系，实际上是比较复杂的。这就要求新井完钻后，重新进行精细地质解剖和剩余油再认识，采用不均匀选择性射孔原则实现单砂体的注采关系完善。基本做法：一是严格限制射开对象为表内薄差层和表外储层，尽可能提高表外层的动用比例；二是要处理好调整层与高含水层之间的接触关系、延伸关系和物性变化关系，采用"顶连近射""底连远射""物性差放宽射"的原则，控制加密井初期含水率；三是考虑加密前后砂体的变化，充分利用水淹带，新老井综合考虑，完善单砂体注采关

系；四是采用组合段压裂完井，充分挖掘差油层潜力。

四、三次加密调整井网优化部署方式

喇萨杏油田经过 40 年的开发，目前各开发区井网达到了 3～5 套，地下油水分布错综复杂，剩余油高度零散，可调厚度小。因此，三次加密井网优化部署必须与三次采油、原井网、注采系统调整结合起来考虑，这也是改善三次加密经济效益的良好途径。

（一）"两三结合"方式

三次加密与三次采油是喇萨杏油田改善高含水期开发效果、减缓产量递减的重要技术措施。但由于在开采对象和驱替方式上，三次加密调整与三次采油存在巨大的差异，在同步进行时，将出现诸多的问题与矛盾。

在油田北部地区由于厚油层较发育，葡Ⅰ组聚合物驱（简称聚驱）结束后，还有多套适合聚驱开采的目的层可进行上下返开采，当聚驱井网上下返层时，会出现水驱井网产量及三次加密可调厚度减小、聚驱上下返层段内差油层剩余储量如何动用、聚驱井网对多套组合层系的适应能力等诸多问题。在油田南部地区除葡Ⅰ组主力油层外，其他油层大部分为前缘相沉积砂体，三次采油井网在葡Ⅰ组聚驱结束后，将可能出现没有层系接替而设备闲置的问题等。

在北一二排东部二类油层聚驱和三次加密调整等方案的编制过程中，通过对油田目前三次采油和三次加密的若干问题的分析，立足于三次加密服从三次采油的需要这一基本原则，从井网的相互利用、井网的相互补充、开采对象的相互结合等方面考虑，提出了三次加密与三次采油相结合的几种可能方式，根据喇萨杏油田的实际状况分析推荐：

（1）对聚驱上返潜力大，三次加密潜力大的地区，部署两套井网，分别进行聚驱和水驱开采；

（2）对聚驱潜力大，三次加密潜力小的地区，部署一套半井网，聚驱与水驱综合利用；

（3）对聚驱潜力小，三次加密潜力小的地区，部署一套井网，分阶段进行开采。

具体方式详细论述如下：

方式 1：针对油田北部聚驱具有多套层段的特点，三次加密与三次采油分别部署井网，采用两套井网合理地分层系、分对象开采，实现两种驱替方式有机共存。

方式 1-1：两套井网，分层段分步开采。

聚驱井网按照一定的技术经济条件，划分多套开采层系，逐段开采。在每个层系段内笼统射孔，即组合段内所有油层全部打开。三次加密选择动用差和未动用的表外储层和表内薄层射孔，一次完井时避开三次采油井网正在开采或即将开采的目的层段，待三次采油再次返层时，再进行该层段二次完井。

优点：一是聚驱开采层段集中，射孔、压裂和后期封堵都比较容易。二是可以避免在同一油层中水、聚两驱的相互干扰。三是井网上不存在水、聚驱替方式的转换，管网、机采设备不需要调整。

缺点及存在问题：一是将减少三次加密可调厚度，影响三次加密初期产能和总体经济效益。二是组合段内油层性质差别较大，影响两种驱替方式的开发效果。三是随着聚驱井网逐步上下返层开采，水驱井网逐段封堵，对水驱产量影响较大。四是水驱井网随着聚驱井网上下返进行相应的封堵、补孔，后期投入大，不利于控制成本。

方式1-2：两套井网，分对象同步开采。

聚驱井网分层段开采，选择目的层射孔，三次加密射开剩余薄差层及表外潜力层，在纵向上和平面上均形成水、聚两种驱替方式接替的局面，三次加密严格控制注水井射开层位，同时利用三次加密油井起到既完善三次采油井网注采系统又屏蔽注水对聚驱效果的影响的作用。

优点：一是聚驱开采对象油层性质接近，层间干扰小。二是可以保证三次加密的初产能，对调整规模的影响小。三是井网上不存在水、聚驱替方式的转换，管网、机采设备不需要调整。

缺点及存在问题：一是存在同一油层内的水、聚两驱现象。二是原水驱井网需要采用选择性封堵，难度大。三是三次加密和二类油层聚驱方案编制、射孔选层难度大，投产周期长。四是由于水聚两驱共存，开发效果评价难度大。

在北一排东部三次加密和二类油层聚驱方案设计中采用了这种结合方式。目前该区葡Ⅰ组聚驱开采已接近尾声，面临上下返层开采。从该区聚驱井网方式上分析，为使二类油层达到较好的聚驱效果，应在原聚驱井网的排间钻油井，原聚驱井转注，形成适合二类油层沉积特点的175m左右的五点法聚驱井网，开采层系为萨Ⅱ10—Ⅲ10及萨Ⅱ1-9两套层系。三次加密适合的布井方式是在二次加密的排间，部署井距250m井网，与二类油层聚驱加密井同排，但与二类油层聚驱井排上井距错开125m。从三次加密的潜力厚度来看，薄差储层可调砂岩厚度11.1m，有效厚度1.9m，采用这种结合方式可均匀部署井网，且三次加密井网与二类油层聚驱井网矛盾较小。但若采用方式1-1，则三次加密可调砂岩厚度将减少4.5m左右，基本上不能布井。因此，在该区的方案设计中推了方式1-2的结合方式。

方式1-3：三次加密两套井网层系互补利用。

三次加密井网部署与聚合物驱油井网上下返层系一考虑，通过井网综合利用，利用三次加密井网进行三次采油的层系互补开采。

从层系组合看，喇萨杏油田北部地区可划分4套层系进行聚合物驱油，但由于井况、现有聚驱井网与水驱井网的平面矛盾及工艺条件的限制，这些目的层段由现有的一套聚驱井网全部完成的难度较大。因此，在三次加密井网部署中可针对聚驱井网的使用寿命、井深等，分析聚驱井网开采的较为可能的目的层段，部署既适合三次加密又适合三次采油的井网，先期进行三次加密水驱开采未动用及动用差的薄油层和表外层，后期利用该套井网开采葡Ⅰ组以下二类油层。

优点：通过井网的综合利用，提高三次加密井网的利用率，扩大三次加密布井规模，延长井的经济开采年限，提高经济效益。

缺点及存在问题：一是转入三次采油后，机采、管网设施要重新调整。二是转入三次采油后，封堵、补孔工作量较大。三是部分井经多年水驱开采后井况变差，需要更新。

方式2：聚驱、水驱一套半井网分注合采。

针对油田北部三次加密潜力较小的地区，利用三次加密替代二类油层聚驱加密井位，先期对薄差油层水驱，在需要上返时，补开二类油层进行聚驱。

优点：一是克服了葡Ⅰ组聚驱井网开采二类油层时井距大的问题。二是一井两用，增加了三次加密区域。三是三次加密以布油井为主，采用合采方式，避免了封堵问题。

缺点及存在问题：一是二类油层聚驱时，在采出井中受水、聚两驱双重效果的作用，纵向上压力差异较大。二是由于产量波动大，存在机采设备选取和更换问题。三是采出井需要多次补孔。四是在薄差层开采上与二次加密井矛盾较大。五是在投资预算和开发技术界限方面需要进一步研究。

方式3：聚驱、水驱一套井网，分步开采。

针对喇萨杏油田南部地区葡Ⅰ组主力油层聚驱6～8年结束后，井网面临可能因缺少层系接替而如何利用的问题，三次加密可采用如下的布井方式：均匀部署一套既适合三次加密又适合三次采油的井网，采取先进行主力油层聚合物驱油或先进行三次加密两种方式。

方式3-1：对"十五"期间规划安排主力油层聚驱的区块，先进行主力油层聚合物驱油，在6～8年的聚合物驱开采年限完成后，封堵主力油层，根据实际情况补射薄差层和表外储层开采，起到三次加密调整的作用。

方式3-2：对"十五"期间规划未安排主力油层聚驱的区块，先进行三次加密，再根据规划需要，补开主力油层进行三次采油。

方式3-1和方式3-2的优点：一是三次加密与三次采油采用一套井网，降低投资。二是扩大了三次加密调整区域。三是避免主力油层聚驱井网的闲置。四是对现有的水驱井网影响较小。

方式3-1缺点及存在问题：一是聚驱后转为水驱，产量波动较大，原有的采油设备、管网不匹配，需重新调整。二是由于采用均匀布井，转为水驱后，将出现一批低效井。

方式3-2缺点及存在问题：除具有方式3-1的缺点外，还存在以下缺点：一是水驱开采时间长，不同井的开采状况有差别，同步转入聚驱将影响产量、损失可采储量。二是存在差油层封堵问题。转聚驱时，若不封堵，层间干扰大，影响聚驱效果；若封堵，多段封堵，工艺复杂，投资大。

在编制杏四区—杏五区行列区三次加密与葡Ⅰ组聚驱布井方案中，采用了方式3-1。综合考虑该区现有井网形式，聚合物驱应采用注采井距200m的五点法面积井网。为避免设计三次加密井处于二次井主流线或与一次井同井场，推荐三次加密设计井布于二次加密井排间井间，也可形成注采井距200m的五点法面积井网。利用神经网络和动静结合分析等方法，对该区的三次加密可调厚度进行了分析，综合预测该区平均折算可调有效厚度2.41m。按照目前钻井、地面基建和生产成本条件，内部收益率要求大于12%，单井控制可采储量应大于5000t，折算有效厚度下限3.5m。从剩余厚度叠加等值图可以看出，有效布井区面积小，且分布零散，仅占调整区面积的15%左右。即使综合考虑单井控制可采储量大于4000t的风险布井区和注采不完善的断层边部地区，可布井面积仍比较小，可布井数仍然较少。也就是说在目前的投资条件下，三次加密是不可能进行均匀布井的，而主力油层聚合物驱均匀布井是完全可行的，但存在着后期没有开采对象的问题。因此，推荐了如下的布井方式，即"两三结合"布一套井网，先进行主力油层聚合物驱，在6~8年的聚合物驱开采年限完成后，封堵主力油层，根据实际情况补射薄差层和表外储层，起到缩小井距、改善薄差层和表外储层开发效果的目的。在实际布井的过程中，严格控制聚合物驱设计井位与二次加密井的关系，确保将来便于利用。

（二）三次加密与原井网调整结合

三次加密与原水驱井网综合调整相结合要达到三个目的：一是有利于开采剩余油；二是有利于后期井网综合利用；三是有利于注采系统调整。其关键是做到三次加密井位与原水驱各套井网综合考虑，优化部署。

目前，喇萨杏油田已有15个区块编制完成了三次加密试验或调整方案。在方案设计过程中，针对各区块原井网的几何形式和层系组合的不同特点，对与原井网综合调整相结合的方式进行了探索。三次加密与原井网综合调整结合主要有以下几种方式：

方式1：三次加密潜力大，基本可均匀布井的区块，与一次、二次井网统一考虑，均匀布井，各套井网既相对独立、完善，又互相补充。

一般来说，该方式适合于一次、二次加密井网采用五点法或反九点法面积注水，三次加密井应以五点法面积井网为主，与二次加密井形成线性或块状注水方式。

如杏一区—杏三区西部一次、二次加密井网为250m反九点面积井网，二次加密后剩余油较为富集，60%左右面积均可均匀布井，因此，三次加密井布在二次加密井排间井间，与二次加密形成斜线状或局部的块状注采方式，三次加密井自身井距250m左右，二次、三次加密井注采井距150~200m之间，整体上为176m。

方式2：对于三次加密潜力较小，自身不能构成独立的注采井网的区块，可通过二次加密井转注，与三次加密井共同形成不同形式的面积注水井网，两套井网结合形成完善的注采系统。

该方式比较适合原井网为行列井网，且注采井距偏大的区块。

如杏十区—杏十二区三次加密试验井在原井网井排间均匀布油井，转注二次油井，形成四点法面积注水井网，注采井距200m。

方式3：三次加密以对原井网补充完善为主，进行局部调整。

该方式适于原井网不规则井区、断层发育区及三次加密潜力小且零散的地区。如在原注水井排附近采用抽稀布井或暂缓布井等灵活布井方式；在断层区按点状注水方式布井。

如杏四区—杏五区行列区，该区由于有效布井区面积小，且分布零散，仅占调整区面积的15%左右，三次加密井自身不能形成一套完善的注采系统。因此，在井位设计过程中，以剩余油预测结果为依据，优选可调厚度大、剩余油相对富集、符合布井界限的区域及一次、二次加密井平面上局部注采关系不完善的井组，以完善注采关系为主，提高薄差油层和表外层的动用程度，起到了一次、二次加密补充井的作用。

（三）三次加密与注采系统调整结合

从注采系统调整和加密调整的作用看，注采系统调整主要是提高水驱控制程度，解决注采不平衡的矛盾，但对提高差油层动用比例，减缓层间干扰的作用不大，而这正是加密调整的优势所在，同时，加密调整通过补充注水井点，又能部分起到注采系统调整的作用。从喇萨杏油田注采系统调整的现状看，注采系统调整主要是开采薄差储层的二次加密井网，但目前大部分区块尚未进行注采系统调整。因此，考虑三次加密与注采系统调整相结合应采用以下做法：

一是对要进行注采系统调整的区块，落实非对应层系注采调整井位。

二是对三次加密潜力较大、可均匀布井的区块，通过加密调整对原井网注采系统进一步补充，新老井统一完善注采关系。

三是对三次加密潜力较小、不能均匀布井的区块，局部钻补充井，完善平面注采关系。

四是对三次加密潜力较小、不能均匀布井的区块，可根据实际情况进行井别转换，完善注采关系。

立足于三次加密服从三次采油的需要这一基本原则，首先确定聚驱布井方式，进行井位设计，然后再进行三次加密调整规划部署。

（四）喇萨杏油田三次加密调整布井方式

基于对三个结合的整体考虑，保证三次加密井服从三次采油井位，以地面井网形式和油层发育特征相近的原则，把喇萨杏油田划分成39个区块进行了加密布井优化设计，各区块的布井方式可归为以下几种类型：

（1）萨南及以北纯油区三次加密和三次采油井网分别部署——两套井网。

在萨南、萨北和喇嘛甸纯油区，三次加密井主要考虑与二次加密井关系，均匀布井，各套井网既相互独立、完善，又相互补充。

萨中纯油区三次加密布井分两套层系，即分别针对高台子油层剩余油部署一套井网；针对萨、葡油层剩余油部署一套井网。分别部署后，将两套井网进行叠加，对重叠井位优化合并，尽可能提高单井效益。

（2）油田南部三次加密与三次采油相结合，对葡I组聚驱规划较晚的区块部署既适合三次加密又有利于主力油层三次采油的井网，由三次加密转为三次采油时，根据需要补充三次采油注入井——一套半井网。适合这种方式的区块有杏七区，杏八区—杏九区、杏十区—杏十二区等区块。

（3）油田南部三次加密与三次采油相结合，对近期葡Ⅰ组将进行三次采油或已编制聚驱布井方案的区块，设计或利用三次采油井网，后期进行三次加密———一套井网。适合这种方式的区块有杏四区—杏五区行列区等区块。

（4）三次加密井规划井数。按照三个结合的方针，针对各区块的具体情况，喇萨杏油田合计共均匀部署三次加密井 9675 口（油井 6198 口，水井 3477 口）。其中：三次加密井 7424 口（油井 4885 口，水井 2539 口）；过渡带二次井 1861 口（油井 1061 口，水井 800 口）；过渡带一次井 203 口（油井 102 口，水井 101 口）；过渡带扩边井 187 口（油井 150 口，水井 37 口）。

五、三次加密调整井网的作用效果与经验认识

尽管喇萨杏油田已开展了一次加密调整和二次加密调整，但三次加密依然发挥了重要作用，主要表现在提高油田产能、提高薄差层和表外层的动用程度，有利于后期井网综合利用、减缓套损，以及增加可采储量与提高采油速度的关系等方面。

（一）三次加密提高了油田产能

截至 2004 年，喇萨杏油田含水率达到 90%，进入特高含水阶段。已经投产三次加密井 1456 口，油井 925 口，水井 531 口，其中 7 个试验区投产油井 248 口，水井 86 口（表 2-2-5），8 个区块投产油井 677 口，水井 445 口，8 个投产区块平均单井日产油量 2.5~3.5t，含水率在 72%~78% 之间，平均含水率 75.9%（表 2-2-6），合计建成年产能 93.8×10⁴t。如果喇萨杏油田三次加密井全部投产，预计将建成产能 750×10⁴t，十年累计产油量 5000×10⁴t，这样看三次加密的最大作用之一是为油田增加了产油量。

表 2-2-5　三次加密试验区基本情况汇总表

区块	加密井数		投产时间	投产初期				
	油井/口	水井/口		射开厚度/m		日产油量/t	含水率/%	产能/10⁴t
				砂岩	有效			
中区西部	46	24	1994 年 12 月	13.4	3.3	5.6	75.1	7.7
北二区东部	27	14	1994 年 12 月	20.4	3.7	3.7	67.9	3.0
喇嘛甸北北块	14		1996 年 7 月	16.2	3.3	5.7	70.5	2.4
南六区中块	35	1	1997 年 12 月	12.0	1.2	3.1	72.8	3.2
杏一区—杏三区乙块	89	45	1999 年 12 月	22.2	2.5	2.8	68.5	7.6
喇嘛甸北西块	23		2000 年 8 月	11.7	4.9	3.8	76.3	2.6
杏十区—杏十二区	14	2	2001 年 12 月	13.1	1.2	2.2	78.7	0.9
合计/平均	248	86		15.0	2.9	3.7	73.2	27.5

表 2-2-6　三次加密投产区块基本情况汇总表

区块	加密井数		投产时间	投产初期					
	油井 / 口	水井 / 口		射开厚度 / m		日产油量 / t	含水率 / %	产能 / 10^4t		
北一二排西部（三次）	109	44	2001 年 8 月	14.1	5.3	2.8	76.1	9.2		
北一二排东部（三次）	80	40	2002 年 11 月	12.3	3.5	2.8	77.5	6.7		
杏一区—杏三区西部（三次）	103	80	2001 年 1 月	22.7	3.7	3.3	72.1	10.2		
北三区东部（三次）	79	65	2001 年 3 月	11.2	2.8	2.5	73.6	5.9		
中区东部＋东区（三次）	183	104	2000 年 6 月	8.3	2.8	4.1	72.5	22.5		
杏四区—杏五区行列区（三次）	23	38	2003 年 10 月	19.5	3.6	3.0	76.6	2.1		
南四区（三次）	82	57	2002 年 12 月	17.9	3.5	3.3	74.4	8.1		
南六区	18	17	2003 年 10 月	13.1	2.0	3.0	82.0	1.6		
合计 / 平均	677	445				3.3	75.9	66.3		

（二）提高了薄差层和表外层的动用程度

加密调整潜力不仅包括了油田进行二次加密后仍然不动用或动用差的薄差层和表外层，同时也包括了各类储层中未动用、动用差的油层，扩大了原"三次加密对象"的概念范围。主要包括五个部分：一是萨零组油层，这部分潜力还没有动用；二是萨Ⅰ组动用差的油层，在原井网不同程度射孔开发；三是纯油段萨葡高未动用、动用差的油层；四是油水同层，原井网部分井射孔开发；五是南一区—南三区高台子动用差的油层。三次加密后与原调整井网共同来完善储层的注采关系，缩小了井距，提高了水驱控制程度，使表外层、差层动用程度提高。

北二区东部加密前的水驱控制程度砂岩为 92.9%（表 2-2-7），有效厚度控制程度为 93.0%，加密后水驱控制程度砂岩为 96.9%，有效厚度控制程度为 96.6%，水驱控制程度提高了 3.5~4.0 个百分点，多方向水驱程度明显增加，砂岩三向及以上由 28.1% 上升到 47.3%，提高了 19.2 个百分点，有效提高了 19.9 个百分点，中区水驱控制程度也明显提高。

表 2-2-7　密井网试验区加密前后水驱控制程度统计表　　　　　　　　　单位：%

类型砂岩		一向		二向		三向及以上		合计	
		砂岩	有效	砂岩	有效	砂岩	有效	砂岩	有效
中区西部	加密前	34.1	34.1	30.8	35.3	12.9	13.9	77.8	83.3
	加密后	30.5	28.5	38.4	37.8	24.6	27.7	93.5	94.0
北二区东部	加密前	34.4	39.6	30.4	26.8	28.1	26.6	92.9	93.0
	加密后	20.2	18.1	29.4	32.0	47.3	46.5	96.9	96.6

三次加密后油层动用厚度明显提高，表内薄差层动用厚度提高 10～13 个百分点，表外层动用厚度提高 15～20 个百分点（表 2-2-8）。

表 2-2-8　三次加密前后砂岩动用状况统计表　　　　　　单位：%

区块	油层类型	加密前	加密后	提高值
北二区东部	薄差层	50.1	63.2	13.1
	表外储层	32.0	47.2	15.2
中区西部	薄差层	45.6	58.8	12.3
	表外储层	34.7	50.1	15.4
南六区中块	薄差层	58.2	67.3	10.0
	表外储层	29.1	44.7	15.6
杏一区—杏三区	薄差层	49.5	61.0	11.5
	表外储层	36.8	55.1	18.3

利用水驱特征曲线和数值模拟等方法对三次加密调整区的采收率进行了计算，初步预测三次加密井提高采收率 1.0～1.5 个百分点，同时三次加密也提高了采油速度，在初期含水率为 75% 时，提高采油速度和提高可采储量的油量相当。

（三）三次加密井有利于后期井网综合利用

三次加密后井网密度由加密前的 35～50 口 /km² 增加到 45～65 口 /km²，井数将明显增加，当含水较高后，可以将三次加密井与老井、聚驱井综合考虑，进行层系调整、三次采油等，进一步挖潜剩余油。

（四）三次加密能够减缓套损

根据相关研究可知，三次加密前井距大、注水井少，注水压力大，地层压力很不均衡，增加了套损速度；加密后，井距缩小，水井相对增加，注水压力降低，地层压力趋于均衡，减少了套损，当然减少套损的程度还需要进一步研究。

（五）增加可采储量与提高采油速度的关系

由于三次加密调整井初期含水率较高，因此，三次加密调整是以加速开采为主还是以增加可采储量为主一直是人们较多争议的一个问题。研究加密井采出的油量中，有多少是纯增加的可采储量，有多少是加速开采的储量，实质上是研究井间干扰问题。

所谓井间干扰，是指在同一油层内，有两口以上油井同时生产，如果其中一口井的工作制度发生变化后，必然要影响到另外一口井的现象。它是客观存在的，其实质是由于生产条件发生变化引起能量供应和消耗失衡，使得地层内各点压力重新分布，油井产量发生变化。喇萨杏一次加密井投产初期含水率 20%～30%，二次加密井 40%～50%，三次加密井 60%～70%，这就意味着井间干扰是存在的。否则，加密井投产初期不会含水。

井间干扰的体现形式是油井产量的变化，也以此作为判断井间干扰的方法。事实上，井间干扰是相对的，一方面新注水井对老采油井的干扰或影响，使原来未动用的油层动用起来，增加可采储量；另一方面是新采油井采出了老采油井能够采出的油量，起到了加速开采的作用。

钻加密井后，新老井间是否存在干扰，主要取决于加密井的射开对象。如果新井射开老井未射孔层、老井未钻遇的油层或者是老井射开，但合采条件仍无法动用的油层，那么新老井间无干扰。如果新井射开老井动用（无论动用好还是差）的层，那么新老井间有干扰。另外难以预料的特殊情况引起的井间干扰，主要是指人们对油层动用情况认识的模糊性和不确定性。

从杏一区—杏三区剩余油成因类型统计结果看，因注采不完善形成的剩余油层数、厚度比例分别为 72.38% 和 73.33%，其次是滞留区型（表 2-2-9）。注采不完善和井网控制不住型和成片差油层剩余油通过新井完善注采关系、缩小井距能够起到增加可采储量的作用，但也不可避免地会对原井网产生干扰。

由于三次加密与二次加密的开采对象相同，三次加密试验井及三次加密生产井的初期含水率大都在 50%～70% 之间，说明三次加密井中部分油层已经动用，从杏一区—杏三区三次加密井环空单卡资料统计结果看，中高含水层占动用层的厚度比例为 49%，产油量比例为 42%，说明井间干扰是客观存在的。

表 2-2-9   不同类型剩余油分布状况

剩余油类型	层数 / 个	层数 比例 / %	总厚度 / m	总厚度 比例 / %	砂岩 厚度 / m	砂岩 厚度比例 / %	有效 厚度 / m	有效 厚度比例 / %
井网控制不住	275	5.33	133.7	3.73	46.3	2.51	8.6	2.40
成片差油层	307	5.95	219.6	6.13	112.8	6.11	20.6	5.76
注采不完善	3736	72.38	2627.8	73.33	1331.4	72.08	252.6	70.64
滞留区	844	16.34	602.4	16.81	356.5	19.30	75.8	21.20
合计	5162	100.00	3583.5	100.00	1847.0	100.00	357.6	100.00

为客观评价三次加密试验区的开发效果，采用水驱特征曲线对投产较早试验区加密前后可采储量的变化进行了分类井测算，测算结果表明，加速开采的油量占三次加密井采出量的 50% 左右（表 2-2-10）。

为此，用杏一区—杏三区试验区百万节点数值模拟模型，对三次加密井不同初含水率与增加可采储量的比例进行了分析研究。结果表明，加密井初期含水率对增加可采储量的作用影响较大，初期含水率越高，增加可采储量的比例越小，特别是初期含水率大于 70% 以后，增加可采储量的比例急剧减少。也就是说，加密井初期含水率达到 70% 以上时，提高采油速度的作用占了主导地位，提高采收率变成了次要作用。但值得指出的是，实际调整过程中，初期含水率并不是决定增加可采储量比例的唯一因素。油水井比例、射开对象和加密时区块含水状况等都不同程度地影响加密井的增储效果。实际计算中，应根据实际情况具体分析。

表 2-2-10　三次加密井增加可采储量比例分析

区块	水驱曲线测算			数值模拟		
	老井变化/10^4t	新井可采/10^4t	占新井比例/%	老井变化/10^4t	新井可采/10^4t	占新井比例/%
北二东	−10	22.0	45.5			
喇嘛甸北块	−4	7.5	53.3			
南六区中块	−11	20.0	55.0			
杏一区—杏三区乙块				−44.4	87.1	50.9
北三东				−9.5	46.2	20.6

（六）三次加密调整经验与认识

油田二次加密调整后，特别是表外储层投入开发以后，使低渗透差油层的水驱动用状况有了明显提高。但各种监测资料表明，仍有 30% 左右的薄差储层（有效厚度 0.2～0.4m）和表外储层动用较差。研究和试验认为该类油层能够成为油田进一步调整的潜力。

在三次加密调整前，进行剩余油综合描述。三次加密调整剩余油分析是在精细地质研究的基础上，充分利用水淹解释资料、密闭取心检查井资料、分层测试等动态资料，采用多种方法综合分析，通过宏观控制、微观解剖、潜力定量、逐井逐层扫描四个环节，搞清剩余油分布。

在剩余油综合描述基础上，确定井网优化部署方法。针对喇萨杏油田特高含水期"井网密度大、井网关系复杂，地下油水分布错综复杂，剩余油高度零散，聚驱规模扩大，使井网更加复杂"的局面，大庆油田制定了相应的对策，即搞好"三个结合"，进行井网优化设计，"三个结合"就是"三次加密与三次采油相结合""三次加密与原井网综合调整相结合""三次加密与注采系统调整相结合"，并根据结合对象，确定了不同的布井方式，指导各类区块三次加密调整的井网部署。

但由于三次加密潜力分布不均衡，按照当时的油价和经济评价要求，在平面上存在风险区和达不到经济效益的区域，最终决定首先对有效区进行三次加密调整，待条件成熟即经济效益可行或相关技术指标满足要求时再对风险区和无效区实施，这样既保证了三次加密调整可以在最大的范围内工业化推广，又能保证经济效益。

喇萨杏油田三次加密从 2000 年开始，实施了 25 个区块，从实施效果来看，较早实施的区块开发效果较好，而后期投产的区块开发效果均不理想。

从三次加密区块的效果来看，2000 年刚开始进行三次加密时，油田的综合含水率还不是很高，薄差油层的含水率和中高渗透层还存在一定差异，而此时加大对薄差油层的开发力度可以有效改善这部分储层的开发效果，起到挖潜剩余油的作用。2004 年以后，油田进入特高含水阶段，当时部分中低水淹的油层已经进入了高水淹的行列，这使得三次加密的对象大大缩减和变差，这也就是三次加密近几年实施的区块开发效果越来越差的主要原因。由此看来，三次加密乃至于任何技术都有它最佳实施时机，过了这个最佳时间，就难以达到预期的效果，因此需要探索更加合适的技术。

第三节　特高含水期典型区块"二次开发"方式

2007 年中国石油明确提出老油田实施二次开发的策略，指出"二次开发是油田开发历史上的一次革命，是一项战略性的系统工程"。与传统开发相比，二次开发最大的变化和最大的难点，就是要面对已经开发了 20 年以上的老油田，而这些油田剩余油高度分散，油水关系极其复杂，总体上表现为"两低"（新增储量的低渗透和新增储量品位的低丰度）、"双高"（综合含水率高、采出程度高）和"多井低产"的极难特点。二次开发的技术路线就是"三重"，即重构地下认识体系、重建井网结构、重建地面工艺流程。二次开发共性的关键技术，单砂体及内部构型精细刻画技术，层系井网优化重组技术。经过近 5 年的实践，二次开发取得初步成果。预计增加可采储量 9.1×10^8 t，相当于勘探新发现地质储量 45×10^8 t，而勘探发现这些储量按常规约需要 9 年时间。按照中国石油平均发现成本测算，勘探新增探明储量 45×10^8 t 约需花费 1800 亿元。也就是说通过二次开发，可以节省大量的勘探成本。

大庆油田按照"三重"的技术路线，在喇萨杏油田开辟了试验区，为后续层系井网演化做出了有益尝试。本节介绍喇萨杏油田二次开发的三种主要做法，以层系互换为代表的杏四区—杏六区面积北块、以萨中模式为代表的中区西部，以及以喇嘛甸油田萨Ⅲ4-10油层"二三结合"为代表的主要做法及取得的效果[7]。

一、层系互换

杏北开发区油层发育以三类油层为主，三类油层地质储量占总地质储量的 64.50%。三类油层中，表内厚层地质储量占 50.19%。2008 年，含水率 91.47%，已进入特高含水开发阶段 4 年，三类油层三次采油技术还处于攻关阶段，水驱开发井网密度较大，仅依靠常规的水驱综合调整措施已不能满足油田持续稳产的需要。尤其是杏一区—杏五区一次加密井网，经过 20 多年的开发，两套层系的综合含水率均达到了 90% 以上，现井网条件下挖潜难度较大。因此，开展两套层系互换综合利用挖潜技术研究，通过转变开采层系，改变液流方向，提高波及体积，探索特高含水期水驱挖潜的新方法。

（一）杏北开发区一次加密井网基本状况

杏北开发区 1985 年开始实施一次加密调整，将非主力油层中有效厚度小于 2m、渗透率小于 0.150D 油层中未见水层和未动用层均作为调整对象，已见水层不调整。

1. 杏北开发区一次加密井网开发现状

1988 年，一次加密井网年产油达到 339.8×10^4t，占水驱总产量的 41.6%，截至 2008 年 12 月，一次加密井网年产量占水驱产量的比例仍保持在 40% 以上。

到 2008 年底，一次加密井网共有油水井 2677 口（油井 1692 口，水井 985 口），占水驱总井数的 38.4%，2008 年共实施注采结构调整工作量 586 井次，占水驱综合调整工作量的 37.5%。

2. 各区块各层系基本上进入了特高含水期开采

截至 2008 年 12 月底，杏北开发区一次加密井网综合含水率达到 91.93%，已进入特高含水期开发阶段。7 个开发区块综合含水率均在 90% 以上，其中杏四区—杏六区面积综合含水率最高，已达到 94.13%。

3. 开采对象油层动用程度高

1）取心井资料表明，表内厚层已全部水洗

从杏北开发区 2003 年以来 3 口密闭取心井资料看，表内厚层已全部水洗。其中，萨尔图油层有效厚度水洗比例已达到 97.4%，有效厚度不小于 0.5m 的层已全部水洗，中水洗和强水洗的厚度比例达到 90% 以上；葡 I 42 及以下油层有效厚度水洗比例已达到 98.2%，其中，有效厚度不小于 0.5m 的层已全部水洗，中水洗和强水洗的厚度比例达到了 100%。

2）同位素资料反映，表内厚层的吸水比例较高

统计一次加密井连续 6 次同位素资料，萨尔图油层的吸水层数比例为 74.19%，其中，表内厚层的吸水层数比例达到了 87.66%；葡 I 42 及以下油层由于物性相对较差，油层的动用程度低于萨尔图油层。

4. 套损状况相对较严重

截至 2008 年 12 月底，杏北开发区一次加密井套损总井数 1194 口，套损率为 40.13%。扣除已修复井，目前生产井套损率为 32.16%，仅低于基础井网，套损状况相对较严重。

5. 注水状况相对较好

2008 年 12 月，一次加密注水井分注率为 83.74%，平均单井层段数 5.5 个，其中，杏四区—杏六区面积地区分注率为 90%，平均单井层段数 5.7 个，加强层为 4.3 个；平衡层 0.2 个；限制层 0.7 个；停注层 0.4 个。

（二）试验区选取及基本情况

杏北纯油区杏一区—杏五区（区块面积 90.3km²）一次加密井网均有两套互为独立的

层系，一套开采萨尔图油层，一套开采葡Ⅰ42及以下油层，调整的主要对象是三类油层中有效厚度0.5～2.0m的油层，经过20多年的开发，目前两套层系的综合含水率均达到了90%以上，常规挖潜难度较大，均适合开展层系互换试验。计划通过封堵原开采层系，补孔相对应层系，达到转变开采层系目的，进而改变液流方向，增加波及体积，提高采收率。

1. 试验区选取原则

根据试验的目的和主要研究内容，确定了试验区的选取原则：

（1）区块的开发状况在杏北开发区具有一定的代表性。

（2）萨尔图和葡Ⅰ42及以下两套层系划分清晰，注采系统比较完善。

（3）油水井井况较好，宜实施层系互换。

（4）区块综合含水率高、采出程度高，现井网条件下挖潜难度较大。

2. 试验区基本情况

依据试验区选取原则，综合考虑目前各区块一次加密井生产情况，将试验区块选择在杏四区—杏六区面积北块内注采相对独立完整的一个区块。试验区北起248#断层，南至五区一排，面积2.17km²，总地质储量为848.3×10⁴t，三类油层地质储量为554.45×10⁴t。试验区分为萨尔图和葡Ⅰ42及以下两套层系开采，共有一次加密油水井72口，采用225m×225m四点法面积井网布井，其中采油井50口，互换前平均含水率94.6%，注水井22口，互换前日注水1230m³。

1）构造特征

试验区块构造平缓，地层倾角0.54°。区块靠近243#和248#两条断层，断层发育均为北西走向，断层倾角44°左右。

2）储层发育状况

试验区块自上而下发育95个沉积单元，主要发育为外前缘相Ⅲ类、Ⅳ类沉积储层，共52个沉积单元，占沉积单元总数的54.7%，砂体钻遇率分别为43.29%、7.51%。其中，萨尔图油层以外前缘相Ⅰ类、Ⅱ类、Ⅲ类沉积为主，葡Ⅰ42及以下油层以外前缘相Ⅲ类、Ⅳ类沉积为主。

3）试验区三类油层储量构成

从储量构成情况看，萨尔图油层储量为374.73×10⁴t，占三类油层储量的67.59%；葡Ⅰ42及以下油层的储量为179.72×10⁴t，占三类油层储量的32.41%。

4）开发简况

试验区基础井网1968年投入开发，1989年实施了一次加密调整，部署了萨尔图和葡Ⅰ42及以下两套层系，均为225m×225m井距的四点法面积井网，2001年，区块开展了一类油层工业化聚合物驱。

目前，试验区共有三套井网四套层系，油水井总数136口（采油井84口，注入井52口），见表2-3-1。

表 2-3-1　试验区井网部署情况

井网			投产年份	油井/口	水井/口	布井方式	调整对象
水驱	基础		1968	5	4	450m×450m 的四点法面积井网	葡Ⅰ1—葡Ⅰ3 和非主力油层中有效厚度不小于 2.0m 的较厚油层
	一次	萨尔图	1989	22	11	225m×225m 的四点法面积井网	有效厚度小于 2m、渗透率小于 0.150D 油层中未见水层和未动用层
		葡Ⅰ42 及以下	1989	28	11		
三次采油			2001	29	26	200m×200m 的五点法井网	葡Ⅰ1—葡Ⅰ3

（三）试验方案设计

1.指导思想

分析现井网条件下的各层系井网开发效果，今后开发调整的重点是分类油层的驱替方式及井网演变问题。进行层系井网调整研究有助于确定合理的开采次序和调整时机，同时为今后可能提高采收率技术应用留有调整空间，使今后的层系井网更加清晰高效。以最大限度挖掘表内储层的剩余油潜力、增加可采储量为目的，通过萨尔图和葡Ⅰ42 及以下两套层系互换开采对象，进行二次开发，努力改善一次加密井网开发效果，进一步提高水驱采收率。

2.调整原则

（1）统计试验区的可调厚度情况，如果表内薄层及表外储层的可调厚度满足单独部署一套三次加密调整井网时，则这部分油层不作为本次调整对象；否则，将通过本试验同表内厚层一同调整。

（2）编制射孔方案时，采取先定油井后定注水井射孔层位的方式。采油井要考虑与原流线场的位置关系，控制主流线上油井的射孔；注水井要在考虑注采对应状况的同时，以改变流场分布和流液方向为目的进行射孔。

（3）编制单砂体注采关系方案时，要充分考虑单砂体注采平衡状况及剩余油分布状况，以保证方案执行后区块整体开发效果的改善。

（4）对调整葡Ⅰ42 及以下层系的井，选择调整厚度小的井实施限流压裂完井，改善油层动用状况。

从可调厚度情况看，表内薄层及表外储层厚度及厚度比例，满足部署三次加密调整井的条件，因此，调整对象以表内厚度为主。

3.试验区层系井网演变趋势研究

杏北开发区 2005—2007 年对全区层系井网的演变趋势进行了研究，研究结果表明，杏北纯油区层系井网演化成 3~4 套：

（1）三次采油井网；

（2）开采三类油层中有效厚度不小于 0.5m 的水驱井网；

（3）开采三类油层中有效厚度小于 0.5m 的水驱井网；

（4）开采表外储层的水驱井网：后期利用该套井网与三次采油井网结合成一套小井距的开采三类油层的三次采油井网。

由于杏北油田各个开发区层系井网的部署情况不尽相同，因此，各区块层系井网的演变趋势也略有不同（表 2-3-2）。杏四区—杏六区面积层系井网的演变趋势是：利用目前 200m×200m 的聚合物驱井网，加密构成 100m×100m 的五点法面积井网，对三类油层进行三次采油；新布一套 120m×120m 的三次加密五点法面积井网，开采动用状况较差的表内薄层及表外储层；原基础井网、一次加密井网共同组合成一套注采井距 200～225m 五点法井网，水驱开采三类油层中有效厚度不小于 0.5m 油层，并随三次采油上下返层位的变化进行封堵。

表 2-3-2　杏四区—杏六区面积北部区块层系井网演变情况

层系井网	开采对象	开采方式
表内厚层井网	三类油层中有效厚度不小于 0.5m 油层	200～225m 五点法井网
三次加密井网	表内薄层及表外储层	120m×120m 五点法面积井网
三类油层三次采油井网	适合三次采油的三类油层	100m×100m 五点法面积井网

4. 互换方案制订

以调整表内厚层为主，对杏四区—杏六区面积北块层系互换试验区一次加密井网进行层系互换调整，编制了 3 套试验方案进行优化对比。

方案一：射开表内储层，在进行层系互换时，射开有效厚度 0.2～2.0m 的表内储层。共调整 72 口井。

优点：首先，层系互换后，两套开采层系划分清晰，注采对应关系完善；其次，补开厚度大，有利于后期综合调整。

缺点：没有考虑补孔层的水淹级别，层系互换后综合含水率高。

方案二：优化射开不同厚度油层，在进行层系互换时，考虑到原层系主流线或油井附近的油井剩余油较少，这部分井暂时不作为调整对象，射开其他井表外储层及表内储层。共调整 44 口井，其中油井 30 口，注水井 14 口。

优点：首先，原层系主流线或老井附近的井不作为调整对象，有利于控制层系互换后的含水率；其次，射开表外储层，可提高油层动用程度。

缺点：首先，没有利用的井数较多；其次，射开表外储层，对区块今后二次加密调整产生影响；最后，没有考虑补孔层的水淹级别，层系互换后综合含水率高。

方案三：射开有剩余油潜力的有效厚度 0.5m 及以上的表内厚层，如果有效厚度 0.5m 及以上的表内厚层少于 10 个层，则射开有效厚度 0.2～0.4m 的表内薄层。共调整 72 口井，其中油井 50 口（只射开表内厚层的井 20 口，表内厚层和表内薄层都射开的井 30 口），注水井 22 口。

优点：首先，射开未水淹和低水淹的表内储层，可控制层系互换后综合含水率；其次，层系互换后，两套开采层系划分清晰，有利于进行二次加密调整；最后，一次加密井均进行层系互换调整，没有浪费井点。

缺点：补孔工作量较大。

5. 方案优选

对各套试验方案均运用数值模拟技术进行了试验结果预测，统计各方案预测结果，得到方案三的采收率最高，为 55.10%，较现井网采收率提高 3.45%；方案一采收率次之，为 53.75%，较现井网采收率提高 2.10%；方案二的采收率最低，为 52.07%，较现井网采收率仅提高 0.42%。

按沉积类型对各方案最终采收率进行对比，结果表明，各种沉积类型油层的采收率均有所提高。三种调整方案中，方案三时，外Ⅱ、外Ⅲ1、外Ⅲ2 及外Ⅳ的最终采收率最高，分别为 54.03%，45.91%，38.03%，25.32%；方案一时，外Ⅱ、外Ⅲ1、外Ⅲ2 及外Ⅳ最终采收率居中，分别为 52.20%，44.39%，35.49%，23.28%；方案二时，外Ⅱ、外Ⅲ1、外Ⅲ2 及外Ⅳ的最终采收率最低，分别为 50.39%，42.74%，33.97%，22.37%。

通过以上分析可以看出按照方案三进行层系调整时，外Ⅱ、外Ⅲ1、外Ⅲ2、外Ⅳ等沉积类型油层的采收率提高幅度最大，开发至含水率 98% 时，方案三最终采收率最高，较现井网采收率提高 3.45%。

从三种方案综合含水率、日产油指标数模预测对比可以看出，在三种方案中，方案三开发效果最好。综合考虑，计划采用方案三为层系互换调整方案。

6. 试验补孔原则确定

根据以上方案调整原则制定试验区具体补孔原则如下：

（1）对调整萨尔图层系的油水井，选择萨Ⅱ1-4 单元注采完善的砂体补孔，开展萨Ⅱ1-4 层系恢复注采，改善试验区开发效果。

（2）采油井要考虑与原流线场的位置关系，控制主流线上油井的射孔，对井组动用好、剩余油较少的主要见水层，重新射孔时予以避开。

（3）当有效厚度不小于 0.5m 的表内厚层少于 10 个时，射开有效厚度 0.2~0.4m 的表内薄层或表外层，保证单井具有一定供液能力。

（4）注水井要充分考虑单砂体注采平衡及剩余油分布状况，以改变流场分布和流液方向为目的对应采油井射孔。

（5）对调整葡Ⅰ42 及以下层系的油水井，选择调整厚度小的井实施限流压裂完井，改善油层动用状况。

设计油水井补孔共 72 口（油井 50 口，水井 22 口），油水井封堵共 72 口（油井 50 口，水井 22 口）。

（四）试验取得的成果及认识

1. 搞清了试验区动用状况及剩余油分布特征

杏四区—杏六区面积北部 2001 年钻打了聚驱井，2010 年完钻了一口密闭取心井，测井、岩心及水淹层解释资料为研究该区域动用状况提供了较为可靠的依据。

1）主流线部位动用好于非主流线部位

从杏四区—杏六区面积北部 2001 年钻打的聚驱井水淹情况看，萨尔图层系表内厚层低水淹、未水淹层砂岩厚度和有效厚度所占比例分别为 46.90% 和 46.62%，表内薄层低水淹、未水淹层砂岩厚度和有效厚度所占比例分别为 63.40% 和 60.74%，主流线和非主流线上的井低水淹、未水淹层有效厚度所占比例分别为 48.3% 和 55.9%。

葡 I 42 及以下层系表内厚层低水淹、未水淹层砂岩厚度和有效厚度所占比例分别为 40.90% 和 37.99%，表内薄层低水淹、未水淹层砂岩厚度和有效厚度所占比例分别为 59.21% 和 57.51%，主流线和非主流线上的井低水淹、未水淹层有效厚度所占比例分别为 42.1% 和 51.5%。这说明虽然表内厚层和表内薄层动用程度均较高，但仍有一定的剩余油潜力。

2）萨尔图层系动用比例高于葡 I 42 及以下层系

从连续 6 次同位素资料看，萨尔图层系油层动用程度较高，层数动用比例为 71.36%，砂岩厚度动用比例为 81.18%，有效厚度动用比例为 83.57%；葡 I 42 及以下层系油层动用程度相对较差，层数动用比例为 63.4%，砂岩厚度动用比例为 71.68%，有效厚度动用比例为 69.27%。

3）萨尔图层系剩余油潜力较大

2010 年，试验区内钻打一口密闭取心井杏 4-3- 检丙 52 井，岩心水洗状况检测结果表明，萨尔图层系平均含油饱和度为 35.3%，平均驱油效率 53.4%，仍有一定剩余油潜力；葡 I 42 及以下层系平均含油饱和度只有 27.6%，驱油效率高达 60.9%，剩余油潜力较小。

从含油饱和度分级情况看，萨尔图层系主体薄层砂水洗严重，剩余油较少，非主体薄层砂和表外储层受层间干扰影响较大，剩余油较多，是下步挖潜方向；葡 I 42 及以下层系主体薄层砂和非主体薄层砂均已得到较好动用，剩余油主要存在于表外储层，下一步挖潜难度较大。

4）现井网条件下数值模拟分析

（1）目前各类油层剩余油分布情况。

主力油层与非主力油层开发效果相差悬殊，非主力层之间动用差异也普遍较大，主要体现在不同沉积类型油层动用不均，油层发育越好采出程度越高，剩余油主要分布在外前缘 I 类和 II 类油层中，占总剩余储量的 73.03%。根据计算结果，内前缘相储层采出程度为 56.84%，外前缘相 I 类 46.72%，外前缘相 II 类 42.08%，外前缘相 III 1 类 33.64%，外前缘相 III 2 类 27.11%，外前缘相 IV 类 17.61%，平均为 43.37%。

（2）目前各类单砂体剩余油分布状况。

从不同沉积微相储量动用及剩余油变化看，水下分流河道所占比例最小，只有4.82%，但目前采出程度最高，为48.89%；主体薄层砂、非主体薄层砂、表外储层动用程度依次降低，表外储层采出程度最低，只有35.85%，剩余可采储量主要分布在这三类油层中，各占30%左右。

结合该区数值模拟结果，总结出了不同类型油层的剩余油分布特征：

一是内前缘相沉积砂体：这类砂体以水下窄小河道及主体席状砂沉积为主，表外储层只局部充填于主体或非主体席状砂之间，由于储层物性好、平面上砂体连续程度高，油层动用程度比较高，分布面积小。

二是外前缘Ⅰ类砂体：这类砂体以大面积分布的主体席状砂沉积为主，砂体平面连续性好，且砂体分布均匀，剩余油只零星分布在主体或非主体席状砂之间的表外储层中，分布面积小。

三是外前缘Ⅱ类砂体：这类砂体为主体席状砂、非主体席状砂和表外储层相间分布，平面非均质比较严重，剩余油分布面积相对比较大。

四是外前缘Ⅲ类砂体：这类砂体多为大面积分布的表外储层，尽管储层砂体比较连续，但由于储层物性差，油层动用程度低，这类砂体剩余油分布面积大，而且剩余油分布较连续。

五是外前缘Ⅳ类砂体：这类砂体平面分布不稳定，砂体连续性差，且储层物性差，多为表外层，井组注采关系难以完善，所以剩余油较发育，但由于砂体规模小，剩余油分布面积较外前缘Ⅲ类砂体小。

结果表明，外前缘Ⅱ类砂体、外前缘Ⅲ类砂体及外前缘Ⅳ类砂体表外储层发育，剩余油相对富集。

2. 分析了影响互换效果的因素

层系互换实施后，不同井互换效果差异较大，通过认真对比分析，总结出影响互换效果的几种因素。

1）非主流线部位采油井互换效果好于主流线部位

对比了主流线、分流线部位采油井在层系互换初期和互换前的生产情况发现，非主流线部位补开后的平均产油量高于主流线部位，综合含水率低于主流线部位，互换效果较好。

由于制定射孔方案时考虑避开原有动用较好的高含水层，所以互换后两套层系的主流线、分流线采油井含水率均有所下降，萨尔图层系发育储层较多，射孔相对严格，互换后主流线部位平均产液量、产油量下降，非主流线部位高含水层较少，射孔余地大，平均产液量、产油量均上升，平均产油量较主流线部位井提高0.63t；葡Ⅰ42及以下层系总体含水较高，互换后含水率下降明显，主流线、分流线部位平均含水率分别下降1.1个百分点和1.6个百分点，且非主流线部位含水率下降幅度比主流线部位大1.7个百分点（表2-3-3）。

表 2-3-3 不同部位油井互换效果统计表

原层系	位置	互换前				互换初期			
		日产液 / t	日产油 / t	含水率 / %	沉没度 / m	日产液 / t	日产油 / t	含水率 / %	沉没度 / m
萨尔图	主流线	48.8	2.70	94.5	324	32.5	2.15	93.4	638
	非主流线	38.7	2.35	93.9	188	40.5	2.78	93.1	533
	差值	−10.1	−0.35	−0.5	−136	7.9	0.63	−0.2	−105
葡 I 42 及以下	主流线	19.9	0.79	96.0	383	25.8	1.32	94.9	418
	非主流线	18.1	0.94	94.8	218	24.1	1.65	93.2	213
	差值	−1.8	0.15	−1.2	−165	−1.7	0.33	−1.7	−205

2）射孔层位与原注采井射孔对应性影响采油井互换效果

由于采油井互换后仍位于该层系原注采流线附近，原注采井对各单元的动用情况直接影响该单元的剩余油分布，进而影响互换初期生产状况。

3）补开有效厚度大小影响互换后效果

统计了试验区采油井互换初期生产情况发现，随着补开有效厚度的增加，初期日产油量增大，当原萨尔图层系补开葡 I 42 及以下层系有效厚度大于 5m 时，互换后低产井比例达到 66.7%，当补开有效厚度大于 5m 时，低产井比例仅为 14.3%，因此，补开厚度大于 5m 可以保证互换取得较好效果。当原葡 I 42 及以下层系补开萨尔图有效厚度大于 8m 时，基本可以保证日产液量大于 20t，日产油量达到 2t 以上。

3. 利用数值模拟分析层系互换对提高采收率的作用

1）层系互换后生产流线变化情况

以萨 II 5-1 小层为例，从该层层系互换前后的剩余油饱和度和流线分布可以看出，互换前后剩余油与流线分布发生明显变化。例如互换前 X4-3-2520 井在该层未射孔，该井所在的位置没有流线，周围富集一定量的剩余油，互换后与 X4-3-2503 井、X4-3-2522 井、X4-4-2391 井、X4-3-2541 井形成闭合流线，并且该井周围的剩余油明显被动用。互换前 X4-3-2483 井在该层未射孔，该井所在的位置没有流线，水淹程度低，互换后与 X4-3-2480 井、X4-3-2490 井形成闭合流线，该井周围区域水淹程度加大，剩余油减少。

从两口井的含水率变化看，通过进行层系互换，井间流线发生改变，互换前非主流线处剩余油被有效动用，使水率呈下降趋势，和不进行互换的开发方式相比，油层动用程度得到提高，开发效果得到改善。

2）层系互换跟踪数值模拟研究

制定了未来试验区的跟踪调整方案，预计实施注采结构调整 48 井次，依据目前试验区生产情况，对措施实施后试验区未来的开发指标进行了跟踪模拟预测。

该方案实施后，预测到 2035 年井网综合含水率达到 98%，水驱开发结束，非主力层水驱采收率 52.64%，与不进行互换相比，提高采收率 2.1 个百分点。

（五）经济效果及推广前景

1. 经济效果

预计试验区可提高采收率 2.1 个百分点，增加可采储量 $11.6435 \times 10^4 t$。通过计算各项经济指标，税后净利润 13242.1 万元，投入产出比 1：6.24，经济效益较好。

2. 推广前景

层系互换可在杏北开发区杏四区—杏六区面积、杏四区—杏六区行列和杏一区—杏三区推广，每个区块均有三套开采层系，开采萨 + 葡（差）层系的井不调整，其他两套侧层系可选层进行互换调整，可调整的井数 1789 口，其中，油井 1113 口，水井 676 口。具有较好的推广前景。

通过层系互换二次开发试验，确认了两套层系互换进行二次开发改善开发效果的可行性，研究了区块非主力油层纵向和横向的剩余油分布特征，总结出特高含水期改变液流方向后油田开发的动态特征及效果，分析了一次加密井网两套层系互换对提高采收率的作用，形成了层系互换配套工艺技术，为杏北开发区乃至全油田在特高含水期通过层系互换进行水驱挖潜提供了经验和借鉴。

二、萨中模式

鉴于萨中开发区地面状况复杂，不宜多次布井的实际，把中区西部作为实施二次开发工程的典型区块，开发调整思路是地上、地下"整体研究、统一部署、同步推进、全面协调、一次到位"，避免重复建设。以提高采收率为核心，水驱加密与三次采油相结合，水驱井网服务于三次采油开发，三次采油系统适用于先期水驱挖潜，形成分期分质多阶段开发一体化方案。具体做法是细分层系、缩小井距，重构三次采油井网，利用三次采油井网先期水驱加密调整挖潜，强化三次采油前的水驱二次开发，减缓水驱产量递减速度，保持水驱产量规模，改善水驱开发效果，提高水驱采收率，然后在适当时机转入三次采油，提高油田最终采收率。

（一）整体构想及开发思路

1. 整体构想

（1）重建地下认识体系，搞清油田资源潜力：

① 利用井震联合反演技术，精细解剖沉积微相；

② 利用三维地质建模技术，重建数字化油藏地质体；

③ 利用精细测井解释和数值模拟技术，搞清剩余油潜力及分布。

（2）重构三次采油井网，满足提高采收率需要。

为满足二次开发、提高采收率需要，按三种类型油层依托原井网，重构三套新的开发井网。

（3）重组地面工艺流程，严格控制新增生产规模。

一是摸清地面建设现状，充分利用已建设施剩余能力，不建或少建新的生产设施；二是合理进行功能归并，尽量在已有站的基础上适当扩大规模、立体设计，减少建站数量；三是简化集油工艺和供配电方式。

2. 开发思路

二次开发的技术思路是："整体研究、统一部署、细分层系、缩小井距"重构三次采油井网，利用三次采油井网先期水驱加密调整挖潜，强化三次采油前的水驱二次开发，减缓水驱产量递减速度，保持水驱产量规模，改善水驱开发效果，提高水驱采收率，后期实施三次采油，然后在适当时机转入三次采油，提高油田最终采收率，典型区块最终采收率达到60%以上。

（二）技术方案

萨中开发区中区西部作为实施二次开发工程的第一个区块，开发调整思路是地上、地下"整体研究、统一部署、同步推进、全面协调、一次到位"，避免重复建设。以提高采收率为核心，水驱加密与三次采油相结合，水驱井网服务于三次采油开发，三次采油系统适用于先期水驱挖潜，形成分期分质多阶段开发一体化方案。具体做法是细分层系、缩小井距，重构三次采油井网，利用三次采油井网先期水驱加密调整挖潜，强化三次采油前的水驱二次开发，减缓水驱产量递减速度，保持水驱产量规模，改善水驱开发效果，提高水驱采收率，然后在适当时机转入三次采油，提高油田最终采收率。二次开发区块共部署了三套井网，即萨葡二类油层三次采油井网、萨葡三类油层"两三结合"井网和高台子油层加密调整井网，每套井网均不同程度利用现井网并进行了优化组合，细分了开发层系。方案计划于2009—2010年分两年实施，项目针对中区西部的地质开发现状，通过创新开发调整思路，形成了"三重一优化"的二次开发油藏工程方案设计模式；研究现井网条件下萨、葡、高油层剩余油分布状况，量化剩余油潜力，优化钻井轨迹。

1. 区块地理位置

萨中开发区中区西部位于萨尔图油田中部，主要位于黑龙江省大庆市萨尔图区境内，北起中三路，南至中八路，西至西一路，东至友谊路附近，该产能区域地理位置处于滨洲铁路沿线，东部距哈尔滨160km，西部距齐齐哈尔140km。萨中油田中区位于大庆油田萨中开发区中部，北起中三排水井排，南至中七排水井排。中区按自然区块划分，共分为中区西部、中区东部两个区块。

中区西部区块位于萨中开发区中区的西部，北起中三排水井排，南至中七排水井排，西起108#、121#断层与西区相邻，东至112#、126#断层与中区东部相连，含油面积9.04km^2。

2. 开发历程及现状

中区西部基础井网 1960 年投入开发，开采萨葡主力油层，分萨、葡两套层系，均采用行列切割式注水井网。之后萨葡油层水驱又经历了两次调整，即一次加密调整和二次加密调整，1999 年葡 I 组开始聚合物驱。目前萨葡油层分为四套层系井网开采，即基础井网、一次加密调整井网、二次加密调整井网和葡 I 组聚合物驱井网。

1979 年中区西部开辟了高台子油层开发试验区，面积 1.37km²，采用 250m×300m 反九点法面积井网布井，共有油水井 22 口，地质储量 903×10⁴t。研究了不同层系的生产能力和开采特点，为高台子油层的全面开发提供了宝贵的经验。

中区西部高台子油层于 1985 年开始全面投入开发，区块位于萨尔图构造顶部，油层厚度大，且高 IV 组在中部地区非常发育，因此在开发过程中，又进一步细分为三套层系，高 I 组、高 II 组单采、高 III 组和高 IV 组合采，布井均采用 300m×300m 反九点法面积井网。

截至 2008 年 6 月，萨葡油层油水井数 333 口，开井 273 口，其中注水井总井数 112 口，开井 85 口，采油井井数 221 口，开井 188 口，注采井数比 1：1.97，年采油速度 0.8%，累计采油 2780.3565×10⁴t，累计注水 13533.7882×10⁴m³，年注采比 0.93，累计注采比 1.04，综合含水率 91.78%，地层压力 8.71MPa，总压差 −1.0MPa。

全区高台子油层共有油水井 253 口，其中采油井 177 口，注水井 76 口，平均单井射开砂岩厚度 29.79m，有效厚度 12.32m。注采井数比 1：2.33。核实采油速度 0.55%，核实累计采油 1727.2071×10⁴t，核实采出程度 34.5%，累计注水 8245.5908×10⁴m³，年注采比 1.18，累计注采比 1.13。平均单井日产液量 50.6t，日产油量 4.6t，综合含水率 90.9%，地层压力 8.81MPa，总压差 −2.45MPa。

3. 开发中存在的主要矛盾

中区西部萨、葡油层经过一次、二次加密调整及主力油层聚合物驱开采，以及高台子油层经过水驱井网开采后，取得了较好的调整效果，但还存在着一些影响油田进一步开发的因素，主要表现在以下几个方面：

（1）开采萨、葡油层的井网注采井数比低，注采受效难度大。

目前区块开采萨、葡油层的井网主要为一次加密和二次加密井网，均采用反九点法的面积井网，注采井数比为 1：3，角井位置的采油井注采受效难度大。需要进一步优化井网部署，改善开发效果。

（2）开采萨葡三类油层的注采井距较大，油层动用程度低。

萨葡油层一次加密与二次加密井网采用 250m×300m 和 180m×200m 的反九点法面积井网开采薄差油层时井距偏大，角井注采井距更大，对于三类油层建立起有效的驱动压力梯度难度较大，造成动用状况差。

（3）萨葡油层水驱开发提高采收率有限。

由于目前中区萨葡油层仅实施了水驱开发，经测算萨葡二类油层采出程度目前为 34.51%，预测水驱最终采收率 43.2%，实施三元复合驱最终采收率 59.7%。三类油层采出程度目前为34.1%，预测水驱最终采收率42.7%，实施三次采油最终采收率49.2%。

（4）高台子井网已经不能满足现阶段开发的需要，需要调整注采关系。

高台子油层反九点法面积井网边角井含水差异大，边井含水较高，综合含水率达到92.3%，厚层已经出现低效、无效循环。角井含水普遍较低，综合含水率只有87.3%，边井与角井综合含水率相差5.0个百分点。

（5）高台子油层笼统开发的条件下，各类油层动用不均衡。

高台子薄差油层及表外层动用程度低，统计2005年以来高台子油层27口井连续测试吸水剖面资料，有效厚度大于1.0m油层连续吸水厚度达到50%以上，不吸水厚度只有3.8%；薄差层及表外层连续吸水厚度只有25%左右，仍有15%～20%不吸水厚度。

（三）"三重一优化"模式

"三重一优化"的油藏工程方案设计模式：重建了地下认识体系，精细刻画沉积相，认清开发潜力；重组了开发层系，依照油层分类标准，细分开采对象；重构了井网结构，利用原井网，构建三套新井网；优化了近远期规划及开发部署。

1. 重建地下认识体系，搞清油田资源潜力

通过精细解剖沉积微相，实现储层描述由宏观到微观；通过开展储层内部建筑结构描述层内非均质，实现储层描述由平面到立体；通过开展三维地质建模，实现储层描述由半定量到数字化，精细刻画沉积相。通过动静结合剩余油描述技术、水淹层精细解释剩余油描述技术，量化剩余油分布，认清开发潜力。中区西部共发育9个油层组，41个砂岩组，131个小层，142个沉积单元。其中，葡Ⅰ1-4为主力油层沉积单元，其他沉积单元为二类、三类油层沉积单元。精细解剖沉积微相，在平面上划分为3种亚相，7种砂体类型，10种沉积微相。通过对油层发育状况、非均质性、动用状况的研究，对区块剩余油进行量化分析，重新认识了剩余油潜力及分布，存在着井网控制不住型、注采不完善型、厚油层顶部型、与河道砂镶边搭桥型、成片分布差油层型、层间干扰型的剩余油。储层描述做到"三清"，即储层微相特征清；单砂体注采关系清；剩余油潜力清。为制定开发调整方案提供了准确的地质资料和科学的开发调整依据。

2. 重组开发层系，细分开采对象，充分挖潜剩余油

中区西部油层井段长、层数多、厚度大、非均质性严重，在开发上表现出层间矛盾大，动用不均衡，精细开发需要细划油层类型。为了减小层间矛盾，各类油层都能最大限度发挥潜力，提高油田的整体开发效果，将油层性质相当，需要采用同一注采井距井网，适合注入同一种参数注剂的油层划分成同一种类型，组合成一套层系进行开发。

根据矿场试验和工业化生产实践研究结果分析，确定各类油层调整对象。

对于萨葡二类油层，由于中区西部萨Ⅰ组油层除了萨Ⅰ4+5₂单元河道砂钻遇率达到了35%以上，且与上下单元相连的钻遇井点比例较多，可作为二类油层调整对象之外，其他单元河道砂平均钻遇率较低，在3%左右，且分布零散，不能作为二类油层三次采油

开发对象。其他油层组属于湖岸线附近到三角洲内前缘相沉积，可作为二类油层三次采油对象。综合萨葡油层动静态资料，研究确定中区西部萨葡二类油层三次采油调整对象为萨Ⅰ4+5、萨Ⅱ组、萨Ⅲ组、葡Ⅱ组，以及动用较差的葡Ⅰ5-葡Ⅰ7油层中的河道砂及有效厚度大于1.0m的非河道砂。

对于萨葡三类油层，将调整对象确定为有效厚度小于1.0m的表内薄层及表外储层。

对于高台子油层，将调整对象确定为全部高台子油层，在开发调整过程中再对其进行细分、分期调整。

根据油层特点，确定了细分层系，重组层段，先期水驱加密调整挖潜，适当时机转入三次采油的开发方式。针对两类油层三种开发调整对象分别设计了开发层系重组方式：

1）萨葡二类油层层段组合方法

从二类油层发育情况看，平面上具有一定展布面积，纵向上各油层组均分布一定厚度和储量，为了进一步提高采收率并保证二类油层开发效果，对二类油层三次采油层段组合进行了研究。根据其他开发区二类油层开发层段组合经验，结合本区块油层发育状况，并通过多方案对比，确定了二类油层三次采油层段组合方案，即分葡Ⅰ5—葡Ⅱ10、萨Ⅱ10—萨Ⅲ10和萨Ⅰ4+5—萨Ⅱ9三段开发。

为保证产量和开采层位的平稳衔接，同时考虑工艺技术条件，优选萨Ⅱ10—萨Ⅲ10层段作为首次二类油层三次采油开采层段，然后上返萨Ⅰ4+5—萨Ⅱ9层段，最后下返葡Ⅰ5—葡Ⅱ10层段的开发次序。

2）萨葡三类油层开发层系重组方法

综合剩余油分析结果，并考虑中区西部萨葡三类油层的开采现状，以及目前三类油层三次采油技术发展现状，对中区西部萨葡三类油层按照渗透率的差异分成两类油层分期进行开采，选择合理的调整方式，实践表明萨葡三类油层对象中有效厚度小于0.5m的表内层及表外层在现井网中动用较差，剩余油较富集。从渗透率的分布状况看，油层渗透率级差较小，组合成一套层系，按照三次采油的要求部署萨葡三类油层井网进行水驱开发，可较大幅度提高动用程度。后期对厚度大于0.5m的三类低渗透油层进行补孔，实施成熟的三次采油技术，从而实现最大限度提高三类油层采收率目的。

（1）三次加密水驱阶段。

开采原井网中由于注采不完善、受层间干扰或因固井质量、水淹隔层等因素影响而存在的薄差油层低含水剩余油，开采对象以有效厚度小于0.5m的表内层及表外层为主，对于厚度大于0.5m的油层，视剩余油的富集程度适当增加调整对象，本阶段主要任务是提高薄差油层尤其是表外层的动用程度，从而挖掘更多的薄差油层剩余油，提高采收率。

（2）三次采油阶段。

对于目前水驱井网开采条件下动用较好的三类油层，驱油效率也仅在45%左右，层内仍然存在未水洗或水洗程度较低的部位，需要采用三次采油的方式，扩大层内及层间的波及体积，提高驱油效率，继而提高采收率，为此，这部分油层可在三次采油阶段进行补孔，采取以调为主、调驱结合的方式，挖潜三类油层剩余油。

3）高台子油层开发层系重组方法

综合剩余油分析结果，考虑高台子油层的开采现状，以及目前萨葡二类、三类油层三次采油技术发展现状，确定中区西部高台子油层加密井网分两期开发。

（1）第一期：高台子三类油层加密调整阶段。

根据剩余油研究结论及高台子油层动用状况，目前有效厚度小于 0.5m 的表内层及表外层连续动用程度较低，仅有 25% 左右，剩余油较富集。综合考虑层系组合对渗透率级差的要求，减小开发过程中的层间矛盾，确定高台子加密井网第一期调整对象以有效厚度小于 0.5m 的表内层及表外层为主，对于厚度大于 0.5m 的油层，视剩余油的富集程度适当增加调整对象，本阶段主要任务是采取加密调整水驱的开采方式提高薄差油层尤其是表外层的动用程度，从而挖掘更多的薄差油层剩余油，提高采收率。

（2）第二期：高台子油层三次采油阶段。

对于现井网开采条件下动用较好的高台子油层，驱油效率也仅在 42% 左右，层内仍然存在未水洗或水洗程度较低的部位，需要采用三次采油的方式，扩大层内及层间的波及体积，提高驱油效率，继而提高采收率，为此，这部分油层可在三次采油阶段进行补孔，采取以调为主，调驱结合的方式，挖潜剩余油。

根据油层动用状况和剩余油分析结果，高台子有效厚度大于 1.0m 油层动用较好，基本不具有水驱加密调整厚度潜力，有效厚度在 0.5～1.0m 油层有 35% 左右的厚度可作为水驱调整潜力，有效厚度小于 0.5m 油层及表外层有 70% 左右的厚度可作为水驱调整潜力，按照此标准预测平均单井水驱加密可调整砂岩厚度并在此基础上进行层段组合研究。

根据油层发育和可调厚度分布特点，以可调砂岩厚度 40m 为分界线，即以开采高Ⅲ+Ⅳ组油层井网的 31 列井为分界线，将中区西部分成东西两个区域分别进行层段组合，分界线以东高Ⅲ组、高Ⅳ组油层较发育，可调厚度较大，应分段开发，研究认为以目前高Ⅲ+Ⅳ组油层井网开采层段为分界，组合为两段较为合适，即高Ⅱ25 及以下油层组合为一段，高Ⅱ24 及以上油层组合为一段，开采次序由下向上先开采高Ⅱ25 及以下层段；分界线西侧高Ⅳ组油层不发育，高Ⅲ组油层也已进入油水同层状态，油层发育厚度相对较小，可调厚度也相对较小，不具备分段开发的条件，考虑要留下一部分油层供原井网开采，研究认为将高Ⅱ组及以下油层组合为一段较为合适。

依据油层分类结果，结合区块各类油层调整潜力，按照层段组合原则，制定了分水聚驱、按对象、划层段、依次调整的开发程序，将中区西部萨葡高二类、三类油层划分为 7 段 10 次开发（表 2-3-4）。

3. 重构井网结构，满足提高采收率需要

根据三种调整对象的地质特点，分别确定了合理的注采井距，依托原井网基础，重构了三套新的开发井网，完善注采系统，以改善开发效果。

1）萨葡二类油层井网重构方法

针对二类油层是以水下枝状河道沉积的砂体为主，河道砂在平面上呈条带状发育，宽

度在 100～600m 的范围内，且以窄条带发育居多的特点，对二类油层三元复合驱合理的
井网、井距进行了研究部署。

表 2-3-4　中区西部各套井网水聚驱开发层段及次序

油层	驱替方式	调整对象及层段	开发次序
萨葡二类油层 （3 段 3 次）	聚驱	萨 II 1-9	2
		萨 II 10—萨 III 10	1
		葡 I 5—葡 II 10	3
萨葡三类油层 （2 段 3 次）	聚驱	萨 I 组 + 萨 II 组	3
	聚驱	萨 III 组 + 葡 II 组	2
	水驱	萨 + 葡 II 组油层中厚度小于 0.5m 储层及表外储层	1
高台子油层 （2 段 4 次）	聚驱	高 I 组 + 高 II 组所有油层	4
	水驱	高 I 组 + 高 II 组油层中厚度小于 0.5m 储层及表外储层	3
	聚驱	高 III 组 + 高 IV 组所有油层	2
	水驱	高 III 组 + 高 IV 组油层中厚度小于 0.5m 储层及表外储层	1

（1）确定了合理的注采井距。

二类油层三次采油注采井距的选择主要依据二类油层聚合物驱开发特点，以及主力油
层三元复合驱试验区取得的认识和二类油层三元复合驱试验区取得的阶段性成果。考虑多
向连通控制程度，提高采收率幅度，经济效益和试验区生产实际，确定中区西部二类油层
三次采油井网合理注采井距为 125m。

（2）优化了井网部署。

通过多方案对比，确定了中区西部二类油层三次采油井网部署，即利用葡 I 组井网，
采用 125m 注采井距进行三元复合驱，该井网井距与相邻区块二类油层井网的井距相一
致，且衔接较好。

2）萨葡三类油层井网重构方法

针对三类油层发育差的特点，对三类油层开发的合理井网、井距进行了研究部署。

（1）确定合理的注采井距。

该区域三类油层加密调整开采对象为薄差油层，本区密井网试验结果表明，在 100m
井距条件下，薄差油层水驱开发动用状况较好，在该井距条件下，中区西部萨葡三类油层
井网水驱控制程度达到了 90% 以上，继续缩小井距，控制程度提高幅度小，单井控制地
质储量小，经济效益变差。且薄差油层三次采油开发时也需要较小的注采井距，通过不同
注采井距控制程度、动用程度和有效的聚驱驱动压力梯度研究，确定该区域萨葡三类油层
井网的合理注采井距为 100m 左右。

（2）优化了井网部署。

综合考虑提高采收率幅度和经济效益，萨葡三类油层井网井距既要对原水驱井网影响最小，又要回避同井场异井别的矛盾，同时注采井距也要适合三类油层三次加密与三次采油开发，通过多方案对比，确定了中区西部萨葡三类油层井网部署方式。

即充分利用现水驱井网中的一次、二次加密调整井，在一次、二次加密井网井间布井，采取灵活布井方式，控制采油井转注入井，避免注水井被利用为采油井，新布井与一次、二次加密调整井共同形成平均注采井距106m的较规则五点法面积井网，局部区域网格形式为三角形或五边形。以此为基础，在原井网注水井点新部署一口同井场注入井，原井网注水井不利用；在原井网采油井需要转为注入井的井点处新部署一口同井场注入井，该采油井不利用；而被利用为油井的原井网采油井作为萨葡三类油层井网与水驱井网公用井。

3）高台子油层井网重构方法

针对高台子油层发育差的特点，对高台子油层开发的合理井网、井距进行了研究部署。

（1）确定高台子油层加密调整合理注采井距。

考虑到高台子油层加密调整井网后期要实施三次采油，为了保证高台子各类油层都能得到较好动用，借鉴萨葡薄差油层三次采油试验成果，以及目前高台子油层井与萨葡薄差层井的动用情况，认为高台子加密井井距不应大于萨葡油层三次加密井井距，因此高台子油层加密调整井网井距也确定为106m左右（表2-3-5）。

表2-3-5　中区西部萨葡二类、三类油层三次采油试验区井网井距情况

序号	试验区名称	试验时间	目的层	井网	井距/m	注入介质
1	中区西部三次加密与三次采油结合试验	2000年7月至2004年10月	萨+葡Ⅱ组差油层	五点法面积井网	106	低分子聚合物
2	中区西部"两三结合"分期分质工业性试验	2004年7月	萨Ⅰ组+萨Ⅱ组差油层	五点法面积井网	106	低分子聚合物
3	中区西部萨Ⅰ组二类、三类油层聚表剂驱油试验	2005年11月	萨Ⅰ组	五点法面积井网	106	聚表剂

（2）优化了高台子加密调整井网部署。

按照布井原则，在对现水驱井网调查研究和多方案优选论证的基础上，对中区西部高台子加密调整井网部署。即：利用钻穿水顶的高Ⅰ组、高Ⅲ+Ⅳ组油层井网，补钻新井形成106m五点法面积井网。

在原井网基础上进行加密，在井排上新钻加密注入井，在排间新钻采油井，形成106m井距五点法面积井网。开采高Ⅲ+Ⅳ组油层井网的31列井东侧区域加密调整井网开采层段为高Ⅱ25及以下油层，高Ⅰ组油层井网井封堵高Ⅰ组油层，同时补开高Ⅱ25及以下剩余油富集层，高Ⅲ+Ⅳ组油层井网井封堵高Ⅱ25及以下油层中高含水的厚层，将

高Ⅱ组油层井网井补开高Ⅰ组油层剩余油富集层位，大井距开采高Ⅰ组油层；开采高Ⅲ+Ⅳ组油层井网的31列井西侧区域加密调整井网开采层段为高Ⅱ组及以下油层，高Ⅰ组油层井网井封堵高Ⅰ组油层，同时补开高Ⅱ组及以下剩余油富集层，高Ⅲ+Ⅳ组油层井网井封堵高Ⅱ25及以下油层中高含水的厚层，同时补开高Ⅱ1-24油层中剩余油富集层，高Ⅱ组油层井网井封堵高Ⅱ组油层，同时补开高Ⅰ组油层剩余油富集层位，大井距开采高Ⅰ组油层。

4）井网部署结果

经过二次开发"整体研究，统一部署"，中区西部三套井网共部署油水井2003口（采油井1045口，注水井958口），新钻井1547口（采油井866口，注水井681口），利用井456口（利用为采油井179口，利用为注水井277口）。其中，萨葡二类油层油水井588口（采油井295口，注水井293口），新钻井452口（采油井288口，注水井164口），利用井136口（利用为采油井7口，利用为注水井129口）；萨葡三类油层油水井682口（采油井365口，注水井317口），新钻井518口（采油井203口，注水井315口），利用井164口（利用为采油井162口，利用为注水井2口）；高台子油层油水井733口（采油井385口，注水井348口），新钻井577口（采油井375口，注水井202口），利用井156口（利用为采油井10口，利用为注水井146口）。三套井网同时钻建，同时投入开发，纵向上层系细分重组，平面上井网加密，完善注采系统，改善开发效果。

4. 优化了开发规划，实现了各套井网多阶段开发，持续接替稳产

二次开发井网部署后，形成了新老井网交互、共同开发的局面。

新部署的3套井网分别开采不同的层系，层系间相互完善互补，层段上下返合理衔接，各套井网多阶段开发，为萨中开发区持续接替稳产奠定了坚实的基础。

一是在方案编制上系统思考、科学决策，实现专业间协调优化，一体化设计，近远期兼顾，一次性建设。

改变了以往的规划方案编制流程，将近期规划与中远期规划相结合，将油藏工程方案与钻井工程方案、采油工程方案、地面工程方案相结合，以科学高效开发油田为基础，统筹规划设计，将以往的分阶段设计、分阶段施工模式改变为二次开发阶段的一体化设计、一体化施工的模式。既统一了近、远期规划的方向，又提高了方案运行的效率。

二是各套井网先期水驱挖潜，适当时机转入三次采油，多阶段开发，实现接替稳产。

萨葡二类油层三次采油井网分三段三次开发，萨葡三类油层三次采油井网分两段三次开发，高台子加密井网分两段四次开发，各套井网产量高峰期相互错开，保证了区块接替稳产。

（四）各类开发调整对象的选层射孔方法

1. 新井完钻后储层发育特征再认识

（1）萨葡油层厚度发育变化不大。

与原井网井统计结果对比，中区西部萨葡油层完钻后萨葡油层厚度变化不大，二类油

层砂岩厚度少 3.4m，有效厚度少 4.1m；三类油层砂岩厚度多 7.1m，有效厚度多 0.7m。

（2）高台子油层发育厚度变化较大，较原井网少 30% 左右。

统计中区西部高台子油层新完钻井（31 号井以东井）378 口，加密后高Ⅱ组以下油层发育情况，平均单井钻遇有效层砂岩厚度 57.9m，有效厚度 27.9m。其中河道砂及有效厚度 1.0m 以上非河道砂砂岩厚度 19.2m，有效厚度 12.6m，有效厚度小于 1.0m 非河道砂砂岩厚度 38.7m，有效厚度 15.3m，表外储层砂岩厚度 25.2m。与 104 口高Ⅲ+Ⅳ组原井网井统计结果对比，有效层平均单井钻遇砂岩厚度减少 25.7m，减少了 22.9%，有效厚度减少 13.3m，减少了 32.3%。表外砂岩厚度多 1.0m。

2. 剩余油潜力及分布特征

数值模拟和井壁取心资料表明，萨+葡Ⅱ组油层目前采出程度为 35% 左右，高台子油层目前采出程度为 31% 左右，仍有 65% 以上的剩余地质储量。通过新井水淹解释、井壁取心、试油资料分析，厚油层动用程度高，剩余油主要分布在韵律段上部，薄差层剩余油相对较富集。

（1）水淹层解释资料分析表明，厚油层水淹程度较高，薄差层水淹程度低，剩余油相对较富集。

一是萨葡二类油层以高水淹为主，高水淹厚度比例达到 60.1%；三类有效油层以中水淹为主，中水淹厚度比例 66.1%。

统计 970 口中区西部新完钻井水淹解释资料并与 10 年前的 1998 年二次加密调整时的资料进行对比（对比 208 口井），水淹状况有了很大的变化。水淹厚度提高了 60.0% 以上，砂岩厚度水淹比例提高 64.0%，有效厚度水淹比例提高 60.8%。二类油层有效水淹比例从 46.4% 提高到 100%，提高了 53.6%；三类油层有效水淹比例从 12.9% 提高到 96.3%，提高了 83.4%，提高幅度很大，说明三类油层水淹速度较二类油层加快。

二是高台子油层井河道砂+有效厚度大于 1.0m 的油层以高水淹为主，高水淹厚度比例 60.0% 以上；有效厚度小于 1.0m 油层以中水淹为主，中水淹砂岩厚度为 59.8%。有效厚度小于 0.5m 薄差层低水淹、未水淹厚度占 16.9%。

萨中开发区 1996—1997 年在西区和北一区断东相继开展了两个高台子油层加密试验区，井网加密后表现出的突出特点就是初期含水率高，含水上升速度快，加密效果不够理想。统计中区西部高台子加密新井也印证了这点。

统计 378 口新井水淹状况表明，目前中区西部高台子油层水淹十分严重，有效层几乎全部水淹，有效厚度低水淹、未水淹比例 16.1%。从不同厚度油层分级来看，有效厚度大于 1.0m 油层全部水淹，有效厚度在 0.5～1.0m 之间油层也几乎全部水淹，水淹层数及水淹厚度均在 99.0% 以上。有效厚度小于 0.5m 薄层砂剩余油潜力相对较大，砂岩厚度和有效厚度低水淹、未水淹比例分别为 15.5% 和 16.9%。从不同水淹级别看，河道砂+有效厚度大于 1.0m 的油层以高水淹为主，高水淹厚度比例 60.0% 以上；有效厚度小于 1.0m 油层以中水淹为主。

（2）井壁取心资料分析表明，厚油层采出程度高，薄差层采出程度低，剩余油相对富集。

为了掌握区块内每个沉积单元的剩余油分布状况、评价沉积单元的含油饱和度及含水饱和度，剩余油分布规律，以便优选各类油层射孔层位，为今后该区块新井投产后，初期指标达到或超过方案设计，把低产低效井出现的概率降到最低，以达到区块较好的稳油控水目的，安排在中区西部对69口井进行井壁取心。

在选择井壁取心井位时主要考虑新井与老注水井的位置关系，一是考虑与老注水井的距离关系，与老注水井距离在100～500m范围内选取心井；二是考虑流线关系，分别在注采主流线、注采分流线、水井点、油井点等位置进行井壁取心。

层位选择主要从平面和纵向两个方面考虑。一是平面上主要考虑连片厚层、连片薄层、厚注薄采、薄注厚采、有采无注、相变频繁等类型；二是纵向上以取样点数总量控制，以薄差层为主，厚层为辅；三是在特殊层位选择井壁取心井位（坨状砂体、河道砂边部等）。

取心井涉及的井位、层位类型较全，井数较多、分布面积也较大，取心结果基本能够代表剩余油的分布特征。从井壁取心结果看，不同类型油层存在一定差异，厚度越大采出程度越高，表内薄差层采出程度较厚油层低4～6个百分点。

井壁取心资料分析表明，中水淹、低水淹油层采出程度较平均采出程度低10个百分点左右，较高水淹层采出程度低25～30个百分点。

井壁取心统计结果表明，萨葡表外储层平均采出程度14.9%，高台子表外储层平均采出程度13.8%，与区块密闭取心井采出程度相近。

井壁取心分析表明，剩余油分布与距老注水井距离呈明显的相关性。高台子油层采油井距离原井网注水井较近的一类井采出程度高，距离原井网注水井较远的三类井采出程度低，表内油层采出程度相差5个百分点，表外油层采出程度相差11.7个百分点。

（3）试油资料证实，薄差油层在注采不完善情况下存在中低水淹剩余油。

中501-324井分别对薄差层和表外层试油，在300m范围内有注无采情况下，表外层存在中低含水剩余油，含水率75.1%，自然产能低，日产油量0.17t，压裂后，日产油量5.65t，含水率93.8%；在300m范围内有注无采情况下，小于0.5m薄差层存在中低含水剩余油，含水率73.6%，自然产能高，日产油量2.88t。

总之，多资料综合分析表明，特高含水期，各类油层均存在一定剩余油，可以根据不同剩余油分布类型采取有针对性的挖潜对策。

从剩余油分布特征来看，主要有以下几种类型：

①厚油层韵律段上部型剩余油。

从厚油层水淹层解释资料分析看出，厚油层顶部仍有20%左右的低水淹、未水淹厚度；井壁取心分析表明厚油层顶部较底部采出程度低11个百分点。

②层间干扰型剩余油。

从密闭取心资料和井壁取心资料分析看，受层间干扰影响，薄差油层动用较差，存在剩余油。

③ 断层遮挡型剩余油。

通过投产效果对比分析，中区西部二次开发萨葡高油层平均产液 46.3t/d，产油 3.9t/d，含水率 91.7%，断层区较全区产油高 2.4t/d，含水率低 8.5%，投产效果非常好。

④ 注采不完善型剩余油。

数值模拟结果表明，在注采不完善区，剩余油饱和度高。

⑤ 井网控制不住型剩余油。

新钻遇的坨状砂体，存在原井网未控制型剩余油，剩余油富集，投产效果好。

例如中丁 52-斜 E44 井萨Ⅱ10 单元新钻遇河道砂体，中上部存在中低水淹剩余油，该井投产后日产液量 70.9t，日产油量 10.6t，含水率 85.1%，投产效果好。

⑥ 远离老注水井型剩余油。

对比分析中区西部萨葡高井网距原井网不同井距新井投产情况，萨葡二类油层井网采油井距老注水井大于 125m 与小于等于 125m 对比，平均单井日产液量低 6.2t，日产油量高 1.4t，含水率低 3.0 个百分点；萨葡三类油层井网采油井距老注水井大于 106m 与小于等于 106m 对比，平均单井日产液量低 8.0t，日产油量高 1.7t，含水率低 6.3 个百分点（表 2-3-6）。

表 2-3-6　萨葡油层二类、三类井网不同井距投产对比表

井网	与老注水井距离	日产液量 /t	日产油量 /t	含水率 /%
萨葡二类油层	≤125m	63.7	3.3	94.8
	>125m	57.5	4.7	91.8
	差值	−6.2	1.4	−3.0
萨葡三类油层	≤106m	43.4	3.1	92.9
	>106m	35.4	4.7	86.6
	差值	−8	1.7	−6.3

高台子油层采油井距离原井网注水井较近的一类井投产初期含水率也高，开发效果较差；距离原井网注水井较远的三类井投产初期含水率也相对较低，开发效果相对较好（表 2-3-7）。

表 2-3-7　高台子加密油井不同井距生产情况对比表

井距	井数 / 口	比例 /%	产液 /（t/d）	产油 /（t/d）	含水率 /%
一个井距	135	36.1	44.2	2.8	93.6
二个井距	152	40.6	39.4	3.7	90.5
三个井距	87	23.3	31.9	4.5	85.9

3. 各类调整对象的选层射孔方法

（1）二类油层井网应采取提高井组完善程度，兼顾挖潜剩余油的射孔原则和方法。

由于二类油层井网主要目的是为近期三次采油做准备，射孔选层应以完善注采关系为主，在划定的二类油层开采区域内，采取以注入井为中心，严格限定射孔对象，采油井适当放宽界限，完善注采关系的"以注定采"原则。

① 二类油层井网开采区域划定方法。

在射孔选层作业时，一个井组以水井为中心作为选层作业单元，在注入井满足二类油层射孔条件前提下，至少有 2 口以上采油井发育满足二类油层射孔条件的层方可作为二类油层井调整对象，该井组纳入二类油层开采区域。

② 二类油层井网射孔选层做法。

一是二类油层区域内正常射孔；

二是同一井组内，只有一注一采满足二类条件时，若油井为渗透率大于 0.3D 的河道砂体，也可射孔；

三是处在较大面积河道砂体中间的局部变差注入井点，在同井组内有 2 口采油井位于对角线位置时，考虑完善注采关系，可放宽对象界限射孔；

四是二类油层不发育，可调厚度小的二类油层单井，可适当放宽对象界限，增加射孔厚度；

五是纵向上多个沉积单元相连的厚油层，只要有一个单元满足二类油层条件，则整个层全部射孔。

（2）三类油层井网应采取提高控制程度为核心，控水挖潜为目标的射孔原则和方法。

按照目前的规划安排，三类油层井网要经历较长时间的水驱开发过程，所以以三类油层井网射孔选层应以控水挖潜为目标，在保证产能的情况下，尽量降低投产初期含水率。在精细剩余油研究和潜力分析的基础上，采油井采取平面上优选潜力区域射孔，纵向上优选剩余油富集层位射孔；执行以油井为中心、水井完善油井注采关系的"以采定注"原则。

① 选层原则。

平面上根据三类井网井所处位置不同，重点挖掘不同类型剩余油。分以下三种情况：

一是断层附近优选断层遮挡型剩余油射孔，完善注采关系时增射动用差型剩余油。

二是水井排和点状水井附近优选动用差型剩余油射孔，厚度小时扩射部分原水井对应射孔层。

三是远离原井网水井优选未动用和动用差型剩余油射孔。

纵向上根据三类油层发育状况重点挖掘整体发育差的单元射孔。从三类油层剩余油潜力分单元评价情况看，萨Ⅰ4+5a、萨Ⅰ4+5b、萨Ⅰ4+5c、萨Ⅱ8a、萨Ⅱ8b 五个单元三类油层不发育，未做调整，三类油层较发育有萨Ⅰ2a、萨Ⅰ2b、萨Ⅰ3a、萨Ⅰ3b、萨Ⅱ5+6a、萨Ⅱ5+6b、萨Ⅲ7、萨Ⅲ10b 和葡Ⅱ4 等 9 个单元，为三类油层井重点挖潜单元。

② 三类油层井网射孔选层做法。

一是采油井距原井网注水井一个井距（106m 左右）时，在原井网注采主流线位置原则上不射孔；在井组内有 3 口以上注水井调整时或全井调整厚度偏小时，为了完善注采关系方可射孔；若处于分流线位置，射开低水淹、未水淹的动用差型剩余油。

二是采油井距原井网注水井一个井距以上（大于 106m）时，原则上都射孔，在全井射开的未动用或断层遮挡型剩余油达到了调整厚度标准时，若有资料证实该层不具备调整潜力时不射孔。

三是注水井以完善注采关系为主，原则上有 2 口以上采油井射孔的情况下方可射孔；稳定发育的表内席状砂或河间砂、河道砂边缘位置，构成一注一采关系也可射孔。

四是三类油层油水井与原井网水井同井场时，避射水井影响型剩余油，不与原井网井同层射孔，若可调厚度较小时，可分层段增射原井网已射孔的水井影响较小的差层同层射孔，同时封堵原井网井对应射孔层，优先考虑配合二类油层射孔层段封堵，原则上使新老井都有一定的射孔厚度，保证能正常生产。

五是新钻遇坨状砂体，油井正常射孔，水井减半孔密射孔。

六是水井排附近差层区域射孔，好层区域不射孔。

七是为防止层间窜槽影响开发效果，调整层与未调整的中水淹、高水淹层留隔层问题处理原则，调整层在上部时隔层留 1.0m 以上，调整层在下部隔层留 1.5m 以上。

③ 二类、三类油层交界区域射孔选层的做法。

一是二类、三类油层交界区域，优先考虑二类油层井，重点完善二类油层注采关系，其次考虑三类油层井。在保证两类井网采油井距在 100m 以上时，可考虑两套井网各自完善本井网注采关系。

二是二类、三类油层或利用采油井油层发育差或不发育，可综合利用各类油层井射孔完善注采关系。

（3）高台子加密井采取避射第一井距厚层、限射第二井距对应高水淹层、放射第三井距油层的射孔选层原则及做法。

按中区西部高台子加密油藏工程方案设计，射孔对象严格控制在有效厚度小于 0.5m 及表外储层进行模拟射孔研究，从该区新投产侧斜井高 138− 侧斜 33 井投产状况看，模拟射孔厚度不采取压裂措施，产能很低，无法达到方案设计指标，如果压裂井数比例大，注采井距较小，可能会影响开发效果。另外，按此原则进行射孔选层，纵向上非常分散，原井网已经射开的动用较好的层如果没有采出井点，原则上不能注水，这样就需要利用井封堵没有采出井点的层位，从统计结果看，单井需要封堵层在纵向上分布非常零散且层段过多，工艺上实现难度较大。

① 射孔选层总原则。

射孔对象以有效厚度小于 0.5m 的表内薄差层及表外层为主，适当增加剩余油相对富集的有效厚度大于 0.5m 油层，这类油层存在着未动用或动用差型剩余油，作为重点调整对象射孔挖潜，新钻井与利用井全面完善注采关系；有效厚度大于 1.0m 或河道砂体为主的单元，整体上不作为调整挖潜对象，对利用井已射孔的层实施停注。

从高台子油层剩余油潜力分单元评价情况看，高Ⅲ5、高Ⅲ6、高Ⅲ10、高Ⅲ11、高Ⅲ12、高Ⅲ20、高Ⅲ21七个单元油层发育好，以成片发育的有效厚度大于1.0m厚层为主，只在发育较差的部分区域进行了调整，其中高Ⅲ21只调整了与高Ⅲ20单元连层的3个井点。有效厚度小于1.0m的差油层较发育的有高Ⅱ29、高Ⅱ30、高Ⅱ31、高Ⅱ32、高Ⅱ34、高Ⅲ4、高Ⅲ7、高Ⅲ17、高Ⅲ18、高Ⅲ19、高Ⅲ22、高Ⅳ1等12个单元，为高台子加密井重点挖潜单元。

②射孔选层做法。

一是距原井网注水井一个注采井距（106m）时，原井网注水井射开有效厚度不小于1.0m，新采油井不射孔；原井网注水井射开有效厚度0.5～1.0m薄差层时，依据周围原井网采油井动态资料及油层发育状况分析存在着动用差型剩余油时射孔调整，若分析为水井影响型剩余油视全井射孔厚度情况而定，全井射孔厚度小时射孔，全井射孔厚度大时不射孔；原井网注水井射开有效厚度小于0.5m及表外储层，分析为动用差型剩余油时新采油井全部射孔。

二是距原井网注水井大于一个注采井距（大于106m）时，除油层发育成片外，原则上全部射孔。若原井网注采完善可依据原井网动用状况资料及新井油层发育选择性射孔。

三是原井网油井利用转为加密井网水井时，该井组采油井不考虑油层发育状况，全面完善注采关系射孔。

四是位于断层边部存在断层遮挡型剩余油，采油井不管油层类型可适当放宽射孔选层标准，加大挖潜力度。

五是按上述原则选层，单井可射厚度砂岩厚度不足20.0m，有效厚度不足3.0m的井，采取放宽选层界限的做法，尽量提高单井生产能力；对于单井在设计开采井网没有可选射孔层的井（2009年投产区内只有1口高421-斜37井），采取层系调整的做法，确保完钻井利用率100%。

六是注水井以完善注采关系为主，对于放大注采井距的区域，原则上后期不再补孔。

七是为防止原油外流，外部采油井封边，注水井射孔底界不能低于外部的采油井射孔底界。

八是油水同层段射孔底界控制在油底与水顶之间的上三分之一处，部分井射孔底界下延到油底与水顶之间的中间位置，验证油水同层的含水状况。

（五）应用效果

设计部署油水井2003口，2009年实施萨尔图中部油田中区西部的东块，新钻井588口，基建井数776口；2010年实施西块，新钻井959口，基建1227口。

中区西部实施二次开发后，区块产油量增加了1.3倍，减缓了全区产量递减，为萨中1000×10⁴t以上持续稳产提供了支撑；二次开发可对第一阶段目的层提高采收率贡献4.70个百分点，对全区提高采收率贡献2.69个百分点；中区西部按照二次开发模式实施，充分利用已有设施，少钻新井、少建新站，百万吨产能投资为45.0亿元，较原开发模式低20亿元。

以中区西部二次开发第一开采阶段为经济评价期，所得税后财务内部收益率 37.4%；实施二次开发四年来，新增原油产量 127.56×10^4t，创直接经济效益 128.69 亿元，新增利润 52.99 亿元，节支总额 5.39 亿元。

在萨尔图中部油田西区推广应用，井数 511 口，取得良好效果，单井日产油量高于方案设计 1.1t，含水率低于方案设计 1.5 个百分点。今后将作为萨尔图中部油田产量接替的主导技术，全面推广应用，可推广面积 148.4km²，地质储量 11.8×10^8t，井数 10000 多口。

三、厚层控水射孔挖潜

喇嘛甸油田油层发育以厚油层为主，水驱加密潜力主要在厚油层。针对目前二类油层开始逐步投入三次采油开发、水驱地质储量不断减少、产量递减加快的形势，为有效挖潜厚油层内剩余油，最大限度提高水驱采收率，减缓水驱产量递减速度、保持水驱产量规模，开展"二三结合"水驱挖潜试验，搞好水驱二次开发。试验主要思路是充分利用二类油层三次采油加密井网，应用层内结构单元研究成果，按三次采油层系，在三次采油之前，对第一套三次采油层系首先进行水驱加密调整挖潜，通过选择性射孔，建立新的驱动体系，对厚油层内部剩余油富集的结构单元，强化水驱二次采油，然后在适当时机转入三次采油。通过该项试验，总结出一套二类油层剩余油的水驱厚油层控水射孔挖潜方法，达到改善水驱阶段开发效果、提高采收率、延长水驱开发有效期的目的。

（一）试验背景

1.喇嘛甸油田厚油层比较发育，厚油层内非均质严重，剩余油主要位于厚油层的顶部，是今后主要挖潜对象

喇嘛甸油田属于松辽盆地中央凹陷区沉积，依据储层沉积类型、钻遇率、渗透率等参数可划分为三种类型油层，即一类油层、二类油层、三类油层。分析不同类型油层钻遇情况，平均单井钻遇 2.0m 以上的有效厚度为 55.3m，占总有效厚度的 67.8%，萨Ⅱ1+2—高Ⅰ4+5 油层中厚度比例为 80.9%，即主要集中于一类、二类油层中。

从储量分布状况来看，有效厚度大于 2.0m 的厚油层原始地质储量为 55000×10^4t，占油田总储量的 67.5%，主要分布于一类、二类油层中；一类、二类油层合计地质储量为 63413×10^4t，占油田总储量的 77.9%。因此，喇嘛甸油田以厚油层发育为主。

喇嘛甸油田属于河流—三角洲相沉积，厚油层为河道砂体沉积，以正韵律和复合韵律为主，而复合韵律也是由多个正韵律叠加而成，具有多段多韵律沉积特征。受砂体内部韵律特征、夹层发育特征与渗透率特征的控制，厚油层内非均质严重。每个正韵律段砂体底部岩石颗粒相对较粗，渗透率偏高，达到 1000mD 以上，上部岩石颗粒细、夹层多，渗透率相对偏低，渗透率小于 200mD，韵律上下部渗透率级差达到 5.0 以上，渗透率变异系数为 0.668。

近几年开发实践表明，特高含水开发期剩余油主要存在于厚油层内部，受油层韵律特

征、层内结构界面及重力分异作用影响，不同级别水淹段交叉分布、剩余油主要位于各韵律段的上部，即每个结构单元的顶部。因此，厚油层是喇嘛甸油田水驱挖潜的主要对象。

2. 二类油层三次采油层系和井网井距的优化，为"二三结合"水驱挖潜奠定了基础

目前，喇嘛甸油田一类油层聚合物驱即将全部结束，按照油田三次采油规划部署，二类油层已开始陆续进行三次采油。针对二类油层纵向发育厚度大、延伸井段长的特点，为提高二类油层三次采油开发效果，从多方面进行了优化调整。

一是在综合考虑油层性质、组合厚度界限、储量规模、渗透率级差等问题基础上，分为 6 套开发层系进行二类油层三次采油开发，每套层系组合有效厚度在 7.0m 左右，地质储量在 600×10^4t 以上。实现了最大限度地细分开采，细分程度高于水驱开发层系，能够有效减缓油藏开发过程中的平面、层间矛盾。

二是结合二类油层发育状况，采用一套井网多次分层段开发，优选出注采井距 106m、150m 的五点法面积井网，大大提高了井网控制程度，砂体控制程度达到 90.0% 以上。

三是为了搞好油田三次采油产量衔接、优化地面系统和方便生产，将原一类油层进行开发的 5 个区块细分为 10 个区块，按照规划时间顺序逐块实施。细分后，能够有效避免油田产油量变化幅度较大、衔接难度大的问题，缓解施工工作量多且集中的矛盾，提高地面集输系统的稳定性和工作效率。

二类油层三次采油层系和井网井距的优化，为利用三次采油井网进行水驱加密挖潜提供了可能、奠定了基础。即对所确定的三次采油加密井网，提前钻井，利用新钻井网对首次三次采油层系进行注水开发，之后再进行三次采油开发。

3. 试验区概况

试验区位于喇嘛甸油田北北块二区南部 14# 断层南部，面积 5.0km²，目的层萨 III 4-10 油层，发育砂岩厚度 8.9m，有效厚度 6.7m，平均有效渗透率为 0.594D，地质储量为 311.4×10^4t。萨 III 4-7 为大面积分布的中、低渗透层，有效渗透率为 0.5～0.9D，地质储量 233.6×10^4t；萨 III 8-10 为窄长条状零星分布的较低渗透油层，有效渗透率一般小于 0.5D，地质储量 77.8×10^4t。试验区采用 150m 五点法面积井网，新钻注采井 204 口，其中采油井 115 口，注入井 89 口。

根据"二三结合"水驱挖潜试验的思路，确定试验开采对象为萨 III 4-10 层段内注采不完善、动用状况较差的结构单元，同时为保证单井产能和完善注采关系，部分井将射开中水淹、高水淹层。预计试验区新井投产初期平均单井日产油量 3.0t，综合含水率 90%，115 口采油井建成产能 7.2×10^4t/a。

（二）精细地质再认识

油田进入特高含水开发期，通过对厚油层内剩余油分布特点的研究，认识到储层结构非均质是导致开发矛盾的主要因素，因此，必须加强对储层内部建筑结构的精细研究。近

几年，将影响层内矛盾占主导地位的结构界面作为主攻对象，创新发展了储层内部结构界面理论，实现了对厚油层内部结构的精细解剖，将复杂的厚油层剥离分解成单个结构单元，使复杂的层内矛盾可以当作相对简单的层间矛盾来处理，为特高含水期厚油层内剩余油精细挖潜创造了条件、奠定了坚实的地质基础。

喇嘛甸油田厚油层河流相砂体建筑结构主要以层次界面和层次实体为主要研究内容。根据国内外在河流相砂体建筑结构研究中的层次界面分析基本原理，结合大庆油田河流—三角洲相沉积储层实际发育状况，将河流体系构成单位分为六级层次，每个级别实体之间的界面称作对应级别的界面，河流相系统内部不同级别单元之间的界面相应划分为6级。目前喇嘛甸油田储层描述到四级单位，即结构单元，能够揭示河道单元内部的结构特点，将这一层次级别的实体称作结构单元，结构单元间的接触面称为结构界面。

根据层次分析基本原理，利用测井曲线，在沉积单元砂体划分基础上，分析储层内部夹层、韵律等曲线特征，进行井间结构单元剖面对比和统层，划分单井结构单元。以结构单元发育厚度与测井曲线之间的对应关系为依据，进行单井判相，结合相带宏观分布特征，绘制完整结构单元相带图。

1. 结构界面特征及渗流遮挡作用研究

1）结构界面类型

每个级别实体之间的界面称作对应级别的界面，目前喇嘛甸油田储层描述到四级即结构单元，结构单元之间的界面即为结构界面，结构界面能够揭示厚油层内部的结构特点，是储层结构实体之间的接触关系，可以是简单的接触面，也可以是一个标志层，砂体间的隔层、砂体内部的夹层都是储层界面的不同表现形式，界面的最小厚度为零。

（1）按界面所处位置分类。

按照结构界面纵向上在油层中位置，将结构界面分为四类。

Ⅰ类：表外层之间的泥岩或钙质层，界面厚度不小于0.2m。

Ⅱ类：有效层之间的钙质层或物性夹层，界面厚度不小于0.4m。

Ⅲ类：有效厚度内的钙质层或物性夹层，界面厚度在0.1～0.4m之间。

Ⅳ类：两期砂岩叠加存在的渗透率分级界面，界面厚度为小于0.1m。

（2）按界面岩性分类。

根据岩心观察及岩心与测井曲线的匹配关系，按照界面沉积岩性，将界面划分为岩性界面和物性界面，其中岩性界面包括：泥岩、钙质岩、粉砂质泥岩，物性界面包括：泥质粉砂岩、渗透率分级界面。共5种。

① 泥岩界面：厚油层内部的泥岩界面。

② 钙质岩界面：油层顶底或油层砂体内部发育。

③ 粉砂质泥岩界面：表外层之间，厚度不固定。

④ 泥质粉砂岩界面：油层顶底和内部均有发育。

⑤ 渗透率分级界面：油层内不同洪泛期砂体间接触面。

2）结构界面分布特征

（1）分布模式。

综合分析野外露头与岩心资料，确定了厚油层内部结构界面的三种基本分布模式。

① 层状：界面基本呈现水平分布。辫状河道、顺直型河道砂体内结构单元间局部界面属于这类分布模式。

② 斜列：界面呈现两段或三段式变化规律，根部近于水平、中部倾斜、底部又近于水平。曲流河内部单一侧向加积体间、增生单元间的界面，均属于这类分布模式。

③ 波状：主要分布在辫状河道砂体内结构单元间，由于河床底部形态的变化或沉积能量的波动导致界面波浪式起伏分布。

（2）分布特征。

岩心资料和密井网测井曲线旋回特征表明，砂体内部结构界面的分布特征主要有三种。

① 稳定分布：在井间可以追溯对比，厚度较稳定，延伸范围较广，以水平界面和倾斜界面出现，界面具有较好的渗流遮挡作用。

② 不稳定分布：在井间仍可对比，但厚度和分布范围变化大，在井间具有一定的渗流遮挡作用。

③ 零星散布：井间不能对比，分布范围小，渗流遮挡作用较弱。

3）结构界面渗流遮挡作用研究

（1）岩心实验表明，厚油层内结构界面具有一定渗流遮挡作用。

喇7-检1711井是试验区2004年10月完钻的取心井，位于试验区东部，萨Ⅲ4-10油层注采井距110m。选取该井厚油层内不同类型结构界面，进行其物性、孔隙结构特征、微观非均质性的室内水驱测试实验。

实验时将界面划分为泥质界面、细岩性界面、钙质界面和渗透率分级界面4种类型、6种结构界面。实验结果表明，除渗透率分级界面外的5种结构界面，即泥岩界面、粉砂质泥岩界面、泥质粉砂岩界面、钙质粉砂岩界面和钙质界面，界面孔隙度在4%～18%之间，水平渗透率小于15mD，垂直渗透率小于0.3mD（渗透率较低，渗透性较差），层内界面垂向最大渗流指数只有0.269×10^{-3}m/d，与油层水平渗流指数相比可忽略不计，因此，这五种界面均具有一定的渗流遮挡作用。

（2）数值模拟结果表明，结构界面的渗流遮挡作用直接影响开发效果。

综合分析结构单元砂体注采关系完善情况下的数值模拟研究成果，结构界面的遮挡作用对开发效果有直接影响。

一是结构单元间渗透率级差越大，结构单元间渗流能力越差，采收率越低。一般在低渗透率结构单元剩余油相对富集。

二是结构界面的渗透能力越差（渗透率越低），遮挡作用越强，提高采收率幅度越大。

三是厚油层内结构界面发育规模越大，遮挡作用越强，结构单元采收率越高，剩余油越少。

（3）结构单元的接触关系影响界面的渗流遮挡作用。

结构界面的垂向渗流能力直接决定其遮挡作用强弱，同时结构单元的接触关系决定垂向渗流特点。分析结构界面的岩性和厚度特征，将结构单元的接触关系划分为三类，不同形式接触关系的垂向渗流特征截然不同。

① 间隔型：相邻的结构单元间局部存在泥岩结构界面，结构单元基本以独立分开的形式组合在一起，结构界面具有较好的渗流遮挡作用。

② 叠加型：主要是相邻的小型河道或结构单元间局部存在较薄的泥质粉砂岩或钙质粉砂岩结构界面，当界面厚度在 0.2m 以上，在延伸范围内具有一定的遮挡作用。

③ 切叠型：晚期结构单元沉积时局部具有下切作用，造成上下结构单元直接接触，上下单元之间接触面的渗流遮挡作用较弱。

分析试验区萨Ⅲ4-10 油层结构单元间接触关系，萨Ⅲ4+5a、萨Ⅲ4+5b 和萨Ⅲ6+7a、萨Ⅲ6+7b 单元间以叠加型和切叠型为主，其他单元间以间隔型为主。

综合上述，结构界面的岩性越接近泥岩、水平发育规模越大、渗透率越低，厚油层内结构单元间渗透率级差越大（正韵律），结构界面的遮挡作用越强。因此，试验区萨Ⅲ4-10 油层内结构界面具有一定的遮挡作用，部分结构界面遮挡作用较弱。

4）试验区结构界面发育状况

通过对试验区内新老 544 口井萨Ⅲ4-10 油层的精细解剖，可以看出，Ⅰ类界面的井数比例平均为 68.2%，除萨Ⅲ4+5a、萨Ⅲ4+5b 单元之间比例偏低外（27.7%），其他各单元之间比例均高于 50%；Ⅱ类界面的井数比例平均为 6.3%；Ⅲ类界面的井数比例平均为 2.8%；Ⅳ类界面的井数平均比例为 22.7%，主要发育在萨Ⅲ4-7 油层内。

因此，试验区萨Ⅲ4-10 油层结构单元间以Ⅰ类界面发育为主，结构界面一般以泥岩为主，厚度一般在 0.2~2.0m 之间，即以岩性界面为主；Ⅳ类界面也占一定比例，物性界面在 0~0.3m 之间，延伸长度在几十米至数千米。从结构单元间各类界面空间模型上看，结构单元间Ⅰ类界面发育规模大，最大延伸长度可达千米以上，Ⅱ类、Ⅲ类、Ⅳ类界面发育规模较小，延伸长度在几十米至 100m。

2. 结构单元划分及沉积特征研究

1）结构单元划分

利用密井网条件下的测井曲线，按照旋回对比、分级控制、不同相带区别对待的总体原则，通过对试验区内 544 口井萨Ⅲ4-10 油层整体解剖系统追踪对比，将萨Ⅲ4-10 层系划分为 5 个沉积单元，7 个结构单元。

2）结构单元砂体钻遇状况

试验区新钻井萨Ⅲ4-10 油层砂体钻遇率为 70.7%，河道砂钻遇率为 40.6%。其中，萨Ⅲ4+5a、萨Ⅲ4+5b、萨Ⅲ6+7a、萨Ⅲ6+7b 单元砂体钻遇率均高于 60%，河道砂钻遇率均高于 35%；萨Ⅲ8、萨Ⅲ9、萨Ⅲ10 单元砂体发育规模较小，但砂体钻遇率也均高于 40%。

萨Ⅲ4-10 油层有效厚度不小于 1.0m 砂体钻遇率为 42.1%，其中，萨Ⅲ4+5a、萨Ⅲ4+5b、萨Ⅲ6+7a、萨Ⅲ6+7b单元钻遇率均高于35%；有效厚度不小于2.0m砂体钻遇率为21.8%，其中，萨Ⅲ4+5a、萨Ⅲ4+5b、萨Ⅲ6+7a、萨Ⅲ6+7b单元钻遇率均高于20%。

3）结构单元油层发育状况

试验区新钻井萨Ⅲ4-10油层发育砂岩厚度8.9m，有效厚度6.7m。各结构单元油层发育状况表明，萨Ⅲ4-10油层以厚油层为主，且以上部的萨Ⅲ4+5a、萨Ⅲ4+5b、萨Ⅲ6+7a、萨Ⅲ6+7b结构单元为主。从不同级别厚度发育状况来看，有效厚度不小于2.0m的厚度平均为4.0m，不小于1.0m的厚度平均为6.1m，分别占有效厚度的59.7%和91.0%。其中，有效厚度不小于2.0m的厚度在萨Ⅲ4+5a、萨Ⅲ4+5b、萨Ⅲ6+7a、萨Ⅲ6+7b单元的厚度比例分别达到了12.5%、20.0%、32.5%和20.0%，萨Ⅲ4-7层段合计厚度比例为85.0%；有效厚度不小于1.0m的厚度主要分布于萨Ⅲ4+5a、萨Ⅲ4+5b、萨Ⅲ6+7a、萨Ⅲ6+7b单元，厚度分别为0.7m、1.3m、1.8m和1.1m，萨Ⅲ4-7层段合计厚度比例为80.3%；小于1.0m的厚度平均为0.6m，占总有效厚度的9.0%，除萨Ⅲ8单元外，各单元均有发育。

4）渗透率分布状况

试验区萨Ⅲ4-10油层平均有效渗透率为0.594D，其中萨Ⅲ4+5a、萨Ⅲ4+5b、萨Ⅲ6+7a、萨Ⅲ6+7b结构单元的平均有效渗透率均高于0.500D，明显高于萨Ⅲ8、萨Ⅲ9、萨Ⅲ10结构单元。

从试验区新钻井萨Ⅲ4-10油层有效渗透率与有效厚度、小层的频率分布来看，6.2%有效厚度和10.4%小层的有效渗透率小于0.1D，67.2%有效厚度和62.5%小层的有效渗透率大于0.3D，其中有效渗透率大于0.5D的有效厚度和小层数比例达到了46.2%、43.6%。

分析萨Ⅲ4-10油层各结构单元有效渗透率与有效厚度、小层的分布状况，萨Ⅲ4+5a、萨Ⅲ4+5b、萨Ⅲ6+7a、萨Ⅲ6+7b单元有效渗透率分布主要集中在大于0.1D的区域，其中有效渗透率大于0.5D的有效厚度、小层数比例平均为54.2%、52.0%；萨Ⅲ8、萨Ⅲ9、萨Ⅲ10单元有效渗透率在各区域分布范围比较平均。

3. 井网加密后结构单元控制程度研究

伴随油田井网的不断加密，对油层非均质性认识程度逐渐提高，特别是结构单元的进一步细化，原来认为平面上连通的油层，由于局部变差，可能出现连通程度降低，甚至不连通。因此，在同一注采井距下，结构单元的控制程度低于沉积单元控制程度。但从试验区分析结果来看，随着注采井距的不断缩小，结构单元控制程度提高幅度较大。

1）150m注采井距砂体控制程度较高，提高幅度较大

试验区萨Ⅲ4-10油层结构单元井网控制程度随注采井距的缩小而提高。当注采井距从300m加密到150m，水驱控制程度由86.36%提高到97.64%，提高了11.28个百分点，其中，三个方向以上的连通率由72.73%提高到86.05%，提高了13.32个百分点。当加密到106m注采井距后，水驱控制程度达到99.02%，三向以上连通率为91.48%，达到了井网加密的目的。

分析试验区现在 150m 注采井距下，萨Ⅲ4-10 油层各结构单元的水驱控制程度。除萨Ⅲ8 结构单元以外（发育差），其他各结构单元水驱控制程度均在 90.0% 以上，与 300m 注采井距相比，分别提高 10～20 个百分点。

2）150m 注采井距对不同相别砂体控制程度较高

统计试验区现在 150m 注采井距下，萨Ⅲ4-10 油层各结构单元河道砂、河间砂的水驱控制程度。萨Ⅲ4-10 油层河道砂水驱控制程度为 80.5%，其中，萨Ⅲ4+5a、萨Ⅲ4+5b、萨Ⅲ6+7a、萨Ⅲ6+7b 单元，均高于 80.0%；萨Ⅲ8、萨Ⅲ9、萨Ⅲ10 单元，在 28.6%～75.0% 之间。萨Ⅲ4-10 油层河间砂水驱控制程度为 60.9%，其中，萨Ⅲ4+5a、萨Ⅲ4+5b、萨Ⅲ6+7a、萨Ⅲ6+7b 单元，均高于 50.0%；萨Ⅲ8、萨Ⅲ9、萨Ⅲ10 单元，在 45.4%～58.6% 之间。

4. 剩余油分布状况研究

几年来，随着储层内部建筑结构精细解剖技术的深入发展，特别是对结构界面渗流遮挡作用的认识，对砂体内部剩余油分布特征认识有了较大程度的提高，可有效指导层内精细控水挖潜。

1）宏观上，萨Ⅲ4-10 油层各结构单元均得到有效动用，加密前综合含水率 95.0%，含油饱和度 41.0%，采出程度为 34.5%

试验区数值模拟结果表明，经过三十余年的开发和不断调整，萨Ⅲ4-10 油层各结构单元均得到较好动用。加密前的 2007 年 3 月，萨Ⅲ4-10 油层采出程度为 34.5%，各单元采出程度在 25.9%～36.7% 之间，其中，萨Ⅲ6+7a、萨Ⅲ6+7b 单元最高，分别为 34.4%、36.7%。

萨Ⅲ4-10 油层综合含水率为 95.0%，平均含油饱和度为 41.0%。从加密前萨Ⅲ4-10 油层各结构单元含油饱和度分布状况来看，位于厚油层上部的萨Ⅲ4+5a、萨Ⅲ4+5b 结构单元，含油饱和度分别为 50.8%、46.0%，分别高于萨Ⅲ4-10 油层 9.8%、5.0%，动用状况相对较差。总体来看，油层内部存在一定剩余油，但无效注采循环严重，剩余油分布非常零散，纵向上不同级别水淹段交叉分布，未水淹、低水淹段多位于各韵律段上部，平均有效厚度为 2.5m，占总厚度的 37.1%。平面上主要分布在注采不完善井区。

2）纵向上，剩余油主要分布在上部的萨Ⅲ4+5a、萨Ⅲ4+5b 结构单元，结构单元上部是层内剩余油富集的主要部位

一是新钻井测井资料表明，萨Ⅲ4-10 油层动用程度较高，低、未水淹厚度比例在 40% 左右，上部的萨Ⅲ4+5a、萨Ⅲ4+5b 结构单元动用程度最低。

统计试验区 204 口新钻井萨Ⅲ4-10 油层测井解释资料，萨Ⅲ4-10 油层未、低水淹合计厚度比例为 37.1%，中、高水淹合计厚度比例为 62.9%。其中，萨Ⅲ4+5a、萨Ⅲ4+5b 结构单元低、未水淹合计厚度比例分别为 61.8%、54.5%，与萨Ⅲ4-10 油层平均值相比，低、未水淹合计厚度比例分别高了 24.7 个百分点和 17.4 个百分点；萨Ⅲ6+7a、萨Ⅲ6+7b 结构单元低、未水淹合计厚度比例为 35.8%、18.9%，与萨Ⅲ4-10 油层平均值相比，低、

未水淹合计厚度比例分别低了 1.3 个百分点和 18.2 个百分点，比萨Ⅲ4+5a、萨Ⅲ4+5b 结构单元低了 20~40 个百分点；萨Ⅲ8、萨Ⅲ9、萨Ⅲ10 结构单元低、未水淹合计厚度比例为 21.8%~23.7%。从整体来看，各结构单元动用程度差异较大。萨Ⅲ4-7 油层上部的萨Ⅲ4+5a、萨Ⅲ4+5b 结构单元动用程度最低，下部的萨Ⅲ6+7a、萨Ⅲ6+7b 单元，特别是萨Ⅲ6+7b 单元动用程度最高，发育较差的萨Ⅲ8、萨Ⅲ9、萨Ⅲ10 结构单元也得到较好动用。

二是取心井资料表明，萨Ⅲ4-10 油层水洗程度不均匀，厚油层上部存在未水洗厚度、厚油层下部水洗程度较高。

喇7-检1711 井是油田 2004 年 10 月完钻的取心井，位于试验区东部，萨Ⅲ4-10 油层注采井距 110m。该井萨Ⅲ4-10 油层发育 5 个结构单元，有效厚度 5.9m。水洗层有效厚度占总有效厚度的 84.7%，平均驱油效率为 47.3%，采出程度为 40.66%（受注采井距较小影响），未水洗段有效厚度比例合计为 15.3%。

从结构单元动用状况上看，属于厚油层上部的萨Ⅲ4+5a、萨Ⅲ4+5b 单元以中水洗为主，平均驱油效率为 43.3%，与厚油层下部的萨Ⅲ6+7a、萨Ⅲ6+7b 单元平均驱油效率 53.2% 相比，降低了 9.9 个百分点。厚油层最上部的萨Ⅲ4+5a 单元未水洗厚度比例为 14.3%，平均驱油效率为 39.6%；厚油层最下部的萨Ⅲ6+7b 单元动用状况最高，全层强水洗，驱油效率达到 63.7%。

三是测井、井壁取心及测井资料表明，结构单元内上部动用状况较差、结构单元下部动用程度高。

试验区新钻井进行了 23 口 C/O 能谱测井和 10 口井壁取心，统计其萨Ⅲ4+5a、萨Ⅲ4+5b、萨Ⅲ6+7a、萨Ⅲ6+7b 结构单元动用状况表明，结构单元内上部以低水淹或低、中水淹厚度为主，动用状况较差，下部以中、高水淹厚度为主，动用程度较高。结构单元内从上至下，低水淹厚度比例逐渐减少，中、高水淹厚度比例逐渐增加。从厚油层整体来看，从上至下萨Ⅲ4+5a、萨Ⅲ4+5b，萨Ⅲ6+7a、萨Ⅲ6+7b 结构单元，低水淹厚度比例逐渐减少，中、高水淹厚度比例逐渐增加。

从 C/O 能谱测井资料来看，萨Ⅲ4+5a、萨Ⅲ4+5b 两个结构单元内不同部位动用状况，上部的低水淹厚度比例分别为 68.9%、36.4%，中、高水淹厚度比例分别为 31.1%、63.7%；中部的低水淹厚度比例分别为 51.6%、28.2%，中、高水淹厚度比例分别为 48.4%、71.8%；下部的低水淹厚度比例分别为 38.5%、19.8%，中、高水淹厚度比例分别为 61.6%、80.2%。上部的低水淹厚度比例均是下部的 1.8 倍，下部的中、高水淹厚度比例分别是上部的 2.0 倍和 1.3 倍。

井壁取心资料显示，萨Ⅲ6+7a、萨Ⅲ6+7b 两个结构单元内上部的低水淹厚度比例分别为 26.5%、23.5%，中、高水淹厚度比例分别为 73.4%、76.5%；下部的低水淹厚度比例分别为 14.0%、10.0%，中、高水淹厚度比例分别为 86.0%、100%；上部的低水淹厚度比例是下部的 1.9 倍、2.4 倍，下部的中、高水淹厚度比例分别是上部的 1.2 倍、1.3 倍。

萨Ⅲ4+5a、萨Ⅲ4+5b、萨Ⅲ6+7a、萨Ⅲ6+7b 结构单元不同部位油层动用状况也表明，在每个结构单元内部，从上至下，低、未水淹厚度比例逐渐降低，中、高水淹厚度比例逐渐增加；从整体来看，处于下部的萨Ⅲ6+7a、萨Ⅲ6+7b结构单元的中、高水淹厚度比例大于处于上部的萨Ⅲ4+5a、萨Ⅲ4+5b结构单元。如萨Ⅲ4+5a、萨Ⅲ6+7b两个结构单元内不同部位动用状况，上部的低、未水淹合计厚度比例分别为73.4%、35.3%，中、高水淹合计厚度比例分别为26.6%、64.7%；中部的低、未水淹合计厚度比例分别为61.5%、14.9%，中、高水淹合计厚度比例分别为38.5%、85.1%；下部的低水淹厚度比例分别为48.5%、5.8%，中、高水淹厚度比例分别为51.5%、94.2%。在一个结构单元内，上部的低、未水淹合计厚度比例分别是下部的1.5倍、6.1倍，下部的中、高水淹厚度比例分别是上部的1.9倍和1.5倍。

四是萨Ⅲ4-10油层内无效注采循环严重，有效吸水厚度减少。

近几年油田岩心分析、室内物模实验和动态监测资料均表明，在特高含水开发阶段，大量的注入水沿高渗透、高含水的便捷通道（大孔道）进行无效或低效循环，导致油田采收率降低、生产成本上升。统计加密前试验区12口老注水井吸水剖面资料，无效循环厚度占萨Ⅲ组厚度的19.8%，吸水量占全井吸水量的58.1%，注水强度高出全井的2倍以上，主要集中在萨Ⅲ4-7油层的底部。

依据油田低效、无效循环层解释图版，应用测井曲线上大孔道的电测特征，确定了试验区新钻井萨Ⅲ4-10油层无效循环井数为111口，占统计总井数的11.5%，其中，萨Ⅲ4+5a、萨Ⅲ4+5b结构单元井数比例为2.9%、3.8%，萨Ⅲ6+7a、萨Ⅲ6+7b结构单元井数比例达到16.1%、36.8%；平均单井无效循环厚度为1.04m，占总厚度比例的8.5%，萨Ⅲ4+5a、萨Ⅲ4+5b结构单元厚度比例为1.4%、2.7%，萨Ⅲ6+7a、萨Ⅲ6+7b结构单元厚度比例达到8.0%、22.4%。因此，试验区无效循环主要发生在萨Ⅲ4-7油层下部的萨Ⅲ6+7a、萨Ⅲ6+7b结构单元，特别是萨Ⅲ6+7b单元。

3）平面上，剩余油主要分布于分流线滞留区及注采不完善井区

一是测井资料表明，在注采井分流线部位、河道砂和非主体席状砂体上，动用状况较差，剩余油相对富集。

分析试验区新钻204口测井解释资料，从原井网注采关系来看，位于分流线附近井的低、未水淹合计厚度比例为54.3%；位于主流线附近井的低、未水淹合计厚度比例为30.6%。与主流线附近井相比，分流线附近井低、未水淹厚度比例提高了23.7个百分点，分流线井区的动用状况较差。

对比试验区不同类型沉积砂体井区动用状况，河道砂井区的低、未水淹合计厚度比例为41.5%，非主体席状砂井区的低、未水淹合计厚度比例为75.3%（规模小、原井网控制程度低），主体席状砂的低、未水淹合计厚度比例为33.0%。非主体席状砂、河道砂井区的低、未水淹合计厚度比例分别高于主体席状砂井区42.3和8.5个百分点。因此，发育最差的非主体席状砂和发育最好的河道砂（主要为河道砂边部）的动用状况较差。

将试验区萨Ⅲ4+5a、萨Ⅲ4+5b、萨Ⅲ6+7a、萨Ⅲ6+7b结构单元高水淹厚度等值图与单河道沉积相带图进行叠加，结果表明，河道内主河道或水流线与高水淹带具有较好匹配关系，即高水淹带主要分布在河道内主河道或水流线上，河道内主体带动用程度较高，河

道边部动用状况较差。

二是试验区数值模拟结果表明，平面上，剩余油分布比较零散，控制面积较小，主要分布在注采不完善井区。

主要有 5 种类型：（1）断层两侧；（2）河道砂、河间砂边部和末端；（3）两种相带相交过渡部位；（4）物性较差的薄差油层；（5）注采井分流线井区。其中，断层两侧（发育 13 条断层）、注采井分流线井区应为试验区主要剩余油类型。

三是注采不完善、油层的韵律性是形成剩余油的主要原因。

分析剩余油成因，喇嘛甸油田是河流—三角洲相沉积的非均质多油层砂岩油田，储层相变剧烈，即使平面上仅相差 20～30m，储层厚度、渗透率的变化，以及厚油层内夹层渗流遮挡作用的影响也很大；另外，厚油层的多段多韵律沉积特征，导致开发过程中，各韵律段顶部驱油效率比韵律段底部低 10 个百分点以上。因此，在厚油层内各韵律段顶部，以及注采关系不完善的结构单元，存在剩余油。

4）剩余油 77% 分布于厚油层中，注采不完善型剩余油占 64.9%，滞留区型剩余油占 35.1%

综合上述，试验区新钻 204 口井中，不小于 2.0m 有效厚度占总有效厚度的 59.7%，其中，低水淹、未水淹厚度占总低水淹、未水淹合计厚度的 77.0%。小于 2.0m 有效厚度的低水淹、未水淹厚度占总低水淹、未水淹合计厚度的 23.0%，小于 1.0m 有效厚度的低水淹、未水淹厚度占总低水淹、未水淹合计厚度的 6.9%。因此，剩余油主要存在于有效厚度不小于 2.0m 的厚油层中。

按照厚油层、薄差层分析试验区 204 口新钻井低、未水淹厚度分布情况。对于有效厚度不小于 2.0m 的厚油层，在原井网中注采不完善类型的低水淹、未水淹有效厚度占总低水淹、未水淹合计有效厚度的 64.9%，分流线滞留区类型的厚度所占比例为 35.1%。在注采不完善类型中，新钻井处于河道（间）砂边部的厚度比例为 50.8%，受断层遮挡影响的厚度比例为 39.6%，发育规模较小、为透镜状砂体的厚度比例为 9.7%。按照厚油层内低水淹、未水淹层段下部发育结构界面类型进行分析，发育稳定结构界面井的低水淹、未水淹有效厚度占总低水淹、未水淹合计有效厚度的 18.9%，发育不稳定结构界面的厚度比例为 56.0%，发育渗透率分级界面的厚度比例为 25.1%。

对于有效厚度小于 2.0m 的薄差油层，注采不完善类型的低水淹、未水淹厚度占总低水淹、未水淹合计厚度的层数比例为 51.4%，厚度比例为 58.5%；层间干扰类型的低水淹、未水淹厚度占总低水淹、未水淹合计厚度的层数比例为 48.6%，厚度比例为 41.5%。

（三）射孔方案编制

1. 射孔原则

为给全区射孔方案编制提供参考和依据，试验区先期投产了 10 口采油井为先导性试验井，取得了宝贵经验和教训。认识到萨Ⅲ4-10 油层剩余油分布比较零散，厚油层内结构界面的遮挡作用受多种因素影响，起到遮挡、半遮挡作用或基本没有遮挡作用。射孔时，应充分利用各种类型结构界面在垂直方向、水平方向渗透率的差别，限制射孔厚度，达到控制高水淹层窜流、保持一定产量、延长较低含水生产时间的目的。

根据试验开发方案，在总结分析 10 口先导性试验井投产效果基础上，综合分析试验区萨Ⅲ4-10 油层发育状况和原井网注采井生产开发资料，充分利用各种类型结构界面在水平方向、垂直方向的渗透率差异，以完善结构单元注采关系、挖潜层内剩余油为目的，确定了试验井射孔原则。

（1）采油井选择性射开萨Ⅲ4-10 油层内注采不完善的结构单元，避射低效、无效循环部位。同时，根据厚油层内结构界面发育状况，采取不同射孔原则：

一是对发育稳定界面的井，采用普通射孔方式，油水井对应射孔，加强注水；

二是对发育不稳定结构界面的井，采用水力割缝射孔方式；

三是对结构界面不发育、只有渗透率分级界面的井，预留一定避射厚度，控制注水强度。

（2）对新井网控制不住结构单元，利用老井网完善注采关系。

（3）注水井射孔主要以完善采油井注采关系为主（不考虑水淹状况），尽可能避射无效循环部位。

（4）对于物性较差、渗透率较低油层，采用压裂方式投产。

（5）对固井质量不合格井段，尽可能避射。

2. 射孔方案编制结果

根据射孔原则，总结 10 口先导性试验采油井的射孔和生产情况，认真分析试验区油层发育状况，结合试验区萨Ⅲ4-10 油层精细解剖、描述和认识，编制 204 口井的射孔方案，其中采油井 115 口、注水井 81 口、排液井 8 口。204 口井，平均单井射开砂岩厚度4.2m，有效厚度 2.6m，分别占发育厚度的 46.0%、38.2%。其中，低、未水淹合计厚度为1.6m，中、高水淹合计厚度为 1.0m，分别占射孔层有效厚度的 61.5% 和 23.8%。共压裂投产 43 口井，采用水力喷砂割缝射孔 13 口，普通射孔方式 110 口井。

123 口采油井（含 8 口排液井），平均单井射开砂岩厚度 3.9m，有效厚度 2.2m，分别占发育厚度的 43.4%、32.3%。其中，低、未水淹合计厚度为 1.7m，中、高水淹合计厚度为 0.5m，分别占射孔层发育厚度的 59.6% 和 12.8%。压裂投产 32 口井，水力喷砂割缝射孔 13 口井，采用普通射孔方式 110 口井。

81 口注水井，平均单井射开砂岩厚度 4.6m，有效厚度 3.2m，分别占发育厚度的49.9%、46.8%。压裂投注 10 口井，均采用普通射孔方式投注。

3. 射孔层分类

试验区萨Ⅲ4-10 油层砂体钻遇率为 70.7%，其中，萨Ⅲ4-7 层段河道砂钻遇率高于60%，客观上具备了厚油层选射的地质基础，综合分析注采井连通情况、剩余油分布特征，以及结构界面分布规模等，确定试验区采油井具备选射条件的全部进行选射，具体将采油井划分为四种射孔类型。

（1）第Ⅰ类：为厚油层选射，共有83口井，占采油井总数的67.5%，是试验区最主要的射孔方式。平均单井射开砂岩厚度3.7m，有效厚度2.4m，分别占总发育厚度的37.4%、31.2%。其中，低、未水淹合计有效厚度为2.0m，中、高水淹合计厚度为0.4m，分别占射孔层有效厚度的83.3%和16.7%。结合射孔层底部层内结构界面的发育状况，细分为射孔层底部发育稳定结构界面井、发育不稳定结构界面井和未发育结构界面只有渗透率分级界面的井等三种类型。

① 射孔层底部发育稳定结构界面的有12口井，占厚油层内部选射井的14.5%，平均单井射开砂岩厚度3.6m，有效厚度2.1m。其中，低、未水淹合计有效厚度为1.7m，中、高水淹合计厚度为0.4m，分别占射孔层有效厚度的81.0%和19.0%。

从射孔层位来看，有10口井射孔层为厚油层上部的萨Ⅲ4+5a、萨Ⅲ4+5b结构单元，占井数比例的83.3%；有1口井射孔层为萨Ⅲ4+5a、萨Ⅲ4+5b、萨Ⅲ6+7a结构单元，占井数比例的8.3%；有1口井射孔层为萨Ⅲ6+7a、萨Ⅲ6+7b结构单元，占井数比例的8.3%。从射孔层水淹状况看，射孔层中只包含低、未水淹厚度井8口，占井数比例的66.7%；射孔层中包含中水淹厚度的井4口，占井数比例的33.3%。因此，射孔层主要以厚油层上部萨Ⅲ4+5a、萨Ⅲ4+5b结构单元的低、未水淹厚度为主。射孔时重点考虑了发育稳定结构界面注采井的对应关系，以提高开发效果为前提，在保证单井产能基础上，8口井在结构界面下部（射孔层下部）预留低、未水淹厚度，平均单井预留厚度为1.7m，单井厚度在0.3~4.4m之间；有4口井在界面下部不具备预留低、未水淹厚度的条件，占井数比例的33.3%。

厚油层内稳定结构界面具有较好的遮挡作用，在保证一定射孔厚度基础上，在稳定结构界面下部预留一定低、未水淹厚度，能起到更好的渗流遮挡作用，同时综合考虑注采井对应关系。总之，厚油层内发育稳定结构界面井主要采取注采井对应射孔、加强注水的做法，射开厚油层上部萨Ⅲ4+5a、萨Ⅲ4+5b结构单元的低、未水淹厚度。

② 射孔层底部发育不稳定结构界面的有53口井，占厚油层内部选射井的63.9%，平均单井射开砂岩厚度3.7m，有效厚度2.3m，分别占总发育厚度的35.9%、29.1%。其中，低水淹、未水淹合计有效厚度为1.9m，中水淹、高水淹合计厚度为0.4m，分别占射孔层有效厚度的82.6%和17.4%。

近几年实践表明，采油井附近结构界面一旦被破坏，注入水就会从高渗透、高水淹带窜入油井，造成射孔层与高含水层之间的窜流，采油井含水迅速上升，难以达到挖潜低、未水淹层段剩余油的目的。因此，针对厚油层内发育规模较小、稳定性差的结构界面，13口井尝试采用了射孔振动小、对套管和水泥环损伤小的水力喷砂割缝射孔方式，这种射孔工艺能够最大限度地保护结构界面，减缓射孔层与高含水层之间的纵向窜流，实现了保护结构界面的目的。

从射孔层位来看，有28口井射孔层为萨Ⅲ4+5a、萨Ⅲ4+5b结构单元，占井数比例的52.8%；有7口井射孔层为萨Ⅲ4+5a、萨Ⅲ4+5b、萨Ⅲ6+7a结构单元，占井数比例的

13.2%；有 16 口井射孔层为萨Ⅲ6+7a、萨Ⅲ6+7b 结构单元，占井数比例的 30.2%。从射孔层水淹状况看，有 39 口井射孔层只包含低水淹、未水淹厚度，占井数比例的 73.6%；有 13 口井的射孔层中包含中水淹层，占井数比例的 24.5%；有 1 口井的射孔层中包含高水淹层，占井数比例的 1.9%。因此，射孔层主要以厚油层上部萨Ⅲ4+5a、萨Ⅲ4+5b 结构单元的低水淹、未水淹厚度为主。从结构界面上部、下部预留厚度来看，有 26 口井在结构界面上部预留了一定低水淹、未水淹厚度，占井数比例的 67.9%，平均单井预留厚度 1.3m，单井厚度在 0.1～4.3m 之间；有 39 口井在结构界面的下部预留了一定低、未水淹厚度，占井数比例的 73.6%，平均单井预留厚度 1.3m，单井厚度在 0.2～6.6m 之间；共有 46 口井在不稳定结构界面的上部和下部均预留了低水淹、未水淹厚度，占井数比例的 86.8%；有 7 口井在不稳定结构界面的上部、下部均未预留低水淹、未水淹厚度，占井数比例的 13.2%。因此，对于射孔层底部发育不稳定结构界面井，采取水力喷砂割缝射孔方式，能起到一定保护结构界面作用，同时在结构界面上部、下部预留一定低、未水淹厚度后，也能够在一定程度上缓解厚油层内高渗透、高水淹层的纵向窜流速度。

③ 射孔层底部结构界面不发育、只有渗透率分级界面的有 18 口井，占厚油层内部选射井的 34.0%，平均单井射开砂岩厚度 3.8m，有效厚度 2.7m，分别占总发育厚度的 43.7%、37.5%。其中，低水淹、未水淹合计有效厚度为 2.3m，中水淹、高水淹合计厚度为 0.4m，分别占射孔层有效厚度的 85.2% 和 14.8%。

从射孔层位来看，有 10 口井射孔层为萨Ⅲ4+5a、萨Ⅲ4+5b 结构单元，占井数比例的 55.6%；有 7 口井射孔层为萨Ⅲ4+5a、萨Ⅲ4+5b、萨Ⅲ6+7a 结构单元，占井数比例的 38.9%；有 1 口井射孔层为萨Ⅲ6+7a、萨Ⅲ6+7b 结构单元，占井数比例的 5.6%。从射孔层水淹状况看，有 12 口井射孔层中只包含低、未水淹厚度，占井数比例的 66.7%；有 5 口井的射孔层中包含中水淹层，占井数比例的 27.8%；有 1 口井的射孔层中包含高水淹层，占井数比例的 5.6%。因此，射孔主要以厚油层上部萨Ⅲ4+5a、萨Ⅲ4+5b、萨Ⅲ6+7a 结构单元的低水淹、未水淹厚度为主。从射孔层下部预留厚度来看，14 口井在射孔层下部预留低水淹、未水淹厚度，占井数比例的 77.8%，平均单井预留厚度 1.7m，单井厚度在 0.2～3.8m 之间；4 口井在射孔层下不具备预留低水淹、未水淹有效厚度的条件，占井数比例的 22.2%。从射孔层与非射孔层有效渗透率来看，18 口井射孔层平均有效渗透率 0.411D，萨Ⅲ4-10 油层下部未射孔层平均有效渗透率 1.032D，是射孔层的 2.5 倍。射孔层底部预留了一定低水淹、未水淹层段的 14 口井，射孔层部分平均有效渗透率 0.431D，未射孔预留低水淹、未水淹层段的平均有效渗透率 0.717D，萨Ⅲ4-10 油层下部未射孔的中水淹、高水淹段的平均有效渗透率 1.231D，是射孔层的 2.9 倍，是预留层段的 1.7 倍。因此，射孔层底部预留一定低水淹、未水淹层段厚度后，在厚油层内部从上至下形成了两个或三个渗透率逐渐增加的台阶，在一定程度上能缓冲中水淹、高水淹层段的纵向窜流，起到减缓含水上升速度的作用。

总之，在厚油层射孔过程中，以完善结构单元注采关系、挖潜厚油层内动用较差层段剩余油为原则，结合厚油层内不同类型结构界面发育状况，充分利用稳定结构界面、不稳定结构界面和渗透率分级界面的渗流特性，分别采取注采井对应射孔、水力喷砂割缝射孔，结构界面上部、下部预留一定低、未水淹层段厚度的做法，以减弱和控制厚油层内中、高水淹层段对射孔层低、未水淹层段的冲击和纵向窜流速度，提高试验井开发效果。

（2）第Ⅱ类：射孔层属于厚油层全层射开，主要为发育规模较小的透镜状河道砂体或规模较大河道砂、河间砂的边部，受发育规模和所处位置的影响，注采井多为注采关系不完善，动用状况较差。为此，采取发育层全部射开的做法，以完善砂体注采关系，提高控制程度。这类井共 14 口，占采油井总数的 11.4%。平均单井射开砂岩厚度 4.6m，有效厚度 2.3m，分别占总发育厚度的 66.7%、54.8%。其中，低、未水淹合计有效厚度为 0.8m，中、高水淹合计厚度为 1.5m，分别占射孔层有效厚度的 34.8% 和 65.2%。

（3）第Ⅲ类：射孔层属于砂体发育较差的薄层，发育层数较多、表外厚度较大，共有 15 口井，占采油井总数的 12.2%，平均单井射开砂岩厚度 4.2m，有效厚度 1.0m，分别占总发育厚度的 62.9%、34.9%。其中，低、未水淹合计有效厚度为 0.8m，中、高水淹合计厚度为 0.2m，分别占射孔层有效厚度的 80.0% 和 20.0%。对射开层动用状况相对较差的 8 口井进行压裂措施后投产，占这类井比例的 53.3%。

（4）第Ⅳ类：射孔目的层萨Ⅲ4—10 层段砂体发育极差，目的层不能独立生产，采取补充射开一类油层葡Ⅰ1—2 层中动用较差层段的做法（葡Ⅰ1—2 油层聚合物驱结束后，于 2000 年转入后续水驱），共有 11 口井，占采油井总数的 8.9%，平均单井射开砂岩厚度 4.2m，有效厚度 2.0m，分别占总发育厚度的 47.2%、43.5%。其中，低、未水淹合计有效厚度为 1.7m，中水淹、高水淹合计厚度为 0.3m，分别占射孔层有效厚度的 85.0% 和 15.0%。

综合上述分析，射孔时，在细致综合分析试验区砂体发育状况基础上，以厚油层选射为主，针对不同类型井采取不同做法，提高试验区射孔效率，为试验奠定了坚实基础。

4. 新老井网注采关系协调方法

为提高试验区整体开发效果，将封堵（停注）原水驱井网中射开萨Ⅲ4—10 油层的合采井（合注井）。封堵（停注）时，以完善萨Ⅲ4—10 油层注采关系为出发点，综合分析试验区新老井注采关系，利用部分老井或老井部分层段与新钻井在砂体发育和连通关系上的不同，在部分井区，新老井能够互相弥补，共同完善井组注采关系，实现较好开发效果。因此，实施时根据新老井发育状况，对原井网开采萨Ⅲ4—10 油层的合采井（合注井），采取封堵（停注）部分老井或老井部分层段的做法。

1）采油井

（1）封堵井。

在原井网 49 口采油井中，封堵 15 口井，占总井数的 30.6%，分两种情况进行封堵：

一是原井网老井与新钻井砂体发育均较好，连通状况良好，为保证新钻井开发效果，封堵老井萨Ⅲ4—10 全层段。这类井共有 13 口，占封堵井总数的 86.7%，占老井总数的 26.5%。

二是原井网老井与新钻井射孔层段部分对应，封堵掉老井中与新钻井射孔层段的对应层段，保留老井与新钻井射孔层段不对应层段。这样的井有 2 口，占封堵井总数的 13.3%，占老井总数的 4.1%。

如原井网喇 5-18 井，射孔层段为萨Ⅲ4-7^2 层，砂岩厚度 5.4m，有效厚度 5.0m，距离其 100m 处的新钻采油井喇 5-PS1801 井、喇 5-PS1803 井也主要发育萨Ⅲ4-7 小层。其中，喇 5-PS1801 井发育砂岩厚度 8.9m、有效厚度 5.9m，喇 5-PS1803 井发育砂岩厚度 6.1m、有效厚度 4.5m。三口井的萨Ⅲ4-7 油层发育河道砂、主体席状砂体，三井之间属于一类、二类连通。为保证新钻喇 5-PS1801 井、喇 5-PS1803 井的开发效果，封堵了喇 5-18 井的萨Ⅲ4-7 层。

同样原井网喇 4-181 井的萨Ⅲ4-10 层段，射孔砂岩厚度 9.0m，有效厚度 8.8m，距离其 100m 的新钻采油井为喇 4-PS1811 井、喇 4-PS1813 井。三口井的萨Ⅲ4-7 油层发育河道砂，井之间属于一类连通；其中，萨Ⅲ10 单元，喇 4-181 井发育并射孔（有效厚度 1.4m），喇 4-PS1811 井、喇 4-PS1813 井均没有发育。因此，伴随两口新井投产，封堵了喇 4-181 井的萨Ⅲ4-7 小层，萨Ⅲ10 小层继续生产。

针对 15 口封堵井含水较高的实际生产状况，结合产液剖面资料进行综合动态分析，以此为契机，封堵了萨Ⅲ4-10 油层和其他个别特高含水层段，同时适当拔堵此前封堵层段（根据目前生产形势，进行重新封堵），提高封堵井开发效果。

从 15 口封堵井射孔及封堵数据来看，平均单井射开全井砂岩厚度 87.6m，有效厚度 47.9m。封堵层段（包括其他特高含水层）砂岩厚度 20.3m，有效厚度 15.1m，其中，萨Ⅲ4-10 层段砂岩厚度 8.3m，有效厚度 6.2m，萨Ⅲ4-10 层段封堵厚度占总封堵厚度的 40.9%、41.1%，其他封堵层段均为特高含水层段。同时拔堵此前封堵其他层段 7 口井，平均单井拔堵砂岩厚度 30.0m，有效厚度 22.4m。从 13 口井封堵前后生产数据来看，封堵前平均单井日产液量 142t，日产油量 4.8t，含水率 96.6%；封堵后初期平均单井日产液量 146t，日产油量 5.1t，含水率 96.5%；目前，平均单井日产液量 132t，日产油量 6.6t，含水率 95.0%，与封堵初期相比，日产液量降低 14t，日产油量增加 1.5t，含水率下降 1.5 个百分点，其中纯封堵 6 口井，平均单井日产液量降低 63t，日产油量降低 1.7t，含水率下降 0.7 个百分点；封堵与拔堵结合 7 口井，平均单井日产液量增加 29t，日产油量增加 4.3t，含水率下降 2.0 个百分点。达到了封堵后产油量保持稳定的目的。

因此，通过逐井逐层地细致分析，封堵了老井与新钻采油井发育相似、连通较好的单井或层段，保留了老井与新钻井射孔层段不对应层段，在保证了新钻井生产效果的同时，有效弥补并完善了新老井网注采关系。对于 15 口封堵井，在封堵掉萨Ⅲ4-10 油层的同时，封堵了其他特高含水层段，有效提高了封堵井开发效果。

（2）未封堵井。

对于以下几种情况，原井网采油井未进行封堵。

一是新老井周围区域砂体发育均较差，或者老井位于过渡带收边位置，为提高砂体控制程度，新老井共同开采。这类井有 8 口，占未封堵井总数的 23.5%，占老井总数的 16.3%。

二是受砂体发育规模影响，新老井砂体发育状况差异较大、厚度变化大，分别处于不同沉积相别，在射孔层位上新老井能够互相弥补，最大限度提高砂体控制程度。这类井有 14 口，占未封堵井总数的 41.2%，占老井总数的 28.6%。

三是原井网老井位于断层附近，砂体注采关系不完善，老井不封堵，能够达到完善砂体注采关系的目的。这类井有 12 口，占未封堵井总数的 35.3%，占老井总数的 24.5%。

2）注入井

针对试验区萨Ⅲ4-10 油层原井网注水三十余年的实际情况，根据老井与新钻注采井的对应关系，25 口原井网注水井采取停注或不停注方式。

一是与新井萨Ⅲ4-10 油层对应较好的老注水井，停注老井萨Ⅲ4-10 全层段。这类井有 13 口，占停注井总数的 81.3%，占老井总数的 52.0%。

二是与新井射孔层段部分对应，停注老井对应层段。这类井有 3 口，占停注井总数的 18.7%，占老井总数的 12.0%。

三是老井萨Ⅲ4-10 油层发育较差，与新井连通，对新井影响作用较小，正常注水。这类井有 3 口，占未停注井总数的 33.3%，占老井总数的 12.0%。

四是老井位于过渡带收边位置，能够补充完善新井注采关系，这类井有 6 口，占未停注井总数的 66.7%，占老井总数的 24.0%。

（四）开发效果

1. 初期开发效果较好，达到较高生产水平

1）投产初期，平均单井产能及综合含水率均好于方案设计，稳产时间 10 个月左右

试验区于 2007 年 4 月开始投产，共投产注采井 204 口，其中，注水井 81 口，采油井 123 口。投产初期 81 口注水井，平均注水压力 6.4MPa，日实注 2176m³，平均单井日注水 27m³，注水强度为 8.36m³/（m·d）。

123 口采油井，初期平均单井日产液量 25.7t，日产油量 4.0t，含水率 84.5%，液面 576m，流压 4.08MPa，压裂投产 32 口，排液井 8 口。123 口井中，61 口井达到或高于方案设计产能，占总井数的 49.6%，平均单井日产液量 28.3t，日产油量 6.5t，含水率 77.0%。62 口井单井产油低于设计产能，占总井数的 50.4%，平均单井日产液量 23.1t，日产油量 1.5t，含水率 93.5%；其中，20 口井日产油量小于 1.0t，占总井数的 16.3%，平均单井日产液量 17.8t，日产油量 0.5t，含水率 97.1%。

从含水率指标上看，123 口井中有 74 口井初期含水率不大于 90%（达到或好于方案设计），占总井数的 60.2%，平均单井日产液量 19.3t，日产油量 5.4t，含水率 72.0%。49 口井初期含水率大于 90%，占总井数的 39.8%，平均单井日产液量 35.2t，日产油量 1.8t，含水率 94.9%；其中，25 口井含水率大于 95.0%，占总井数的 20.3%，平均单井日产液量

35.1t，日产油量 1.1t，含水率 96.8%。

2）不同射孔类型井，开发效果不同

分析试验区采油井四种射孔类型井开发效果，投产初期效果较好，随着开发时间延长，含水上升、产油下降，开发效果变差，经过综合治理后，产量逐渐恢复，保持较高生产水平。

第 I 类为厚油层选射，共 83 口井，占采油井总数的 67.5%。投产至今，平均单井日产液量 28.9t，日产油量 2.4t，含水率 91.6%。从动态变化情况来看，投产初期产能较高，平均单井日产液量 26.6t，日产油量 4.0t，含水率 85.1%。稳定生产 15 个月，平均单井日产液量 27.2t，日产油量 2.8t，含水率 89.6%。2008 年 8 月开始产量下降较快，平均单井日产油量 2.0t，含水率 93.4%，通过 52 口井压裂、补孔等措施实施和注水调整，产量回升，目前，维持较高生产水平，平均单井日产液量 28.9t，日产油量 2.4t，含水率 91.6%。

根据射孔层下部层内结构界面的发育状况，厚油层选射井划分为三种类型。

一是射孔层下部发育稳定结构界面井 12 口，占厚油层内部选射井的 14.5%。投产至今，平均单井日产液量 25.0t，日产油量 2.4t，含水率 90.2%，与厚油层选射的 83 口井相比，日产液量低 3.9t，日产油量持平，含水率低 1.4 个百分点。从动态变化情况来看，投产初期，平均单井日产液量 18.7t，日产油量 4.7t，含水率 75.0%，是所有射孔类型井中效果最好的。之后含水上升较快，导致产油有所波动，但仍保持 14 个月稳定生产，平均单井日产液量 21.5t，日产油量 3.0t，含水率 86.2%。2008 年 7 月开始产量下降较快。通过 8 口井补孔等措施治理，目前产量恢复较好，平均单井日产液量 34.5t，日产油量 2.3t，含水率 93.4%。发育稳定结构界面井开发效果较好。

二是射孔层下部发育不稳定结构界面井，53 口，占厚油层内部选射井的 63.9%。投产至今，平均单井日产液量 29.1t，日产油量 2.4t，含水率 91.7%。从动态变化情况来看，投产初期，平均单井日产液量 27.9t，日产油量 3.8t，含水率 86.5%。稳定生产 15 个月，平均单井日产液量 28.1t，日产油量 2.8t，含水率 90.0%。2008 年 8 月开始产量下降较快，平均单井日产油量 1.8t，含水率 93.6%。通过实施压裂、补孔等措施 26 口井，产量逐渐恢复，目前，平均单井日产液量 33.6t，日产油量 2.3t，含水率 93.2%。利用厚油层内不稳定结构界面，进行低效井治理，能取得较好效果。

三是射孔层下部发育渗透率分级界面井 18 口，占厚油层内部选射井的 34.0%。投产至今，平均单井日产液量 31.0t，日产油量 2.4t，含水率 92.1%。从动态变化情况来看，投产初期，平均单井日产液量 28.2t，日产油量 4.1t，含水率 85.4%。稳定生产 15 个月，平均单井日产液量 29.1t，日产油量 2.9t，含水率 89.7%。2008 年 8 月开始产量有所下降，因渗透率分级界面遮挡作用较差，治理难度较大，虽然实施了 6 口井压裂等措施，但效果不明显，目前，平均单井日产液量 33.2t，日产油量 1.9t，含水率 94.2%。

总之，厚油层选射是试验的基础和核心，虽然层内结构界面类型不同，但通过选射动用较差层段等多种不同做法，产能达到了方案设计要求。其中，射孔层底部发育稳定结构界面井效果最好，发育渗透率分级界面井治理难度大但生产平稳，发育不稳定结构界面井开发效果中等，但治理效果较好。

第Ⅱ类为厚油层全层射开，共14口井，占采油井总数的11.4%。投产至今，平均单井日产液量27.6t，日产油量2.4t，含水率91.5%。从动态变化情况来看，投产初期，平均单井日产液量22.9t，日产油量4.2t，含水率81.6%。受发育层全射（中、高水淹比例最高，达到65.2%）和注采关系不完善综合作用，虽然含水上升较快，但产油水平较高，前15个月保持较高生产水平，平均单井日产液量29.5t，日产油量3.2t，含水率88.7%。2008年8月开始产量下降，受砂体发育规模较小影响，目的层潜力小，虽然实施了8口井压裂等措施，产量有所恢复，但效果不理想。目前，平均单井日产液量34.3t，日产油量1.7t，含水率95.0%。

第Ⅲ类为发育薄差层井，15口，占采油井总数的12.2%。投产至今，平均单井日产液量25.7t，日产油量2.3t，含水率91.0%。从动态变化情况来看，因压裂投产井比例较高（66.7%），投产初期，平均单井日产液量21.5t，日产油量3.5t，含水率83.9%。受砂体发育较差、注水见效慢因素影响，产能下降较快，平均单井日产液量下降5.0t，随着注水逐渐见效和10口井补孔等措施，产能恢复较快，达到较高生产水平，目前，平均单井日产液量31.3t，日产油量3.6t，含水率88.5%。试验表明，薄差油层能够通过150m井距下结构单元对应注水，实现较高开发水平。

第Ⅳ类为以补充射开聚合物驱后葡Ⅰ1-2油层中动用较差层段为主的井，共11口井，占采油井总数的8.9%。投产至今，平均单井日产液量31.3t，日产油量2.4t，含水率92.3%。从动态变化情况来看，保持7个月较高生产水平，平均单井日产液量29.0t，日产油量3.6t，含水率87.5%。2007年12月开始产量下降较快，产量最低时，平均单井日产油1.4t，含水率95.7%，通过4口井封堵等措施和注水方案的不断调整，产量比较稳定，目前，平均单井日产液量33.9t，日产油量2.6t，含水率92.2%。试验表明，葡Ⅰ1-2油层聚合物驱后仍存在动用较差层段，150m井距下的选择性射孔能够达到挖潜三次采油后剩余油的目的，并实现较好开发效果。

2. 伴随开发时间的延长，试验区开发效果变差

伴随开发时间的延长，试验区采油井含水上升、产油量降低，低效井成为试验区突出矛盾。投产初期，低效井13口，占采油井总数的10.6%，2008年3月，低效井47口，比例为38.2%，达到了投产以来最高值。

统计2007年、2008年油田低效井（即边际效益井及无效益井）生产数据，2007年低效井81口，平均单井日产油量0.28t，含水率95.78%；2008年低效井133口，平均单井日产油量0.44t，含水率95.94%。

考虑"二三结合"试验区为新投产区块，将试验区低产低效井定义为日产油量小于1.0t且综合含水率大于95%的采油井。

试验区低产低效井主要受四方面因素影响：

一是射孔层为厚油层上部，层内发育不稳定结构界面或渗透率分级界面，因不稳定结

构界面或渗透率分级界面遮挡作用较弱，下部高含水部位向上部射孔层纵向窜流，导致含水上升。这类井有 16 口，占采油井总数的 13.0%，初期平均单井日产液量 33.8t，日产油量 3.1t，含水率 90.7%。

二是原井网注采完善，动用程度高，剩余油面积小，投产后产油下降速度快。这类井有 20 口，占采油井总数的 16.3%，初期平均单井日产液量 26.7t，日产油量 2.6t，含水率 90.2%。

三是射孔井目的层段及上下部位井段钻井时水泥封固质量差，导致管外窜流，投产后产液、含水上升速度快。这类井有 18 口，占采油井总数的 14.6%，初期平均单井日产液量 40.3t，日产油量 2.3t，含水率 94.2%。

四是受试验区目的层油层发育状况较差因素影响（15%～20% 区域为薄差层），射孔厚度小，投产后产能降低较快。这类井有 13 口，占采油井总数的 10.6%，初期平均单井日产液量 11.2t，日产油量 3.6t，含水率 67.8%。

针对试验区低产低效井数比例逐渐增加的实际状况，在试验过程中，积极探索低产低效井的有效治理方法，精心调整注采方案，使区块开发效果得到不断改善。

3. 强化措施改造，改善低效井开发效果

一是针对发育较差的射孔层，选择适当压裂方式进行改造；对存在高含水层段或具备补孔潜力层段的井，采取压堵、压补结合措施。优化压裂方式，采用多裂缝压裂，尾砂砂比由常规的 35% 提高到 42% 以上，形成短宽缝，可有效减缓试验区 150m 井距下压裂后水线快速突进，提高了压裂层的导流能力。

共实施 29 口井，初期平均单井日增油 4.6t，含水率下降 9.8 个百分点，截至 2009 年 10 月已累计增油 2.51×10^4t。

如喇 6- 斜 PS1633 井，射孔层为萨Ⅲ4-7、萨Ⅲ4-8 和萨Ⅲ9+10，砂岩厚度 4.8m，有效厚度 1.8m，地层系数 0.379D·m，射孔层发育相对较差。投产后，日产液量 4t，日产油量 1.0t，含水率 73.9%，液面 906m，产能一直较低，2007 年 10 月对萨Ⅲ4-7、萨Ⅲ4-8 采用多裂缝方式压裂三条缝，压后日产液量 13t，日产油量 7.5t，含水率 42.1%，液面 640m。

二是针对不具备压裂条件的低产低效井，选择部分动用状况相对较差的层进行补充射孔。共实施 24 口井，初期平均单井日增油 4.0t，含水率下降 10.5 个百分点，截至 2009 年 10 月已累计增油 1.25×10^4t。

如喇 5-PS1803 井，射孔 2 个层，萨Ⅲ$4-7^{1-2}$ 油层，射开砂岩厚度 2.9m，有效厚度 1.9m，地层系数 0.325D·m。投产后，日产液量 20t，日产油量 1.1t，含水率 94.3%，液面 736m，产能一直较低。分析认为该井距离原井网注水井 5-181 井 250m，萨Ⅲ$4-7^{1-2}$ 油层动用程度较高。2007 年 9 月产液剖面测井资料也表明，该井主产层萨Ⅲ$4-7^{1-2}$ 小层含水率均高于 95%。喇 5-PS1803 井未射孔的萨Ⅲ$4-7^3$ 层属于河道中的变差部位，动用状况相对较差。因此，2008 年 5 月补射萨Ⅲ$4-7^3$ 层，砂岩厚度 3.2m，有效厚度 2.6m，地层系数

1.044D·m。措施后，日产液量 32t，日产油量 8.3t，含水率 74.0%，液面 736m。

三是针对射孔层比较单一的高含水井，结合产液剖面测井资料，采用长胶筒封堵部分井段；同时对动用状况相对较差层段进行补充射孔。在封堵方式上，利用厚油层内结构界面，采用自主创新研制的长胶筒封隔器进行层内封堵，能够有效封堵射孔炮眼，降低高含水层产液。共实施 13 口井，初期平均单井日增油 2.2t，含水率下降 6.9 个百分点，截至 2009 年 10 月已累计增油 0.58×10^{4}t。

如喇 6-PS1733 井，射孔 1 个层，萨Ⅲ4-7^2 油层，射开砂岩厚度 2.5m，有效厚度 2.5m，地层系数 0.588D·m。投产后，日产液量 55t，日产油量 0.9t，含水率 98.3%，液面 912m，含水率一直较高。产液剖面测井资料表明，该井射孔层下部 1.0m 厚度含水率为 99.3%，产出液量占全井液量的 90.6%，受其干扰剩余射孔层产出液量占全井液量的 9.4%（含水率 82.4%）。因此，2009 年 5 月对萨Ⅲ4-7^2 层段下部采用 1.5m 胶筒实施封堵，同时射孔萨Ⅲ8-10 上部 1.4m 动用较差层段，措施后，日产液量 17t，日产油量 6.7t，含水率 60.3%，液面 890m。

截至 2009 年 10 月，试验区共实施各项措施 66 口井，初期平均单井日增油 3.9t，含水率下降 10.8 个百分点，累计增油 4.34×10^{4}t。

分析试验区低产低效井措施效果，与措施前相比，日增油小于 1.0t 的井有 12 口，占措施总井数的 18.2%；日增油在 1.0~3.0t 的井有 30 口，占措施总井数的 45.5%；日增油不小于 3.0t 的井有 24 口，占措施总井数的 36.3%。从效果有效期来看，有效期不大于 3 个月的井 13 口，占措施总井数的 19.7%；有效期在 6 个月以上的井 37 口，占措施总井数的 56.1%。综合来看，日增油不小于 1.0t、有效期在 6 个月以上的井有 34 口，占措施总井数的 51.5%。80% 以上比例井治理效果达到了措施方案要求，为保持试验区整体开发效果提供了有力保证。

4. 试验区开发形势较好

通过上述注采井不断综合调整，试验区注水井 85 口，目前，注水压力保持在 7.0MPa 上下，日注水量稳定于 2600m^3 左右，能够满足采油井需求。试验区采油井含水上升速度较慢，保持较高开发水平。目前，试验区采油井 118 口，开井 110 口，日产液量 3777t，日产油量 258t，含水率 93.2%，流压 5.3MPa。从 2007 年 4 月开始规模化投产以来，至 2009 年 10 月，平均单井日产液量 28.3t，日产油量 2.5t，含水率 91.2%，新钻井萨Ⅲ4-10 油层累计产油为 19.77×10^{4}t，阶段采出程度 4.8%；试验区新老井萨Ⅲ4-10 油层累计产油为 22.26×10^{4}t，阶段采出程度 5.4%。

从日产油量看，日产油量不小于 3.0t 井 26 口，占总井数的 23.6%，平均单井日产液量 38.9t，日产油量 5.1t，综合含水率 86.9%；日产油量小于 1.0t 井 28 口，占总井数的 25.5%，平均单井日产液量 26.1t，日产油量 0.6t，综合含水率 97.6%，其中有 24 口井含水率高于 95%。从含水率分级看，含水率不大于 90% 的井有 23 口，占总井数的 20.9%，含水率大于 95% 的井有 58 口，占总井数的 52.7%。

从低效井分布状况来看，通过措施改造，低效井生产效果得到较好改善，虽然不断出现新低效井，但低效井数保持在 35 口左右，比例在 30% 左右，2009 年 10 月低效井数在 24 口左右，比例为 20.3%。

（五）取得的几点认识

1. 利用厚油层内不同界面的渗流遮挡作用，选择性射开结构单元动用较差部位，能够形成有效驱动

喇嘛甸油田厚油层多段多韵律的沉积特点，决定了厚油层多段水淹特征，受层内结构界面发育的影响和控制，剩余油主要存在于厚油层内结构单元顶部。为此，利用厚油层内结构界面的渗流遮挡作用，采取保护结构界面的射孔工艺，选择性射开层内剩余油富集部位，实现对层内动用差部位的有效驱替，建立适合结构单元注采关系的驱动方式，实现厚油层内规模化挖潜。

2. "二三结合"开发模式，有效减少了厚油层内低效、无效循环产水量和吸水量

试验区采油井投产初期单井日产液量 26.1t，日产油量 4.0t，含水率 84.5%。对比相同布井方式、萨Ⅲ4-10 油层全部射孔的北北块一区，投产初期平均单井日产液量 56t，日产油量 2.8t，含水率 95.0%；与试验区相比，平均单井日产液高 30t，日产油量低 1.2t，日产水量高 31.2t，含水率高 10.5 个百分点；其中，含水率不大于 90% 的井数比例低了 43.0 个百分点，含水率大于 95% 的井数比例高了 37.5 个百分点。水驱阶段的北北块一区平均单井日产液量 47t，日产油量 2.4t，含水率 94.9%，与相同生产时间的试验区相比，平均单井日产液量高 19t，日产油量低 0.5t，日产水量高 22t，含水率高 5.3 个百分点。

试验区与北北块一区布井方式相同，主要区别在于试验区的选择性射孔方式能够有效驱替动用较差部位的剩余油。试验区 123 口采油井，平均单井射开砂岩厚度 4.2m，有效厚度 2.6m，分别占发育厚度的 47.2%、38.8%，避射厚度比例为 40% 左右。试验区平均单井每天减少无效产水量 20m³ 左右，全区每天减少无效产水量 2000m³ 以上。

试验区加密前后吸水剖面资料表明，层内折算有效厚度吸水比例由加密前的 64.28% 上升到加密后的 93.44%，吸水比例增加了 29.16%，其中，厚油层下部（低效、无效循环部位）注水强度由 15.7m³/（d·m）下降到 2.3m³/（d·m），降低了 13.4m³/（d·m）；厚油层上部注水强度由 5.1m³/（d·m）提高到 10.9m³/（d·m），增加了 5.8m³/（d·m）；薄层的吸水状况也得到极大改善。在原井网中，动用程度较低的厚油层上部和薄差层的吸水状况也得到极大改善。主要是因为注水井对应采油井射孔，射孔部位多为厚油层上部，从源头上有效控制了厚油层内无效循环。

3. "二三结合"开发模式，有效提高了水驱采油速度，减缓了含水上升速度

1）采油速度比试验前提高 0.9 个百分点

试验区新钻井采油速度较高，2007 年开始规模化投产，采油速度为 1.05%，2008 年达到最高的 1.30%，2009 年为 1.04%，投产 3 年来，平均采油速度高于老井 0.7% 左右。而且新钻井射孔为挖潜难度较大的厚油层上部，主要依靠井网控制程度的提高增加可采储量来实现。

区块萨Ⅲ4-10 油层实际产量由新钻井和未封堵的原井网采油井组成，2007 年采油速度为 1.26%，2008 年达到 1.49%，2009 年为 1.23%，与原井网 0.34% 的采油速度相比，提高了 0.9 个百分点左右。

2）综合含水率比试验前低了 3.5 个百分点

试验区新井加密后，开采对象为动用程度偏低的层段，投产后含水率低于萨Ⅲ4-10 油层全部射开的层系含水率，2007 年平均综合含水率为 88.9%，2008 年平均综合含水率为 91.9%，2009 年平均综合含水率为 92.8%，与未封堵的老井相比，三年来平均综合含水率低了 3.8 个百分点。

统计目前新老井萨Ⅲ4-10 油层综合含水率，2007 年平均综合含水率为 90.2%，2008 年平均综合含水率为 92.3%，2009 年平均综合含水率为 93.1%，与不加密的原井网相比，三年来平均综合含水率低了 3.5 个百分点。

4."二三结合"开发模式，完善了新老井注采关系，减缓了水驱产量递减，提高了试验区整体开发效果

新钻注水井改变了原井网注采方向即液流方向，对原井网老井形成新的驱替方向，形成新流场，有利于老油井挖潜原井网中动用差部位剩余油，改善了试验区原井网未封堵采油井的开发效果，并与新钻井互相弥补，有效完善了砂体注采关系，提高了试验区整体开发效果。

试验区原井网生产萨Ⅲ4-10 油层 49 口采油井，2007 年 4 月开始陆续封堵 15 口井，对比未封堵 34 口采油井生产数据，新井投产前，平均日产液量 5308t，日产油量 269t，含水率 94.9%。2009 年 10 月，平均日产液量 5215t，日产油量 238t，含水率 95.4%，与新井投产前相比，日产液量降低 93t，日产油量降低 31t，含水率上升 0.5 个百分点。新井投产后，平均年产油递减幅度为 2.9%，平均年含水率上升 0.18%；与油田水驱平均水平相比（年产油递减幅度 6.0%，年含水率上升 0.25%），产油递减幅度减缓 3.1 个百分点，含水率上升速度减慢 0.07 个百分点；与新井投产前相比（年产油递减幅度 6.8%，年含水率上升 0.32%），产油递减幅度减缓 3.9 个百分点，含水率上升速度减慢 0.14 个百分点，开发效果较好。

5."二三结合"开发模式，增加了可采储量，能提高最终采收率

统计试验区 2000 年以来生产数据，绘制甲型、丙型特征曲线，加密井投产后，水驱曲线明显向下转折，回归的趋势线斜率变小，表明试验区油层动用程度提高，开发效果转好改善，开发调整成功。

应用甲型特征曲线预算，与加密前相比，加密后多动用地质储量 125.89×10^4t，多动用可采储量 17.51×10^4t，最终提高采收率 4.3 个百分点；应用丙型特征曲线预算，与

加密前相比，加密后多动用可采储量 $17.98×10^4$t，最终提高采收率 4.4 个百分点。因此，"二三结合"试验最终可多动用可采储量 $17.50×10^4$t 以上，提高采收率 4.3 个百分点左右。

数值模拟研究成果表明，试验区采用"二三结合"方式进行水驱加密开发，最终采收率 44.22%，与不进行加密按原井网注水开发方式的 39.12% 相比，提高 5.1 个百分点。其中，井网加密部分提高 2.82 个百分点、选择性射开部分储层提高 2.28 个百分点。"二三结合"试验后按照规划的 2012 年 1 月进行三次采油注聚合物开发，最终采收率可达到 53.96%，与不进行"二三结合"试验、按照规划于 2012 年进行加密三次采油注聚合物开发的 51.96% 相比，最终采收率提高 2.0 个百分点。

6. "二三结合"开发模式，适应于低、未水淹合计厚度 2.0m 以上的厚油层、开发时间应在 2 年左右

喇嘛甸油田"二三结合"试验，于 2007 年 4 月规模化投产至今，经历了初期较低含水阶段、产量比较稳定阶段、效果变差阶段、低效治理阶段至今，综合分析试验区沉积特征、射孔状况、低效井生产情况，以及与二类油层三次采油的衔接等问题，确定"二三结合"开发模式，适应于低、未水淹合计厚度 2.0m 以上的厚油层、开发时间应在 2 年左右。

（1）从沉积特征来看，具有韵律特征的河道砂厚油层沉积，厚油层内非均质性形成其内部动用状况的差异，决定了剩余油分布特征，为水驱加密挖潜奠定了基础。而相对大规模发育的辫状河均质砂体或相当规模的水下席状砂，动用状况相对均匀，不具备水驱加密挖潜的地质基础。

（2）从射孔厚度上看，射孔层低、未水淹合计有效厚度不小于 2.0m 是取得较好开发效果的有力保证。

统计试验区 123 口采油井不同射孔厚度对应投产至今的低效井状况，射孔层低、未水淹合计有效厚度不小于 3.0m 井，平均单井射开有效厚度 4.0m，低、未水淹合计有效厚度为 3.9m，低效井数 4 口，比例为 6.1%；射孔层低、未水淹合计有效厚度不小于 2.0m 井，低、未水淹合计有效厚度为 2.8m，低效井数 17 口，比例为 25.8%；当射孔层低、未水淹合计有效厚度小于 2.0m 时，平均单井射开有效厚度 1.6m，低、未水淹合计有效厚度为 0.9m，低效井数为 49 口，比例为 74.2%。因此，为保证单井产能、控制低效井比例，射孔层低、未水淹合计有效厚度不小于 2.0m 是实现较好开发效果的必要条件。

（3）从水驱加密挖潜后与三次采油的衔接来看，"二三结合"开发是在二类油层三次采油前的 1~3 年期间，利用二类油层三次采油加密井网，按三次采油层系，对二类油层进行水驱加密挖潜。因此，如果进行"二三结合"开发，提前 2 年左右完钻三次采油加密井网，因此，必须搞好与三次采油规划时间的衔接，是"二三结合"开发的井网基础。

综合上述，具有韵律特征的河道砂厚油层沉积是试验的基础，动用程度较低的油层厚度不小于 2.0m 是试验的必要条件，同时所利用的三次采油井网应比规划时间提前 2 年左右时间完钻。

7. 确定了试验区由水驱加密转为三次采油开发时机

1）转为三次采油开发时机的确定原则

"二三结合"试验是利用北北块二区南部萨Ⅲ4-10油层三次采油井网、选择性射孔进行注水开发试验。试验结束之后，将继续进行相同层系的三次采油，为此，确定了试验区由加密注水开发转为三次采油开发的三个时机：

（1）以获得较高采收率的时间作为转三次采油的时机；

（2）遵照油田三次采油整体规划时间安排，在第二年初进行三次采油开发；

（3）按照目前开发形势预测，当低效井比例达到50%时，转为三次采油开发。

2）转三次采油开发时机的确定

（1）采收率提高值最大。

应用 GPTMAP 软件建模，采用沉积相约束控制建立试验区结构单元模型，纵向上为7个模拟层，矩形网格，网格步长30m，共划分为70000个节点，32个渗流区。模拟区属同一水动力系统，通过各静态数据插值，以及各种资料处理和网格化，建立了初始化模型。分析水驱拟合结果，加密前试验区实际采出程度为34.6%，模型计算为34.4%；实际综合含水率为94.3%，模型计算为94.5%。全区指标拟合精度达到95%，单井拟合精度达到92%。

依据水驱拟合结果，以原井网水驱开发为基础方案，预测了试验区不同含水阶段转为三次采油开发的最终采出程度和采收率提高值。根据数值模拟结果，在综合含水率高于95%以后，采收率提高幅度在逐渐变小，认为在综合含水率95%～96%之间时，最终采出程度高于53.9%，采收率提高值达到14.8%以上，此时转三次采油的效果最佳。

（2）按照油田整体规划时间。

根据油田整体规划安排，全油田二类油层10个区块的三次采油从2006年到2015年间全部陆续进行三次采油开发，以实现油田产量的有效接替，试验区所属区块安排于2012年1月转为三次采油，此时区块含水率将高于95.7%。

（3）以低效井数比例作为参考。

低效井比例的高低直接影响试验区的开发效果，整个试验过程中低效井数平均为36口，占总井数的比例为29.3%（扣除投产初期），平均单井日产油水平为2.6t。预测当低效井数比例不小于50.0%时，区块平均单井日产油水平小于2.0t，综合含水率达到95.0%以上，试验区开发效果严重变差，此时应转为三次采油开发。

按照目前生产水平和油田开发规律，预计了试验区2010年以后生产状况。结果表明，在2011年5月左右，试验区低产能井数比例达到50%以上，全区平均单井日产油量1.9t，含水率为95.1%，此期间转为三次采油开发比较适当。

综合上述，试验区转为三次采油开发的时机，能够兼顾油田整体规划时间和采收率提高值较高时期，即2011年5月之后。此时，试验区加密井平均日产液量2800t左右，日产油量130t左右，综合含水率为95.0%～96.0%之间，最终采出程度高于53.9%，采收率提高 14.8% 以上。

8. "二三结合" 开发模式，较好地控制了成本，获得了较高的经济效益

喇嘛甸油田已进入特高含水开发期，面临着产液量高、注水量高、能耗高的严峻形势。"二三结合" 试验在降低成本费用、提高经济效益、精细开发管理等方面取得了较好效果。

1）试验区取得较好经济效益，为效益一类区块

至 2009 年 10 月，试验区新钻井核实产油 23.59×10^4t，原油商品量 23.30×10^4t，销售收入 9.27 亿元，伴生气商品量 0.09×10^8m³，销售收入 0.17 亿元。扣除销售税金及附加 0.30 亿元，成本费用 1.66 亿元，试验区总利润为 7.30 亿元，投入产出比为 1∶5.6。

2）与水驱对比，单位成本费用低、吨油利润高

对比试验区与油田水驱区块开发效益参数，试验区平均成本费用为 687.3 元 /t，与水驱平均成本相比低了 13.3 个百分点。其中，平均操作成本为 306.2 元 /t，降低了 36.1 个百分点；平均生产成本为 452.6 元 /t，降低了 20.6 个百分点。试验区平均吨油利润为 3021.1 元，是水驱平均吨油利润的 1.13 倍，提高了 13.5 个百分点。

9. "二三结合" 开发方式具有一定推广前景

按照油田产能建设安排，喇嘛甸油田二类油层已于 2006—2015 年分 10 个区块、分层系进行三次采油开发。为保证三次采油开发效果，三次采油同时将封堵原水驱井对应层系，必然导致水驱产量下降速度加快，从 2006 年至 2020 年，10 个区块共封堵水驱产量合计为 288.6×10^4t。

试验表明，"二三结合" 开发方式能够提高水驱采收率、减缓水驱产量递减速度，弥补部分水驱封堵产量。"二三结合" 开发利用三次采油井网，因此，三次采油井网须提前 2 年左右时间完钻，以此为前提，协调油田产能建设时间安排，确定油田北西块一区、南中西一区、北东块二区、南中西二区、南中东二区等 5 个区块为 "二三结合" 推广区块。

第四节　特高含水期油田层系井网优化调整技术界限

一、层系井网存在的主要矛盾

喇萨杏油田历经 60 年的注水开发，经历三次较大规模的加密调整，取得了举世瞩目的好效果。但随着开发的不断深入，逐渐暴露出新的矛盾，制约了水驱开发效果的进一步改善。

喇萨杏油田目前共有水驱、聚合物驱井网 5～9 套，由于历次调整大都以细分对象为主，并未进行层系细分，这种方式在当时发挥了巨大作用，而进入特高含水后期，地面、地下注采关系复杂，也带来一些矛盾和问题[8-9]。

（一）薄差层注采井距大、井距不均匀，平面矛盾突出

1.三类油层注采井距大，多向连通比例低

多年来的研究表明，三类油层合理注采井距为 150～200m，但实际上各区块地下实际工作注采井距多在 250m 以上，由于地下注采井距偏大，加之三类油层发育较差，三类油层水驱控制程度虽然能达到 90% 左右，但多向连通比例低，除中区外，其他区块在 15%～35% 之间，区块间差异较大，部分区块还有进一步调整的潜力。

2.三类油层注采井距不均匀，平面干扰严重

三类油层是目前水驱的主要对象，而在历次调整过程中，各套井网都对这部分油层进行了选择性射孔，这在历史上也起到了互相完善注采关系的作用，也取得了较好的效果。但由于各套井网在平面上并不均匀，也就造成了地下实际射孔的工作井网注采井距不均匀，容易造成平面矛盾，形成平面上的优势渗流通道，影响开发效果。

为了研究井距不均匀程度，在此借鉴渗透率变异系数的计算方法引入井距变异系数的概念，其算法与渗透率变异系数基本相同：四点法、五点法井网理论上井距变异系数为 0，而反九点法面积井网的井距变异系数则为 0.17，而实际上大庆油田各区块三类油层地下实际工作井网的井距变异系数则普遍在 0.3 以上，个别区块则达到了 0.5 以上。

为了研究井距变异系数对开发效果的影响，根据实际区块的储层发育特点建立了概念模型，数值模拟参数：五点法井网；井距为 200m，共 1 层；渗透率为 100mD；定压预测，油井井底流压为 8MPa，水井井底流压为 15MPa；网格步长为 10m。

数值模拟结果表明，4 个井距为 200m 规则五点法井网井组中有 1 口油井沿主流线偏离原位置时，采收率下降。井网不均匀程度每增加 0.1，采收率就会下降 0.75 个百分点，且井网不均匀程度达到 0.2 以上，采收率下降幅度加大。数值模拟与理论计算结果一致。

目前油田各区块井网井距变异系数较高（普遍在 0.3～0.6 之间），具有进一步调整的余地。井距不均匀，注采关系复杂，也给动态调整增加了难度。

（二）纵向上射孔层位跨度大、层数多、渗透率变异系数较大，层间矛盾突出

喇萨杏油田从基础井网到三次加密井网，大多采用萨葡或者萨葡高合采的开发方式，各套井网只是在射孔对象上存在差异，但由于一次加密、二次加密和三次加密井网在射孔时均不同程度地射开了本套井网射孔对象以外、原井网动用不好的较厚油层，这样就造成了虽然进行了对象上的细分，但仍然未完全达到细分的目的，层间差异仍然存在较大的矛盾。

1.射孔井段跨度大，层系多，影响油层的吸水效果

喇萨杏油田各套井网基本都采用萨葡高或者萨葡合采方式（部分区块一次加密井进行了细分），各套井网除一次加密井外，其他井网射孔段跨度均在 150m 以上，井网射孔跨度大，影响了下部油层的吸水和动用，进而使开发效果受到影响。

以南五区层系井网调整试验区为例，三次加密井调整前是萨葡高差油层合采，调整

后只开采葡高差油层，射孔跨度由原来的242m缩短到88m，渗透率变异系数也由原来的0.93降低到0.84，调整后，各类油层吸水厚度比例均不同程度提高，其中有效厚度0.2～0.4m油层吸水厚度比例提高了13.2个百分点，三类油层合计提高11.2个百分点。由此来看，缩短开发层系跨度可以有效提高油层动用程度，改善开发效果。

2. 射孔层渗透率变异系数大，层间干扰严重，影响开发效果

喇萨杏油田历次加密调整虽以细分对象为主，但为了保证产能和最大限度地挖潜剩余油，每次调整过程中都射开了部分自身射孔对象以外的油层，因此加密井渗透率变异系数虽较基础井有所降低，但渗透率变异系数仍在0.80以上。

为了研究渗透率变异系数对采收率的影响，依据实际区块储层发育特点建立了相同渗透率变异系数、不同渗透率级差和相同级差、不同变异系数的地质概念模型，并进行相同井网、相同开发政策的注水开发数值模拟研究。研究表明，渗透率变异系数相同时，渗透率级差对采收率影响不大；渗透率级差相同时，渗透率变异系数对采收率影响较大。因此，选用了渗透率变异系数作为层间矛盾的分析指标对典型区块进行了量化研究。从数值模拟的结果可以看出，变异系数每增加0.1，采收率相应下降0.7个百分点。因此，通过细分层系降低变异系数是缓解层间矛盾的有效途径。

二、特高含水期层间及井间干扰机理

理论研究和现场试验均表明，层间干扰和井间干扰是制约油田开发效果的重要因素。研究多层非均质油藏干扰机理，搞清井间和层间干扰规律是提高开发效果的关键。

（一）特高含水期多层非均质油藏层间干扰因素分析

关于层间干扰机理，国内外许多学者进行过研究。但这些研究不够系统，且受到假设条件限制，计算误差偏大。为从机理上深化研究干扰程度，建立了能够充分体现多层非均质油藏非活塞式驱油的地质模型和数学模型，以各层突破时间为指标，将各层的流量、注入倍数和采出程度等分段计算，以符合生产实际。

1. 建立水驱油地质模型

假设条件：（1）岩石和流体不可压缩，注入量与产液量相等；（2）层间无窜流，每一层的渗透率及相对渗透率曲线、厚度、孔隙度等参数不同；（3）水驱前缘的前面只有油相流动，水驱前缘的后面是油水两相流动；（4）在水驱未突破前，水驱前缘后面的含水饱和度与水驱前缘的含水饱和度相同。

2. 突破时间、水驱前缘位置和饱和度的计算方法

1）计算突破时间及水驱前缘

由Leverett含水率方程知，第i层等饱和度面移动速度$v_i(S_w)$为：

$$v_i(S_w) = \frac{q_i}{wh_i\phi_i}\left[\frac{\partial f_w(S_w)}{\partial S_w}\right]_{S_{wi}} \quad (2-4-1)$$

式中　$v_i(S_w)$——第 i 层的等饱和度面移动速度，m/s；

　　　$f_w(S_w)$——含水率；

　　　S_{wi}——第 i 层的含水饱和度；

　　　q_i——第 i 层的流量，m³/s；

　　　w——油层宽度，m；

　　　h_i——第 i 层高度，m；

　　　ϕ_i——第 i 层的孔隙度。

当 S_w 等于第 i 层的前缘饱和度时，$v_i(S_w)$ 即为前缘移动速度。

用各层突破时间 t_i 确定突破顺序：

$$t_i = \frac{L}{v_i(S_{wf})} \qquad (2\text{-}4\text{-}2)$$

第 i 层突破时，尚未突破的第 m（$m>i$）层的水驱前缘位置为：

$$X_{Lm} = t_i v_m(S_{wf}) \qquad (2\text{-}4\text{-}3)$$

式中　L——油层长度，m；

　　　$v_m(S_{wf})$——第 m 层水驱前缘移动速度，m/s。

随着各层水驱前缘的推进，其渗流阻力也相应发生变化，因此各层的产液量随之发生变化。

2）水驱前缘饱和度的算法

侵入到水驱前缘范围内的总水量等于该区域内含水饱和度的增量，因此得：

$$f'_w(S_{wf}) = \frac{f_w(S_{wf})}{S_{wf} - S_{wc}} \qquad (2\text{-}4\text{-}4)$$

式中　S_{wc}——残余水饱和度。

可以在 f_w—S_w 图上，通过作图法求得前缘含水饱和度 S_{wf}。

3. 分层产液量的确定

1）分层产液量计算方法

各层中油水两相的控制方程为：

$$q_{wi} = wh_i \frac{(KK_{rw})_i}{\mu_w} \frac{\Delta p}{L} \qquad (2\text{-}4\text{-}5)$$

$$q_{oi} = wh_i \frac{(KK_{ro})_i}{\mu_o} \frac{\Delta p}{L} \qquad (2\text{-}4\text{-}6)$$

式中　q_{wi}，q_{oi}——分别为第 i 层水相和油相的流量，m³；

　　　μ_o，μ_w——分别为油相和水相的黏度，mPa·s。

各层流量为水相和油相液量的和：

$$q_i = wh_i \left[\frac{(KK_{ro})_i}{\mu_o} + \frac{(KK_{rw})_i}{\mu_w} \right] \frac{\Delta p}{L}$$ （2-4-7）

总流量为分层流量的和，则分层产液量为：

$$q_i = q_t \frac{h_i \left[\frac{(KK_{rw})_i}{\mu_w} + \frac{(KK_{ro})_i}{\mu_o} \right]}{\sum\limits_{i=1}^{N} h_i \left[\frac{(KK_{rw})_i}{\mu_w} + \frac{(KK_{ro})_i}{\mu_o} \right]}$$ （2-4-8）

式中　q_t——油层总产液量，m^3；

　　　q_i——第 i 层的产液量，m^3。

当第 i 层突破后，根据各层的渗流阻力重新依据式（2-4-8）计算分层产液量。

2）层内渗流阻力的计算

对于未突破层，以水驱前缘为界限，分两段计算该层的渗流阻力；对于已突破层，根据不同时间段的含水饱和度计算渗流阻力。

设长度为 L 的油层，在平面上分成渗透率不同的 N 段。每段的渗透率分别为 K_1，K_2，…，K_N，长度分别为 L_1，L_2，…，L_N。

油层平均渗透率 $\overline{K}$ 为：

$$\overline{K} = \frac{L}{\sum\limits_{i=1}^{N} \frac{L_i}{K_i}}$$ （2-4-9）

式中　L_i——第 i 段的长度，m；

　　　K_i——第 i 段的渗透率，mD。

设当第 i 层突破时，未突破的第 m（$m>i$）层水驱前缘位置为 X_{Lm}，则该层的渗透率为：

$$\overline{K} = \frac{L}{\dfrac{X_{Lm}}{\dfrac{K_m K_{ro}(S_{wf})}{\mu_o} + \dfrac{K_m K_{rw}(S_{wf})}{\mu_w}} + \dfrac{L - X_{Lm}}{\dfrac{K_m K_{ro}(S_{wc})}{\mu_o} + \dfrac{K_m K_{rw}(S_{wc})}{\mu_w}}}$$ （2-4-10）

利用式（2-4-10），计算第 i 层突破后未突破层的渗流阻力、流量及流速。

第 i 层突破后，前 $i-1$ 个已突破层的产出端含水饱和度也发生变化，根据对应时间点的饱和度计算其渗流阻力。

3）注入孔隙体积倍数与含水率导数的关系

根据等饱和度面移动方程，t 时刻第 i 层的前缘位置 X_{Li} 表示为：

$$X_{Li} = \frac{W_i(t)}{\phi_i w h_i} f'_{wi}(S_{wf}) \tag{2-4-11}$$

式中　$W_i(t)$——t 时刻第 i 层的累计注水量，m^3。

令 $Q_i = \dfrac{W_i(t)}{\phi w h_i X_{Li}}$，则 Q_i 是 t 时刻第 i 层的累计注入孔隙体积倍数。由式（2-4-11）得：

$$Q_i = \frac{1}{f'_{wi}(S_{wf})} \tag{2-4-12}$$

由式（2-4-12）可知，Q_i 等于 t 时刻的累计注入孔隙体积倍数。当 $X_{Li}=L$ 时，Q_i 为第 i 层突破时的注入孔隙体积倍数。

4. 层内驱替规律

1）首层突破时

根据注入孔隙体积倍数与含水率导数的关系，得到第 1 层突破时第 1 层的注入孔隙体积倍数为：

$$Q_{11} = \frac{1}{\left[\dfrac{\partial f_{w1}(S_w)}{\partial S_w} \right]_{S_{wf1}}} \tag{2-4-13}$$

式中　Q_{11}——第 1 层突破时第 1 层的注入孔隙体积倍数；

S_{wf1}——第 1 层突破时该层的前缘含水饱和度。

当第 1 层的水驱前缘到达该层的末端时，其他层的水驱前缘未到达各层的末端，末端含水饱和度与束缚水饱和度一致。其余各层注入孔隙体积倍数由第 1 层的注入孔隙体积倍数计算得：

$$Q_{1n} = \frac{q_n h_1 \phi_1}{q_1 h_n \phi_n} Q_{11}, \quad n=2, \ 3, \ \cdots, \ N \tag{2-4-14}$$

式中　Q_{1n}——第 1 层突破时第 n 层的注入孔隙体积倍数；

q_1——第 1 层的产液量，m^3；

q_n——第 n 层的产液量，m^3。

各层采出程度 η 为：

$$\eta = \frac{S_{oi} - S_o}{1 - S_{wc} - S_{or}} = \frac{S_w - S_{wc}}{1 - S_{wc} - S_{or}} \tag{2-4-15}$$

式中　S_{or}——残余油饱和度。

由含水饱和度与含水率的关系得：

$$S_w - S_{wc} = \int (1 - f_w) \, \mathrm{d}Q_i \tag{2-4-16}$$

则采出程度 η 为:

$$\eta = \frac{(1-f_w)Q_i}{1-S_{wc}-S_{or}}$$ （2-4-17）

因此，第 1 层突破时第 1 层的采出程度为:

$$\eta_{11} = \frac{(1-f_{w1})Q_{11}}{1-S_{wc1}-S_{or1}}$$ （2-4-18）

第 1 层突破时，第 n（$n>1$）层未突破，其含水率为 0，因此驱替效率为:

$$\eta_{1n} = \frac{Q_{1n}}{1-S_{wcn}-S_{orn}} = \frac{q_n h_1 \phi_1}{(1-S_{wcn}-S_{orn})q_1 h_n \phi_n \left[\dfrac{\partial f_{w1}(S_w)}{\partial S_w}\right]_{S_{wf1}}}$$ （2-4-19）

第 1 层突破时，每层的产油量 N_{p1n} 为:

$$N_{p1n} = q_{1n}t_1$$ （2-4-20）

式中 q_{1n}——第 1 层突破时，第 n 层的产液量，m³/d；

t_1——第 1 层的突破时间，d。

油层的总含水率 f_{wt} 为:

$$f_{wt} = \frac{\sum\limits_{n=1}^{N} q_n f_{wn}}{\sum\limits_{i=1}^{N} q_n}$$ （2-4-21）

由于首层突破时只有第 1 层含水，因此首层突破时的总含水率 f_{wt} 为:

$$f_{wt} = \frac{q_1 f_{w1}}{\sum\limits_{i=1}^{N} q_n}$$ （2-4-22）

2）中间层突破时

当第 i 层突破时，前 $i-1$ 个已突破层的末端含水饱和度面移动速度为:

$$v_m(S_w) = L/t_i = \frac{q_i}{wh_i\phi_i}\left[\frac{\partial f_{wi}(S_w)}{\partial S_w}\right]_{S_{wfi}}, \quad m=1, 2, \cdots, i-1$$ （2-4-23）

式中 S_{wfi}——第 i 层的前缘饱和度。

各层末端对应的含水饱和度关系式为:

$$\frac{q_i}{h_i\phi_i}\left[\frac{\partial f_{wi}(S_w)}{\partial S_w}\right]_{S_{wfi}} = \frac{q_m}{h_m\phi_m}\left[\frac{\partial f_{wm}(S_w)}{\partial S_w}\right]_{S_{wm}}$$ （2-4-24）

式中 S_{wm}——已突破的前 m 层在油层末端的饱和度。

根据计算得到的 $\left[\dfrac{\partial f_{wm}(S_w)}{\partial S_w}\right]_{S_{wm}}$，可以确定第 m 层在末端的含水饱和度。

第 i 层突破时已突破的第 m 层的注入孔隙体积倍数为：

$$Q_{im}=\cfrac{1}{\left[\dfrac{\partial f_{wm}(S_w)}{\partial S_w}\right]_{S_{wm}}}\qquad(2-4-25)$$

第 i 层突破时，为减少含水率变化引起的计算误差，已突破的第 m 层的采出程度由前 1 个时间步的采出程度计算：

$$\eta_{im}=\eta_{i-1}+\frac{(1-f_{wm})\left[Q_{im}-Q_{(i-1)m}\right]}{1-S_{wcm}-S_{orm}}\qquad(2-4-26)$$

式中 η_{im}——第 i 层突破时，已突破的第 m 层的采出程度；

Q_{im}——第 i 层突破时已突破的第 m 层的注入倍数；

η_{i-1}——第 $i-1$ 层突破时未突破的第 m 层的采出程度；

$Q_{(i-1)m}$——第 $i-1$ 层突破时未突破的第 m 层的注入孔隙体积倍数。

第 i 层突破时第 i 层的注入孔隙体积倍数为：

$$Q_{ii}=\cfrac{1}{\left[\dfrac{\partial f_{wi}(S_w)}{\partial S_w}\right]_{S_{wfi}}}\qquad(2-4-27)$$

第 i 层突破时第 i 层的采出程度为：

$$\eta_{ii}=\frac{(1-f_{wi})Q_{ii}}{1-S_{wci}-S_{ori}}=\frac{Q_{ii}}{1-S_{wci}-S_{ori}}\qquad(2-4-28)$$

式中 η_{ii}——第 i 层突破时该层的采出程度；

Q_{ii}——第 i 层突破时该层的注入孔隙体积倍数。

第 i 层突破时未突破的第 n 层的注入孔隙体积倍数为：

$$Q_{in}=Q_{(i-1)n}+\frac{q_{in}h_i\phi_i}{q_{ii}h_n\phi_n\left\{\left[\dfrac{\partial f_{wi}(S_w)}{\partial S_w}\right]_{S_{wfi}}-\left[\dfrac{\partial f_{wi}(S_w)}{\partial S_w}\right]_{S_{wf(i-1)}}\right\}}\qquad(2-4-29)$$

式中 $Q_{(i-1)n}$——第 $i-1$ 层突破时，未突破的第 n 层的注入孔隙体积倍数；

q_{in}——第 i 层突破时，未突破的第 n 层的产液量；

$q_{(i-1)n}$——第 $i-1$ 层突破时，未突破的第 n 层的产液量；

q_{ii}——第 i 层突破时，第 i 层的产液量。

第 i 层突破时，未突破的第 n 层的采出程度 η_{in} 为：

$$\eta_{in} = \frac{Q_{in}}{1 - S_{wcn} - S_{orn}} \qquad (2-4-30)$$

第 i 层突破时，第 n 层的产油量 N_{pin} 为：

$$N_{pin} = N_{p(i-1)n} + q_{in}\left(t_i - t_{i-1}\right) \qquad (2-4-31)$$

式中 q_{in}——第 i 层突破时第 n 层的产液量；

t_i——第 i 层的突破时间；

t_{i-1}——第 $i-1$ 层的突破时间。

最后一层突破时每层的采出程度和累计产油量也采用相同方法计算。

5. 算例分析

模型设计为 5 层，油藏长度为 200m，宽度为 100m，总产液量为 100m³/d。小层厚度均为 2m，油的黏度为 6mPa·s，水的黏度为 0.6mPa·s，其他参数见表 2-4-1。

表 2-4-1 各小层参数

突破顺序	渗透率 /mD	孔隙度	束缚水饱和度	残余油饱和度
1	1600	0.305	0.147	0.315
2	800	0.292	0.197	0.316
3	300	0.274	0.260	0.310
4	100	0.253	0.326	0.307
5	20	0.221	0.372	0.309

由式（2-4-13）、式（2-4-14）、式（2-4-24）、式（2-4-25）、式（2-4-27）和式（2-4-29）计算不同时间各层的注入孔隙体积倍数，由式（2-4-18）、式（2-4-20）、式（2-4-28）和式（2-4-30）计算不同时间各层的采出程度。可以得出，在油田开发初期，层间注入倍数差异较小，层间非均质性是造成注入倍数差异的原因；在油田开发后期，受高渗透层油水流度比变化的影响，水相流动能力上升，其注入孔隙体积倍数也相应增加。特高含水期层间含水饱和度差异造成的油水流度比变化是使层间矛盾逐渐增大的重要原因。

渗透率为 1600mD 的层首先突破，突破时采出程度为 34.8%；渗透率为 800mD 的层第 2 个突破，在首层突破时的采出程度为 18.3%，当本层突破时，采出程度达到 25.1%。渗透率在 300mD 以下的中低渗透层采出程度上升缓慢。中高渗透层开发初期采出程度上升较快，开发后期采出程度上升趋于平缓。

高渗透层见水较快，低渗透层见水较晚，但低渗透层一旦见水，含水均较高。高渗透层和低渗透层的产液量差值逐渐增大，这是由于各层油水流度比变化引起的。从以上分析可以看出，非均质性和油水流度比是形成层间矛盾的根本原因。在油田开发初期，以非均质性的作用为主；在油田开发后期，油水流度比的作用逐渐增大。因此，在油田开发过程中应考虑采取措施控制这种现象，减小层间矛盾。

（二）水驱油藏多井系统井间干扰规律分析

应用理论模型和数值模拟，以及井网不均匀程度分析，研究了井间非均质条件下的干扰机理。

1. 注采井间非均质情况下的干扰机理

为研究井间干扰机理，分别建立了注采井间非均质模型和平面非均质情况下注采井距不均匀的概念模型。

由水电相似原理可知：

$$\Delta p = p_e - p_{wf} = \Delta p_1 + \Delta p_2 + \cdots + \Delta p_N \tag{2-4-32}$$

$$q = q_1 = q_2 = \cdots = q_N \tag{2-4-33}$$

式中　p_e——地层压力，MPa；

　　　p_{wf}——井底压力，MPa。

推导得：

$$q = \frac{\left(\dfrac{K_i K_{roi}}{\mu_o} + \dfrac{K_N K_{rwi}}{\mu_w}\right) A \Delta p_i}{L_i} = \frac{A \Delta p}{\sum\limits_{i=1}^{N} \dfrac{L_i}{\left(\dfrac{K_i K_{roi}}{\mu_o} + \dfrac{K_1 K_{rwi}}{\mu_w}\right)}} \tag{2-4-34}$$

应用上述理论计算了不同非均质模式下产液量、渗流阻力和压差，低注高采的渗流阻力小于高注低采的渗流阻力，因此产液量较高；高注低采更容易在油井附近形成较高的压力梯度，驱替剩余油。

2. 多井系统井间干扰机理

喇萨杏油田经过几次加密调整后，由于层系井网交叉，不同方向的注采井距差异较大，增加部分油层的平面矛盾，井网不均匀性造成的干扰问题对开发效果的制约现象越来越突出。因此，研究井间的干扰规律对于层系井网优化调整、剩余油挖潜具有指导意义。

以渗流力学为基础，通过压力叠加原理设计了多井井间干扰模型。模型分为油井间干扰和油水井间干扰两种模式。每种模型都研究井距、产量的变化对观察井的影响。通过研究，力求找出井间干扰的因素及其干扰规律。层系井网调整时，可参考井间干扰规律，充分利用井间干扰中有利的因素，尽量避免或减小不利的干扰，从而提高开发效果，达到经济效益最大化的目的。

1）井间产液量干扰

（1）邻井为采油井的情况：

设 A（观察井）、B（激动井）、C（激动井）为生产井，其中 AB 井间距离为 $2a$，AC 井间距离为 $2b$，BC 井间距离为 $2c$，油藏半径为 R_e，视为无限大。油藏边界的地层压力为 p_e。

由势的叠加原理，油藏边界上的压力为：

$$p_e = \frac{q_A\mu}{2\pi Kh}\ln R_e + \frac{q_B\mu}{2\pi Kh}\ln R_e + \frac{q_C\mu}{2\pi Kh}\ln R_e + C \tag{2-4-35}$$

式中　K——渗透率，mD；

h——油层厚度，m；

q——产量，m³/d；

μ——流体的黏度，mPa·s。

A 井井壁的压力为：

$$p_{wfA} = \frac{q_A\mu}{2\pi Kh}\ln R_w + \frac{q_B\mu}{2\pi Kh}\ln 2a + \frac{q_C\mu}{2\pi Kh}\ln 2b + C \tag{2-4-36}$$

式中　p_{wf}——井底流压，MPa；

R_w——井筒半径，m。

由式（2-4-35）和式（2-4-36）得：

$$p_{wfA} = p_e + \frac{q_A\mu}{2\pi Kh}\ln \frac{R_w}{R_e} + \frac{q_B\mu}{2\pi Kh}\ln \frac{2a}{R_e} + \frac{q_C\mu}{2\pi Kh}\ln \frac{2b}{R_e} \tag{2-4-37}$$

B 井井壁的压力为：

$$p_{wfB} = \frac{q_A\mu}{2\pi Kh}\ln 2a + \frac{q_B\mu}{2\pi Kh}\ln R_w + \frac{q_C\mu}{2\pi Kh}\ln 2c + C \tag{2-4-38}$$

由式（2-4-35）和式（2-4-38）得：

$$p_{wfB} = p_e + \frac{q_A\mu}{2\pi Kh}\ln \frac{2a}{R_e} + \frac{q_B\mu}{2\pi Kh}\ln \frac{R_w}{R_e} + \frac{q_C\mu}{2\pi Kh}\ln \frac{2c}{R_e} \tag{2-4-39}$$

C 井井壁的压力为：

$$p_{wfC} = \frac{q_A\mu}{2\pi Kh}\ln 2b + \frac{q_B\mu}{2\pi Kh}\ln 2c + \frac{q_C\mu}{2\pi Kh}\ln R_w + C \tag{2-4-40}$$

由式（2-4-35）和式（2-4-40）得：

$$p_{wfC} = p_e + \frac{q_A\mu}{2\pi Kh}\ln \frac{2b}{R_e} + \frac{q_B\mu}{2\pi Kh}\ln \frac{2c}{R_e} + \frac{q_C\mu}{2\pi Kh}\ln \frac{R_w}{R_e} \tag{2-4-41}$$

由式（2-4-37）得：

$$q_A = \frac{\frac{2\pi Kh}{\mu}\left(p_e - p_{wfA}\right) - q_B \ln\frac{R_e}{2a} - q_C \ln\frac{R_e}{2b}}{\ln\frac{R_e}{R_w}} \qquad (2\text{-}4\text{-}42)$$

由式（2-4-39）得：

$$q_A = \frac{\frac{2\pi Kh}{\mu}\left(p_e - p_{wfB}\right) - q_B \ln\frac{R_e}{R_w} - q_C \ln\frac{R_e}{2c}}{\ln\frac{R_e}{2a}} \qquad (2\text{-}4\text{-}43)$$

由式（2-4-41）得：

$$q_A = \frac{\frac{2\pi Kh}{\mu}\left(p_e - p_{wfC}\right) - q_B \ln\frac{R_e}{2c} - q_C \ln\frac{R_e}{R_w}}{\ln\frac{R_e}{2b}} \qquad (2\text{-}4\text{-}44)$$

由式（2-4-42）至式（2-4-44），得：

$$q_A = \frac{\frac{2\pi Kh}{\mu}\left(p_e - p_{wfA}\right) - q_B \ln\frac{R_e}{2a} - q_C \ln\frac{R_e}{2b}}{\ln\frac{R_e}{R_w}}$$

$$= \frac{\frac{2\pi Kh}{\mu}\left(p_e - p_{wfB}\right) - q_B \ln\frac{R_e}{R_w} - q_C \ln\frac{R_e}{2c}}{\ln\frac{R_e}{2a}} \qquad (2\text{-}4\text{-}45)$$

$$= \frac{\frac{2\pi Kh}{\mu}\left(p_e - p_{wfC}\right) - q_B \ln\frac{R_e}{2c} - q_C \ln\frac{R_e}{R_w}}{\ln\frac{R_e}{2b}}$$

由式（2-4-45）得：

$$q_A = \frac{\left\{\begin{array}{l}\dfrac{2\pi Kh}{\mu}\left[\left(p_e - p_{wfA}\right)\ln\frac{R_e}{R_w} - \left(p_e - p_{wfB}\right)\ln\frac{R_e}{2a} - \left(p_e - p_{wfC}\right)\ln\frac{R_e}{2b}\right] \\ + q_B \ln\frac{R_e}{2b}\ln\frac{R_e}{2c} + q_C \ln\frac{R_e}{2a}\ln\frac{R_e}{2c}\end{array}\right\}}{\left(\ln\frac{R_e}{R_w}\right)^2 - \left(\ln\frac{R_e}{2a}\right)^2 - \left(\ln\frac{R_e}{2b}\right)^2} \qquad (2\text{-}4\text{-}46)$$

假设 B、C 井不受邻井影响，由式（2-4-46）得：

$$q_A = \cfrac{\left[\begin{array}{l}\dfrac{2\pi Kh}{\mu}\left(p_e - p_{wfA}\right)\ln\dfrac{R_e}{R_w} - q_B\left(\ln\dfrac{R_e}{R_w}\ln\dfrac{R_e}{2a} - \ln\dfrac{R_e}{2b}\ln\dfrac{R_e}{2c}\right) \\ -q_C\left(\ln\dfrac{R_e}{R_w}\ln\dfrac{R_e}{2b} - \ln\dfrac{R_e}{2a}\ln\dfrac{R_e}{2c}\right)\end{array}\right]}{\left(\ln\dfrac{R_e}{R_w}\right)^2 - \left(\ln\dfrac{R_e}{2a}\right)^2 - \left(\ln\dfrac{R_e}{2b}\right)^2} \qquad (2-4-47)$$

式（2-4-42）至式（2-4-44）、式（2-4-46）和式（2-4-47）为 A 井产量公式的几种形式。

令式（2-4-42）中的 q_B 和 q_C 的值为 0，可得：

$$q_A^* = \frac{2\pi Kh\left(p_e - p_{wfA}^*\right)}{\mu\ln\dfrac{R_e}{R_w}} \qquad (2-4-48)$$

式中　q_A^*——A 井单独生产时的产量，m^3/d。

3 口井同时生产时，由于地层无限大且井的半径很小，由式（2-4-47）得：

$$R_e \gg R_w, \quad \ln\frac{R_e}{R_w}\ln\frac{R_e}{2a} - \ln\frac{R_e}{2b}\ln\frac{R_e}{2c} > 0, \quad \ln\frac{R_e}{R_w}\ln\frac{R_e}{2b} - \ln\frac{R_e}{2a}\ln\frac{R_e}{2c} > 0$$

由式（2-4-47）分母得：

$$\left(\ln\frac{R_e}{R_w}\right)^2 \approx \left(\ln\frac{R_e}{R_w}\right)^2 - \left(\ln\frac{R_e}{2a}\right)^2 - \left(\ln\frac{R_e}{2b}\right)^2$$

由 $q_B > 0$，$q_C > 0$，可得 $q_A^* > q_A$，即受 B、C 井的影响，A 井产量变小。

（2）邻井为注水井的情况：

若邻井为注水井，则 B、C 井产量取负值。取 $-q_B$ 代替 q_B，$-q_C$ 代替 q_C，代入式（2-4-47）得：

$$q_A = \cfrac{\left[\dfrac{2\pi Kh}{\mu}\left(p_e - p_{wfA}\right)\ln\dfrac{R_e}{R_w} + q_B\left(\ln\dfrac{R_e}{R_w}\ln\dfrac{R_e}{2a} - \ln\dfrac{R_e}{2b}\ln\dfrac{R_e}{2c}\right) + q_C\left(\ln\dfrac{R_e}{R_w}\ln\dfrac{R_e}{2b} - \ln\dfrac{R_e}{2a}\ln\dfrac{R_e}{2c}\right)\right]}{\left(\ln\dfrac{R_e}{R_w}\right)^2 - \left(\ln\dfrac{R_e}{2a}\right)^2 - \left(\ln\dfrac{R_e}{2b}\right)^2}$$

$$(2-4-49)$$

由式（2-4-49）知，受注水井 B、C 井影响，A 井产量变大。

2）井间压力干扰

（1）邻井为油井：

假设生产井关井停产，井底压力逐渐恢复，通过比较生产井压力恢复判断井间干扰情况。

由式（2-4-47）得，当 $q_A=0$ 时，p_{wfA} 恢复至 p'_{wfA}：

$$p'_{wfA} = p_e - \frac{\mu\left[q_B\left(\ln\frac{R_e}{R_w}\ln\frac{R_e}{2a} - \ln\frac{R_e}{2b}\ln\frac{R_e}{2c}\right) + q_C\left(\ln\frac{R_e}{R_w}\ln\frac{R_e}{2b} - \ln\frac{R_e}{2a}\ln\frac{R_e}{2c}\right)\right]}{2\pi Kh\ln\frac{R_e}{R_w}} \quad (2-4-50)$$

当 $p'_{wfA} < p_e$ 时，即使 A 井停产，由于受邻井 B、C 井的影响，A 井压力也不能恢复到地层压力。

（2）邻井为水井：

若 B、C 井为注水井，则注水量为负，用 $-q_B$ 代替 q_B，$-q_C$ 代替 q_C，代入式（2-4-50），得：

$$p'_{wfA} = p_e + \frac{\mu\left[q_B\left(\ln\frac{R_e}{R_w}\ln\frac{R_e}{2a} - \ln\frac{R_e}{2b}\ln\frac{R_e}{2c}\right) + q_C\left(\ln\frac{R_e}{R_w}\ln\frac{R_e}{2b} - \ln\frac{R_e}{2a}\ln\frac{R_e}{2c}\right)\right]}{2\pi Kh\ln\frac{R_e}{R_w}} \quad (2-4-51)$$

由式（2-4-51）得 $p'_{wfA} > p_e$。

3. 算例分析

已知油层厚度为 5m，渗透率为 1000mD，R_e 取 1000m，p_e 为 11MPa，观察井的井底流压为 7MPa，a、b、c 均取为 120m，μ 为 4mPa·s。

根据式（2-4-47），在 B、C 井为油井时，根据计算结果可以得出，A 井产量与 B、C 井产量及 3 口井之间的相互距离有关。B、C 井产量越大，与 A 井距离越近，A 井产量越小；B 与 C 井之间的距离越大，A 井的产量越小。当 B、C 井位于同一方向时干扰最小；当 B、C 井分散在 A 井两侧时干扰最大。

根据式（2-4-49），在 B、C 井为注水井时，注水井距 A 井距离越近、注水量越大，A 井产量越高。如果 B、C 注水井距离较近，则注水效果较差；如果 B、C 注水井比较分散，则注水效果相对较好。

根据式（2-4-50），在邻井为油井时，B、C 井产量越大，与 A 井距离越近，p'_{wfA} 越小。B、C 井之间的距离越大，p'_{wfA} 越小。因此，邻井产量及其相互位置对油井的压力恢复有较大的影响。

根据式（2-4-51），在邻井为注水井时，如果 B、C 注水井距离较近，则油井压力恢复值较小；如果 B、C 注水井比较分散、距离较远，则注水效果相对较好。

受油井间干扰，均匀分布的油井使产量降低，可以通过增大注水量弥补，有助于控制储量；受油水井井间干扰，均匀分布的注水井可以提高注水效果。因此，保持均匀的井网对油田的高效开发有利。

三、层系井网调整技术经济界限及方式

在前面各类区块矛盾分析的基础上，确定了喇萨杏油田层系井网优化调整的原则及思路，进而利用数值模拟、动静结合等技术手段，确定了层系井网调整的技术经济界限，为各区块层系井网调整方式的制定指明了方向。

（一）技术经济界限

1. 合理注采井距研究

喇萨杏油田三类油层合理注采井距的研究早在十几年前就已开展，得到的普遍认识是三类油层水驱合理注采井距为150～200m，通过以典型区块为依托，也对三类油层合理注采井距进行了完善。

从各典型区块注采井距与砂体水驱控制程度的关系来看，三类油层的注采井距应控制在150～200m。注采井网井距大小对砂体控制程度和采收率有直接影响，井距越小，后者值越大。喇萨杏油田三类油层砂体发育相对一类、二类油层较差，目前井网下的砂体控制程度和最终采收率偏低，井距应当适当缩小。根据油田南部（杏三区东部）和油田北部（喇中块）砂体控制程度统计结果，以及不同井距对采收率影响的数值模拟结果，层系井网调整时缩小井距可以提高砂体控制程度和采收率，原井网在加密到井距150～200m之间时提高的幅度最大，进一步减小井距对提高砂体控制程度和采收率的作用不明显。因此喇萨杏油田三类油层层系井网合理井距应介于150～200m，具体大小应根据调整区块目前井网现状和储层物性特点来确定。

2. 各类区块层系组合界限

1）经济累计产油量下限

经济累计产油量下限是指原油销售收入等于项目总投资及各项成本费用之和时的最小产油量，此时项目刚好达到盈亏平衡。因此用盈亏平衡分析方法来确定累计产油量下限。盈亏平衡分析是通过盈亏平衡点分析项目成本与收益的平衡关系的一种方法，又称保本点分析。是根据产品的产量、成本、利润之间的相互制约关系进行综合分析的经济评价方法。项目的盈利与亏损有个转折点，称为盈亏平衡点。在这一点上，销售收入等于项目总投资费用总和。

根据项目盈亏平衡原理分析，固定资产投资及贷款利息与原油操作成本及税费之和应小于或等于原油销售收入，否则项目便会亏损，因此有式（2-4-52）成立：

$$\left(I_{\mathrm{D}}+I_{\mathrm{B}}\right)\beta\left(1+R\right)^{\frac{T}{2}}+\sum_{j=1}^{T}N_{\mathrm{p}j}\left(O+T_{\mathrm{a}}\right)/\left(1+i\right)^{j}=\sum_{j=1}^{T}N_{\mathrm{p}j}CP\left(1+i\right)^{j} \qquad （2-4-52）$$

$$N_{\mathrm{p}j}=0.0365\tau\frac{Q_{\min}}{D_0}\left[\mathrm{e}^{-D_0(j-1)}-\mathrm{e}^{-D_0 j}\right] \qquad （2-4-53）$$

求解得初始产量 $Q_{\min}$，进一步可求得经济累计产量下限 N_{pmin}。

$$N_{\text{pmin}} = 0.0365\tau \frac{Q_{\text{min}}}{D_0} \left[1 - e^{-TD_0}\right] \qquad (2-4-54)$$

式中　I_D——单井钻井投资，万元/井；

　　　I_B——单井地面建设投资，万元/井；

　　　R——投资贷款利率；

　　　β——油井系数，总井数与油井数比值；

　　　T——开发评价年限，年；

　　　j——评价期内第 j 年；

　　　τ——采油时率；

　　　C——原油商品率；

　　　P——原油销售价格，元/t；

　　　O——原油生产成本，元/t；

　　　T_a——原油税费，元/t；

　　　i——行业基准收益率；

　　　Q_{min}——初始最小产油量，t/d；

　　　D_0——产量递减系数，1/年；

　　　N_{pj}——第 j 年原油阶段产量，10^4t；

　　　N_{pmin}——单井经济累计产量下限，10^4t。

　　2）地质储量下限确定

　　根据评价期内提高的可采储量采出程度和地质储量采出程度，可得到单井控制的可采储量下限 N_{Rec} 以及地质储量下限 N_{Geo}：

$$N_{\text{Rec}} = \frac{N_{\text{pmin}}}{\omega_R \beta} \qquad (2-4-55)$$

$$N_{\text{Geo}} = \frac{N_{\text{pmin}}}{E_R \beta} \qquad (2-4-56)$$

式中　N_{Geo}——单井控制地质储量，t；

　　　N_{Rec}——单井控制可采储量，t；

　　　ω_R——评价期内可采储量采出程度；

　　　E_R——评价期内地质储量采出程度。

　　3）层系组合厚度界限

　　根据容积法计算地质储量公式，在相关参数确定情况下，可反求层系厚度组合界限：

$$h_{\text{min}} = \frac{N_{\text{Geo}} B_o}{2R_w^2 \phi S_{oi} \rho_o} \times 10^{-4} \qquad (2-4-57)$$

式中 h_{min}——厚度界限，m；

B_o——原油体积系数；

R_w——注采井距，m；

ϕ——孔隙度；

ρ_o——地面原油密度，g/cm^3；

S_{oi}——原始含油饱和度。

4）最高初期含水率界限

根据计算的初始产量界限，结合实际区块的产液指数和厚度组合界限，便可得到最高初期含水率界限值。

$$W_{max}=Q_{min}/(J_L h_{min})\qquad(2-4-58)$$

式中 W_{max}——最高初期含水率界限；

J_L——产液指数，m^3/（d·m）。

根据以上公式计算，喇萨杏油田各区块不同油价下按实际井网井距条件计算的层系组合厚度界限、初产量及初含水界限见表2-4-2。

表 2-4-2 层系井网调整技术经济界限表

区块	层系组合厚度 /m						初产量 /（t/d）						初期含水率 /%
	40美元/bbl	50美元/bbl	60美元/bbl	70美元/bbl	80美元/bbl	90美元/bbl	40美元/bbl	50美元/bbl	60美元/bbl	70美元/bbl	80美元/bbl	90美元/bbl	
喇嘛甸	5.7	4.2	3.4	2.9	2.5	2.2	2.04	1.48	1.22	1.02	0.88	0.78	93.9
萨北	12.6	9.5	8.0	6.7	5.9	5.2	3.13	2.36	1.98	1.68	1.46	1.29	93.5
萨中	9.8	7.7	6.5	5.6	4.8	4.3	2.60	2.10	1.80	1.50	1.30	1.20	93.4
萨南	11.7	9.0	7.7	6.5	5.7	5.0	2.76	2.14	1.82	1.55	1.34	1.19	92.5
杏北	13.4	9.8	8.1	6.7	5.8	5.1	3.22	2.35	1.94	1.61	1.39	1.23	92.0

（二）层系井网优化调整方式

截至"十二五"末，喇萨杏油田共有各类油水井75000口，层系井网调整需要充分利用这些老井，在此基础上适当补充新井，以达到细分层系、缩小井距的目的。

1.调整思路

（1）缩小注采井距，提高控制程度、建立驱动体系；

（2）增加注水井点，强化注采系统、改变液流方向；

（3）细分开发层系，缩短层系跨度、减少层间干扰。

在此基础上还要兼顾与三次采油井网的结合，避免给将来三类油层化学驱造成干扰和障碍，增加将来层系井网演化的难度。

2. 调整原则

（1）充分利用现有资源原则：三类油层充分利用现有井网资源，通过层系井网优化重组及综合利用，结合部署部分新井提高三类油层控制程度及动用程度，有效控制水驱产量递减。

（2）缓解层间矛盾原则：在原来加密调整技术的基础上更注重层系的细分，通过缩小层系跨度、细分开发对象来减小层间差异、减缓层间矛盾。

（3）缓解平面矛盾原则：通过新老井结合缩小注采井距、应用独立井网开发所对应的层系等手段，以缓解前面所提到的三类油层注采井距大、井距不均匀等平面矛盾，达到改善开发效果的目的。

3. 调整模式

喇萨杏油田各区块地质情况千差万别，层系井网部署情况也存在一定差异，在调整方式上也有所不同，因此，根据各区块的实际情况建立了个性化调整方式。

为了确定各区块调整方式，建立了确定层系井网调整方式的技术流程：首先对典型区块进行层系井网现状分析，搞清典型区块层系井网历程及现状；其次是对典型区块进行层系井网目前存在的主要矛盾分析，通过动用状况分析层间矛盾、通过连通情况分析平面矛盾，最终搞清典型区块存在的主要问题，确定层系井网调整方向；再次是对典型区块进行潜力研究，利用动静结合、数值模拟等技术手段搞清典型区块剩余油分布状况，确定层系井网调整的对象；最后是进行典型区块的层系井网调整方案的设计及优选，最终确定层系井网调整的方式。

通过研究，最终确定了喇萨杏油田层系井网优化调整的三种方式、八种做法（表2-4-3）。

表2-4-3　喇萨杏油田各类区块层系井网调整方式表

方式	开发区	典型区块	做法
高台子油层细分层段、井网加密	萨北	北二东试验区	缩短井段；高台子层系井网加密
	萨中	北一二排西部	高台子油层进一步细分；注采井距由250m缩小到175m
	喇嘛甸	喇嘛甸中块	高台子油层进一步细分；注采井距由300m缩小到212m
细划层段、细分层系、差层加密	萨南	南五区东部	一套层系五套井网细分为两套层系四套井网；并对差层进行了井网加密
	杏北	杏三区东部	一套层系五套井网细分为两套层系三套井网；井网加密
		杏四区—杏五区	两套一次加密井合成一套开采萨尔图好油层；二次井加密到141m开采萨尔图差油层；新布一套200m五点法井网开采葡I4及以下
		杏一注一采区	新布一套175m五点法井网只对葡I4及以下油层进行强化开采；将二次井加密到160m开采萨尔图差层系
井网互补利用	杏南	杏九区西部	二次、三次井合并开采萨III+葡I组，注采井距由250m缩小到150m

（1）层系井网调整方式一：高台子油层细分层段、井网加密。

符合这种调整方式的区块主要是萨中以北的开发区，萨中以北萨葡油层的二类、三类油层在平面上交互分布，且部分三类油层已在二类油层化学驱时进行了射孔，这部分油层的开发状况和潜力分布更加复杂，目前还没有更合适的技术对这部分储层进行调整和挖潜。因此，调整对象主要是高台子油层。

① 萨北开发区层系井网调整方式（北二东调整做法）。

萨北开发区是大庆油田最早开展层系井网试验的开发区，北二东试验区取得了较好的效果，为喇萨杏油田层系井网调整提供了宝贵经验。

以北二东为典型区块，确定了萨北开发区层系井网调整的主要方式：调整前这类区块水驱井网有一套基础井网、一套一次加密井和两套二次加密井网，存在的主要问题是一次加密井井段过长、高台子油层注采井距大。根据区块储层发育特点及现井网的情况，将一次加密井的萨尔图油层和高 I 9 以下油层进行封堵，只对葡 II 1—高 I 9 进行开发；原来开采高 II + 高 III 的二次加密井改为开采高 I 10 以下层系，井距由原来的 250m 通过部署部分新井加密到 175m，强化对高台子油层的开采。

萨北开发区其他区块调整思路与北二东大体相同，区别在于北三东有一个区块二次加密井只有一套井网，但多了一套三次加密井，调整方式上就利用三次加密井进行加密，对高 I 10 以下进行强化开采，其他层系井网的调整与北二东相同。

② 萨中开发区典型区块层系井网调整方式（北一二排西调整做法）。

在北二东试验取得较好效果的基础上，对与萨北开发区相邻的萨中开发区展开了研究，萨中开发区中区已开展了萨中模式的调整，整个区块钻井和调整已经到位，进行层系井网调整的余地已经很小，不作考虑。南一区是套损区，待搞清套损原因后等待时机治理套损后再做调整，因此，调整的主要区块是北一区。

以北一二排西为例，调整前有五套水驱井网，一套化学驱井网，存在的主要问题是高台子油层井井段长、井距大，且葡 I 组聚合物驱井网被二类油层利用，葡 I 组化学驱后储量封存，无井网开采。针对这些问题，制订了调整方案：将高台子油层进一步细分，注采井距由 250m 缩小到 175m，解决了这类区块高台子油层井段长、注采井距大的问题；这样一来，原来开采葡 II + 高台子油层一次加密井可以被腾出来，考虑到葡 I 组出口问题，将一次加密井原开采对象封堵，补开葡 I 组油层，进行后续水驱开发，在高台子油层层系井网调整的同时，也解决了葡 I 组储量闲置问题。这种调整方式可在北一区推广应用。

③ 喇嘛甸层系井网调整做法（喇嘛甸中块试验区）。

喇嘛甸油田北北块、北东块和西块都以二类油层化学驱为主，目前三类油层不具备层系井网调整的条件，因此调整范围在中块以南地区。

以喇嘛甸中块为例，该区调整前共有五套水驱井网、两套化学驱井网，存在的主要问题是高 I 6 以下层系划分粗、井距偏大。针对这个问题，将高 I 6 以下进一步细分为高Ⅰ6—高Ⅱ3和高Ⅱ4及以下两套开发层系，将一次加密井中的"8"字号井由300m加密到212m开采高Ⅰ6—高Ⅱ3层系，将二次加密井中的"1"字号井由原来的300m加密到212m对高Ⅱ4及以下进行强化开采。

（2）层系井网调整方式二：细划层段、细分对象、差层加密。

油田南部主要以发育三类油层为主，且三类油层分布相对集中，历次调整虽都以这类油层为主要对象，但由于其层间及平面非均质性较强，油层动用程度及驱替程度并不均衡，存在继续调整的潜力。

① 萨南开发区层系井网调整做法（南五区试验区做法）。

萨南开发区南四区—南八区层系井网情况基本相同，本次以南五区为典型区块进行研究。南五区试验区调整前共有五套水驱井网和一套主力油层聚合物驱井网，除一次加密井细分为萨尔图和葡高两套开发层系外，其他井网并未进行细分，且每套井网注采井距均为250m，因此该区存在注采井距大、射孔井段长、层间干扰大等问题，针对这种情况，将调整前一套层系五套井网细分为两套层系四套井网，并对差层进行了井网加密，实现了细划层段、细分层系、差层加密的目的，解决了这类区块井段长、层系不清、井网交叉、差层井距大的问题。

③ 杏北开发区层系井网调整做法（杏三区东部试验区做法）。

杏北开发区各区块层系井网情况均有所差异，但整体来看，杏一区—杏三区和杏四区—杏五区井网形式基本相同，因此，本次研究以杏三区东部作为典型区块。杏三区东部调整前有五套水驱井网和一套主力油层化学驱井网，除一次加密井细分为萨Ⅱ和萨Ⅲ+葡高两套层系外，其他井网都是萨葡高一套层系合采，未进行细分。根据这个区块所存在层系划分过粗、井段长的矛盾，将两套一次加密井合并成一套200m左右的五点法井网，对萨尔图厚层进行开发，将三次加密井加密到145m对萨尔图差油层进行强化开采，将二次加密井网加密到200m左右对葡Ⅰ4及以下油层进行开发。

（3）层系井网调整方式三：井网互补利用。

杏南开发区油层发育少、厚度薄，进行层系细分的潜力较小，该区二次、三次井注采井距都在250m以上，且开发层系不同，两套井网在平面上分布均匀，平面关系较好，考虑到该区的主要问题是注采井距大、水驱控制程度低，因此，在调整方式上将二次、三次加密井通过补孔合并成一套150m左右的井网，对薄差层进行强化开采，在不钻井的情况下达到井网加密的目的。

4. 调整潜力

适合层系井网调整的区块共有13个，其他区块的调整方式还需进一步研究、论证，这13个区块主要分布在萨中、萨南和杏北开发区，计算了不同油价下层系井网调整潜力（表2-4-4），其中60美元/bbl可实施的区块6个，70美元/bbl以上可实施区块增加到13个，预计可钻新井3427口，增加可采储量1013.6×10^4t。

表 2-4-4　喇萨杏油田各区块层系井网调整潜力调查表

| 采油厂 | 分类 | 预计钻井 | | | 预计基建 | | | 建成能力 / 10⁴t | 动用地质储量 / 10⁴t | 增加可采储量 / 10⁴t | 备注 |
		油井数 / 口	水井数 / 口	合计 / 口	油井数 / 口	水井数 / 口	合计 / 口				
一厂	北一断西	229	113	342	229	218	447	15.1	2860.6	106.0	2018 年
	北一二排东	110	90	200	110	90	200	6.6	1785.3	62.0	
	北一断东	100	92	192	104	94	198	7.6	7076.4	59.5	2017 年
	一厂合计	439	295	734	443	402	845	29.3	11722.3	227.5	
二厂	南四东	109		109	109	87	261	7.2	2896.8	32.2	
	南五东	58		58	58	18	76	3.8	1711.8	17.2	
	南六东	73		73	73	44	117	4.8	1284.6	21.6	
	南六西	54		54	54	33	87	3.6	1279.9	16.0	
	南七	119		119	119	72	191	7.9	2047.0	35.2	2017 年
	南八	119		119	119	72	191	7.9	1809.4	35.2	
	二厂合计	532		532	532	326	923	35.2	11029.5	157.4	
四厂	一注一采北块	167	109	276	167	138	305	10	1419.7	40.5	
	一注一采南块	78	51	129	78	64	142	4.7	916.8	25.8	
	杏四区—杏五区	622	345	967	622	483	1105	37.3	8703.8	315.5	
	杏一区—杏三区	603	186	789	603	451	1054	36.2	6687.4	246.9	
	四厂合计	1470	691	2161	1470	1136	2606	88.2	17727.7	628.7	
喇萨杏水驱合计		2441	986	3427	2445	1864	4374	152.7	40479.5	1013.6	

四、层系井网优化调整工业化试验区效果分析与评价

（一）各试验区层系井网优化调整效果

层系井网优化调整在北二东先导性试验取得较好效果的基础上，2013—2015 年陆续在杏三区东、杏九区西、南五区东、北一二排西和喇嘛甸中块等五个区块开展工业化试验，层系井网优化调整试验区基本取得较好投产效果，部署新井投产初期指标除喇中块外均达到方案设计要求（表 2-4-5），日产油量比方案设计高 0.1～0.3t，含水率比方案设计低 0.2～1.5 个百分点。

表 2-4-5　层系井网试验区试验初期效果统计表

区块	投产油井数/口	投产水井数/口	投产时间	方案设计生产指标			投产初期生产指标		
				日产液量/t	日产油量/t	含水率/%	日产液量/t	日产油量/t	含水率/%
北二东	26	2	2010年7月	50.9	2.8	94.5	42.9	3.0	93.0
南五区东	51	19	2014年9月	25.0	2.2	91.0	27.2	2.5	90.8
杏三区东	129	51	2013年10月	18.4	1.9	89.2	16.3	2.0	87.5
北一二排西	92	71	2015年8月	30.0	3.0	90.0	25.9	3.1	88.2
喇嘛甸中块	30		2015年12月	31.0	1.9	93.9	32.4	1.4	95.7

　　投产后各试验区产油量增加，含水率下降，取得较好的增油降水效果。

　　杏三区东试验区选择在大庆杏树岗油田杏三区—杏四区东部纯油区，北起杏二区三排，南至杏三区三排，含油面积2.4km²，地质储量552.01×10⁴t。方案部署新井180口，利用老井106口，其中转注28口；试验区于2013年9月开始投产新井，并陆续实施老井封堵、补孔、转注等配套调整措施，目前已基本完成全部调整工作量。调整后区块日产油量由50t增加到205t，含水率由91.7%下降到88.9%，区块产量增加近三倍，截至2017年底已累计增油18×10⁴t，取得较好的调整效果。

　　南五区东试验区位于南五区东部169#、170#和159#、161₂#断层之间的区域，开发面积3.13km²，地质储量（含表外）1104.86×10⁴t。方案部署新井70口，利用老井122口；试验区于2014年8月开始投产新井，并陆续实施老井封堵、补孔、转注等配套调整措施，截至目前共实施老井配套调整61口，完成计划的93.8%，剩余4口井主要由于井况因素无法实施。调整后区块薄差层日产油量由60t增加到190t，含水率由91.1%下降到90.1%，截至2017年底已累计增油10.5×10⁴t，取得较好的调整效果。

　　北一二排西试验区选择在大庆萨尔图背斜构造西翼北部，含油面积6.5km²，高台子目的层地质储量1372.1×10⁴t。方案部署新井163口，利用老井261口；试验区于2015年7月开始投产新井，并陆续实施老井封堵、补孔、转注等配套调整措施，目前已基本完成全部调整工作量。调整后区块日产油量由340t增加到669t，含水率由93.0%下降到92.5%，截至2017年底已累计增油27×10⁴t，取得较好的调整效果。

　　喇嘛甸中块试验区选择在喇嘛甸油田喇5-27井区，北起40#断层，南至46#断层，西起喇4-252井与喇4-272井连线，东至喇6-2631井与喇6-2801井连线，面积1.1km²，地质储量283.53×10⁴t。方案部署新井30口，利用老井28口；试验区于2015年12月开始投产新井，并陆续实施老井封堵、补孔、转注等配套调整措施，目前已基本完成全部调整工作量，因井况复杂、地面设备缺失等情况，代用井及转注井投产过程中问题较多，配套措施进度较慢，施工周期较长，平均单井措施时长47d，初期造成地下能量不足，影响开发效果。调整后区块新井初期单井日产油量0.9t，随着配套措施完善，能量得到一定的补充，日产油量增加到1.4t，但2017年4月以来部分井出现注水困难现象，使开发效果变差，已加大注水井增注措施，效果还有待进一步观察。

杏九区西试验区选择在大庆长垣南部杏树岗背斜杏南开发区的中部、杏九区纯油区的西部，含油面积 $3.7km^2$，地质储量 $1090 \times 10^4 t$。试验区 2013 年 3 月开始陆续补开二次油水井葡Ⅰ组非主力油层及注采不完善的窄小河道 53 口（油井 30 口，水井 23 口），调整后油井单井日增液 10.6t，日增油 2.5t，含水率下降 9.9 个百分点，流动压力上升 0.38MPa。水井注水压力下降 0.3MPa，单井日增注 $19m^3$。截至 2017 年底已累计增油 $10.53 \times 10^4 t$，取得较好的调整效果。

（二）试验区效果综合评价指标体系及效果综合评价

层系井网优化调整试验区不同于以往的水驱加密调整，试验区在层系和井网方面均进行了调整，以往的加密效果评价方法已经不适应该类调整，因此，在科学研究层系井网优化调整试验区效果综合评价指标体系基础上，对层系井网优化调整试验区进行效果综合评价。

1. 试验区效果综合评价指标体系

在层系井网机理及界限等研究基础上，研究并完善了试验区六大类 32 项评价指标，包括开采井网指标、开采层系指标、生产动态指标、开发指标、调整工作量指标和经济指标六大类，建立了从井网、层系到生产和经济效益全方位的试验评价体系，多角度评价层系井网优化调整试验效果。

2. 试验区效果综合评价

主要对北二东、杏三区东、南五区东、北一二排西和喇嘛甸中块的试验效果进行评价，五个试验区通过层系井网优化调整，层间和平面矛盾得到有效缓解，具体表现在以下两个方面：

1）层系井网优化调整后试验区井网进一步优化，平面矛盾进一步缓解

层系井网优化调整后各试验区井距进一步缩小，各区块注采井距由调整前的 250～300m 缩小到调整后的 145～212m，井距达到三类油层合理的注采井距 150～200m，井距趋于合理。

层系井网优化调整后各试验区井网不均匀程度降低，各区块井距不均匀程度由调整前的 0.36～0.67 降低到调整后的 0.11～0.37，井距不均匀程度大幅度降低，平面各单元井距更加均匀，平面矛盾得到缓解。

层系井网优化调整后各试验区水驱控制程度提高，各区块各套层系水驱控制程度比调整前提高了 0.3～18.4 个百分点，尤其是多向水驱控制程度大幅度提高，比调整前提高了 5.2～37.7 个百分点，井网控制程度的提高使注采关系进一步完善，波及系数提高，平面矛盾得到改善。

2）层系井网优化调整后层系进一步优化，层间矛盾得到改善

层系井网优化调整后各试验区单井纵向渗透率变异系数进一步缩小，各区块单井纵向渗透率变异系数由调整前的 0.49～1.29 减小到调整后的 0.42～0.89，减小了 0.04～0.44，

层间差异变小，层间矛盾得到缓解。

层系井网优化调整后各试验区层系组合跨度进一步缩短，各区块层系组合跨度由调整前的 71～253m 缩短到调整后的 44～179m，减小了 11～202m，由于组合跨度缩短，层间干扰减小，提高了原层系组合内下部油层的注水压力，使这部分层的动用程度提高，层间矛盾得到改善。

层系井网优化调整后各试验区层系组合厚度进一步减小，各区块层系组合厚度减小了 5～36m，层间干扰减小，层间矛盾得到改善。

由于层系井网优化调整试验区层系和井网均得到进一步优化，层间和平面矛盾得到有效改善，试验区取得较好的调整效果，主要表现在以下两个方面：

第一，层系井网优化调整试验区调整后注采系统得到改善和强化，生产动态指标向好，生产效果改善，低效井比例大大降低。

层系井网优化调整试验区调整后注采系统得到改善和强化，由于平面注采进一步完善，层间干扰减小，注水井吸水比例大幅度提高，对比单次吸水剖面，砂岩吸水厚度比例由调整前的 33.4%～60.7% 提高到调整后的 45.2%～67.7%，提高了 7.0～13.4 个百分点。

层系井网优化调整试验区调整后除喇嘛甸中块外单井产油量均提高，由调整前的 0.8～2.3t/d 提高到 1.5～3.0t/d（表 2-4-6），提高了 0.3～1.1t/d。

表 2-4-6　试验区调整前后主要动态指标对比

区块	层系井网		日产油量 /t		含水率 /%		单井产液强度 / [t/(d·m)]		单井产油强度 / [t/(d·m)]	
	调整前	调整后	调整前	调整后	调整前	调整后	调整前	调整后	调整前	调整后
杏三区东	一次加密井	萨好层	1.3	2.4	92.2	90.3	0.98	2.62	0.10	0.25
	三次加密井	萨差层	0.8	1.5	86.9	87.8	0.54	2.58	0.16	0.31
	二次加密井	葡Ⅰ4 及以下	1.7	2.0	91.0	89.6	1.29	3.34	0.13	0.35
南五区东	二次加密井	萨差层	2.1	2.4	92.1	91.0	2.33	2.71	0.19	0.24
	三次加密井	葡、高差层	2.0	2.5	88.9	89.5	2.68	3.02	0.30	0.31
喇中块	一次加密井	高Ⅰ6—高Ⅱ3	4.5	1.8	95.4	95.7	4.82	7.49	0.22	0.32
	二次加密井	高Ⅱ4 及以下	2.8	1.6	96.3	95.1	4.08	4.67	0.15	0.23
北一二排西	高台子	高Ⅰ	1.9	2.2	93.6	92.5	1.49	3.02	0.10	0.23
	高台子	高Ⅱ	1.9	1.7	93.6	93.6	1.55	3.30	0.10	0.21
北二区东	一次加密井	萨差层	4.7	3.0	96.1	93.0	0.98	2.62	0.17	0.24
	二次加密井（萨葡）	葡Ⅱ—高Ⅰ9	2.5	2.2	94.2	91.8	0.54	2.58	0.05	0.29
	二次加密井（高台子）	高Ⅰ10 及以下	2.3	3.0	95.4	94.3	1.29	3.34	0.18	0.14

层系井网优化调整试验区调整后，除喇嘛甸中块外含水率均有所下降，含水率下降1.1～3.1个百分点（表2-4-6）。

由于层间和平面矛盾减缓，层系井网优化调整试验区调整后单井采油强度均提高，由调整前的0.1～0.3t/（d·m）提高到0.14～0.35t/（d·m），提高了0.01～0.24t/（d·m）。

由于单井生产效果得到改善，层系井网优化调整试验区调整后低效井比例降低，由调整前的22.9%～57.1%降低到调整后的8.7%～34%，降低了3.59～25.8个百分点。

第二，层系井网优化调整试验区调整后开发指标向好，区块开发效果改善，区块采收率提高2.5个百分点以上。

层系井网优化调整试验区调整后层间和平面矛盾得到缓解，注采系统进一步改善，各层系地层压力得到有效恢复。调整后地层压力由调整前的7.9～13.5MPa上升到调整后的9.7～13.6MPa，提高了0.1～1.9MPa，地层能量得到恢复，开发效果得到改善。

层系井网优化调整试验区调整后采油速度明显提高，调整后采油速度由调整前的0.3%～0.91%上升到调整后的0.31%～1.31%，提高了0.01～0.65个百分点（表2-4-7）。

表2-4-7 试验区调整前后采油速度对比

区块	面积/km²	储量/10⁴t	采油速度/%		
			调整前	调整后	差值
杏三区东	2.40	552.01	0.49	1.14	0.65
南五区东	3.13	753.81	0.90	1.08	0.18
喇中块	1.10	283.53	0.30	0.31	0.01
北一二排西	6.50	1372.10	0.91	1.31	0.41
北二区东	1.30	731.80	0.42	0.69	0.27
杏九区西	3.70	1090.00	0.51	0.78	0.27

以实施较早的北二东试验区调整前后开发指标为例，说明层系井网优化调整对区块开发效果的改善作用。

剩余可采储量采油速度：

北二东试验区调整前剩余可采储量采油速度为6.2%，采油速度呈现下降趋势，调整后剩余可采储量采油速度逐步提高到10%左右，采油速度得到大幅度提高，层系井网调整使区块的开发效果得到改善。

地层压力保持程度：

通过层系井网调整，注采关系得到完善，井距缩小，注采系统进一步强化，地层压力回升，地层压力保持程度由调整前的95%提高到调整后105%以上。

递减规律：

北二东试验区调整前符合指数递减规律，递减较快，初始递减率0.0085；调整后符合双曲递减规律，递减较缓，初始递减率0.0060，层系井网调整有效地减缓了区块的产量递减速度。

含水上升规律：

北二东试验区调整前平均年含水率上升 0.66 个百分点，含水上升速度较快，调整后平均年率上升 0.27 个百分点，层系井网调整有效地控制了区块的含水上升速度。

采收率：

通过童宪章图版法进行采收率预测，北二东试验区调整前预测含水率 98% 时采收率为 52.56%，调整后采收率为 56.12%，调整后采收率可提高 3.56 个百分点，取得较好的开发效果。

实施较早的杏三区东和南五区东通过童宪章图版法采收率预测，也取得了较好的效果，杏三区东试验区调整前预测含水率 98% 时采收率为 51.3%，调整后采收率为 56.09%，调整后采收率可提高 4.79 个百分点；南五区东试验区调整前预测含水率 98% 时采收率为 53.18%，调整后采收率为 55.75%，调整后采收率可提高 2.57 个百分点，采收率均提高了 2.5 个百分点以上，层系井网优化调整试验效果显著。

剩余可实施的区块主要在杏北开发区实施工业化推广，部署原则主要是与三次采油区块同步安排。

参 考 文 献

［1］齐与峰，赵永胜．砂岩油田注水开发合理井网研究中的几个理论问题 // 油气田开发系统工程方法专辑 2［M］．北京：石油工业出版社，1991．

［2］杨凤波．注采井数比对水驱采收率的影响［J］．新疆石油地质，1998，19（5）：410-413．

［3］范江，张子香．非均质油层波及系数计算模型［J］．石油学报，1993，14（1）：92-98．

［4］彭长水．注采井网对水驱采收率的影响［J］．新疆石油地质，2000，21（4）：315-317．

［5］袁庆峰，陈鲁含，任玉林，等．油田开发规划方案编制方法［M］．北京：石油工业出版社，2005．

［6］徐正顺，王凤兰，张善严，等．喇萨杏油田特高含水期开发调整技术［J］．大庆石油地质与开发，2009，28（5）：76-82．

［7］计秉玉，李彦兴，李洁．大庆油田多学科油藏研究与应用文集［M］．北京：石油工业出版社，2007．

［8］赵秀娟，吴家文，左松林，等．大庆油田井网加密调整效果及其发展趋势［J］．油气地质与采收率，2022，29（5）：141-146．

［9］赵秀娟，左松林，吴家文，等．大油田特高含水期层系井网重构技术研究与应用［J］．油气地质与采收率，2019，26（4）：82-87．

第三章

长垣水驱主要注采指标技术界限及调整政策

油田开发调整手段除井网加密和层系井网优化调整外，主要是老井措施，以及注采系统与注采结构调整，制定上述调整对策需首先分析主要注采指标技术界限，在此基础上才能合理制定调整政策。注采指标主要包括注采参数、注采压力和注采规模三个方面，其中注采参数包括注采比和注采井数比 2 项指标，注采压力包括地层压力、注水压力和油井流压 3 项指标，注采规模是指注水速度和采液速度 2 项指标。可以说，这 3 类 8 项主要注采指标构成了油田是否能够持续改善开发效果、确保完成产量计划的关键因素[1-2]，是油田开发能否保持地下形势稳定、指标趋势可控的基础和核心，是能否确保油田开发保持良性循环的重要条件。需要指出的是，主要注采指标技术界限不意味着油田的潜力大小，更多的是预警性质，也就是若该指标达到界限值，则产生地层压力下降等不利地下形势的风险性会大幅增加，发生地下亏空、油层脱气、油水井套损等诸多的可能性急剧增长。本章在介绍上述主要注采指标技术界限基础上，对注采系统与注采结构调整等技术手段，以及压裂、提液、周期注水、停层堵水等常用措施手段进行了论述。

第一节　主要注采指标技术界限

一、注采参数技术界限

注采参数一般指油田开发中较为重要的两项指标——注采比和注采井数比，这两个指标是注水开发油田中最为基本的参数。

（一）基本定义

1. 注采比

注采比（injection-production ratio，IPR）是某段时间内注入剂的地下体积和相应时间的采出物的地下体积之比。注采比是个无量纲的物理量。矿场实际应用中常分为年度注采比与累计注采比，年度注采比是指当年的地下注水量与地下采出液之比，累计注采比是指油田投入开发以来累计地下注水量与地下采出液之比。其计算公式为：

$$\text{IPR} = \frac{q_j}{q_l \left[B_o \left(1 - f_w \right) / \rho_o + f_w / \rho_w \right]} \tag{3-1-1}$$

式中　IPR——注采比；

　　　　q_j——注入量，10^4t；

　　　　q_l——产液量，10^4t；

　　　　B_o——原油体积系数；

　　　　f_w——含水率；

　　　　ρ_o——原油密度，kg/m^3；

　　　　ρ_w——水密度，kg/m^3。

注采比主要是用来衡量地下能量的补充及亏空程度，是表征油田注水开发过程中注采平衡状况，反映产液量、注水量与地层压力之间联系的一个综合性指标，是规划和设计油田注水量的重要依据。合理的注采比是保持合理的地层压力，从而使油田具有旺盛的产液、产油能力，降低无效能耗，并取得较高原油采收率的重要保证。所以，根据油田实际地质特点与开发状况，有的放矢地调节注采比，对地层压力水平进行能动地控制，是实现整个开发注采系统最优化的一个重要方面。因此选择合理的注采比是油田开发中的一项重要工作，是注水开发油田必须确定的一个重要参数。

2. 注采井数比

注采井数比（injection to production-well ratio）是一个开发单元内的注入井数与采出井数之比。由于矿场中通常使用总井数和开井数两个参数，一般注采井数比是指注水井总井数与采油井总井数之比。一般情况下，油田的油井数要远高于水井数，且油水井数比更为明了、直接，所以矿场更多使用油水井数比来表示，二者互为倒数关系。注采井数比的计算公式为：

$$n_{wo} = \frac{1}{n_{ow}} = \frac{n_w}{n_o} \tag{3-1-2}$$

式中　n_{wo}——注采井数比；

　　　　n_{ow}——油水井数比；

　　　　n_w——水井总井数，口；

　　　　n_o——油井总井数，口。

合理的油水井数比是保证注采平衡、扩大波及体积的一个重要方面。油藏工程理论及现场实践均表明，注水开发砂岩油田其注水方式和油水井数比对注水波及体积及水驱采收率有较大影响。在井网密度和注水生产时间一定时，随着油水井数比的相对减少，油井受效方向数增多，水驱控制程度提高，注水波及系数也将随之增大；反之当油水井数比增加，油井受效方向数减少、多向受效率降低，其注水波及系数将随之减少。在油田注采井网实际调整中，已有多项理论研究成果和现场实践表明，在井网密度保持不变的情况下，通过改变油水井数比来调整液流方向，达到改善开发效果、增加水驱可采储量、提高水驱采收率的目的是切实可行的。

（二）注采比技术界限确定方法

1. 理论变化趋势分析

喇萨杏油田 1990 年含水率上升至 80.23%，进入高含水开发后期，为保持一定的产量规模，油田注采比逐渐上升，由 1990 年的 1.03 上升至 1995 年的 1.26，注水压力不断上升，部分井超过破裂压力注水，加速了套管损坏速度。因此，研究合理注采比已成为喇萨杏油田开发中亟待解决的问题。

1）描述注采比与油水井地层压力关系的基本微分方程组

分析表明，对于注水开发油田，油井地层压力、水井地层压力及整个油层平均地层压力在一般情况下是不等的，有时还是差别很大的三个概念。因此，研究注采比与地层压力、流压等指标的内在联系时，也应把油水井地层区域作为相互联系的两个不同单元开展研究，这样将更贴近实际，从而克服了简单的物质平衡方程式所描述的储罐模型要求油水井地层压力相等的局限性。

对于油井区域与水井区域，分别建立物质平衡方程，并考虑由于两种压力差别所造成的油、水井区域间的窜流作用和弹性作用，可以得到如下常微分方程组：

$$\frac{\mathrm{d}p_{\mathrm{w}}}{\mathrm{d}t} = \frac{1}{V_{\mathrm{w}}\phi C_{\mathrm{t}}}\left[\frac{n_{\mathrm{l}}}{n_{\mathrm{w}}}\mathrm{IPR}\cdot q_{\mathrm{l}} - \frac{n_{\mathrm{l}}}{n_{\mathrm{l}}+n_{\mathrm{w}}}\lambda\left(p_{\mathrm{w}}-p_{\mathrm{o}}\right)\right] \qquad （3-1-3）$$

$$\frac{\mathrm{d}p_{\mathrm{o}}}{\mathrm{d}t} = \frac{1}{V_{\mathrm{o}}\phi C_{\mathrm{t}}}\left[\frac{n_{\mathrm{w}}}{n_{\mathrm{l}}+n_{\mathrm{w}}}\lambda\left(p_{\mathrm{w}}-p_{\mathrm{o}}\right) - q_{\mathrm{l}}\right] \qquad （3-1-4）$$

$$\lambda = \frac{2Khl}{\mu d} \qquad （3-1-5）$$

式中　p_{w}，p_{o}——分别为水井、油井地层压力，MPa；

n_{w}，n_{l}——分别为水井数，油井数，口；

IPR——注采比；

λ——传导率，d/m；

d——油水井距，m；

l——过流断面长度，m；

V_{w}，V_{o}——分别为水井、油井区域体积，m³；

ϕ——油层孔隙度；

C_{t}——综合弹性压缩系数，MPa^{-1}；

q_{l}——产液量，m³。

2）油水井地层压力差别及其影响因素分析

为便于求出油井地层压力差别解析表达式，且不失一般意义，假设油井、水井数相等，油水井区孔隙体积相等，由式（3-1-3）和式（3-1-4）相结合，有：

$$\frac{\mathrm{d}\left(p_{\mathrm{w}} - p_{\mathrm{o}}\right)}{\mathrm{d}t} = -\frac{\lambda}{V\phi C_{\mathrm{t}}}\left(p_{\mathrm{w}} - p_{\mathrm{o}}\right) + \frac{q_{\mathrm{l}}}{V\phi C_{\mathrm{t}}}\left(\mathrm{IPR} + 1\right) \qquad (3-1-6)$$

对式（3-1-6）进行积分，并假设各项参数为常数，得：

$$p_{\mathrm{w}} - p_{\mathrm{o}} = \mathrm{e}^{-\int_0^t \frac{\lambda}{V\phi C_{\mathrm{t}}}\mathrm{d}\tau}\left[\int_0^t \frac{q_{\mathrm{l}}\left(\mathrm{IPR}+1\right)}{V\phi C_{\mathrm{t}}}\mathrm{e}^{\int_0^\zeta \frac{\lambda}{V\phi C_{\mathrm{t}}}\mathrm{d}\tau}\mathrm{d}\zeta\right] = \mathrm{e}^{-\frac{\lambda}{V\phi C_{\mathrm{t}}}}\frac{q_{\mathrm{l}}\left(\mathrm{IPR}+1\right)}{V\phi C_{\mathrm{t}}}\int_0^t \mathrm{e}^{\frac{\lambda}{V\phi C_{\mathrm{t}}}\zeta}\mathrm{d}\zeta$$

$$= \frac{\left(\mathrm{IPR}+1\right)q_{\mathrm{l}}}{\lambda}\left(1 - \mathrm{e}^{-\frac{\lambda}{V\phi C_{\mathrm{t}}}t}\right) = \frac{\left(\mathrm{IPR}+1\right)q_{\mathrm{l}}\mu d}{2Khl}\left(1 - \mathrm{e}^{-\frac{\lambda}{V\phi C_{\mathrm{t}}}}\right) \qquad (3-1-7)$$

可以认识到：

（1）油水井间压力差的一个极其重要影响因素为 $\frac{q\mu}{Kh}$。

由于该参数与压力单位相同，可称其为压力差别准数。压力差别准数越大，油水井地层压力差别也越大，油井地层压力越低。由此可对喇萨杏油田近年来不同类型油藏油井地层压力变化进行解释：

喇萨杏油田基础井网阶段，上述参数相对较小，油水井间地层压力差别较小，一般小于 1MPa。油井转抽后，$\frac{q\mu}{Kh}$ 急剧增长，油水井地层压力差别逐渐增大，一般大于 3MPa。一次加密井，尤其是二次加密井和三次加密井，由于 Kh 更低，所以该准数较大，油水井地层压力差别较大。

（2）注采比越大，油水井间压力差别也越大。

这说明通过加大注采比增大油井地层压力的同时，水井地层压力将以更大的幅度增长。这一结论说明了低渗透油田为保持油井地层压力，不断提高注采比，其结果是水井注水压力、地层压力大幅度提高的根本原因。还可以看出，由于渗流的非稳定过程，油水井地层压力差别是时间的函数。

3）油井地层压力变化速度及其影响因素分析

联立式（3-1-4）和式（3-1-7），可得到油井地层压力变化解析表达式：

$$\frac{\mathrm{d}p_{\mathrm{o}}}{\mathrm{d}t} = \frac{q_{\mathrm{l}}}{2V\phi C_{\mathrm{t}}}\left[\left(\mathrm{IPR}-1\right) - \left(\mathrm{IPR}+1\right)\mathrm{e}^{-\frac{2\eta hl}{Vd}t}\right] \qquad (3-1-8)$$

式中　η——导压系数。

从式（3-1-8）可看出，油井地层压力变化速度可分解成两个部分，第一部分是将油层视为均匀系统，即不考虑油、水井地层压力差别条件下，完全由注采比变化产生的压力变化速度，实质上就是传统物质平衡方程式的一种表现。第二部分则是由油水井间地层压力差异及其产生窜流，随油层导压系数而变的油井地层压力变化速度。

（1）随着产液量、油层导压系数和厚度的增大或油层孔隙体积、综合弹性压缩系数的减小，油井地层压力变化速度绝对值也增大。

（2）注采比的影响又可分为以下 3 种情况：

① 在 IPR＜1 时，油井地层压力永远处于下降状态。但随着时间的延长，下降速度变慢。

② 在 IPR＝1 时，油井地层压力初期下降，尔后趋于稳定。

③ 在 IPR＞1 时，油井地层压力初期下降，达到某一临界值 t_c 后开始回升。

$$t_c = \frac{Vd}{2\eta hl} \ln \frac{IPR+1}{IPR-1} \qquad (3-1-9)$$

（3）油层中水和气的影响体现在导压系数上。水的存在既提高了流体的渗流能力，又降低了弹性压缩系数，因而加大了油井地层压力变化速度。气的存在降低了液体渗流能力同时增大了弹性压缩系数，减缓了油井地层压力变化速度。

4）注采比变化趋势分析

油井流压、注水压力、产液量、注水量，以及注采比等指标之间是相关的。因此，为保持油井地层压力水平，提高注采比是有界限的。一般情况下，随着注采比的不断提高，注水压力也将不断提高，待注水压力达到注水压力上限后，注采比将会降下来，否则注水压力将会高于破裂压力，从而加剧套管损坏，引起更为严重的后果。根据前述基本微分方程组，研究确定给定注水压力和油井流压条件下注采比变化趋势。

不失一般性，假设油水井数比为 1，注采比变化表达式为：

$$IPR = \frac{J_w(p_h - p_w)}{J_o(p_o - p_f)} \qquad (3-1-10)$$

式中　J_w，J_o——分别为吸水指数、采液指数，$m^3/(d \cdot MPa)$；

　　　p_h，p_f——分别为注水井井底压力和油井井底压力，MPa。

由式（3-1-8）与式（3-1-4）可得下列微分方程：

$$\frac{dp_w}{dt} = \frac{1}{V\phi C_t}\left[J_w(p_h - p_w) - \frac{\lambda}{2}(p_w - p_o) \right] \qquad (3-1-11)$$

$$\frac{dp_o}{dt} = \frac{1}{V\phi C_t}\left[\frac{\lambda}{2}(p_w - p_o) - J_o(p_o - p_f) \right] \qquad (3-1-12)$$

为方便起见，令

$$A_1 = \frac{1}{V\phi C_t}\left(J_w + \frac{\lambda}{2} \right) \qquad (3-1-13)$$

$$B_1 = \frac{\lambda}{2V\phi C_t} \qquad (3-1-14)$$

$$C_1 = \frac{1}{V\phi C_t} J_w p_h \qquad\qquad (3\text{-}1\text{-}15)$$

$$A_2 = \frac{1}{V\phi C_t}\left(J_o + \frac{\lambda}{2}\right) \qquad\qquad (3\text{-}1\text{-}16)$$

$$B_2 = B_1 \qquad\qquad (3\text{-}1\text{-}17)$$

$$C_2 = \frac{1}{V\phi C_t} J_o p_f \qquad\qquad (3\text{-}1\text{-}18)$$

$$r_1 = \frac{-(A_1 + A_2) + \sqrt{(A_1 - A_2)^2 + 4B_1 B_2}}{2} \qquad\qquad (3\text{-}1\text{-}19)$$

$$r_2 = \frac{-(A_1 + A_2) - \sqrt{(A_1 - A_2)^2 + 4B_1 B_2}}{2} \qquad\qquad (3\text{-}1\text{-}20)$$

则得通解：

$$p_w = m_1 e^{r_1 t} + m_2 e^{r_2 t} + \frac{C_1 A_2 + C_2 B_1}{A_1 A_2 - B_1 B_2} \qquad\qquad (3\text{-}1\text{-}21)$$

$$p_o = m_1 \frac{r_1 + A_1}{B_1} e^{r_1 t} + m_2 \frac{r_2 + A_1}{B_1} e^{r_2 t} + \frac{A_1 C_2 + C_1 B_2}{A_1 A_2 - B_1 B_2} \qquad\qquad (3\text{-}1\text{-}22)$$

式中 m_1，m_2——任意常数，由 p_w 与 p_o 的初始值确定。

容易证明 $r_1 < 0$，$r_2 < 0$。

将 p_w，p_o 表达式代入式（3-1-10），有：

$$\text{IPR} = \frac{J_w\left(p_h - m_1 e^{r_1 t} - m_2 e^{r_2 t} - \dfrac{C_1 A_2 + C_2 B_1}{A_1 A_2 - B_1 B_2}\right)}{J_o\left(m_1 \dfrac{r_1 + A_1}{B_1} e^{r_1 t} + m_2 \dfrac{r_2 + A_1}{B_1} e^{r_2 t} + \dfrac{A_1 C_2 + C_1 B_2}{A_1 A_2 - B_1 B_2} - p_f\right)} \qquad (3\text{-}1\text{-}23)$$

由式（3-1-23），容易证明：

$$\lim_{t\to\infty}\text{IPR} = \frac{J_w\left(p_h - \dfrac{C_1 A_2 + C_2 B_1}{A_1 A_2 - B_1 B_2}\right)}{J_o\left(\dfrac{A_1 C_2 + C_1 B_2}{A_1 A_2 - B_1 B_2} - p_f\right)} = 1 \qquad\qquad (3\text{-}1\text{-}24)$$

对于独立区块或层系，开发初期注采比可能大于 1.0，但以后逐渐趋近于 1.0，考虑到注水损耗等因素，可适当大于 1.0。

对于独立性较差的层系，由于存在不同层系间相互注水现象，可能出现注采比大于1.0或者小于1.0的情况。

5）三点认识

（1）在注水开发过程中，油水井地层压力间存在差别，其大小正比于$\frac{q\mu}{Kh}$，因此，对于油井提液或低渗透油层，即使注采比较高，也会出现油井地层压力较低的情形。

（2）在注采比小于1.0条件下，油井地层压力呈下降趋势，但下降速度变慢；在注采比等于1.0条件下，油井地层压力初期下降，之后趋于平稳；在注采比大于1.0条件下，油井地层压力初期下降，然后回升。

（3）在给定注水压力和油井流压限制情况下，注采比趋近于1.0。

2. 特高含水阶段注采比技术界限确定方法

对于大庆油田来说，无论是原油$5000 \times 10^4 t$高产稳产阶段，还是原油$4000 \times 10^4 t$硬稳产阶段，喇萨杏油田都是实现稳产的重要支撑，是产量规模的压舱石，是提高采收率的发动机。喇萨杏水驱已进入特高含水期开发近20年的时间，呈现出液油比快速上升、低效无效循环加剧的特征，同时产量递减、含水上升速度也大幅减缓，为了最大限度地提高多层砂岩油田开发后期的采出程度，遵照"五个不等于"的潜力观，即"油田高含水不等于每口井都高含水，油井高含水不等于每个层都高含水，油层高含水不等于每个部位、每个方向都高含水，地质工作精细不等于认清了地下所有潜力，开发调整精细不等于每个区块、每口井和每个层都已调整到位"，采取强化开采的开发政策，致力于研究井组间、油层组间，以及小层间的调整潜力，制定特高含水期提液模式下的注采比技术界限。由于存在地层亏空、注入水外溢等方面的影响，一般注采比应保持在1.0以上，由以下三种方法综合确定特高含水阶段的注采比技术界限。

1）矿场统计能量保持程度确定特高含水期注采比界限

喇萨杏油田水驱于2004年进入特高含水期，分别提取了喇萨杏油田各开发区水驱的生产动态数据，分析了各开发区水驱的注采比变化和总压差变化，从统计结果来看，喇萨杏油田水驱特高含水期各开发区注采比均大于1.0；萨北和喇嘛甸开发区有效保持地层能量，其注采比一直保持在1.2以上，杏南开发区注采比由1.2降到1.1时，地层压力下降明显，萨中和萨南开发区注采比在1.1水平时，地层能量不能有效恢复；杏北开发区在注采比提到1.2以后，地层压力恢复明显。因此，根据矿场统计结果，喇萨杏油田水驱特高含水期的注采比界限为1.2。

2）根据水驱油藏动态特征确定注采比界限

根据已有的研究成果，对于喇萨杏注水开发油田，由于受自身油藏原油黏度和类型等影响，目前水驱采用的指标预测方法是西帕切夫水驱特征曲线。其表达式如下：

$$L_p / N_p = a + bL_p \qquad (3-1-25)$$

根据油藏工程原理，注水开发砂岩油田的注采关系可表示为：

$$\ln W_i = c_1 + c_2 N_p \tag{3-1-26}$$

注采比的定义式为：

$$IPR = \frac{w_i}{Q_o \dfrac{B_o}{\rho_o} + Q_w B_w} \tag{3-1-27}$$

水油比的定义式为：

$$WOR = \frac{Q_w}{Q_o} = \frac{dW_p}{dt} \frac{dt}{dN_p} = \frac{f_w}{1 - f_w} \tag{3-1-28}$$

联立式（3-1-27）和式（3-1-28），得：

$$IPR = \frac{\dfrac{dW_i}{dt}}{\dfrac{dN_p}{dt}\left(\dfrac{B_o}{\rho_o} + WOR\right)} \tag{3-1-29}$$

将式（3-1-26）变形，得：

$$\frac{\dfrac{dW_i}{dt}}{\dfrac{dN_p}{dt}} = de^{c_1 + c_2 N_p} \tag{3-1-30}$$

将式（3-1-30）代入式（3-1-29）中，并结合式（3-1-27）及萨杏油田的油层物性，得：

$$\ln IPR = \ln c_2 + c_1 + \frac{c_2}{b} - \frac{c_2}{b}\sqrt{a(1 - f_w)} - \ln\left(1.31 + \frac{f_w}{1 - f_w}\right) \tag{3-1-31}$$

式中　L_p——累计产液量，10^4t；

$\quad\quad N_p$——累计产油量，10^4t；

$\quad\quad W_p$——累计产水量，10^4m³；

$\quad\quad a$，b，c_1，c_2——系数；

$\quad\quad W_i$——累计注水量，10^4m³；

$\quad\quad w_i$——年注水量，10^4m³；

$\quad\quad IPR$——累计注采比；

$\quad\quad Q_o$——年产油量，10^4t；

$\quad\quad Q_w$——年产水量，10^4m³；

$\quad\quad B_o$——原油体积系数；

$\quad\quad \rho_o$——地下原油密度，kg/m³；

f_w——含水率；

WOR——水油比。

根据喇萨杏油田各开发区的实际生产动态，分别绘制了各开发区和喇萨杏油田的丙型水驱特征曲线和水驱注采特征曲线，可以看出，无论是水驱特征曲线还是水驱注采特征曲线，都较好地满足了线性关系。因此，可以应用式（3-1-31）计算各开发区的注采比界限，其结果见表 3-1-1。

表 3-1-1　喇萨杏油田各开发区特高含水期注采比界限

开发区	a	b	c_1	c_2	IPR
喇嘛甸	2.01869319	0.00002235	8.10932406	0.00014377	1.2706
萨北	1.86982429	0.00004195	8.44585131	0.00020129	1.2620
萨中	1.83116310	0.00002042	9.43680297	0.00008760	1.2718
萨南	1.68400676	0.00001819	9.49003071	0.00007884	1.2121
杏北	1.58421597	0.00002299	9.32891719	0.00009697	1.1807
杏南	1.51452129	0.00005865	8.24067913	0.00025640	1.1738
喇萨杏	1.85874102	0.00000419	10.90871940	0.00001916	1.2192

从表 3-1-1 中可以看出，喇萨杏水驱特高含水阶段理论注采比不宜低于 1.22，其中喇嘛甸油田注采比为 1.27；萨北油田注采比为 1.26；萨中油田注采比为 1.27；萨南油田注采比为 1.21；杏北油田注采比为 1.18；杏南油田注采比为 1.17。

3）建立地层能量与多因素回归关系确定注采比界限

地层压力是判断地层能量充足与否的一个重要标志，是整个压力系统的关键，是油田开发的核心问题。地层压力保持过低，则地层能量不足，其产量达不到要求；地层压力保持过高，就需要提高注入压力，增加注水量，势必增加投资，影响开发效益。因此，需要有一个合理的地层压力保持水平，它是注水开发油田经济、高速高效开发的保证，也是实现油田稳产的基础。

在研究合理油藏压力保持水平时主要采用了最小流压法、合理注采压力系统的研究方法、地层原油损失函数法、物质平衡法、注采平衡法。这些方法都未综合考虑含水率、采油速度和注采比的影响。因此综合考虑了这些因素对确定合理地层压力的影响，首先根据采油工艺基本原理和相渗关系推导出无量纲采液指数和采液指数与含水率的关系式，在此基础上通过对油藏相对渗透率曲线的归一化处理，利用注采比原理，建立了不同采油速度下的合理地层压力与含水率及注采比之间的关系。即

$$p_R = \frac{p_i + p_{wf}}{2} - \frac{N v_L}{2} \left\{ \frac{IPR}{J_l n_i} \left[(1 - f_w) \frac{B_o \rho_w}{B_w \rho_o} + f_w \right] - \frac{1}{n_o J_L} \right\} \tag{3-1-32}$$

式中　p_R——地层压力，MPa；

p_i——注水压力，MPa；

p_{wf}——油井流压，MPa；

B_o——原油体积系数；

B_w——地层水体积系数；

N——地质储量，10^4t；

v_L——采液速度；

ρ_o——原油密度，kg/m^3；

ρ_w——水密度，kg/m^3；

f_w——含水率；

J_I——吸水指数，t/（d·MPa）；

J_L——采液指数，t/（d·MPa）；

IPR——注采比；

n_o——油井数，口；

n_w——水井数，口。

基于式（3-1-32），对喇萨杏油田水驱近10年的开发动态数据进行了多因素回归，得：

$$p_R = 7.045IPR + 1.036p_{wf} + 0.326f_w + 2.298p_i + 0.383v_L - 60.9 \quad （3-1-33）$$

从式（3-1-33）中可以看出，影响地层压力最大的参数是注采比。考虑喇萨杏油田水驱在该阶段采取提液政策的实际，根据油井流压、含水率、地层压力、注入压力和采液速度实际水平，计算了其他参数不变条件下，若使地层压力恢复0.1MPa，则注采比界限为1.2009。因此特高含水期保持注采平衡并恢复地层能量的注采比界限为1.2。

4）计算结果对比分析

根据几种方法的计算结果进行对比，喇萨杏水驱特高含水期保持注采平衡并恢复地层能量的注采比界限为1.2（表3-1-2）。保持较高的注采比，有利于在高速、提液开采下确保地层能量充足。

表3-1-2 特高含水期注采比界限

方法	注采比
矿场统计	1.20
油藏工程	1.22
数理统计	1.21

（三）油水井数比技术界限确定方法

1. 理论公式推导

油藏开采同样遵循物质守恒原理，地下采出量与注入量相等，可知：

$$Q_{lt} = N_o J_1 (p_2 - p_o) = J(p_1 - p_2) = N_w J_w (p_w - p_1) \tag{3-1-34}$$

进一步，可得：

$$Q_{lt} = N_o j_1 h_o k_o (p_2 - p_o) = J(p_1 - p_2) = N_w j_w h_w k_w (p_w - p_1) \tag{3-1-35}$$

由式（3-1-35）得：

$$p_1 = \frac{N_w j_w h_w k_w p_w + J p_2}{J + N_w j_w h_w k_w} \tag{3-1-36}$$

$$p_2 = \frac{N_o j_1 h_o k_o p_o + J p_1}{J + N_o j_o h_o k_o} \tag{3-1-37}$$

联立式（3-1-36）和式（3-1-37），得：

$$p_2 = \frac{N_o j_1 h_o k_o p_o (N_w j_w h_w k_w + J) + J N_w j_w h_w k_w p_w + J_2 p_2}{(J + N_o j_1 h_o k_o) \times (N_w j_w h_w k_w + J)} \tag{3-1-38}$$

式中 Q_{lt} ——某时刻的油藏采液量，10^4t；

N_o，N_w ——油井、水井数，口；

J_1，J_w ——地下体积油井采液指数、水井吸水指数，$m^3/(d\cdot MPa)$；

j_1，j_w ——地下体积油井单位厚度采液指数、水井单位厚度吸水指数，$m^2/(d\cdot MPa)$；

J ——区域渗流系数，$m^3/(d\cdot MPa)$；

p_2，p_1 ——油井、水井静压，MPa；

p_o，p_w ——油井、水井流压，MPa；

h_o，h_w ——油井、水井射开厚度，m；

k_o，k_w ——油井、水井中射开同一层系厚度占总射开厚度的比例。

令 $R = N_o / N_w$ 为油水井数比，$m = J_1/J_w = j_1 h_o / j_w h_w$ 为井的采液、吸水指数比值，并代入式（3-1-38）整理得：

$$p_2 = \frac{N_o j_1 h_o k_o k_w p_o + JRmk_o p_o + Jk_w p_w}{JRmk_o + Jk_w + N_o j_1 h_o k_o k_w} \tag{3-1-39}$$

将式（3-1-39）代入式（3-1-35）并整理得：

$$Q_{lt} = \frac{N_o j_1 h_o k_o k_w J(p_w - p_o)}{JRmk_o + Jk_w + N_o j_1 h_o k_o k_w} = \frac{N_o J_1 k_o k_w J(p_w - p_o)}{JRmk_o + Jk_w + N_o J_1 k_o k_w} \tag{3-1-40}$$

令：

$$N_t = N_o + N_w = N_o + \frac{N_o}{R} = N_o \frac{1+R}{R}$$

则：

$$N_o = N_t \frac{R}{1+R}$$

代入式（3-1-40）得：

$$Q_{lt} = \frac{N_t J_1 k_o k_w J (p_w - p_o) R}{Jmk_o R^2 + (Jmk_o + Jk_w + N_t J_1 k_o k_w) R + Jk_w} \quad （3-1-41）$$

对式（3-1-41）求导，并整理得：

$$\frac{dQ_{lt}}{dR} = \frac{N_t J_1 k_o k_w J (p_w - p_o)(Jk_w - Jmk_o R^2)}{\left[Jmk_o R^2 + (Jmk_o + Jk_w + N_t J_1 k_o k_w) R + Jk_w \right]^2} \quad （3-1-42）$$

由导数的性质可知，当 $\frac{dQ_{lt}}{dR} = 0$ 时，Q_{lt} 可获得极大值，由式（3-1-42）可以看出，等式右边的分母不为零，分子的 $N_t J_1 k_o k_w J (p_w - p_o)$ 项也不为零，只有当 $Jk_w - Jmk_o R^2 = 0$ 才能使 Q_{lt} 获得极大值。故有：

$$R = \sqrt{\frac{k_w}{mk_o}} = \sqrt{\frac{J_w k_w}{J_1 k_o}} = \sqrt{\frac{j_w h_w k_w}{j_1 h_o k_o}} \quad （3-1-43）$$

由式（3-1-43）可以看出，油田合理油水井数比与油井采液指数、射开厚度、水井吸水指数、水井射开厚度，以及油水井射开厚度开采层系对应比例等有关。如果油水井的射开厚度基本相同，开采层系完全一致，则合理油水井数比只与采液、吸水指数有关，等于吸水指数与采液指数比值的平方根。因此，合理油水井数比的值等于开采对应层系水井吸水指数与油井采液指数比值的平方根。

$$R = \sqrt{m} = \sqrt{\frac{J_w}{J_1}} \quad （3-1-44）$$

考虑到地面转换到地下：

$$R = \sqrt{\frac{1}{B_o (1 - f_w)} \frac{J_w}{J_1}} \quad （3-1-45）$$

2. 影响因素分析

根据上述理论推导可以看出，合理油水井数比与油、水井的采液指数、吸水指数、油水井射开厚度及其层系对应比例有关。由于采液指数和吸水指数受油层物理性质、油层中流体性质及井网特征的影响，因此，储层物性、原油物性、井网条件及压力界限是影响合理油水井数比的基本因素。

一般而言，高渗透油层随着油田含水率的上升，吸水指数、采液指数最终增长的幅度及两者比值的极大值都高于低渗透油层；原油黏度越高，采液指数、吸水指数随含水上升增长的最终幅度越大，吸水指数与采液指数比值的极大值也越大；采液指数、吸水指数的高低，反映了油水井井底附近渗流阻力的大小，渗流阻力的大小主要受含水饱和度的影响，因此开发阶段不同，油田含水率不同，合理油水井数比也不同；在相同含水阶段下，油水井距不同，油水井底附近含水饱和度的差别不同，吸水指数、采液指数比值也不同，因此井距的大小也对合理油水井数比有一定的影响。

另外，在多套井网分层系开采情况下，合理油水井数比还与油水井射开厚度层系对应比例有关。当油水井开采层位完全对应时，油水井的射开厚度情况不影响合理油水井数比；当油井开采层系（其所有射开厚度）的能量供应完全来自同一套井网的注水井，而对应水井还要为其他层系油井供给能量，即 $k_o=1$，$k_w<1$，则油田合理油水井数比要相应低一些，也就是说，由于水井还给其他层系油井供水，要使本层系的油井获得最大产液量，水井的比例要相对多一些；当油井不但开采水井对应井网层系，还开采其他井网的层系，而水井只负责为本井网的油井提供能量，即 $k_w=1$，$k_o<1$，则油田合理油水井数比要高一些。

二、注采压力系统技术界限

压力是油田开发的灵魂，决定了地下流体的渗流规律，是影响油藏开发效果好差的重要因素。注采压力系统主要是指注水压力、地层压力和油井流压三项指标，这三项指标决定了油田开发其他相关压力指标，如生产压差、总压差、注采压差等，因而确定这三项指标的技术界限，也就决定了生产压差及总压差等指标的界限。

（一）基本定义

1. 注水压力

注水压力是指正常注水时的注水井井口压力。注水压力的高低，不仅涉及一套井网的注采能力，而且也涉及整个注采压力系统的压力水平。若注入压力过高，注入水窜入膨胀性泥岩层或断层面的可能性就增加，使一些地方的断层重新"活化"，泥岩发生蠕变和滑动，导致一部分油水井的套管开始损坏，给油田开发带来了很大的影响，以后不得不降低注水压力。

2. 地层压力

地层压力是在油藏静态平衡状态下储层中部的压力。在注水开发中地层压力是影响油田开发效果的一个非常重要的因素，在很大程度上决定了油田开发的主动权。地层压力保持过低会导致产量达不到配产要求，而且在高饱和压力油藏中造成原油脱气，降低原油在油层中的流动性能，地层压力过低也容易引起孔隙度减小和渗透率降低，不利于油层结构保持稳定。

地层压力是油田开发的基础，主要是指地层孔隙当中的流体所承担的压力。地层压力决定着油田开发的实际效果及安全性。如果地层压力低于标准值，会导致油压不足，影响排液效果。如果压力过低，油层内部原油出现脱气问题，会影响地层原油的流动性，影响采收率。而且在此环境下，油层内容易出现三相流动，导致能量的流失。如果地层压力高出标准值，很可能导致地层含水量大幅度提升，引发油田递减，导致出现水淹水窜的问题。在此环境之下，注采设备的运作会受到影响，提高开发成本。一般情况下，随着油田开发的深入，地层压力随之下降，存在一个地层压力下限值。

3. 油井流压

油井流压是指油井在正常生产时油气层中部压力。不同类型的油藏在不同的开发阶段，油井的生产均有一定的规律，最大限度地发挥油井潜能，是油田开发的根本需要，而决定油井产量最重要的一个参数是油井流压。油井压力过高，则不利于发挥生产潜力；油井压力过低，则易导致地层脱气，进而影响产液能力。

（二）技术界限

1. 注水压力

大庆油田开发初期，注水井注入压力比较低，一般只有7～10MPa，但是以后为提高中低渗透层的吸水量和满足提高油井地层压力水平的要求，将注水井的井口注入压力提高到了13～15MPa。根据研究和油田提高注水压力后的实践，注水井注入压力的上限以不超过岩石的破裂压力为宜，从大庆油田的具体条件来看，注入压力过高，注入水窜入膨胀性泥岩层或断层面的可能性就增加，使一些地方的断层重新"活化"，泥岩发生蠕变和滑动，导致一部分油水井的套管开始损坏，给油田开发带来了很大的影响，以后不得不降低注水压力。另外，根据套管保护规范，最大注水压力一般低于油层破裂压力0.5MPa左右；这样既不至于造成套管损坏，又可保证以合理的注采比满足注水量的需要。

确定最大注水压力的四项原则：

（1）上限是不能超过油层破裂压力；

（2）下限是保证绝大多数油层都能吸水；

（3）考虑地层能量恢复和利用；

（4）考虑注入井套管的安全。

在考虑上述四项原则基础上，可根据式（3-1-46）进行计算：

$$p_{iwmax} = \gamma_o H_o - 0.5 - \rho_L g H_o \times 10^{-5} + p_a \qquad （3-1-46）$$

式中　p_{iwmax}——注水井井口的最大压力，MPa；

　　　γ_o——地层破裂压力梯度，MPa/m；

　　　H_o——油层顶部深度，m；

　　　ρ_L——水的密度，kg/m^3；

　　　g——重力加速度，m/s^2，一般取$9.8m/s^2$；

　　　p_a——附加压力，包括井筒和井眼摩阻压力等，MPa。

2. 地层压力

合理地层压力水平是指既能满足油田提高排液量的地层能量的需求，又不会造成原油储量损失、降低开发效果的压力水平。地层压力水平过低或过高均不利于油田的高效合理开发。地层压力保持过低会导致产量达不到配产要求，而且在高饱和压力油藏中造成原油脱气，降低原油在油层中的流动性能，地层压力过低也容易引起孔隙度减小和渗透率降低，不利于油层结构保持稳定。因此合理地层压力水平是保证油田在寿命期内高效科学开发的基础。在研究确定出合理压力水平之后，就可判断目前油藏压力水平是否合理，是否达到最大合理压力水平，以保证最大产液的需求，以及井网调整和工艺技术改进的余地有多大，从而指导矿场实际开发调整工作，以保证油田更有效、更经济地投入开发。

大庆油田开发实践表明，保持地层压力采油是大庆油田天然能量特点决定的，大庆油田周围边水很不活跃，能量小，不能补充采油时的地层压力消耗，因此必须采用人工补充能量、注水保持压力的方式来开采大庆油田。

大庆油田采用早期注水保持地层压力的开采方式，坚持注和采的平衡，把地层压力保持在原始地层压力附近，效果很明显，因此大庆油田在开发初期制定了保持原始地层压力开发的政策界限，从而保持了油田长期高产稳产。

根据调研及统计，俄罗斯的罗马什金油田和杜马兹油田及美国的东得克萨斯油田目前地层压力均高于饱和压力，我国的胜利孤岛油田目前地层压力也略高于饱和压力。因此，国内外油田为充分利用弹性能量均把原油不脱气作为保持地层压力的目的，即饱和压力为地层压力下限。而进入特高含水阶段后，地层压力只需满足油层不脱气及排液需求（表3-1-3），同时为避免区块间压力差异过大容易引起油水井套损的风险，还需满足平面均衡过渡的原则，即确定地层压力技术界限要满足以下三条原则：

表3-1-3　国内外油田地层压力统计表　　　　　　　　单位：MPa

项目	喇嘛甸	杏北	胜利孤岛	罗马什金	东得克萨斯	杜马兹
原始地层压力	11.36	11.11	12.50	17.50	11.30	17.00
目前地层压力	11.40	9.55	11.10	15.00	7.80	14.50
原油饱和压力	10.66	8.36	10.80	9.00	5.17	9.30
总压差	0.04	-1.56	-1.40	-2.50	-3.50	-2.50
原始地饱压差	0.70	2.75	1.70	8.50	6.13	7.70
目前地饱压差	0.74	1.19	0.30	6.00	2.63	5.20

一是满足油层不脱气需求：高于原油饱和压力，避免发生脱气现象，影响开发效果和采收率；

二是满足油井排液需求：保持较大生产压差，确保每一口油井的排液能力能够充分发挥；

三是满足平面均衡过渡原则：相邻区块间压差较为均匀，避免区块间压差较大导致套损发生。

（1）从满足油层不脱气角度出发，地层压力需保持在原始地层压力附近。

室内实验及数值模拟研究表明：特高含水后期油田地层压力至少需保持在原油饱和压力 0.5MPa 以上，才能满足油层不脱气的需求。一是地层压力变化对原油黏度的影响是高度相关的，原油饱和压力附近原油黏度最低，水驱开发效果最好；二是从地层压力变化对生产气油比变化影响看，地饱压差越小，油气比越高，拐点为原油饱和压力 +0.5MPa；三是从地层压力变化对采液指数影响看，当地层压力低于原油饱和压力 +0.5MPa 时采液能力急剧下降。

由于喇萨杏油田具有统一的油水动力系统，需要整体进行研究；随着油田进入开发后期，压力系统也由相对高压系统转向相对低压系统，有利于节能降耗，降低开采成本。

满足油层不脱气需求，萨中以北开发区原始地饱压差较小，地层压力界限需保持在原始地层压力附近；萨中及以南开发区原始地饱压差大，可适当降低地层压力界限（表 3-1-4）。

表 3-1-4　喇萨杏油田不同开发区地层压力界限　　　　单位：MPa

项目	喇嘛甸	萨北	萨中	萨南	杏北	杏南
原始地层压力	11.36	11.36	10.93	10.84	11.11	11.05
原油饱和压力	10.66	10.43	9.56	8.35	8.36	6.92
原始地饱压差	0.70	0.93	1.37	2.49	2.75	4.13
地层压力下限	11.40	10.90	10.40	9.90	9.50	9.50

（2）从满足油田排液量角度出发，地层压力界限应依据油井流压及生产压差来确定。

① 油井流压界限的确定。

根据数值模拟及已有认识，在高、特高含水期随着油井流压的增加，采收率逐渐在提高，但在流压为 2.5MPa 以后，随着流压的增加，采收率提高幅度不大；从无量纲产量来看，流压在 1.0~2.5MPa 时，随着流压的增加，产量逐渐增加，而当流压大于 2.5MPa 时，随着流压的增加，产量逐渐降低。因此，综上所述确定油井的流压界限为 2.5MPa。

② 生产压差界限的确定。

生产压差的确定主要是考虑油田生产实际，根据各开发区高含水后期油井实际的静压和流压来确定，从各开发区的历史实际统计结果来看，各开发区的最大生产压差均不超过7MPa。因此，生产压差的最大值即定为 7MPa。若考虑分区差异，应用测试资料统计结果表明，若纯油区、过渡带油层动用程度达到 85% 以上，则合理生产压差分别为 6.5MPa、7.5MPa。

根据上述认识，地层压力为油井流压与生产压差之和，则可确定纯油区、过渡带的地层压力界限分别为 9.0MPa、10.0MPa 左右。

（3）避免不同区块之间地层压力差异过大而引起套损等不利影响，依据均衡过渡原则确定界限。

对喇萨杏油田而言，为使平面压力均衡分布，则需由两侧过渡带向中央纯油区，逐步由高压区过渡到低压区；自北部开发区向南部开发区，实现地层压力逐步降低的变化态势。

3. 油井流压

油井流压（井底流压）是指油井在开采时油层中部测出的压力。油井流压是油田进行开发调整和制定开采政策界限的一个重要参数。当油井流压降低至原油饱和压力以下对油井生产能力起到双重作用：一是在油井附近形成脱气圈，液相渗透率降低，采液指数下降，有使产液能力降低的作用；二是由于生产压差也同时随之增大，又有使产量增大的作用。因而，油井流压技术界限可根据下述 3 项原则从 4 个角度确定。

油井流压界限确定 3 项原则：一是油层不能大范围脱气而影响采收率；二是油井具有较强生产能力以满足生产需要；三是气液比不能过高以免影响泵效。

1）从采收率角度，随含水升高油井流压界限降低

油井流压过低、流饱压差过大将会使油层严重脱气，原油黏度大幅度上升，从而影响原油最终采收率，因此，确定合理的油井流压下限必须考虑其对采收率的影响。建立数值模拟概念模型，从采收率与油井流压关系看，二者为单调函数关系，但存在一个拐点，当流压降低至 2.5MPa 以下，采收率会急剧降低（图 3-1-1）。

2）从对单井产量影响角度，随含水率升高油井流压降低

如前所述，从产油能力角度讲，油井流压降低至原油饱和压力以下对油井生产能力起到双重作用，因而存在一个流压临界点。根据数值模拟结果，该临界点随含水率上升而降低（图 3-1-2），由高含水后期（含水率 80%）到特高含水阶段（含水率 90%），流压界限由 2.5MPa 降低到 2.0MPa 左右。

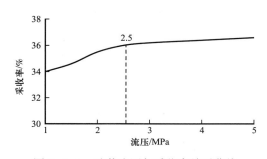

图 3-1-1　油井流压与采收率关系曲线

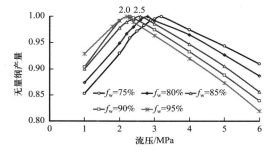

图 3-1-2　油井流压与无量纲产量关系曲线

3）从泵效/气液比角度，研究泵吸入口流压对泵效影响问题

从泵吸入口气液比角度研究流压对泵效影响问题。在油井含水率一定的条件下，泵的充满系数是影响泵效的主要因素，而泵的充满系数取决于流饱压差的大小，因此可以根据泵合理工作的需要确定泵的充满系数，在这个充满系数下，所需要的流动压力就是油井的合理压力，在这个压力下采油，可以使泵具有较高的工作效率。通过井筒中油、气、水三

相流体体积流量的计算方法，推导出了抽油井泵的充满系数与泵口压力的关系，进而得到了不同含水率时合理井底流动压力［式（3-1-47）］，由计算可知，该方法得到的油井流压界限在1.5MPa左右。

$$p_{\text{wf}\min} = \frac{p_{\text{b}}}{1 + \dfrac{322.2B_{\text{o}}}{ZTa(1 - f_{\text{w}})}} + \frac{D_{\text{m}}(L_{\text{m}} - L_{\text{s}})}{100} \qquad （3-1-47）$$

式中　p_{wfmin}——最小油井流压，MPa；

　　　p_{b}——原油饱和压力，MPa；

　　　B_{o}——原油体积系数；

　　　Z——气体偏差因子；

　　　T——井底地层温度，K；

　　　a——原油溶解系数，$m^3/(m^3 \cdot MPa)$；

　　　f_{w}——含水率；

　　　D_{m}——液柱平均密度，kg/m^3；

　　　L_{m}——油层中部深度，m；

　　　L_{s}——泵挂深度，m。

4）从地层供液角度，基于IPR曲线研究地层的最大供液量

根据油井最低允许流动压力与饱和压力和地层压力之间的定量关系式，即

$$p_{\text{wfmin}} = \frac{1}{1-n}\left[\sqrt{n^2 p_{\text{b}}^{\,2} + n(1-n)p_{\text{b}}p_{\text{R}}} - np_{\text{b}}\right] \qquad （3-1-48）$$

$$n = \frac{0.1033aT(1 - f_{\text{w}})}{293.15B_{\text{o}}}$$

式中　p_{wfmin}——油井最低允许流动压力，MPa；

　　　p_{b}——饱和压力，MPa；

　　　p_{R}——地层压力，MPa；

　　　a——原油溶解气系数，$m^3/(m^3 \cdot MPa)$；

　　　f_{w}——油井含水率；

　　　B_{o}——原油体积系数；

　　　T——油层温度，K。

根据这一关系式可求出油藏高含水期油井不同含水率时最低允许流动压力值，随着含水率的升高，油井最低允许流动压力值将逐渐降低。计算可知，由高含水后期（含水率80%）到特高含水阶段（含水率90%），该方法得到的油井流压界限由2.2MPa降低到1.7MPa左右。

综合考虑上述4方面确定油井流压界限，即取上述计算结果最大值，喇萨杏油田为

2.5MPa 左右。

4. 综合确定

由于注水压力、地层压力和油井流压三者之间是相互关联、密不可分的，在单一方法确定压力指标界限后，需根据注采压力平衡交会图版来确定 3 项指标界限间是否满足系统关联关系。

1）基本原理

一般情况下，油藏压力系统可以用油井流压、油井静压、地层压力、水井静压和水井流压（或注水压力）来描述。由图 3-1-3 可看出，一般情况下，水井静压＞地层压力≈油井静压。

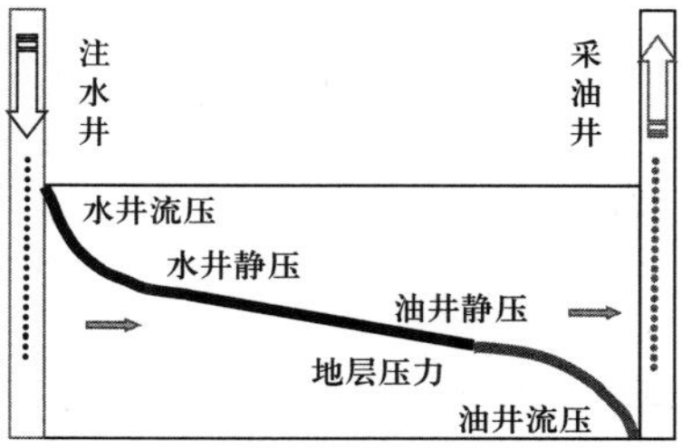

这样油水井压力剖面的平衡关系式变为：

$$p_{iwf}-q_i/J_w-c=p_R=p_{wf}+q_L/J_L \tag{3-1-49}$$

式中　p_{iwf}——水井流压，MPa；

　　　q_i——注水量，m^3/d；

　　　J_w——吸水指数，$m^3/(d \cdot MPa)$；

　　　c——常数，由矿场拟合得到；

　　　p_R——地层压力，MPa；

　　　p_{wf}——油井流压，MPa；

　　　q_L——产液量，m^3/d；

　　　J_L——采液指数，$m^3/(d \cdot MPa)$。

理论分析和数值模拟计算表明，在特定的井网、油水井数比、含水阶段和油层条件下，以上四种压力是相关的，给定油井流压和注水压力后，油井地层压力和水井地层压力也就随之而定。在原来注采平衡的基础上，如果减少注水井井底压力而生产井的井底流动压力不变，那么注水量将减少，使得注水量小于产出量，导致地层压力不断下降，地层压力下降后，注水井的注水压差增大，采油井的生产压差降低，随之使得注水井注水量不断增加、生产井的产出量不断减少，从而达到一个新的注采系统平衡；反之亦然（图 3-1-4）。

2）绘制注采压力平衡交会图版

（1）注入采出体积公式。

对于地层注采平衡时的合理压力水平，则需要通过注采平衡原理进行计算。

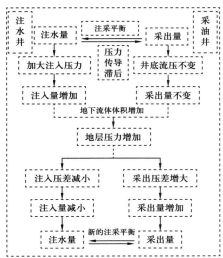

图 3-1-4　注采压力平衡图版示意

图 3-1-3　油藏压力扩散简化模拟

采出体积：根据产液指数、生产压差（地层压力与生产井井底流压之差）及井数计算不同单元的产液量。

$$q_1 = J_1 (p_R - p_{wf}) n_o \qquad (3-1-50)$$

式中　n_o——油井数，口。

注入体积：根据吸水指数、井数、注水压差（注水井流压与地层压力之差）等计算不同单元的注水量。

$$q_i = J_w (p_{iwf} - p_R) n_w \qquad (3-1-51)$$

式中　n_w——水井数，口。

（2）计算注入采出体积所需的参数。

吸水指数、产液指数、油井数和水井数等参数均可由目标油藏的实际生产动态资料统计得到。

（3）绘制交会图版。

第一步：在给定不同的生产井流动压力下，计算不同地层压力下的采出体积。作采出体积 × 注采比之积与地层压力的关系曲线（采出曲线）。

第二步：在给定不同的注水井流动压力下，计算不同地层压力下注入体积，可得到注入体积与地层压力的关系曲线（注入曲线）。

这两条曲线的交点处即为注采平衡点，平衡图上每一个交叉点即为压力平衡点，每一点都表明平均日产液量、日注水量、平均油井流压、平均注入压力和平均地层压力之间的平衡关系。在整个开发过程中，注采压力系统的五项指标的平衡状态应是相对的、暂时的、动态的，所以平衡点反映的是开发过程中某一阶段、某一条件下的平衡关系。

3）压力系统技术界限确定

当注水压力取最大注水压力，地层压力取下限值，则可根据注采压力平衡交会图版确定目标油藏的油井流压界限，喇萨杏水驱在 2.5～2.7MPa 之间，且均满足生产压差的需求。

三、注采速度技术界限

（一）注水速度

注水开发是 20 世纪 30—40 年代发展起来的，又称二次采油，是油田开发的"历史性革命"。油田开发实践表明，原油采收率与累计注水量相关，因此，注水速度是评价注水效果的关键参数。其数值取决于油层岩石物性、流体与岩石相互关系及井距。根据油藏工程原理，注水速度等于年注水量除以油田地质储量。即

$$v_i = \frac{Q_i}{N} = \frac{n_w J_i^* p_i^*}{N} \qquad (3-1-52)$$

式中　v_i——注水速度；

Q_i——注水量，m^3；

N——地质储量，10^4t；

n_w——注水井井数，口；

J_i^*——吸水指数，$m^3/（d \cdot MPa）$；

p_i^*——最大注水压力，MPa。

由吸水指数、最大注水压力、注水井井数和地质储量即可得到最大注水速度。在井网一定条件下，当注水压力取最大值时，即可得到最大注水速度。

1. 吸水指数变化规律

吸水指数是指单位注水压差下的日注水量，表示油藏吸水能力的好坏。一般情况下，吸水指数越大表示油层吸水能力越强，地层渗透率越大。它是在油田注水开发过程中衡量注水井注入效果好坏的重要指标之一，也是注水压力设计和地面设备选择的主要依据。注水井的吸水能力取决于油层的有效渗透率、油和水的黏度、砂层厚度、井的有效半径和注水井的完井效率等因素。油田进入开发调整阶段后，吸水指数的大小对油田的合理配产，制定科学、高效的调整开发方案等方面具有较为关键的现实意义。

1）理论吸水指数变化规律

根据 H.C. 斯利德提出的相对注水能力的近似理论可以得到：

$$J_I = \frac{1+M}{1+M+(1-M)f_w}(af_w+1) \qquad （3-1-53）$$

又因：

$$M = \frac{\mu_o}{\mu_w}\frac{K_{rw}}{K_{ro}} \qquad （3-1-54）$$

及

$$f_w = \frac{1}{1+\dfrac{\mu_w}{\mu_o}\dfrac{K_{ro}}{K_{rw}}} = \frac{1}{1+\dfrac{1}{M}} \qquad （3-1-55）$$

得：

$$M = \frac{f_w}{1-f_w} \qquad （3-1-56）$$

代入式（3-1-53），得：

$$J_I = \frac{af_w+1}{1+f_w-2f_w^2} \qquad （3-1-57）$$

式中　J_I——无量纲吸水指数；

　　　M——流度比；

f_w——含水率；

K_{ro}——油相相对渗透率；

K_{rw}——水相相对渗透率；

μ_o——油黏度，mPa·s；

μ_w——水黏度，mPa·s；

a——系数，矿场统计一般为1左右。

因此，从理论吸水指数曲线看，吸水指数在注水生产过程中不断变化，初期快速增长，后期随着注入井的不断注入，油相逐渐被水相驱替，吸水指数不断增大，但到特高含水阶段以后，吸水指数增加缓慢。从吸水指数和采液指数的对比来看，高含水阶段以后吸水指数增幅远低于采液指数增幅，说明高含水阶段以后生产井具有一定的提液空间，而注入井的注入量已经达到了饱和状态，即油藏中的油相已全部被水相所替代。因此，在特高含水阶段需强化注采系统，采液速度需由注水速度限制。

2）喇萨杏油田吸水指数变化规律

在实际应用中，对吸水指数进行分析时，需对注水井进行测试取得流压资料后才能进行，但在日常分析中，为及时掌握吸水能力的变化情况，常采用视吸水指数表示吸水能力，一般用单井日注水量除以井口压力来表示。

从喇萨杏油田实际的视吸水指数看，进入特高含水阶段以后，喇萨杏各开发区视吸水指数变化趋势均较平缓。但具体的数值差别很大，从北向南视吸水指数逐渐降低，其中喇嘛甸油田的视吸水指数最高，达到了12.03t/（d·MPa），萨尔图油田的视吸水指数处于中间的水平，其值为6～8t/（d·MPa），杏树岗油田视吸水指数最低，其值为3t/（d·MPa）左右。出现这种差别的主要原因在于油层物性、流体性质、油水黏度比及生产条件（注采压差、油水井距离等）等因素的影响。

2. 注水速度界限

最大注水压力和目前注水压力确定后，根据各开发区的地质储量、注水井井数及吸水指数，利用式（3-1-52）即可计算各开发区最大注水速度及目前注水速度，其计算结果见表3-1-5。

表3-1-5 喇萨杏油田各开发区特高含水期注水速度技术界限

开发区	喇嘛甸	萨北	萨中	萨南	杏北	杏南
注水井井数/口	1425	1718	4178	3106	3441	2174
最大注水速度/%	9.20	8.52	11.68	8.12	7.87	8.79

从喇萨杏油田各开发区注水速度界限结果对比看，萨中开发区最高，注水速度为11.68%，杏北开发区最低，注水速度为7.87%；从提高注水速度潜力看，目前萨中、喇嘛甸和萨北开发区由于最大注水速度与目前注水速度差值较小，故提高注水速度潜力较小，而萨南以南开发区最大注水速度与目前注水速度差值较其他开发区大，因此提高注水速度

潜力也较大。

（二）采液速度

油田开发实践表明，由于油田含水率的不断上升，要想保持油田的稳产，提高采液规模仍然是一项最为有效的措施。在注水保持地层压力的情况下，提高油田采液速度的办法不外乎有增加生产井井数；增加生产压差；改换抽油泵的泵径、排量和效率等。但是受油田的地质条件、开发条件及经济效益的影响，采液速度不会无限地增大，会有一个技术界限和经济界限。

1. 技术界限

由采液速度定义得出了基于油井端的采液速度：

$$v_1 = \frac{365 J_1 \Delta p n_o}{N} \qquad （3-1-58）$$

式中 v_1——采液速度；

J_1——采液指数，t/（MPa·d）；

Δp——生产压差，MPa；

n_o——油井数，口；

N——地质储量，10^4t。

由油井流压技术界限得到的各开发区最大生产压差和各开发区实际的采液指数、油井数和地质储量，利用式（3-1-58）即可得到各开区基于油井的采液速度技术界限，见表3-1-6。从表3-1-6中可以看出，喇嘛甸开发区基于油井的采液速度界限为8.13%；萨北开发区基于油井的采液速度界限为7.65%；萨中开发区基于油井的采液速度界限为11.81%；萨南开发区基于油井的采液速度界限为7.72%；杏北开发区基于油井的采液速度界限为7.39%；杏南开发区基于油井的采液速度界限为8.21%。

由注采比定义可以得出采液速度计算公式，此采液速度计算公式是基于水井端的采液速度。

$$v_1 = \frac{v_i}{IPR} \qquad （3-1-59）$$

式中 v_1——采液速度；

v_i——注水速度；

IPR——注采比。

由前面得到的注水速度界限和注采比界限，利用式（3-1-9）即可计算出基于水井的采液速度技术界限，见表3-1-6。从表3-1-6中可以看出，喇嘛甸开发区基于水井的采液速度界限为7.66%；萨北开发区基于水井的采液速度界限为7.10%；萨中开发区基于水井的采液速度界限为9.73%；萨南开发区基于水井的采液速度界限为6.82%；杏北开发区基于水井的采液速度界限为6.61%；杏南开发区基于水井的采液速度界限为7.40%。

表 3-1-6　喇萨杏油田不同开发区采液速度技术界限　　　　　　单位：%

开发区	喇嘛甸	萨北	萨中	萨南	杏北	杏南
注水速度界限	9.20	8.52	11.68	8.12	7.87	8.79
采液速度界限（水井）	7.66	7.10	9.73	6.82	6.61	7.40
采液速度界限（油井）	8.13	7.65	11.81	7.72	7.39	8.21
确定采液速度界限	7.66	7.10	9.73	6.77	6.56	7.40
目前采液速度	6.96	6.10	10.14	6.20	5.35	7.21
差值	0.70	1.00	-0.41	0.57	1.21	0.19

从测算结果对比看，基于水井端的采液速度界限均低于基于油井端的采液速度界限，因此，以基于水井端的采液速度界限定为采液速度的技术界限。

从测算结果可以看出，喇嘛甸、萨中和杏南开发区目前的采液速度与技术界限的采液速度较接近，两者差值低于1%，提液的潜力不大，而其他各开发区目前的采液速度与技术界限的采液速度相差比较大，均大于等于1%，说明还有一定提液空间。

2. 经济界限

1）应用数值模拟方法研究了特高含水阶段开采年限

应用数值模拟软件，根据实际地层的静态参数及相渗曲线和毛细管压力数据，建立了三层的概念模型，采用五点法井网部井，分别以采液速度为4%、5%、6%、7%、8%、9%、10%开采到含水率98%，统计不同采液速度的开采年限和特高含水期开采年限及液量。从开采全过程看，随着采液速度的不断增加，油田开采到含水率98%时的开采年限逐渐减少，由采液速度为4%时的90年减少到采液速度为10%时的37年，但下降的幅度逐渐变缓，由最初的19.75%下降到9.01%；特高含水阶段的开采年限也是随着采液速度的增加而逐渐减少，由采液速度为4%时的68年减少到采液速度为10%时的28年，但特高含水阶段开采年限所占整个油田开采年限的比例基本保持不变，其值在75.13%～75.84%之间。同时根据《大庆油田可持续发展纲要》，考虑"百年油田"时保持一定采油规模，特高含水阶段采液速度界限不宜高于8%。

2）基于油水井使用寿命确定采液速度经济界限

油水井的套管损坏通常简称为套损，是指油田开发过程中由于遭受外力作用和腐蚀，采油井及注入井的套管发生塑性变形、破裂或腐蚀减薄至穿孔破裂的一种现象。它给油田的正常生产带来很大的危害性，轻则使油水井套管通径改变，不能采取正常的开采及油层改造措施，重则使油水井报废，需要钻更新井，不但增加大量资金投入，更重要的是损失可采储量，影响开发效果。

大庆油田随着开发时间的增长，油水井套管损坏问题越来越严重，直接影响着油田的长期稳产。统计喇萨杏油田套损情况可以看出，随着油田开发的不断深入，套损井及套损率不断上升，套损井由1981年188口上升到2013年底的1214口，累计共发现套损井 15873 口；套损率由 1981 年 8.57% 上升到 2013 年底的 22.62%；并发生大规模套损的周期越来越短，第一次大规模套损的周期是 20 年；第二次大规模套损的周期是 15 年；第三次大规模套损的周期是 10 年。从数模计算的油水井使用寿命结果看，随着采液速度的增加，油水井更新次数逐渐减少；相同采液速度下，套管寿命越长，更新次数越少。

3）基于成本变化确定采液速度经济界限

从喇萨杏油田水驱近 7 年吨液操作成本变化看，其值由 2007 年的 30.94 元 /t 增加到 2013 年的 40.37 元 /t，平均年增长幅度为 5.08%，近 3 年由 35.53 元 /t 增加到 2013 年 40.37 元 /t，增幅达 6.8%。

以采液速度 4% 为基数，计算了特高含水期不同采液速度成本，从对比结果可以看出，随着采液速度的增加，总成本呈降低趋势，但降低速度逐渐变缓；而相同采液速度下，成本增幅越大，总成本降低幅度越大。因此，依据成本拐点，特高含水阶段采液速度不宜低于 6%。

同时，从国内外典型油田最大采液速度的统计结果（表 3-1-7）看，其最大采液速度均未超过 8%，而喇萨杏油田最大采液速度为 7.23%，处于较高水平，既符合了油田的开发规律，又有利于获得较好的经济效益；而喇萨杏油田开发的矿场实际也表明，杏北开发区在采液速度 8% 时发生套损。

表 3-1-7　国内外典型油田最大采液速度对比

开发区	玉门油田	普罗德霍湾	罗马什金	Yow-lumne	萨玛特洛尔	喇萨杏水驱	东得克萨斯	胜利油田
最大采液速度 /%	5.04	3.47	5.39	6.12	7.85	7.23	7.34	6.90

应用水驱曲线计算了不同采液速度下的含水上升速度和产量递减变化，从计算结果（表 3-1-8）来看，在相同含水阶段，随着采液速度的增加，含水上升速度和产量递减率均增加，也就是说高采液速度下的含水上升和产量递减均会较高。因此，特高含水期不宜保持太高的采液速度。

表 3-1-8　不同采液速度下含水上升速度和产量递减率变化　　　　单位：%

含水率	采液速度 6%		采液速度 7%		采液速度 8%	
	含水上升速度	产量递减率	含水上升速度	产量递减率	含水上升速度	产量递减率
90	0.65	8.64	0.76	10.08	0.86	11.52
92	0.42	7.07	0.49	8.24	0.57	9.42
94	0.24	5.41	0.28	6.32	0.32	7.22
96	0.11	3.69	0.13	4.30	0.15	4.92
98	0.03	1.88	0.03	2.20	0.04	2.51

因此，基于上述技术界限和经济界限的研究成果，并结合国内外典型油田的统计结果和喇萨杏油田的矿场实际及水驱曲线的计算结果，确定了喇萨杏水驱特高含水期合理采液速度为 6%～8% 之间。

第二节　主要调整措施技术经济界限

老井增产措施是油田实现控含水上升、控产量递减的必不可少的重要手段，大庆油田在"稳油控水"期间，按照"提液必须控水"的原则，优化注水结构调整，精心组织实施"3、6、9、10"工程（堵水平均单井日增油 3t、换泵平均单井日增油 6t、压裂平均单井日增油 9t、新钻调整井平均单井日产油量 10t），在实现"稳油控水"目标中发挥了关键作用。在原油 4000×10^4t 稳产阶段，持续开展了"2、4、5、5"工程（换泵平均单井日增油 2t、压裂平均单井日增油 4t、补孔平均单井日增油 5t、新钻调整井平均单井日产油量 5t），并结合剩余油分布特点，不断完善选井选层标准，优化措施组合，强化前培养、中监督、后保护，立足"四个突破"（突破含水界限，在高含水井中挖掘剩余油；突破隔层界限，在高含水层段中挖潜剩余油；突破厚度界限，在薄差层中挖掘剩余油；突破井况界限，在套损井中挖掘剩余油）；实现了"四个转变"（措施选井由高含水井向特高含水井转变；措施选层由层间挖潜向层内挖潜转变；措施层段由大段多层向小段少层转变；措施选择标准由定性向定量转变；措施方式由单一类型向多种工艺集成转变；施工参数设计由笼统向个性化转变），不断推动油水井调整措施由笼统、粗放向精细、精准发展，由注重规模向注重效益转变[3-4]，在油田的开发技术经济效果持续向好过程中发挥了不可替代的重要作用。

一、油井压裂

压裂是油井增产措施的最重要手段。喇萨杏油田的压裂增油量一直占总措施增油量的 50% 左右。随着油田进入特高含水期，油层动用程度不断提高，层间含水差异逐步缩小，油井压裂对象物性越来越差，压裂挖潜的难度逐渐加大，压裂效果也逐渐变差，分析喇萨杏油田进入特高含水开发阶段以来近 7 年来油井压裂状况，呈现以下四个方面的特点：一是压裂对象逐步由基础井、一次井转变为二次井、三次井，加密井压裂比例逐渐升高，到 2010 年二次、三次井压裂比例达 52.3%；二是重复压裂井比例越来越多，压裂两次及以上井比例逐渐升高，后三年重复压裂井比例一直在 37% 左右；三是压裂井逐渐由中低含水井转变为高、特高含水井，压裂井压前的平均含水率已达 90%；四是压前与压后的含水率逐渐接近，含水率差异在 3% 左右。

（一）现状分析

1. 压裂井主要指标变化

统计了 2004 年以来萨中开发区压裂井压前主要动静态指标的变化情况（表 3-2-1），

从统计结果可以看出，压开层段厚度及渗透率呈小幅下降趋势，平均压开厚度 4.23m，渗透率 0.18D；压前产油及流压变化不明显，液量略有升高，平均日产油量 2.48t，日产液量 20.92t，流压 3.96MPa。

表 3-2-1　萨中开发区压裂井压前主要动静态指标变化情况

年份	有效厚度 /m	渗透率 /D	流压 /MPa	日产油量 /t	日产液量 /t
2004	3.73	0.23	3.55	2.66	17.25
2005	4.61	0.18	3.89	2.36	18.45
2006	4.43	0.18	3.91	2.64	22.34
2007	4.43	0.17	4.21	2.58	21.32
2008	3.87	0.18	4.29	2.15	19.51
2009	3.61	0.18	3.77	2.30	21.18
2010	3.93	0.13	3.92	2.52	24.86
平均值	4.23	0.18	3.96	2.48	20.92

2. 压裂井效果分析

利用油井压裂措施库和开发动态数据库，可以提取压裂前生产时日产油量、日产液量、含水率、静压、流压等开发指标，同措施后初期生产时的相应开发指标对比，可以得到措施前后开发指标的变化情况。把同一年同一类措施井以措施时间对齐后相加再平均，可以得到该类措施在当年的平均单井初期增油降水效果。通过措施初期指标的变化分析，可以看出油井措施是否有效。油井压裂的主要目的是改善油井完善程度，增加油层动用厚度，提高油井供液能力，增加油井产量。对油井压裂来说，如果压裂后油井产液、产油量增加，含水率下降或产液量变化不大但流压上升，则说明压裂有效。

1）压裂年效果分析

分析油井压裂措施年效果的目的是分析其变化趋势，为编制油田规划方案时预测措施效果提供依据。分析的方法有两种，一种是考虑油井措施时的产量递减变化，即利用油井措施库和开发动态数据库，先提取油井措施前生产时的日产油量和日产水量作为基数，再提取措施后生产到当年年底逐日的日产油量和日产水量同基数对比，差值的累积量为年效果。

设油井措施前生产时的日产油量为 q_o，日产水量为 q_w，措施后每月的平均日产油量为 q_{oi}，平均日产水量为 q_{wi}，每月的生产天数为 T_i，措施后生产到当年年底的月数为 n，油井当年增油量为 ΔQ_o，年增水量为 ΔQ_w，则有：

$$\Delta Q_o = \sum_{i=1}^{n}(q_{oi} - q_o)T_i \qquad (3-2-1)$$

$$\Delta Q_{\mathrm{w}} = \sum_{i=1}^{n} \left(q_{\mathrm{w}i} - q_{\mathrm{w}} \right) T_i \qquad (3-2-2)$$

把同类措施所有油井的年效果相加后再平均即可得到平均单井年效果。

另一种是考虑油井未措施下的产量递减变化，但由于单井的产量变化一般规律性不强，因而对一批井进行统计分析较好。即利用油井措施库和开发动态数据库，把同一年同类措施井以措施时间对齐，先提取该批措施井措施前月产油量和月产水量的一段历史数据，根据历史数据分析该批井产油量、产水量的变化规律，根据变化规律预测该批井在不措施情况下以后月产油量、月产水量，再根据该类措施井措施后在当年的平均计产天数折合成当年计产月数（如180d折合6个月），然后提取每口井措施后当年计产月数内每月的月产油量、月产水量，得到该批措施井措施后每月的月产油量和月产水量，同相应的预测月产油量和月产水量对比，差值的累积量为年效果。

设该批措施油井在不措施情况下预测的月产油量为 $Q_{\mathrm{o}i1}$，月产水量为 $Q_{\mathrm{w}i1}$，措施后每月的月产油量为 $Q_{\mathrm{o}i2}$，月产水量为 $Q_{\mathrm{w}i2}$，当年计产月数为 N，油井当年增油量为 ΔQ_{ot}，年增水量为 ΔQ_{wt}，则有：

$$\Delta Q_{\mathrm{ot}} = \sum_{i=1}^{N} \left(Q_{\mathrm{o}i2} - Q_{\mathrm{o}i1} \right) \qquad (3-2-3)$$

$$\Delta Q_{\mathrm{wt}} = \sum_{i=1}^{N} \left(Q_{\mathrm{w}i2} - Q_{\mathrm{w}i1} \right) \qquad (3-2-4)$$

2）措施后效性分析

对油井采取压裂措施后，其效果一般不只是在措施当年有效，还具有后效性。油井措施后效性是指措施当年增油之后各年的后续增油情况。

分析油井措施后效性的变化情况，就是为编制长远规划提供参考依据。主要步骤如下：把同一年同一类措施的措施井按措施时间对齐，利用油井措施库和开发动态数据库，提取该批措施井措施前的历史开发数据，提取该批井措施后每个月实际月产油同相应的预测月产油对比得到每个月的月产油差值，将头几个月（当年平均计产天数折合计产月数）的差值的累积量作为措施当年的年效果，以后每12个月差值的累积量为后效年效果。根据同类措施不同措施年份的后效性，分析措施后效性的变化规律。

为了分析压裂的初期效果、年效果，以及有效期，统计了2004年以来压裂井增油量及有效期的变化情况，从统计结果可以看出，初期日增油水平逐渐下降，平均为4.43t；半年增油及累计增油水平不断下降，平均压裂后半年增油588.57t，累计增油1747.09t，平均有效期524.25d（表3-2-2）。

（二）压裂效果主要影响因素

油井压裂增产效果除与全井的状况有关外，还取决于压裂目的层的动用状况，这决定了对压裂效果的分析必须深入到各油井内部。

表 3-2-2　萨中开发区压裂效果统计结果

年份	初期日增油 /t	半年增油 /t	累计增油 /t	有效期 /d
2004	5.23	672.22	2173.19	556.79
2005	4.32	650.67	2134.43	600.43
2006	4.65	582.12	1767.65	532.51
2007	4.77	632.24	1882.44	541.98
2008	3.84	537.04	1724.53	616.19
2009	4.17	565.05	1664.43	530.40
2010	3.63	480.64	882.94	291.46
平均值	4.43	588.57	1747.09	524.25

1. 单因素分析

根据平面径向流达西公式，影响产量的主要因素有压裂层有效厚度、渗透率、压力等，结合压裂井矿场实际资料，认为影响压裂效果的主要因素如下：

1）渗透率

渗透率是评价储层物性的重要参数，它反映了地层允许流体通过的能力。若产层岩性过于致密，渗透率极低，那么即使地层压力较高，又有较大储量，其产量受导流能力的限制也不会太高。若采取油层压裂，生成深远裂缝，可大大提高油层导流能力，扩大泄油面积，取得明显的增产效果。压裂层段渗透率过高或过低，油井压裂都难有理想的增产效果。如渗透率过低，则油层向裂缝供液能力太低；反之，若渗透率过高，则油层动用程度高，油层含水较高，剩余油较少，压裂增产效果差。

2）孔隙度

对于孔隙度低、连通性差的油层，采取压裂措施，可在地层产生裂缝，改变储层孔隙的网络结构，增加连通喉道的数目，提高导流能力。

3）含水饱和度

含水饱和度是进行储量和可采储量计算的重要参数，直接反映了油层物性的好坏。对于含水饱和度过高的井层，采取压裂措施难以获得良好效果。

4）表皮系数

表皮系数反映了井底伤害程度，表皮系数越大，表明井底伤害程度越严重，近井地带渗透率下降越厉害，当流体流入井内时，能量损失大，即使地层内仍有大量可采原油，也会失去开发价值，若进行压裂解堵，可改善渗流条件，提高产量。

5）有效厚度

产层有效厚度大小，直接影响着压裂措施能否实施，如果有效厚度太薄，压裂增产效果会受到很大影响。压裂厚度对压裂效果影响较大，随压裂厚度增加，压裂增油量也随之增加。

6）注采压差

注采压差越大，表明流体从供给边渗流到井底时压力损失越大，进一步反映了油层连通性差，油层内存有遮挡或低渗透带。若进行压裂，产生刺穿遮挡或低渗透带裂缝，将降低能耗，解决注采矛盾。

7）日产量

油井产量是其产能标志。压裂措施主要针对渗透率低、产量低的井层，特别是一些经过压裂才有生产能力的井层。

8）采出程度

采出程度越高，剩余可采储量越低。如果含油饱和度比较低，油层的均质性好，地层能量不太高的情况下，无论压裂措施如何，增产效果都不会太好。

9）含水率

油井含水率的高低与压裂增产效果有明显的关系，压裂井一般都选择含水率低于开发区平均含水率的井层，这样有利于保证压裂效果，含水率过高，则压裂经济有效性会降低。

除上述因素之外，采油工艺因素也会产生很大的影响。如加砂量的多少、压裂液的选择、前置液的比例、造缝方向都会对压裂效果产生影响，各因素之间还或多或少存在某种相关性，这就要求必须对各因素进行甄别筛选，采取定性与定量相结合的方法，综合确定压裂效果的主要影响因素。

基于上述分析，压裂效果是多因素共同作用的结果。本次研究主要针对油藏工程方面的影响因素。为了定量分析与主要指标之间的关系，从单因素着手，建立压裂增油效果与主要指标之间的关系，从结果可以看出，压裂增油效果与一些主要指标之间存在相关性，但相关度不高且二者之间并非简单的线性关系。

2. 多因素相关分析

1）压裂效果主要影响指标体系选取

在选择压裂效果主要影响因素方面，主要遵循以下三个方面的原则：

科学性：体系中的各项指标能够反映压裂增油效果的变化。

必要性：体系中的各项指标在确定过程中要严密、突出重点。

实用性：指标采集方便、方法操作简单。

根据上述原则，考虑到压裂效果不但与压裂层段而且与全井动静态生产情况有关，选取两大类九项因素作为压裂效果主要影响指标，结果见表 3-2-3。

表 3-2-3　压裂效果主要影响因素

类型	相应指标
静态指标	压裂层有效厚度、渗透率、压裂层有效厚度/砂岩厚度、压裂层地层系数/全井地层系数
动态指标	压前流压、含水率、累计产油量、采液强度、压差

2）压裂效果影响因素相关性分析

由于初选的指标只是根据经验定性选取的，所以要进一步判断各指标之间是否存在相关性，这里采用复相关分析方法，如果某一指标与其余指标之间相对独立，则说明该指标无法用其余指标体系代替，因此，保留的指标应该是相关性越小越好。

（1）复相关性分析原理。

给定评价指标体系：

$$X=\{x_1,\ x_2,\ \cdots,\ x_m\} \tag{3-2-5}$$

现在考察任意一项指标 x_j 与其余指标系 $\{x_1,\ \cdots,\ x_{j-1},\ x_{j+1},\ \cdots,\ x_m\}$ 之间的复相关性，以决定指标 x_j 是否需要从给定的指标体系中删去。

假设给定了 m 个指标 $x_1,\ x_2,\ \cdots,\ x_m$ 的 n 组观察数据矩阵：

$$A=\left(x_{ij}\right)_{n\times m}=\begin{pmatrix} x_{11} & x_{12} & \cdots & x_{1m} \\ x_{21} & x_{22} & \cdots & x_{2m} \\ \cdots & \cdots & \cdots & \cdots \\ x_{n1} & x_{n2} & \cdots & x_{nm} \end{pmatrix}_{n\times m} \tag{3-2-6}$$

矩阵的列代表 m 个评价指标，行代表 n 个样本。对于给定的样本矩阵 A，可以计算一些样本指标的基本统计量：对第 k（$k=1,\ 2,\ \cdots,\ m$）项指标，其均值 $\bar{x}_k$ 和方差 s_{kk} 为：

$$\bar{x}_k=\frac{1}{n}\sum_{j=1}^{n}x_{jk},\quad k=1,\ 2,\ \cdots,\ m \tag{3-2-7}$$

$$s_{kk}=\frac{1}{n}\sum_{j=1}^{n}\left(x_{jk}-\bar{x}_k\right)^2,\quad k=1,\ 2,\ \cdots,\ m \tag{3-2-8}$$

指标 x_i 与 x_j 之间的协方差 s_{ij} 为：

$$s_{ij}=\frac{1}{n}\sum_{k=1}^{n}\left(x_{ki}-\bar{x}_i\right)\left(x_{kj}-\bar{x}_j\right),\quad 1\leqslant i\neq j\leqslant m \tag{3-2-9}$$

通常将下列矩阵

$$S=\left(s_{ij}\right)_{m\times m} \tag{3-2-10}$$

称为指标集 $\{x_1,\ x_2,\ \cdots,\ x_m\}$ 的二阶矩矩阵。

在给定样本数据矩阵的情况下，计算指标体系的相关矩阵：

$$R=\left(r_{ij}\right)_{m\times n},\quad r_{ij}=s_{ij}/\sqrt{s_{ii}s_{jj}} \tag{3-2-11}$$

现在考察 x_j 与其他指标 $\{x_1,\ \cdots x_{j-1},\ x_{j+1},\ \cdots,\ x_m\}$ 之间的线性相关程度，称为复相关系数，简记为 ρ_j。实际上，为了计算复相关系数 ρ_j 的值，先对式（3-2-11）中指标体系相关矩阵 R 进行初等变换，交换 R 的第 j 行和最后一行，再交换 R 的第 j 列和最后一列，即，经过行列初等变换，将相关矩阵的 r_{11} 变到最后一行、最后一列。记初等变换后的矩阵为：

$$\begin{pmatrix} \boldsymbol{R}_j & \boldsymbol{r}_j \\ \boldsymbol{r}_j^{\mathrm{T}} & 1 \end{pmatrix} \qquad (3-2-12)$$

则 x_j 与其他指标 $\{x_1, \cdots x_{j-1}, x_{j+1}\cdots, x_m\}$ 之间的复相关系数：

$$\rho_j^2 = \boldsymbol{r}_j^{\mathrm{T}} \boldsymbol{R}_j^{-1} \boldsymbol{r}_j, \ j=1, 2, \cdots, m \qquad (3-2-13)$$

通过上面的算法，最后可计算出所有的复相关系数：

$$\rho_1^2, \rho_2^2, \cdots, \rho_m^2 \qquad (3-2-14)$$

根据计算的各指标复相关系数值，将最大者从给定的指标体系中删除。

（2）复相关性分析结果。

对初选的两大类九项压裂效果主要影响因素进行了复相关分析，计算数据已经过无量纲化处理，各指标的复相关系数见表3-2-4，从计算结果可以看出，除了流压和压差的复相关系数较大外，其余指标的复相关性均不明显，所以首先删除复相关系数最大的指标流压，用剩下的8项指标再次进行复相关分析，结果见表3-2-5，从结果可以看出，剩余的指标复相关系数均比较小，没有可以继续删除的指标，所以通过复相关分析方法去掉了流压指标。

表 3-2-4　压裂效果主要影响因素复相关分析结果（无量纲）

有效厚度	渗透率	流压	含水率	累计产油量	采液强度	压差	压裂层有效厚度/砂岩厚度	压裂层地层系数/全井地层系数
0.3983	0.2952	0.9646	0.1922	0.2595	0.2389	0.9637	0.1874	0.3895

表 3-2-5　压裂效果主要影响因素去掉流压后复相关分析结果（无量纲）

有效厚度	渗透率	含水率	累计产油量	采液强度	压差	压裂层有效厚度/砂岩厚度	压裂层地层系数/全井地层系数
0.3937	0.2466	0.1648	0.2549	0.2376	0.0672	0.1842	0.3893

3）压裂效果与主要影响因素关联度分析

灰色关联度分析方法是一个系统发展变化态势的定量描述和比较方法，它能定量地给出任意两个因素之间的关联程度。这里是求每一个影响因素对压裂增油量的关联度。用灰色关联度分析方法进行相关性分析的主要过程如下：

（1）数据处理。

首先对数据进行处理，使处理后的数据满足：① 可比性；② 可接近性；③ 极性一致性。这里采用初值化处理方法。

以增油量为参考数列（母序列），影响因素为比较数列（子序列）。即

参考数列：

$$q_0 = \{q_0(1), q_0(2), \cdots, q_0(n)\}$$

比较数列：

$$q_i=\{q_i（1）,\ q_i（2）,\ \cdots,\ q_i（n）\},\ i=1,\ 2,\ \cdots,\ m$$

式中　$q_o（n）$——第 n 口压裂井在有效期的增油量；

　　　$q_i（n）$——第 n 口压裂井的第 i 个影响因素；

　　　n——统计的压裂井数；

　　　m——影响因素个数。

参考数列和比较数列中的每个数据为经过初值化处理后数据。

（2）求关联系数：

$$\varepsilon_i\left(t\right)=\frac{\min\limits_i\min\limits_t\left|q_o\left(t\right)-q_i\left(t\right)\right|+\rho\max\limits_i\max\limits_t\left|q_o\left(t\right)-q_i\left(t\right)\right|}{\left|q_o\left(t\right)-q_i\left(t\right)\right|+\rho\max\limits_i\max\limits_t\left|q_o\left(t\right)-q_i\left(t\right)\right|} \tag{3-2-15}$$

式中　$\varepsilon_i\left(t\right)$——比较数列与参考数列的关联系数，它表示两数列的相对差值；

　　　$\min\limits_i\min\limits_t\left|q_o\left(t\right)-q_i\left(t\right)\right|$——比较数列与参考数列差值的绝对值的最小值；

　　　$\max\limits_i\max\limits_t\left|q_o\left(t\right)-q_i\left(t\right)\right|$——比较数列与参考数列差值的绝对值的最大值；

　　　ρ——分辨系数，一般取值 0.5。

按式（3-2-15）可求出比较数列与参考数列的关联度数列：

$$\varepsilon_i=\{\varepsilon_i（1）,\ \varepsilon_i（2）,\ \cdots,\ \varepsilon_i（n）\},\ i=1,\ 2,\ \cdots,\ m \tag{3-2-16}$$

（3）计算关联度：

$$r_i=\frac{1}{n}\sum_{i=1}^{n}\varepsilon_i\left(t\right),\ i=1,\ 2,\ \cdots,\ m \tag{3-2-17}$$

式中　r_i——第 i 个影响因素对增油量的关联度。

本次分析以压裂增油量为因变量，其余 8 项因素为自变量，分析各因素与增油量之间的灰色关联度，计算结果见表 3-2-6，其中压裂层有效厚度/砂岩厚度及压裂前累计产油量 2 项指标关联度均小于或接近 0.6，说明这 2 项指标对压裂的增油效果影响不明显，所以从指标体系中删除这 2 项指标，其余剩下的指标关联度都在 0.8 以上，说明是影响压裂效果的显著因素。通过复相关及灰色关联分析，最终确定压裂效果的主要影响因素有 6 项，分别是压裂层有效厚度、渗透率、压裂层地层系数/全井地层系数、采液强度、含水率、压差。

表 3-2-6　压裂效果主要影响因素灰色关联分析结果（无量纲）

指标	有效厚度	压裂层地层系数/全井地层系数	采液强度	含水率	压裂层有效厚度/砂岩厚度	渗透率	压差	累计产油量
关联度	0.8319	0.8221	0.8194	0.8138	0.6078	0.8044	0.8032	0.5861

（三）压裂增油量预测模型及经济界限

1.压裂井聚类及判别分析

压裂效果影响因素非常复杂，而从分井网结果看，各指标区分不是特别明显，按井网分类已经不能满足观察压裂效果的变化，为了提高压裂增油量的拟合及预测精度，有必要对压裂井按地质及开发因素进行分类。

1）聚类分析

聚类分析又称群分析、族分析、点群分析。它是按照一批研究对象在性质上的亲疏关系进行分类的一种多元统计分析方法。

假设有 n 个样品，每个样品观测了 m 个变量（指标），分类统计量就是依据这些原始数据所建立的分类指标。建立分类统计量有两个途径，其一是把每个样品看作 m 维空间中的一个向量，在向量与向量之间定义某种相似系数。距离系数与相似系数都可以作为衡量样品之间亲疏关系的分类统计量。如果是对变量进行分类，则应该把每个变量看作 n 维空间的一个点或一个向量，同样可以把某种距离系数或相似系数，看作衡量变量之间亲疏关系的分类统计量。

聚合法是将类由多变少的一种聚类分析方法，是目前最常用的聚类分析方法。计算过程是：

（1）开始使每个样品自成一类，共有 n 类；

（2）按照相关系数分类统计量，计算样品间的亲疏关系，将最亲近的两个样品合并成一类，形成一个由两个样品组成的样品集团（类）；

（3）计算新类与其余各类之间的亲疏关系，再将最亲近的两个合并，此时类的数目仍然大于 1，则继续重复本步骤，直到所有类归为一类，则停止计算。

聚合聚类方法是目前最常用的聚类分析方法。作为单个样品之间的距离，在概念上是明确的。然而，由若干个样品结合为一个样品集团，即一个类后，类与类之间的距离在概念上就不那么简单了，因此，在计算步骤上可以有很多变化，也就形成了类与类之间的距离定义不同，从而导出不同的距离递推公式，包括最短距离法、最长距离法、中间距离法、重心法、类平均法、可变类平均法和可变距离法。这几种聚合聚类方法，对同一个问题的计算结果并不完全一致，那么哪一种方法更好呢，目前尚无一个合适的衡量标准。

实际应用中根据喇萨杏已压裂井的资料，按最终确定的 6 项压裂效果主要影响因素即有效厚度、渗透率、压裂层地层系数/全井地层系数、采液强度、含水率、压差对压裂井进行聚类分析，聚类结果共分为 3 类（表3-2-7），从中可以看出，各类具有以下特点：

第一类：高渗透率、低含水率及低采液强度为主，增油效果好。

第二类：有效厚度大，压差小，增油效果一般。

第三类：有效厚度小、采液强度高，增油效果较差。

由表3-2-7可以看出，聚类后基本上指标相近的归为一类，说明聚类效果比较理想。

表 3-2-7　压裂井聚类结果

类别	有效厚度 / m	渗透率 / D	含水率 / %	采液强度 / [t/（d·m）]	压差 / MPa	压裂层地层系数 / 全井地层系数	初期日增油 / t	半年增油 / t	累计增油 / t	有效期 / d
第一类	3.83	0.31	0.75	1.81	6.09	0.56	5.00	811	2278	548
第二类	5.06	0.14	0.90	2.66	4.57	0.57	3.74	573	1481	499
第三类	2.20	0.11	0.91	4.75	6.10	0.22	3.72	566	1338	461

2）判别分析

多因子判别分析一般采用的是计算每个样品属于各组的概率，也就是说，对于一个归属类型尚未确知的新样品，在判别它属于聚类分析结果中的哪一个类型时，要计算它属于各种类型的概率 P_i，然后比较对应的各个 P_i 的大小，并将这个新样品归入概率最大的那个类型中。所以对于多组判别分析来说，关键是要给出一个计算归属概率 P_i 的算法公式。在聚类分析的基础上，利用多因子判别方法建立每一类的判别函数，就可以判断待预测压裂潜力井的类归属问题。

计算各类的变量平均值：

$$x_{j \cdot i} = \frac{1}{n_i} \sum_{k=1}^{n_i} x_{jki} \qquad （3-2-18）$$

式中　j——样品变量的个数；

n_i——第 i 类的样品数。

计算各类的离差矩阵：

矩阵 s_i 中的 a 行 b 列元素 s_{ab}^i 为：

$$s_{ab}^i = \sum_{k=1}^{n_i} \left(x_{aki} - x_{a \cdot i} \right) \left(x_{bki} - x_{b \cdot i} \right) \qquad （3-2-19）$$

其中 s_i 是一个 m 行 m 列的矩阵，m 是样品的变量数。

计算总协方差矩阵：

$$\boldsymbol{D} = \frac{\sum_{i=1}^{h} \boldsymbol{s}_i}{\sum_{i=1}^{n_i} n_i - h} = \frac{\sum_{i=1}^{h} \boldsymbol{s}_i}{n - h} \qquad （3-2-20）$$

计算 $\boldsymbol{D}$ 的逆矩阵：

$$\boldsymbol{D}^{-1} = \left[d_{ab}^{-1} \right] \qquad （3-2-21）$$

计算各组的判别函数：

需要计算：

$$c_{oi} = \sum_{b=1}^{m} d_{ab}^{-1} x_{bi}$$ （3-2-22）

$$c_{ai} = -\cfrac{1}{2\sum_{a=1}^{m}\sum_{b=1}^{m} d_{ab}^{-1} x_{ai} x_{bi}}$$ （3-2-23）

再由 c_{oi}、c_{ai} 确定第 i 组的判别函数 f_i：

$$f_i = c_{oi} + \sum_{a=1}^{m} y_a c_{ai}$$ （3-2-24）

计算新样品属于第 i 组的概率：

$$p_i = \frac{\exp(f_i)}{\sum_{i=1}^{h} \exp(f_i)}$$ （3-2-25）

由式（3-2-25）可知，使 f_i 最大其 P_i 也最大，所以只要把样品 $\boldsymbol{y}=(y_1, y_2, \cdots, y_m)$ 代入贝叶斯判别函数中，分别计算出 $f_1, f_2, \cdots, f_h$。

当 $f_s(y_1, y_2, \cdots, y_m) = \max\limits_{1 \leqslant i \leqslant h} [f_i(y_1, y_2, \cdots, y_m)]$ 时，则把样品 $\boldsymbol{y}$ 划归为第 s 类。

根据上述按地质及开发因素对压裂井的聚类分析结果，共分为 3 类，由多因子判别法分别建立这 3 个类别的判别函数公式，其表达式为：

第一类：

$$y=-0.5514x_1-23.3298x_2+252.0737x_3-0.3265x_4+3.8773x_5+3.4817x_6-104.066$$ （3-2-26）

第二类：

$$y=-0.5464x_1-48.1144x_2+306.4898x_3-0.2541x_4+3.4598x_5+5.8131x_6-142.633$$ （3-2-27）

第三类：

$$y=-0.7951x_1-49.6339x_2+316.9456x_3+0.1689x_4+4.4226x_5-0.2224x_6-155.311$$ （3-2-28）

式中　x_1——有效厚度，m；

　　　x_2——渗透率，mD；

　　　x_3——含水率；

　　　x_4——采液强度，t/（d·m）；

　　　x_5——压差，MPa；

　　　x_6——压裂层地层系数/全井地层系数。

根据建立的分类判别函数，计算了各类的判别结果，第一类有一个归类异常点，概率为 4.5%，第二类有 3 个归类异常点，概率为 5.3%，第三类有 2 个归类异常点，概率为

4%，整个样本的归类正确率为 95.4%，说明用所建立的分类判别函数进行判别分析精度较高，判别效果比较理想。

2. 预测模型建立方法优选

基于多因素拟合回归的建立预测模型方法，目前常用的主要有多元线性回归，以及神经网络、灰色预测、支持向量机及数据组合处理等一些非线性方法，各种方法在应用过程中有其各自的优缺点。这里主要用上述 6 种方法对压裂增油量进行拟合预测，对各结果进行对比优选，确定压裂增油量预测模型。

1）多元线性回归

多元线性回归是一种数理统计方法。通过计算公式和反映回归效果的残差平方和（Q）、回归平方和（U）、复相关系数（R）、F 值统计量（F）和 t 值统计量（t_k）来筛选出主要变量，建立相对最优的回归方程进行预测。

设因变量 y 受 m 个自变量 x_1，x_2，$\cdots$，x_m 的影响，共有 n 组统计数据，一般要求 $n-m-1>0$，若因变量 y 与自变量 x_1，x_2，$\cdots$，x_m 之间存在线性关系，可以用线性方程：

$$\hat{y} = b + b_1 x_1 + b_2 x_2 + \cdots + b_m x_m \tag{3-2-29}$$

来近似地描述 y 与 x_1，x_2，$\cdots$，x_m 之间的线性相关关系。

根据最小二乘法原理，要使其残差平方和 $Q = \sum_{k=1}^{n}(y_k - \hat{y}_k)^2$ 最小，利用微积分中求极值的方法，相应的回归系数 b_1，b_2，$\cdots$，b_m 可由下列正规方程组求出：

$$\begin{cases} L_{11}b_1 + L_{12}b_2 + \cdots + L_{1m}b_m = L_{1y} \\ L_{21}b_1 + L_{22}b_2 + \cdots + L_{2m}b_m = L_{2y} \\ \quad\vdots \qquad\qquad \vdots \\ L_{m1}b_1 + L_{m2}b_2 + \cdots + L_{mm}b_m = L_{my} \end{cases} \tag{3-2-30}$$

解得：

回归系数：

$$b_i = \sum_{j=1}^{m} c_{ij} l_{iy} \tag{3-2-31}$$

常数项：

$$b = \overline{y} - b_1 \overline{x}_1 - b_2 \overline{x}_2 - \cdots - b_m \overline{x}_m = \overline{y} - \sum_{i=1}^{m} b_i \overline{x}_i \tag{3-2-32}$$

求得回归系数以后，就可以得到反映回归效果的以下几项参数：

残差平方和：

$$Q = \sum_{k=1}^{n}(y_k - \hat{y}_k)^2 \tag{3-2-33}$$

回归平方和：

$$U = \sum_{k=1}^{n} (\hat{y}_k - \bar{y})^2 \qquad (3-2-34)$$

复相关系数：

$$R = \sqrt{\frac{U}{U+Q}} \qquad (3-2-35)$$

F 值统计量：

$$F = \frac{U/m}{Q/(n-m-1)} \qquad (3-2-36)$$

t 值统计量：

$$t_k = \frac{b_k}{s_{ek}} \qquad (3-2-37)$$

式中 b_k——每个自变量的回归系数；

s_{ek}——每个回归系数的标准误差。

复相关系数 R 的大小表示了 y 与 x_1，x_2，$\cdots$，x_m 线性关系的密切程度，其值满足 $0 \leqslant R \leqslant 1$，$R$ 越接近 1，说明回归效果越好。通过对回归方程和回归系数的显著性检验，建立起有效的多元线性回归方程后，只要给定该方程中包含的所有自变量的值，就可以用该回归方程对因变量的值进行预测。

以压裂增油量为因变量，以确定的 6 项压裂主要影响因素为自变量，其中前 17 项为拟合样本，后 5 项为预测样本，建立多元线性回归预测模型（数据无须做无量纲化处理，应用自编的小程序），以第一类压裂增油量为例，拟合系数为 0.585，相关性不高，从误差分析结果可以看出，用该模型进行预测，精度较低。

$$y = 0.38x_1 + 0.21x_2 + 1.01x_3 - 0.39x_4 + 0.69x_5 + 0.12x_6 - 1.01 \qquad (3-2-38)$$

式中 x_1——有效厚度，m；

x_2——渗透率，mD；

x_3——含水率；

x_4——采液强度，t/（d·m）；

x_5——压差，MPa；

x_6——压裂层地层系数 / 全井地层系数。

2）非线性转化为线性方法

该方法是通过对自变量进行一定的转化处理，将非线性问题转化为线性问题求解，常用的有两种转化方式，即二次方转化和对数转化。

二次方转化形式：

$$y=a+b_1x_1+b_2x_2+\cdots+b_nx_n+b_1{}^2x_1x_2+\cdots+b_{1n}x_1x_n+\cdots+b_{2n}x_2x_n+b_{n1}x_{n2}+\cdots+b_{nn}x_n{}^2$$

对数转化形式：

$$y=ax_1{}^{b_1}x_2{}^{b_2}\cdots x_n{}^{b_n}$$

$$\lg y=\lg a+b_1\lg x_1+b_2\lg x_2+\cdots+b_n\lg x_n$$

通过上述两种转化形式，分别建立压裂增油量与主要影响因素之间的多元线性回归公式，其中二次方转化的决定系数为 0.696，对数转化的决定系数为 0.599，两种拟合模型的相关性也不是特别高，从预测结果看，相对误差较大。

二次方形式：

$$y=-4.219x_2-7.695x_4+26.042x_5+33.769x_6+0.446x_1x_2-2.201x_1x_4+4.23x_2x_3-0.079x_2x_4+8.943x_3x_4-$$
$$3.638x_3x_5-14.405x_4x_5-17.129x_5x_6-2.104x_5{}^2-21.281 \qquad (3-2-39)$$

对数形式：

$$\lg y=0.011\lg x_1-0.036\lg x_2+0.826\lg x_3-0.154\lg x_4+0.444\lg x_5+0.437\lg x_6-0.158 \qquad (3-2-40)$$

3）BP 神经网络

人工神经网络（artificial neural networks）是一种大规模并行处理的自学习、自组织非线性动力系统，是基于生物学中的神经网络的基本原理而建立的。这种方法是基于人们对人体解剖学的理解，不是用规则显式地表达知识，也不是事先给出一定的规则、算法或者模式，然后计算机按照一定的程序进行操作，而是采用类似于人类神经元的基本处理单元（节点），考虑相互联结和作用，把通过样本训练得到的知识分散储存到整个网络中，网络能进行自我调整和学习，待学习结束，能针对数据输入给出要解决问题的答案。

BP 模型是最经典的神经网络模型之一，工作主要分为 2 个阶段：学习阶段和应用或称工作阶段。

BP 模型的特点是：

（1）高度的非线性映射，是一个非线性优化问题；

（2）能实现以任何精度近似任何连续函数；

（3）能自动将模式对的共同特点凝结在权系数之上，实现特征的提取，因此可以实现知识的自动获取，并实现并行联想评价推理，还能表现模糊因果关系，这种将因果知识表现为节点连接权的方式使知识可以一种非逻辑、非语言、非局域、非线性、非静态的数字方式来表现。

根据压裂井实际数据，以增油量为输出节点，以压裂的 6 项主要影响因素为输入节点，设置相应的隐层节点数、误差及权值、阈值等，通过训练，得到了压裂增油量的预测值，与实际值对比发现，神经网络针对已有样本进行训练的拟合能力强，除个别样本预测误差较大外，基本控制在 10% 以内，但对检验样本的预测误差则较大，证明用该方法训练的压裂增油量预测模型泛化能力不足。

4）支持向量机

基于统计学习理论的支持向量机（SVM）可用于模糊识别函数逼近和概率密度估计等领域，压裂效果预测数据 SVM 的函数逼近范畴，SVR（支持向量回归机）是 SVM 函数逼近的一种回归算法。在求解回归问题时，可选取适当的核函数对支持向量机进行训练，训练结束后将支持向量的样本因子向量及待预测因子向量代入即可得预测结果。同样是以压裂增油量及 6 项主要影响因素所建立的数据集为训练样本，用该方法对压裂增油量进行了预测，该方法拟合样本误差精度控制较好，基本上在 15% 以内，但检验样本预测误差较大，说明用该方法建立的压裂增油量预测模型泛化能力较差。

5）灰色 GM（1，n）模型

灰色预测是基于随机的原始时间序列，经按时间累加后所形成的新的时间序列呈现的规律，可用一阶线性微分方程的解来逼近。灰色预测涉及的关键技术和环节包括：时间序列分析、灰色预测、最小二乘法、动态模拟微分方程、响应函数等。GM（1，n）表示一阶的 n 个变量的微分方程型预测模型。

对于 n 个变量：x_1，x_2，$\cdots$，x_n，如果每个变量都有 m 个相互对应的数据，则可形成 n 个数列 $x_i^{(0)}$（$i=1,2,\cdots,n$），即 $x_i^{(0)}=\{x_i^{(0)}(1),x_i^{(0)}(2),\cdots,x_i^{(0)}(m)\}$（$i=1,2,\cdots,n$）。对 $x_i^{(0)}$ 累加生成，形成 n 个生成数列 $x_i^{(1)}$，有：

$$x_i^{(1)}(j)=\sum_{i=1}^{j}x_i^{(0)}(t)=x_i^{(1)}(j-1)+x_i^{(0)}(j)，\ i=1,2,\cdots,n \qquad (3-2-41)$$

则：

$$x_i^{(1)}=\{x_i^{(1)}(1),\ x_i^{(1)}(2),\ \cdots,\ x_i^{(1)}(m)\},\ i=1,2,\cdots,n \qquad (3-2-42)$$

对 n 个数列可建立微分方程，即

$$\frac{\mathrm{d}x_1^{(1)}}{\mathrm{d}t}+ax_1^{(1)}=b_1x_2^{(1)}+b_1x_3^{(1)}+\cdots+b_{n-1}x_n^{(1)} \qquad (3-2-43)$$

式（3-2-43）中参数可表示为 $\hat{\boldsymbol{a}}=(a,b_1,b_2,\cdots,b_{n-1})^{\mathrm{T}}$，按最小二乘估计参数 $\hat{\boldsymbol{a}}$，则有：

$$\hat{\boldsymbol{a}}=(a,\ b_1,\ b_2,\ \cdots,\ b_{n-1})^{\mathrm{T}}=(\boldsymbol{B}^{\mathrm{T}}\boldsymbol{B})^{-1}\boldsymbol{B}^{\mathrm{T}}\boldsymbol{Y} \qquad (3-2-44)$$

其中

$$\boldsymbol{B}=\begin{pmatrix} -\dfrac{1}{2}\big(x_1^{(1)}(1)+x_1^{(1)}(2)\big) & x_2^{(1)}(2) & \cdots & x_n^{(1)}(2) \\ -\dfrac{1}{2}\big(x_1^{(1)}(2)+x_1^{(1)}(3)\big) & x_2^{(1)}(3) & \cdots & x_n^{(1)}(3) \\ \vdots & \vdots & & \vdots \\ -\dfrac{1}{2}\big(x_1^{(1)}(m-1)+x_1^{(1)}(m)\big) & x_2^{(1)}(m) & \cdots & x_n^{(1)}(m) \end{pmatrix} \qquad (3-2-45a)$$

$$Y = (x_1^{(0)}(2), \ x_1^{(0)}(3), \ \cdots, \ x_1^{(0)}(m))^{\mathrm{T}} \tag{3-2-45b}$$

可得 GM（1，n）模型为：

$$x_1^{\hat{(1)}}(j+1) = \left(x_1^{(0)}(1) - \frac{1}{a}\sum_{i=2}^{n} b_{i-1} x_i^{(1)}(j+1)\right) e^{-aj} + \frac{1}{a}\sum_{i=2}^{n} b_{i-1} x_i^{(1)}(j+1) \tag{3-2-46}$$

$$x_i^{(0)}(1) = x_i^{(0)}(0)$$

$$j = 0, \ 1, \ 2, \ \cdots, \ n$$

数据还原：

$$x_1^{\hat{(0)}}(j+1) = x_1^{(1)}(j+1) - x_1^{\hat{(1)}}(j) \tag{3-2-47}$$

由式（3-2-47）便可计算出第 $j+1$ 期的预测值 $x_1^{\hat{(0)}}(j+1)$。

选取压裂井增油量及主要影响因素作为原始数据，利用拟合样本建立预测模型，对检验样本进行预测。从计算结果看，灰色预测的误差也较大，主要因为它是基于时间序列的一种预测方法，用该方法进行压裂增油效果预测精度较差。

6）数据组合处理方法（GMDH）

数据组合处理方法（GMDH）是于20世纪70年代前后由苏联学者伊万年科提出来的。该方法是借助生物控制论中的自组织原理，启发式地提出的一套建模方法。在变量多数据少，而且现有的其他建模方法很难胜任建模任务的情形下，可通过变量的自动组合，筛选中间变量，得到令人满意的结果。若系统有 m 个输入变量 x_1，x_2，$\cdots$，x_m，输出为 y，GMDH 的目的是要建立起输入与输出关系的模型。该模型一般为复杂非线性模型：$y = f(x_1, \ x_2, \ \cdots, \ x_m)$。

这个最终模型称为系统的完全实现。

一种最简单建立模型的方法是 f 的形式已知，系数待定。可以通过非线性参数估计法确定模型。但是 f 的形式往往是未知的。通过 GMDH 方法很好地解决了这一问题，它允许参加计算的变量个数多，而且多项式也不复杂，计算过程如下。

（1）数据分组。

一般情况下，将原始数据分为拟合组、检验组和评价组。拟合数据用来估计参数，检验数据用来筛选部分实现，评估数据用来得到完全实现后，评估模型的优劣。

（2）将措施效果的影响因素两两组合，可得到 C_m^2 对变量，用拟合数据对这些变量进行如下多项式回归，得 C_m^2 组常系数（A，B，C，D，E，F）：

$$Y = A + Bx_i + Cx_j + Dx_i^2 + Ex_j^2 + Fx_i x_j, \ i, \ j = 1, \ 2, \ \cdots, \ m \tag{3-2-48}$$

（3）用已知常系数的回归方程作为计算方程，可得到新的数据组，即以每行的自变量对代入计算方程，得以下矩阵：

$$\begin{vmatrix} U_{11} & U_{12} & \cdots & U_{1k'} \\ U_{21} & U_{22} & \cdots & U_{2k'} \\ \vdots & \vdots & \vdots & \vdots \\ U_{(n-m)1} & U_{(n-m)2} & \cdots & U_{(n-m)k} \end{vmatrix} \qquad (3-2-49)$$

其中，$k'=C_m^2$，括号内的变量对表示该列计算方程的常系数由该变量对的数据回归得到。

（4）用检验数据组的 y 值，计算残差平方和：

$$\varepsilon_j = \sum_{i=k+1}^{n}\left(y-U_{ij}\right)^2 \qquad (3-2-50)$$

（5）取一数值 R，从矩阵（3-2-49）中删掉那些 $\varepsilon_j > R$ 的列，将余下的列与增油量数据组成新的数据矩阵，以取代原始数据矩阵。

（6）重复上述五个步骤，直到残差平方和最小时停止，这时所对应的计算方程即为所求的模型。

根据上述算法，以压裂增油量为因变量，以 6 项主要影响因素为自变量，建立了数据组合处理预测模型，该模型的决定系数为 0.9131，拟合精度较高，从预测值与实际值的拟合结果也可以看出，拟合效果较好。对检验样本进行了预测，相对误差基本控制在 10% 以内，可以用该模型对压裂潜力进行预测。

7）各方法对比优选

上面综合运用了多元线性、神经网络、支持向量机、灰色预测及数据组合处理等多种方法对压裂增油量进行了预测，从各模型的预测误差分析（表 3-2-8），数据组合处理方法无论是对拟合样本还是检验样本精度都达 90% 以上，能够满足油田现场实际要求，所以选用该方法建立的模型为压裂增油量预测模型。

表 3-2-8　各种预测方法预测结果对比 单位：%

序号	多元线性	二次方	对数	神经网络	支持向量机	灰色预测	数据组合处理
1	19.60	9.88	11.29	23.53	24.41	24.95	-8.58
2	-12.89	-13.70	-22.50	27.77	-36.64	-16.71	5.90
3	17.45	16.98	19.60	27.84	23.68	34.40	10.48
4	14.39	14.70	-16.70	12.53	-38.69	11.07	-4.34
5	9.75	-7.38	8.34	19.82	8.98	17.31	7.28

注：表中数据为各方法的误差值。

3. 压裂增油量经济界限

油井压裂不仅是为了增加产量，而且要求增加的产量必须要有经济效益。因此，必须要建立压裂增油量经济界限模型，判断压裂增油的经济有效性，对初选的压裂潜力井进行经济评价，剔除没有经济效益的预测井，最终得到油井压裂潜力。利用经济学投入产出原理建立了喇萨杏水驱老井压裂累增油量经济界限数学模型，计算不同油价、不同投入产出比下经济增油界限，可用于方便快捷预测压裂经济有效性。其中经济参数的选取标准主要依据经济评价参数选取标准及选取办法确定。

油井压裂增油效果经济评价模型（盈亏平衡）：

$$\Delta Q_\text{o} rp = T + \Delta Q_\text{o} C_\text{o} + \Delta Q_\text{y} C_\text{y} + \Delta Q_\text{zs} C_\text{zs} + T_\text{x} \tag{3-2-51}$$

对于压裂增产措施来说，压裂后其液量及水量变化应满足：

$$\Delta Q_\text{y} = \frac{\Delta Q_\text{o}}{1 - f_\text{w}} \tag{3-2-52}$$

$$\Delta Q_\text{zs} = \frac{\Delta Q_\text{o}}{1 - f_\text{w}} + (B-1)\Delta Q_\text{o} Z \tag{3-2-53}$$

$$T_\text{x} = \Delta Q_\text{o} r T_\text{zy} + \Delta Q_\text{o} rp T_\text{zz}(T_\text{cs} + T_\text{jy}) \tag{3-2-54}$$

将式（3-2-52）至式（3-2-54）代入式（3-2-51）整理得，油井压裂增油量界限：

$$\Delta Q_\text{o} = \frac{T}{pr - C_\text{o} - C_\text{y}\dfrac{1}{1-f_\text{w}} - C_\text{zs}\dfrac{1+(B-1)(1-f_\text{w})Z}{1-f_\text{w}} - rT_\text{zy} - rpT_\text{zz}(T_\text{cs}+T_\text{jy})} \tag{3-2-55}$$

考虑不同投入产出比的压裂增油量经济界限计算公式为：

$$\Delta Q_\text{o} = \frac{T}{bpr - C_\text{o} - C_\text{y}\dfrac{1}{1-f_\text{w}} - C_\text{zs}\dfrac{1+(B-1)(1-f_\text{w})Z}{1-f_\text{w}}} \tag{3-2-56}$$

式中　ΔQ_o——压裂累增油量界限，10^4t；

　　　r——原油商品率；

　　　p——油价，元/t；

　　　b——单井压裂措施投入，万元；

　　　T——单井压裂措施投入，万元；

　　　C_o——与产油相关的成本（燃料费），元/t；

　　　ΔQ_y——压裂增产液量，10^4t；

　　　C_y——与产液相关的成本（动力费、油气处理费），元/t；

　　　ΔQ_zs——压裂注水量变化，10^4m³；

　　　C_zs——与注水相关的成本（注水费），元/t；

　　　T_x——税金，万元；

　　　f_w——含水率；

B——原油体积系数；

Z——注采比；

T_{zy}——资源税，元 /t；

T_{zz}——增值税率；

T_{cs}——城市建设维护税率；

T_{jy}——教育费附加。

从计算结果看（表 3-2-8），同一油价下，随着投入产出比的升高，压裂累增油界限不断上升，同一投入产出比情况下，随着油价的升高，压裂累增油界限逐渐下降，在盈亏平衡情况下，目前油价水平的累增油界限为 130t 左右。

表 3-2-8　喇萨杏水驱不同投入产出比累增油界限　　　　　　　单位：t

油价 / （元 /t）	投入产出比						
	1：1	1：1.5	1：2	1：2.5	1：3	1：3.5	1：4
2000	167.9	264.5	371.3	489.9	622.5	771.6	940.7
2500	136.6	213.1	296.0	386.3	484.8	592.8	711.6
3000	120.7	187.5	259.2	336.3	419.6	509.8	607.7
3500	107.9	167.0	229.9	297.0	368.9	445.9	528.7
4000	97.5	150.5	206.5	265.9	329.1	396.2	467.9
4500	89.0	137.0	187.5	240.7	297.0	356.5	419.6
5000	81.8	125.7	171.6	219.9	270.7	324.1	380.3

4. 潜力评价结果

油井压裂选井选层决策参数需要综合考虑地质特征、油气藏特性、物性参数、测试和生产数据等多方面因素（图 3-2-1）。根据对压裂措施效果影响因素的分析及压裂工艺技术的要求，在选择压裂油井时，主要遵循以下原则：

（1）含水率低于开发区平均值；

（2）产液强度低于开发区平均值；

（3）地层能量充足（总压差小于 -0.5MPa）；

（4）注采关系对应良好，产液剖面未动用或动用差的层；

（5）优先选择重复压裂井的未压裂段，对重复压裂段选时间大于 5 年；

（6）井况良好。

按照选井选层原则，在扣除井况异常及近 5 年压裂层段后，对萨中开发区水驱油井进行了初选，含水率小于平均值的井 3140 口，其中日产液量小于平均值的井 2458 口，满足隔层厚度要求的井 1876 口，共 5815 个层段；按照已建立的数据组合处理预测模型对初选潜力井进行预测，满足经济界限的井有 1680 口，预测增油量 245.9×10^4t。

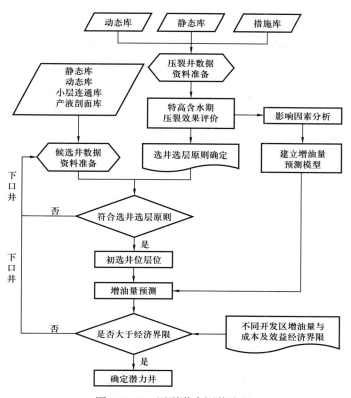

图 3-2-1 压裂潜力评价流程

按照上述油井压裂潜力评价结果，萨中开发区水驱 2011—2015 年累计实施压裂井 1020 口，有效期内累计增油 206×10^4t。

二、周期注水

国内外大量的矿场试验表明，周期注水、改变液流方向等水动力学方法是改善水驱开发效果经济有效的调整方法。水动力学法的最大优点是利用现有的井网和层系，通过压力场的调整，使常规水驱滞留的原油动用起来，提高注水利用率，扩大注水波及体积，从而控制含水上升，延长油田稳产期，提高水驱采收率，方法简便，经济有效，易于大规模推广。

周期注水也称不稳定注水、间歇注水、脉冲注水等，是苏联学者苏尔古切夫于 20 世纪 50 年代末首次提出的，此后在苏联广泛采用，70 年代已成为改善注水开发效果的主要方法。据不完全统计，西西伯利亚油区已在 17 个油田中的 23 个油藏应用；比雪夫油区有 16 个开发层系应用；鞑靼油区在 22 个油田 80 个开发层系中应用，三个油区十年内共增产原油 2200×10^4t，经济效益显著。

喇萨杏油田储层非均质性严重，即将整体进入特高含水开发阶段，应用水动力学方法改善注水效果有着广阔的前景，因此，通过矿场试验研究，探索水动力学采油试验的合理工作制度及技术经济效果对喇萨杏油田科学高效开发及油田的可持续发展都有重大意义。

（一）试验区概况

1. 杏一区—杏二区东部

杏一区—杏二区东部试验区位于杏北开发区东北部，是一个东、西、南三个方向被断层封闭的相对独立开发区块，由杏一区—杏三区行列区的杏一东和杏一注一采北块组成，含油面积 9.9km²，地质储量 3032.0×10⁴t，主力油层地质储量为 1195.0×10⁴t。试验区内共有油水井 312 口（基础井网 99 口，调整井网 213 口），综合含水率 92.86%，其中，基础井网油井开井 52 口，地层压力 11.33MPa，总压差 -0.10MPa，注水井开井 38 口。区内有三套油层（萨尔图油层、葡萄花油层、高台子油层），划分为 6 个油层组（萨Ⅰ组、萨Ⅱ组、萨Ⅲ组、葡Ⅰ组、葡Ⅱ组、高Ⅰ组）63 个小层。总体上分为两类油层：主力油层（葡Ⅰ1—葡Ⅰ3³）和非主力油层。主力油层总体上动用状况较好，水淹已相当严重，统计近 3 年的更新调整井资料，纵向上水淹的比例已达 88.1%，其中中、高水淹的比例为 77.22%，低水淹及未水淹的部分是主力油层的潜力所在。非主力油层动用状况较主力油层差，统计更新调整井资料有 62.13% 的厚度未水淹，而且水淹厚度中有 24.7% 的油层为低水淹，这样在实施周期注水过程中也可以挖潜非主力油层的潜力。

2. 喇嘛甸油田北部试验区

喇嘛甸油田水动力学采油试验区位于喇嘛甸油田北块喇 8-1827 井区，面积 4.1km²，地质储量 1341×10⁴t，开采层位为葡Ⅰ4—高Ⅰ5 油层。共有采油井 42 口（开井 34 口，高含水关井 8 口），注水井 19 口。试验区综合含水率 91.97%，油井地层压力 11.24MPa。试验区油层以窄小分流河道砂体为主，平面上具有明显的非均质性，西部砂体厚度大、渗透率高，向东逐渐变薄变差。纵向上以葡Ⅱ5+6 和葡Ⅱ7-9 层最为发育，平均单层有效厚度分别为 3m 和 2.9m，平均渗透率分别为 0.26D 和 0.23D。油层表面润湿性由偏亲油到弱亲水，地下原油黏度 10.3mPa·s，原始地层压力 11.27MPa，饱和压力 10.7MPa。试验区油层单一，综合调整难度大，周期注水前区块产量自然递减率 15.64%，年含水率上升值高达 2.52%。该区块的试验目的是通过水动力学采油，减缓区块的产量递减和含水上升速度。

（二）矿场试验方案设计

为更有依据地制定试验方案，研究周期注水在试验区的可行性，在两个试验区分别进行了数值模拟研究，由于杏一区—杏二区东部试验区面积较大，考虑到计算机容量的限制，选择试验区中有代表性的区块进行数值模拟研究。喇北试验区面积 4.1km²，总井数 64 口，以现有的计算机条件，可以对整个试验区进行整体模拟。

1. 数值模拟区网格系统

杏一区—杏二区东部模拟区共有油水井 31 口，其中基础井网油井 4 口，注水井 8 口

（射主力油层 3 口），调整井网油井 13 口，注水井 6 口，模拟区内的油井从萨Ⅰ组到高Ⅰ组共 63 个小层。在平面上，以井排方向作为 x–y 方向，井位尽量位于网格中心，组成 14×20 平面网格系统。纵向上划分为 11 个模拟层，各模拟层的小层组合关系及有关性质见表 3-2-9。

表 3-2-9　杏一区—杏二区东部模拟区数模层段情况表

合层号	1	2	3	4	5	6	7	8	9	10	11
层位	萨Ⅰ	萨Ⅱ1—萨Ⅱ9	萨Ⅱ10—萨Ⅱ16	萨Ⅲ	葡Ⅰ1¹	葡Ⅰ1²	葡Ⅰ2	葡Ⅰ3	葡Ⅰ4²—葡Ⅰ8	葡Ⅱ	高Ⅰ
渗透率/mD	70.8	172.8	190.7	149.0	169.5	365.2	500.5	519.5	140.2	163.1	50.3

喇 8-1827 井区模拟区共有油水井 64 口，其中油井 42 口，水井 22 口，从葡Ⅰ4 到高Ⅰ2-5 共 11 个小层。在平面上，以井排方向作为 x–y 方向，井位尽量位于网格中心，组成 42×35 平面网格系统。纵向上划分为 11 个模拟层，各模拟层的有关性质见表 3-2-10。

表 3-2-10　喇嘛甸模拟区数模层段情况表

合层号	1	2	3	4	5	6	7	8	9	10	11
层位	葡Ⅰ4	葡Ⅰ5+6	葡Ⅰ7	葡Ⅱ1-3	葡Ⅱ4	葡Ⅱ5+6	葡Ⅱ7-9	葡Ⅱ10	高Ⅰ1	高Ⅰ2+3	高Ⅰ2-5
渗透率/mD	52.2	141.9	87.6	172.7	155.0	202.2	209.8	133.8	61.1	87.9	86.8

2. 剩余油分布特征

根据已有的开发生产数据，分别对两个模拟区进行了历史拟合，拟合后的模型更好地表征了模拟区的实际地质特征与开发状况，提高了模拟预测的准确性，同时也加深了对剩余油分布的认识。

1）杏一区—杏二区东部试验区剩余油分布

（1）在宏观上，主力油层属于分流河道砂体沉积，由于渗透率相对较高，油层动用好，水淹级别高。非主力层是层间挖潜的主要对象。历史拟合结果表明，到目前为止，主力油层采出程度在 36.2%～42.4% 之间，平均为 40%，而非主力油层平均采出程度为 32%。

（2）在微观上，主力层内部仍存在一定差异，渗透率变差部位仍有一定的剩余油潜力。尤其是厚度较大的河道砂（如葡Ⅰ2 层），层内纵向上也有一定的非均质性，无疑会存在一定数量的剩余油。

2）喇北试验区剩余油分布

试验区储层以砂岩和泥质粉砂岩为主，大部分为河流—三角洲相沉积，因此在平面上和纵向上非均质性较严重。

（1）平面上，葡Ⅱ1-3 层由于平面渗透率差异，低渗透部位存在大量的剩余油；葡Ⅱ10、高Ⅰ2+3 层由于注采系统不完善，有些部位见不到注水效果，从而存在一定的剩余油分布。

（2）纵向上，各类油层间差异较大，所以水淹程度和剩余油分布有很大差异，其中葡Ⅰ4—葡Ⅰ7，葡Ⅱ10—高Ⅰ2-5由于渗透率相对较低，剩余油饱和度较高。葡Ⅱ1-3—葡Ⅱ7-9渗透率高，水淹程度高。历史拟合结果表明，前两组油层平均采出程度只有13.78%，而葡Ⅱ1-3—葡Ⅱ7-9层平均采出程度21.41%。因此，该区存在一定的层间矛盾，低水淹的两组油层是层间挖潜的主要对象；而厚度较大的葡Ⅱ5+6、葡Ⅱ7-9是层内挖潜的对象。

（三）周期注水方案设计、预测与优选

在周期注水机理认识基础上，结合试验区地质开发条件和剩余油分布特点，设计了多种可能的方案进行数值模拟研究，其中杏一区—杏二区东部14种方案（表3-2-11）；喇北试验区16种方案（表3-2-12）。

表3-2-11　杏一区—杏二区东部数值模拟注水方案效果对比表

方案序号	半周期/月		最终采收率增加值/%	备注
	主力层	非主力层		
1	0	0		基础方案（常规水驱）
2	2	2	0.64	不分层段同步周期注水
3	3	3	0.72	
4	6	6	0.50	
5	6-2-2-2	6-2-2-2	0.60	
6	2	0	1.09	主力油层（葡Ⅰ1¹—葡Ⅰ3³）周期注水，非主力油层（其他油层）常规注水
7	3	0	1.40	
8	6	0	1.94	
9	6-2-2-2	0	1.15	
10	3	6	1.72	主力油层与非主力油层异步周期注水
11	4	6	1.81	
12	6	6	1.96	
13	4	4	1.87	
14	6	6	1.67	主力油层与非主力油层交叉组合异步周期注水

注：表中6-2-2-2表示注6个月停2个月，注2个月再停2个月。

1. 按照周期方式分类，杏一区—杏二区东部分五类方案

1）基础方案

评价周期注水效果是以常规注水为基础进行的。为此，在拟合后的基础上，以现有液

量为基础，预测常规水驱条件下开发指标变化趋势，并得到在含水率98%时最终采收率
为46.96%。

表3-2-12　喇北试验区数值模拟注水方案效果对比表

方案序号	半周期/月		最终采收率增加值/%	备注
	主力层	非主力层		
1	0	0		基础方案（常规水驱）
2	1	1	0.40	不分层段同步周期注水
3	2	2	0.33	
4	3	3	0.20	
5	4	4	0.06	
6	2-2-2-6	2-2-2-6	0.23	
7	1	1	1.46	两组油层（葡Ⅰ4—葡Ⅰ7+葡Ⅱ10—高Ⅰ2-5，葡Ⅱ1-3—葡Ⅱ7-9）异步周期注水
8	2	2	1.83	
9	3	3	1.79	
10	4	4	1.73	
11	2-2-2-6	2-2-2-6	1.49	
12	1	1	1.60	平面交叉异步周期注水（将周期注水与改变液流方向相结合的一种注水方式）
13	2	2	1.86	
14	3	3	1.94	
15	4	4	1.80	
16	2-2-2-6	2-2-2-6	1.65	

注：表中2-2-2-6表示停2个月注2个月、停2个月再注6个月。

2）各层同步周期注水方案

设计半周期分别为2个月、3个月、6个月及不等半周期（注6个月停2个月、注2个月再停2个月）四种方案。方案号为：2～5，模拟预测结果表明，最终采收率较基础方案增加0.5%～0.72%。

3）主力层周期注水、非主力层常规注水方案

设计了主力油层半周期长分别为2个月、3个月、6个月及不等半周期（注6个月停2个月、注2个月再停2个月），非主力层常规注水四种方案，方案6～9，与基础方案相比最终采收率提高1.09～1.94个百分点，此类方案明显好于同步周期注水方案，尤其是主力油层半周期6个月的8号方案效果较好，采收率提高1.94个百分点。

4）主力油层与非主力油层异步周期注水方案

设计非主力油层半周期为6个月，主力油层半周期分别为3个月、4个月、6个月

和主力、非主力油层半周期均为 4 个月的四种方案，方案号为 10～13，其开发效果均好于同步周期注水，提高采收率在 1.72～1.96 个百分点之间。方案 12 号较好，采收率提高 1.96 个百分点。比前述方案 8 略好。

5）主力油层与非主力油层交叉组合异步周期注水方案

此类方案设计了非主力油层发育相对较好的萨Ⅱ油层组与主力油层中相对较差的葡Ⅰ1¹—葡Ⅰ2¹组合成一个注水单元，非主力油层中发育相对较差的萨Ⅰ、萨Ⅲ、葡Ⅰ4²—葡Ⅰ8、葡Ⅱ、高Ⅰ与主力油层发育相对好的葡Ⅰ3³组合成一个注水单元，进行异步周期注水，半周期为 6 个月（方案 14），模拟结果表明其效果不如方案 8 及 10～13 号方案效果好，采收率提高 1.67 个百分点。

从杏一区—杏二区东部的模拟预测结果看出，周期注水采用分层段的做法，主力油层葡Ⅰ1¹—葡Ⅰ3³作为一个注水单元进行周期注水，非主力油层整体上作为一个注水单元常规注水或主非两类油层异步周期注水，效果较好，与基础方案比，其采收率增加值分别为 1.09%～1.94% 和 1.72%～1.96%。而且，在这两类周期方式下，达到最高采收率值的半周期长都是 6 个月。

2. 喇北试验区方案按周期方式分四类

1）基础方案

以现有液量为基础，预测常规水驱条件下开发指标变化趋势，并得到在含水率 98% 时最终采收率为 26.9%（7 字号井）。

2）各层同步周期注水方案

设计半周期分别为 1 个月、2 个月、3 个月、4 个月及不等周期（停 2 个月注 2 个月、停 2 个月再注 6 个月）五种方案。方案号为：2～6，模拟预测结果表明，最终采收率较基础方案增加 0.06%～0.40%。

3）两组油层异步周期注水方案

将油层分成两组，第一组油层：葡Ⅰ4—葡Ⅰ7，葡Ⅱ10—高Ⅰ2-5；第二组油层葡Ⅱ1-3—葡Ⅱ7-9，设计两组油层半周期分别为 1 个月、2 个月、3 个月、4 个月及不等周期（停 2 个月注 2 个月、停 2 个月再注 6 个月）异步周期注水方案，方案号为 7～11，其开发效果明显好于同步周期方式，提高采收率在 1.46%～1.83% 之间。其中半周期为 2 个月的方案较好，提高采收率值为 1.83%。

4）平面交叉组合异步周期注水方案

此类方案是针对喇北试验区平面矛盾比较突出而设计的周期注水与改变液流方向相结合的一种注水方式，具体做法是：纵向上将油层分成两组（油层组合方式同前），平面上将水井分成两组，采用水井排相邻水井同一组油层，间注间采井排水井同一组油层异步周期注水方式，半周期长为 1 个月、2 个月、3 个月、4 个月及不等周期（停 2 个月注 2 个月、停 2 个月再注 6 个月），方案号为 12～16，提高采收率在 1.60%～1.94% 之间。其中半周期长为 2 个月和 3 个月的方案效果较好，提高采收率分别为 1.86% 和 1.94%。

由模拟预测结果看出，喇北试验区采用两组油层异步周期注水及平面交叉异步周期注水效果较好，采收率提高值分别为 1.46%～1.83% 和 1.6%～1.94%。异步周期达到最高采收率值的半周期长是 2 个月，交叉注水方式达到最高采收率值的半周期长是 3 个月。

3.经济效益预测

与常规水驱相比，周期注水降低了注水量和产液量，从而减少了注水费用和液量处理费用，所增加的油量增加了销售收入，但周期过程中的开井关井有关作业增加了额外的操作费用。对三种提高采收率较高的方案进行了五年的经济预测。按通用标准，按照规定的经济评价参数取值，评价了不同周期注水技术方案的经济效果。

杏一区—杏二区东部试验区得出的结果是 12 号经济效益最好，8 号方案次之，13 号方案因周期短、额外增加费用多，经济效益最差。喇北试验区预测结果是 14 号经济效益最好，8 号方案次之，13 号经济效益最差（表 3-2-13 和表 3-2-14）。

表 3-2-13 杏一区—杏二区东部试验区优选方案经济效益评价表

方案编号	增加油量 / 10^4t	降低液量 / 10^4t	降低注水量 / 10^4m³	增加施工费用 / 万元	累计净现值 / 万元
8	4.24	28.07	64.0	847.0	2167.69
12	5.20	39.84	82.5	847.0	2528.70
13	2.84	25.61	69.8	1163.0	1770.20

表 3-2-14 喇北试验区优选方案经济效益评价表

方案编号	增加油量 / 10^4t	降低液量 / 10^4t	降低注水量 / 10^4m³	增加施工费用 / 万元	累计净现值 / 万元
8	2.86	30.9	68.0	728.19	1325.82
13	2.20	28.2	62.50	728.19	1045.04
14	3.34	37.6	75.16	708.19	1504.71

4.周期注水与地层压力的关系

周期注水由于注水量的周期性变化，地层压力受其影响也势必呈周期性变化，而地层压力是关系到油田稳产的大问题，其变化幅度的大小关系到油水井套管保护问题，压力短时期内变化过大易使地层承受巨大冲击载荷，使油水井套管损坏。因此，对三种优选方案分别做了一个周期压力变化情况预测。对于杏一区—杏二区东部试验区虽然地层压力在周期注水期间呈周期性变化，但由于周期注水仅在基础井网上进行，总的压力波动幅度不大。三个优选出来的方案中，压力变化最小的是方案 8，一个周期结束后，压力比试验前低 0.61MPa；方案 12 的压力波动范围较大，一个周期结束后，压力比试验前低 1.50MPa；方案 13 周期短，压力升降次数频繁，一年内有三次起伏，一个周期结束后，压力比试验前低 1.16MPa。因此，从保护套管和保持压力角度考虑，8 号方案最优。对于喇北试验区方案13、14由于采用的是平面交叉异步周期注水方式，使整个油层的压力变化不大，一个周期下来，方案13压力比试验前低0.94MPa；方案14比试验前低1.12MPa；方案8由于是异步周期注水，一个周期下来，压力下降了1.44MPa，因此，从保护套管和保持压力角度考虑，13号方案最优。

综上所述，从最终开发效果、五年内经济效益及压力等方面综合考虑，最终确定杏一区—杏二区东部实施8号方案，即主力油层周期注水（半周期长为6个月），非主力油层常规注水方案；喇北试验区实施14号方案，即平面交叉异步周期注水方案，半周期长为3个月。

（四）试验的实施及开发效果分析

1.试验的实施

根据前述方法确定了试验方案，杏一区—杏二区东部试验区开始了三年的实施方案，基础井网29口注水井参加周期注水试验（开井38口，主力油层未射孔7口，套变关井1口，边部1口井不参加试验）。方案实施过程中，在间注周期上进行了一些调整。第一周期停注190d，恢复注水175d；第二周期停注195d，恢复注水170d；第三周期停注234d，恢复注水131d。截止到结束，共进行了3个周期的试验。

喇北试验区周期注水方案实施了两年，19口注水井参加试验。试验期间方案未做重大调整，截止到结束，已进行了4个周期的试验。

2.试验区开发效果

试验以来，两个试验区都取得了明显的效果，主要体现在以下几个方面：

1）油层吸水层数和吸水厚度增加

周期注水后，油层吸水状况得到改善。杏一区—杏二区东部试验区统计11口井同位素资料，主力油层吸水层数、吸水砂岩厚度、吸水有效厚度分别提高了15.4%、7.1%、5.1%；非主力油层吸水层数、吸水砂岩厚度、吸水有效厚度分别提高了4.8%、2.8%、4.2%。

喇北试验区统计了19口井同位素吸水剖面资料，两组油层吸水状况都有改善，第一组油层增加吸水层数、吸水砂岩厚度、吸水有效厚度分别为4.55%、4.85%、3.81%；第二组油层增加吸水层数、吸水砂岩厚度、吸水有效厚度分别为18.07%、13.55%、8.57%。

2）吸水剖面得到调整

同位素吸水剖面证实，周期注水后，注入井吸水剖面有所改善。分别统计杏1-3—丁40井、杏1-3—更43井吸水剖面并进行对比，可以看出：周期注水前，由于层间干扰，主力油层（葡Ⅰ1—葡Ⅰ3^3）为主要吸水层，葡Ⅱ组和萨Ⅱ组油层吸水量相对较小。周期注水停止注水半周期内，由于主力油层不吸水，减缓了层间矛盾，使原来吸水能力较差的油层吸水能力增强。在总吸水量高于常规水驱情况下，杏1-3-丁40井萨Ⅱ组油层相对吸水量由16.86%增加到25.14%，葡Ⅱ组油层相对吸水量由16.56%增加到50.30%；杏1-3-更43井萨Ⅱ组油层相对吸水量由4.95%增加到32.89%，葡Ⅱ组油层相对吸水量由 21.15% 增加到 27.06%。

吸水剖面的改善也可从喇北试验区水井吸水剖面资料得到证实。由于喇北试验区采用的是两组油层异步注水方式，在其中一组油层停止注水过程中，另一组油层吸水状况得到改善。

统计喇 7-1627 井吸水剖面结果可以看出，前两个半周期，吸水状况改善并不明显，到了第三周期，由于下部第一组油层停注，使上部第二组油层增加了新的层段，吸水状况明显改善，第四个半周期，由于上部第二组油层停注，使下部第一组油层吸水量大大增加。

3）产液剖面得到调整

根据喇北试验区喇 9-2017 井产液剖面资料，周期注水后，两组油层交替动用。在第一组油层（上、下）减少注水半周期内，第二组油层（中）产液比例增加；在第二组油层减少注水半周期内，第一组油层产液比例加大，产液剖面得到调整。

4）产出液矿化度增加，油层波及体积增大

杏一区—杏二区东部试验区现有 8 口（试验前 3 口）全新定点监测油井，每半年取样一次，周期注水前后注入水质没有改变，从采出液的化验结果看，总矿化度和氯离子含量有所提高。对比前后有资料的 3 口井，总矿化度平均由试验前的 3520.87mg/L 提高到第一周期的 4010.90mg/L，第二周期提高到 4130.60mg/L；目前为 4101.42mg/L。氯离子含量平均由试验前的 543.72mg/L 提高到第一周期的 620.55mg/L，第二周期提高到 640.57mg/L；目前为 641.25mg/L。

喇北试验区据两口油井动态监测资料分析，周期注水后采出液矿化度由 4430mg/L 增加到 5060mg/L。采出液矿化度的上升，证实了周期注水扩大了油层的波及体积，增加了新的采油部位。例如杏 2-2-38 井主力油层射开砂岩厚度 9.1m，有效厚度 7.8m，其中葡 I 2^2 位于较大面积分布的河道砂体，连通状况好（连通注水井 3 口）。周期注水后，油井取得了较好的增油降水效果。

5）油层平面波及面积增加

喇北试验区采用了周期注水与改变液流方向相结合的注水方式，试验后平面水淹程度提高，根据数值模拟预测结果，周期注水后葡 II 1-3 层含水饱和度小于 50% 的低水淹区由常规注水的 36.3% 降到 31.2%，降低了 5.1%。

6）产量递减和含水上升速度减缓

杏一区—杏二区东部试验区周期注水前，产量自然递减率 12.22%，含水上升率 2.9%。周期注水试验期间，产量和含水率都呈周期性变化，但总的结果是减缓产量递减和含水上升速度。三个周期的产量自然递减率分别降低到 9.24%、11.74%、9.91%；综合含水率分别为 86.87%、89.27%、88.90%，比常规水驱分别低 1.53 个百分点、0.20 个百分点、1.39 个百分点，试验期间平均含水上升率 1.27%，比试验前低了 1.63%。与常规水驱相比，试验期间累计增油 1.967×10^{4}t，累计少产水 18.78×10^{4}m^3。

喇北试验区周期注水前，产量自然递减率高达 15.64%，年含水率上升值高达 2.52 个百分点，若继续采取常规注水（应用油藏工程方法，以试验前液量不变进行了常规水驱预测），试验区 3 年后综合含水率将上升到 93.89%，平均日产油量将降低 30% 以上。实施周期注水 24 个月，试验区实际日产油量比周期注水前只下降了 10% 左右，比不开展周期注水高 20%，产量自然递减率下降到 14.04%，比周期注水前下降了 1.6 个百分点；试验期末实际综合含水率 91.93%，比周期注水前降低了 0.27 个百分点，比不开展周期注水低 1.96 个百分点。与同层系其他井相比，产量自然递减率低 1.32 个百分点。

7）可采储量增加，水驱最终采收率提高

实施周期注水后，水驱波及体积扩大，注入水利用率提高，试验区开发效果明显改善，根据试验区水驱特征曲线初步测算，杏一区—杏二区东部试验区可采储量增加 44.47×10^4t，水驱最终采收率提高 1.47%；喇北试验区可采储量增加了 20.86×10^4t，水驱最终采收率提高 1.56%。

8）取得了很好的经济效益

杏一区—杏二区东部试验区周期注水后，截止到试验期末累计增油 1.967×10^4t，降液 16.81×10^4t，减少注水 54.287×10^4m³，总经济效益 1631 万元，扣除措施投入，获得净利润 1441 万元，投入产出比为 1∶7.61。

喇北试验区实施周期注水后，截至 1999 年 7 月累计增油 0.9176×10^4t，降液 14.42×10^4t，减少注水 66.38×10^4m³。总经济效益 1010 万元，扣除措施投入，获得净利润 887 万元。

（五）周期注水主要技术政策界限

1. 周期注水的油层条件

两个试验区分别位于喇萨杏油田的南北部，基本上代表了喇萨杏油田油层条件，试验都取得了很好的增油降水效果。提高采收率分别为 1.47%、1.56%。除此之外，采油三厂、七厂也不同程度地开展了周期注水试验，实践表明，周期注水具有较广的应用性，对各类油层都有一定效果。

在已有的研究成果中，苏联石油界一般认为，周期注水只适用于水湿油层，而数值模拟计算认为，周期注水对不同润湿性的油层都有效，以油湿油层效果更明显。本次试验中，两个试验区油层润湿性都为偏亲油，试验结果证明了周期注水对油湿油层的有效性。

喇萨杏油田为河流—三角洲相沉积，纵向上和平面上非均质性严重，油层内部以正韵律和复合韵律沉积为主，原油黏度也较高，这些都是周期注水的有利条件（数值模拟计算结果表明，常规稳定注水的不利因素一般有利于周期注水改善开发效果的提高），水动力学采油方法可以在喇萨杏油田推广应用。

2. 合理间注周期的确定

试验研究表明，不同的地质开发条件，合理间注周期不同。杏一区—杏二区东部实施方案半周期长为 6 个月，而喇北试验区实施方案半周期长为 3 个月。

数值模拟计算认为，短周期情况下，每个周期内部层段间压力差相对较小，形成的不稳定压力场变化幅度小，因而均匀水驱的效果较小，但其频率高，开发期内变化的次数多，而较长周期情况下与上述过程刚好相反。因此，从经济管理角度讲，周期长度适当放长更为有利，但其长是有限度的，如果在停注半周期内压力波动幅度过大（油层压力低于泡点压力），油层中脱气严重，无疑会影响开发效果，因此，周期长度存在一个界限值。应用注采平衡原理，在停止注水过程中，以饱和压力为最低界限，恢复注水过程中，以地层压力恢复到停注前水平为界，建立周期长度界限值数学计算模型应为：

$$T = \frac{V\phi c_t}{\Delta Q}\left(p_e - p_b\right) \qquad (3-2-57)$$

式中　　T——周期界限，月；

　　　　v——注入量，m^3；

　　　　ϕ——孔隙体积；

　　　　c_t——综合压缩系数，MPa^{-1}；

　　　　p_e，p_b——原始地层压力、原油饱和压力，MPa；

　　　　ΔQ——周期过程中地层流体的变化量，$m^3/$月。

从式（3-2-57）中可以看出，周期长度界限值受地质开发条件的影响：（1）油层孔隙体积越大，周期界限值越长；（2）综合压缩系数越大，周期界限值越长；（3）油层地饱压差越高，周期界限值越长；（4）周期方式也是影响周期界限值的关键因素（不同的周期方式，注水量变化程度不同），完全停注的周期界限值相对较小。

喇北试验区饱和压力高，如果采取完全停注的方式，在很短的时间内，地层压力就会降到饱和压力，不仅周期短、操作麻烦，而且提高采收率幅度低。因此，采用了交叉注水方式，由于每半周期都有水井注水，地下亏空量小，周期界限值相应增大（试验采用的半周期长为3个月）。

从式（3-2-57）中还可以看出，由于油层的吸水产液能力的差异，停注半周期与复注半周期一般是不等的。如果油层吸水能力较强，恢复注水半周期可相应缩短。据国内外调查新资料结果，认为不对称周期更有利于开发效果的提高。杏一区—杏二区东部试验区在试验过程中，针对恢复注水过程中含水上升过快的问题，加大了停止注水半周期，减小了恢复注水半周期，实际上是采用了不对称周期，因此，建议在实际操作过程中，以不超过周期长度界限值为界，根据动态特点灵活调整周期长度。

3. 周期注水量的确定

注水开发油田的基本要求是保持注采平衡，周期注水采油也遵循这一原则，即年度总注水量必须保持间注区块的注采平衡，考虑到周期注水提高了注水利用率，扩大了水驱油的波及体积，因此，周期注水时的年注水量应低于常规注水时的年度总注水量。根据国内外部分油田周期注水的实际资料，周期注水时的总注水量为常规连续注水时的70%~90%，效果较好。

统计两个试验区周期过程中的注水量，喇北试验区第一周期注水量为常规注水的81.83%，第二周期为86.55%，第三周期为76.57%，第四周期为77.67%。注水半周期内的平均注水强度为常规注水时的1.7倍左右。杏一区—杏二区东部试验区第一周期注水量为常规注水的92.97%，第二周期为91.06%，第三周期为90.39%。主力油层注水半周期内的平均注水强度为常规注水时的1.6倍左右。

因此，根据试验结果，周期过程中的总水量为常规连续注水的70%～90%，注水半周期内的注水强度为常规注水的1.6～1.7倍，可以在油田上应用。

4. 周期方式的选择

大庆油田自1985年在长垣南部开展周期注水实践以来，经过多年的探索和实践，总结出以下几种周期方式（表3-2-15）。

表3-2-15 四种周期注水方式优缺点对比表

方式	同步周期注水	异步周期注水	主力油层周期注水，非主力油层常规注水	周期注水与改变液流方向相结合
定义	所有油层同时注水、同时停注	按油层性质分组交替注水	主力油层周期注水，非主力油层常规注水	有多种组合方式（如喇北试验区的平面交叉异步周期注水方式）
优点	（1）操作简便；（2）测试工作量小	（1）形成的层段间压差大，更有利于缓解层间矛盾；（2）停层不停井，有利于管理	（1）形成的层段间压差大，更有利于缓解层间矛盾；（2）停层不停井，有利于管理	（1）既可以起到周期注水缓解层内和层间矛盾的作用；（2）又可以充分发挥改变液流方向缓解平面矛盾的作用
缺点	（1）层段间形成的压差小，采收率提高幅度值低；（2）注水井冬季易冻管线，电泵井容易欠载停机，管理难度大	测试工作量多	测试工作量多	测试工作量多
适用性	适用于各层段物性相近的油层	适用于各层段物性相近的油层	适用于主力油层和非主力油层渗透率差别较大的情况	适用于平面非均质性较强，地饱压差较小的油层

1）不分段同步周期

同步周期方式是最简单的一种周期方式，不分层段，注水井所有油层采用同一周期同时注水，同时停注。其主要适用于各层段物性相近的油层，优点是操作简便，但注水井工作制度不稳定，层停井亦停，容易出现冬季注水管线冻结现象，而且注水井停注半周期内油井压力下降幅度大，电泵井容易欠载停机，管理难度大。

2）异步周期

各层段周期错开，即某一层段停注时另一层段复注，实现层停井不停，层段间周期长度相等，主要适用于各层段物性相近油层。虽然层段吸水量不稳定，但水井注水量相对稳定，可以防止冬季管线冻结。

3）主力油层周期注水，非主力油层常规注水

对于主力层和非主力层渗透率差别较大情况下，可采用主力层周期注水，非主力油层常规注水，一般情况下，主力层厚度较大，层内非均质性比较严重，通过周期注水过程形成的层内不稳定压力场使水驱效果更好，而非主力油层渗透率相对较低，剩余油相对较多，在主力油层停注半周期内产液比例加大，开采速度加快，开采效果得到改善，再则由于油井泵排量相对稳定情况下，主力层的停注和恢复过程，也造成了非主力层产生状态的不稳定，与水井的不稳定注入相类似，也会在其内部形成不稳定压力场，起到同周期注水相类似的效果。因此，非主力层内部的关系矛盾也会得到一定的改善，这种做法在水井的表现为水井不停，注水量周期性变化。

4）周期注水与改变液流方向相结合

在平面非均质严重、剩余油分布比较零散的情况下，为充分发挥改变液流方向提高水驱效果的作用，可采用周期注水与改变液流方向相结合的注水方式。

以上几种周期注水方式，从地下水动力学的角度分析，都可以在油层中形成不稳定压力场，起到缓解层内和层间矛盾的作用，但对解决层间矛盾的作用程度不同。利用数值模拟技术，计算了两层模型（$K_1 : K_2 = 100 : 500$）不同周期方式下压力波动情况，计算结果表明，同步周期情况下，由于各层段同步，因此各层压力呈同步变化，形成的高低渗透层间的压力差较小；异步周期情况下，高渗透层压力下降过程中，低渗透层压力升高，相反，高渗透层压力恢复时，低渗透层压力下降。因此，与不分段同步周期注水相比，所形成的高低渗透层之间的生产压差差别较大；主力油层周期注水，非主力油层常规注水情况下，随着高渗透层压力周期性变化，低渗透层压力也呈现反向的周期性变化。其高低渗透层之间所形成的压力差介于同步周期与异步周期之间。

周期注水与改变液流方向相结合的方式，在苏联应用较多。本次试验中，喇北试验区采用的平面交叉异步周期注水是将异步周期与改变液流方向相结合的注水方式，既可以发挥异步周期注水缓解层间矛盾的作用，又可以起到改变液流方向缓解平面矛盾的作用。由于这种周期方式每半周期都有水井注水，每半周期两组油层交替见效，使区块的注水量、产油量和含水率保持相对稳定，避免了油田生产出现大的波动，而且整个油层的压力波动不大，非常适用于地饱压差小的地区，目前这种方式已在喇嘛甸油田推广应用。

总的来说，以上几种周期注水方式，各有其优缺点和适应性，采用哪种方式应视油田的具体地质开发条件而定。上面所提出的原则仅是给设计者和管理者设计周期注水方案提供一个属于一般规律性的认识，在实际周期注水设计与管理过程中，还应该运用数值模拟技术，结合经济评价，精细地优选方案。

（六）周期注水过程中地层压力变化

周期注水过程中，地层压力会出现上下波动现象，是否会降低油田的生产能力，从

而影响到油田的正常生产，是人们比较关心的问题。两个试验区的压力变化情况见表 3-2-16 和表 3-2-17。杏一区—杏二区东部试验前地层压力 11.33MPa，试验期间每半年测压一次，第一个周期压力变化范围 11.00～11.28MPa，第二个周期压力变化范围 10.90～11.20MPa，第三个周期压力变化范围 10.81～11.06MPa。整个试验期间压力最低值 10.81MPa，低于原始地层压力 0.62MPa，高于饱和压力 3.05MPa。

表 3-2-16 杏一区—杏二区东部试验区地层压力变化表

项目	试验前	第一周期		第二周期		第三周期	
时间	1996 年 7 月	1996 年 12 月	1997 年 7 月	1998 年 1 月	1998 年 7 月	1998 年 12 月	1999 年 7 月
地层压力 /MPa	11.33	11.00	11.28	10.90	11.20	10.81	11.06

表 3-2-17 喇北试验区地层压力变化表

项目	试验前	第一周期	第二周期	第三周期	第四周期
时间	1997 年 6 月	1997 年 12 月	1998 年 6 月	1998 年 12 月	1999 年 6 月
地层压力 /MPa	11.24	10.99	10.97	11.00	11.30

喇北试验区试验前地层压力 11.24MPa，试验期间每半年测压一次，第一个周期末压力 10.99MPa，第二周期末压力 10.97MPa，第三周期末压力 11.0MPa，目前地层压力为 11.30MPa，比试验前水平略高。整个试验期间，压力最低值 10.97MPa，高于饱和压力 0.27MPa。

矿场试验结果表明，只要周期长度、注水量、周期方式选择合理，地层压力在合理的范围内波动，只会起到积极的作用，而不会影响油田生产。

（七）周期注水对套管损坏的影响

周期注水过程中，地层中形成不稳定压力场，是否会加速套管损坏是人们普遍关心的问题，实践表明，周期注水不会加速套管损坏。杏一区—杏二区东部原来为套损严重地区，出现过成片套损区（受注入水窜入非油层部位等因素影响），后期更新调整以后，通过从钻井到开发采取的各种工艺措施和合理有效地注水，控制了套损区的扩展，年套损井数控制在 3 口以下。实施水动力学采油周期注水试验以来，年发现套损井数在 1～4 口，套损率控制在较低水平，未出现套管损坏加速，以及成片套损区的现象发生。

另据试验区块 4 口定点监测井的时间推移测井资料，已套损井套损部位的变径几年来没有太大的变化；未套损井套管无问题，也进一步说明试验区块未出现套损加速的现象。

喇北试验区实施周期注水 2 年 4 个周期没出现套管损坏现象。

（八）取得的几点认识

（1）矿场试验表明，喇萨杏油田在高含水期无论是南部还是北部，水动力学采油都可获得很好的效果，提高采收率分别为 1.47%、1.56%，水动力学采油可在喇萨杏油田推广应用；矿场试验同时证明了周期注水对油湿油层的适用性。

（2）通过监测吸水剖面、产液剖面、含水饱和度、产出液矿化度、产量、含水率等，所获大量动态数据证实所采用的动态监测分析技术对评价水动力学采油效果是切实可行的。总结出了水动力学采油的动态反映特点，也深化了对水动力学采油机理的认识。对油田今后水动力学采油方案设计、动态分析及效果评价有重大指导作用。

（3）水动力学采油作为改善水驱油田开发效果的一种方法，可以起到控制含水上升速度、减缓产量递减速度、提高采收率的作用。它的最大优点是管理方便，不需要很多的投资，而且经济效益明显，预计在今后市场经济条件下，会有好的应用前景。

（4）矿场试验研究表明，周期注水过程中，只要合理选择工作制度，使地层压力在合理范围内波动，不会影响油田的正常生产，也不会加速套管损坏。

（5）水动力学采油合理工作制度（如合理间注周期、周期方式）的确定要依据试验区实际地质特征及开发条件有针对性地选择，比较好的做法是运用油藏数值模拟技术结合经济评价方法，精细地优选方案。

三、油井提液

油田开发的任何一个阶段产油量均是由产液量来保证的，喇萨杏水驱的开发实践证明，特高含水阶段亦是如此。强化开采依然是改善油田开发技术与经济效果的重要手段。但油田采液量的提高并不是无限度的，它不仅与油层本身的油层物性、原油物性及注采井网有关，而且没有能够准确描述最佳采液速度与表示油层地质构造、储油性能、开发阶段及其他采液水平指示的相关参数间的数学关系式。过度采液会导致地层脱气、油水井套损等严重问题，而采液不足可导致完不成产油量计划，延长开发年限导致开采成本增加。因此确定油藏的合理提液规模具有十分重要的意义。提液通常指的是通过调参、换泵等方式（主要通过放大压差的方式）来进行的。

（一）可行性分析

产液量规模主要由采液指数和生产压差来决定。下面就提高采液指数和生产压差的可行性进行说明。

1. 采液指数

1）理论采液指数变化规律

采液指数是评价油层生产能力的重要指标之一，更是影响采液速度的重要影响因素。在生产井数及生产压差一定的情况下，采液规模与采液指数成正比，即采液量随采液指数的增大而增大，只有充分认识采液指数的变化趋势，才能为确定采液规模的合理调整奠定基础。

在油田注水开发过程中，采液指数的变化实质上是油水井井底附近渗流阻力变化的反映，随着含水饱和度的不断升高，渗流阻力不断下降，采液指数随之增大，为了便于理论分析，采用无量纲采液指数。无量纲采液指数是指某一含水率下的采液指数与含水率为零时的采液指数（采油指数）之比，它是评价不同含水率条件下产液能力的指标。它与储层物性、油藏流体性质及生产条件有关。在不同条件下，油井的采油和采液能力可能很大，但其变化有一定的规律性。

以相对渗透率曲线为基础的理论计算可以得到油井采油指数和采液指数随含水率的变化规律。根据达西定律，可得无量纲采油指数和无量纲采液指数随含水率的变化关系式。

无量纲采油指数：

$$J_o = K_{ro} \qquad (3-2-58)$$

无量纲采液指数：

$$J_L = K_{ro} + K_{rw} \frac{\mu_o}{\mu_w} \qquad (3-2-59)$$

式中　J_o——无量纲采油指数；

　　　　J_L——无量纲采液指数；

　　　　K_{ro}——油相相对渗透率；

　　　　K_{rw}——水相相对渗透率；

　　　　μ_o——油黏度，mPa·s；

　　　　μ_w——水黏度，mPa·s。

利用式（3-2-58）和式（3-2-59），首先计算了喇萨杏油田理论的无量纲采液指数随含水率的变化趋势，从图 3-2-2 中可以看出，无量纲采液指数在高含水期以前变化不明显，但在特高含水期以后迅速上升。小井距 501 井萨 II 7+8 层的实际生产数据也说明了这一点。因此在特高含水期，喇萨杏油田水驱具备保持较高采液速度的潜力。

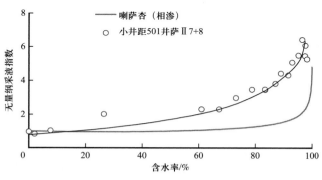

图 3-2-2　无量纲采液指数理论与实际对比

2）矿场试验及实际采液指数

根据喇萨杏油田小井距两个层的注水开发试验和厚油层试验区的资料看出，在单层水驱油开采过程中，采液指数增长速度在中低含水期较慢，进入高含水期后则明显加快。上述两个试验区，当综合含水率约 90% 时，小井距试验采液指数达 40t/（d·MPa）以上，厚层试验区采液指数达 70t/（d·MPa）以上。从这两个试验区试验结果看出，小井距试验当含水率达到 98% 时，采液指数为 53.5（76.4）t/（d·MPa）；厚层试验区在含水率为 97% 时，采液指数为 134t/（d·MPa）。

从喇萨杏开发区的分类井采液指数变化曲线可以看出，基础井采液指数随含水率升高总体呈现下降趋势，这是由于基础井网含水率较高，一直采取控水控液为主的调整措施的缘故，但在含水率 83% 左右出现急剧下降然后上升，那是"稳油控水"系统工程实施大力控基础井产液的缘故，之后保持平缓下降的态势。一次井在进入特高含水期前一直是结构调整的主要对象，在进入特高含水期后采取了提液控水相结合的措施，因而采液指数呈平稳上升趋势后基本保持稳定。二次井、三次井因初期含水率较高采液指数较为稳定。

对比表明，相同含水率下喇萨杏各开发区采液指数远小于矿场试验的采液指数，实际矿场资料也表明采液指数具备进一步提高的潜力。

3）矿场提高采液指数的方法

一是油层改造，加大地层打开程度。通过补孔加大地层的射开程度，可以提高采液指数。

二是改善近井地带渗透率。通过压裂酸化等增产措施改善井底污染或完善程度，可以提高采液指数。

三是缩小流动距离。通过加密等缩小井距的措施，改善流体流场，可以提高采液指数。此外还可以通过改变原油或注入液黏度来提高采液指数。

从前面的分析中不难发现，在油田实际开发过程中，由于受各种调整措施的影响，采液指数的实际变化与理论分析及矿场试验有很大的不同，受到各种开发政策和调整措施的影响较大。

虽然采液指数是影响采液规模的根本原因，但由于油田在不同开发阶段采取不同的开发政策，因而采液量更多地受到主观人为因素的控制。每个开采阶段，不同的采液量政策决定采液指数的水平。可以肯定地说可以通过油层改造、井网改造进一步提高采液指数，为强化开采提供基础。一般实际采液指数很难达到理论及矿场试验采液指数的范围。

2. 生产压差

压力系统是油田开发的灵魂，一切调整措施都围绕压力系统的调整来实施。压力系统不但是反映油田能量大小的重要指标，更是确定采液速度等一切与其相关指标的根本。

调整采液速度的时机主要根据压力系统进行调整，本着"恢复能量，合理放大，逐步调整"的原则，在地层压力逐步恢复的情况下，适当放大压差来提高油井的液量规模。

在油水井数比一定的情况下，注采比是影响地层压力的主要因素，此外，油井流压、含水率等多种因素对地层压力也有一定的影响。

运用逐步回归方法确定了喇萨杏油田地层压力与注采比等因素的关系式：

$$p_{o} = 1.3033IPR + 0.4457f_{w} + 0.3404p_{f} - 0.0015\sum Q_{L} + 6.7461 \qquad （3-2-60）$$

式中　IPR——注采比；

p_{f}——流压，MPa；

$\sum Q_{L}$——累计产液量，10^{4}t；

f_{w}——含水率；

p_{o}——地层压力，MPa。

按照地层压力逐渐恢复到原始地层压力附近的工作目标，年恢复地层压力0.1MPa左右，3年后地层压力到合理值为10.59MPa，注采比为1.17。

对喇萨杏油田地层压力的研究成果表明合理地层压力为北部3个开发区原始地层压力，南部的3个开发区可以降低到原油饱和压力之上。在大庆油田原油4000×10^{4}t稳产阶段，2010年各开发区的地层压力均低于合理地层压力，但相差不大，可以通过补充能量进一步改善（表3-2-18）。

表3-2-18　喇萨杏各开发区分类井总压差与流压　　　　　　　　　　单位：MPa

开发区	基础井		一次井		二次井、三次井	
	总压差	流压	总压差	流压	总压差	流压
萨中	-0.97	4.10	-2.35	4.07	-2.05	3.88
萨南	-0.92	5.17	-2.47	4.01	-2.54	3.71
萨北	0.47	5.59	0.32	5.58	-0.21	4.81
杏北	-1.35	4.43	-1.89	3.39	-2.69	2.86
杏南	-0.74	4.20	-0.95	3.98	-0.71	3.68
喇嘛甸	-0.41	4.82	0.08	4.53	-0.13	4.12

3. 油井流压

油田产液量是油田每口油井产液量的总和，而单井产液量不仅取决于油井采液指数的高低，还取决于生产压差的大小。提高油田产液量只靠提高地层压力来放大生产压差的空间很小，而靠降低油井流压来实现更可行。

流压过低、流饱压差过大将会使油层严重脱气，液相渗透率大幅度下降，原油黏度也随之大幅上升，从而严重影响到原油的采收率。因此，众所周知的放大生产压差有利于提高采油速度的原理中，流压不是可以无限制地降低的，存在一个合理的流压的界限。

"八五"期间，开发规划室通过分析油田产液量变化趋势，在此基础上运用注采平衡原理建立了用大压差计算产液能力的方法，通过大量的计算和统计分析确定了此期间的流压界限为油田北部4MPa，南部3～3.5MPa。油田进入高含水阶段，计秉玉从采收率、产油能力、泵吸入口气液比 3 个方面考虑，应用数值模拟确定出喇萨杏油田的目前阶段的流压下限为 3.0MPa 左右。并且随着含水率的升高最低流压下限还有下降的余地。合理流动压力在不同含水阶段、不同开发区各不相同，在此不再赘述。2010 年喇萨杏油田各开发区的平均流压均高于合理流动压力，还具备进一步放大压差的条件。

调整对策：降低流压的主要做法就是三换、调参等措施。总之，通过上面几个因素的分析可以看出，特高含水期通过提液减缓产量递减，在提高采液指数和放大生产压差等方面均是可行的且是有利的。

（二）主要指标技术经济界限及提液潜力

在充分总结前人的合理产液规模的界限研究成果基础上，细分液量级别和含水级别并确定了与之相对应的具体界限。深入地研究了不同液量条件下的经济含水界限和不同含水条件下的流压界限点。

1. 不同液量条件下的经济含水界限

从经济含水界限的研究角度，对于区块来说，总成本费用按照与产液量的关系可分为固定成本和可变成本。固定成本指不受产液量或产油量的增减变动影响的各项成本费用，可变成本指随产液量或产油量增减而成正比例变化的各项费用。区块固定成本包括材料费、井下作业费和人员费（生产工人工资及职工福利费）等。与产液量有关的区块可变成本主要包括动力费、驱油物注入费和油气处理费等；与产油量有关的区块可变成本主要是燃料费。

确定经济含水界限的基本原理就是盈亏平衡原理，盈亏平衡原理是根据成本、产量和利税建立的一种综合分析模式，用公式表示如下：

$$原油销售收入 = 固定成本 + 可变成本 + 税金 + 利润$$

当企业不盈不亏时有：

$$原油销售收入 = 固定成本 + 可变成本 + 税金$$

根据盈亏平衡原理建立如下等式：

$$
\begin{aligned}
&PI \times 365\tau_0 \times 10^{-4} q_0 \\
&= (C_{CL} + C_{JX} + C_{RY}) + (C_{DL} + C_{QY} + C_{YQ}) \times 365\tau_0 q_1 \times 10^{-4} + R + C_{RL} q_0
\end{aligned}
\tag{3-2-61}
$$

$$
f_w = (q_1 - q_0)/q_1
\tag{3-2-62}
$$

将式（3-2-61）代入式（3-2-62）整理得：

$$
f_w = \left[1 - \frac{(C_{CL} + C_{JX} + C_{RY}) + (C_{DL} + C_{QY} + C_{YQ}) \times 365\tau_0 q_1 \times 10^{-4} + R}{(P \cdot I - C_{RL}) \times 365\tau_0 \times 10^{-4} q_1} \right] \times 100\%
\tag{3-2-63}
$$

式中　f_w——单井极限含水率；

q_0——单井无效产量，t/d；

q_1——单井产液量，t/d；

P——油价，元/t；

I——商品率；

R——吨油税金，元/t；

τ_0——综合时率；

C_{CL}，C_{JX}，C_{RY}——分别为材料费、井下作业费和人员费，万元；

C_{DL}，C_{QY}，C_{YQ}——分别为动力费、驱油物注入费和油气处理费，元/t；

C_{RL}——燃料费，元/t。

增加单位产量随即而产生的成本增加量即称为边际成本，油井措施的边际成本就是采取的措施增加的产量带来的成本增加量。

依据喇萨杏油田2009年原油成本，建立了不同含水率、液量条件下，操作成本变化曲线，通过油井措施的边际成本及增油量界限分析，给出不同原油价格，保持大庆油田平均吨油收益下操作成本下限，确定了不同产液量的含水界限。油井采液60美元/bbl时，给出不同液量下经济含水界限（表3-2-19）。

表3-2-19　不同液量下的经济含水界限

液量级别/（m³/d）	<10	10～20	20～40	40～60	60～80	80～100	>100
含水界限/%	93.65	95.21	96.77	97.33	97.29	97.25	98.51

2. 不同含水条件下的流压界限

根据前述可知，在油井含水率一定的条件下，泵的充满系数是影响泵效的主要因素，而泵的充满系数取决于流饱压差的大小，因此可以根据泵合理工作的需要确定泵的充满系数，在这个充满系数下，所需要的流动压力就是油井的合理压力，在这个压力下采油，可以使泵具有较高的工作效率。

该方法通过井筒中油、气、水三相流体体积流量的计算方法，推导出了抽油井泵的充满系数与泵口压力的关系，进而得到了不同含水率时合理井底流动压力。

$$p_{wf} = \frac{p_b}{1 + \dfrac{322.2B_o}{ZTa(1-f_w)}} + \frac{D_m(L_m - L_s)}{100} \tag{3-2-64}$$

具体计算步骤是：根据给定的天然气相对密度γ_g，计算天然气临界压力p_c和临界温度T_c；计算对比压力与对比温度；有了对比压力、对比温度，根据公式计算Z值；用逐次迭代法求合理泵口压力。

从上面的理论出发，根据喇萨杏油田实际的相关参数（表3-2-20），编程逐次迭代求解，给出了喇萨杏各开发区含水率与合理流压界限关系。

表 3-2-20　喇萨杏油田分开发区综合参数表

开发区	喇嘛甸	萨北	萨中	萨南	杏北	杏南
地面油密度 /（kg/m³）	0.88	0.88	0.86	0.86	0.80	0.85
天然气相对密度	0.5921	0.6135	0.6720	0.6716	0.6290	0.6200
原油体积系数	1.12	1.12	1.12	1.12	1.11	1.12
原油饱和压力 /MPa	10.70	10.09	9.42	8.64	7.70	7.08
油层温度 /℃	48.0	46.9	42.4	46.4	49.8	50.0
目前含水率 /%	94.40	93.98	90.91	91.42	91.57	92.16
目前流动压力 /MPa	3.17	4.28	4.10	3.17	3.25	3.29

通过相关计算结果，给出不同含水级别下的流压界限点，见表 3-2-21。很容易看出两点：一是喇萨杏油田各开发区在低含水期，流压临界点较高，随着含水率的升高，流压临界点逐渐下降，目前含水率下的流动压力均大于该合理流压界限点。二是喇萨杏油田自北向南随着各开发区饱和压力的降低，流压下限也随之降低，但随着含水率的升高，这种差别逐渐减小。

表 3-2-21　不同含水级别下的流压界限点

含水级别 /%		<80	80	85	90	91	92	93	94	95	>95.5
流压界限 / MPa	喇嘛甸	6.5	5.0	4.5	3.0	2.7	2.4	2.2	2.0	1.8	1.5
	萨北	6.0	4.6	4.1	2.8	2.5	2.2	2.0	1.8	1.6	1.4
	萨中	5.5	4.3	3.8	2.6	2.3	2.1	1.9	1.7	1.5	1.2
	萨南	5.0	3.9	3.4	2.4	2.2	1.9	1.7	1.5	1.3	1.1
	杏北	4.5	3.6	3.1	2.2	2.0	1.8	1.6	1.4	1.2	0.9
	杏南	4.0	3.2	2.7	2.0	1.8	1.6	1.4	1.2	1.0	0.8

以上两个界限点的确立，为进一步计算不同液量、含水率、流压条件下多重分级的潜力分析奠定基础。下面将进行具体计算。

3. 液量、含水率、压力三重分级下的潜力分析

1）单井提液潜力评价流程

为了达到潜力评价的精细化、标准化，依据单井动态数据库，以上面确定的各参数界限点为标准，计算单井提液潜力。具体做法是：通过收集整理大量的单井动态数据库，应用数据库编程对单井资料进行分级归类，把满足液量—含水率条件下的井进行第一轮筛选。然后对单井含水率进行分级归类，并在开发区流压图版上确定当前含水率条件下的流压下限值，从而继续进行当前井的潜力计算，最后对区块井的提液量进行加和计算得出结果（图 3-2-3）。

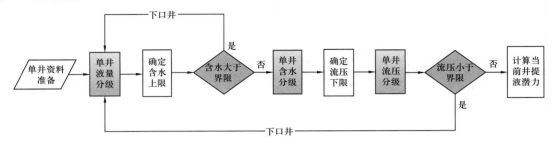

图 3-2-3 "两个界限，三重分级"单井提液潜力定量评价流程

2）多重分级下的潜力评价结果

根据单井液量分级评价结果，对喇萨杏 6 个开发区的各分类井进行了提液潜力计算。通过计算各开发区分类井的提液潜力，可以看出萨中和萨南两个开发区的提液潜力较大。喇嘛甸开发区提液潜力相比较小。各开发区提液潜力具体数值见表 3-2-22。

表 3-2-22 各开发区提液潜力表   单位：%

开发区	基础井网	一次井网	二次、三次井网	高台子井网	平均
萨中	17.71	39.06	33.84	43.84	29.74
萨南	31.87	37.37	26.36	24.64	30.75
萨北	26.89	28.69	19.81		17.45
杏北	30.62	10.56	18.12		12.93
杏南	17.97	9.59	12.30		16.87
喇嘛甸	11.19	9.15	7.35		9.91

（三）合理提液规模确定

1. 多目标条件下的提液方案设计

各开发区按 3 种不同的方式：一是按照当前各分类井的采液水平，保持目前状态不提液；二是分析各分类井采液规模变化趋势，按照近五年的变化趋势，综合给定液量增长水平；三是在现井网条件下，计算各井网的提液潜力，平均到未来 5 年。

各种方案分类井设计年均提液幅度见表 3-2-23。

各开发区按不同方式、并按分类井进行提液的方案组合有 236 组。因此对其进行正交优选，选取具有显著性和代表性的方案 54 组。分别进行计算，计算包括：通过方案给定的液量变化指标，运用丙型水驱曲线预测含水率变化，从而计算年产油量、年产液量、累计产液量、累计产油量、储采比等开发指标。

2. 方案评价及优选

在特高含水期为减缓产量递减、改善开发效果，实施强化采液是有效途径。但特高含水开发油田靠提液保持油田稳产是以含水上升率上升为代价的，由于油层非均质性强，提液幅度过大，势必加剧油层非均质性，给油田管理、采油工艺和地面建设造成很大的困难。因此存在一个合理优化的问题。为此计算了各开发区共计 54 个方案。

表 3-2-23 各开发区不同提液方式下分类井提液幅度   单位：%

开发区	提液方式	基础井网	一次井网	二次、三次井网	高台子井网
萨中	不变	0	0	0	0
	目前趋势	0	0	2.1	0.5
	5 年平均	2.5	5.6	4.8	6.3
萨南	不变	0	0	0	0
	目前趋势	0	0	3.0	5.0
	5 年平均	4.6	5.3	3.8	3.5
萨北	不变	0	0	0	
	目前趋势	0	0	0.5	
	5 年平均	3.8	4.1	2.8	
杏北	不变	0	0	0	
	目前趋势	0	0	2.5	
	5 年平均	4.4	1.5	2.6	
杏南	不变	0	0	0	
	目前趋势	0	0	0.5	
	5 年平均	2.6	1.4	1.8	
喇嘛甸	不变	0	0	0	
	目前趋势	0	0	4.5	
	5 年平均	1.6	1.3	1.1	

1）约束性评价指标的选取

（1）分层含水差异程度。

建立喇萨杏水驱分层概念模型，以分层含水率均达到 98% 为目标，对比不同时机分层注水下采收率：越早以分层含水差异程度越小（均衡开采）为目标，提高采收率越高，开发效果越好。

定义分层含水差异程度为分层含水率最大值与最小值的差值，反映一个数据集的离散程度。该值越小越好，表明分层含水越均衡。

（2）储采比均衡系数。

从产量保证程度看，以储采比均衡发展为调整依据。储采比即剩余可采储量与年产油量之比，它直接反映一个油田开发管理水平的高低，是表征油田开发能否实现资源的良性循环和可持续发展的重要指标。在一定程度上它反映了油田维持当前开发水平的"储量寿命"（年数），调整目标是使分类井的储采比向均衡方向发展。

储采比均衡系数可以用各分类井的储采比变异系数表示，该值越小表明差异程度越小，均衡程度越大，即越合理。

（3）吨油净利润。

提液幅度主要由获得的效益高低确定。当前控制成本已成为油田开发的一项重要内容，提液必然会带来地面处理及能耗的上升，合理处理好二者的关系，是实施提液的前提。

$$净利润 = 产量 \times 油价 - 销售税金及附加 - 总成本费用 - 所得税$$

吨油净利润是衡量提液是否经济有效的标准。

2）评价方法

理想解法又称为 TOPSIS，直译为逼近理想解的排序方法，是一种有效的多指标决策方法。这种方法以靠近理想解和远离负理想解两个基准，作为评价各可行方案的判断标准。它是一种距离综合评价法。这种方法的特点是借助于多目标决策问题的"理想解"和"负理想解"进行方案排序。"理想解"与"负理想解"是基于标准化后的原始数据矩阵中设想的一个最优或最劣的方案，然后获得某一方案与最优方案和最劣方案间的距离，从而得到该方案与最优方案的接近程度，依据相对接近度的大小对评价结果排序。其中最优值向量和最劣值向量分别由各评价指标的最优值和最劣值构成。

TOPSIS 法对原始数据进行同趋势和归一化处理，消除了不同量纲的影响，排序结果充分直接利用原始数据的信息，能定量反映不同评价单元的优劣程度。相对接近程度取值在 0~1 之间，该值越接近 1，说明评价单元接近最优水平的程度越高，反之，则越接近最劣水平。

其主要步骤如下：

（1）同趋势化。

综合评价中，有些指标是高优指标，有些指标是低优指标。用 TOPSIS 法进行评价时，要求所有指标方向一致。通常采用将低优指标高优化。即把原始资料中的低优指标取负值，或取其倒数。

（2）指标无量纲化。

为了消除指标计量单位的影响，要对指标实测值进行归一化处理，即无量纲化。设 $(x_{ij})_{n \times m}$ 为同趋势化后的指标矩阵，$(a_{ij})_{n \times m}$ 为归一化后的数据矩阵，则：

$$a_{ij} = \frac{x_{ij}}{\sqrt{\sum_{i=1}^{m} x_{ij}^2}} , \quad i=1, 2, \cdots, n; j=1, 2, \cdots, m \qquad (3-2-65)$$

（3）寻找正理想解（A^+）与负理想解（A^-）。

$$A^+ = \left\{ \left(\max_i a_{ij} \Big| j \in J \right), \left(\min_i a_{ij} \Big| j \in J' \right) \Big| i = 1,\ 2,\ \cdots,\ m \right\} = \left\{ A_1^+,\ A_2^+,\ \cdots,\ A_j^+,\ \cdots, A_k^+ \right\} \quad （3-2-66）$$

$$A^- = \left\{ \left(\min_i a_{ij} \Big| j \in J \right), \left(\max_i a_{ij} \Big| j \in J' \right) \Big| i = 1,\ 2,\ \cdots,\ m \right\} = \left\{ A_1^-,\ A_2^-,\ \cdots,\ A_j^-,\ \cdots, A_k^- \right\} \quad （3-2-67）$$

（4）计算各评价对象与正理想解的距离（S_i^+）及负理想解的距离（S_i^-）。

$$S_i^+ = \sqrt{\sum_{j=1}^{k} \left(a_{ij} - A_j^+ \right)^2}\ ;\ \ S_i^- = \sqrt{\sum_{j=1}^{k} \left(a_{ij} - A_j^- \right)^2}\ ,\ i=1,\ 2,\ \cdots,\ n; j=1,\ 2,\ \cdots,\ m \quad （3-2-68）$$

（5）求各评价对象与正理想解和负理想解的相对接近程度 C_i^*。

$$C_i^* = \frac{S_i^-}{S_i^+ + S_i^-} \quad （3-2-69）$$

（6）根据相对接近程度进行排序。

$C_i^* \in [0,\ 1]$，C_i^* 越接近于 1，表示第 i 个评价对象越接近于最优水平；反之，C_i^* 越接近于 0，表示第 i 个评价对象越接近于最劣水平。即 C_i^* 值越大，评价结果越优。

TOPSIS 法是一种常用的综合评价方法，其特点是不用对指标赋权，而充分利用样本资料所反映的统计信息对参评对象做出评价。它具有原理简单、易于掌握、计算简便、排序明确等特点，对数据分布类型、样本含量、指标多少无严格的限制，既适用于小样本资料，也适用于多单元评价和多指标的大系统，对连续性（动态）及横断面资料均适用，因而获得了广泛的应用。

3. 合理产液量规模评价结果

通过对 6 个开发区 54 个方案的优选和评价，得出喇萨杏各开发区提液结果，见表 3-2-24。

表 3-2-24　各开发区年均提液评价结果

开发区	各开发区年均提液评价结果
萨中	基础井 1.5%，一次井 2.9%，二次、三次井 5.6%，高台子井 6.5%
萨南	基础井 1.6%，一次井 2.2%，二次、三次井 3.0%，高台子井 2.8%
萨北	基础井 1.8%，一次井 2.3%，二次、三次井 4.1%，其他井网不变
杏北	基础井 1.4%，一次井 2.0%，二次、三次井 2.5%，其他井网不变
杏南	基础井 0.9%，一次井 2.7%，二次、三次井 3.6%
喇嘛甸	基础井 0.5%，一次井 1.6%，二次、三次井 4.7%
喇萨杏水驱	基础井 1.2%，一次井 2.1%，二次、三次井 3.9%，高台子井 4.6%

4. 提高采液量保障措施

1）提高注入量，保持注采平衡

注入方面，单方面的提液会造成注采失衡和地层压力下降。为此计算得出在目前井网条件下，目前注入压力提高到破裂压力下水井的增注潜力空间较大，在 2MPa 以上。

当然最好的办法是转注经济含水界限外的高含水高产液，产液水平低而含水率又高于经济含水界限的油井，并且这部分油井不在少数。

2）地面站的液量处理能力

作为提液的保障措施之一，地面站的处理能力经过调查和取得资料，按目前负荷率到满负荷率计算得到地面站可供提液幅度均有 20%～33% 的处理空间，对于提液的规模，各开发区在地面站液量处理方面没有较大的问题。

统计 2011—2015 年喇萨杏水驱各开发区提液水平，含水较高的基础井和一次井为控制含水上升，采液规模基本保持在原油水平且略有降低，含水较低的二次、三次井和高台子井为保证产量规模，主要以提液为主，年均提液幅度均在 5.0% 以上。

四、高含水关井和堵水

高含水关井是水驱油田开发后期一项重要的控水措施，美国油田主要靠高含水关井来控制伴随产水量，古姆达格油田在开发后期也主要靠高含水关井和层系封堵来控制产水量。油田到了特高含水期，随着含水率的继续升高，低效无效循环加大，高含水井比例迅速加大。截至"十三五"末，喇萨杏油田水驱含水率大于98%的液量、油量与油井数规模分别超过 $5800 \times 10^4 t$、$80 \times 10^4 t$ 和 3600 口。高含水关井是油田开发后期的重要问题，而高含水关井涉及地下、地面、经济效果等多方面问题，应在确定关井的经济界限的基础上，充分考虑在地下注采关系不乱、地面中转站正常工作的基础上进行。因此，需要从分析油层非均质性引起的层间含水差异入手，以分层预测为基础，对油井关井的经济界限进行了研究。

（一）油井关井界限模型

油井生产处于高含水后期以后，在油价变化不大的情况下，由于液油比急剧上升，吨油成本急剧上升，利润急剧下降，待利润达到零值以后，再继续生产就会产生负效益。因此，此时应采取关井或其他改造措施。利用盈亏平衡原理，建立了关井含水界限模型，其计算公式为：

$$q_0 = \frac{(C_{CL} + C_{RL} + C_{DL} + C_{JX}) + (C_{ZS} + C_{YQ}) \times 365\tau_0 q_1 \times 10^{-4}}{365\tau_0 \times 10^{-4}(PI - RI - C_{GZ})} \quad (3-2-70)$$

或

$$f_w = \left[1 - \frac{(C_{CL} + C_{RL} + C_{DL} + C_{JX}) + (C_{ZS} + C_{YQ}) \times 365\tau_0 q_1 \times 10^{-4}}{(PI - RI - C_{GZ}) \times 365\tau_0 \times 10^{-4} q_1} \right] \times 100\% \quad (3-2-71)$$

式中　q_0——单井无效产量，t/d；

　　　C_{CL}——单井年材料费，万元 / 口；

　　　C_{RL}——单井年燃料费，万元 / 口；

　　　C_{DL}——单井年动力费，万元 / 口；

　　　C_{JX}——单井井下作业费，万元 / 口；

　　　C_{ZS}——吨液注水费，元 /t；

　　　C_{YQ}——吨液油气处理费，元 /t；

　　　q_1——产液量，t/d；

　　　P——油价，元 /t；

　　　I——商品率；

　　　R——吨油税金，元 /t；

　　　C_{GZ}——吨油生产工人工资及福利费，元 /t；

　　　τ_0——采油综合时率；

　　　f_w——单井极限含水率。

（二）关井界限的确定

根据上述模型确定关井的经济极限含水率后，还要根据油层非均质情况判断油井的其他调整潜力才能实施关井措施。

1. 压裂潜力的判断

假设某油井产液量为 Q_1，综合含水率为 f_w。该井射开 n 个油层，各油层产液量、含水率和地质储量分别为 Q_{1i}、f_{wi}、N_i（$i=1$，2，$\cdots$，n）。

由分层含水率预测模型：

$$\frac{\mathrm{d}f_{wi}}{\mathrm{d}t} = \frac{Q_{1i}}{N_i b}\left(1-f_{wi}\right)^2 f_{wi} \qquad (3-2-72)$$

给定各层初期含水率、产液量及储量后，便可以进行分层预测。

油井压裂前，预测到经济极限含水率 $f_{w(极限)}$ 时，得到产油量 ΣQ_o，ΣQ_o 为油井从含水率 f_w 到含水率 $f_{w(极限)}$ 的产油量。

现在对第 k 层实施压裂措施，第 k 层产液量变为 Q'_{1k}，$Q'_{1k}=k_p Q_{1k}$，其中 k_p 为压裂增液倍数，由矿场实际统计得到。此时全井产液量为 Q'_1，$Q'_1=Q_1+(Q'_{1k}-Q_{1k})=Q_1+(k_p-1)Q_{1k}$，经济极限含水率为 $f'_{w(极限)}$。仍由分层含水率预测公式预测得到含水率 $f'_{w(极限)}$，得到产油量 $\Sigma Q'_o$，$\Sigma Q'_o$ 为油井从含水率 f_w 到含水率 $f'_{w(极限)}$ 的产油量。

如果：

$$\left(\Sigma Q'_o - \Sigma Q_o\right)\left(P\times I - R - C_{GZ}\right) - \left(Q'_1 - Q_1\right)\left(C_{YQ}+C_{ZS}\right) - C_{YL} > 0 \qquad (3-2-73)$$

那么该井有压裂潜力。

式中　C_{YL}——单层压裂费用，万元。

2. 堵水潜力的判断

堵水前产油量计算方法同前，对第 k 层实施堵水措施，第 k 层产液量变为 0，此时全井产液量为 Q'_l，$Q'_l = Q_l - Q_{lk}$，经济极限含水率为 $f'_{w（极限）}$。分层预测得到含水率 $f'_{w（极限）}$，得到产油量 $\sum Q'_o$，$\sum Q'_o$ 为油井从含水率 f_w 到含水率 $f'_{w（极限）}$ 的产油量。

如果：

$$\left(\sum Q'_o - \sum Q_o\right)\left(P \times I - R - C_{GZ}\right) - \left(Q'_l - Q_l\right)\left(C_{YQ} + C_{KZ}\right) - C_{DS} - C_{CJ} - C_{WH} > 0 \qquad （3-2-74）$$

那么该井有堵水潜力。

式中　C_{DS}——单层堵水费用，万元；

　　　C_{CJ}——单井测井费用，万元；

　　　C_{WH}——单井维护费用，万元。

3. 提液潜力的判断

油井提液不改变各层的产液比例，各层产液量为 $Q'_{li} = Q'_l r_i$，$r_i = \dfrac{Q_{li}}{Q_l}$。

提液后只是经济极限含水率发生变化，仍用前述方法判定提液潜力，提液潜力判断模型为：

$$\left(\sum Q'_o - \sum Q_o\right)\left(P \times I - R - C_{GZ}\right) - \left(Q'_l - Q_l\right)\left(C_{YQ} + C_{KZ}\right) - C_{DS} - C_{CJ} - C_{WH} > 0 \qquad （3-2-75）$$

通过上述判断后，如油井不具有调整潜力，可对该井实施关井措施。该判断方法的关键是确定油井的分层含水率、分层产液量及控制的分层地质储量。一般情况下，在已知油井单井控制地质储量 N，不考虑分层孔隙度和原始含油饱和度差别时，分层储量可由下面的公式近似得到：

$$N_i = \frac{h_i}{\sum h_i} N$$

式中　h_i——分层有效厚度。

4. 分层含水率和分层产液量的确定

分层含水率和分层产液量在有分层测压资料的情况下，可由下面的方法得到。

分层产液量：

$$Q_{li} = \frac{2\pi K_i h_i}{\mu \ln \dfrac{R_e}{R_w}}\left[p_i - p_f - c\left(p_b - p_f\right)^2\right] \qquad （3-2-76）$$

式中　K_i——分层渗透率，mD；

　　　p_i——分层地层压力，MPa；

　　　p_b——饱和压力，MPa；

　　　p_f——流动压力，MPa；

　　　c——脱气指数；

　　　μ——原油黏度，mPa·s；

　　　R_e——供油半径，可取井距之半，m；

　　　R_w——井半径，m。

$\dfrac{K}{\mu}=K\left(\dfrac{K_{ro}}{\mu_o}+\dfrac{K_{rw}}{\mu_w}\right)=KAe^{Bf_w}$，由油水相渗曲线回归得到系数 A 和 B。

则：

$$Q_{li}=2\pi K_i h_i A_l e^{Bf_w}\left[p_i-p_f-c\left(p_b-p_f\right)^2\right]\qquad（3-2-77）$$

$$A_l=\frac{A}{\ln\dfrac{R_e}{R_w}}$$

分层含水率预测公式为：

$$\frac{df_{wi}}{dt}=\frac{Q_{li}}{N_i b}\left(1-f_{wi}\right)^2 f_{wi}=\frac{2\pi K_i h_i A_l e^{Bf_w}\left[p_i-p_f-c\left(p_b-p_f\right)^2\right]}{N_i b}\left(1-f_{wi}\right)^2 f_{wi}\qquad（3-2-78）$$

给定各层渗透率、有效厚度和初期含水率（可给 0 值），在确定分层含水率和分层产液量的基础上，可以得到不同全井含水率和产液量对应的分层含水率和分层产液量。

5. 计算实例

某油井单井控制地质储量为 554×10^4t，产液量为 303.7t/d，含水率为 98.6%，该井射开 5 个油层，各层渗透率和有效厚度见表 3-2-25。由分层测压资料得到分层压力，由前述方法得到分层含水率和分层产液量。

表 3-2-25　某油井分层开发数据

层号	1	2	3	4	5
渗透率 /mD	70	210	360	450	760
有效厚度 /m	4.2	5.6	5.4	7.8	10.6
地层压力 /MPa	9.49	9.26	9.75	10.00	10.15
含水率 /%	90.9	99.0	99.0	98.1	97.2
产液量 /t	8.9	41.0	54.0	46.8	45.7

在不实施改造措施时，由关井经济界限模型确定经济极限含水率为99.32%，由目前含水率到经济极限含水率的产油量为3193.94t。

对该井第1层实施压裂措施，液量由303.7t/d增加到312.6t/d，此时经济极限含水率为99.33%，应用前述的分层预测方法，按压裂有效期5年计，得到压裂增油量为65.2t，增液1.06×10^4t。

对该井第3层实施堵水措施，堵水损失油量1806.4t，同时减少液量23.7×10^4t，总的经济效益为负数。

对该井实施提液措施，增加油量640.1t，同时增加液量9.7×10^4t。当油价低于40美元/bbl时，该井提液没有经济效益；当油价高于40美元/bbl时，该井提液具有一定的经济效益。

上述结果表明，该井措施改造后在低油价下没有经济效益，生产到经济极限含水率时可对该井实施关井措施。在高油价下，具有一定的经济效益，可继续保持生产。

第三节　注采系统调整与注采结构调整技术政策界限

注采系统调整与注采结构调整是油田开发中除井网加密调整外的两种重要控含水、控递减措施，贯穿了油田开发的全过程，是油田开发调整中低成本开发的重要实现手段[5-6]。

一、注采系统调整

萨中开发区2003年含水率已达到88%以上，即将整体进入特高含水开发阶段，随着油田含水逐渐上升，油田的采液指数、吸水指数发生了较大变化，部分区块（层系）注水能力与产液能力越来越不匹配。从萨中开发区注采状况看，部分区块层系油水井数比偏大，区块间层系间压力差异大，套损严重，说明目前部分区块层系的注采系统不适应，需要对目前注采系统进行适当的调整。实践证明，注采系统调整有利于提高水驱采收率，调整区块层系间的压力平衡，从而减缓油水井套损速度，完善注采关系，为油井措施创造条件，减缓产量递减。作为喇萨杏油田最大的开发区，储量和产量规模占比分别为1/3、1/4，明确其注采系统调整方式和方法具有重大的指导意义[5]。

为了使注采系统调整能够获得较好的调整效果，并搞好注采系统调整与三次加密、二类油层聚合物驱的结合，就必须对目前注采系统适应性评价，分析油田注采系统调整的潜力。并针对进入特高含水期的开发特点，研究多套井网层系条件下注采系统调整的方法，研究预测注采系统调整的效果，对注采系统调整的效益进行经济评价，编制出不同区块注采系统调整方案，为调整完善喇萨杏油田各开发区高含水后期的注采系统提供技术保证。

（一）适应性评价方法

1. 层系井网

1）建立评价指标体系

注采系统的合理性主要体现在三个方面：一是注采井网对油层具有较好的适应性，油水井有良好的对应关系，水驱储量控制程度较高；二是油水井数比比较合理，注水能力与采液能力比较协调，注采基本保持平衡；三是压力系统要合理，即油藏在原油生产过程中，各项压力指标保持在技术界限以内，油层压力能够保持在原始压力附近，流动压力在最低流压界限以上，注水压力在最高注水压力界限以内。因此，评价油藏注采系统是否适应，就必须分析注采井网是否适应油层的发育状况，注水采液能力是否匹配，油藏压力系统是否合理。由于萨中开发区高含水后期在经过多次加密调整以后，油田水驱控制程度已经在 85% 左右，井网对油层的控制较好，因此，本次评价注采系统适应性时，主要选择油水井数比、注水井注水压力、油井地层压力、油井流动压力、注采比等五项指标构成评价体系。

需要强调的是，水驱控制程度指标也是反映注采系统适应性的重要指标，虽然基于上述原因，没有作为评价指标，但在编制调整方案过程中，必须认真分析调整前后的水驱控制程度变化情况，选择水驱控制程度提高幅度较大的调整方案实施，使调整后能够较多地增加可采储量和水驱采收率。

2）确定评价指标标准

（1）合理油水井数比的确定。

根据注采平衡原理进行理论推导可知，合理油水井数比的值等于吸水指数与采液指数比值的平方根，由于采液指数和吸水指数受油层物理性质、油层中流体性质及井网类型的影响，因此，储层物性、原油物性、井网条件及压力界限是影响合理油水井数比的基本因素。采液指数、吸水指数的变化，反映了油水井井底附近渗流阻力的变化，渗流阻力的大小主要受含水饱和度的影响，因此开发阶段不同，油田含水不同，合理油水井数比也不同；在相同含水阶段，油水井距不同，油水井底附近含水饱和度的差别不同，吸水指数、采液指数比值也不同，因此井距的大小也对合理油水井数比有一定的影响。

油田合理油水井数比的值可以通过两种途径确定，一种是利用具有较好代表性的典型相渗透率曲线，计算出不同含水饱和度对应的含水率、相对采液指数和吸水指数数值，进而确定不同含水阶段吸水指数与采液指数的比值平方根，即合理油水井数比；另一种途径是利用油田实际生产数据，通过统计分析不同含水阶段采液指数、吸水指数变化趋势，分别得到采液指数、吸水指数随含水率变化的回归关系式，从而可以确定不同含水阶段的合理油水井数比。由于油田油水井射孔时，为了提高水井的注水能力，部分注水井的射开厚度要比油井的射开厚度大，这与测定油水相渗透率曲线时等直径岩心有所不同，因此在通过第一种途径确定合理油水井数比时，如果油水井射开厚度差别较大时，要考虑这种差别带来的影响，水井射开厚度大则实际合理油水井数比的值要比理论计算值高，反之亦然。

利用各区块不同层系实际开发数据，结合萨中开发区的典型相渗透率曲线，对萨中开发区目前合理油水井数比进行计算，基础井网在 1.5～1.7 之间，一次加密井和二次加密井在 1.6～2.0 之间，高台子油层井在 1.6～1.75 之间。

需要强调的是，油水井数比是评价注采系统适应性的最关键性指标。目前利用采液指数和吸水指数计算得到的合理油水井数比，主要考虑油田获得最大产液量，没有考虑水驱控制程度的差别。由于油层发育并不完全连续，开发井网的注采关系不能完全对应，因此，要保持较好的油田开发效果，油水井数比应该比计算的合理值低一些。在对不适应区块进行调整时，为了使调整后的注采系统具有较长时间的适应性，调整后水井的比例也应该更大一些，但要处理好与产量衔接的关系。

（2）注水压力上限的确定。

合理注水压力的概念目前还没有形成统一的认识，一般比较认同的概念是：多层砂岩注水开发油田的合理注水压力，是在不产生威胁套管安全应力前提下，能获得最大产液量的注水压力。

一般计算注水井的最高注入流动压力主要以低于油层的破裂压力为依据。破裂压力的大小与裂缝的形态有关，根据喇萨杏油田多年压裂实践，多数人认为主要形成水平裂缝。根据前述计算公式，可以得到各开发区块不同层系的允许最高井口注水压力。

但不同沉积特征、不同构造特征的岩石，应力是不同的，相同埋藏深度的破裂压力不尽相同，同时井口最高注水压力上限还与嘴损、管损有关。水嘴损失与水嘴大小有关，管损也与流量、深度密切相关。因此，给出某一区块、某一层系的合理注水压力仍然比较困难。具体确定注水压力上限时，还需结合压裂施工得到的破裂压力数据和注水压力变化对套损井变化影响来确定。根据萨中开发区开发多年来实践经验，综合确定萨葡油层各套井网注水压力上限在 10.5～13.5MPa，过渡带取高值，高台子油层井注水压力上限在 11.5～13.5MPa。

（3）合理地层压力的确定。

以往研究结果表明，当地层压力下降到饱和压力的 90% 以后，地层原油开始大范围脱气，严重影响采收率，一般要求地层压力保持在饱和压力以上和原始地层压力附近。虽然有人在近几年研究油田合理压力界限时，认为喇萨杏油田在高含水后期开发中应该由高压系统逐渐向低压系统转变，更有利于改善油田的开发效果，但为了使油田具有较高的生产能力，使油田生产平稳运行，仍然要求油藏地层压力保持在一定水平上，按低压系统考虑，总压差应该保持在 -0.5MPa 左右，最低压力时，总压差不能低于 -1.0MPa。由此根据萨中开发区各区块层系的原始压力值确定地层压力界限。西区、北一二排一次井、东区、过渡带、高台子油层等地层压力应保持在 10.5MPa 以上，其他区块层系的地层压力应保持在 9.5MPa 以上。

（4）最低流压下限的确定。

萨中开发区油井流压下限的确定主要依据前述对喇萨杏油田油井流压下限研究取得的认识：

一是采收率与流压关系曲线存在一个拐点，流压在该点之上时，采收率变化不大，而流压低于此点时，采收率大幅度下降。对于具体油藏、具体井网来说，流压对采收率的影响主要受含水变化的影响，低含水期要求较高的流压，高、特高含水期流压可以降得低一些。

二是流压对产量的影响也存在一个临界点。油井流压低于饱和压力以后，流压降低对油井生产能力起到双重作用。脱气使产液能力降低，生产压差增大使产量增大。在流压下降初期，矛盾的主要方面是生产压差增加，所以产液量是增加的。但随着流压的进一步降低，当达到一个临界值后，降低采液指数又转化为矛盾的主要方面，此时随着流压降低产液量反而下降，因此从产油能力角度讲，存在一个流压临界点。

三是不同含水阶段流压对气液比的影响不同，在含水率达到 90% 左右以后，气液比大幅度下降，在油井流压不低于 3.0MPa 时，气液比一般不超过 10%，因此在油田进入高含水后期开采以后可以不考虑流压下降对气液比的影响。

四是综合考虑采收率和产油能力两方面，应用数值模拟确定出萨中开发区特高含水阶段的流动压力下限为 2.5～3.0MPa。

因此，萨中高含水后期合理流压下限标准为 2.5～3.0MPa。也就是说，在实际生产组织时，必须使流动压力高于 2.5MPa，低于该值时将会使地下形势严重变差，不利于维持油田生产的稳定和提高开发效果。

（5）合理注采比的确定。

合理注采比是能够保持合理地层压力，使油田具有旺盛的生产能力，降低无效能耗并能取得较高原油采收率的注采比。合理注采比不但与开采技术政策界限要求保持的压力水平有关，还与地层物性及流体性质有关。

根据前述对注采比变化趋势理论分析结果，当注水压力达到注水压力上限后，初期注采比取决于初始注水压差与生产压差，取决于油水井数比与采液吸水指数比，但随着时间的延长注采比将会逐渐降低，最后趋于 1。注采比趋于 1 的速度取决于导压系数值，即导压系数越大，井距越小，注采比趋于 1 的速度越快。或者说，油层渗透率越低，在其他条件不变的情况下，注采比越高。

鉴于油田已经进入特高含水期开采，一方面与中、高含水期相比，油井流压可以相应降下来，对地层压力的要求不一定必须将原始地层压力作为恢复目标，没有必要继续采用高注采比。另一方面从油田累计注采比来看，一般都大于 1，说明地下并不亏空，也可以把注采比降下来，降到 1.0 附近。因此，高含水后期萨中开发区基础井网和一次加密调整井网注采比的评价标准可以将 1.0 作为参考值，二次加密井网开采对象差，注采比的评价标准可以将 1.2 作为参考值。

3）合理划分评价单元，采用层次分析方法进行综合评价

由于不同区块不同层系开发状况不同，开采对象（油层）有所差别，剩余油分布不同，目前井网特点不同，导致目前注采系统适应状况不同，因此评价时也要区别对待，即在开发区块划分的基础上，再按基础井、一次加密井、二次加密井、三次加密井、高台子

油层井划分评价单元。将萨中开发区共划分为 12 个开发区块、39 个评价单元，分别对不同的单元进行评价。

为了区分不同评价单元注采系统的不适应程度，对各评价单元的评价体系中的各项指标进行综合分析，根据反映注采系统合理与否的评价指标标准，结合评价单元相对应的实际数据，采用层次分析方法对各评价单元进行综合评价排队。由于高含水后期注采系统适应与否主要反映在产液能力与吸水能力是否协调，压力系统是否合理，而油水井数比是影响这两方面的决定性因素，因此评价指标中的重要性依次为油水井数比、注水压力、地层压力、流动压力、注采比，油水井数比指标权数最大，注采比指标权数最小。

2. 沉积单元

根据层系井网注采系统适应性评价方法，通过分析各个区块不同层系井网反映注采系统适应性的主要指标，结合相应的评价指标标准，可以对层系井网目前注采系统的适应状况进行宏观评价，了解需要进行注采系统调整的区块和层系井网。但是，由于油田在高含水后期开发阶段，各套层系井网并不完全独立，开采对象部分交叉，因此高含水后期进行注采系统调整时，仅完善层系井网的注采系统是不够的，调整和完善注采系统必须落实到沉积单元上，才能较好地解决油田注采系统不适应的矛盾。因而，在进行注采系统适应性评价时，为了使评价的结果更加符合油田实际情况，在认识到层系井网注采系统基础之上，必须将调整潜力落实到沉积单元，必须对沉积单元的注采系统适应性进行评价，使调整措施更具有针对性，为取得较好的注采系统调整效果奠定基础。

沉积单元注采系统适应性评价方法，是在层系井网注采系统适应性宏观评价的基础上，考虑到油田进入高含水后期开采以后，不同层系井网的开采对象相互交叉，同一个沉积单元或同一个单砂体上实际上存在不同层系井网的开发井，为了更加深入、准确地认识注采系统适应性，利用精细地质成果将该动态认识的井网层系注采系统概念深入到细分沉积单元。具体做法是在萨中开发区 12 个开发区块分萨葡油层、高台子油层确立的细分沉积单元基础上，以精细小层库为基础，利用水驱 7000 余口油水井的射孔数据库、补孔措施库、堵水措施库等资料加以完善后，统计分析了 22 个分析单元内共计 1300 余个细分沉积单元目前生产状态下油、水井实际油水井数比；此外，根据精细地质研究认识各细分沉积单元的实际发育面积，统计细分沉积单元内油水井的实际工作井网密度，从而更清晰地认识各细分沉积单元内油水井分布状况，为准确、翔实评价萨中开发区各开发区块的注采系统建立更坚实的基础。

（二）调整潜力分析

1. 层系井网

根据前述层系井网注采系统适应性宏观评价中评价单元划分和评价方法，结合评价体系指标标准及相应评价单元实际数据，对萨中各区块各套层系目前注采系统适应性进行评价，结果如下：

基础井网除南一区及过渡带为四点法面积注水井网外，其他为行列注水井网。目前基础井网主要是地层压力低、注采比低、部分区块油水井数比偏高。多项指标不合理主要是北一二排西、北一区断西、南一区和西部过渡带等4个区块单元。

一次加密井的井网主要有两种：断东、断西、南一区及过渡带为四点法面积井网；北一二排、中区东部、中区西部、东区及西区为反九点面积井网。一次加密井目前部分区块单元注采系统不适应，主要是地层压力低、油水井数比偏高。多项指标不合理主要是西过、北一二排东、北一二排西、南一区和东部过渡带等5个区块单元。

二次加密井有三种布井方式：北一二排、东区、中区东部、中区西部为反九点面积井网，断东、断西为斜线状注水方式，过渡带为四点法面积井网注水方式。目前二次加密井网部分区块单元注采系统不适应，主要是地层压力低和油水井数比偏高。多项指标不合理主要是北一二排东、北一二排西和东部过渡带等3个区块单元。

高台子油层以反九点法面积井网投入开发，除部分区块进行过注采系统调整之外，剩余未调整区块都需要进行调整，主要是油水井数比大、注水压力达到或超过合理注水压力上限、地层压力偏低。9个评价单元中有6个评价单元的多项指标不合理（表3-3-1）。

表3-3-1　萨中开发区目前注采系统评价结果表

项目	单元个数				
	基础井	一次加密井	二次加密井	高台子	合计
井数比偏高0.5以上	4	5	2	6	17
注水压力超合理压力			1	3	4
总压差小于-1MPa	8	9	9	9	35
流压低于3MPa					
注采比低	5	2			7
多项指标不合理	4	5	3	7	19
需要调整的单元个数		5	3		14

鉴于基础井网含水高，剩余油少，而且可以在聚合物驱利用时进行调整挖潜，因此注采系统调整的主要对象确定为一次加密井、二次加密井和高台子油层井。综合考虑目前油水井数比偏高，地层压力下降幅度大，目前井网下提高注水量的潜力小（注水压力提高余地小），需要进行注采系统调整的单元有14个，主要是高台子油层、过渡带地区、北一二排和南一区，根据层次分析方法排序结果，应该优先对过渡带和高台子油层进行注采系统调整。萨中开发区需要调整区块层系主要指标及排序结果见表3-3-2。

2.沉积单元

从宏观评价结果看，萨中开发区需要进行注采系统调整的评价单元有14个，主要是萨葡油层部分一次加密井网、二次加密井网和东西过渡带及部分高台子油层。萨葡油层分

布的区块有东部过渡带、西部过渡带、北一二排东、北一二排西、南一区等5个区块，高
台子油层主要分布的区块有北一二排东、东区、中区东部、北一区断东、北一区断西、中
区西部等6个区块。因此，在进行沉积单元注采系统调整潜力分析时，重点对这些区块
相应的沉积单元进行分析。在分析沉积单元注采系统调整潜力时，对各个沉积单元的注
采关系进行分析的同时，结合目前油田含水状况及宏观分析结果，合理油水井数比在1.5
左右，考虑到目前井数比高于合理油水井数比0.5以上需要及时调整，将目前井数比高于
2.0的沉积单元作为急需进行注采系统调整的潜力单元。沉积单元注采系统调整潜力分析
结果见表3-3-3至表3-3-6。

表3-3-2　萨中开发区需要调整区块层系主要指标及排序表

序号	区块	含水率/%	原始压力/MPa	目前静压/MPa	目前流压/MPa	注水压力上限/MPa	目前注水压力/MPa	合理井数比	目前油水井数比	目前注采比
1	西过一次	86.47	11.71	12.08	4.13	13.28	11.45	2.10	4.73	0.43
2	北一二排东高台子	87.83	11.56	7.00	3.34	13.34	12.15	1.68	3.91	0.83
3	东区高台子	83.34	11.83	9.57	3.51	13.21	13.25	1.74	3.42	1.29
4	中区东部高台子	82.34	11.07	9.59	3.74	12.51	12.25	1.58	3.29	0.94
5	北一二排东一次	89.17	12.30	9.80	4.16	11.97	9.46	1.70	3.22	0.85
6	北一区断东高台子	86.51	11.64	10.33	4.63	13.24	12.66	1.65	2.95	1.31
7	北一二排西一次	86.86	11.26	9.80	3.22	12.52	12.39	1.75	3.00	1.48
8	北一区断西高台子	70.71	11.64	9.96	3.56	13.28	12.45	1.60	2.81	1.10
9	北一二排东二次	87.32	10.62	8.00	3.66	11.70	10.15	1.89	2.91	0.99
10	北一二排西二次	83.32	10.63	7.42	3.24	12.06	11.15	2.10	2.88	1.12
11	中区西部高台子	87.29	11.39	8.00	3.87	11.43	11.81	1.55	2.20	1.16
12	东过一次	88.26	11.84	9.69	4.64	13.54	13.09	1.88	2.63	0.60
13	南一区一次合计	84.50	10.52	7.97	4.20	11.52	10.89	1.60	2.16	1.11
14	东过二次	78.35	11.85	9.99	3.65	12.76	13.09	1.78	1.94	1.82

　　结合各区块、层系的开发现状，对沉积单元注采系统调整潜力做进一步分析。虽然目
前萨中开发区萨葡油层存在一定程度的井网间互为补充完善的情况，但在目前开发阶段条
件下，同时考虑与未来二类油层上返、井网利用等工作的衔接，在注采系统调整中不宜打
破井网界限，应以层系内部调整为主。
　　南一区东、南一区西萨Ⅰ、萨Ⅲ、葡Ⅱ组注采系统不合理沉积单元分别有16个、31
个，占41%和91%，这些不合理单元目前是一次加密井网的主要动用对象，它们的调整，
可以与目前正在进行的二次加密调整相结合进行，不宜进行单独的注采系统调整。

表 3-3-3 萨中开发区萨葡油层沉积单元注采系统调整潜力表

区块	萨Ⅰ组		萨Ⅲ组		葡Ⅱ组	
	单元个数	井数比大于 2.0 个数	单元个数	井数比大于 2.0 个数	单元个数	井数比大于 2.0 个数
北一二排东	8	8	13	10	11	11
北一二排西	8	6	13	7	11	7
南一区东	8	8	13	3	13	5
南一区西	8	8	13	11	13	12
东过	8	8	13	5	13	12
西过	8	0	13	1	13	5

表 3-3-4 萨中开发区萨葡油层油水井数比不合理沉积单元明细表

区块	油水井数比不合理沉积单元明细		
	萨Ⅰ	萨Ⅲ	葡Ⅱ
北一二排东	萨Ⅰ1—萨Ⅰ4+5^3	萨Ⅲ1—萨Ⅲ5+6^1、萨Ⅲ8—萨Ⅲ9^2、萨Ⅲ10^2	葡Ⅱ1—葡Ⅱ10^2
北一二排西	萨Ⅰ1、萨Ⅰ2^2、萨Ⅰ3^1—萨Ⅰ4+5^1、萨Ⅰ4+5^3	萨Ⅲ1、萨Ⅲ4、萨Ⅲ8—萨Ⅲ10^2	葡Ⅱ1—葡Ⅱ5、葡Ⅱ10^1—葡Ⅱ10^2
南一区东部	萨Ⅰ1—萨Ⅰ4+5^2	萨Ⅲ3^2、萨Ⅲ9^1、萨Ⅲ10^1	葡Ⅱ1^1—葡Ⅱ3^2
南一区西部	萨Ⅰ1—萨Ⅰ4+5^3	萨Ⅲ1、萨Ⅲ3^1—萨Ⅲ7、萨Ⅲ9^1—萨Ⅲ10^2	葡Ⅱ1^1—葡Ⅱ8、葡Ⅱ10^1、葡Ⅱ10^2
东过	萨Ⅰ1—萨Ⅰ4+5^2	萨Ⅲ1、萨Ⅲ3^2、萨Ⅲ8、萨Ⅲ9^1、萨Ⅲ10^2	葡Ⅱ1^1—葡Ⅱ10^1
西过		萨Ⅲ8	葡Ⅱ4—葡Ⅱ7、葡Ⅱ10^1

表 3-3-5 萨中开发区高台子油层沉积单元注采系统调整潜力表

区块	高Ⅰ组		高Ⅱ组		高Ⅲ组	
	单元个数	井数比大于 2.0 个数	单元个数	井数比大于 2.0 个数	单元个数	井数比大于 2.0 个数
北一二排东	17	11	34	21	12	8
东区	17	14	34	22	23	1
中区东部	17	17	34	33	23	22
北一断东	17	15	34	29	23	19
北一断西	17	17	34	30	23	9
中区西部	17	13	34	24	23	15

表3-3-6　萨中开发区高台子油层油水井数比不合理沉积单元明细表

区块	油水井数比不合理沉积单元明细		
	高Ⅰ	高Ⅱ	高Ⅲ
北一二排东	高Ⅰ1-8、高Ⅰ12-17、高Ⅰ21-23	高Ⅱ1-3、高Ⅱ8、高Ⅱ10-25、高Ⅱ29	高Ⅲ1-3、高Ⅲ5-8、高Ⅲ10
东区	高Ⅰ2+高Ⅰ3-18	高Ⅱ2、高Ⅱ4-5、高Ⅱ8-12、高Ⅱ14-21、高Ⅱ23-24、高Ⅱ27、高Ⅱ29、高Ⅱ30、高Ⅱ34	高Ⅲ1
中区东部	高Ⅰ1-20	高Ⅱ1-32、高Ⅱ34	高Ⅲ1-15、高Ⅲ17-23
北一断东	高Ⅰ1-13、高Ⅰ15-16、高Ⅰ18-20	高Ⅱ1-12、高Ⅱ14-21、高Ⅱ23-28、高Ⅱ31、高Ⅱ32、高Ⅱ34	高Ⅲ2-3、高Ⅲ5-15、高Ⅲ17-18、高Ⅲ20-23
北一断西	高Ⅰ1-20	高Ⅱ1-23、高Ⅱ6-25、高Ⅱ27、高Ⅱ29-34	高Ⅲ1、高Ⅲ3-5、高Ⅲ7、高Ⅲ8、高Ⅲ10、高Ⅲ11、高Ⅲ13
中区西部	高Ⅰ1-8、高Ⅰ10-13、高Ⅰ16-18、高Ⅰ20	高Ⅱ1、高Ⅱ3、高Ⅱ7-13、高Ⅱ15、高Ⅱ17、高Ⅱ19、高Ⅱ21-24、高Ⅱ26-29、高Ⅱ32-34	高Ⅲ1-4、高Ⅲ7、高Ⅲ9-12、高Ⅲ14-19

北一二排东部萨葡油层的萨Ⅰ、萨Ⅲ、葡Ⅱ组注采系统不合理沉积单元有90.6%，其中萨Ⅰ、萨Ⅲ组的不合理单元目前是二次加密井网的主要动用对象；葡Ⅱ组是一次加密井网的主要动用对象，同时，该开发区块的高台子油层有63.4%的沉积单元注采系统不合理，是高台子井网的主要动用对象，一次加密井网也动用部分高台子油层。因此，应对一次、二次加密井网及高台子井网均做相应调整。

北一二排西部萨Ⅰ、萨Ⅲ、葡Ⅱ组有20个沉积单元注采系统不合理，其中萨Ⅰ、萨Ⅲ组的不合理单元目前是二次加密井网的主要动用对象；葡Ⅱ组的7个不合理单元，目前是一次加密井网的主要动用对象，因此，应对一次、二次加密井网分别进行调整。

东过萨Ⅰ、萨Ⅲ、葡Ⅱ组沉积单元注采系统不合理沉积单元共有24个，沉积单元目前是一次加密井网的主要动用对象，萨Ⅲ、葡Ⅱ组不合理沉积单元目前是二次加密井网的主要动用对象，因此应对一次、二次加密井网分别进行调整。

西过萨Ⅲ、葡Ⅱ组沉积单元注采系统不合理共有6个，目前是二次加密井网的主要动用对象，该区块应以二次加密井网调整为主。

东区高台子油层注采系统不合理沉积单元有6个，应对高Ⅰ、高Ⅱ层系的井进行调整。

中区东部高台子油层高Ⅰ、高Ⅱ、高Ⅲ组沉积单元普遍注采系统不合理，应对分别动用这些沉积单元的高Ⅰ、高Ⅱ、高Ⅲ层系的井进行调整。

北一区断东高台子油层高Ⅰ、高Ⅱ、高Ⅲ组注采系统不合理沉积单元有63个，应对分别动用这些沉积单元的高Ⅰ、高Ⅱ、高Ⅲ层系的井进行调整。

北一区断西高台子油层高Ⅰ、高Ⅱ、高Ⅲ组注采系统不合理沉积单元有56个，应对分别动用这些沉积单元的高Ⅰ、高Ⅱ、高Ⅲ层系的井进行调整。

中区西部高台子油层高Ⅰ、高Ⅱ、高Ⅲ组注采系统不合理沉积单元有52个，应对分别动用这些沉积单元的高Ⅰ、高Ⅱ、高Ⅲ层系的井进行调整。

（三）调整方式

1. 典型区块先期试验主要做法与经验

通过总结萨中南一区高台子油层注采系统调整和喇萨杏其他油田注采系统调整实践的经验和教训，结合研究所取得的认识，为了取得较好的调整效果，调整时应采取以下几条主要做法：

（1）以完善单砂体注采关系为基础，与综合治理有机结合，以不同含水阶段合理油水井数比为依据，根据调整区块油层发育特点、现井网特点及目前注采系统下剩余油分布状况，选择相应的调整方式。

（2）调整以后的井网尽可能多地提高水驱控制程度、增加水驱方向、提高驱油效率，不能形成死油区，断层附近的采油井尽量不转注。

（3）注采系统调整要考虑产量的接替，不能造成较大的产量波动。尽可能选择含水高、产量低的采油井转注，使损失的油量最小。

（4）调整注采系统的手段以油井转注为主，但转注油井不能离生产油井太近，距离最好大于100m。个别井区可以利用不同层系油水井井位相互关系，采用补孔的方式来完善和调整注采系统。个别严重不完善地区也可以补钻油水井。

（5）转注井初期应采取温和注水的方法，避免压力变化波动大，诱发套损。

（6）注采系统调整过程中，要搞好转注井与老水井注水量的调节和转移，充分发挥改变液流方向的作用。要及时对见效油井采取压裂、换泵等提液措施，充分发挥注采系统调整减缓产量递减的作用，提高注采系统调整方案的整体效果。

2. 区块井网调整方式

根据评价结果，萨中目前不适应的单元主要有14个，从井网的注水方式看，主要是反九点法面积注水井网和四点法面积注水井网，因此井网的调整主要是对反九点法面积井网和四点法面积井网进行调整。

对反九点面积注水井网进行注采系统调整时，为了更好地控制油田含水上升，减少转注对产量的影响，选择转注边井形成线状注水的调整模式比较有利；对四点法面积注水井网的注采系统调整，根据加密调整的布井方式选择逐渐形成线状与面积井网相结合的注水方式或逐渐形成块状注水方式的调整方式。因此，对萨中进行注采系统调整时，调整井网层系的注采关系要参考以上调整方式。

3. 完善井网注采关系的调整方式

部分地区在布井时出于对某些原因的考虑，井网的注采关系不完善，在进行注采系统调整时，需要对这些井网注采系统不完善的地区进行完善。如过渡带扩边井区，在布井时，为了防止原油外流，以油井封边为原则，多布油井，少布水井。由于目前含水率已经较高，而且，过渡带油层逐渐变差，砂体变薄，泥质封边的作用逐渐加强，因此，对其进行注采系统调整时，采取转注部分扩边油井，完善注采系统的调整方式。

4. 完善井组或沉积单元注采关系的调整方式

1）通过补钻注水井完善注采关系

部分井区由于井网布置不规则造成井组注水井点少，或因断层遮挡等因素，造成注采关系不完善，井组注水井点少。有些这样的井区，一方面井区内没有其他层系水井可以利用或通过转注不能较好地完善注采系统，另一方面井区间具备补钻注水井的条件，则采取补钻注水井的调整方式完善注采系统。如萨中西部过渡带西71-14井区5口油井，井区没有注水井，在5口井中间补钻西71-314注水井，能够较好地完善该井区的注采系统。

2）大修或更新套损水井完善关系

油田经过40年的开发，油水井的套损比较严重，尤其是水井套损，轻则不能有效地进行分层注水，重则不能注水，使套损井区注采关系严重不完善。在进行注采系统调整时，需要对套损井进行修复或钻更新井，完善井区的注采系统。如萨中东部过渡带N1-1-B45井组，该井周围有6口老采油井，受其关井影响，生产能力较低，平均日产液量14.8t，平均日产油量2t，综合含水率86.5%。更新该井完善注采系统，有利于提高该井区的生产能力。

3）利用不同层系的油水井间的井位互补关系，对注水井补孔完善注采关系

对于某一层系井网个别井区缺少注水井点造成注采系统不完善，其他层系在该井区具有相应位置的注水井，原来射开层位不多，补孔后分层注水对原层系影响不大，在进行注采系统调整时，利用不同层系的油水井间的井位互补关系，采取对注水井补孔来完善注采关系的调整方式。如萨中西部过渡带的B1-6-FD17井区，该井是三条带的一口一次加密注水井，位于5口二次加密采油井（B1-61-22井、B1-61-21井、B1-62-20井、B1-62-21井、B1-61-23井）所围成的井区的中心位置上，主要为基础井和一次加密井注水。该井区内无二次加密注水井，萨葡薄差层的动用程度较差。5口二次加密采油井平均日产液量15t，平均日产油量3.6t，综合含水率76%，生产能力较低。补射B1-6-FD17井的薄差层，为二次加密采油井注水，完善该井区二次加密井的注采系统，提高井区二次加密采油井的生产能力。

4）转注其他层系油井，完善井区注采系统

对于某一层系井网个别井区缺少注水井点造成注采系统不完善，其他层系在该井区相应位置的采油井，含水较高、产量较低，转注这样的其他层系油井，对其他层系的注采系统影响不大，则在进行注采系统调整时，转注相应位置上其他层系油井，并对对应注水层位进行补孔，完善井区注采系统。如萨中西过基础井B1-4-D18井，正好处在3口二次加密井的中心位置，转注并补开该井的萨葡薄差层，可为3口二次加密井注水，完善该井区的注采系统。

5）将个别注水井改为采油井，调整注采系统

对于个别在断层附近的注水井，或井组压力高、井组注水能力强、本注水井吸水能力差，如果该井累计注水少、目前吸水能力低，将其改为采油井，有利于井组的泄压和防止套损。如 Z10-D19 井吸水能力极差，周围还有其他水井，将其改为采油井有利于井组生产能力的发挥。

6）采取补孔、压裂、拔堵等多项综合调整措施，优化压力系统，挖掘油层潜力

高含水后期注采系统调整的目的是通过完善单砂体注采关系，挖掘油层剩余油的潜力，因此，在调整注采系统的同时，要根据油层潜力分析和井组动态变化，及时采取相应的综合调整挖潜措施，改善油田开发效果，对具备补孔条件的油层进行补孔，对早期堵水层具备拔堵条件的堵层进行拔堵，对具备压裂潜力的层进行压裂，对部分原高含水关井要根据注采系统调整以后受效情况，具备开井条件及时恢复生产。

（四）注采系统调整效果分析

1. 影响调整效果的主要因素分析

注采系统调整实践表明，注采系统调整的主要作用是通过油井转注、套损井大修更新、补孔、补钻油水井等多种综合措施提高水驱控制程度，增加水驱方向，提高水驱采收率，并控制含水上升速度；通过增加注水量，注够水注好水，恢复低压区块的压力水平，放大油井生产压差，提高油井产量，减缓产量递减。另外，调整以后，增加了注水井点，为降低注水压力、调整优化油藏压力系统创造了条件，有利于区块间压力的平衡，控制套管损坏速度。因此影响调整效果的主要因素是调整前注采系统的适应状况，主要有以下几个方面：

1）调整前井网对油层的适应状况

水驱控制程度的高低反映井网对油层的适应性，众所周知，水驱控制程度高则井网对油层适应性较好，能够获得较高的采收率。虽然萨中开发区高含水后期注采系统调整以后水驱控制程度增加的幅度有限，但调整以后多向连通比例增加，有利于提高水驱储量的连通系数，扩大水驱波及体积，提高水驱采收率。有关数值模拟计算结果表明，随着连通方向数的增加，储量的连通系数增加，单向连通时的连通系数为 0.658，双向连通时的连通系数为 0.873，三向连通时的连通系数为 0.888，四个方向连通时连通系数为 1.0。

2）调整前压力系统不合理程度

压力是油田生产的灵魂，只有各项压力指标在合理界限范围内，油水井才能充分发挥其生产能力。调整前压力系统越不合理越需要调整，调整效果也越好。即调整前地层压力越低调整后恢复压力的余地越大，调整后提高生产压差的潜力就大，调整前注水压力越高或区块间压力越不平衡套损隐患越大，则调整后增加注水井点降低注水压力、使高压区块泄压，使低压区块恢复压力，对控制套损的作用越好。

3）调整的工作量和受效井的比例

注采系统调整的效果与调整的工作量和受效井的比例密切相关。调整工作量大说明

调整潜力大，可安排的补钻井、补孔、压裂工作量越大，调整效果越好，转注井一方面转注要损失部分油量，另一方面受效井见效以后产量上升，转注损失油量越少、受效井越多，调整效果越好。因此在选择油井转注时，尽可能选择本井油量少、受效井多的油井转注。

4）调整后增加可采储量的比例

调整后增加可采储量的比例直接关系到调整区块提高采收率的幅度和调整后控制含水上升的作用大小，可采储量增加幅度大则提高采收率的幅度大，控制含水上升的作用也明显。而可采储量的增加幅度主要取决于调整后新增水驱控制程度幅度、新增多向连通比例、新增连通层与原连通层的含水差别和储量质量。因此，进行注采系统调整时，尽可能选择水驱控制程度高、多向连通比例高，调整后增加可采储量比较多的调整方式。

5）注采系统调整的时机

注采系统调整的时机主要取决于目前注采系统的不适应程度、调整对产量接替的影响，以及不同调整时机对调整效果的影响。目前注采系统的不适应程度可以用合理油水井数比与实际油水井数比的差别来衡量，实际油水井数比高于合理油水井数比越多，则目前注采系统不适应性越严重，如果实际油水井数比高于合理油水井数比 0.5 以上，应该及时对目前注采系统进行调整。注采系统调整对产量接替的影响，主要考虑两个方面：一是分析需要进行注采系统调整区块的产量递减变化趋势，如果产量递减加快或者产量递减持续较高，则应及时对注采系统进行调整；二是尽可能减少调整过程中对产量的影响，尽可能与三次加密调整、三次采油的产能建设结合进行注采系统调整。调整时机对调整效果的影响，主要分析需要调整区块不同调整时机对采收率的影响，以及对产液、耗水的影响。

为了分析调整时机对调整效果的影响，根据喇萨杏油田非均质特点，设计典型的机理模型，通过数值模拟计算，分析不同含水阶段进行调整对调整效果的影响。基础方案为 3 注 9 采不调整，方案一为含水率 70% 时调整为 6 注 6 采，方案二为含水率 80% 时调整为 6 注 6 采，方案三为含水率 85% 时调整为 6 注 6 采，方案四为含水率 90% 时调整为 6 注 6 采，计算结果见表 3-3-7 和表 3-3-8。

表 3-3-7　各方案含水率 98% 时主要开发指标对比表

方案	生产时间 /月	年份	月产油量 /10^3t	月产液量 /10^3t	累计产油量 /10^3t	累计产水量 /10^3t	累计注水量 /10^3t	采收率 /%
基础方案	303	2020	1.93	93.93	1811.90	18289	20100.90	37.34
方案一	265	2017	2.10	103.10	1853.65	17326	19179.65	38.20
方案二	270	2017	2.10	102.10	1833.15	17153	18986.15	37.77
方案三	275	2017	2.10	103.10	1821.95	16924	18745.95	37.54
方案四	297	2019	2.10	102.10	1821.54	16836	18657.54	37.53

表 3-3-8　各方案达到相同采收率时主要开发指标对比表

方案	生产时间 / 月	年份	月产油量 / 10^3t	月产液量 / 10^3t	含水率 / %	累计产油量 / 10^3t	累计产水量 / 10^3t	累计注水量 / 10^3t
基础方案	303	2020	1.93	93.93	0.980	1811.90	18289	20100.90
方案一	260	2016	2.15	102.15	0.979	1812.73	15945	17757.73
方案二	264	2016	2.20	101.20	0.978	1812.08	16341	18153.08
方案三	270	2017	2.15	102.15	0.979	1811.49	16400	18211.49
方案四	278	2018	2.11	101.31	0.977	1811.07	16657	18468.07

从以上模拟计算结果可以看出，调整时间无论早晚都比不调整的采收率提高，但早调整提高的采收率比晚调整提高的采收率幅度高，而且在相同累计采油条件下，耗水量早调整比晚调整要少，说明早调整不但对提高采收率有利，而且有利于减少耗水量，提高经济效益。这是由油田非均质特性决定的，随着开采时间的延长，相对较好油层的含水突进逐渐严重，在地下形成水道，突进越严重，对提高采收率和控制含水越不利。因此，对不适应区块应该尽早安排调整。

6）调整的方式和调整后的跟踪调整措施

由于不同的调整方式导致调整后水驱控制程度增加幅度不同、提高采收率的幅度不同、控制含水上升的作用的不同，因此调整方式是影响调整效果的重要因素。因此，在实际操作过程中要根据目前井网的特点和剩余油分布特点选择合适的调整方式。另外，调整后的效果与跟踪调整措施是否得当和及时与否也有较大的关系。需要跟踪井组压力变化状况及时搞好注水量的转移和调整，要对受效油井及时采取压裂、换泵等提液措施，使调整的作用及时得到发挥，避免形成压力不平衡而加剧套损。

2.注采系统调整效果分析方法

注采系统调整后改善开发效果的程度，取决于调整前不适应程度，调整前适应性越差，调整得越合理，则调整效果越明显。因此，不同的区块层系，地质特点不同，井网适应性不同，调整后的效果也不相同。目前分析预测注采系统调整的效果，主要采用以下四种方法：

一是数值模拟方法，该方法可以分析对比不同调整方案与不进行调整时区块多项开发指标变化情况，可以优选调整方式，预测调整后可采储量、采收率增加幅度，产量递减变化，含水上升变化，只要模型比较贴近油田实际，预测结果是可信的。

二是水驱控制程度方法，该方法通过对比调整前后水驱控制程度变化，分析增加可采储量，提高采收率幅度。可以通过式（3-3-1）计算可采储量的增量：

$$\Delta N_{\mathrm{P}} = \left(N_{\mathrm{P1}} / W_1\right)\Delta WC \qquad （3-3-1）$$

式中　ΔN_{P}——可采储量增量，10^4t；

ΔW——增加的水驱控制程度；

N_{P1}——调整前可采储量，10^4t；

W_1——调整前水驱控制程度；

C——与含水率和渗透率级差有关的校正系数。

提高采收率的幅度可以通过式（3-3-2）计算：

$$\Delta \eta_o = \Delta N_P / N \qquad\qquad （3-3-2）$$

式中　$\Delta \eta_o$——采收率提高值；

　　　N——地质储量，10^4t。

三是调整前后油田实际数据统计对比法。该方法是在完成注采系统调整工作，经过一段时间以后分析总结调整效果的简单有效方法。主要通过对比分析调整前后油田含水变化趋势、产量递减趋势、压力系统变化、水驱特征曲线变化来分析注采系统调整的效果。

四是油藏工程方法。该方法是先通过分析区块调整前含水上升变化规律、采液指数变化规律、吸水指数变化规律、油藏压力变化规律，根据物质平衡原理对调整前的主要开发指标变化趋势进行分析预测，再根据调整安排时间、调整工作量、调整后油田注水量变化预计、调整后增加可采储量大小及其对含水上升的影响作用分析结果，应用物质平衡原理对调整后的指标预测。

3. 调整区块效果分析

萨中开发区主要对两过地区（东部过渡带和西部过渡带）及98#断层区进行注采系统调整。根据注采系统调整的原则，在调整区共确定采油井措施工作量165口（其中转注38口），共确定注水井工作量103口。通过近一年的实施，已完成采油井措施工作量141口，已完成注水井措施工作量82口。

由于在编制方案过程中，根据反映注采系统适应性的主要指标，对层系井网目前注采系统适应状况进行宏观分析的同时，充分利用了精细地质研究成果，对每个沉积单元的注采关系状况进行了深入细致的分析，使调整的对象更加明确，调整措施更加具有针对性，完善了沉积单元的注采关系。在实施过程中，总结了萨中开发区和喇萨杏油田以前注采系统调整的经验和教训，严格按照方案设计要求施工，不断跟踪调整后的动态分析，及时对油水井进行跟踪调整。通过上述措施，开发效果得到了明显改善。

1）区块整体效果分析

（1）调整区的水驱控制程度得到了提高，增加了可采储量。

通过注采系统调整，萨中过渡带的油水井数比降低。东部过渡带的油水井数比由调整前2.07降到1.68，西部过渡带的油水井数比由1.85降到1.73。

从细分沉积单元角度分析，注采系统不合理沉积单元的油水井数比得到了明显改善（表3-3-9）。

目前沉积单元油水井数比大于2.0的主要是葡Ⅱ组，原因是两过地区葡Ⅱ组油层发育较差，油层大部分尖灭，比例接近70%，并且靠近油底。

表 3-3-9　萨葡油层沉积单元注采系统调整对比表

区块	项目	萨Ⅰ组		萨Ⅲ组		葡Ⅱ组	
		单元个数	井数比大于2.0个数	单元个数	井数比大于2.0个数	单元个数	井数比大于2.0个数
东过	调整前	8	8	13	5	13	12
	调整后		0		1		6
西过	调整前	8	0	13	1	13	5
	调整后		0		0		3

统计结果表明，调整前水驱控制程度高的区块层系调整后可增加水驱控制程度 1 个百分点以上，三向以上连通比例增加 6~9 个百分点。由于断层等原因造成注采井网严重不完善井区调整后增加的幅度较大，如 98-100 断层区调整后水驱控制程度增加 10 个百分点左右（表 3-3-10）。高含水后期注采系统调整提高采收率 0.8~1.0 个百分点，断层等原因造成注采井网严重不完善井区调整后可提高 1 个百分点以上。

表 3-3-10　调整区水驱控制程度变化表　　　　　　　　单位：%

区块	水驱控制程度			一向连通		二向连通		三向连通		四向连通以上	
	调整前	调整后	差值	调整前	调整后	调整前	调整后	调整前	调整后	调整前	调整后
东部过渡带	88.1	92.7	4.6	20.7	17.8	24.8	23.6	22.2	28.2	20.4	23.1
西部过渡带	88.7	89.8	1.1	27.3	25.1	28.6	25.3	20.5	25.6	12.3	13.8
98-100 断层遮蔽区	72.4	83.2	10.8	51.4	49.1	14.5	20.0	5.1	14.1	—	—
南一区断层遮蔽区	69.6	76.8	7.2	32.1	29.3	22.3	29.6	15.2	17.9	—	—

（2）提高了调整区地层压力，恢复了地层能量。

通过调整使平面上压力逐渐趋于平衡。东部过渡带目前的地层压力为 10.59MPa，西部过渡带目前的地层压力为 9.95MPa，与去年同期相比，东部过渡带上升 0.16MPa，西部过渡带上升 0.36MPa。

（3）注采系统调整可以控制产量递减速度、控制含水上升速度、控制套管损坏速度。

通过注采系统调整，油水井的措施效果明显，东部过渡带的自然递减率与调前同期相比下降了 10.79%，含水上升率下降了 0.23%，西部过渡带的自然递减率与调前的同期相比下降了 5.83%，含水上升率下降了 0.88%。年套损井数降低到原来的 1/3。

（4）治理"低产低注"井、套损油水井、高关井、长期积压井（机械因素），提高油水井利用率，改善开发效果。

针对"低产低注"井，采用压裂、酸化、注水调整三结合的办法，提高低渗透油层的生产能力，改善开发效果；针对套损油水井加快大修、侧斜、更新步伐；对长期关井的积压井，采取检压或检泵措施后开井，改善积压井区的注采关系；针对可以拔堵的机械式堵水井，采取拔堵措施，提高厚油层的采收率。

（5）调整后转注油井损失的油量可得到较快弥补。

注采系统调整以后，调整区块增加了注水井点，完善了区块的注采系统，改变了液流方向，提高了区块水驱控制程度，增加了油井受效方向，并使区块的地层压力逐步恢复，为受效油井减缓产量递减创造了条件。同时结合实施的综合治理措施有利于注采系统调整效果的充分发挥，有利于调整后转注油井损失的油量得到较快弥补，使全区产量保持平稳。

2）典型井组调整效果分析

（1）转注井组见到明显调整效果。

北1-60-80井转注后，周围4口采油井陆续见效，目前日产油量50t，综合含水率17.18%，平均沉没度163m，与见效前相比，日产油量增加12t，综合含水率下降29.26%，平均沉没度上升95.25m。该井组的北1-52-82井和北1-62-83井的产液剖面得到明显改善。其中，北1-52-82井的出油层数由原来的3个增加到6个，产油层厚度由原来的4.8m增加到9.6m。

（2）补钻井区采油井产量上升，含水下降。

补钻3口注水井。投注后，周围7口采油井见到效果，日增油量13t，综合含水率下降0.71个百分点，平均沉没度上升220.01m。

（3）转注并补孔井组调整效果。

北1-4-D18井转注，转注后可为北1-41-23井、北1-42-23井、北1-42-24井注水，对该井组全面补孔。

该井组措施前日产液量39t，日产油量3t，综合含水率92.31%，平均沉没度489.3m，为高含水井组。措施后，日增油量11t，综合含水率下降6.89个百分点，平均沉没度上升141.8m。

（4）配合注采系统调整改造低产能薄差层井组效果。

以北1-51-84井为例，该井位于转注井北1-51-82井和北1-42-82井的东侧，压裂前，不产液关井。北1-51-82井和北1-42-82井转注后，北1-51-84井压开萨 I 1-4+5^2，萨 II 1，萨 II 2^1—萨 II 5+6^2 三个层段（压开砂岩厚度12.1m，压开有效厚度4.9m）。压裂后，日产液量16t，日产油量9t，综合含水率43.8%，目前日产液量10t，日产油量8t，综合含水率20%，沉没度181.68m。

（5）多项措施结合治理高含水井的效果。

萨中过渡带油层物性较差、原油黏度较高，高含水井的层间矛盾比较复杂。如果仅采取单一的封堵措施，将使高含水井的产能受到极大的限制。因此，在封堵高含水层同时，应提高低渗透层和潜力层的产能。

以北1-5-丙46井为例，该井措施前日产液量96t，日产油量4t，综合含水率95.8%，为特高含水井。北1-5-丙46井与注水井北1-6-丁72井相距较近，且萨Ⅱ5-7—萨Ⅲ2射孔层位相互对应。从射孔厚度上看，北1-5-丙46井措施前射开砂岩厚度38.4m，射开有效厚度19.5m，萨Ⅱ5-7—萨Ⅲ2封堵后，砂岩厚度仅剩13.4m，有效厚度仅剩9.3m。封堵后，其生产能力将受到极大限制。为解决封堵后产能不足的问题，决定补开萨Ⅰ1-4+5³、萨Ⅱ2、萨Ⅱ14-15+16²、萨Ⅲ3²—萨Ⅲ7和葡Ⅰ4²-7等5个层段，共补开砂岩厚度23.1m，补开有效厚度5.5m。

北1-5-丙46井封堵、补孔后，日增油4t，综合含水率下降3.3个百分点。目前，该井日产油量8t，综合含水率90.8%，沉没度219m，措施效果较好。

（6）修复套损井点，恢复套损区注采关系取得较好效果。

以东6-丙水8井组为例，该井组注采关系极不完善，共有3口套关井，2口高关井。根据上述情况，决定侧斜东6-丙水8井、东6-丁14井、东6-108井。投注后，日增配注100m³，日增实注89m³，周围三口采油井见到效果，日增油6t，平均沉没度上升135m。

（五）取得的结论和认识

针对萨中开发区注采系统存在的主要问题，全面系统地分析评价了目前注采系统的适应状况，研究确定了萨中开发区特高含水期注采系统调整的潜力和调整方法，总结了过去注采系统调整的经验和教训，提出了具体的调整原则和做法，对两过及断层区注采系统调整的技术经济效果进行了分析和评价。主要取得了以下结论和认识：

（1）在对层系井网目前注采系统适应性进行宏观评价的基础上，充分利用精细地质研究成果，对各个沉积单元的注采关系进行进一步深入细致的分析，将使评价结果更符合油田实际，为采取针对性的调整措施奠定了基础。

（2）目前萨中开发区注采系统不适应的矛盾还比较严重，调整的潜力还比较大。从层系井网上看，主要是部分一次、二次加密调整井网和大部分高台子油层井网，共有14个评价单元需要调整；从沉积单元上看，主要是分布在萨Ⅰ、萨Ⅲ、葡Ⅱ、高Ⅰ、高Ⅱ油层组。

（3）特高含水期注采系统调整不仅仅是完善层系井网、井组的注采关系，而且要落实到沉积单元或单砂体上完善注采关系，调整方法和措施多样。调整时需要采取转注、大修、更新、补钻、补孔、封堵等多种综合调整措施，既考虑井网、井组的注采关系，还需要考虑沉积单元的注采关系。

（4）特高含水期注采系统调整可以取得较好的调整效果，调整后提高了水驱控制程度，增加多向连通比例，提高采收率0.8～1.0个百分点；调整后对恢复油藏压力、减缓产量递减、控制含水上升和控制套损具有较好的作用。特高含水期进行注采系统调整既是必要的，也是可行的。

二、注采结构调整

进入特高含水期以来，油田持续开展注采结构调整，但水驱总体开发形势发生了很大的改变：一是各套井网之间的含水差异逐渐缩小，井网间挖潜潜力减小；二是厚油层层内矛盾相对较为突出，正韵律底部低效无效循环严重，纵向上仍有潜力可挖；三是由于井井高含水、层层高含水，剩余潜力分布在见水层段内部。鉴于剩余油的分布特征，水驱开发调整的对象由原来的以井网间调整转变到以区块间、井组间，以及单井和小层间为主，因此与"稳油控水"期间的"三大结构"调整（注水结构、采液结构、储采结构）相比，需要进一步明确井间、层间的注采结构调整政策界限确定方法[6]，为特高含水阶段控含水、控递减提供技术支持。

（一）注采结构调整潜力确定方法

1. 动静结合确定提控潜力方法

1）油井"提、控"潜力评价指标

为了将结构调整对象细化到单井和小层，在确定单井、单层剩余储量基础上，将区块内油井调整潜力按四项参数分类，首先按剩余储量和剩余储量品质两项指标进行分类（其中剩余储量品质为厚油层，即有效厚度不小于 1m 油层剩余储量占全井比例），分类标准为区块平均值，两项指标都高于平均值的划为一类，即优先提液挖潜的潜力井，两项指标都低于平均值的划为三类，即优先封堵控液的井；同样按含水率和采液速度两项指标进行分类，两项指标都低于平均值的划为一类，即优先提液挖潜的潜力井，两项指标都高于平均值的划为三类，即优先封堵控液的井；最后将两种分类结合，得到四项参数最终分类结果，即两种分类都为一类的是优先提液挖潜的潜力井，两种分类都为三类的是优先封堵控液潜力井。

2）水井"提、控"潜力评价指标

水井调整潜力按两项参数分成三类，第一项参数是调整的压力空间，即破裂压力与注水压力差，第二项参数是注水完成比例，即注水量与配注量比值，分类标准为区块平均值，两项指标都高于平均值的划为一类，即优先增注潜力井，两项指标都低于平均值的划为三类，即优先控注潜力井。

3）油层"提、控"潜力评价指标

油层调整潜力按两项参数分成三类，第一项参数是剩余储量，第二项参数是含水率，其中分层含水率采用已有方法计算，分类标准为区块内全井平均值，剩余储量高于区块平均值、含水率低于全井平均值的划为一类，即优先提液潜力层，剩余储量低于区块平均值、含水率高于全井平均值的划为三类，即优先控液潜力层。

2. 潜力井层确定结果

通过应用井、层"提、控"潜力确定方法，对喇萨杏油田的油水井相关指标进行了评价，确定了"提、控"潜力井层。

1）油井潜力

利用喇萨杏油田单井、单层剩余储量计算结果，将区块内油井调整潜力按剩余储量和开发指标等 4 项参数进行分类，分别得到不同井网储量指标分类结果及开发指标分类结果，最后将两种分类结果相互结合即可得到提控潜力分布结果。

从分开发区提控潜力分布结果看，喇萨杏油田优先提液调整井 8591 口，占总井数比例 32%，其中一次井和基础井占总井数的 19%。优先控液调整井 11990 口，优先控液井占总井数比例 45%，其中二次井和三次井占总井数的 28%。

统计了 8 个油层组的分层数据，确定了提控潜力层，优先提液层占总层数比例 16%，其中萨Ⅱ、萨Ⅲ油层组占 7.5%。优先控液层占总层数比例 37%，其中高Ⅱ、高Ⅲ油层组占 15%。

2）水井潜力

将水井调整潜力按照压力空间及注水完成比例两项参数进行分类，得到喇萨杏油田分开发区水井潜力分类结果，从而得出提液潜力井和控液潜力井。统计了喇萨杏油田水驱 15428 口水井，筛选出三类潜力井，其中一类井即优先增注潜力井 2066 口，三类井即优先控注潜力井 5785 口。

（二）注采结构优化调整方法

喇萨杏油田在"八五"及以后，利用各类井之间含水差异，通过低含水井提液，高含水井控液的做法，有效控制了综合含水率和产液量增长速度，实现了"稳油控水"的目的。目前各类井网含水较为接近，继续控制基础井和一次井产液量是否合适，各类井网注水产液比例如何分配，应保持多大的注采规模和注水采液速度，这些问题需要深入论证，为此采用结构分析方法，建立了结构调整优化数学模型，确定了注采结构调整原则界限。

1. 注采结构调整优化数学模型

分类井网结构调整本质上是优化问题。其目标是追求一定产油量要求下如何分配各类井网间产油比例和产液比例以达到全区综合含水率最低。

由甲型、乙型水驱特征曲线，推出含水率变化微分方程：

$$\frac{\mathrm{d}f_\mathrm{w}}{\mathrm{d}t} = \frac{q_\mathrm{o}}{Nb}\left(1-f_\mathrm{w}\right)f_\mathrm{w} \tag{3-3-3}$$

由式（3-3-3）有：

$$\frac{\mathrm{d}f_\mathrm{w}}{\left(1-f_\mathrm{w}\right)f_\mathrm{w}} = \frac{q_\mathrm{o}}{Nb}\mathrm{d}t \tag{3-3-4}$$

如不考虑年内采油量变化，对式（3-3-4）进行积分并整理有：

$$\mathrm{WOR} = \mathrm{WOR}_\mathrm{o}\,\mathrm{e}^{\frac{Q_\mathrm{o}}{Bb}} \tag{3-3-5}$$

式中　Q_o——年产油量，$10^4\mathrm{t}$；

　　　WOR，WOR_o——年末水油比和年初水油比；

N——动用地质储量，10^4t；

b——有关系数；

t——时间，年；

q_o——dt 时间的产油量，10^4t；

f_w——含水率。

由此可推出区块综合水油比：

$$\text{WOR}_t = \sum_{i=1}^{n} r_i \text{WOR}_i \qquad (3-3-6)$$

含水率最低等价于水油比最低。由于目前油田各类井含水率接近，所以水油比也接近。产油比例应满足如下数学模型：

$$\min \text{WOR}_t = \text{WOR}_o \sum_{i=1}^{n} r_i e^{\frac{Q_o}{N_i b}} \qquad (3-3-7)$$

且满足约束条件：

$$\sum_{i=1}^{n} r_i = 1 \qquad (3-3-8)$$

式中　r_i——各类井产油比例。

为求解上述模型，令

$$F = \sum_{i=1}^{n} r_i e^{\frac{Q_o r_i}{N_i b}} + \lambda \left(\sum_{i=1}^{n} r_i - 1 \right) \qquad (3-3-9)$$

有

$$\frac{\partial F}{\partial r_i} = e^{\frac{Q_o r_i}{N_i b}} + r_i e^{\frac{Q_o r_i}{N_i b}} \frac{Q_o}{N_i b} + \lambda = 0 , \ i=1, \ 2, \ \cdots, \ n \qquad (3-3-10)$$

式（3-3-10）与式（3-3-8）联立，得解：

$$r_i = \frac{N_i}{\sum_{i=1}^{n} N_i} , \ i=1, \ 2, \ \cdots, \ n \qquad (3-3-11)$$

$$\lambda = - \left(e^{\frac{Q_o}{\sum_{i=1}^{n} N_i b}} + \frac{Q_o}{\sum_{i=1}^{n} N_i b} e^{\frac{Q_o}{\sum_{i=1}^{n} N_i b}} \right) \qquad (3-3-12)$$

式中　λ——Lagrange 乘数；

N_i——第 i 类井的动用地质储量，10^4t。

显然，$r_i = \dfrac{N_i}{\sum\limits_{i=1}^{n} N_i}$ 即为上述优化模型最优解。

2. 注采结构调整原则界限

为了进一步确定分层产液量分配比例原则，设计了由高、低渗透率 2 层组成的不同厚度比例的 5 个数值概念模型，给定分层初始含水率及含水上升规律，计算了高、低渗透率 2 层不同产液比例条件下的整个模型采收率，根据计算结果可以看出，每个模型分层产液比例与采收率关系曲线都有一个采收率极值点，该点对应的分层产液比例恰好为分层储量比例。

因此，由上述区块水油比计算公式及优化模型最优解，以及理论模型计算结果，可以得到分类井网结构调整两项原则：

（1）各类井含水差异较大时，含水较低井产液比例应适当增大；

（2）各类井含水差异较小时，各类井产液比例应按地质储量比例分配。

按上述原则确定分类井网产液量分配比例，可实现全区含水上升速度最慢，有利于稳油控水。此时产液比例等于产油比例，各类井水油比、采油速度、递减率和含水上升率保持相同变化趋势。该认识为整个油田全面实施注水产液结构调整重大举措提供了重要的理论依据。

（三）分类井网、分类油层注采结构优化调整方式

以上述结构调整两项原则为指导，以储量计算结果为依据，结合油田开发指标变化规律研究，确定了喇萨杏油田特高含水后期分类井网、分类油层结构调整模式。

1. 分类井网结构调整方式

喇萨杏油田截止到 2019 年，平均含水率 95.47%，分类井网间含水差别较小，含水最低的二次井与含水最高的基础井仅相差 1.08 个百分点，因此利用各类井之间含水差异进行结构调整的余地较小。从分类井网的产液量变化趋势看，由于近年来一直控制基础井、一次井产液量，基础井、一次井液量增长率分别为 -3.74%、-1.91%，提高二次井网、三次井网及高台子井注采强度，二次井、三次井、高台子井近年来平均采液速度分别为 8.89%、14.14%、11.8%，达到基础井和一次井采液速度的 2 倍左右。因此，继续提高二次井、三次井及高台子井的注采规模已不适于目前的开发状况。此外，依据结构调整原则，各类井含水差异较小时，各类井产液比例应按地质储量比例分配，从目前分类井网的产液比例和储量比例情况看，三次井、高台子井产液比例高于其储量比例 7 个百分点以上，而基础井、一次井产液比例低于其储量比例 8 个百分点以上，各类井产液比例与储量比例严重不匹配，应降低三次井及高台子井液量，提高一次井和基础井液量（表 3-3-11）。

表 3-3-11　喇萨杏油田分类井开发指标　　　单位：%

井网	含水率	采液速度	液量增长率	递减率	含水上升率
基础	96.02	5.44	−3.74	7.50	0.75
一次	95.27	5.60	−1.91	6.23	0.82
二次	94.94	8.89	−0.39	5.82	0.65
三次＋扩边	95.38	14.14	3.04	4.53	0.56
高台子	95.76	11.80	1.34	6.61	0.73
全区	95.47	8.13	−0.58	6.07	0.76

2. 各油层组结构调整方式

由产液剖面资料，统计了各油层组含水率和采液速度等指标，从各油层组含水率情况看，各油层组含水率有 2～3 个百分点差别，利用油层组之间含水差异进行结构调整仍有余地。此外，依据结构调整原则，各类油层含水差异较大时，含水较低层产液比例应适当增大，当调整到各油层含水接近时，各类井产液比例应按地质储量比例分配，从目前各油层组的产液比例和储量比例情况看，含水较高的高台子油层组产液比例高于其储量比例 19 个百分点，而含水低的萨Ⅱ、萨Ⅲ组产液比例却低于其储量比例，因此应提高萨Ⅱ、萨Ⅲ组油层液量，各油层组含水接近后降低高台子油层组液量（表 3-3-12）。

表 3-3-12　喇萨杏油田各油层组开发指标　　　单位：%

油层组	采液速度	含水率	油层组	采液速度	含水率
萨Ⅰ	6.17	94.39	葡Ⅰ	6.50	97.23
萨Ⅱ	4.80	94.75	葡Ⅱ	8.83	96.34
萨Ⅲ	6.37	94.59	高	12.60	94.99

3. 各开发区分类井网优化结构调整方式

喇嘛甸开发区各类井网含水差别很小，各类井网产液比例与储量比例不匹配，依据结构调整原则，应提高基础井和一次井液量、降低二次井和三次井液量。

萨北开发区各类井网含水率有 1～3 个百分点差距，依据结构调整原则，应先提高一次井液量，几类井含水接近后再降低二次井液量、提高基础井液量。

萨中开发区各类井网含水差别小，依据结构调整原则，应提高基础井和一次井液量、降低高台子井液量。

萨南开发区三次井含水率低于基础井 3 个百分点，依据结构调整原则，应先提高一次井液量，几类井含水接近后降低二次井和三次井液量、提高基础井液量。

杏北开发区各类井网含水差别很小，依据结构调整原则，应提高基础井液量、降低二次井和三次井液量。

杏南开发区三次井含水率低于一次井 2 个百分点，依据结构调整原则，各类井先保持目前液量规模，几类井含水接近后降低三次井液量、提高基础井和一次井液量。

4. 不同类型区块优化结构调整方式

通过对喇萨杏油田 41 个水驱区块开发指标规律的分析，特高含水后期不同类型水驱区块结构调整可归纳为 3 种模式（表 3-3-13）：

（1）先提后降模式：这类区块井网间含水差别较大，调整方式为先提低含水二次井、三次井液量，含水接近后依据储量和产液比例相匹配原则调整，这类区块占 24.4%；

（2）反向调整模式：这类区块井网间含水差别小，储量和产液比例严重不匹配，二次井、三次井注采强度过大，基础、一次井控液幅度过大，需根据储量和产液比例匹配原则进行反向调整，这类区块占 29.3%；

（3）常规调整模式：井网间含水差别小，依据储量和产液比例匹配原则进行调整，这类区块占 46.3%。

表 3-3-13　喇萨杏油田水驱区块分类井网注采结构调整模式

调整模式	先提后降模式	反向调整模式	常规调整模式
区块数量 / 个	10	12	19
区块数比例 /%	24.4	29.3	46.3
区块名称	中区东部 北一区断西 萨中西部过渡带 南二区—南三区断块 萨南西部过渡带 北三区西部 北二区西部 杏八区—杏九区纯油区 杏十三区纯油区 杏十三区过渡带	喇中块 东区 北一二排西部 南一区西部 南四区—杏一区 杏北一注一采 杏八区—杏十二区过渡带 北一区断东 杏一区—杏三区 杏 4-6 行列 杏十区—杏十二区纯油区 喇南块	喇北块、萨北东部过渡带、中区西部、北一二排东部、南二区—南三区高台子、萨南东部过渡带、萨中东部过渡带、萨北北部过渡带、杏四区—杏六区面积、杏七区、杏北东部过渡带、杏北西部过渡带、杏南扶杨井、喇嘛甸过渡带、南一区东部、西区、南二区—南三区面积、北三区东部、北二区东部

（四）典型区块注采结构调整效果

1. 特高含水后期典型区块确定

根据油田地质开发特征选取了典型区块，区块选取遵循以下 4 项原则：

地质特征：从北到南具有代表性；

液量模式：提液、稳液、控液；

含水差别：井网间含水率差值大小；

三次采油：未来 3 年不安排新层系投注。

依据上述原则，选取了萨南油田南八区作为典型区块，研究应用注采结构调整方法提高水驱效果。

1）南八区结构调整潜力井及潜力层

（1）油井潜力。

利用南八区单井、单层剩余储量计算结果，将区块内油井调整潜力按剩余储量和开发指标等4项参数进行分类，分别得到南八区不同井网储量指标分类结果，以及开发指标分类结果，最后将两种分类结果相互结合即可得到南八区提控潜力分布结果。

储量指标分类结果中一类潜力井96口，主要分布在基础井网和一次井网，二类潜力井80口，四套井网均有分布，三类潜力井102口，主要分布在二次井网和三次井网。开发指标分类结果中一类潜力井87口，二类潜力井121口，三类潜力井70口，各类潜力井在四套井网均有分布（表3-3-14）。

表3-3-14　南八区提控潜力井数分布表　　　　　　　单位：口

含水采液分类	剩余储量分类结果		
	一类	二类	三类
一类	32	18	37
二类	45	37	39
三类	19	25	26

结合两种分类结果得到南八区提控潜力井数分布表，其中优先提液调整井95口，主要分布在一次井网和基础井网，优先控液调整井90口，主要分布在二次井网和三次井网。

统计了7个油层组，92个小层的分层数据，确定剩余地质储量占全井比例在1.8%以上的小层为提液潜力层，提液潜力层主要分布在萨Ⅱ、萨Ⅲ油层组。

统计了7个油层组92个小层的分层数据，确定剩余地质储量占全井比例在0.3%以下的小层为控液潜力层，控液潜力层主要分布在高Ⅰ油层组。

（2）水井潜力。

将南八区内水井调整潜力按照压力空间及注水完成比例两项参数进行分类，得到南八区水井潜力分类结果，从而得出增注潜力井和控注潜力井。

统计了区块内157口水井筛选出增注潜力井、控注潜力井，其中一类井即优先增注潜力井46口，主要分布在二次井网和三次井网，三类井即优先控注潜力井21口，主要分布在一次井网、二次井网和三次井网（表3-3-15）。

表3-3-15　南八区注水井潜力分类结果　　　　　　　单位：口

潜力井分类	基础井网	一次井网	二次井网	三次井网	合计
一类	5	6	18	17	46
二类	9	14	30	37	90
三类	0	7	6	8	21
合计	14	27	54	62	157

2）南八区结构调整方式

南八区位于萨南油田南部，截止到 2019 年区块年平均含水率 93.25%，从分类井网含水看，几类井网含水非常接近，含水最低的三次井与含水最高的一次井仅相差 0.94 个百分点，因此利用各类井之间含水差异进行结构调整的余地较小。

从区块的产液量变化趋势看，近年来液量呈降低趋势，平均年液量增长率 −3.12%，分类井网中，几类井液量都呈降低趋势，基础井、一次井近年来降液幅度仍大于二次井、三次井，采液速度却大幅低于二次井、三次井，因此，继续控制基础井、一次井注采规模、提高二次井、三次井的注采规模已不适于目前的开发状况。

此外，依据结构调整原则，各类井含水差异较小时，各类井产液比例应按地质储量比例分配，从区块分类井网的产液比例和储量比例情况看，基础井和一次井产液比例低于储量比例 5 个百分点，而二次井、三次井产液比例高于储量比例，尤其是三次井，其产液比例高于储量比例 7.7 个百分点，该区块分类井产液比例与储量比例严重不匹配。应提高基础井、一次井的注采规模，控制三次井的注采规模。具体的调整对象和调整方式为基础井网和一次井网萨Ⅱ层提液、二次井、三次井高Ⅰ层控液，调整措施为提压注水、放大水嘴、停注层恢复、措施及大修等。

2. 典型区块结构调整效果

在确定结构调整方式的基础上，研究了结构调整各项措施界限，给出了各类井网最大吸水产液能力和提液潜力，以此为依据设计了典型区块分类井网分类油层结构调整方案，并应用分层结构调整预测方法预测了典型区块结构调整效果。

1）南八区分类井网分类油层结构调整方案

南八区各套井网含水差别小，差值在 2 个百分点以内，见表 3-3-16。根据分类油层结构调整原则，各井网储量比例和产液量比例不匹配，应提高基础井、一次井的注采规模，控制三次井的注采规模。

表 3-3-16　南八区分类井网开发指标　　　　　　　　单位：%

井网	含水率	采液速度	液量增长率	产量递减率	含水上升率
基础	93.41	5.43	−5.72	1.84	−0.39
一次	93.44	5.78	−2.71	1.33	−0.02
二次	93.39	7.41	−2.41	6.67	0.87
三次	92.50	11.49	−1.21	7.29	0.59
全区	93.25	6.60	−3.12	4.03	0.32

在不考虑区块各类井网实际提液能力情况下，应用分层结构调整预测方法，预测了基础井和一次井调整比例在 0～100% 之间的提高采收率效果。从预测结果来看，当基础井网提液 60%，一次井网提液 50%，二次井、三次井网保持液量不变时，全区提高采收率值最大，开发效果最好。此时，液量比例与储量比例基本一致。预测结果也进一步验证了

结构优化调整原则的正确性。

结合南八区分类井网实际最大注水产液能力,见表 3-3-17,考虑注采能力情况下,基础井网提液 50%,一次井网提液 40%,二次井网保持液量不变,三次井网降液 30%,全区提降液 5 年内完成,调整后区块液量提高 20.7%,可提高全区采收率 1.16%。结合现场实际情况,共设计 7 套方案,预测最高提高采收率方案为 1.27 个百分点,结合区块内油井工作参数、井况、地面注采能力,落实可提控井 406 口,区块整体提液 8.2%,实施后可提高采收率 0.86 个百分点。

表 3-3-17 南八区分类井网注采调整能力

井网	最大产液量 /10^4t	目前产液量 /10^4t	提液幅度 /%	提液量 /10^4t
基础	144.21	95.89	50.4	48.3
一次	179.90	128.98	39.5	50.9
二次	96.15	77.37	24.3	18.8
三次	86.06	62.20	38.4	23.8

2)南八区三年实施工作量及效果

2018—2020 年实施细分注水、测调、压裂及调参等 393 井次,基础井、一次井提液 20.8%,二次井基本稳定,三次井控液 24.5%,整体提液 3.4%。含水上升率由 0.89% 控制到 0.49%,递减率由 6.5% 控制到 3.9%,提高采收率 0.4%,取得了非常好的技术经济效果。

参 考 文 献

[1]计秉玉,李彦兴.喇、萨、杏油田高含水期提高采收率的主要技术对策[J].大庆石油地质与开发,2004,23(5):47-53.

[2]石成方.喇、萨、杏油田高含水期含水结构分析方法研究[J].大庆石油地质与开发,1992,11(3):40-46.

[3]袁庆峰.认识油田开发规律科学合理开发油田[J].大庆石油地质与开发,2004,23(5):60-66.

[4]张新征,张烈辉,熊钰.高含水油田开发效果评价方法及应用研究[J].大庆石油地质与开发,2005,24(3):48-50.

[5]王志军,刘秀航,董静.高含水后期油田区块注采适应性定量评价方法及调整对策[J].大庆石油地质与开发,2005,24(6):51-53.

[6]吴晓慧,王凤兰,付百舟.喇、萨、杏油田剩余储量潜力分析及挖潜方向[J].大庆石油地质与开发,2005,24(2):29-31.

第四章

大庆外围油田主要开发调整技术与应用时机

大庆外围油田包括长垣外围油田和海拉尔油田。长垣外围油田主要位于长垣东、西两侧，主要发育姚家组葡萄花油层及泉三段、泉四段扶杨油层，局部发育黑帝庙、萨尔图、高台子油层。葡萄花油层主要为三角洲前缘相沉积，属于中、低渗透储层；扶杨油层为多物源河流—三角洲沉积，属于低、特低渗透及致密储层。长垣外围油田为典型的低渗透、低产、低丰度的"三低"油藏[1-3]，自 1982 年投入开发以来，通过优化开发方案、创新注采工艺、简化地面流程及科学精细管理等，已逐步形成了从油藏评价→开发设计→注采工艺→地面集输一整套较为成熟的技术系列，依靠这些技术，到 1999 年长垣外围油田年产油快速上产到 $400 \times 10^4 t$ 规模，进入 21 世纪，特低丰度、特低渗透，以及非常规储层相继投入开发，注水受效差，采收率低，针对这一实际，发展了低丰度薄层水平井开发技术，特低渗透储层超前注水技术，以及探索了 CO_2 驱等多元提高采收率技术，2007 年年产量上升到 $500 \times 10^4 t$ 规模，并持续到 2023 年达到 17 年之久，成为大庆油田可持续发展的重要组成部分。

海拉尔油田属于复杂断块油藏，2001 年投入开发。油藏类型多而复杂。发育复杂断块、潜山等油藏，构造倾角大，岩性复杂，包括砂砾岩、火山岩和变质岩，水敏、速敏性强。针对油藏特点，研究形成构造精细解释技术，攻关形成了以断层区高效挖潜、基于重力作用分类评价的注水调整、"二三结合"水驱挖潜技术为代表的断块油藏立体挖潜技术，年产量达到 $40 \times 10^4 t$ 规模。

第一节　低渗透油田分阶段开发技术政策及主要做法

随着动用储量规模的不断加大，产量呈现逐渐上升趋势。外围油田可以分为试验探索、快速上产、持续上产、持续稳产四个开发阶段。外围油田的开发也是完全按照长垣油田的总体指导思想，针对不同阶段开发对象储层条件及开发矛盾，通过试验先行、反复论证、示范引领，不断完善开发做法，持续升级开发技术，有力支撑油田的有效开发。

（一）试验探索阶段（1982—1990 年）

为研究大庆外围油田注水开发可行性，在中渗透萨葡油层宋芳屯油田、龙虎泡油田和低渗透扶余油层朝阳沟油田开展注水开发试验。开展了葡萄花油层和萨尔图油层不同井网密度、不同驱油方式和不同注水方式开发试验，在朝阳沟、榆树林和头台油田开展了扶杨油层开发试验，取得了以分层注水为核心的注采结构调整技术和以单砂体为主的注采系统调整技术。经过试验和研究，外围萨葡和扶杨油层开发规模不断扩大。到1990年底，累计动用地质储量7940×10⁴t，投产油水井数1890口，年产油上升到146×10⁴t。

（二）快速上产阶段（1991—2000年）

在这个阶段，油田一方面加大新区储量的动用力度，另一方面控制已开发油田老井的产量递减，提高采收率。

新区主要采取基于不同勘探阶段的三种一体化结合模式，发展地震、地质为核心的油藏综合描述技术，有效加快了新区产能建设步伐，提高"三低"油藏有效动用力度。一是对于新肇油田处于详探评价阶段，采取开发设计与探明储量评价的整体结合模式。进行了"整体评价、重点解剖"选出古634区块，在一体化评价过程中，评价井与开发控制井部署相结合，勘探二维地震测网与三维开发地震工区相结合，评价井与开发井采用同一套测井系列，降低勘探开发投资。二是对于已有发现，但仍处于预探评价阶段的海拉尔盆地，采取开展开发可行性评价的提前结合模式。优选苏131区块与贝301区块，开展了前期滚动开发试验和开发前期评价工作。三是对于已开发区的新层系，采取平面扩、上下兼顾的立体结合模式。葡31区块上部的葡萄花油层已投入开发，下部扶杨油层处于详探评价阶段，本着以实施未开发层位详探评价和已开发层位滚动开发的原则，同时针对扶杨油层和葡萄花油层部署三维地震262.5km²，部署评价井18口，开发控制井4口；同时，优选葡、扶油层均发育的有利区块，开辟18口井的葡、扶油层合试试验区，为下一步该区储量经济有效开发奠定基础。

针对老区弹性开采和注水开发暴露出来的矛盾问题，即弹性开采产量递减快、笼统注水层间矛盾大，含水上升快、砂体窄小，水驱控制程度低、单向连通比例大等问题，开展研究低渗透储层注水，通过注水时机、注水强度、分层注水等试验，总结形成"两早、三高、一适时"注水开发政策，即早注水、早分层注水；初期高注采比、高水驱控制程度、高水质；适时注采系统调整。到2000年底，累计动用地质储量36118×10⁴t，投产油水井数9088口，年产油上升到427×10⁴t。

（三）持续上产阶段（2001—2010年）

"十五"以来，随着综合含水率的上升，注水政策整体转为温和注水。同时针对井网储量控制程度低、井网与裂缝不匹配、特低渗透储层难以有效驱动等问题，逐步形成了以加密与注采系统调整为核心的开发调整技术。萨葡油层形成了以井网中心加密、井网中心结合断层边部加密的加密调整技术，用于适应中渗透油藏、水驱控制程度较低、中低含水阶段的区块，起到缩小井距，增加水驱控制程度和多向连通比例，提高注水受效程度的作用；针对扶杨裂缝发育储层，形成"3、2、1"加密、排间加密、线性井网加密方式，适合裂缝走向与井排方向成11.5°、22.5°、45.0°的油藏类型，起到沿裂缝方向注水、向裂缝两侧驱油的效果。对于裂缝不发育储层，形成井间加井、排间加排的加密，以及偏离主流线加密的方式，适合于裂缝发育的低渗透和特低渗透油藏，以及300m井网无法建立有效驱动的油藏，起到缩短井排距、建立有效驱动体系的作用。强力支撑年产量上升至 $500 \times 10^4 t$。

2010年底，动用地质储量 $73897 \times 10^4 t$，投产油水井25210口，年产量达到 $586 \times 10^4 t$，其中海拉尔油田 $53 \times 10^4 t$。

（四）持续稳产阶段（2011—2022年）

秉承"产量效益并重、常非措施并举、分类治理挖潜"理念，攻关形成水驱精细挖潜技术，集成创新分类储层挖潜增效技术，发展形成单砂体精准注水技术，实现创新成果持续转化应用，筑牢外围油田持续稳产基石。一是水驱精细挖潜技术。"十二五"形成以精细油藏描述、精细注采系统调整、精细注采结构调整、精细油藏管理为核心的水驱精细挖潜模式，五个示范区自然递减率控制到10%。二是分类储层挖潜增效技术。"十三五"发展油层深部液流转向、注采协同强化动用、封堵裂缝扩大波及、井缝协同有效驱替的分类储层治理技术，五个试验区自然递减率降低4.9个百分点。三是单砂体精准注水技术。发展形成单砂体细分优化及注采结构矢量调整方法，指导十个示范区实施注水调整1010井次，递减率由14.1%控制到10.5%。

第二节　中高含水期井网加密和注采系统调整技术政策界限

大庆外围油田自1982年杏西油田投入开发以来，随着20余年注水开发的不断深入，油田开发过程中暴露出许多新的矛盾和问题：一是投产较早的萨葡油层已进入中、高含水期，开发效果变差；二是扶杨油层整体上难以建立起有效驱动体系，油井受效差，采油速度低，开发效果差。这些矛盾和问题的出现在一定的程度上极大地制约了外围油田开发效果和开发经济效益的提高。2005年，针对外围低渗透油田开发特点，在研究确定剩余油分布类型和平面分布状况基础上，建立了加密井可调厚度等指标技术界限[4-5]，科学指导了外围油田中、高含水期井网加密和注采系统调整技术的实施，取得了良好的开发效果。

一、剩余油分布规律研究

（一）剩余油主要研究方法

1. 静动资料及数模三结合方法

静动资料及数模结合研究剩余油方法，即以沉积微相分析法、油藏动态监测法、密闭取心检查井法、数值模拟法为主，研究不同类型储层宏观剩余油类型及分布，量化剩余油潜力。其中静态资料主要包括沉积单元砂岩厚度、有效厚度、渗透率和沉积微相图；动态资料包括油井产油量、产液量、含水率和产液剖面，注水井注水量和产液剖面，密闭取心检查井资料；数值模拟结果包括数值模拟小层含油饱和度图、不同含水饱和度有效厚度图和储量分布图。

具体研究方法是：首先应用静态资料和动态资料定性确定剩余油分布类型；其次依据剩余油分布类型结合井点及小层动态资料半定量确定剩余油砂岩厚度和有效厚度；最后再结合数值模拟成果确定剩余油类型，并定量确定剩余油有效厚度或可调厚度。

2. 三维地质建模与数值模拟一体化技术

油藏三维建模（储层建模）可以分为三个步骤：油藏构造建模、沉积微相建模及油藏属性建模，通过油藏三维建模形成油藏属性的三维数据体。构造模型反应储层的空间格架，在建立储层属性的空间分布之前，应进行构造建模。由于沉积相对储层物性的决定作用，精细油藏描述中的油藏属性建模采用相控储层建模的策略。因此应先建立沉积微相模型，然后以此为基础进行油藏属性建模。

在 Petrel 建模过程中，按照油藏数值模拟要求，划分网格，进行物性粗化和属性计算，建立的地质模型直接用于 Eclipse 数值模拟，避免了以往在 Eclipse 中对 Petrel 所建的地质模型重新进行网格划分和物性粗化，消除了由此带来的系统误差。由于实现了模拟数据的智能化，减少了模拟工作量，使多层模拟成为可能，同时提高了精度。如杏西油田在地质研究中细化了分层研究工作，将萨、葡油层原 39 个小层细分为 50 个沉积单元。祝三试验区和宋芳屯试验区将葡萄花油层 9 个小层细分为 12 个沉积单元。

该技术在宋芳屯试验区、杏西油田、龙虎泡油田龙 26 区块、永乐油田、肇州油田、宋芳屯油田芳 908 小井眼区和朝 50 翼部等加密方案编制中得到应用。共建 8 个 Petrel 三维地质模型和 Eclipse 数值模拟模型，模拟面积 38.22km^2，模拟井 390 口，模拟网格 188.26×10^4 个（表 4-2-1）。Petrel-Eclipse 软件接口成功对接，真正实现地质建模与油藏数值模拟一体化，为按沉积微相层模拟和提高数值模拟精度奠定了基础。

表 4-2-1　推广项目三维地质建模与数值模拟一体化区块参数统计表

油田（区块）	油层	油层组	沉积单元/个	模拟面积/km^2	模拟井数/口	模拟层数/个	三维地质网格/10^{4}个	数值模拟网格（X×Y×Z）	模拟网格数/10^{4}个
宋芳屯试验区	葡	葡Ⅰ1	12	5.30	37	12	483.0	110×75×12	9.90
杏西	萨葡	萨Ⅱ—萨Ⅲ葡Ⅰ	50	6.14	79	50	188.7	84×104×50 88×84×50	80.64
龙26	萨葡	萨葡	43	6.30	70	43	112.1	112×84×43	40.45
永乐	葡	葡Ⅰ	11	4.59	51	11	45.8	87×100×11	9.57
肇州	葡	葡Ⅰ	6	3.24	34	6	36.5	53×106×6	3.37
芳908	葡	葡Ⅰ	10	5.50	51	10	176.4	120×164×10	19.68
朝50翼部	扶	扶Ⅰ—扶Ⅲ	23	7.15	68	23	309.5	114×94×23	24.65
合计			155	38.22	390	155	1352.0		188.26

（二）剩余油分布类型

通过外围油田开发动用状况分析，结合加密区块解剖，初步研究认为，外围油田宏观剩余油主要有 12 种类型：井网控制不住型、注采不完善型、层间干扰型、成片分布变差型、层内未水淹型、平面干扰Ⅰ型、平面干扰Ⅱ型、微型构造型、单向受效型、断层遮挡型、油层污染型、套损区剩余油型。由于萨葡油层储层渗透率较高，主要为中渗透储层，而扶杨油层渗透率较低，主要为低、特低渗透储层。在外围 12 种剩余油分布类型中，萨葡油层存在 9 种剩余油，除 7 种共同有的外还有成片变差型和平面干扰Ⅰ型；而扶杨油层存在 10 种类型，除 7 种共同存在的剩余油类型外还有平面干扰Ⅱ型、油层污染型和套损区剩余油型。

根据 10 个推广加密技术区块统计，外围剩余油分布类型以注采不完善型、单向受效型和未射孔型为主，三类剩余油分布占总剩余油有效厚度 50%～80%（表 4-2-2）。

表 4-2-2　外围油田加密推广区块剩余油类型统计表

区块	井数 /口	有效厚度 /（m/口）	剩余有效厚度 /（m/口）	剩余油类型厚度百分数 /%						
				注采不完善型	水井吸水差型	平面干扰型	层间干扰型	井网控制不住型	单向受效型	未射孔型
宋芳屯试验区	37	4.1	1.7	16.3	1.5	3.8			19.7	42.5
芳 908	53	3.6	2.4	20.1	14.8	8.0		9.0	32.6	
古 402	63	6.2	2.4	42.8				11.2	1.2	44.8
古 4	60	5.2	1.8	47.4				18.6	7.1	26.8
龙 26	304	4.0	2.0	22.5	17.9			15.3	18.7	25.7
朝 661–朝 80	118	10.2		27.8		49.1			23.1	
朝 948	60	19.1	13.3	24.2	3.6			11.2	34.9	26.0
永乐	51	3.4		36.3	24.8	12.3	13.8	12.7		
长 30–31	140	12.3	8.6	29.8		35.2			35.0	
朝 50 翼部	77	7.1	6.6	43.7				3.8	29.1	23.5
朝 5–朝 5 北	186	11.5	7.6	24.2		46.4			29.4	

（三）不同类型区块剩余油分布规律

外围加密区块动态、静态及数值模拟研究剩余油分布表明，由于外围已开发区块采出程度和含水率存在较大差异，剩余油在平面上分布状况也存在明显的不同（表 4-2-3），对各类区块整体上有如下认识。

表 4-2-3　外围油田推广加密区块剩余油平面分布统计表

区块	综合含水率 / %	采出程度 / %	总有效厚度 / m	剩余总有效厚度 / m	剩余有效厚度比例 / %	剩余有效厚度分布 /%		
						大面积	局部	零散
古 4 区块	73.8	26.10	523.2	80.1	31.3	4.2	20.4	75.4
古 402 区	86.0	22.30		83.7				
祝三试验区	75.6	28.10	259.2	97.2	37.5	12.7	75.6	11.7
宋芳屯试验区	71.2	14.88	151.7	90.3	59.5	6.1	88.9	5.0
升 132	53.1	17.90	730.0	277.4	38.0	47.6	35.2	17.2
龙 26	53.7	15.05	1187.8	651.7	54.9	29.2	38.5	32.3
芳 908 小井眼区	89.7	9.56	190.4	127.2	66.7	55.7	22.0	22.3
永乐	67.9	22.30	173.4	52.9	30.5	13.2	65.3	21.5
朝 948	17.0	5.70	1144.0	797.0	69.7	38.4	28.3	33.3
朝 50 翼部	5.4	4.35	551.7	481.8	87.3	43.7	28.4	27.9

1. 综合一类区块剩余油分布相对零散

该类区块由于储层渗透率较高，主要为中渗透，原井网基本能建立起有效驱动体系，并且开发时间长，其开发区块已进入中高含水期，并且采出程度较高，剩余油分布主要受注水方式和砂体控制，分布相对零散。如杏西油田，为中渗透储层、三角洲前缘沉积，在采出程度 22.3%～26.1%，含水率 73.8%～86% 以后，剩余油零散分布达 75.4%；在平面上剩余油受注采方式或物性及断层制约，主要分布在油井间或滞留区，呈条带或孤立分布。宋芳屯试验区、祝三试验区及龙虎泡油田北部反九点注水井网，剩余油主要分布在油井间，而龙虎泡油田南部和杏西油田北部古 4 区块五点注水井网区剩余油主要集中在正方形的中心附近；南部古 402 区块七点注水井网剩余油主要分布在油井间和井网单元中心。

2. 综合二类区块剩余油局部富集

该类区块萨葡油层储层为中低渗透，原 300m×300m 井网基本能建立有效驱动体系，但由于开发时间较一类区块晚，并且主要为反九点注水井网，剩余油分布主要与采出程度和裂缝发育程度有关。如肇州油田州 351 井区，初期 300m 正方形反九点井网，由于采出程度较低（地质储量采出程度 7.5%），剩余油分布相对富集，主要分布在油井间。

该类区块的扶杨油层储层渗透率较高，主要为低渗透储层，但天然裂缝发育，并且注水开发后由初期的反九点逐步实现了线状注水，原 300m 正方形井网能建立有效驱动体系。目前已进入中高含水阶段，采出程度较高。如朝 45 南部井网加密试验区，位于朝阳沟油田构造轴部，裂缝发育，裂缝方向与井排方向成 11.5°，线状注水。剩余油主要分布在油井排附近，呈条带状分布。

3. 综合三类区块剩余油呈网状分布

该类区块裂缝发育且为特低渗透油藏，由于采出程度较低，为中低含水，剩余油呈网状分布。如朝阳沟油田朝 1- 朝气 3 区块，河流、三角洲沉积，综合含水率小于 18.5%，采出程度小于 8.5%。检查井水淹层测井解释为主力层水淹，水淹的层占总油层的 33.3%，主要是油层下部水淹，水淹厚度 15%，水淹程度为弱中水淹。又如榆树林油田东 16 加密区块，储层空气渗透率 4.47mD，裂缝发育，裂缝方向为东西向，与井排方向一致，300m 正方形井网反九点注水，剩余油分布在油井排，但剩余油分布面积相对综合二类的朝 45 区块大。

4. 综合四类区块剩余油大面积分布

该类区块主要为特低渗透扶杨油层，并且天然裂缝不发育，原 300m 正方形井网难以建立有效驱动体系，采油速度和采出程度低，水淹范围主要在注水井井底附近，剩余油呈大面积分布。这些区块由于储层特低渗透或致密，注水井憋压严重，注入水驱替距离近，加上注水倍数低，注入水波及系数低，其水淹区主要在井底附近，而大多区域没有被水淹，使剩余油大面积分布。如朝 948 区块空气渗透率 1.98mD，裂缝相对发育差，地层原油黏度 15.7mPa·s，初期 300m 正方形井网反九点注水，剩余油分布以大面积为主，占 38.4%。

二、井网加密和注采系统调整界限研究方法

在推广应用井网加密和注采系统调整界限过程中，发展和完善了井网加密技术经济界限研究方法，研究了井控砂体程度、井网加密和注采系统调整时机。

（一）井网控制砂体程度研究

以朝阳沟油田朝 55 和长 30 区块为例，根据加密后精细地质研究资料，解剖了井网对砂体的控制程度。

通过沉积微相统计分析，认为随着井网密度的增加，井网控制砂体个数、钻遇面积和体积增加。如朝 55 加密区块井网密度从 11 口 /km² 增加到 26.6 口 /km²，砂体个数从 110 个增加到 191 个；砂体钻遇面积从 23.6km² 提高到 27.6km²，有效钻遇面积从 20.7km² 提高到 22.7km²；砂体钻遇体积从 $6890 \times 10^4 m^3$ 提高到 $7550 \times 10^4 m^3$，有效钻遇体积从 $4350 \times 10^4 m^3$ 提高到 $4670 \times 10^4 m^3$；井网对砂体的控制程度从 58.4% 提高到 97.8%。

按照朝 55 区块储量参数计算，井网加密后井网控制石油地质储量从 $265 \times 10^4 t$ 提高到 $285 \times 10^4 t$，根据趋势预测最大地质储量 $289 \times 10^4 t$，与用容积法计算的地质储量 $282.9 \times 10^4 t$ 很接近（表 4-2-4）。

另外统计还表明朝 55 区块砂体的主要走向为南北向，从 600m 井距到加密后的井网，南北偏西向砂体增加较多，其原因应是南北偏西向的砂体多为小砂体，且个数较多（表 4-2-5）。

表 4-2-4　朝阳沟油田朝 55 井网加密试验区砂体统计表

井网密度 /（口 /km²）	井距 /m	砂体个数 /个	钻遇率 /%		钻遇面积 /km²		钻遇体积 /10⁴m³		地质储量 /10⁴t
			砂岩	有效	砂岩	有效	砂岩	有效	
0.7	1200	22	31.8	31.8	13.6	12.3	4510	2840	173
1.2	900	23	25.5	25.5	14.0	12.7	4690	2930	179
2.8	600	49	25.0	24.4	18.2	16.3	5660	3590	219
11.1	300	110	24.8	24.0	23.6	20.7	6890	4350	265
16.7	245	165	28.2	24.1	26.6	22.3	7380	4600	281
26.6	194	191	29.0	23.6	27.6	22.7	7550	4670	285

表 4-2-5　朝阳沟油田朝 55 井网加密试验区砂体方向统计表　　　　单位：个

井距 /m	西西北	西北	北北西	南北	北北东	北东	东东北
1200	1	4	3	7	6	1	1
900	1	2	7	4	7	1	0
600	4	7	7	13	13	3	2
300	11	15	18	34	23	6	3
245	20	30	31	41	31	8	4
194	24	37	33	45	40	8	4

又如长 30 加密区块，统计井网控制砂体程度也有类似的结果，同时表明当井网密度由 44.4 口 /km² 增大到 88.9 口 /km² 时，只增加了 2 个非有效厚度砂体。这表明在井网密度达到一定数值后增加砂体不仅幅度减少，而且增加有效砂体少或不增加（表 4-2-6）。

表 4-2-6　朝阳沟油田长 30 井网加密试验区砂体统计表

井网密度 /（口 /km²）	井距 /m	砂体个数 /个		钻遇率 /%		钻遇面积 /km²		钻遇体积 /10⁴m³		地质储量 /10⁴t
		砂岩	有效	砂岩	有效	砂岩	有效	砂岩	有效	
11.1	300	11	11	36.8	36.8	3.03	2.32	1038	520	28.6
22.2	212	15	12	37.9	33.7	3.37	2.43	1093	543	29.8
44.4	150	22	16	43.3	32.2	3.86	2.62	1202	587	32.3
88.9	106	24	16	42.5	28.3	3.93	2.62	1211	587	32.3

上述井网控制砂体程度研究表明，在井网加密方式研究时需要考虑加密区块砂体发育特征，即砂体规模。对于砂体分布零散或窄条带砂体，从井网控制砂体程度角度出发，井

网密度对砂体控制程度影响大，尤其是对于外围窄条带河道砂体，在井距由 300m 缩小到 245m，井网控制砂体程度幅度大，而井距小于 245m 后井网控制砂体程度幅度变小，也就是加密井网密度不能过小。因此，在确定加密方式时需要考虑储层砂体规模的影响。

（二）井网加密界限

1. 技术界限

有效驱动排距为油井达到稳定产液强度时的排距。根据低渗透油藏非达西渗流理论，推导出有效驱动排距公式：

$$L_{有效} = \frac{p_{w} - p_{F} - \dfrac{cn\mu\eta}{K}}{\lambda} \tag{4-2-1}$$

式中 $L_{有效}$——有效驱动排距，m；

p_{w}，p_{F}——注水井和油井流压，MPa；

c——单位换算系数；

n——排距与井距的比值；

μ——原油黏度，mPa·s；

K——空气渗透率，mD；

η——稳定采液强度，t/（d·m）；

λ——启动压力梯度，MPa/m。

排距与井距的比值根据储层基质渗透率与裂缝发育程度确定：即无裂缝井距等于排距，微裂缝井距等于 2 倍排距，小裂缝（潜裂缝）井距等于 3 倍排距，而中—大裂缝（显裂缝）井距等于 4 倍排距。

计算表明外围 86 个区块中，技术井距及井网密度小于现井距及井网密度的有 41 个区块，其有效驱动排距在 85～220m 之间，有效驱动井距在 169～568m 之间。

2. 经济界限

1）加密井经济极限产量、可加密经济极限井网密度及可调厚度下限

根据盈亏平衡原理和外围各采油厂及公司不同的经济条件，计算出外围油田可加密区块加密井单井经济极限产量萨葡油层 2470～3960t，扶杨高油层 2800～4300t，加密井增加可采储量萨葡油层 3290～5280t，扶杨油层 3730～5730t。由此计算出外围已开发区块可加密经济极限井网密度和可调厚度下限，萨葡油层可加密经济极限井网密度 11.1～14.4 口 /km²，可调厚度下限 3.4～4.0m，扶杨高油层可加密经济极限井网密度 6.0～25.7 口 /km²，可调厚度下限为 7.2～12.9m。

2）加密井递减率和经济极限日产油量

根据外围已加密区综合评价属于经济有效一类和二类区块递减率的分析，中渗透萨葡油层递减率在 19.6%～29.8% 之间，平均为 24.6%；裂缝发育的低渗透扶余油层加密井

递减率在 12.6%~21.6% 之间，平均 17.1%。考虑到目前加密时间较短，并且随着加密井产油量降低，递减率会逐渐减小，在有效开发期内，中高含水萨葡油层加密井递减率按 20%，扶杨油层按 15% 计算。按递减率和加密井经济极限产油量测算萨葡和扶杨油层在有效开发期内初期加密井日产量分别为 2.2~2.6t 和 2.4~3.7t。

3）布井有效厚度下限

可调有效厚度主要随开发程度不同而不同，从已加密区块分析，中渗透萨葡油层水淹程度较高，部分层为中水淹。如升 132 加密区加密井射开有效厚度统计，单井钻遇有效厚度为 6.9m，射开有效厚度为 6.1m，射开程度为 88.4%。后期随着加密井开采时间的延续，油井含水增加，部分油层还可以补射生产。考虑部分萨葡油层开发程度低，布井有效厚度下限按单井可调厚度下限的 1.11~1.18 倍计算，则布井有效厚度下限为 4.0~4.7m。扶杨油层开采程度较低，仅有少数层水淹。如朝阳沟油田朝 75- 检 117 井，全井共有 5 个小层，其中水淹 2 层——扶 Ⅰ2 和扶 Ⅰ7 均为主力油层；全井有效厚度为 13.1m，水淹层厚度为 1.97m，为低、中水淹，没有高水淹层，水淹层平均水洗厚度 30%，实际水淹厚度仅占全井有效厚度的 5%。因此，扶杨油层布井有效厚度下限按单井可调厚度下限的 1.05 倍计算，则扶杨油层布井有效厚度下限为 7.5~13.5m。

4）加密井和可加密区块经济极限含水率确定

外围已加密区块加密井与老井含水率关系分析结果表明，低含水率的扶杨油层加密区块加密井与老油井含水率基本接近，而中高含水的萨葡油层加密井含水率低于老井的含水率，而且原井网井距越大其加密井的含水率越低。如升平油田升 132 加密区，原井网 350m×350m，加密井含水率为 40.5%，而老油井含水率为 53.7%。这说明尽管中渗透萨葡油层中高含水，在原正方形井网中心加密，加密井处在水线上，加密初期通过选择性射孔，加密井初期含水率整体上也能低于老油井含水。而裂缝发育的区块，在井网部署时需要避开加密井处在裂缝系统上，才能保持加密井整体含水率低于老油井。

加密井和加密区经济极限含水率主要与加密井产液量和经济极限产量有关。对于扶余油层加密，有效区块加密井日产液量在 1.4~6.4t 之间，平均为 3.1t，其经济极限日产油量 2.2~3.7t，平均为 2.9t，也就是说对于最大产液量 6.4t，最大经济极限日产油量 3.7t，其含水率不能超过 40%；由加密井与老油井含水率关系，并考虑选择性射孔影响，加密区含水率也不能超过 50%。对于萨葡油层加密区块加密井日产液量在 4.2~5.8t 之间，平均 5t，萨葡油层经济极限日产油量为 2.2~2.6t，平均 2.4t，也就是说萨葡油层加密井含水率不能超过 50%；同样由加密井与老油井含水率关系，并考虑选择性射孔影响，加密区含水率最好不要超过 70%。

（三）注采系统调整界限

注采系统调整界限主要是油水井数比界限。目前确定已开发油田合理油水井数比界限的经验公式有以下三种：

1. 吸水、产液指数法

该方法主要从注采平衡角度考虑不同面积注水井网的特征和适应性。

$$R = \sqrt{\frac{I_{\mathrm{I}}}{J_{\mathrm{L}}}}$$

（4-2-2）

式中　I_{I}——吸水指数，$\mathrm{m^3/(d \cdot MPa)}$；

J_{L}——产液指数，$\mathrm{m^3/(d \cdot MPa)}$；

R——油水井数比。

2. 动态资料法

其方法不但可以确定注水初期的注采井网，而且还可以指导老油田（区块）进行注采系统的调整。

$$R = \sqrt{\frac{q_{\mathrm{wt}}}{\mathrm{IPR}J_{\mathrm{o}}(p_{\mathrm{WI}} - p_{\mathrm{I}})\left(\dfrac{B_{\mathrm{o}}}{\rho_{\mathrm{o}}} + f_{\mathrm{wo}}\right)}}$$

（4-2-3）

式中　q_{wt}——注水井注水初期，单井稳定注水量，$\mathrm{m^3/d}$；

p_{I}——注水初期平均地层压力，MPa；

J_{o}——采油指数，$\mathrm{m^3/(d \cdot MPa)}$；

p_{WI}——注水压力，MPa；

B_{o}——原油体积系数；

ρ_{o}——原油密度，$\mathrm{kg/m^3}$；

f_{wo}——注水初期含水率。

3. 吸水、产液指数比及注采压差法

综合考虑吸水、产液指数比及注采压差对油水井数比的影响，计算得到的结果较准确。

$$R = \frac{\dfrac{I_{\mathrm{I}}(f_{\mathrm{w}})}{J_{\mathrm{L}}(f_{\mathrm{w}})}\dfrac{p_{\mathrm{I}}(f_{\mathrm{w}})}{p_{\mathrm{L}}(f_{\mathrm{w}})}}{\left[(1 - f_{\mathrm{w}})\dfrac{B_{\mathrm{o}}}{r_{\mathrm{o}}} + f_{\mathrm{w}}\right]R_{\mathrm{IP}}}$$

（4-2-4）

式中　$p_{\mathrm{I}}(f_{\mathrm{w}})$，$p_{\mathrm{L}}(f_{\mathrm{w}})$——不同含水率的注水压差、采液压差，MPa；

$I_{\mathrm{I}}(f_{\mathrm{w}})$，$J_{\mathrm{L}}(f_{\mathrm{w}})$——不同含水率的吸水指数、采液指数，$\mathrm{m^3/(d \cdot MPa)}$；

R_{IP}——注采比。

根据上述公式计算，动态资料法计算的合理油水井数比较小，而吸水、产液指数比及注采压差法计算较大，上述任意公式计算的油水井数比都有一定的局限性。因此，合理油水井数比取三种方法计算的平均值，各油田合理油水井数比为1.29～2.94，平均为2.23（表4-2-7）。

表 4-2-7　大庆外围各油田合理油水井数比确定表

油田	注水压差/MPa	吸水指数/[t/(d·MPa)]	生产压差/MPa	产液指数/[t/(d·MPa)]	油水井数比					
					式(4-2-2)	式(4-2-3)	式(4-2-4)	取值	实际	理论与实际差
升平	10.16	1.78	7.91	0.60	1.73	1.15	1.28	1.39	2.0	0.61
宋芳屯	9.25	2.28	8.16	0.40	2.39	1.84	2.94	2.39	2.4	0.01
徐家围子	13.09	1.73	6.02	0.44	1.98	1.45	4.02	2.48	2.6	0.12
肇州	8.21	2.82	7.85	0.75	1.62	1.08	1.13	1.28	2.8	1.52
永乐	8.24	2.43	8.88	0.40	2.46	1.91	2.53	2.30	2.7	0.40
龙虎泡	8.01	3.94	8.01	1.33	1.73	2.10	1.84	1.89	1.9	0.01
龙高	12.87	1.40	4.53	0.53	1.62	1.16	3.33	2.04	3.0	0.96
杏西	8.90	3.34	7.24	0.88	1.95	1.92	2.39	2.09	1.6	−0.49
龙南	13.65	1.71	9.22	0.22	2.81	1.68	3.59	2.69	2.4	−0.29
敖古拉	7.41	4.05	4.84	1.78	1.51	1.66	1.81	1.66	1.6	−0.06
高西	8.82	2.35	5.22	0.43	2.35	1.49	3.21	2.35	2.7	0.35
布木格	10.02	1.04	8.83	0.17	2.45	2.01	3.76	2.74	3.2	0.46
葡西	5.34	1.78	5.54	0.41	2.09	1.94	3.23	2.42	1.9	−0.52
朝阳沟	3.80	3.33	5.81	0.37	2.98	1.73	1.79	2.17	2.6	0.43
榆树林	12.71	1.39	10.38	0.21	2.58	1.62	3.11	2.44	3.0	0.56
头台	5.77	2.52	10.10	0.16	3.96	2.42	2.45	2.94	3.2	0.26
平均	9.11	2.30	7.29	0.56	2.27	1.69	2.74	2.23	2.6	0.37

外围油田实际油水井数比在 1.6～3.2 之间，平均为 2.6。与合理油水井数比相比，在 16 个油田中有 12 个油田实际油水井数比高于合理油水井数比，需要继续转注，降低油水井数比，增加水驱控制程度和注水强度。

（四）井网加密和注采系统调整时机

依据外围油田开发调整实践，结合油藏数值模拟研究，对开发调整时机进行研究。

1. 注采系统调整时机

针对外围油田注采系统调整方式和合理油水井数比，依据外围裂缝发育油藏转线状注水，裂缝不发育油藏逐渐转五点法面积井网的实际，注采系统调整时机有两种：对于裂缝不发育的砂岩油藏，局部调整按井组动态反映，随时调整，整体反九点转为五点法面积井网，调整时机一般在综合含水率 40% 左右（即油田投产 4～5 年），并且尽量在井组含水率 60% 以前转注；对于裂缝发育油藏转注时机主要依据注水开发动态反映，确定为处在裂缝方向上或近似裂缝方向上油井的含水率最大不能超过 60%。

2. 井网加密调整时机

根据外围已加密区块开采效果分析，以及不同加密时机数值模拟结果，研究认为外围已开发油田早加密比晚加密好。

一是外围萨葡油层低含水加密，提高采收率和可采储量潜力大。

萨葡油层储层物性好，原井网能建立有效驱动体系，注水开发驱油效率高，剩余油分布主要受注水方式控制，采出程度越高，剩余油分布越零散。如龙虎泡油田北部加密区有油水井 76 口，该区反九点注水剩余油主要分布在油井区，区块综合含水率为 80.3%。而该油田南部有油水井 196 口，区块综合含水率为 83.4%，五点法面积井网注水剩余油主要分布在井网中心，但分布零散，该油田仅在部分油井间和井网中心分别优选出 26 口和 49 口加密井，加密井井数分别占老井的 34.2% 和 25%。而升 132 区块有油水井 76 口，反九点注水，加密时综合含水率 56%，由于含水率低，井网中心剩余油分布较连片，剩余油饱和度高于龙虎泡油田南部，采用井网中心加密方式，在 126 口老井中加密 54 口，加密井数为老井数的 42.9%，较龙虎泡油田南部高 17.9 个百分点。

萨葡油层加密区开采实践表明：加密区老井含水率越高，加密井含水率也越高，加密井产量就越低，数值模拟结果表明最终采收率也越低。如杏西油田原井网最终采收率 32.7%，含水率 60% 时加密最终采收率 38.7%，较目前含水率 76% 加密最终采收率高近 1 个百分点。加密较早的升平油田升 132 区块在含水率接近 50% 加密，加密后提高最终采收率 6.8 个百分点。

二是外围扶杨油层加密越早越有利于建立有效驱动体系，提高油田整体开发效果和经济效益。

扶杨油层开发初期压裂投产，油层具有一定产油能力。平均最高采油速度 1.3%，最高采油速度达 2.8%。但扶杨油层储层渗透率低，存在启动压力梯度，原 300m×300m 井网难以建立有效驱动体系，除部分区块注水受效好外，其他区块注水受效差，递减率一直较大，初期自然递减率和综合递减率分别为 21.0% 和 20.0%，平均自然递减率和平均综合递减率分别为 18.8% 和 17.9%，分别较萨葡油层高 6.3 个百分点和 5.7 个百分点。由于注水受效差，油井产量和采油速度低，扶杨油层 40 个区块开发经济效益较差，为效益二类、三类。

外围扶杨油层加密实践表明，低渗透油藏井网加密由于缩小井距，降低渗流阻力，增加有效驱动程度，加密后能减缓老井产量递减，同时由于增加油井并且加密井产量比老井高，从而增加采油速度和提高经济效益。如已加密区块加密初期采油速度平均提高 0.6 个百分点，较加密前提高近 1 倍。目前采油速度还比加密前提高 0.4 个百分点，根据目前经济条件测算这些区块有 9 个区块具有经济效益。

因此，外围扶杨油藏整体上应在低含水期加密，并且储层渗透率越低区块越应早加密。

三、萨葡油层注采系统和井网加密综合调整方式

通过对外围杏西、龙 26、宋芳屯试验区、祝三试验区、永乐油田肇 212 和芳 908 等加密方案编制，发展了加密方式和中高含水区块井位优选方法。同时对近年投入开发的裂缝性萨葡油层注采系统调整效果进行了分析评价，使外围裂缝性萨葡油层注采系统调整方法更加成熟和系统。

（一）以挖掘剩余油和实现线状注水为主的加密调整方式

由于外围中渗透萨葡油层开发时间长，采出程度高，已进入中高含水期，剩余油分布零散，井网加密调整研究的核心是合理加密方式。

针对外围中高含水区剩余油主要受注水方式控制的实际，研究并实施了以下 6 种加密方式：

（1）高含水反九点注水井网采用油井间加密油井转线状注水的调整方式。

剩余油研究表明，反九点注水方式剩余油主要富集在油井间的滞留区。如龙虎泡油田北部采用灵活的反九点注水方式，尽管不同层位及不同区域剩余油分布程度有所不同，但从宏观上分析剩余油主要分布在油井之间，其井网中心剩余油饱和度 40.6%，可调厚度 1.3m，油井间含油饱和度 46%，可调厚度为 1.8m，大于经济极限可调厚度 1.6m。由于高含水区块水淹程度高，可调厚度较低，加上外围油田萨葡油层有效厚度较低，为保证高含水区块加密井可调厚度达到经济可调厚度，反九点注水井网在油井排井间加密油井，并结合注采系统调整逐渐转线状注水。

（2）五点注水井网采用井网中心加密转线状注水的调整方式。

五点井网中心井剩余油较油井间剩余油富集，可调厚度较大。如龙虎泡南块井网中心剩余油饱和度 48.5%，可调厚度 2.0m，大于经济极限可调厚度 1.5m。又如杏西油田古 4 区块 350m×350m 井网，初期反九点后转成五点法面积井网，剩余油分布在井网单元中心。因此，五点注水井网在井网中心加密，加密初期老角井转注形成新的反九点注水方式。

（3）七点注水井网采用在油、水井排井间加密，转不规则反九点注水的调整方式。

七点注水井网剩余油主要分布在油井间和井网单元中心，而且采出程度和含水率越高，剩余油则越集中在油井间和井网单元中心。合理的加密方式是在油、水井排井间加密，转不规则反九点注水的调整方式。如杏西油田古 402 区块，零散剩余油分布占 75.4%，局部剩余油分布占 20.4%，而剩余油大面积仅占 4.2%。为有效挖掘剩余油，采用了在油水井所在井排上 2 口油井间加密 1 口油井，原油井与注水井水线上不加密，在排间油井列对应位置均匀加密油井，原油井转为注水井，形成 175m×151m 不规则反九点井网。

（4）中低含水区块采用井网中心加密，初期采用反九点法注水，再转五点法面积井网或线状注水的调整方式。

该方式适合中低含水区，尽管反九点注水井网剩余油主要分布在油井间，但对于低

含水区块水淹程度低，可调厚度比例相对高含水区块低，只要井网中心可调厚度大于经济极限可调厚度，可以选择井网中心加密。因为井网中心加密后井网相对均匀，有利于提高井网对砂体的控制程度，同时可以转成五点法注水或线状注水方式，有利于提高水驱控制程度和最终采收率。如升平油田、宋芳屯试验区和祝三试验区，以及永乐油田肇212等区块储层渗透率较高，无裂缝或裂缝对注水开发影响小，采用了井网中心加密方式，初期采用反九点注水，后期逐渐转五点法面积井网注水，取得了较好的加密效果。如肇212区块2004年底采出程度6.39%，综合含水率42.35%，采用了该加密方式部署加密井15口，加密井投产初期日产油量2t，含水率30%，目前加密井日产油量1.8t，含水率37%，达到方案设计指标。同时由于实现了线状注水老井开发效果得到改善。

（5）反九点注水小井眼区采用井网中心加密油水井，老注水井转抽方式。

针对小井眼井没有适合的分层、作业等工艺技术，注水井难以分层注水，导致小井眼区较正常井眼区注入水沿高渗透层突进，含水上升快，采出程度低，开发效果差。因此，井网加密本着注水井设计为普通井眼的基本原则，中心加密油水井。如宋芳屯油田芳908小井眼区，1995年投入开发，到2005年底，综合含水率已达89.7%，采出程度仅有9.56%，所以在井网中心含油饱和度仍然在49%以上，剩余油比例仍然较高。为此，采用了井网中心均匀加密油水井，老注水井转抽的调整方式。

（6）断层两侧采用加密油井不规则注水的调整方式。

断层附近由于断层的遮挡，在断层两侧存在大量的剩余油，对于在断层附近老井距离断层200m以上，即使原井网转注也无法采出的剩余油，可以在断层附近部署加密井，加密后老油井转注，或离断层远加密井注水整体上呈不规则方式注水。如宋芳屯油田北部断层十分发育，6个开发区块发现断层84条，断层密度1.6条/km²，2004年在其中4个区块加密73口井，有34口在断层附近，占46.6%（表4-2-8）。

表4-2-8　外围油田萨葡油层井网加密区块加密方式统计表

加密方式	适应油藏及井网	加密的作用	加密井网密度 /（口 /km²）	区块
正方形中心加密油井	中渗透油藏和裂缝不发育的低及特低渗透油藏	挖掘剩余油，提高水驱控制程度，提高采油速度	6.3，8.1，11.1	宋芳屯试验区，升平，宋芳屯北部，芳908小井眼区
油井排加密油井	中渗透油藏，采出程度高，剩余油零散分布	挖掘剩余油，提高水驱控制程度和采收率	5.6	龙虎泡北部
井网中心加密	中渗透油藏，采出程度高，剩余油零散分布，五点注水井网	挖掘剩余油，提高水驱控制程度和采收率	22.2，16.4	龙虎泡南部，杏西油田古4
油、水井排井间加密	中渗透油藏，采出程度高，剩余油零散分布，五点注水井网，七点注水井网	挖掘剩余油，提高水驱控制程度和采收率	37.8	杏西油田古402

（二）裂缝性萨葡油层以实施线状注水为主的注采系统调整

近年来，投入开发的低渗透萨葡油层普遍采用正方形反九点注水，由于裂缝的影响，注水后含水上升快。为此，开展了转线状注水的注采系统调整研究。

如新肇油田葡萄花油层裂缝线密度 0.087 条 /m，采用反九点面积井网，井排方向与东西向发育的裂缝方向一致，注水开发动态反映井网不适应。注水开发后，随着注水压力的上升，水井排油井见水快，含水上升。油田见水井 69 口，占总油井的 35.2%，其中有 17 口井 3 个月就见注入水。水井排油井较油井排油井含水率高出 44 个百分点。含水上升快导致产量递减快，年递减率最高达 22%。

针对水井排油井含水上升快的突出矛盾，2003—2004 年开展了转线性注水，分三批共转注 37 口井，形成了沿裂缝注水向两侧驱油的线状注水。第一批转的 7 口井调整效果好，改善了平面矛盾，扩大了波及体积，油井排主力层产出比例增加 11.1 个百分点，地层压力上升 2.9MPa。含水率从调整前的 19.8% 下降到最低 5.8%，油田转线状注水取得了成功。

四、扶杨油层井网加密与注采系统调整相结合综合调整方式

为降低低渗透扶杨油层渗流阻力，增加驱动压力梯度，提高有效动用程度，外围扶杨油层主要实施井网加密与注采系统调整相结合的综合调整。

（一）裂缝发育油藏井网加密与注采系统调整相结合实现线状注水

在外围已开发的裂缝性低渗透和特低渗透油藏，初期开发井网井排方向与裂缝走向存在 0°、11.5°、12.5°、22.5°、45° 和 52.5° 等夹角，由于这些井网注水初期采用反九点注水，注水开发后，导致了注采方向与裂缝平行或近似平行方向的油井见效快、含水上升快；而注采方向与裂缝垂直或近似垂直方向的油井注水见效慢或不见效，这就造成了油田或区块含水上升快，产量递减幅度大。如开发较早的朝阳沟和头台油田及榆树林油田东 16 区块，其注水开发效果变差，就是由于井网与裂缝不匹配引起的，这也是近年投入开发的裂缝性低渗透和特低渗透葡萄花油层含水上升加快，产量递减加快的主要原因。为此，开展了井网加密调整试验和加密调整开采，取得了显著的开采效果。

由于井排方向与裂缝走向夹角不同，其加密方式也不同（表 4-2-9）：

（1）井排方向与裂缝方向成 12.5° 井网低含水区块采用井网中心加密。

榆树林油田东 16 区块井排方向与裂缝方向成 12.5°。该区块 1993 年底投入开发，初期单井日产油量 8.4t，加密前单井日产油量 2.1t，综合含水率 33.2%，采油速度 0.82%，采出程度 14.3%。注水开发主要问题是由于发育东西向天然裂缝、储层渗透率特低，以及窄条带河道砂体，砂体规模小，造成水井排油井见效快，含水上升快，油井排油井注水受效差，区块产油量递减幅度大。为降低注采排距和实现线状注水，同时考虑采出程度和含水率较低，水淹区域主要在注水井附近的实际，在井网加密时采用了井网中心加密调整方

式。2004 年共加密 8 口井，加密井初期日产油量 3.8t，是老井的 1.6 倍，含水率 10.3% 比老井低 6.3 个百分点，目前加密井日产油量 1.9t，含水率 58.8%，而老井日产油量 2.5t，含水率 13.0%，其加密井平均年递减率为 9.7%，老井年递减率为 9.3%，比加密前低 5.6 个百分点。该区块井网加密取得了好效果。因此，对于井排方向与裂缝方向夹角小于 22.5° 井网、储层特低渗透，并且砂体分布比较零散的类似区块原则上采用井网中心加密调整方式。

表 4-2-9　外围油田扶杨油层加密方式表

加密方式	适应油藏及井网	加密的作用	加密井数 / （口 /km²）	区块
正方形中心加密油井	裂缝走向与井排方向成 12.5°、22.5° 井网，裂缝发育，特低渗透率	缩小排距，增加水驱控制程度，提高注水受效程度	11.1	东 16，朝 45，朝 61
油井排加密油井	裂缝走向与井排方向成 11.5° 井网，裂缝发育，且渗透率较高	加密后继续实现近似线状注水，挖掘油排上剩余油，提高油水井数比和水驱控制程度	5.6	朝 50 翼部矩形井网区，朝 45
不均匀加密油水井	裂缝走向与井排方向成 22.5° 井网	井网加密与注采系统调整相结合实现线状注水	16.8	朝 55，朝 1-朝气 1-3，朝 522，朝 503 井区
排间加密一排水井	裂缝走向与井排方向成 45.0° 井网	井网加密与渗吸采油相结合，提高有效动用程度和采收率	4.8~11.2	茂 11
排间加密两排、三排井	裂缝走向与井排方向成 45.0° 井网，裂缝发育，基质渗透率特低或致密	探索密井网开发效果，降低排距，实现线状注水	4.3~23.2	茂 8-13
三角形重心加密	裂缝走向与井排方向成 52.5° 井网，储层渗透率特低，发育裂缝	缩小井距，降低渗流阻力，形成沿裂缝注水向裂缝两侧驱油的线状注水，即反七点注水	17.4	朝 89，朝 83，朝深 2
井间均匀加密油水井	探索密井网开发效果	降低注采井距，整体压裂实现线状注水	33.3，55.6，66.7	长 30，树 322
排间加排、井间加井	裂缝不发育、特低渗透油藏	降低注采井距，提高井网控制程度	44.4	长 30-31

（2）井排方向与裂缝方向成 22.5° 采用不均匀加密油水井实现线状注水的调整方式。

该类井网主要分布在朝阳沟油田的二类区块，储层空气渗透率主要为特低渗透，且天然裂缝发育，裂缝方向为北东 85°，开发初期为 300m×300m 反九点面积井网，井排方向为北东 67.5°。注水开发主要问题是部分油井含水上升较快，部分油井注水受效差，产量递减快。井网加密主要目标是通过井网加密与注采系统结合实现线状注水，从而提高水驱控制程度，降低渗流阻力，提高有效动用程度、采油速度和采收率。根据加密方案对比及朝阳沟油田二类加密区块实践，认为该类井网合理的加密方式应为不均匀加密油水井。即在原注水井的边井与不同侧角井的连线上均匀部署 2 口加密油井，在原注水井的边井与同侧角井的连线中间部署 1 口加密水井，加密后将沿裂缝方向上与原注水井同一直线的边井转注，形成沿裂缝注水向裂缝两侧驱油的线状注水。油井排井距 223.6m，注水井排井距 670.8m，油水井排间垂直距离 134m，注采井数比为 1：1.5。此种方式对砂体分布零散，大多砂体宽度小于 600m 的井网尤其适合。朝 55 井网加密试验区为高、低能弯曲河流和湖（沼）相沉积，砂体宽度在 300～600m 之间，采用了此种加密方式。

该区块加密后取得了显著效果：一是加密井和老井产量递减幅度小，采油速度大幅度提高。加密井稳定日产油量 2.5t，一直保持较低的递减速度。老井递减率为 13.3%，较加密前降低 1.8 个百分点。区块采油速度从加密前的 0.66% 提高到 1.7%，提高 1.04 个百分点。目前采油速度为 0.77%，还高于加密前 0.17 个百分点。二是加密后水驱控制程度和采收率大幅度提高。水驱控制程度由加密前的 68.8% 提高到 80.1%，提高了 11.3 个百分点。加密区增加可采储量 $30.0 \times 10^4 t$，加密井平均增加可采储量 4770t。

在朝 55 区块加密取得成功的基础上，还在朝阳沟油田的朝 522 区块、朝 1- 朝气 3 区块实施该加密方式，也取得了很好效果。2006 年在朝阳沟油田朝 50 翼部的朝 503 井区井网加密设计中推广应用了该加密方式。

（3）井排方向与裂缝方向成 45.0° 采用井网加密与渗吸采油相结合的调整方式。

头台油田发育东西向裂缝，储层渗透率特低，初期采用 300m 正方形反九点井网，井排方向与裂缝走向成 45°。注水后东西向油井大量暴性水淹，转线状注水后注采排间井距 212m，油井见效差，1997 年后采油速度在 0.5% 徘徊。2000 年实施了加密调整，并在一类、二类区块表现出两种结果：

一类茂 11 区块采用排间加密水井排，老注水井转抽，高含水关闭井启抽的加密调整方式，表明该区块排距从 212m 缩小到 106m，建立起了有效驱动体系，达到了提高有效动用的目的。该区加密水井排井距 636m 和 848m，加密后排间距为 106m。加密井初期采油速度提高 1.16 个百分点，目前比初期仍高 0.42 个百分点。老注水井转抽 2 口井，目前日产量 18.4t，含水率 67.2%。高含水关闭井启抽 2 口井，目前日产量 7.6t，含水率 87.3%。

二类区块井网加密排距由 212m 缩小到 70m，建立起了有效驱动。二类区块渗透率较一类低，在 1mD 左右。2000 年茂 8-13 井区排距加密到 106m，加密井日产液量比老井高 0.5t，日产油量比老井低 0.3t，表明没有建立起有效的驱动体系。2003 年在同一区块加密排距 70m，加密井初期单井日产油量 4.1t，目前 3.5t，老井单井初期日产油量由 1.0t 上升到 2.6t，表明建立起了有效的驱动体系。

（4）井排方向与裂缝方向成 52.5° 井网采用井网重心加密。

朝阳沟油田翻身屯地区位于朝阳沟构造翼部，包括朝深 2、朝 83 和朝 89 三个区块，储层天然裂缝发育，断层发育，断层密度平均为 1.2 条 /km²，断层走向主要为南北向。该区块在部署开发井网时认为裂缝发育特征与朝阳沟轴部地区一致，即认为裂缝走向为北东 85°，因而采用了与朝 1-55 区块相同的井网，其井排方向为北东 62.5°。

1991 年注水开发后由于角向油井产量和含水上升幅度，以及措施井效果明显好于其他方向，表明该区块储层发育近南北向裂缝。同时结合示踪剂试验，综合研究认为该区块裂缝方向为近南北向，即为北东 10.0°，则实际井排方向与裂缝走向成 52.5°。

由于该地区储层发育裂缝，储层渗透率特低，三个开发区块空气渗透率 5.8～7.3mD，原油物性差，地层原油黏度 8.8～11.0mPa·s，原油流度 0.54～0.83mD/（mPa·s）。由于储层存在方向性裂缝及原油流度小，垂直裂缝方向储层渗流阻力大，而平行裂缝方向渗流阻力相对较小，导致注水开发后一部分油井含水上升快，产量递减快，另一部分油井注水受效差，注水开发效果差。该地区各区块开发初期单井日产油量 2.4～3.1t，最高采油速度 0.54%～1.00%，到 2003 年底单井日产油量降到 1.1～1.6t，采油速度降到 0.29%～0.44%。因此，需要实施井网加密调整才能改善注水开发效果。

为此，根据储层物性、原油性质、储层裂缝发育和方向，以及动态特征，设计了五种加密方式：即井网单元对角线交点加密、排间加排和井间加井、不均匀加密油水井、井间均匀加井、三角形重心加密（水井排偏移 106m）。通过对比分析，该类区块采用三角形重心加密（水井排偏移 106m）。主要原因有：一是较整装的断块内考虑裂缝发育方向，在 3 口井的重心位置加密一口油井，位于注水井排的加密采油井向两侧的基础采油井偏移 106m，形成沿裂缝注水向裂缝两侧驱油的反七点注水井网；二是充分利用断层的遮挡作用，靠近断层附近和小断块内采取以完善注采系统、完善井网为主的灵活布井方式。

该地区按该加密方式加密 188 口井，加密初期采油速度从加密前的 0.33% 提高到 0.96%，提高 0.63 个百分点，预计采收率从 12.51% 提高到 20.58%，提高 8.07 个百分点，井网加密取得了显著的效果。

（二）裂缝不发育扶杨油层采用加密小井距的加密调整方式

朝阳沟油田长 31 区块，空气渗透率 4.19mD，流度 0.58mD/（mPa·s），1995 年采用 300m 正方形反九点井网投入开发。2003 年在该区块的翻 144-D72—至翻 146-76 井区内开展了 150m 和 106m 两种小井距加密调整试验，共加密 13 口井，试验结果表明，加密初期采油速度提高 1.28 个百分点。目前采油速度 1.2%，仍高于加密前 0.9 个百分点，说明储层一类和二类油层在 150m 井距下可以建立有效的驱动体系，能见到注水效果，三类油层在 106m 井距下注水受效仍然较差。

榆树林油田树 322 加密区，裂缝不发育，空气渗透率 2.76mD。1992 年采用 300m×300m 反九点井网注水开发，初期单井日产油量 7.7t，开发 9 年后，单井日产油量 1.0t，采出程度 6.76%。2002 年加密 15 口井，有 112m、141m、150m、168m 四种井距。加密井日产油量从初期 1.7t 降低到目前的 1.5t，老油井日产油量从初期 1.4t 上升到目前的 1.7t，井网加密有一定效果。

在长 31 和树 322 井区加密取得显著效果的条件下，2005 年在朝阳沟油田长 30-31 区块加密方案设计中，依据上述加密思路和加密方案研究方法，在加密技术推广应用中结合该区块地质、原井网及开发动态特点，采用"排间加排、井间加井"的加密方式。

五、实施效果

在井网加密及注采系统调整技术推广应用过程中，不仅在调整方案编制中得到普遍应用，而且方案实施也取得了显著效果。井网加密技术推广已实施区块 10 余个，钻加密井近 400 余口。其中，2005 年已投产 6 个区块，投产加密井 335 口，预计 2006 年年产油 17.87×10^4t，累计产油 19.69×10^4t（表 4-2-10）。

表 4-2-10　外围油田 2005—2006 年加密推广实施区块效果统计表

区块	含油面积/km²	地质储量/10⁴t	钻加密井/口	建油井/口	建水井/口	建成产能/10⁴t	年产油/10⁴t	累计产油/10⁴t
肇 212	1.60	68.90	15	15	0	1.04	0.47	0.47
朝 44-601	8.09	530.00	108	90	18	6.50	6.00	6.70
朝 661-80	13.99	960.00	82	82		4.92	4.90	5.60
朝 45	1.98	183.70	11	11		0.89	0.80	1.02
朝 948	5.40	337.36	21					
长 30-31	13.23	916.20	119	119		6.12	5.70	5.90
合计	44.29	2996.16	356	317	18	19.47	17.87	19.69

综合分析评价跟踪区块和推广区块，对外围油田开发调整有以下三个方面认识：

（一）外围裂缝性扶杨油层井网加密调整效果进一步提高

外围扶杨油层推广实施加密 5 个区块，均取得了显著效果。

（1）朝 45 试验区加密实践表明裂缝性低渗透油藏中高含水区块井网加密有效。

朝 45 加密试验区含油面积 1.98km²，地质储量 183.7×10^4t。1986 年 8 月投入开发，1987 年 4 月转入注水开发，初期反九点面积井网注水，1995 年 4 月转成线性注水。加密前综合含水率 62.1%，采油速度 0.94%，采出程度 22.7%。为了探索不同加密方式的可行性，试验区部署了油井排井间加密、井网中心加密和偏离井网中心 50m 加密三种加密方式。

加密开采表明由于油井排井间加密油井初期含水率低，为 15.9%，但加密初期油井产量低，单井平均日产油量 3.5t，较中心加密和偏离中心加密单井平均少 1t 和 2.6t，且井网不均匀加密井少，加密后井网对砂体控制程度低，提高采收率幅度小；偏离井网中心 50m 油井排老油井转注后，加密井含水上升快，目前含水率达 47.6%，是三种加密方式中含水率最高的，因井网不均匀，后期调整困难，效果也不理想。而中心加密尽管初期含水率较高，为 36.7%，较其他加密方式高 4.3 个百分点和 20.8 个百分点，单井日产油量仍然达到 4.5t，比油井排加密油井高，表明线状注水后，在井网中心仍然有大量的剩余油，并且加密井含水率比老井低，含水上升幅度小。同时中心加密井多，加密后井网均匀，后期便于调整，整体开发效果好。

（2）朝 661－ 朝 80 区块加密后渗流状况得到改善。

朝 661－ 朝 80 区块位于朝阳沟构造翼部地区，开发层位为扶余油层，储层空气渗透率 8.1mD，储层天然裂缝发育，裂缝走向北东 85°，孔隙度 16.15%，地层原油黏度 11.8mPa·s，有效厚度 10.2m，开发初期采用 300m×300m 反九点注水井网，井排方向与裂缝走向成 22.5°。注水开发后由于区块砂体分布零散，不连通和单向连通层数量和厚度分别占 61.3% 和 54.8%，由于连通差，水驱控制程度低，为 71.83%。同时由于储层渗透率特低，原井网难以建立起有效驱动体系，压力传导慢，注采压差逐年增加，朝 661 和朝 80 两区块注采压差分别从 1990 年的 16.81MPa 和 14.83MPa 上升到 2004 年的 23.4MPa 和 23.32MPa，对应地层压力分别从 9.20MPa 和 9.50MPa 下降到 7.22MPa 和 7.01MPa。因而导致该地区产量递减快，朝 661 和朝 80 两区块油井单井日产油量初期为 5.9t 和 6.7t，到 2004 年则降到 1.4t 和 1.2t，采油速度分别为 0.38%、0.34%。

针对该地区原井网难以建立有效驱动体系，借鉴朝 61 区块加密效果，采用了井网中心的加密方式，部署加密井 82 口。井网加密后取得了比较好的效果：

一是加密初期基本达到方案预测指标，区块产量及采油速度提高。

2005 年 10—12 月 82 口加密井全部投产，初期平均单井日产油量 2.7t，含水率 35.6%，高于方案初期单井日产油量 2.0t，含水率 30.0% 的指标。目前平均单井日产油量 1.5t，含水率 39.8%，目前采油速度提高了 0.43%。预计年底可产油 5.04×10⁴t，超出方案设计年产油 4.92×10⁴t 水平。

二是油层憋压状况、吸水状况得到改善。

加密后由于注采井距缩小，有利于压力传导，油层憋压状况得到缓解，注水压力由加密前的 14.1MPa 降到目前的 12.8MPa；水井静压、流压分别由加密前的 22.40MPa 和 24.41MPa 降到加密后的 20.99MPa 和 23.19MPa；新老井目前平均地层压力为 8.27MPa，高于原始地层压力（7.83MPa）0.44MPa。

井距缩小后，油水井间有效驱动压差增大，油层动用状况得到缓解，对比 10 口吸水剖面资料，吸水厚度百分数由 63.7% 增加到 74.7%，吸水层数百分数由 60.4% 增加到 72.3%。

（二）葡萄花油层中高含水区块选择性加密取得好效果

宋芳屯北部加密区块 2005 年 11 月加密投产 30 口井，单井钻遇有效厚度 3.7m，射开有效厚度 2.5m。加密井投产初期平均单井日产油量 2.3t，含水率 38.7%，采油强度 0.87t/（d·m）。投产 6 个月后，平均单井日产油量 2.7t，含水率 20.9%，采油强度 1.09t/（d·m），比初期上升 0.22t/（d·m），取得较好的加密效果。分析加密效果有以下认识：

一是射开层中高水淹且与原井网水井连通好的加密井，具有投产初期含水率高的特点。芳 507 区块加密井有 9 口，初期平均含水率达到了 61.0%，有 8 口属于对角线中心加密井，受邻井高含水影响，含水较高。如芳 79-69 井射开主要层与芳 80-68 井和芳 80-70 井相同层连通，连通井含水率分别为 75%、76.4%。由于该层水淹，致使该井含水率达 67.2%。

二是处于油井排与断层之间加密井含水率低于井网中心加密井。在油井排与断层之间加密井有 8 口，平均射开有效厚度 2.7m，平均单井日产油量 2.9t，含水率仅为 10.0%，采油强度为 1.07t/（d·m）。如芳 81-103 井附近没有注水井点。由于受断层遮挡，注采不完善，在这一地区形成剩余油富集区，该井投产后液面在井口，目前液面下降到 1210m，日产油量 6.0t，含水率为 7.8%。

三是位于砂体发育变差部位加密井，产量低，采油强度低。芳 90-116 井区有加密井 10 口，平均单井射开有效厚度 2.0m，低于全区平均加密井的有效厚度（全区加密井有效厚度 2.5m），砂体发育差。10 口井钻遇较好的层是葡 I 1、葡 I 3、葡 I 4 和葡 I 7，这些层主要为薄层席状砂和非主体席状砂，由于砂体岩性发育差，加密井产量低，平均日产油量 2.0t，采油强度 0.87t/（d·m）。

四是加密井投产对验证原井网水淹情况有一定指导作用。

钻遇主要来水方向上的加密井，主力油层高水淹，验证了原井网水淹程度较高。芳 96- 检 103 井投产后含水率 100%，从小层射开情况看，葡 I 2 是主力油层，射开有效厚度 0.7m，从取心资料看，该层已水淹，分析认为主力油层水淹致使全井含水上升。

加密前分析认为同一层其他井水淹程度较高，加密井投产后水淹程度也会较高。但由于储层的非均质性造成局部水淹严重，周围还有剩余油未得到动用。芳 99-105 井投产后，含水率为 15.6%，周围有 2 口油井含水率较高，芳 100-104 井含水率 100%，葡 I 2 层有效厚度 4.0m，是主力油层，因为葡 I 2 高含水致使全井含水率较高；芳 98-106 井含水率为 55.0%，葡 I 2 层有效厚度 1.9m，是该井主力油层之一，主要来水方向为芳 98-104 井，葡 I 2 属于低水淹，这一结果表明虽然同一层水淹程度较高，但由于储层的非均质性仍有一部分未得到水驱，水淹程度较低。

（三）萨葡油层注采系统调整效果明显

跟踪分析注采系统调整整体推广区块，取得了以下认识：

（1）新肇油田转线状注水取得较好效果。

新肇油田裂缝主方向为近东西向，与井排方向基本一致，导致水井排油井见水快，见水后含水上升快，水淹速度快，见水井 69 口，主要为东西向，平均见水到水淹时间只有 3.3 个月。2003—2005 年共转注 37 口井，转为线状注水，其中 2005 年转注 23 口井，转注后水驱控制程度提高 5.5 个百分点，水驱控制储量增加 42.12×10^4t。

统计转注较早的 14 口井，日注水增加 305m³，区块注采比由 1.63 提高到 3.68。转注后，注水波及体积扩大，新老注水井的平均注水压力分别为 14.6MPa 和 14.5MPa，注水压力基本持平，说明水线已形成。同时侧向油井的受效程度得到了提高，主要表现在：油井排主力层产出比例增加，产出百分数由 55.8% 增加到 64.6%，增加了 8.8 个百分

点；油井排地层压力得到恢复，9 口可对比井转注前后对比，地层压力由 9.79MPa 上升到
11.84MPa，上升了 2.05MPa。周围正常生产的 43 口井中有 28 口井受效，累计增油 5000t。
转注井区月递减率由转注前的 1.80% 下降到转注后 1 年的 −0.89%，取得了较好的效果。

（2）龙虎泡高台子层合采区注采系统调整减缓了层间矛盾。

由于该区块两套层系储层物性差异大，萨尔图油层与高台子油层层间矛盾突出，导
致个别井组含水上升快，产量递减快。通过以不规则方式转注 14 口井，取得较好的开发
效果：一是使区块油层动用状况得到改善，水驱控制程度由 73.3% 提高到 84.2%，水驱控
制储量增加了 34.3×10⁴t；二是区块地层压力得到恢复，油井供液能力增强，地层压力由
9.75MPa 上升到 11.58MPa，日产油量由 127t 增加到 139t。

第三节　扶杨油层超前注水开发技术政策界限

朝阳沟油田是一个典型的低、特低渗透油田，储层渗流阻力大，压力传导能力差，具
有一定的压敏特性，投产后油井递减速度快，注水受效慢。目前探明未动用的储量亟待提
交储量，主要以低、特低渗透欠压油藏为主，进一步加大了油田开发的难度。超前注水开
发方式能合理地补充地层能量，提高地层压力，防止储层渗透率损失，建立有效的驱动体
系，从而提高油井生产能力并减小递减速度，是一种有效的低渗透油田开发方法，对朝阳
沟油田提高水驱开发效果具有重要意义。为了深入研究低渗透、特低渗透欠压油藏有效注
水开发技术，总结不同渗流条件下的超前注水合理政策界限、超前注水提高产油量机理、
水驱产量变化规律、对提高采收率的作用，选择长 10 区块开展了超前注水开发试验[6]，
其研究成果将对朝阳沟油田未来新区的开发具有指导意义，而且对同类低、特低渗透油藏
的注水开发具有重要的借鉴作用。

一、超前注水技术改善开发效果机理研究

（一）超前注水提高采收率机理

超前注水提高采收率机理第一个重要因素是超前注水能够减轻压敏效应带来的影响。

1. 渗透率变化

当低渗透油藏地层压力下降后，油层孔隙度将会减小，渗透率降低，再通过注水恢复
地层压力，渗透率不能恢复到初始的水平。为此，开展了低渗透岩心压敏实验。

为研究超前注水孔隙内流体压力变化对低渗透储层微观孔隙结构变化影响，按照实际
地层渗透率级别分别设计多组不同渗透率级差的室内实验，本实验共测试岩心样品 36 块。

实验设备：恒温箱、驱油泵、中间容器、微 CT、其他辅助设备。

实验条件：实验温度为 50℃，围压 19MPa。

天然岩心：外形直径为 2.5cm 的天然岩心。

岩心实验步骤如下：一是天然岩心制备、抽提洗油；二是氮气测定岩心渗透率；三是将岩心放置在恒温箱内，50℃条件下恒温 12h；四是在恒定围压下，逐渐增加或降低岩心流体（氮气）孔隙流动压力，测量不同孔隙流体压力稳定条件下的渗透率。

表 4-3-1 和表 4-3-2 是在围压不变条件下，改变孔隙流体压力，研究超前注水对渗透率的影响。通过表 4-3-1 中数据分析可以看出：随着地层孔隙流体压力的上升，渗透率略有增加，且渗透率随压力上升增加的幅度逐渐减小。原因是在围压一定的条件下，随着孔隙流体压力的增加，只是减少了岩石骨架自身承受的净应力，在固定围压的条件下，岩石骨架可压缩的空间已经很小，所以孔隙渗透率变化不大。

表 4-3-3 和表 4-3-4 是在围压不变条件下，改变孔隙流体压力，研究常规开采条件下，随着地层孔隙流体压力的下降渗透率变化规律。

通过对表 4-3-3 和表 4-3-4 中数据分析可以看出：随着孔隙流体压力从原始地层压力开始逐渐下降，岩石骨架承受的净应力逐渐增加，渗透率逐渐下降，当流体压力下降到一定程度后，渗透率下降幅度变缓。随着岩心渗透率的降低，岩石越致密，可压缩空间较小，骨架应力结构比较稳定，渗透率随孔隙流体压力下降而降低的绝对值较小，但由于低渗透岩心原始渗透率很小，即使降低的绝对值较小，但渗透率损害百分数较高。

对两块典型岩心 f15-2 和 c32-16-2 进行了压力恢复实验，实验结果表明，岩心 f15-2 渗透率从 1.88mD 恢复到了 1.99mD，仅恢复了 0.11mD，远远小于由于孔隙流体压力下降带来的渗透率损失；同样，岩心 c32-16-2 渗透率从 8.62mD 恢复到了 8.82mD，也仅恢复了 0.2mD。因此，当低渗透油藏地层压力大幅度下降后，通过增加孔隙流体压力，也即减小岩石骨架承受的净应力来试图恢复岩心渗透率的目的不能实现，随着净应力的减小，渗透率恢复比例很小，油层孔隙度将会减小，渗透率降低，再通过注水恢复地层压力，渗透率不能恢复到初始的水平。超前注水则保持了较高的地层压力，降低了因地层压力下降造成的对渗透率的伤害。

将岩心渗透率按不同范围分成以下 4 个区间：区间 I 的渗透率范围是 $K \geqslant 10mD$；区间 II 的渗透率范围是 $5mD \leqslant K < 10mD$；区间 III 的渗透率范围是 $2.5mD \leqslant K < 5mD$；区间 IV 的渗透率范围是 $K < 2.5mD$。升压过程，岩心渗透率增加幅度较小，当净应力为 3MPa，即孔隙流体压力为 16MPa 时，平均渗透率增幅仅为 5% 左右。降压过程，岩心渗透率下降幅度较大，当净应力为 17MPa，即孔隙流体压力为 2MPa 时，渗透率级别 $K < 5mD$ 的岩心，渗透率降幅为 20% 左右，渗透率级别 $K > 10mD$ 的岩心，渗透率降幅为 15% 左右，并且恢复压力后，渗透率恢复程度很小。

2. 压汞法研究流体压力变化对孔隙结构的影响

孔隙在结构上可以划分为孔隙和喉道，通过压汞实验研究超前注水条件下孔隙结构的变化。分别针对 2.5mD、9.0mD、15.0mD 的岩心，模拟超前注水地层孔隙流体压力高于地层原始压力、等于地层原始压力、低于地层原始压力三个条件下的岩心，开展压汞实验研究孔隙分布特征。

表 4-3-1　流体压力上升过程渗透率应力敏感性实验分析（渗透率值）

序号	进口压力 / MPa	出口压力 / MPa	流体压力 / MPa	净应力 / MPa	渗透率 /mD						
					c32-14-1	f15-1	c49-8-1	c49-10-2	c49-12-1	c32-14-3	c49-12-1
1	9.06	7.01	8.04	10.97	0.46	2.44	4.46	8.02	10.46	14.56
2	11.11	9.06	10.09	8.92	0.47	2.49	4.55	8.10	10.55	14.66
3	12.97	10.90	11.94	7.07	0.48	2.51	4.56	8.16	10.62	14.74
4	15.10	13.05	14.08	4.93	0.49	2.54	4.62	8.21	10.71	14.86
5	16.98	15.11	16.05	2.96	0.49	2.56	4.67	8.31	10.81	15.04

表 4-3-2　流体压力上升过程渗透率应力敏感性实验分析（渗透率增加百分数）

序号	进口压力 / MPa	出口压力 / MPa	流体压力 / MPa	净应力 / MPa	渗透率增加百分数 /%						
					c32-14-1	f15-1	c49-8-1	c49-10-2	c49-12-1	c32-14-3	c49-12-1
1	9.06	7.01	8.04	10.97	0	0	0	0	0	0
2	11.11	9.06	10.09	8.92	2.42	2.10	1.90	1.10	0.90	0.68
3	12.97	10.90	11.94	7.07	3.25	3.05	2.25	1.80	1.50	1.20
4	15.10	13.05	14.08	4.93	5.92	4.28	3.48	2.46	2.41	2.05
5	16.98	15.11	16.05	2.96	7.12	5.31	4.62	3.73	3.32	3.26

表 4-3-3 流体压力下降过程渗透率应力敏感性实验分析（渗透率值）

序号	进口压力/MPa	出口压力/MPa	流体压力/MPa	净应力/MPa	渗透率/mD					
					c32-14-2	f15-2	c31-6	c49-10-3	c32-16-2	c49-7-1
1	9.06	7.01	8.04	10.97	0.48	2.52	5.02	9.03	10.40	15.30
2	7.99	6.01	7.00	12.00	0.43	2.34	4.70	8.51	9.87	14.56
3	7.05	5.10	6.08	12.93	0.41	2.20	4.45	8.10	9.45	14.01
4	6.10	4.09	5.10	13.91	0.39	2.09	4.24	7.75	9.11	13.54
5	5.01	2.98	4.00	15.01	0.38	2.01	4.05	7.55	8.83	13.15
6	3.12	1.06	2.09	16.91	0.37	1.97	3.95	7.38	8.72	13.00

表 4-3-4 流体压力下降过程渗透率应力敏感性实验分析（渗透率变化百分数）

序号	进口压力/MPa	出口压力/MPa	流体压力/MPa	净应力/MPa	渗透率变化百分数/%					
					c32-14-2	f15-2	c31-6	c49-10-3	c32-16-2	c49-7-1
1	9.06	7.01	8.04	10.97	0	0	0	0	0	0
2	7.99	6.01	7.00	12.00	-8.70	-7.06	-6.42	-5.78	-5.14	-4.82
3	7.05	5.10	6.08	12.93	-14.28	-12.54	-11.40	-10.26	-9.12	-8.45
4	6.10	4.09	5.10	13.91	-18.72	-17.16	-15.60	-14.14	-12.38	-11.50
5	5.01	2.98	4.00	15.01	-20.86	-20.23	-19.30	-16.37	-15.14	-14.08
6	3.12	1.06	2.09	16.91	-22.38	-21.84	-21.40	-18.26	-16.12	-15.05

对于渗透率级别为 2.5mD 的天然岩心，从 3 个岩心的压汞实验数据对比可以看出，将岩心 f15-1 和 f8-28 岩心对比，当孔隙流体压力高于地层压力条件下，孔隙半径分布变化不大，喉道半径为 0.015μm 的比例从 4.6% 增加到 5.0%，增加了 0.4 个百分点，说明这个喉道半径级别的喉道被打开了，其他较小的喉道半径的比例也略有上升，相应连通的孔隙通道增加了。对比岩心 f8-28 和岩心 f15-2 可以发现，由于岩心 f15-2 是在低于地层原始压力条件下进行实验，最低孔隙流体压力为 2.09MPa，从喉道半径分布可以看出，喉道半径小于 0.1μm 由于围压的作用，当孔隙流体压力低于地层原始压力时，喉道半径较小的喉道被关闭，与其连通的孔隙变为死孔隙，同时随着孔隙的连通性变差，也减小了水驱的波及效率，进而影响最终采收率。

压汞实验结果表明：当进行超前注水时，地层压力高于原始地层压力，储层孔隙中一部分小孔道被打开，总体渗透率略有上升，但不明显。当地层压力低于原始压力时，地层孔隙中很大一部分小孔喉被关闭，相应受其连通控制的小孔隙不能被水波及，从而影响最终采出程度。超前注水方式可以将地层压力下降造成的这种伤害降到最低，甚至不发生，从而保证较高的水驱采出程度。

（二）超前注水有利于克服岩心小孔道渗流阻力，提高微观驱油效率

1. 提高油相相对渗透率

不同驱替压力下的岩心水驱油实验，当水驱油压力梯度提高时，油相相对渗透率上升，而水相相对渗透率变化不大。这是由于同一渗透率条件下，岩心微观渗流孔道半径大小不均，对于直径较小的孔道，油相的启动压力梯度较高，因此，提高压力梯度，可使部分原不参与流动的油开始流动，致使油相相对渗透率上升；而水的黏度低，水相的启动压力梯度始终较低，孔道半径对水相启动压力梯度影响程度较小，因此，水相相对渗透率变化不大（表 4-3-5）。

表 4-3-5　相对渗透率曲线特征数据表

岩样编号	c32-8-2	f8-22	c49-2-3	f8-15	c32-5-3	c32-13-2
渗透率级别	3.5mD			7.5mD		
渗透率 /mD	3.19	3.50	3.70	6.43	6.85	7.60
压力梯度 /（MPa/cm）	0.56	0.80	1.03	0.56	0.78	0.95
孔隙度 /%	11.67	11.67	12.40	13.30	11.40	15.00
束缚水饱和度 /%	0.46	0.48	0.47	0.47	0.47	0.46
最大含水饱和度 /%	0.55	0.56	0.56	0.58	0.59	0.58
两相流跨度 /%	0.08	0.09	0.09	0.11	0.12	0.12
驱油效率 /%	15.65	16.70	17.30	21.40	22.14	22.63

随着驱动压力梯度的增加，油相相对渗透率略有提高，当驱动压力梯度从 0.56MPa/cm 提高到 0.78MPa/cm 时，平均增加幅度为 5.02%，水相相对渗透率基本保持不变，两相渗流区间增大，驱油效率增加 1 个百分点。

2. 避免孔喉闭合，提高驱油效率

1）降压驱替对驱油效率的影响

实验过程中逐渐降低孔隙流体压力，但驱替压差保持不变，研究低渗透油藏常规注水开发过程中油井平均地层压力下降对驱油效率的影响，为了便于对比，4 块相同渗透率级别岩心为一组。

对比三个级别的岩心实验，结果均表明，随着净应力的增加（孔隙流体压力逐渐降低），驱油效率逐渐降低。对于渗透率为 6.28mD 左右的岩心，随着孔隙流体平均压力 6.94MPa 下降到 2.55MPa，驱油效率从 20.63% 降低到 18.03%，降低了 2.60 个百分点；孔隙流体平均压力从 6.94MPa 下降到 5.63MPa，驱油效率降低了 2.21 个百分点；孔隙流体平均压力继续下降到 2.55MPa，驱油效率只下降了 0.39 个百分点，与渗透率敏感实验变化趋势相同。

2）升压驱替对驱油效率的影响

为研究超前注水驱替压力对驱油效率影响和剩余油分布规律，进行了模拟超前注水驱油实验，分析超过原始地层压力条件下，注水驱替压力对驱油效率的影响。

为了便于对比，3 块相同渗透率级别岩心为一组，增加驱替压力，研究超前注水条件下不同孔隙流体流动压力对驱油效率的影响，实验结果见表 4-3-6。

表 4-3-6　升压驱替孔隙内流体压力对驱油效率的影响

岩心编号	渗透率 / mD	平均渗透值 / mD	出口回压 / MPa	入口压力 / MPa	孔隙流体压力 / MPa	压力梯度 / （MPa/cm）	驱油效率 / %	净应力 / MPa
c32-15-2	2.10		8.03	11.65	9.84	0.47	13.85	9.16
f8-11	2.34	2.28	8.03	12.87	10.45	0.57	14.57	8.55
f8-16	2.40		7.98	15.24	11.61	0.88	14.89	7.39
c32-10-3	2.60		8.04	11.53	9.79	0.42	14.23	9.22
f8-25	2.60	2.73	8.01	13.56	10.79	0.65	15.35	8.22
c49-13-1	3.00		8.00	15.34	11.67	0.83	15.58	7.33
f8-1	4.65		8.00	11.50	9.75	0.41	19.79	9.25
f8-12	5.20	5.02	7.98	13.53	10.76	0.63	20.70	8.25
f8-17	5.23		8.00	15.36	11.68	0.85	20.97	7.32

续表

岩心编号	渗透率 / mD	平均渗透值 / mD	出口回压 / MPa	入口压力 / MPa	孔隙流体压力 / MPa	压力梯度 / （MPa/cm）	驱油效率 / %	净应力 / MPa
f8−27	5.26		8.20	11.34	9.77	0.38	20.40	9.23
f8−5	5.40	5.42	8.01	12.25	10.13	0.53	21.14	8.87
f8−10	5.60		8.03	14.50	11.27	0.75	21.63	7.74
c32−16−1	10.60		8.03	12.30	10.17	0.54	21.03	8.84
f8−23	11.30	11.46	8.03	13.83	10.93	0.70	21.30	8.07
c49−9−3	12.50		8.01	15.46	11.74	1.01	21.33	7.27

从实验结果可以看出，随着孔隙流体压力的逐渐增加，驱油效率逐渐增加。对于渗透率级别为 5.0mD 的岩心，孔隙流体压力从 9.75MPa 增加到 10.76MPa，驱油效率从 19.79% 增加到 20.70%，增加了 0.91 个百分点；孔隙流体压力从 10.76MPa 继续增加到 11.68MPa 时，驱油效率只增加了 0.27 个百分点，说明孔隙流体压力上升初期驱油效率增加幅度较大，随着孔隙流体压力的进一步增加，驱油效率增加幅度变小，其原因是当驱替压差达到一定值后，大部分孔道中的流体都已克服启动压力梯度开始流动，继续提高驱动压差，驱油效率提高幅度有限。

升压过程，渗透率级别 $K<5.0$mD 的岩心，随着孔隙流体平均压力的逐渐增加，采收率增加较为明显，在 1.2 个百分点左右；渗透率级别 $K>10.0$mD 的岩心，采收率增加幅度较小，只有 0.3 个百分点。降压过程，渗透率级别 $K<5.0$mD 的岩心，采收率下降幅度较大，达到 3 个百分点；对于渗透率级别 $K>10.0$mD 的岩心，采收率下降幅度较小，不到 1 个百分点。

（三）超前注水有利于克服启动压力梯度，提高波及系数和采收率

利用非达西数值模拟方法，以长 10 区块油藏参数为基础，模拟超前注水条件，研究油井投产时平均地层压力对波及系数和采收率的影响。

1. 启动压力梯度对波及系数和采收率的影响

以长 10 区块地质参数为基础，采用反九点注水方式，油藏同步注水。对于低渗透油藏，如果采用常规的数值模拟方法，不考虑启动压力梯度，不论渗透率高低，注入水将波及整个油藏，即有效驱动系数始终为 1。若采用非达西数值模拟方法，考虑启动压力梯度，计算饱和度分布。根据模拟结果，综合含水率达到 98% 时，波及系数 91.5%，即有效驱动系数为 0.915，表明低渗透油藏，由于存在启动压力梯度，在一定注采压差下，部分区域不能有效动用。

2. 超前注水对波及系数和采收率的影响

为了便于对比，分别计算同步注水和超前注水两种方案。同步注水时，油水井同时投产投注，油藏原始地层压力为7.3MPa；超前注水时，只有水井开井，分别模拟油层平均压力上升到9MPa和11MPa时油井开井生产。油井开井生产后，保持注采平衡，模拟到含水率98%，计算水驱波及系数和采收率。

根据计算结果，采取同步注水方案，波及系数仅为78.50%（即有效动用系数0.785），采收率为18.60%；采取超前注水，平均地层压力升高到9MPa时油井投产，波及系数提高到94.20%（有效动用系数0.942），有效动用系数增加0.157，采收率提高到20.8%，增加2.2个百分点；平均地层压力升高到11MPa时油井投产，波及系数提高到96.0%，有效动用系数仅增加0.018，采收率提高到21.32%，采收率增加0.52个百分点。结果表明，对于渗透率为7mD的油藏，当超前注水使平均地层压力升高到9MPa以后，有效动用系数已经达到0.942，绝大部分区域驱动压差已能够克服启动压力梯度，继续提高平均地层压力，波及系数和采收率增加幅度不大。

3. 超前注水对油层动用下限的影响

超前注水提高油藏平均压力后，由于驱动压差增加，不仅提高了平面上非主流线部位的动用程度，即注水波及系数，而且提高了油层动用渗透率下限，油层可动用储量增加，油层不同平均压力投产时，渗透率动用下限见表4-3-7。当油层平均压力由初始的7.3MPa提高到9MPa时，渗透率动用下限由3.3mD下降到2.7mD，平均地层压力继续提高到11MPa时，渗透率动用下限进一步下降到2.4mD。

随着油层渗透率的增加，超前注水提高采收率的幅度逐渐减小，对于渗透率级别 K < 5.0mD 的油层，采收率提高值接近5个百分点；渗透率级别为 5mD ≤ K < 10mD 的油层，采收率提高值平均为2.5个百分点；渗透率 K > 10.0mD 以后，采收率提高值小于1个百分点。

表 4-3-7　200m 井距不同地层压力条件下波及系数与采收率计算结果表

渗透率 / mD	启动压力梯度 / （MPa/m）	7.3MPa		9MPa			11MPa		
		波及系数 / %	采收率 / %	波及系数 / %	采收率 / %	采收率提高值 / %	波及系数 / %	采收率 / %	采收率提高值 / %
2.0	0.1400	—	—	—	—	—	—	—	—
2.4	0.1140	—	—	—	—	—	28.67	5.65	
2.7	0.0820	—	—	27.96	4.86		61.10	12.40	
3.3	0.0650	35.90	7.34	62.22	13.27	5.93	80.50	17.30	9.96
4.0	0.0470	64.50	12.99	74.65	16.65	3.66	88.12	18.90	5.91
5.0	0.0370	74.12	16.31	84.31	19.11	2.80	92.32	20.69	4.38

渗透率 / mD	启动压力 梯度 / （MPa/m）	7.3MPa		9MPa			11MPa		
		波及 系数 / %	采收率 / %	波及 系数 / %	采收率 / %	采收率 提高值 / %	波及 系数 / %	采收率 / %	采收率 提高值 / %
7.0	0.0290	86.30	18.60	94.24	20.82	2.22	96.00	21.32	2.72
9.0	0.0230	92.21	19.67	97.37	21.14	1.47	98.90	21.32	1.65
10.0	0.0204	95.45	21.12	97.86	22.05	0.93	100.00	23.13	1.08
13.0	0.0195	96.79	23.46	98.64	24.11	0.65	100.00	24.92	0.81
15.0	0.0190	98.17	26.14	99.72	26.43	0.29	100.00	26.88	0.45

二、超前注水提高开发效果机理

（一）减小脱气半径，避免原油性质变差

1. 降低脱气半径

以地层中脱气圈为半径，即油井到油层中的游离气消失处为界，将油井泄流区划分为两个流动区域。根据油气两相渗流理论，脱气区压力分布遵循下列方程式：

$$\int_{p_{wf}}^{p} \frac{K_{ro}}{B_o \mu_o} \mathrm{d}p = \left\| \left(\ln \frac{r}{r_w} \right) \int_{p_{wf}}^{p_b} \frac{K_{ro}}{B_o \mu_o} \mathrm{d}p \right\| \Big/ \ln \frac{r_b}{r_w} \qquad （4-3-1）$$

未脱气区遵循裘比公式：

$$p = p_b + \left[(p_e - p_b) \ln (r/r_b) \right] / \ln (r_e/r_b) \qquad （4-3-2）$$

式中　r_e——油井泄流区半径，m；

　　　r_w——油井井筒井径，m；

　　　r_b——脱气半径，m；

　　　p_e——供给边缘压力，MPa；

　　　p_{wf}——井底流压，MPa；

　　　p_b——泡点压力，MPa；

　　　K_{ro}——油相相对渗透率；

　　　B_o——体积系数；

　　　μ_o——原油黏度，mPa·s。

在两区分界点 r_b 处，满足流量守恒条件，即两个区在 r_b 处 $\dfrac{\partial p}{\partial r}$ 相等。运用该条件，由式（4-3-1）和式（4-3-2）可求出：

$$\ln r_{b} = \frac{\int_{p_{wf}}^{p_{b}} \frac{K_{ro}}{B_{o}\mu_{o}} dp \ln r_{e} + (p_{e} - p_{b}) \left(\frac{K_{ro}}{B_{o}\mu_{o}}\right) p_{b} \ln r_{w}}{\int_{p_{wf}}^{p_{b}} \frac{K_{ro}}{B_{o}\mu_{o}} dp + (p_{e} - p_{b}) \left(\frac{K_{ro}}{B_{o}\mu_{o}}\right) p_{b}} \qquad (4\text{-}3\text{-}3)$$

大庆油田油气相对渗透率曲线和高压物性统计结果表明，式（4-3-3）中 $K_{ro}/(B_{o}\mu_{o})$ 可表示为：

$$K_{ro}/(B_{o}\mu_{o}) = a + bp \qquad (4\text{-}3\text{-}4)$$

将式（4-3-4）代入式（4-3-3），得脱气半径计算公式为：

$$\ln r_{b} = \frac{[p_{b} - p_{wf} - c(p_{b} - p_{wf})^{2}] \ln r_{e} + (p_{e} - p_{b}) \ln r_{w}}{[p_{b} - p_{wf} - c(p_{b} - p_{wf})^{2}] + (p_{e} - p_{b})} \qquad (4\text{-}3\text{-}5)$$

应用油气相对渗透率曲线、高压物性曲线和生产油气比数据，计算出该区块的待定系数 $c = 0.005116$，二次平方项可以忽略不计，式（4-3-5）简化为：

$$\ln r_{b} = \frac{(p_{b} - p_{wf}) \ln r_{e} + (p_{e} - p_{b}) \ln r_{w}}{p_{e} - p_{wf}} \qquad (4\text{-}3\text{-}6)$$

脱气半径：

$$r_{b} = r_{e}^{\frac{p_{b} - p_{wf}}{p_{e} - p_{wf}}} \cdot r_{w}^{\frac{p_{e} - p_{b}}{p_{e} - p_{wf}}} \qquad (4\text{-}3\text{-}7)$$

应用式（4-3-7）可以计算出不同饱和压力、不同地层压力下脱气半径。

2. 避免原油黏度升高

黏度是地层油的一个非常重要的物性参数。原油的黏度是影响油井产量及采收率等的重要因素之一，掌握地层油的黏度对于油井动态预测、试井、提高采收率等都是必要的。在地层压力条件下，当压力高于饱和压力时，随着压力逐渐上升，原油黏度略有增加，但是变化不大，当压力增加 1MPa 时，原油黏度平均仅提高 0.03mPa·s，基本保持不变；当压力低于饱和压力时，随着压力的下降原油黏度急剧增加，当压力降低 1MPa 时，原油黏度平均增加 1.6mPa·s，水的黏度随压力增加基本保持不变。

对于超前注水油藏，在油藏未脱气部位，压力升高引起的对开发效果不利影响可以忽略不计，而在油井附近油藏脱气部位，由于平均地层压力升高，脱气半径减小，对开发效果有利的一面十分明显；反之，如果油井地层压力下降，脱气半径增大，原油黏度大幅度增加，将降低开发效果。

（二）超前注水无量纲采油指数、无量纲采液指数增大

无量纲采液指数表明了某一储层的供液能力，而采液指数则表征了该层上一口生产井的采液能力。

无量纲采液指数 J_{DL} 为：

$$J_{DL} = J_L / (J_L)_{f_w=0} = Q_L / Q_{omax} \qquad (4-3-8)$$

$$Q_L = Q_o + Q_w \qquad (4-3-9)$$

$$Q_o = \frac{2\pi K_{ro} Kh\Delta p \left(1 - \dfrac{G}{\partial p / \partial x}\right)}{\mu_o \left[\ln(r_e - r_w) + S\right]} \qquad (4-3-10)$$

$$Q_w = \frac{2\pi K_{rw} Kh\Delta p}{\mu_w \left[\ln(r_e - r_w) + S\right]} \qquad (4-3-11)$$

式中　J_L——任一含水饱和度下的采液指数，$m^3/(d \cdot MPa)$；

J_{DL}——任一含水饱和度下的无量纲采液指数；

Q_{omax}——油藏条件下含水率为零时的产油量，m^3/d；

Q_L，Q_o，Q_w——分别为油藏条件下的采液量、产油量和产水量，m^3/d；

μ_w，μ_o——分别为油藏条件下水和油的黏度，$mPa \cdot s$；

r_e，r_w——分别为供油半径和油井半径，m；

S——表皮系数；

Δp——生产压差，MPa；

K——地层渗透率，mD；

K_{ro}——油相相对渗透率；

K_{rw}——水相相对渗透率；

G——启动压力梯度，MPa/m；

h——生产层有效厚度，m。

将式（4-3-9）至式（4-3-11）代入式（4-3-8），得无量纲采液指数与油水相对渗透率的关系：

$$J_{DL} = \frac{K_{ro}(S_w) + \left[K_{rw}(S_w)\mu_o / \mu_w\right]\left(1 - \dfrac{G}{\partial p / \partial x}\right)^{-1}}{K_{ro}(S_{wi})} \qquad (4-3-12)$$

则无量纲采油指数 J_{DO} 为：

$$J_{DO} = J_{DL}(1 - f_w) \qquad (4-3-13)$$

根据相对渗透率曲线计算出无量纲采油／采液指数和含水率，得出无量纲采油／采液指数和含水率的关系，超前注水后，地层压力从 7.3MPa 上升到 9.5MPa，相同含水率条件下，无量纲采油／采液指数都增大，并且随着含水率的升高，无量纲采液指数先减小，然后增大，含水率达到 50% 左右，无量纲采液指数降到最低，含水率大于 50% 后，无量纲采液指数逐渐增大，最高达到 1.3。

根据长 10 区块相对渗透率实验数据进行理论计算，无量纲采液指数、无量纲采油指数略有增加，但总体变化趋势保持不变，含水率低于 60% 以前，无量纲采液指数下降；含水率高于 60% 以后，无量纲采液指数逐渐上升。

（三）超前注水对油井含水率的影响

由于启动压力梯度的存在，低渗透砂岩油藏的水驱开发效果与中、高渗透油藏水驱开发效果存在较大差别。根据实验研究结果，油水两相在低渗透地层中做拟稳定渗流时，它们各自的流动符合有启动压力梯度的线性渗流规律。

油水两相基本渗流运动方程为：

$$q_o = -\frac{KK_{ro}}{\mu_o B_o} A\left(\frac{\Delta p}{L} - G_o\right) \tag{4-3-14}$$

$$q_w = -\frac{KK_{rw}}{\mu_o B_o} A\left(\frac{\Delta p}{L} - G_w\right) \tag{4-3-15}$$

并根据两相渗流实验结果，认为相比于油相启动压力梯度，水相启动压力梯度可以忽略，式（4-3-15）可写为：

$$q_w = -\frac{KK_{rw}}{\mu_o B_o} A\left(\frac{\Delta p}{L}\right) \tag{4-3-16}$$

根据含水率的定义，有：

$$f_w = q_w/(q_w + q_o) \tag{4-3-17}$$

将式（4-3-14）至式（4-3-17）联立得到：

$$f_w = \frac{1}{1 + \frac{\mu_w K_{ro} B_w}{\mu_o K_{rw} B_o}\left(1 - G/\frac{\Delta p}{L}\right)} \tag{4-3-18}$$

根据相对渗透率曲线计算出采出程度和含水率，绘制采出程度和含水率的关系曲线，超前注水后，地层压力从 7.3MPa 上升到 9.5MPa，相同采出程度情况下，含水率降低，采收率从 19.89% 增加到了 21.01%，增加了 1.12 个百分点，与岩心水驱实验结果符合。

（四）超前注水有利于建立驱替压力系统，提高原油产量

低渗透油藏最显著的特征是存在启动压力梯度和介质变形现象，因此已有的产量公式不再适用于低渗透油藏。适合超前注水条件，油藏平均压力高于原始地层压力，考虑黏度变化和渗透率变化的油井产量计算公式为：

$$Q_o = \frac{2\pi h K}{\mu_o\left[\ln\left(\frac{r_e}{r_w}\right) + S\right]}\left\{p_e - p_{wf} - \frac{1}{2}(\alpha_k + \alpha_u)\left[(p_{wf} - p_i)^2 - (p_e - p_i)^2\right] - G(r_e - r_w)\right\}$$

$$\tag{4-3-19}$$

从式（4-3-19）可以看出，压差项中除存在启动压力项 $G\left(r_\mathrm{e}-r_\mathrm{w}\right)$ 外，还存在由于压敏作用和脱气导致渗透率降低、黏度增加而引起的附加阻力项 Δp_a：

$$\Delta p_\mathrm{a} = \frac{1}{2}\left(\alpha_\mathrm{k}+\alpha_\mathrm{u}\right)\left[\left(p_\mathrm{wf}-p_\mathrm{i}\right)^2 - \left(p_\mathrm{e}-p_\mathrm{i}\right)^2\right] \qquad （4-3-20）$$

附加阻力项 Δp_a 的大小与流压、地层压力有关，流压降低，压敏作用加重、脱气半径增大，附加阻力增大；地层压力升高，压敏作用减轻、脱气半径减小，附加阻力减小。以长 10 超前注水试验区为例，初始地层压力 p_i=7.3MPa，根据实验数据回归的渗透率变化率和黏度变化率分别为 a_k=0.023MPa^{-1}，a_u=0.035MPa^{-1}。根据式（4-3-19）计算可知，地层压力保持 7.3MPa 不变，流压为 p_wf=2MPa，附加渗流阻力为 0.82MPa；如果实施超前注水，地层压力提高到 9.0MPa，流压为 p_wf=3MPa 时，附加渗流阻力下降到 0.45MPa；反之，如果地层压力下降到 5.0MPa，流压为 p_wf=0.5MPa 时，附加渗流阻力则上升到 1.19MPa。根据稳定渗流压力分布公式，计算不同超前注水时间油井投产后稳定渗流阶段压力分布曲线。结果表明，超前注水后，油层压力提高，生产压差增大，压力梯度增大，同时附加阻力减小，产量提高，根据式（4-3-19）计算出不同地层压力投产时，单井增产幅度，见表 4-3-8。

表 4-3-8　超前注水不同压力条件下投产初期单井增产幅度

地层压力 /MPa	7.3	8.0	8.5	9.0	9.5	10.0
增产幅度 /%	—	8.7	15.3	21.5	27.7	33.6

长 10 区块实施超前注水后，如果压力系数从 0.8 提高到 1.0，投产初期增产幅度为 27.7%。

三、超前注水合理技术参数界限研究

（一）注水压力界限

超前注水过程中，水井的注水压力不应超过地层的破裂压力。如果超过地层破裂压力会使地层中人工裂缝重新开启，形成注入水沿裂缝突进，最终会造成裂缝方向上油井的暴性水淹，影响开发效果。常规砂岩油藏合理注水压力界限按式（4-3-21）计算：

$$p_\mathrm{fmax} = p_\mathrm{f} - \Delta p_\mathrm{i} + p_\mathrm{tL} + p_\mathrm{mc} - \frac{HgD_\mathrm{w}}{1000} \qquad （4-3-21）$$

式中　p_fmax——注水井最高注入压力，MPa；

p_f——油层破裂压力，MPa；

p_tL——油管摩擦压力损失，MPa；

Δp_i——为防止超过破裂压力而设定的保险压差，常取 1.0MPa；

D_w——平均流体密度，g/cm^3，取 0.95g/cm^3；

p_{mc}——水嘴压力损失，MPa；

H——油层顶部深度，m。

统计长 10 区块 5 口探井，破裂压力梯度为 0.0205～0.0380MPa/m，平均破裂压力梯度 0.0285MPa/m。长 10 区块平均油层顶部深度为 800m，计算得出长 10 区块最大井口注入压力为 14.8MPa。

（二）合理注水强度

水井的最大注水强度主要受到储层吸水能力及储层速敏程度影响，在配置注水井日注水量时，应不超过储层的吸水能力及速敏临界流速。

统计长 10 外扩区 2006 年投产 12 口注水井，投产初期注水压力 7.02MPa，平均单井日实注 14m³，注水强度 1.23m³/（d·m）；2008 年 2 月注水压力上升为 10.1MPa，平均单井日实注稳定在 14m³，注水强度稳定在 1.26m³/（d·m）。

朝阳沟油田储层速敏性评价实验研究表明，速敏引起的渗透率损害率由式（4-3-22）计算：

$$D_k = \frac{K_{max} - K_{min}}{K_{max}} \qquad (4-3-22a)$$

式中　K_{max}——临界流速前岩样渗透率的最大值，mD；

　　　K_{min}——岩样渗透率的最小值，mD。

速敏指数 I_v 计算为：

$$I_v = D_k / V_c \qquad (4-3-22b)$$

式中　V_c——临界流速，m/d。

综合评价临界流速为 V_c=4.28m/d。速敏渗透率损害程度为强，速敏性强度为中等偏弱速敏。

根据超前注水井区平均单井砂岩厚度 11.2m，按临界流速为 V_c=4.28m/d，计算平均单井日注水量 20m³。

统计相邻井区 12 口注水井，投产初期注水压力 7.02MPa，平均单井日实注 14m³，注水强度 1.23m³/（d·m）；注水两年后注水压力上升为 10.10MPa。

结合相邻的长 10 外扩区注水井实际生产情况，考虑射孔半径及人工裂缝等因素影响，设计单井日注水量 15m³，注水强度为 1.44m³/（d·m）。

（三）超前注水合理投产时机

以试验区地质模型和油水井射孔条件为基础，通过数值模拟方法研究同步注水、超前注水不同时间对开发效果的影响。试验区块模型平面上 X 方向划分 30 个网格，Y 方向划分 39 个网格，纵向划分 26 个模拟层，总的网格数为 30420 个。实际地质储量为 33.51×10⁴t，拟合地质储量为 34.52×10⁴t，相对误差为 3%。

根据合理注水强度研究，长 10 区块水井注水强度为 1.44m³/（d·m），按此强度配注各水井水量。投产时间按实际投产时间 2009 年 4 月开始，经过计算，不同含水率级别下采出程度见表 4-3-9。

表 4-3-9　不同含水率级别下采出程度（油层平均渗透率 7mD）　　　单位：%

注入时机	采出程度					采收率
	f_w=30%	f_w=50%	f_w=70%	f_w=80%	f_w=90%	f_w=98%
同步注水	5.97	10.66	13.60	15.53	17.45	19.68
超前 3 个月	6.55	11.47	14.59	16.57	18.38	20.95
超前 6 个月	6.82	12.05	15.24	17.32	19.83	21.94
超前 9 个月	6.47	11.94	15.13	17.16	19.62	21.69
超前 12 个月	6.09	11.49	14.69	16.72	18.41	21.23

根据计算结果，超前注水地层压力上升水平及开发效果都比同步注水高，随着超前注水时间的延长，累计注入体积的增多，试验区地层压力及初期日产油量逐步上升，超前注水 3 个月投产，由于此时地层压力才达到 8.97MPa，与同步注水相比，产油量提高幅度小，开发 10 年后采出程度为 13.56%，比同步注水提高 1.61 个百分点；超前注水 6 个月和 9 个月投产，由于此时地层压力已经达到 10MPa 以上，与同步注水相比，产油量提高幅度大，开发 10 年后采出程度为 14.63% 和 14.50%，比同步注水提高 2.68 和 2.55 个百分点；超前注水 12 个月投产，地层压力达到 10.8MPa，开发 10 年采出程度为 14.22%，比同步注水提高 2.27 个百分点；超前注水 12 个月的初期地层压力和日产油量比 6 个月、9 个月高，但是投产后水井流压已经达到破裂压力，注水量降低，地层压力下降快，随着地层压力的降低，产液量和产油量递减得比较快，生产稳定后，产液量、产油量稳定到和超前注水 6 个月、9 个月差不多的水平，开发 10 年采出程度比超前注水 6 个月和 9 个月分别低 0.41 个百分点和 0.28 个百分点，最终采收率分别低 0.71 个百分点和 0.46 个百分点。

相同含水率级别下超前注水 6 个月采出程度和采收率最高，最终采收率为 21.94%，比同步注水提高了 2.26 个百分点，其次是超前注水 9 个月，最终采收率为 21.69%。

仍以试验区地质模型为基础，通过对渗透率乘以适当修正系数的方法，将油层的平均渗透率改变为 4mD 和 13mD，按照渗透率变化，将合理注水强度分别调整为 1.00m³/（d·m）和 1.94m³/（d·m）。通过数值模拟方法研究同步注水、超前注水不同时间对开发效果的影响。计算结果表明，平均渗透率改变为 4mD 时，由于注水强度降低，地层压力上升速度变慢，达到 7mD 油层相同压力水平的时间延长，超前注水低于 6 个月投产，由于此时地层压力没有达到比较高的水平，产量提高幅度小；当超前注水 9 个月或 12 个月以后，地层压力提高到 9.8MPa 以上，产液量保持在较高的水平，10 年采出程度比同步注水分别提高了 2.14 个百分点、2.42 个百分点。不同含水率级别下采出程度见

表 4-3-10，从表 4-3-10 中可以看出，相同含水率级别下超前注水 9 个月与 12 个月采收率基本相当，分别为 16.91% 和 16.97%，比同步注水提高了 3.27 个百分点和 3.33 个百分点，考虑到超前注水 12 个月影响初期累计产量，因此，合理超前注水时机确定为 9 个月（表 4-3-10）。

表 4-3-10　不同含水率级别下采出程度（油层平均渗透率 4mD）　　　单位：%

注入时机	采出程度					采收率
	f_w=30%	f_w=50%	f_w=70%	f_w=80%	f_w=90%	f_w=98%
同步注水	4.56	8.32	9.94	11.03	12.07	13.64
超前 3 个月注水	5.02	8.52	10.65	12.16	13.65	15.18
超前 6 个月注水	5.08	8.79	10.93	12.44	14.10	16.26
超前 9 个月注水	5.31	9.48	11.81	13.56	15.30	16.91
超前 12 个月注水	5.35	9.51	11.84	13.60	15.34	16.97

平均渗透率改变为 13mD 时，由于注水强度提高，地层压力上升速度变快，超前注水 3 个月和 6 个月平均地层压力都可以达到 9.3MPa 以上，产液量保持在较高的水平，10 年采出程度比同步注水分别提高了 1.92 个百分点、1.67 个百分点。超前注水 6 个月以上时，虽然初期地层压力和日产油量比较高，但是投产后水井流压已经达到破裂压力，注水量降低，地层压力下降快，随着地层压力的降低，产液量和产油量递减得比较快，生产稳定后，产液量、产油量稳定到和超前注水 3 个月、6 个月差不多的水平。相同含水率级别下超前注水 3 个月最高，最终采收率为 24.35%，比同步注水提高了 0.83 个百分点，其次是超前注水 6 个月，最终采收率为 24.03%。

通过分析数值模拟计算结果，当地层平均渗透率为 4mD 时，确定超前注水的最佳时机为 9 个月，开发 10 年采出程度比同步注水提高 2.14 个百分点，采收率比同步注水提高 3.27 个百分点；当地层平均渗透率为 7mD 时，确定超前注水的最佳时机为 6 个月，开发 10 年采出程度比同步注水提高 2.68 个百分点，采收率比同步注水提高 2.26 个百分点；地层平均渗透率为 13mD 时，确定超前注水的最佳时机为 3 个月，开发 10 年采出程度比同步注水提高 1.9 个百分点，采收率比同步注水提高 0.83 个百分点。

（四）超前注水阶段压力水平界限

1. 超前注水渗流特征

低渗透油藏超前注水开发分为两个阶段，第一个阶段是超前注水阶段；第二个阶段是油井投产后生产阶段。

1）超前注水阶段

以长 10 区块水井 F180-S99 井为例，研究超前注水不稳定渗流阶段压力分布特征。

压力分布和激动半径计算公式为：

$$p(r,t) = p_{\text{i}} + \frac{1}{86.4 \times 10^{-3}} \frac{Q\mu}{2\pi Kh} \left[\ln \frac{r}{R(t)} + e^{r/R-1} + 1 \right] - G\left[R(t) - r \right] \quad (4\text{-}3\text{-}23)$$

$$R^2 \left[1 + 86.4 \times 10^{-3} \frac{4\pi SKh\lambda}{3Q\mu(4-S)} R \right] = \frac{86.4 \times 10^{-3} \times 4SKt}{\phi\mu C_{\text{t}}(4-S)} \quad (4\text{-}3\text{-}24)$$

式中　　r——井的半径，m；

　　　　R——储油半径，m；

　　　　S——表皮系数。

基本参数：Q=14m³/d，K=7mD，h=8m，p_{i}=7.3MPa，μ_{o}=16.6mPa·s，G=0.029MPa/m，S=−2。根据计算结果，水井投注 2 个月，激动半径为 200m，到达油井 F180-S98，该井点的压力开始上升，到 6 个月，油井井点压力上升到 8.3MPa，油井泄油半径处压力 9.87MPa，其压力变化特征与压力监测资料吻合。

2）油井投产后生产阶段

油田投产后，开始一段为不稳定渗流阶段，以油井 F180-S98 和水井 F180-S99 为例研究投产初期不稳定渗流阶段的压力分布特征。根据计算结果，由于原油黏度大，弹性压缩系数比水高，相同时间激动半径明显小于水井。

油井投产后，由于弹性能量，周围地层压力逐渐降低，而水井由于超前注水已经建立了比较稳定的渗流系统，压力变化不大，到油井投产 6 个月，压力分布曲线基本不发生变化，达到稳定渗流阶段，油井泄油半径处地层压力 9.48MPa。

如果不超前注水，采取同步注水，油井周围地层压力逐渐降低，水井周围压力逐渐升高，虽然也是 6 个月左右达到稳定状态，但此时油井泄油范围内，各点压力明显低于超前注水，而水井周围油层压力有一个明显的上升过程，油井泄油半径处地层压力 7.82MPa，明显低于超前注水。

2. 超前注水压力水平的确定

超前注水地层压力水平受水井破裂压力限制，不能无限制提高。如果油井投产时，地层压力水平较高，虽然初期油井产量高，但由于注水压差小，注水量低，不能满足压力平衡要求，导致地层压力下降。油田正常生产稳定渗流阶段，在油井泄油半径处必定存在一个平衡压力值使油藏注水量和采出量基本达到平衡，该值即是合理压力水平。在此压力水平下投产，油水井压力分布能够很快达到稳定，产量递减慢。

根据前面解析方法计算结果，油井 F180-S98 和水井 F180-S99 定流压生产条件下，超前注水 6 个月，地层压力为 9.87MPa 时投产，即超过原始压力 0.35 倍时，油水井地层压力波动最小，达到稳定渗流时油井泄油半径处地层压力 9.48MPa，仅比投产时下降0.29MPa。如果延长超前注水时间，继续注水，到 12 个月时已超过破裂压力，此时地层压力达到 11.05MPa，超过原始压力 0.5 倍，此时油井投产，初期油井产量高，地层压力下降快，根据不稳定渗流定压条件下压力分布计算公式，计算不同时刻油水井间压力分布特征，当投产 12 个月达到稳定渗流时油井泄油半径处地层压力是 9.51MPa，与超前注水 6 个月投产压力水平相当。

数值模拟计算结果与解析方法计算结果基本吻合，地层平均渗透率为 4mD、7mD、13mD 时，投产后压力都稳定到平衡压力，分别约为 9.5MPa、9.4MPa 和 9.35MPa。

基于上述分析，超前注水平均地层压力保持水平计算公式推导过程如下：

对于反九点井网，水井注水量公式：

$$Q_w = \frac{\pi K_w h(p_{iwf} - p_R - G_w r_e)}{\mu_w \left[\left(\frac{1+F_b}{2+F_b}\right)\left(\ln\frac{r_e}{r_w} + 0.272 + S\right)\right]} \quad (4-3-25)$$

根据反九点井网注采平衡基本条件：$(1-\beta)Q_w = 3Q_o$（β 为注水量外溢系数），参考式（4-3-19），得到超前注水合理压力水平 p_R 计算公式：

$$(1-\beta) \times \frac{2\pi K_w h(p_{iwf} - p_R - G_w r_e)}{\mu_w \left[\left(\frac{1+F_b}{2+F_b}\right)\left(\ln\frac{r_e}{r_w} + 0.272 + S\right)\right]}$$

$$= 3 \times \frac{2\pi h K_o}{\mu_o\left[\ln\left(\frac{r_e}{r_w}\right)+S\right]}\left\{p_R - p_{wf} - \frac{1}{2}(\alpha_k+\alpha_u)\left[(p_{wf}-p_i)^2 - (p_R-p_i)^2\right] - G(r_e - r_w)\right\}$$

$$(4-3-26)$$

以长 10 区块油井 F180-S98 和水井 F180-S99 为例，基本参数：K=7mD，h=8m，r_e=100m，r_w=0.1m，p_i=7.3MPa，p_{iwf}=18MPa，μ_o=16.6mPa·s，μ_w=10mPa·s，α_k=0.023mPa^{-1}，α_u=0.035mPa^{-1}，β=0.286，G=0.029MPa/m，S=-2，p_{wf}=2MPa，F_b=1（角井与边井产量比）。根据公式（4-3-26）计算出超前注水合理的压力水平是 9.68MPa，为原始压力的 1.3 倍。

另外，根据室内实验结果，当地层压力从 7.3MPa 提高到 9.0MPa 后，继续提高地层压力，采收率增加幅度明显变缓，综合考虑超前注水对采收率提高幅度的影响及水井破裂压力限制下注水能力对地层压力的影响，对于长 10 区块欠压油藏，地层压力保持水平应该是原始地层压力的 1.3 倍左右。

四、长 10 南超前注水现场试验效果

（一）试验区概况

1.构造特征

长 10 南超前注水试验区位于薄荷台鼻状构造西南端，北接已开发区长 32 区块南部，

总体上表现为南高北低、向西北方向倾没的单斜构造，斜坡构造倾角小于2°，构造比较宽缓，发育2条近南北向正断层，断层延伸长度为4.1km、4.3km，断距约为30m。

2. 储层特征

1）储层沉积特征

区块扶余油层属于松辽盆地西南保康沉积体系控制的河流—浅水三角洲相沉积，以陆上分流河道和陆上分流间泥的显著沉积特征为标志。利用测井资料，根据"相控旋回等时"的原则，进行单砂体等时对比，将扶余油层细分为41个沉积单元；按照"岩电对应"的原则，根据朝阳沟油田统一测井相模式，进行微相研究，按储层砂体成因可分为4种沉积类型。

2）储层物性特征

根据区块内长32井、长8井两口井扶余油层取心分析，有效孔隙度分别为16.2%、11.1%，平均有效孔隙度13.7%。空气渗透率分别为9.16mD、2.25mD，平均渗透率为8.87mD。

3）储层岩石特征

该区块扶余油层岩性以岩屑长石砂岩为主，石英含量在22.0%～30.0%，平均26.2%；正长石含量一般在23.0%～33.0%，平均27.9%；斜长石含量在2.0%～6.0%，平均4.6%；岩屑含量一般在21.0%～34.0%，平均28.7%；泥质含量一般在2.0%～20.0%，平均9.4%；粒度中值在0.05～0.20mm。以泥质杂基为主，胶结物以方解石为主，分选程度中等，长石风化程度一般为中等，胶结类型以充填—再生式、接触—孔隙式、再生—孔隙式为主，具近物源沉积特征。黏土矿物成分以伊利石为主，含量在20.0%～78.0%，平均44.4%；其次为绿泥石和高岭石，平均含量分别为34.3%、14.4%；略含伊蒙混层。

3. 储层裂缝发育特征

1）天然裂缝

根据长10区块3口井的微电阻率扫描成像和交叉多极子阵列声波测井资料，该区块基本不发育天然裂缝。

2）地应力方向

根据翻144-T6井、翻144-T8井和翻144-T10井的微电阻率扫描成像和交叉多极子阵列声波测井资料，对地应力进行了分析解释。结果表明，该区平均最大水平主应力25.5MPa，最小水平主应力20.8MPa，最大与最小水平主应力差值为4.7MPa，最大水平主应力方位为北东75.0°。

3）人工裂缝方向

对长10区块10口试油井微地震测试人工裂缝监测进行统计分析，人工裂缝主缝方位主要为北东、北东东、北西西向，方位在北东57.4°至北西84.2°之间，北东方向裂缝方位平均67.4°。

4）动态显示

长 10 区块不发育天然裂缝，主要受人工压裂裂缝的影响。已开发区长 46 区块水井排采油井初期平均日产油量 1.9t，稳定阶段平均日产油量 1.0t，含水率 11.9%；其他油井初期平均日产油量 1.6t，稳定阶段平均日产油量 0.8t，含水率 8.5%。可见，与人工压裂裂缝方位一致的注水井排采油井较其他油井日产油量递减略慢，含水上升略快。同时，采油井含水率大于 60% 的 5 口井和邻近注水井连线，与人工裂缝方向基本一致，均为近东西向。因此，人工裂缝可以起到提高油层导压能力、建立有效驱动体系的作用。

4. 流体特征

1）地面原油性质

该区块扶余油层地面原油密度 0.862～0.874t/m³，平均 0.870t/m³，地面原油黏度 17.6～34.0mPa·s，平均 22.0mPa·s；凝点 30.0～38.0℃，平均 34.1℃；含蜡量 16.1%～26.0%，平均 17.1%；含胶量 14.1%～22.6%，平均 19.7%。

2）地层原油性质

根据翻 186–100 井取得的高压物性分析资料，地层原油密度为 0.793t/m³，地层原油黏度 16.59mPa·s，体积系数 1.109，原始气油比 27.3m³/t，原始地层饱和压力 4.5MPa，原始地层压力 7.3MPa。

3）地层水性质

根据扶余油层地层水分析资料，氯离子含量 2910.0mg/L，总矿化度 8950.0mg/L，地层水水型以碳酸氢钠型为主。

5. 油藏压力与温度

（1）压力系统

长 10 区块扶余油层共有 3 口井 3 个层段的实测压力资料，测试海拔在 $-803.52\sim-736.19$m，实测地层压力在 6.94～7.56MPa，平均压力系数为 0.81，属低压油藏。利用压力资料回归出了地层压力与海拔的关系曲线。

$$p_i=-0.0083H+0.6254, \quad R=0.96 \qquad (4\text{-}3\text{-}27)$$

式中　p_i——原始地层压力，MPa；

　　　H——测试海拔，m；

　　　R——相关系数。

2）温度系统

朝阳沟油田长 10 区块扶余油层共录取了 4 口井 4 个层段的地层温度资料，测试深度在 648.0～1050.0m，地层温度在 37.0～54.6℃，平均地温梯度 5.58℃/100m，属较高地温梯度油藏。测试温度与海拔具有很好的线性关系，关系式为：

$$T=-0.0469H+12.612, \quad R=0.99 \qquad (4\text{-}3\text{-}28)$$

式中　T——测试温度，℃；

　　　H——测试海拔，m。

6. 油水分布及油藏类型

该区块扶余油层油水分布，纵向上受重力分异作用，基本遵循上油下水的规律，油层主要集中在扶一组，扶二组以油水同层或干层为主；平面上，油底从北向南随着构造的抬升而升高，全区没有统一的油水界面。

统计超前注水试验区 18 口井的测井曲线，从结果看，扶 $I6_2$ 层以上发育油层；扶 $I7_1$—扶 $II2_1$ 层以油水同层为主，占总层数的 63.9%，受油源不足的限制，在构造高部位发育油层，构造低部位发育水层，在扶 $II2_2$ 层以下主要发育油水同层和水层。

该区块位于薄荷台鼻状构造西南端，为一南高、北低的单斜，处在油气运移通道上，岩性和构造是原油成藏主要控制因素，主要形成构造—岩性油藏。

7. 储层敏感性特征

1）速敏性评价结果

综合评价临界流速为 v_c=1.98m/d，速敏渗透率损害程度为强，速敏性强度为中等偏弱速敏。

2）水敏性评价结果

根据水敏实验评价结果，综合评价为强水敏。

3）盐敏评价结果

绘制 3 块岩样渗透率随盐度变化曲线，可以得到临界盐度为 3165mg/L。

4）酸敏性评价结果

测得地层水的渗透率（K_i），注入 1 倍孔隙体积（PV）的酸液，酸液配方为 12%HCl 和 3%HF，模拟酸反应时间 1h，测量岩样渗透率（K_{ia}），计算酸敏指数（I_a）。3 块岩心的评价结果为强酸敏。

5）碱敏性评价结果

统计 pH 值与岩样渗透率的关系可以看出，临界 pH 值为 10。综合评价结果为弱碱敏。

8. 试验区开发概况

试验区含油面积 0.72km^2，动用地质储量 33.51×10^{4}t，采用排距 200m、井距 240m 的反九点菱形井网开发。于 2009 年 4 月份，5 口注水井开始超前注水；10 月份（超前注水 6 个月）油井投入生产，超前注水期间累计注水 1.35×10^{4}m^3，为试验区储层孔隙体积的 0.016 倍。目前共投产油水井 18 口，其中油井 13 口，年产油 0.52×10^{4}t，累计产油 0.702×10^{4}t，采油速度 1.52%，采出程度 2.09%；注水井 5 口，年注水 3.55×10^{4}m^3，累计注水 4.9×10^{4}m^3，为孔隙体积的 0.059 倍，综合含水率 11.9%。目前地层压力 7.90MPa，总压差 0.60MPa，地饱压差 3.40MPa。

（二）超前注水工作中的做法

1. 合理部署井网，提高井网适应性

长 10 区块平均有效孔隙度 13.7%，平均渗透率为 8.87mD，最大水平主应力方位为

北东 75.0°。人工裂缝主缝方位主要为北东、北东东、北西西向，方位在北东 57.4° 至北西 84.2° 之间，北东方向裂缝方位平均 67.4°。因此采用矩形井网开发可拉大井距，缩小排距，降低启动压力，建立有效驱动体系，这是近几年形成的共识，也是特低渗透油藏有效的开发井网形式。

1）经济极限井网密度

在现有成本条件下，计算了原油价格（税后油价）在 40 美元 /bbl 条件下，长 10 区块扶余油层经济极限井网密度 67.2 口 /km^2，油层厚度下限 4.9m。

2）合理的排距

应用式（4-3-29）试算法可以求出给定注采压差和油层渗透率条件下的极限注采排距：

$$\frac{p_H - p_w}{\ln \dfrac{R}{r_w}} \frac{2}{R} = \lambda \qquad (4-3-29)$$

式中 p_H——地层压力，MPa；

　　　p_w——油井流压，MPa；

　　　R——供油半径，m；

　　　r_w——油井半径，m。

由式（4-3-9）计算朝阳沟油田长 10 区块扶余油层极限注采排距为 220m。

应用外围油田有效驱动距离与油相流度的回归关系式可计算有效驱动距离：

$$L_{有效} = 278.26M - 7.11，R = 0.9115 \qquad (4-3-30)$$

式中 $L_{有效}$——有效驱动距离，m；

　　　M——油相流度，mD/（mPa·s）。

长 10 区块流度为 0.53mD/（mPa·s），代入式（4-3-30），求得有效驱动距离为 140m。

综合以上分析，确定长 10 区块排距小于 200m。

3）合理井排距比

根据经验，矩形井网合理井排距比与渗透率存在一定关系。长 10 区块的合理井排距比为 2.5。考虑该区块主裂缝方向为近东西向，适当减小井排距比可避免沿裂缝方向注水而导致水淹；同时，该区块砂体展布方向为近南北向，近似垂直于注水井排方向，可适当增大排距。综合分析认为，长 10 区块合理井排距比为 1.5~2.5。

4）合理的井距

根据长 10 区块地震—地质砂体预测结果，主力层砂体呈断续条带状、条带状和片状分布，砂体宽度多为 300~900m，为使井网能有效控制住砂体，井距不宜过大，井距应控制在 350m 以内。

通过以上分析，经过数值模拟优化，确定长 10 区块扶余油层井排方向采用东西向，采用排距 200m、井距 240m 反九点菱形井网开发，有利于后期转成沿裂缝向两侧驱油的线性注水井网。

2. 优化压裂设计，保证油井生产能力

通过室内模拟研究、邻近井区现场效果及相关测试，确定了开发井压裂方案。

压裂规模：油井穿透比 0.6～0.7，注水井穿透比 0.8～0.9。

裂缝导流能力：25～30D·cm。

压裂液：采用 CH-05 为稠化剂、硼砂为交联剂、适用于 47.5℃左右的地层温度的低伤害压裂液。

在具体设计施工中，采用了个性化压裂设计，各类油层采用了不同的压裂缝长，保证了储层的导流能力，保持较高的穿透比（表 4-3-11）。

表 4-3-11 超前注水试验区压裂规模统计

分类	井数 /口	砂岩厚度 /m	有效厚度 /m	平均破裂压力 /MPa	单井加砂量 /m³	加砂强度 /（m³/m）	单井进液量 /m³	进液强度 /（m³/m）	穿透比
水井	5	10.5	8.0	24.2	24	2.29	149	14.19	0.8～0.9
油井	13	11.4	8.8	22.7	26	2.28	140	12.28	0.6～0.7
合计 /平均	18	11.2	8.6	23.1	25	2.28	143	12.77	0.6～0.9

3. 加强各环节油层保护工作，防止储层伤害

开发试验区从钻井到射孔、压裂都加强了油层保护及现场质量跟踪检查。

一是采用屏蔽暂堵技术，钻井时钻井液密度控制在 1.2 以下，失水量小于 5mL。

二是在射孔质量监督方面，质量监督做到"三到现场"，即射孔作业前到现场，射孔时到现场，交接井时到现场，有效地提高了射孔质量。

三是针对该区块油层低孔、低渗透，易水敏且原油物性差，压裂施工易伤害油层的问题，在保护油层方面应用以下几项措施：应用低温破胶体系实现快速破胶、强制闭合，采用油嘴控制放喷，避免地层吐砂；压裂后以提捞的方式在 24h 内及时进行排液，平均返排率达到 74.83%，最大限度地减轻压裂液对地层的伤害。

四是坚持注入水质标准，减少注入过程中的储层伤害。为减少注水过程中对储层伤害，试验区注入水按 SY/T 5329—2022《碎屑岩油藏注水水质指标技术要求及分析方法》及 Q/SY DQ0605—2006《大庆油田油藏水驱注水水质标准》，加强注入水质的管理。水质各项指标严格控制在以下范围，悬浮物含量不大于 1.0mg/L、粒径中值不大于 2.0μm、腐生菌和铁细菌均不大于 $n \times 10^2$ 个 /mL（ $0 < n < 10$ ）、硫酸盐还原菌含量应不大于 25 个 /mL、溶解氧含量不大于 0.5mg/L、含油量不大于 5mg/L。从 2010 年水质状况统计来看，各项指标均合格。

五是针对储层压敏特点，采用了超前注水 6 个月的注水方式，使地层压力保持在较高水平，防止油层渗透率下降；针对储层速敏特点，设计单井日注水 15m³，注水强度为 1.44m³/（d·m），控制注水井的注入速度在临界流速以内。同时为减少层间矛盾，采用分层注水方式。

（三）超前注水现场试验效果

1. 试验区开发效果

1）注水压力上升缓慢，油层保持较强的吸水能力

超前注水 5 口井初期平均单井注水压力 5.0MPa，日注水 16m³；两个月后注水压力上升到 8.3MPa，日注水 13m³，视吸水指数由初期的 3.20m³/（d·MPa）下降到 1.7m³/（d·MPa），此后视吸水指数基本保持稳定。2010 年 12 月，注水压力 10.5MPa，日注水 18m³，视吸水指数 1.71m³/（d·MPa）。与邻近同步注水井区相比，注水压力、注水量、油层吸水能力变化情况保持一致。

从 2 口注水井的吸水剖面对比结果来看，超前注水初期全井吸水厚度比例 100.0%，吸水强度 2.63m³/（d·m）；油井投产 8 个月后（注水 14 个月），主力油层吸水厚度比例 100.0%，继续保持较强的吸水能力，非主力油层吸水厚度比例下降为 73.7%。与邻近同步注水井区、滞后注水井相比，超前注水井投注后油层动用状况较好。

通过对试验区翻 176-斜 97 井及翻 180-斜 97 井注水井吸水指示曲线分析，可以看出 2009 年 11 月油井刚投产两个月时指示曲线，与投产前吸水指示曲线对比，吸水压力上升，吸水能力无变化，反映投产时间较短，水井附近压力持续抬升，2010 年 4 月及以后吸水指示曲线向注水轴偏转，说明水井附近压力得到疏导，油水井间建立起驱动体系，水井吸水能力上升。

邻近同步注水井区翻 180-斜 94 井、翻 176-斜 94 井 2007 年 12 月投注，吸水指示曲线持续向压力轴偏转，反映吸水能力下降，目前吸水能力基本稳定。

从超前注水井区及邻近同步注水井区对比来看，同步注水指示曲线变化较为单一，主要是随着注水时间延长吸水能力下降，两年后基本稳定；超前注水期间及油井投产后一段时间内，超前注水指示曲线变化较为复杂，反映了油水井间压力传导的过程，随着油水井间的稳定渗流，吸水能力也会达到稳定阶段。

2）地层压力保持在原始地层压力水平的 113.0%

从 18 口油水井原始地层压力测试结果来看，试验区原始地层压力 7.30MPa，压力系数 0.81。试验区两口油井的测压资料表明，超前注水 5 个月时，地层压力已恢复为 8.25MPa，保持在原始地层压力水平的 113.0%，压力系数提高到 0.92。地层压力恢复水平超过方案设计的 107.0% 指标。

水井排油井压力恢复水平较高，超前注水三个月时地层压力 8.59MPa，保持在原始地层压力水平的 117.7%，压力系数提高到 0.93。并且生产井投入生产后，地层压力仍保持在较高的水平上。如翻 184-斜 98 井，有效厚度 6.2m，连通厚度 6.2m，发育一个主力

油层 F I 4，厚度 2.2m；发育两个非主力油层 F I 3_1 和 F I 3_2，厚度分别为 3.2m、0.8m。投产初期日产油量 2.3t，采油强度 0.37t/（d·m）；投产 6 个月（2010 年 4 月份）时，日产油量 2.0t，递减幅度为 13.0%，定点测试地层压力 8.85MPa，仍高于原始地层压力 1.55MPa，保持在 121.2% 的水平，压力系数 0.98。

油井排油井压力恢复水平相对较低。超前注水三个月时地层压力为 7.9MPa，保持在原始地层压力水平的 108.2%，压力系数提高到 0.88。生产井投入生产后，地层压力恢复速度慢。如翻 182−斜 97 井有效厚度 4.0m，连通厚度 3.0m，发育两个主力油层 F I 4 和 F I 5_1，厚度分别为 2.2m、0.8m；发育一个非主力油层 F I 3_1，厚度 1.0m。投产初期日产油量 2.4t，采油强度 0.60t/（d·m）；投产 6 个月（2010 年 4 月份）时，日产油量 1.9t，递减幅度为 20.8%，定点测试地层压力 6.94MPa，为原始地层压力的 95.1%，压力系数 0.77。虽然低于原始地层压力，但是仍高于其他注水开发方式压力水平。

3）油井保持较高的生产水平，递减幅度较小

油井初期平均单井日产液量 2.2t，日产油量 2.0t，含水率 9.1%，采液强度 0.27t/（d·m），采油强度 0.24t/（d·m）。2010 年 12 月，平均单井日产液量 1.9t，日产油量 1.5t，含水率 21.9%，采液强度 0.23t/（d·m），采油强度 0.18t/（d·m），日产油水平高于邻近区块同步注水井区。

从试验区油井递减规律来看，投产初期 4 个月产量递减相对较快，第四个月时日产油递减幅度为投产初期的 20.0%，半年后产量基本保持稳定。2010 年 12 月油井投产 14 个月，日产油递减幅度为 25.0%，低于同步注水同期递减幅度。

与朝 1−55 同步注水区及朝 45、翻身屯滞后注水区对比，在投产近一年时，超前注水井区产量下降幅度低 29.3～43.6 个百分点。

4）油井投产初期层间动用状况均匀

从产液剖面测试结果来看，两类油层动用比较均匀，主力油层、非主力油层产液强度在 0.50t/（d·m）左右。

2. 油井受效规律分析

1）水井排油井比油井排油井受效好

从试验区内不同井排油井生产水平看，水井排油井初期采油强度 0.35t/（d·m），2010 年 12 月为 0.26t/（d·m），高于油井排油井的采油水平。

长 10 区块 10 口试油井微地震测试人工裂缝监测表明，人工裂缝主缝方位主要为北东方向裂缝方位 67.4°，与井排方向夹角 7.4°，方向基本一致。受此影响，水井排受效比油井排好，在前面论述中提到的油井排地层压力恢复水平差异也反映了这一点。

试验区外侧后投产井 4 口，2010 年 3 月投产，试验区内长期测压井 2 口，2010 年 9—11 月投产。按油水井排分类统计，水井排产量明显高于油井排。

2）连通水井多，油井受效好

对试验区内不同连通情况油井生产情况进行统计，双向及以上连通油井初期产量高于单向连通井，目前单井产量基本一致；双向及以上连通油井采油强度高于单向连通油井。

通过以上分析，说明长 10 南超前注水试验区块生产动态变化主要受到储层人工裂缝、井距、注采关系及油层发育的影响。

3）储层渗透率高，油井受效好

试验区主力油层平均渗透率 9.37mD，其中小于渗透率平均值油井 6 口，平均主力油层厚度 5.5m，平均地层系数 39.2mD·m，投产初期日产油量 1.7t，目前日产油量 1.3t；大于渗透率平均值的油井 5 口，平均主力油层厚度 4.8m，平均地层系数 47.11mD·m，投产初期日产油量 2.3t，目前日产油量 1.7t。

3. 长期测压井压力恢复情况

为了观察超前注水期间采油井地层压力、注水井流动压力变化情况，2009 年 4 月份，优选 1 口水井（翻 180- 斜 99 井），2 口油井（翻 180- 斜 98 井、翻 178-97 井）下入长期压力监测仪器，监测压力变化情况。分析表明，在不同井排上，压力传导需要不同的时间。

其中翻 180- 斜 98 井是水井排一口油井，离注水井 240m。该井中深 919.0m，仪器下入深度 897m，测得原始地层压力 7.5MPa。该井在关井 70d 时，地层压力恢复到 7.51MPa，此后压力恢复曲线上升速度加快，反映出超前注水受效。由此说明，注采井距 240m 的水井排油井超前注水两个月即可受效。

翻 178-97 井是油井排一口油井，离注水井 200m。该井中深 898.1m，仪器下入深度 851.4m，测得原始地层压力 8.06MPa。该井在第一段压力监测末点压力 7.9MPa，用时 103d，而第二段末点压力 7.98MPa，用时 30d。说明第一段末期该井已经注水受效，压力恢复速度加快。即注采井距 200m 的油井排油井受效时间为三个月。

从 2 口油井长期压力监测结果来看，水井排油井压力恢复速率及压力恢复水平高于油井排油井，注水井排油井注水受效时间较短，油井排油井注水受效时间较长。说明不同裂缝方向的油井受效时间差异较大，水井排油井渗流能力明显强于油井排油井。

五、超前注水开发低渗透油藏应用界限

（一）适用于超前注水开发的低渗透油藏压力系数范围

长 10 区块属于欠压油藏，压力系数 0.8，平均原始地层压力只有 7.3MPa，提高地层压力空间较大。如果压力系数提高，油藏地层压力增大，与平衡压力的差别逐渐减小，超前注水可提高油层压力的降低幅度。另外，油藏正常生产稳定渗流条件下，平衡压力主要受油、水井流压影响，如果水井流压升高，平衡压力随之升高。对于低渗透油田，生产井流压都比较低，一般为 1~2MPa，变化幅度不大；水井最大流压主要受油层破裂压力限制，随着油藏埋深增加，油层破裂压力逐渐增大，水井最大流压随之增大，统计了水井最大流压、油藏平衡压力与埋深关系。

根据不同压力系数，计算了油藏初始压力与埋深关系曲线，并将平衡压力绘制在同一

个曲线图中，结果表明，相同压力系数下，原始压力、油藏生产后的平衡压力与埋深基本同步增大。

根据不同压力系数油藏实施超前注水后压力水平与原始地层压力之间倍数关系，可以看出，相同压力系数油藏，超前注水后地层压力与原始地层压力比值基本不随埋深发生变化；但随着压力系数的增大，提高倍数逐渐降低。油藏压力系数 0.8 时，超前注水压力水平是原始地层压力的 1.3 倍；油藏压力系数 0.9 时，超前注水压力水平是原始地层压力的 1.2 倍；油藏压力系数 1.0 时，超前注水压力水平只是原始地层压力的 1.1 倍。上述结果表明，压力系数小于 1 的油藏，可以实施超前注水。

（二）适用于超前注水开发的低渗透油藏流度范围

超前注水提高地层压力可以减小启动压力梯度影响，提高采收率和单井产量，而启动压力梯度受渗透率和原油黏度的影响，以长庆西峰油田百马区为例，该油田也是低渗透油田，平均渗透率只有 1.77mD，但原油黏度低，平均为 2.1mPa·s，相同渗透率级别下，岩心喉道半径比大庆外围低渗透油层岩心喉道半径大，启动压力梯度小。该油田自 2003 年开始超前注水，取得了良好的开发效果。根据长庆油田超前注水取得的成功经验，适合超前注水的地质条件不仅和油层渗透率有关，而且和原油黏度有关，但最终都归结到启动压力梯度上，因为超前注水的主要机理是提高驱动压力梯度，降低启动压力梯度影响。为此，统筹考虑渗透率和原油黏度，根据朝阳沟油田和长庆西峰油田启动压力梯度与渗透率关系曲线，回归出启动压力梯度和流度之间的关系，然后开展了不同井距超前注水流度动用下限非达西数值模拟研究。

模型参数仍以长 10 区块为基础，油藏中部深度 900m，原始地层压力 7.3MPa，采用反九点井网，实施超前注水 6 个月，地层压力提高到 9.5MPa，达到原始地层压力 1.3 倍，即超前注水使压力系数达到 1.05 时，油层能够动用的最低流度界限，以及同步注水地层压力下降油层能够动用的最低流度界限，见表 4-3-12。

表 4-3-12　不同地层压力水平、不同井距流度动用下限

地层压力水平 / MPa	流度动用下限 /〔mD/（mPa·s）〕				
	100m	150m	200m	250m	300m
5.8	0.22	0.25	0.28	0.31	0.37
7.3	0.13	0.16	0.20	0.23	0.29
9.5	0.11	0.14	0.16	0.20	0.25

计算结果表明，200m 井距条件下，超前注水压力系数达到 1.05 时，流度下限是 0.16mD/（mPa·s），如果井距增加到 300m，超前注水流度下限是 0.25mD/（mPa·s），如果井距减小到 100m，超前注水流度下限是 0.11mD/（mPa·s）；由于朝阳沟油田启动压力梯度在流度小于 0.16mD/（mPa·s）后急剧上升，因此，对于流度小于 0.16mD/（mPa·s）

的油层，即使实施超前注水仍然不能有效动用。综上分析，朝阳沟油田适合超前注水的流度下限是 0.16mD/（mPa·s）。从而可以得到不同井距、不同地层压力水平条件下低渗透油层能够动用的流度下限。

根据启动压力梯度与流度关系，当流度增大到 0.6mD/（mPa·s）（对于长 10 区块，对应渗透率 10mD，黏度 16.6mPa·s）以上时，启动压力梯度小于 0.02MPa/m，已经变得非常小。根据岩心实验结果，油层渗透率大于 10mD 以后，超前注水提高采收率幅度很小，只有 0.3 个百分点；对于实际油藏，同时要考虑启动压力梯度对波及系数的影响，根据前面非达西数值模拟理论计算结果，渗透率大于 10mD 以后，对于压力系数是 0.8 的欠压油藏，波及系数已经达到 95% 以上，超前注水提高采收率的幅度越来越小。如对于渗透率为 13mD 的油层，超前注水只提高采收率 0.65 个百分点，随着渗透率的增加，超前注水对采收率的影响越来越小，超前注水只能够提高欠压油藏的初期产量。另外，根据室内实验结果，对于渗透率小于 10mD 的岩心，尤其是渗透率小于 5mD 的岩心，孔隙流体压力下降对渗透率、孔喉半径、配位数的影响十分显著，与同步注水相比，采用超前注水保持油藏压力，能够避免油层伤害，防止油井产量和采收率大幅度下降。而对于渗透率大于 10mD 的岩心，孔隙流体压力下降对渗透率、孔喉半径、配位数的影响明显变弱，同步注水与采用超前注水相比，油层伤害程度不大，采用同步注水可以逐渐恢复油井地层压力。因此，长 10 区块原油黏度为 16.6mPa·s 条件下，适合超前注水的渗透率范围是 2.7～10mD。

综合考虑渗透率和原油黏度的影响，适合超前注水的流度范围是 0.16～0.6mD/（mPa·s）。

（三）超前注水技术应用前景预测

目前长垣外围油田探明未动用储量主要位于朝阳沟滚动扩边区、肇源油田双城油田。其中肇源油田地质储量 1519.55×10⁴t，储层物性差，目前技术条件下无法动用；双城油田地质储量 417.28×10⁴t，储量丰度低，仅 16.96×10⁴t/km²，目前经济条件下动用难度大；朝阳沟滚动扩边区地质储量 2381.69×10⁴t，是今后通过分类优选评价、分期分批择机动用的主要对象。均为低渗透—特低渗透扶杨油层，具有渗透率低、流体性质差、储量丰度低、油藏欠压等特征，这部分储量未来都要采用超前注水开发技术进行开发。

第四节　高含水后期萨葡油层单砂体注水开发技术政策界限

大庆外围油田经过近 40 年的注水开发，萨葡油层含水率已超过 80%，进入高含水后期开发阶段，主要存在以下问题：一是开发技术上，原有注水细分界限较笼统，无法适应高含水阶段细分单卡的需要。原来以砂岩动用程度 80% 为目标，通过拟合层段砂岩厚度、油层数、渗透率变异系数与动用程度关系式，确定了"345"（层段砂岩厚度小于 3m、油层数不超过 4 个、渗透率变异系数低于 0.5）的细分调整界限。油田进入高含水后期开发阶段后，原有的细分界限过于笼统，对于层段单卡已不适用，需要研究新的细分标准。二是油藏描述上，垂向单砂层划分不够精细，多个不同期次的砂层勾绘在一起，连通关系及剩余油认识不清。三是注水工艺上面临四大技术难点，受限于隔层、卡距等工艺限制，注水井细分程度低，无法满足精准注水需求。精准注水是现阶段控制自然递减最经济、最有效的技术手段，因此基于地质认识不断深化，建立发展单砂体精准注水手段[7-9]，以不断改善外围油田注水开发效果。

一、单砂体刻画技术

（一）明确单砂体定义

储层单砂体细分实质就是对分支河道与水下分支河道形成的复合河道砂体进行单一期次河道砂体识别，查明单砂层间的接触关系，从垂向和平面两个方向入手逐步解剖认识复合砂体的内部非均质特征，从而最终明确单一期次河道单砂体的空间展布及连通关系。

梳理与单砂体相关度较高，且比较常见、适合研究区的五个概念（表4-4-1），不论是沉积概念还是对比概念，在实际工作中都要先进行油层划分对比，因此前四个都属于二维油层对比范围内，精细程度不同，也最常用；而连通体属于三维集合体，挖潜最终目标。从某种意义来讲，单砂体研究也是遵循先细分对比，然后再回归沉积、开发概念上来的路线。本次研究的范围就是属于连通体的层次。

表4-4-1 单砂体相关概念描述表

术语	成因描述	大致对应层级	概念性质
复合河道	一个完整旋回内多期叠置的河道砂岩	小层	沉积及地层对比的概念范畴，属单纯二维细分
单层砂	沉积单元内按照标准划分的自然砂层，包括河道和河间两种成因	沉积单元	
单期次河道	复合河道内部可划分的单一期次河道	河道内部更细时间段内的单一期次河道，按需求划分长度和不同时间段	
单成因砂体	相同成因环境下沉积的砂体，侧重平面描述		
连通体	各砂体互相连通形成的复合体	几个沉积单元的复合体	属空间组合描述范畴，措施挖潜最终目标

从垂向、平面、空间三方面，静态描述上，单砂体是指由一个或多个单成因砂体组成，平面连续、垂向连通，且四周被泥岩或非渗透层分隔的空间连通砂体。开发上，单砂体为独立渗流单元体，水动力特征相近，能实现压力传递。单砂体识别及分类原则：（1）沉积微相或微相组合一致；（2）平面砂体规模接近；（3）纵向结构单元叠加期次接近；（4）砂体形态相似。单砂体类型分为孤立型、叠加型、切叠型。

（二）发展了河道内部单成因砂体垂向划分方法

1. 沉积单元内细分单砂层

采用"旋回对比、分级控制"等综合对比方法，以沉积单元内砂岩间的泥岩隔层为主要标准层，以夹层等为辅助标准层，按照"点—线—面"的逐级闭合流程，建立对比剖面，细分单砂体。

1）采用不同级别的标准层控制砂岩组对比

标准层是指在大套沉积地层的上部、下部通常会存在大面积分布的"标准等时面"。利用标准层识别可以准确标定大套沉积地层的顶底，对整套沉积地层内的短周期旋回划分起着准确的整体控制作用。参照层指大套沉积地层内具有独特电性特征、明显区别于上下相邻地层、平面上易于识别与对比，并能在小范围内可连续追踪的薄层沉积物，其对大套沉积地层内短周期旋回对比起到了很好的局部控制作用。在河流—三角洲沉积体系中，溢岸沉积（特大洪水漫流沉积）、决口扇沉积、分流间湖泊或洼地沉积、分流间特殊薄层沉积（沼泽煤层、高电阻率钙层）、宽阔同期河道旋回顶面、三角洲内前缘亚相中水下分流河道间的薄层砂底面都是很好的"参照等时面"。

采用单一"参照等时面"对比：针对在一定范围内垂向特征明显、平面分布具有一定稳定性的"参照等时面"，向邻井对比追踪，直至该"参照等时面"特征变得不明显或彻底消失。

采用"参照等时面"交替衔接对比：针对参照层分布面积小，相对不稳定，在同一套沉积地层内往往发育多个"参照等时面"情况，当一个"参照等时面"向周围变为不明显或不易识别或不存在时，而在其紧邻的上部或下部会存在另一个新的"参照等时面"，由此起到衔接作用，这样不断向四周对比，其实质是在不同小面积分布的各"参照等时面"交替衔接中起到了在大面积内一个"标志等时面"的作用。由于"参照等时面"的垂向多层性和平面多个性，这一方法可普遍应用，这无疑大大提高了"参照等时面"的应用范围。

2）采用沉积模式和平衡厚度控制小层对比

旋回对比实际上是用离散井点资料去恢复地下岩层的空间展布关系，而这一展布关系是受其形成时沉积环境及其演化所控制的。所以反对比过程中，用沉积模式及规律指导对比，对提高对比可靠性是有帮助的。在沉积过程中主要包括三种地层发育模式：

（1）相变模式，由河道沉积变成河间沉积，沉积厚度要发生很大变化，因此不能按照发育河道的单元厚度来对比发育河间的单元厚度，造成窜层，也不能用发育河间的单元厚度来对比发育河道的单元厚度，造成河道旋回不完整，按照河流由河道到河间的演变规律进行旋回对比，一期河道可能对应一期或多期河道。

（2）下切模式，一般来说河道具有很强的下切能力，因此与邻井对比时河道厚度增大，单元底界会加深，有时会切到下单元厚度一半以上，因此在对比时利用标准层控制层位，细致分析河道切叠关系。

（3）叠加模式，不同时期发育河道砂体会发生接触时，晚期沉积对早期沉积进行切割叠加，如果切割较弱，会把早期顶层的河间亚相切掉而叠加到该期砂体之上。

3）旋回对比、分级控制、不同相带区别对待

在砂岩组内部根据河流—三角洲沉积的不同相带砂体发育的不同模式，分别采取相应的方法划分对比沉积单元。

（1）外前缘相砂体对比方法。

外前缘相构造平缓、水流稳定、砂体分布均匀。在对比时主要以小层／小旋回的界线为控制，按照同个小层内的席状砂层位稳定、岩性相近、曲线形态相似、厚度比例相近等的特征划分对比小层。

（2）河流相砂体对比方法。

河流相砂体具有水动力强、大套砂体孤立或分期切叠分布特点。采用河流相的不等厚对比方法划分对比沉积单元，即以完整或不完整的一次河流旋回层的界线为层位控制，按照同一沉积单元内河流相的透镜状砂体厚薄不等、宽窄不一、岩性突变、曲线形态各异和波状起伏的层位特征划分对比沉积单元。

（3）三角洲内前缘相砂体对比方法。

三角洲内前缘相砂体兼具了外前缘相和河流相砂体特点。针对面积大、分布稳定的席状砂采用外前缘相小层对比方法；针对分散发育、互相切割的水下分流河道等厚砂体采用河道砂岩的划分对比方法。

2. 建立夹层识别方案

野外露头分析：借鉴沉积环境相近的水下分流河道野外露头，指导本区夹层描述识别。

改进夹层识别方法。以野外露头分析为指导，针对夹层识别难度大的问题，依据通过岩心观察识别的216个夹层为样本点，以微球电阻率回返率及电阻中值为衡量标准，改进了夹层识别方法，判别了三类夹层，识别精度提高了7个百分点，实现了0.2m以上夹层精准识别。

明确夹层空间展布特征。应用对子井垂向加积模式追踪井间夹层，依据展布规模、与注采井匹配关系，划分为注采稳定、聚油稳定、不稳定三种展布特征，评价了各类阻流和遮挡能力，明确了空间几何参数，厚度在0.1～0.5m之间，倾角在5°以内，产状近水平，垂直水流方向延伸80～400m。

3. 形成单砂层垂向划分模式

以层次界面分析为基础，沉积单元内，按照垂向"砂层错位、多层间隔发育"的原则细分单砂层，综合砂岩厚度、砂岩及隔夹层钻遇率，确定了不同亚相单砂层垂向细分标准。

以夹层识别为基础，针对垂向单砂层划分方法笼统单一的问题，运用4～6级层次界面分析，拓展细分原则，建立单砂层定量细分标准，融合地震反演，构建了垂向划分模

式。依据垂向分层模式，结合区域储层发育特征，开展针对性垂向单砂层划分。

北部三角洲分流平原相，将13个沉积单元细分为25个单砂层。中部内前缘相沉积砂体，将13个沉积单元细分为18个单砂层。中南部前缘相沉积砂体，将13个沉积单元细分为18个单砂层。南部外前缘相沉积砂体，沉积单元数少，将7个沉积单元细分为8个单砂层。

（三）完善了单期河道边界识别与刻画技术

单砂体分布描述按照"测井定微相类型、地震预测定砂体走向、示踪监测验证，能量定量刻画"思路进行，综合测井相、地震储层预测砂体图和沉积模式等资料成果，建立了一套井震联合精细刻画方法和技术流程的"四步走"法：一是模式定性为主，通过砂岩等厚图定趋势，完善测井相模式，进行沉积模式定性分析，综合"顶面高程差、厚度差、河间相变"划分单河道边界；二是井震预测为辅，依据井震结合预测成果，曲线优选及波形指示反演剖面，地震预测表征变差带，定量刻画砂体平面体展布；三是示踪剂监测验证砂体连通性，通过见示踪剂和未见示踪剂，划分新边界；四是能量相砂体定量刻画方法，计算平面水动力因数：

$$E_{\mathrm{h}} = \sum_{i=1}^{n}\left(1 + \frac{\mathrm{GR}_i + \mathrm{SP}_i + \mathrm{RLLD}_i}{3}\right)^2 \Delta h \qquad （4-4-1）$$

式中　　E_{h}——水动力因数；

　　　　GR——自然伽马，API；

　　　　SP——自然电位，mV；

　　　　RLLD——深侧向电阻率，$\Omega \cdot \mathrm{m}$；

　　　　Δh——有效厚度，m。

水动力因数包含岩性、渗透率、含油性、规模等因素。高能量分流河道—低弯曲河道，水动力因子4.5～20；高能量分流河道—顺直河道，水动力因子2.0～4.5；低能量窄小河道—低弯曲河道，水动力因子4.5～10；低能量窄小河道—顺直河道，水动力因子0～4.5。采用"四步走"后2m以上砂岩预测符合率83%，较以往提高6个百分点。

针对窄薄砂体预测精度低的难点，建立了"模式定性指导、井震定量刻画、油水监测验证"的三步刻画技术，重现被掩盖的非优势相砂体。

（四）拓展了单砂体空间结构表征方法

针对常规建模无法刻画夹层及河道内部结构的问题，采用平面和垂向双控的建模技术刻画河道边界形态，通过垂向细化网格、编制计算机程序，自动嵌入小尺度夹层，实现了单砂体内部空间结构的精准表征。

依托砂体空间结构表征技术，通过逐井层解剖，划分为5种空间展布特征，解剖前后对比，单砂体个数由6617个增加到11369个；细分后河道砂体宽度由190m变为150m。

二、建立了单砂体剩余油、流场及势能场分布定量表征方法

针对黑油模拟描述剩余油手段单一、认识局限的问题，选取典型区块，融合流线、势能模型，从多视角创新模拟方法，实现了剩余油、流场及势能场的一体化表征，提高了模拟精度。

黑油常规差分模型、流线模拟方法、势能评价方法均可用于剩余潜力的评价，各具优缺点（表 4-4-2）。

表 4-4-2　三种剩余油评价方法的原理及优缺点

分类	原理	优点	缺点
常规有限差分模型	在油藏划分网格的基础上采用有限差分方法进行空间和时间离散化，用有限差分方法求解偏微分方程组，求解区域内的有限个点上形成的相应的代数方程组	（1）油藏数值模拟基础核心算法。 （2）适用油藏类型广泛，适用于黑油、干气、挥发油、湿气等各类油气藏模拟	（1）计算速度慢。 （2）对网格大小和方位依赖性较强。 （3）计算精度低
流线模拟方法	流线模拟法将基于二维或三维网格的求解饱和度场问题转化成沿着流线的一维饱和度求解问题	（1）运算速度快。求解饱和度场时把三维求解转换为一维求解，减小了运算量。 （2）可视化好。直观显示注采井间的流动耦合关系。 （3）可以确定注水区域的波及体积。 （4）减小了网格和时间步长的影响	（1）平面及纵向上的剩余油连续分布不直观。 （2）平面及纵向上的压力连续分布不直观
势能评价方法	油气藏注水开发过程中，势能主要受到重力、浮力、生产压力，以及毛细管力4种应力共同作用，本地区以生产压差占势能主导作用	（1）直观显示油藏的注采能力状况。 （2）均质油藏和注采条件不变情况下，与注采动用状况匹配较好	非均质油藏和注采条件变化较大的情况下，井间动用状况无法单一参照能势判别

黑油模型优点：（1）准确判断剩余油的分布情况，（2）准确判断剩余油的储量分布；缺点：（1）无法准确判断储层流场变化，（2）计算速度慢，计算精度低。

流线模型优点：（1）准确判断流场强弱及水驱前缘，（2）运算速度快，可转换维度，（3）确定注水区域的波及体积；缺点：平面及纵向上剩余油描述不直观。

势能模型：综合位能、压能、界面，引入启动压力梯度及油水两相率，形成势能场。

（一）建立了"油、流、势"一体化数值模拟表征方法

（1）拓展了基于劈分运算的高精度黑油模拟技术。剩余油刻画由沉积单元转向单砂体及砂体内部，以识别的隔夹层为分界面，考虑不同部位渗流阻力及水驱前缘突破差异，采用劈分算法，实现了叠加及切叠型河道"空间体"剩余油精准描述，刻画精度由2m提高到0.2m。

（2）研究了基于几何流线积分的单砂体流线模拟技术。应用几何流线积分法，采用流线模拟器，引入注入速度和启动压力梯度两项新参数，通过改进算法，追踪了单砂体井间

流线，建立了注采流动单元和单砂体开发指标模型。

单砂体开发指标预测方法求解流程如下：以油藏工程渗流理论为技术手段，通过稳态产量、压力求解和拉氏空间变换建立两相指标模型，进行特征和敏感性分析，包括产量递减规律、压力降落规律和含水上升规律这三项指标变化规律分析，最终形成指标预测图版，指导开发调整。

应用积分法求解了微流管开发指标；采用几何原理，建立了四种井网类型注采流动单元的几何参数计算方法，多个流动单元矢量叠加得出单砂体指标。

单砂体微流管、流动单元开发指标模型求解流程：通过含水饱和度面移动方程和油水两相运动方程，引入注入速度、启动压力梯度，进行压力方程求解，分别求取未措施和考虑压裂情况下的单根流管井间产量方程，进行波及边界临界方程和波及角的求解。

流线模型精度校验：应用流线模型计算典型单砂体产量、含水率、压力曲线，与实测数据拟合精度达到84%，与常规黑油模拟精度相当，较常规流线模拟拟合精度提高了2个百分点。

研究区地质及模型采用参数：注入速度0.03PV/a，平均渗透率40mD，边界压力20MPa，井底流压2.0MPa，水相启动压力梯度0.01MPa/m，油相启动压力梯度0.05MPa/m，井径0.08m，边界半径150m，裂缝长度100m，裂缝宽度2m，裂缝带渗透率230mD，平均厚度1.6m，原油黏度9.9mPa·s，水黏度0.4mPa·s。

结合试验区实际地质参数，绘制典型单砂体产量、含水率、压力模型曲线，与实测数据拟合率均在90%以上。

建立了考虑油水两相启动压力的流体势模型。在前人流体势公式基础上，考虑压力能、重力能、界面能，引入油水两相渗透率和启动压力，通过改进及优化参数，形成了新流体势模型，量化了砂体间势能分布，与黑油模型、流线模型结合验证，进一步提高了剩余油认知及分析精度。

（二）实现了单砂体剩余油、势能场量化与开发指标精准预测

（1）明确了平面砂体间剩余油分布特征及动用状况。应用"油、流、势"一体化表征技术，明确了平面剩余油成因类型及储量分布潜力，厘清了砂体间流场、水流优势通道、注采劈分关系及能量分布状况。

从分类砂体储量及动用上看，分支河道和单一河道储量大，成因以注采不完善、井间滞留、断层边部为主，是下步挖潜的重点。从剩余油类型上看，剩余油集中在厚层顶部、井控差部位、断层边部、薄差层、相变部位、平面干扰及井间滞留区。

升平、卫星、宋北油田，叠加河道较发育，层内韵律夹层发育，窄小河道单向剩余油富集；宋南、徐家围子、永乐油田，分支河道较发育，层间干扰薄层砂发育，平面干扰及井间滞留剩余油富集；肇州油田，席状砂较发育，直平井间干扰影响大，断层遮挡剩余油富集。

叠加河道，整体流线稠密，低流势区分布在厚层顶部及井间滞留区，储量比例

12.1%；分支河道，河道干流区流线稠密，岔口分支流线稀疏，势能低，储量比例 36.0%；单一河道，整体流线稀疏，相变及薄差部位带势能低、流线稀疏，储量比例 29.4%；透镜体，注采不完善，流线稀疏，势能整体低，储量比例 15.0%；席状砂，流线稀疏，势能整体较低，分布不均衡，储量比例 7.6%。

（2）厘清了纵向砂体内部储量动用状况。纵向上，考虑砂体叠置关系及夹层展布特征，厘清了层内剩余油分布特征、流体运动方向、纵向波及边界及势能分布状况，总结了 6 类动用模式。

① 底部切叠—无夹层，正韵律砂岩，顶部剩余油少量富集，驱油效率 61.1%。

② 顶部切叠—有夹层，油井所在砂体上部最先动用，但由于重力分异作用下部动用较好。后期剩余油主要集中在油层顶部、夹层底部和注采不完善部位，夹层对水的托举，有利于水驱，驱油效率 59.6%。

③ 底部切叠—有夹层，油井所在砂体底部最先动用，然后依次向上动用。后期剩余油主要集中在油层顶部、夹层底部和注采不完善部位，驱油效率 57.5%。

④ 上下搭接—有夹层，油井所在砂体上下同时动用，由于重力分异作用下部动用较好。后期剩余油主要集中在油层顶部、夹层底部和注采不完善部位，剩余油少量富集，驱油效率 56.3%。

⑤ 河道砂—席状砂—上部搭接—无夹层，油井所在砂体上部最先动用，但由于重力分异作用下部动用较好。后期剩余油主要集中在油层顶部和注采不完善部位，驱油效率 54.3%。

⑥ 中部搭接—有夹层，油井所在砂体中部最先动用，由于重力分异作用中下部动用较好。后期剩余油主要集中在油层顶部、夹层下部和注采不完善部位，整体驱油效率最低，驱油效率 52.1%。

（3）实现了单砂体开发指标精准预测。明确产量递减趋势，建立产量递减预测模型；明确压力分布特征，建立压力预测模型；明确不同注采参数对应见水时间及含水上升趋势。

不同砂体类型产量递减，叠加河道递减最小，分支河道、单一河道次之，席状砂最大；注采井网对产量的影响，九点井网初期产量高，后期递减大，五点井网初期产量低，后期递减小；注采井距对产量的影响，大井距受效困难，井距过小后期递减大，如叠加河道初期适宜采用 300m 井距；注入速度对产量的影响，开发中存在合理注入速度，如叠加河道最优注入速度 0.03～0.04PV/a。论递减率：开发早期：13%～18%，开发中期：11%～16%，开发晚期：10%～14%。

明确了压力分布影响因素，绘制了典型砂体不同时刻压力纵向剖面，形成了单砂体泄油区内平均单位距离压降模型。

分支河道，干流处压力梯度小，分流处压力梯度大，受效差；单一河道，河道部位压力梯度小，动用好，相变区压力梯度大，驱替困难；透镜砂体窄小河道，压力梯度大，驱替困难；席状砂，物性差，压力梯度大，驱替难。

单砂体见水时间与含水变化主要受注采井距、注入速度、平面非均质性影响，见水时间 2～7 年；采取合适井距和注入速度，可以延缓见水时间，提高注水效率，单砂体开发要考虑优化开发界限。

三、研究了小隔层小卡距工艺序列

工艺配套技术序列，主要核心技术为小隔层小卡距细分工艺和小流量测调工艺，最终实现分得开、卡得严、注得准。

小隔层小卡距细分工艺实现作用主要有：突破细分层段数受隔层厚度、卡距的限制；突破细分层数受安全解封级数限制，实现常规作业；解决悬挂管柱封隔器蠕动出层导致不密封问题。最终实现了配水器最小间距由 5m 缩短为 2m；封隔器可卡最小隔层由 1m 缩小到 0.4m；降低 5 段以上细分井解封力，最高细分 9 段。

小流量测调工艺工艺原理主要有：试验了小流量流量计；研制新型可调堵塞器；形成了分类测调方法。其实现作用主要有：改进流量计结构，满足 3m³/d 注水需求，应用测调新工艺和管理提效，提高测试效率。最终实现了 3m³ 小流量的精准调试，分层注水合格率达到 90% 以上。

（一）研究了小隔层、小卡距细分工艺序列，实现了隔层的精准卡封

（1）研究了小隔层细分工艺，实现 0.5m 以下隔层封隔。一是双组胶筒细分：利用双组胶筒封隔器，两组胶筒相距 0.3m 的特点，与单组胶筒相比，卡层准确率提高了 1 倍，现场应用 233 口井，最小隔层 0.4m。二是长胶筒细分：引用堵水长胶筒封隔器，利用胶筒长度优势（胶筒长度 1m 以上），与双组胶筒相比，适用隔层更小，理论上可封隔 0.1m 隔层，可用于 0.4m 以下隔层细分，因长胶筒会封堵部分射孔层段，可作为双组胶筒的补充，现场应用 50 口井。

（2）研究小卡距细分工艺，最小间距由 5m 缩小至 2m。常规正导向细分工艺：正导向单侧配水，投捞时配水器相互干扰，2m 卡距投捞难度大。低负荷逐级解封工艺：上提管柱时，封隔器逐级解封，负荷维持不变，实现常规作业同时，降低了 5 段以上细分井解封力，突破了细分层数受安全解封级数限制，最高细分 9 段。

试验区细分工艺应用情况：共实施细分 812 口井，其中应用薄隔层、小卡距细分工艺 233 口井，应用逐级解封细分工艺 116 口井，测调顺利，单井细分层段由 2.5 段增至 5.1 段，最高分 9 段，层段密封率 100%。

（二）攻关了配套测调技术，实现了小流量的精准调控

（1）试验了小流量流量计，实现了 3m³ 小流量的精准调试。非集流流量计改进：一是增加探头间距，缩短量程；二是减小测试段过流面积，提高水流流速，降低测试启动水量。测试范围由 5～200m³/d 降到 2～100m³/d，满足 3m³/d 注水需求。非集流流量计标定：优化集流流量计控制程序及皮碗设计，实现 3m³/d 层段测试，再利用集流流量计同井标定非集流流量计 10 支，提高了小流量测试精度及效率，现场测试 141 井次。

（2）形成了高效测调方法。应用新型可调堵塞器、共用水嘴、班组专项施工和提前预判水嘴尺寸，平均测调周期由初期的 6.5d 缩短到 4.0d，测试合格率达到 99.5%。兼顾目前测调技术状况，对于段间干扰小的井，采用小流量测调技术。对于段间干扰大的层段，适当提高配注水量，周期注水，保持年度注采比稳定。

提高测调效率方面，通过研制新型全密封可调水嘴，代替死嘴随作业下入井底，实现作业后一次下井全部打开死嘴；同一口井共用常规水嘴和可调水嘴，解决反导向配水器不能应用高效测调技术的问题；依据细分前水嘴尺寸和地层参数，投预判水嘴稳压，平均单井减少 3 次捞水嘴和 2.4 次投水嘴，使新技术应用比例达到 47.9%，测试效率由试验初期的 6.5d/ 井次缩短到 4.0d/ 井次。

测调精度方面，通过研制小流量测试仪器，缩小环空面积、增强磁场信号、提高采样精度、升级仪器材质、优化探头结构，使量程缩小到 $2\sim100m^3$，精度提升到 0.5%。

测试成果使用时间方面，通过细化单井稳压时间，调试前 3d 内压力波动小于0.3MPa，且开井时间大于 10d，同时增加层段全部合格的调控区域，使测试资料使用周期由试验初期的 3.14 个月延长到 3.62 个月。

四、制定了单砂体层段组合界限、配水界限

单砂体注水界限量化技术路线是以固井质量合格和剩余油量化分布为前提条件，采用油藏工程的技术手段研究层段组合界限，通过数值模拟研究配水界限和精准注水模式，最终确定水井渗透率、注入压力、注采井距、注采压差、砂体类型五项关键参数，层间干扰差异、相对吸水变化、地层压力、油井受效程度、阶段累计产油、含水上升速度六项参考因素，最终明确组合界限及原则、配水界限及原则、注水调整模式。

（一）建立了注水层段组合界限，实现了层段卡分准

层段组合界限：应用油藏工程等产量一源一汇原理，拟合启动压力梯度与渗透率关系，考虑注水压力、注采井距，建立了形成有效驱替的渗透率图版，在注采井距、注水压力一定时，可读取注采两端建立驱替的渗透率下限，以此作为注水层段组合卡分标准。

（二）量化了单砂体配水界限，实现了分层配水准

单砂体类型细化：为实现注水界限量化，矫正了 11369 个单砂体孔隙度、渗透率、饱和度、厚度、泥质含量、存储系数、渗流系数 7 项参数，应用 SPSS 统计分析软件，编制聚类评价程序，以 7 项动静态参数为指标，对单砂体实施聚类评价。

依据聚类评价结果，以 5 类展布特征为基础，依据 7 项参数指标，将识别的 11369 个单砂体细化为 10 个子类油藏单元，为配水界限量化提供了分类依据。

量化配水界限：综合考虑开发效果、阶段递减、注水效率，应用指标预测模型结合数值模拟技术，求取不同含水阶段单砂体注入速度上下限。

基于研究结果，建立了 10 类单砂体油藏单元不同含水阶段注入速度图版，推动了单砂体精准化配水（表 4-4-3）。

表 4-4-3　单砂体油藏不同开发阶段合理注水速度表

单位：PV/a

储层条件	油层性质	含水率 0~40%			含水率 40%~60%				含水率 60%~80%					含水率 80%~100%		
		提高采油速度	考虑注水受效	综合考量	考虑注水效率	控制开发效果	提高采油速度	综合考量	考虑注水效率	控制开发效果	提高采油速度	提高采液指数	综合考量	考虑注水效率	提高采油速度	综合考量
叠加河道	油层	0.04	0.02	0.02~0.04	0.03	0.05	0.03	0.03~0.05	0.04	0.06	0.04	0.04	0.04~0.06	0.07	0.05	0.05~0.07
	油水同层	0.03	0.01	0.01~0.03	0.02	0.04	0.02	0.02~0.04	0.03	0.05	0.03	0.03	0.03~0.05	0.03	0.01	0.01~0.03
分支河道	油层	0.05	0.03	0.03~0.05	0.04	0.06	0.04	0.04~0.06	0.05	0.07	0.05	0.05	0.05~0.07	0.06	0.04	0.04~0.06
	油水同层	0.04	0.02	0.02~0.04	0.03	0.05	0.03	0.03~0.05	0.04	0.06	0.04	0.04	0.04~0.06	0.04	0.02	0.02~0.04
单一河道	油层	0.04	0.02	0.02~0.04	0.03	0.05	0.03	0.03~0.05	0.04	0.06	0.04	0.04	0.04~0.06	0.05	0.03	0.03~0.05
	油水同层	0.03	0.01	0.01~0.03	0.02	0.04	0.02	0.02~0.04	0.03	0.05	0.03	0.03	0.03~0.05	0.03	0.01	0.01~0.03
透镜砂体	油层	0.03	0.01	0.01~0.03	0.02	0.04	0.02	0.02~0.04	0.03	0.05	0.03	0.03	0.03~0.05	0.04	0.02	0.02~0.04
	油水同层	0.02	0.01	0.01~0.02	0.01	0.03	0.01	0.01~0.03	0.02	0.04	0.02	0.02	0.02~0.04	0.02	0.01	0.01~0.02
席状砂	油层	0.02	0.01	0.01~0.02	0.02	0.03	0.02	0.02~0.03	0.03	0.04	0.03	0.03	0.03~0.04	0.03	0.02	0.02~0.03
	油水同层	0.01	0.01	0~0.01	0.01	0.02	0.01	0.01~0.02	0.02	0.03	0.02	0.02	0.02~0.03	0.01	0.01	0~0.01

其中，针对压前培养和压后保护注水调整存在主观差异大、规范不统一的问题，建立了基于压裂培养时机和注水强度的培养保护界限图版，通过不同连通类型、累计注采比、注采井距综合定位，确定不同类型压裂砂体的阶段注水强度，实现了定量化调整。

整体依托注水界限实施控制，局部应用流线迭代模拟，计算井组不同部位注采劈分系数和注水效率，结合饱和度场，优化形成了四类跟踪调整方式，共调整 866 个砂体，方案提水 140m³/d。

流线迭代法计算注水效率流程：依据劈分系数计算瞬时注水效率，通过调整注水量，进而约束注水量调整幅度，依据水量变化，调整产液量。如分支河道及席状砂，强化平面水体转移及层段水量优化（表 4-4-4）。

依据注入速度界限宏观调控，结合剩余储量、流线及势能分布，优化井间水体转移及层段水量调控，调整 556 个砂体，方案提水 660m³/d。

表 4-4-4 依据注水效率定量分类调整情况表

分类	注水效率 /%	含油饱和度 /%	调整对策	调整砂体数 / 个	调整水量 / (m³/d)
Ⅰ类叠加河道	55～60	50～55	提液	5	75
Ⅱ类叠加河道	35～45	40～45	周期注水	20	−140
分支河道及席状砂	60～70	50～60	水体转移	40	60
	60～70	50～60	层间调整	36	50
合计	—	—	—	101	45

（三）形成了单砂体层段组合及配水原则，实现了分层配水准

层段组合上，依据单砂体类型，结合建立驱替界限，考虑相邻单砂体的注采连通状况、渗透率级差、吸水差异，做到优势单卡、薄厚兼顾；配水上，以界限图版为依据，在保持整体注采平衡前提下，做到由面及点、优化周期、提控结合（表 4-4-5）。

表 4-4-5 层段细分组合原则表

连通状况	砂体展布特征	是否建立驱替	注入端渗透率及吸水差异	层段划分结果	阶段层段配水结果
连通	叠加河道	是	—	（1）层内稳定夹层部位单卡；（2）河道单卡	按照注入界限图版配水，整体控制注水，以采用周期注水方式为主
	分支河道，单一河道，席状砂	是	大	单卡	（1）按照注入界限图版配水；（2）分支河道实施平面新老水体转移；（3）单一河道、席状砂以层间调整、控压控水为主；（4）透镜体采取温和注水
			小	合卡	
	透镜砂体	否	—	合卡	
有注无采	透镜砂体	否	—	合卡	不配水

（四）构建了单砂体精准注水开发模式，实现了现场调整"可复制、可推广"

从单砂体精细油藏描述、工艺配套技术优化、油藏开发调整入手，构建地质工程一体化精准注水开发模式，做到现场调整"可复制、可推广"。

单砂体油藏描述，开展"三维刻画、三个研究"。砂体描述开展单砂层垂向精细刻画，实现垂向精细划分；平面砂体边界刻画，厘清平面砂体展布；单砂体层内结构刻画，明确空间展布特征。数值模拟研究剩余油分布特征，量化剩余油潜力；研究流场分布特征，明确注采劈分关系；研究压力场分布特征，厘清砂体间能量分布。

工艺配套优化，开展"三个优化、两项提效"。工艺管柱进行三个优化，突破隔层卡距限制，缩短工具间距、提高投捞精度，降低多级管柱解封力，应用支底完井管柱，解决管柱蠕动不密封问题。测调技术有两项提效：小排量流量计仪器改进及优化设计提效，高效测调技术提效。

油藏开发调整，遵循"两个界限、两个原则"。分层界限及原则中，卡层界限：应用油藏工程及数值模拟法，研究层段组合渗透率与开发效果关系，确定卡层界限。卡层原则：依据界限，优势单卡，薄厚兼顾。叠加河道单卡，渗透率及吸水差异大砂体单卡，差异小则合卡。配水界限及原则中，配水界限：考虑剩余油、阶段开发效果实施配水。配水原则：保证总体注采平衡，由面及点，优化注水周期，做到提控结合，保证层层可调。

构建了"两个均衡"的单砂体注水调整方法。一是合理调整注入端单砂体压力系统。现阶段，不同类型砂体实施加密调整时的地层压力系数主要依靠经验估算，或者依据平面径向流压力分布公式进行测算。计算方法所需参数较多，计算烦琐，耗时长，且只能单井逐一计算。为快速准确预测不同单砂体部署加密井点的地层压力，指导单砂体加密调整及注水方式优化，建立了快速预测待钻井地层压力系数的图版方法，通过计算砂体间压力系数，明确压力场变化规律，指导单砂体注水开发及加密调整。二是强化采出端均衡挖潜。现有采油打捞筒打捞成功率低、需多次打捞，效率低，严重影响了单砂体试验区采油井正常生产，制约了单砂体均衡开采。提高采油井作业恢复过程中打捞效率，保证采油井产量，有效动用单砂体采出井地质储量，改进形成一种膛线式抽油杆扶正器反循环打捞工艺，改变扶正器工作状态，避免了作业打捞遇阻，提高了打捞成功率，实现了单砂体长关油井恢复，同时应用于水井测试投捞，保证了采油井产量，研究成果获得了国家发明专利《膛线式抽油杆扶正器反循环打捞筒（长关井治理，打捞165mm的扶正器）》《膛线式抽油杆扶正器反循环打捞筒（长关井治理，打捞125mm的扶正器）》。通过以上方法实现平面纵向均衡开发，水驱采收率可提高1.0个百分点以上，增加可采储量308×10^4t。

五、现场试验效果及效益

（一）现场试验效果

单砂体细分实现了分得开、卡得严、注得准。2019—2022年细分812口井，单井层段由 2.5 段提高到 5.1 段，单卡单砂体比例由 18.3% 提高到 69.2%，开发调整更有针对性，精准注水有了质的提升。

1. 储层动用状况明显改善，压力保持水平提高

全区砂岩厚度吸水比例由细分前的 77.4% 提高到 88.8%，提高了 11.4 个百分点，其中薄差层吸水比例提高了 15.6 个百分点。不吸水层得到有效动用，压力保持水平提高。

老井递减与含水上升速度得到控制，开发效果有效改善。

老井自然递减率减缓 0.6 个百分点以上，阶段增油 2×10^4t，预测累计增油 7×10^4t，试验区含水上升势头减缓。

各类砂体开发效果得到有效改善，数值模拟技术提高采收率 1.28 个百分点，水驱特征曲线提高采收率 1.04 个百分点，平均提高采收率 1.26 个百分点。

2. 拓展了措施潜力空间

通过开展单砂体注水，拓展了采出端措施潜力，实施措施调整 501 井次，累计增油 43×10^4t。

Ⅰ类叠加河道砂，调驱，实施 18 口，增油 1.07×10^4t；Ⅱ类叠加河道，堵水，实施 25 口，增油 0.15×10^4t；Ⅰ类分支河道，压裂，实施 433 口，增油 17.2×10^4t；Ⅰ类透镜砂体，增能，实施 10 口，增油 0.15×10^4t；Ⅰ类单一河道，侧钻，实施 18 口，增油 0.47×10^4t。

分支河道压裂提效，动用断层边部剩余油。针对剩余油饱和度高、势能较低的分支河道断层边部及相变部位，采取注入端细分，采出端压裂增效，实施 433 井次，累计增油 17.2×10^4t。

叠加河道砂调堵，动用厚层顶部剩余油。优选叠加河道发育、高含水高采出的卫 1-4-4 井区，开展调驱实验，结合层内砂体解剖、剩余油、流场研究成果，优化参数设计，预测最终提高采收率 2.12 个百分点。

针对叠加河道内部由夹层控制的韵律型剩余油，应用长胶筒细分堵水技术，利用厚层内部稳定小夹层，封堵层内高含水部位，实施 8 口井，平均单井初期日增油 0.7t，含水率下降 16 个百分点。

单一河道定向挖潜，动用弱水驱方向剩余油。利用单砂体细分有利时机，针对单一河道弱注水方向剩余油，应用侧钻水平井、水力喷射技术实施挖潜，优化定向挖潜参数设计，盘活"死井"储量。实施 18 口，平均单井初期日增油 2.2t，单井累计增油 433t。

（二）经济效益

采用不同年份实际油价，计算经济效益，阶段投入产出比 1∶1.23，考虑全成本及技术成果分成系数，计算最终创造经济效益 7145 万元。

参 考 文 献

［1］王俊魁，万军，高树棠．油气藏工程方法研究与应用［M］．北京：石油工业出版社，1998．

［2］黄延章．低渗透油层渗流机理［M］．北京：石油工业出版社，1998．

［3］裘亦楠，陈子琪，居娟，等．我国油藏开发地质分类的初步探讨［J］．石油勘探与开发，1983（5）：35-48．

［4］李道品．低渗透砂岩油田开发［M］．北京：石油工业出版社，1997．

［5］唐曾熊．油气藏的开发分类及描述［M］．北京：石油工业出版社，1994．

［6］宋付权，刘慈群．低渗透油藏水驱采收率影响因素分析［J］．大庆石油地质与开发，2000，19（1）：30-32，36．

［7］杨正明，刘先贵，孙长艳，等．低渗透油藏产量递减规律及水驱特征曲线［J］．石油勘探与开发，2000，27（3）：55-56，63．

［8］黄炳光，付永强，唐海，等．模糊综合评判法确定水驱油藏的水驱难易程度［J］．西南石油学院学报，1999，21（4）：1-3．

［9］李莉，韩德金，周锡生．大庆外围低渗透油田开发技术研究［J］．大庆石油地质与开发，2004，23（5）：85-87．

第五章

长垣油田化学驱开发政策及技术界限

化学驱是指向注入水中加入化学剂，以改变驱替流体的物化性质及驱替流体与原油和岩石矿物之间的界面性质，从而有利于原油生产的一种采油方法。化学驱主要包括聚合物驱、聚合物/表面活性剂二元复合驱、表面活性剂/聚合物/碱三元复合驱等，所使用的药剂为聚合物、表面活性剂、碱，以及其他辅助化学剂。化学驱已成为中、高渗透油田大幅度提高采收率的重要手段。大庆油田聚合物驱自 1996 年投入工业化应用以来，已经取得了显著的技术经济效果[1-3]。2002 年，大庆油田聚合物驱年产油量已经突破千万吨，已成为保持大庆油田持续高产及特高含水后期提高油田开发水平的重要技术支撑[4-5]。大庆油田聚合物驱技术以其规模大、技术含量高、经济效益好，创造了世界油田开发史上的奇迹。复合驱油技术不仅可以扩大波及体积，同时可以提高驱油效率，是一项可以大幅度提高原油采收率的技术。大庆油田自 1994 年在矿场应用化学驱以来，历经了先导性矿场试验、工业性矿场试验，于 2014 年开始工业化推广应用，2021 年大庆油田化学驱产量规模达 $1080 \times 10^4 t$，实现年产油量连续 20 年保持在 $1000 \times 10^4 t$ 以上，累计产油 $2.86 \times 10^8 t$。化学驱技术已成为大庆油田保持原油阶段稳产的重要手段。

第一节 化学驱开发历程及主要技术概述

一、开发历程回顾

20 世纪 40 年代，美国、加拿大等国家开始探索化学驱提高采收率技术，但由于理论基础薄弱、工艺技术不配套，该技术长时间停留在实验室研究及现场试验阶段。国内对化学驱技术的研究始于 20 世纪 60 年代，首先在大庆油田开始化学驱技术的实验室研究，经过不断的实践、认识、再实践、再认识，突破了国外普遍认为聚合物驱作为改性水驱技术仅能提高采收率 2%～5% 的传统认识。统计大庆油田注水开发效果，一次采油采收率为 7%～8%，实施分层注水、分层采油等强化措施，油田水驱最终采收率只能达到 40% 左右，可见原油采收率仍有巨大的提升空间。鉴于此，大庆油田于 1972—1991 年先后开展了聚合物驱小井距、单双层先导试验，大井距、多井组工业性扩大试验，效果显著；1995 年在一类油层规模应用，实现了工业化推广应用，平均提高采收率超过 12%，2003 年推广应用到二类油层（图 5-1-1）；在聚合物驱取得巨大成功的基础上，进一步发展了三元复合驱技术，1991 年开展先导及扩大性现场试验，2014 年推广应用，通过大量的室内实

验和矿场试验研究，创新发展了复合驱油理论，形成了成熟完善的配套工程技术，2014
年工业化推广应用复合驱技术（图5-1-2），为大庆油田持续有效开发提供了重要技术支
撑。化学驱开发历程主要经历了4个发展阶段：

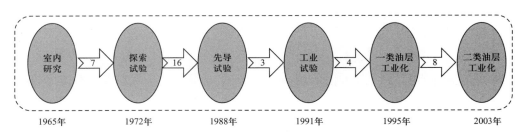

图5-1-1　大庆油田聚合物驱技术发展历程

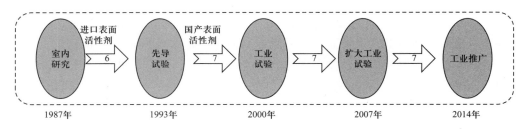

图5-1-2　大庆油田复合驱技术发展历程

（1）20世纪60年代初期至20世纪70年代中期的探索阶段。

该阶段以学习国外技术为主，以高浓度、小段塞化学驱理论为基础，重点攻关黏性水
驱和乳状液驱，化学剂浓度高、成本高。该阶段开展了一些井组规模的试验，但针对油藏
实际情况的化学驱主攻方向没有明确。

（2）20世纪70年代中期至20世纪80年代末期的优选方向阶段。

认识到针对陆相沉积、非均质严重的储层，应主要攻关低浓度、大段塞的化学驱技
术。碱水驱、聚合物驱、表面活性剂驱等进入现场试验，通过效果对比，明确了聚合物驱
为今后主攻方向。

（3）20世纪90年代中、后期为聚合物驱阶段。

以大庆油田为代表，有针对性地开展先导试验和工业试验，攻关形成聚合物驱配套技
术，大规模工业化的聚丙烯酰胺生产、方案设计手段、化学驱成套设备制造等完全实现了
国产化，技术水平和应用规模居世界领先。

大庆油田聚合物驱油技术基础研究始于20世纪60年代，进入80年代以后，室内研
究和矿场试验力度进一步加大，取得了突破性进展。自1996年起，聚合物驱油技术在大
庆油田全面推广应用。至2021年底，累计产油达$2.32 \times 10^8 t$。

聚合物驱技术的发展先后经历了室内研究、先导性矿场试验、工业性矿场试验、工业
化推广应用四个阶段。逐步形成了较为完善的油藏工程、采油工程、地面工程、测试工程
等四大配套技术系列。

① 聚合物驱室内实验研究。室内研究认为，大庆油田油藏条件适合聚合物驱油，主要表现在：油层温度低、地层水矿化度低、原油黏度和油层渗透率非均质性恰好处在聚合物驱效果最佳的范围内。

② 聚合物驱先导性矿场试验。1972年在小井距试验区开展了聚合物驱矿场试验，试验区采用四点法面积井网，井距75m。在聚合物用量小、相对分子质量较低的条件下，试验取得了明显的增油降水效果。油井含水率由99%最低降到60.4%，采收率提高5.1个百分点。1989年，在小井距试验和聚合物驱油机理室内研究取得重要突破的基础上，开展了中区西部单、双层聚合物驱先导性矿场试验。先导性矿场试验取得了明显的增油降水效果，为工业性试验提供了实践依据。

③ 聚合物驱工业性矿场试验。针对先导性矿场试验中井距小、中心井少的问题，1991年在三个区块开展大井距、多井组聚合物驱油工业性矿场试验。提高采收率9.84%~14.23%，为聚合物驱工业化推广奠定了坚实的基础。

④ 推广应用的规模及效果。1995年12月在采油三厂北二西东块，大庆油田开始了聚合物驱工业化应用，以后逐年投注储量规模在$5000×10^4t$以上，为大庆油田持续高产稳产提供了坚定的支撑。

（4）21世纪初、中期为复合驱攻关阶段。

大庆油田复合驱技术始于20世纪80年代，先后经历了室内研究、先导性矿场试验、工业性矿场试验，以及工业化推广。突破了低酸值原油不适合三元复合驱的理论束缚，实现了表面活性剂的自主生产，形成了配套工艺技术系列，在国际上率先成功实现工业化。

① 室内研究。1987年大庆油田开始室内研究，突破低酸值原油不适合三元复合驱的理论束缚，研究出适合大庆原油条件的复合体系配方。1994年开始采用进口表面活性剂开展了5个先导性矿场试验，实现比水驱提高采收率20个百分点以上的较好开发效果。

② 先导性矿场试验。先后开展了6个先导性矿场试验，分别在一类、二类油层应用强碱、弱碱体系，在75~250m井距条件下，试验了三元复合驱开发效果，比水驱提高采收率20个百分点以上。

③ 工业性矿场试验。6个工业性试验分别在大庆喇萨杏油田南部一类油层和北部ⅡA油层试验了强碱、弱碱体系三元复合驱的开采效果，比水驱提高采收率18个百分点以上。

④ 工业化推广。2014年开始在大庆喇萨杏油田工业化推广，2021年产量规模达到$485×10^4t$，已成为大庆油田重要的开发技术之一。

二、取得的理论与技术突破

（一）基础理论

1. 聚合物驱黏弹性理论

化学驱提高采收率的主要机理是扩大波及系数和提高洗油效率。但对残余油饱和度与剩余油饱和度的概念区分不够，简单将储层内部含油饱和度的降低都归因于洗油效率的增加，这样的统计结果夸大了洗油效率在提高采收率中的作用。室内研究和矿场试验表明：聚合物驱能够降低水油流度比，扩大注入水在油层中的波及系数，同时聚合物具有的黏弹性能够提高微观洗油效率。

传统驱油理论认为，聚合物溶液本身不具备降低界面张力的能力，无法提高微观驱油效率，难以大幅度提高采收率。为深入研究聚合物驱的驱油机理，经过多年研究，建立了聚合物黏弹性驱油理论。该理论分析了弹性和非弹性驱替液作用在残余油上的微观力，以及作用在流动的弹性和非弹性流体中各"点"上应力的异同，用数学方法计算了流体支点受到不同大小应力对微观流线的影响，研究了微观流线的改变对作用在微观残余油上的作用力的影响；通过实验证明了在宏观压力梯度不变的条件下，增大的微观力主要作用在孔隙中各种残余油团的突出部位，使突出部位变形并移动。可视岩心模型实验结果证实了上述计算和分析的结论，给出了不同黏弹性流体对岩心驱油效率的影响，以及考虑黏弹性对驱油效率的影响因素后的数模计算结果，并且与现场大规模聚合物驱的效果及现场密闭取心结果进行了对比。上述数学模拟计算、分析、实验室和现场试验结果都表明，当驱替液的弹性增加时，作用在残余油的微观力也会改变，结果是在驱替压力梯度恒定的条件下，黏弹性驱替液比非弹性驱替液的驱油效率高。这种用微观流线和微观作用力的分析方法，以及所得到的结论解释了多孔介质中驱油效率的机理，为聚合物驱采收率提高值突破10%提供了理论依据。聚合物驱总体上以提高波及系数为主，但对于不同渗透率的储层其作用机理有所差别，高渗透层以提高洗油效率为主，低渗透层以提高波及系数为主，中渗透层提高波及系数和提高洗油效率都起到重要作用。

2. 低酸值原油三元复合驱油理论

二元和三元复合驱除了具有较高的视黏度外还具备超低界面张力和乳化作用，主要作用是通过化学剂的协同作用，在扩大波及系数的基础上充分动用中小孔隙，以及孔隙表面附着的剩余油来大幅度提高采收率。依据毛细管数理论，通过增加驱替速度和驱替液黏度很难使毛细管数增加3~4个数量级，最可行的方法是降低油水界面张力到1×10^{-3}mN/m数量级，可以大幅降低剩余油饱和度。

随着化学驱理论的发展，国外针对高酸值原油提出了三元复合驱方法。针对大庆原油酸值低（0.01mg/g）不适合三元复合驱的问题，大庆油田对原油各组分与表面活性剂相互作用机理开展研究。将大庆原油按族组成进行分离，研究原油各组分对界面张力的影响程度。结果表明，胶质、沥青质对降低界面张力的作用要大于饱和烃、芳烃。在族组成研究的基础上，采用改性硅胶色谱将胶质、沥青质进一步精细分离，提取出酸性组分（质量占原油的0.024%，相当于酸值0.005mg/g）和含氮杂环化合物（质量占原油的0.16%）。对比分析不同碱浓度条件下大庆原油、酸性组分和含氮杂环化合物的界面张力，发现原油中除了酸性组分外，含氮杂环化合物在碱性条件下通过油水界面扩散、排列，对降低油水界面张力也具有一定的作用。这一发现表明，高酸值并不是形成超低界面张力的唯一途径。

在原油组成研究的基础上，根据亲水亲油平衡理论，对于单组分的烃类，当与之对应的单组分表面活性剂在油水界面亲油、亲水达到平衡时，可形成超低界面张力，且表面活性剂当量与油相相对分子质量存在最佳对应关系。同理，对于多种烃类混合物组成的油相，依据同系表面活性剂的亲水、亲油平衡值的加和性，以及同系烷烃作用的协同效应，可以推导出表面活性剂当量分布与油相相对分子质量分布形态相似、表面活性剂的平均当量与油相的平均相对分子质量相匹配时，表面活性剂与油相间可形成超低界面张力。基于上述原理，进一步通过不同当量表面活性剂与不同平均相对分子质量原油界面张力实验，结合原油中不同组分与界面张力的关系，确定出非极性组分与极性组分的校正系数，建立表面活性剂当量与低酸值原油的匹配关系，进而创建低酸值原油三元复合驱油理论。

（二）油藏工程关键技术

1. 注入参数优化设计

聚合物分子尺寸直接影响聚合物溶液的注入能力。早期利用分子回旋半径表征聚合物分子尺寸，认为分子尺寸只受相对分子质量影响，方案设计仅参考聚合物相对分子质量与储层渗透率的对应关系。随着聚合物驱规模的扩大，储层物性变差，配制方式也由清配清稀转为清配污稀，导致部分区块出现了注入困难和聚合物用量增大等问题。近两年利用水动力学半径表征聚合物分子尺寸方法的实验表明，聚合物分子尺寸不仅与相对分子质量相关，而且与质量浓度、配制水矿化度，以及聚合物种类也密切相关。为进一步提高聚合物驱储层储量动用程度，改善聚合物驱技术经济效果，开展了注入参数优化。

一是利用天然岩心流动实验，以残余阻力系数与阻力系数的比值小于等于 1/5 为判别界限，研究相对分子质量、质量浓度、矿化度和储层物性对聚合物注入能力的影响。结果表明，聚合物相对分子质量与可注入渗透率下限线性相关；聚合物质量浓度与可注入渗透率下限呈半对数线性关系。在大庆油田水质矿化度范围内，配制水矿化度对可注入渗透率下限也有影响，矿化度越高，可注入渗透率下限越低。

通过线性回归建立不同开发区聚合物相对分子质量、质量浓度与可注入渗透率下限间的函数关系式，以此关系式为基础，可绘制不同开发区注聚参数与储层渗透率匹配关系图版，根据储层渗透率，查找相应的匹配区域后即可得到对应的可注入相对分子质量与聚合物浓度组合，用于聚合物驱注入参数优化设计。

二是通过天然岩心驱油实验，以聚合物溶液可注入为前提条件，进一步研究相对分子质量、质量浓度、岩心渗透率、注入量等对聚合物驱采收率提高值的影响。实验结果数学回归表明，聚合物驱采收率提高值与相对分子质量、浓度、注入孔隙体积及岩心有效渗透率具有函数关系；应用该公式计算的驱油效果与天然岩心实验结果间的误差小于 1%。

三是在上述两项研究基础上，以新增可采储量最大化为目标，建立非均质储层注入参数优化设计方法，具体步骤为：依据匹配关系图版，确定各层可注入的相对分子质量和质量浓度范围；对均质储层选择相对分子质量上限，以相对分子质量确定可注入质量浓度；对非均质储层，将其划分为若干相对单一均质储层，计算匹配相对分子质量和相应质量浓度下各层新增可采储量和总新增可采储量，以新增可采储量最大化为原则确定相对分子质量和质量浓度；根据技术经济指标确定聚合物用量。

应用该方法，在 27 个聚合物驱区块实施注入参数设计和跟踪调整，匹配率平均由 65% 提高到 90% 以上，减少措施工作量 1/3，并大幅度提高储层储量动用程度，聚合物驱经济效果显著提高。

2. 表面活性剂配方

不同性质原油需要个性化的表面活性剂配方。大庆原油物性分析结果表明，长垣地区由南向北，原油平均相对分子质量从 365 逐渐升高至 461，不同油田、不同开发区块、不同储层原油的平均相对分子质量存在较大差异，但其分布规律相似。根据表面活性剂与原油定量匹配关系，主要针对大庆长垣不同区块原油平均相对分子质量，形成个性化调整烷基苯磺酸盐表面活性剂配方的方法，提高三元复合驱体系的适应性，有效保证了三元复合驱体系降低界面张力、提高洗油效率的作用。例如，萨中地区萨尔图储层原油平均相对分子质量 419，采用当量为 395 的表面活性剂时，三元复合驱体系仅在高碱区域才能达到超低界面张力，把表面活性剂当量调整到 419 后，三元复合驱体系可以在较宽的碱浓度范围内达到超低界面张力。三元复合驱体系对原油的乳化能力对提高采收率至关重要。乳化可以增溶、携带原油进而形成油墙，但乳化能力过强会影响注采能力，乳化程度与储层特性必须匹配，才能达到更好的驱油效果。

室内研制出具有不同乳化能力的系列表面活性剂产品，并采用油相含水率、水相含油率两项指标，建立乳化程度的量化表征方法。在此基础上，利用天然岩心开展了乳化对采收率影响的单因素分析，结果表明，三元复合驱体系乳化能力越强，化学驱采收率越高。定量分析油相含水率、水相含油率与采收率增幅的关系，可定义乳化贡献程度为乳化提高采收率与总采收率的比值，天然岩心单因素分析结果表明，乳化能力弱和较弱三元复合驱体系对采收率贡献程度小于 10%，乳化能力较强和很强的三元复合驱体系对采收率贡献程度大于 20%。不同储层条件下，乳化会对渗流能力产生不同影响，三元复合驱体系存在最佳乳化程度。物模实验结果表明，均质岩心条件下，渗透率越高，与之相匹配的乳化程度越强，乳化程度对采收率的贡献率越大。非均质岩心同样存在最佳乳化程度，渗透率相同时，岩心非均质性越强，匹配的乳化程度越高。利用三元复合驱体系乳化程度与储层特性匹配关系研究成果，实现乳化性能的个性化设计，保证三元复合驱取得最佳驱油效果。

3. 数值模拟技术

随着化学驱技术的快速发展，商业化的数值模拟器已不能满足需求。为此，大庆油田建立了以对流、弥散和扩散为基础的油、气、水三相化学驱基本数学模型，黏弹性聚合物、多种相对分子质量聚合物、多元表面活性剂驱油和色谱分离驱油数学模型，并提出了复杂数学模型快速求解方法。在此基础上，结合商业化数值模拟器研发了功能完善的化学驱数模模块及前后处理软件。成果在大庆油田化学驱提高采收率领域得到广泛应用。

1）驱油机理和物理化学现象描述数学模型

对聚合物黏弹性驱油：数学模型利用第一法向应力差表征聚合物溶液的弹性大小，它是聚合物的相对分子质量、质量分数和剪切速率的函数。残余油饱和度是第一法向应力差和毛细管数的函数。

对多元表面活性剂驱油：当储层中不同部位注入不同类型表面活性剂后，在不同部位的交界处不同类型的表面活性剂会出现混合现象，对单独类型表面活性剂界面张力产生影响。因此，在计算混合表面活性剂界面张力时，需要考虑协同效应和对抗效应。

对化学剂色谱分离：通过引入碱对聚合物溶液黏度的影响关系来描述三元复合驱过程中由于色谱分离、聚合物浓度前缘碱浓度降低、聚合物分子链重新伸展而引起的黏度增加现象。

2）基本数学模型及求解方法

为了使化学驱数学模型能够描述油、气、水三相流动，模拟溶解气等弹性驱动过程，实现水驱、化学驱无缝连接一体化模拟，采用基于黑油PVT（压力—体积—温度）概念的物质守恒方程作为油、气、水三相的连续性方程，同时为描述化学剂在油藏中发生的对流、弥散和扩散传质现象，化学物质守恒方程采用对流扩散模型。化学驱油数学模型是一个非线性耦合系统，尤其弥散、扩散过程的引入，使方程形式更为复杂，加大了求解难度。为此，建立了先求解油、气、水三相物质守恒方程，后求解化学物质传质对流扩散方程的解耦顺序求解模式。油、气、水三相连续性方程的求解方法有全隐式解法、顺序求解法和隐式压力显式饱和度方法。化学传质对流扩散方程采用算子分裂技术求解，将其算子分裂为对流方程和扩散方程，采用隐式交替求解对流方程和扩散方程得到化学物质传质方程的解。对流方程沿流动方向求解，以显格式计算量获得隐格式解。扩散方程在直角网格下采用交替方向方法求解，角点网格下采用迭代方法求解。自主研制的化学驱数值模拟器替代了国外引进，在大庆油田全面推广应用，截至"十三五"末，已应用于39个区块的方案优化设计和开采指标评价，涉及8000余口井，含油面积188km^2，地质储量2.49×10^8t。

（三）采油及地面工程配套技术

1.化学驱分质分层注入技术

笼统注入工艺不能满足同井多层的均衡注入，沿用水驱分层工艺化学剂黏损率达60%，难以解决高流阻与低剪切、低流阻与高剪切的矛盾。为实现不同储层定量匹配注入量和相对分子质量的目的，研发了低黏损流量调节器和低压差相对分子质量调节器。

1）低黏损流量调节器

聚合物溶液流过每一个节流单元时，过流面积从小到大变化一次，流速从高到低变化一次，流态及流场分布也相应产生一次变化，从而使一部分能量消耗在聚合物分子链的变形与恢复上，产生局部能量损失，形成节流压差。根据迷宫密封原理，研制出由工作筒和节流芯组成的环形降压槽结构的节流元件。节流芯外表面有等距环形槽圆柱体，与工作筒内壁形成过流通道。在70m^3/d流量范围内，化学剂黏损由原工艺的50%降低到8%以下，实现了高渗透层注入量的有效调控。

2）低压差相对分子质量调节器

聚合物分子链是柔性结构，流速急剧变化过程中作用在聚合物分子链上的强剪切应力可以导致分子链断裂、聚合物相对分子质量降低。根据上述原理，设计出喷嘴式相对分子质量调节元件，通过改变喷嘴直径控制降解强度，调节聚合物相对分子质量。喷嘴对聚合物的降解作用是：在聚合物溶液通过喷嘴时，过流面积减小和流速突然增大产生一级降解，调节器腔室强烈涡流造成聚合物分子链断裂形成二级降解。

通过建立压差、黏损与结构参数、流量参数之间的准则方程，对实验数据进行回归分析，确定出相对分子质量调节器压降及黏损计算经验公式来指导相对分子质量调节器设计。研制的低压差相对分子质量调节器，相对分子质量剪切率可调范围 20%～50%，压差由原来的 3.5MPa 降到小于 1.5MPa，可实现单层注入相对分子质量有效匹配储层渗透率。

通过低黏损流量调节器和低压差相对分子质量调节器的组合使用，实现聚合物单管分质分压注入，解决同井同管不同层定量注入不同相对分子质量聚合物的难题，应用超过 10000 井次，储层储量动用程度提高 12%。

2. 清防垢采油工艺技术

由于碱的存在，三元复合驱生产过程中形成碳酸盐与硅酸盐复合垢，机采井频繁卡泵、断杆，导致油井连续生产时间短、维护成本高。针对这一问题，开展垢的演变机制及物理、化学清防垢研究，形成了相应的预测与防治方法。

1）油井钙、硅复合垢预测方法

跟踪分析大庆油田 5 个工业性三元复合驱区块油井不同阶段垢样、采出液中离子组成，发现结垢初期以碳酸盐垢为主，然后碳酸盐垢含量减少、硅酸盐垢增加，结垢后期硅酸盐垢含量达 60% 以上，形成难以处理的复合沉积垢。其形成过程为：碳酸盐率先析出成核，随后硅酸及硅酸根离子缩合沉积在其表面，融合、包裹成复合垢。三元复合驱采出液中离子变化特征表现为 Ca^{2+}、Mg^{2+} 浓度先升后降，随着 pH 值的升高，硅离子浓度不断增加，采出液离子浓度变化特征与垢质成分含量变化特征具有一致性，根据三元复合驱采出液离子浓度变化规律，可确定出判定油井结垢条件的 pH 值等 4 个参数，据此可建立结垢判别图版，并依据图版及时采取清防垢措施。井口连续采样过程中，当采出液中钙镁离子浓度小于 50mg/L（浓度下降阶段）、碳酸根浓度大于 500mg/L 时，以碳酸盐垢为主；当采出液 pH 值大于等于 9.0、硅离子浓度大于 30mg/L 时，形成以硅酸盐为主的复合沉积垢。

2）系列防垢举升设备

（1）螺杆泵防垢优化。三元复合驱现场应用中，螺杆泵工作扭矩大且波动频繁，容易导致杆疲劳断裂、结垢高峰期卡泵等问题。分析螺杆泵不同过盈条件下的扭矩变化，发现过盈值每减小 0.05mm，螺杆泵定、转子初始扭矩降低 10.4%～11.9%，定、转子接触应力下降 0.11～0.16MPa。通过适当减小过盈值，可延长泵的使用寿命。

（2）柱塞抽油泵防垢优化。对常规短柱塞抽油泵结构存在的不足进行 3 项优化：①将柱塞长度由 1.2m 增加到 4.5m 以上，完善成长柱塞短泵筒抽油泵；②取消普通短柱塞抽油泵柱塞与泵筒之间形成的楔形结构，将常规柱塞上的防砂槽结构改为等直径无槽柱塞，避免防砂槽内结垢沉积卡泵；③过流部分采用流线型设计，能有效地减少阻力，使流体快速流动，防止悬浮物凝结。

（3）清防垢剂系列产品。依据成垢机理，研发复合垢防垢剂。利用高分子螯合剂物理吸附和化学反应，将晶核由"硬粒子"变成"软离子"，阻止晶核的生长，同时螯合剂的官能团与 SiO_2 中的硅离子络合，阻止晶核的形成，对碳酸盐垢的防垢率达到 95%，对硅酸盐垢的阻垢率达到 80%。已吸附在举升设备上的硅酸盐垢，常规清垢剂只能清垢 50% 左右，效果较差，为此研发出硅酸盐垢清垢剂：充分利用前置液具有较好的渗透分散作用的特点，将前置液与主剂组合，形成硅酸盐垢清垢剂，其中前置液能溶解垢中的有机物，主剂可以溶蚀垢质中的碳酸盐和硅酸盐，清垢率大幅提高至 84.3%。应用上述技术，三元复合驱油井平均连续运转时间由 87d 延长到 383d，清防垢效果良好。

3. 复合驱配注及采出液处理工艺

复合驱注入量大、组分多、工艺流程复杂，国内外没有成熟的工业化配注工艺可借鉴。采出液中油、气、水、固、微乳相并存，水相黏度大，并伴随钙和镁的碳酸盐及硅酸盐的沉淀反应，导致油、水、固三相难分离，甚至无法分离，外输原油和回注污水不达标。

1）大容量多组分配注工艺技术

通过不同配制方法对三元复合驱体系性能的影响研究，界定了化学剂最佳混溶浓度和匹配顺序，并创建了"低压三元、高压二元"配注工艺，明确了主体设备结构、材质参数及相关技术标准。一方面，低压下采用聚合物＋碱＋表面活性剂投加顺序，按目的浓度配制成含碱和表面活性剂的聚合物母液；另一方面，通过高压二元混配工艺，按目的浓度配制成碱和表面活性剂高压二元水溶液。通过高压配水阀组将高压二元水溶液与升压后的低压三元来液混合，完成配注过程，可实现单井注入聚合物浓度可调、碱和表面活性剂浓度不变、三元复合驱体系黏损低、界面张力低的目标。与传统配注流程相比，减少占地面积 50%，降低投资 26.5%。

2）采出液处理破乳剂和水质稳定剂

采用微观可视化方法，研究采出油、水乳状液微观结构及相分离特性变化规律，揭示出多相态采出乳状液难分离的机理：由于碱的溶蚀作用，硅离子、碳酸根离子含量增加，导致采出液水相过饱和，持续析出粒径小于 $1\mu m$ 的碳酸盐、非晶质二氧化硅等新生矿物微粒，悬浮于水中或吸附在油水界面上，形成空间位阻阻碍油珠之间的聚并，造成油、水、固三相分离困难。在搞清油水乳化机理研究基础上，研制出水质稳定剂，将采出水中碱土金属碳酸盐由过饱和态转变为欠饱和态，抑制新生微粒析出，从而降低水中悬浮固体去除难度；研制出系列破乳剂，使油水界面上吸附的胶态和纳米级的颗粒润湿性发生反转，消除了颗粒造成的空间位阻，并可聚集、聚并原油乳状液中的细小油珠，实现破乳。

3）原油脱水、污水处理核心设备和采出液处理工艺

通过对乳状液在电场作用下的含水变化规律研究，发明了平竖挂组合电极脉冲式供电的电脱水处理系统，可避免水滴拉链短路，从而降低运行电流，有效解决脱水设备易垮电场问题。采用批次进液方式实现静态沉降，消除下向流对小油珠上浮的干扰，避免集水和配水不均造成的短流影响，提高分离效果。进而形成"两段脱水"和"序批式沉降＋两级过滤"采出液处理工艺，制订出工艺参数和主体设备的技术指标，形成技术标准，实现设备完全国产化。目前大庆油田外输油含水率低于国家标准（0.5%），每年有效处理采出

液近 1108m³，污水全部达标回注。

总之，大庆油田自 20 世纪 60 年代开始，至今进行了 60 余年的化学驱技术攻关，建立了完整的化学驱理论、产品制备工艺、采油及地面工程配套技术，聚合物驱提高采收率 12%，三元复合驱提高采收率 18%，应用效果显著。

第二节　一类油层聚合物驱主要跟踪调整做法

一、分层注入

（一）分层注聚必要性

大庆油田最早的工业化推广区块北二西东块注聚后期的吸入剖面显示，在笼统注入方式下，两个不同沉积特征的油层组葡Ⅰ1-4 和葡Ⅰ5-7 的吸入状况差异较大，葡Ⅰ1-4 的相对吸入量占全井的 84.87%，而葡Ⅰ5-7 的相对吸入量仅占全井的 15.13%。同时，无论是葡Ⅰ1-4 还是葡Ⅰ5-7，有效渗透率大于 0.5D 的高渗透层的相对吸入量远高于中低渗透层，聚合物溶液在高渗透层的低效注入，低渗透层聚合物驱（以下简称聚驱）动用程度低，严重影响了聚合物驱的整体开发效果。可见，在笼统注入方式下，好油层与差油层之间的矛盾比较突出。因此，需要应用分层注入技术，以便较好地解决层间吸液差异较大的问题，进一步扩大波及体积，提高最终采收率和区块的最终开发效果。

（二）应用数值模拟确定分层注聚主要指标技术界限

1. 层间渗透率级差对聚合物驱效果的影响

为研究层间渗透率级差大小对聚合物驱效果带来的影响，利用数值模拟方法对其进行计算分析。建立 5 个基础地质模型，每个地质模型划分为 5 个等厚小层，均属正韵律油层，渗透率变异系数为 0.65。每个基础地质模型的小层渗透率见表 5-2-1。根据基础地质模型组合成 5 个双层地质模型，上下层互不连通，双层地质模型见表 5-2-2。

表 5-2-1　基础地质模型　　　　　　　　　　单位：mD

模型编号	K	K_1	K_2	K_3	K_4	K_5
1#	200	29	67	117	205	582
2#	400	59	134	233	409	1165
3#	600	88	201	350	614	1747
4#	800	117	268	466	819	2330
5#	1000	146	335	583	1023	2912

注：K 为模型总渗透率，K_1～K_5 为对应小层的渗透率。

表 5-2-2 双层地质模型

模型编号	6#	7#	8#	9#	10#
上层平均渗透率 /mD	1000	800	600	400	200
下层平均渗透率 /mD	1000	1000	1000	1000	1000
层间平均渗透率比值	1.00	1.25	1.67	2.50	5.00

采用五点法面积井网，注采井距 250m；设计聚合物用量 380mg/（L·PV），聚合物溶液浓度 1000mg/L，注入速度 0.19PV/a；开采过程为先从地质模型初始时刻水驱到含水率 90%，然后进行聚合物驱到含水率 98% 时止。通过计算分析，取得了以下几点认识：

（1）层间渗透率级差越大，笼统注聚合物的开采效果越差。

在层间油层厚度 1:1（即低渗透油层厚度占总厚度的 50%）条件下，层间渗透率级差从 1.0 增大到 5.0 的计算结果表明，随着层间渗透率级差逐渐增大，聚合物驱全过程注入孔隙体积倍数随之增加，采收率随之降低。当层间渗透率级差从 1.0 增大到 5.0 时，采收率降低 6.04 个百分点。

在层间油层厚度 1:2.5（即低渗透油层厚度占总厚度的 29%）条件下，层间渗透率级差从 1.25 增大到 5.0 的计算结果表明，采收率降低 2.97 个百分点。

（2）低渗透油层所占厚度比例增加，笼统注聚合物的开采效果变差。

在层间渗透率级差为 2.5 条件下，低渗透油层所占厚度比例从 17% 增加到 50%，笼统注聚合物计算结果表明，聚合物驱全过程注入孔隙体积倍数随之降低，采收率逐渐降低。当低渗透油层所占厚度比例从 17% 增大到 50% 时，笼统注聚合物采收率降低 2.59 个百分点。

在层间渗透率级差为 5.0 条件下，低渗透油层所占厚度比例从 17% 增大到 50%，笼统注聚合物计算结果表明，采收率降低 4.84 个百分点。

（3）层间渗透率级差较大时，分层注入聚合物效果好于笼统注入方式。

在层间渗透率级差为 2.5，高、低渗透油层厚度各占 50%，且低渗透油层位于高渗透油层之上时，分层注入聚合物和笼统注入聚合物计算结果见表 5-2-3。

表 5-2-3 注入方式对聚合物驱效果的影响（低渗透油层厚度占总厚度 50%）

注入方式	层位	油层厚度 / m	渗透率 / mD	含水率 / %	注入孔隙倍数 / PV	采收率 / %
分层注入	低渗透层	5	400	98.0	1.830	53.36
	高渗透层	5	1000	98.0	1.820	53.34
	合计 / 平均	10	700	98.0	1.825	53.35
笼统注入	低渗透层	5	400	94.0	1.050	45.33
	高渗透层	5	1000	99.6	3.330	57.29
	合计 / 平均	10	700	98.0	2.190	51.31

计算结果表明，当含水率达到 98% 时，分层注入聚合物采收率为 53.35%，笼统注入聚合物采收率为 51.31%，相差 2.04 个百分点，而且笼统注入聚合物比分层注入聚合物多注入孔隙体积 0.365 倍。

在层间渗透率级差为 2.5，低渗透油层厚度占总厚度 29%，且低渗透油层位于高渗透油层之上时，分层注入聚合物和笼统注入聚合物计算结果见表 5-2-4。

表 5-2-4　注入方式对聚合物驱效果的影响（低渗透油层厚度占总厚度 29%）

注入方式	层位	油层厚度 / m	渗透率 / mD	含水率 / %	注入孔隙倍数 / PV	采收率 / %
分层注入	低渗透层	4	400	98.0	1.87	53.67
	高渗透层	10	1000	98.0	1.93	53.00
	合计 / 平均	14	830	98.0	1.91	53.19
笼统注入	低渗透层	4	400	89.6	2.62	44.28
	高渗透层	10	1000	99.3	2.62	56.44
	合计 / 平均	14	830	98.0	2.62	52.96

计算结果表明，当含水率达到 98% 时，分层注入聚合物采收率为 53.19%，笼统注入聚合物采收率为 52.96%，相差 0.23 个百分点，但笼统注入聚合物比分层注入聚合物多注入孔隙体积 0.71 倍。

2. 层间渗透率级差界限

在聚合物驱层系组合时，层间渗透率级差对聚合物驱效果影响较大，同时，低渗透油层所占厚度比例和一套层系的注入聚合物方式也对聚合物驱效果有影响。水驱开发层系组合时，层间渗透率级差定为 3～5。而聚合物驱开发层系组合时，由于聚合物可以大幅度降低高渗透层或高水淹层的渗透率，调整吸水剖面，缩小层间矛盾，因此，从这一意义上讲，聚合物驱开发层系组合时，层间渗透率级差可以比水驱开发层系组合的层间渗透率级差大。但是，聚合物相对分子质量与油层渗透率的匹配关系研究结果表明，当一套层系注入一种聚合物相对分子质量时，一套层系的层间渗透率级差就不能太大。如果层间渗透率级差较大，低渗透油层的渗透率太低，就会造成聚合物堵塞或注不进低渗透油层，从而影响聚合物驱效果。因此，从这一意义上讲，一套层系的层间渗透率级差又不能过大。

室内实验研究结果表明，在目前注入聚合物相对分子质量 1200×10^4 左右条件下，一套层系中低渗透油层的渗透率为 150～200mD 对聚合物的注入不会造成困难。综合以上分析认为，一套层系的层间渗透率级差最大界限在 5～7 较为合理。同时也认为，当一套层系中部分注入井主要油层或砂岩组的层间渗透率级差不小于 2.5，且低渗透油层的厚度比例不小于 50%，隔层厚度不小于 2m 且分布较稳定时，应选择分层注入聚合物方式。

3. 适应分层注聚油层条件

综上可知，采取分层注入聚合物方式，可以减少聚合物驱的层间矛盾，增加低渗透层段的注入量，提高聚合物的利用率和周围油井的开采效果，应作为注聚前期采取的一项有效措施推广应用。根据分层注入实践经验和数模研究结果，适合分层注入的注入井的条件是：

（1）主要油层段间的渗透率级差不小于2；

（2）低渗透油层段的厚度占总厚度的30%以上；

（3）隔层厚度不小于1m且分布较稳定。

（三）现场应用效果

为了解决层间矛盾，提高低渗透油层的聚合物驱效果，在注聚合物过程中有68口井采用了分层注入，其中注聚前期15口井，注聚后期53口井。分层注入的作用具体表现在以下几个方面：

（1）能够提高较差层段的注入强度，控制较好层段的注入量。

统计北二西东块注聚后期分注11口注入井葡Ⅰ组油层的吸水状况看出，笼统注聚阶段，在平均注入强度为9.7m³/（d·m）时，葡Ⅰ1-4层的相对吸水量占73.6%，注入强度为12.2m³/（d·m），而葡Ⅰ5-7层的相对吸水量仅占26.4%，注入强度为6.3m³/（d·m），两层注入强度相差1.94倍，由此可见在笼统注入时葡Ⅰ1-4和葡Ⅰ5-7两个砂岩组的吸水状况存在较大差异。2000年5月，采取分层注入工艺后，在平均注入强度12.3m³/（d·m）时，剩余油较少的葡Ⅰ1-4层的相对吸水量控制到35.9%，注入强度降低到7.6m³/（d·m），而剩余油较多的葡Ⅰ5-7层的相对吸水量提高到64.1%，注入强度增加到18.8m³/（d·m），层间矛盾得到调整。

（2）控制了注聚后期综合含水率的回升速度。

统计分析北二西东块2000年5月注聚后期分注的11口注入井井周围的19口油井动态变化看出，分注前含水率86.0%，月含水率回升速度0.5个百分点，2000年12月含水率上升到89.2%，月含水率回升速度降到0.4个百分点。目前，含水率降到88.4%，与2000年底相比含水率下降0.8个百分点，日产油量增加31t。其中4口中心井的含水率从88.9%下降到87.8%，下降1.1个百分点。而同期全区未采取分层注入工艺的油井含水率由89.4%上升到90.1%，含水率回升了0.7个百分点。

（3）在油层性质相近的条件下，分注井组油井的聚驱效果好于笼统注聚井组。

统计分析注聚前期15口双管分层注入井组油井的效果看出，分层注入井组油井的效果好于笼统注入井组油井的效果。如北二西东块3口分层注入井组油井的综合含水率下降幅度达到19.8~41.5个百分点，日产油量由32t增加到236t，相应笼统注入井组油井的综合含水率下降幅度为13.0~26.8个百分点，日产油量由35t增加到162t。

统计分析萨中、萨北和喇嘛甸油田68口井采取分层注入技术措施后，累计多增油4.9×10⁴t，投入产出比1：2.30。

二、前置段塞

由于高相对分子质量聚合物具有更好的增黏性和更大的阻力系数、残余阻力系数，因此，为了提高聚合物驱的整体开发效果，在注聚合物过程中采取了高相对分子质量聚合物前置段塞技术措施。

（一）聚合物相对分子质量高低对聚合物驱油开发效果影响

室内物理模拟实验研究结果表明，由于高相对分子质量聚合物具有增黏效果好、渗透率下降系数大等优点，在相同聚合物用量条件下，聚合物相对分子质量越高，采收率增长幅度越大，要取得相同的提高采收率值，高相对分子质量聚合物比低相对分子质量聚合物的用量要小。测试结果表明（表5-2-5），在聚合物溶液浓度为1000mg/L条件下，当聚合物相对分子质量为500×10^4时，其黏度为17.0mPa·s，残余阻力系数为1.8；当聚合物相对分子质量为1000×10^4时，其黏度为33.0mPa·s，残余阻力系数为2.4；当聚合物相对分子质量为1700×10^4时，其黏度为47mPa·s，残余阻力系数为4.6。

表5-2-5　不同相对分子质量聚合物的黏度和残余阻力系数

相对分子质量	500×10^4	1000×10^4	1700×10^4
黏度/（mPa·s）	17	33	47
残余阻力系数	1.8	2.4	4.6

应用纵向非均质变异系数为0.72的三层物理模型，在聚合物用量为570mg/（L·PV）、聚合物溶液浓度为1000mg/L条件下所做的三种不同相对分子质量聚合物的室内驱油实验结果表明，高相对分子质量聚合物提高非均质油层采收率比低相对分子质量聚合物高得多（表5-2-6）。

表5-2-6　不同相对分子质量聚合物驱油效果对比

相对分子质量/10^4	水驱采收率/%	聚合物驱采收率/%	采收率提高值/%
550	32.7	43.3	10.6
1100	32.9	51.8	17.9
1860	32.2	54.8	22.6

（二）高低相对分子质量聚合物注入次序及其比例对驱油效果的影响研究

在聚合物驱过程中，研究了高、低相对分子质量聚合物注入次序与注入比例对驱油效果的影响，物理模拟驱油实验是在渗透率变异系数为0.72的三层非均质模型上进行的。实验过程中聚合物总用量不变，均为570mg/（L·PV），聚合物注入浓度为1000mg/L。不同方案的实验结果及其分析见表5-2-7和表5-2-8。

表 5-2-7　在 550×10^4 相对分子质量聚合物前注入 1860×10^4 相对分子质量聚合物前置段塞的驱油效果

单位：%

高相对分子质量聚合物所占比例	采收率提高值	采收率增值	阶段增值占总增值的比例
0	10.6	0	0
20	18.7	8.1	67.5
33	20.4	9.8	81.7
50	22.8	12.2	100.0
100	22.6	12.0	100.0

表 5-2-8　在 1200×10^4 相对分子质量聚合物前注入 1790×10^4 相对分子质量聚合物前置段塞的驱油效果

单位：%

高相对分子质量聚合物所占比例	采收率提高值	采收率增值	阶段增值占总增值的比例
0	20.7	0	0
10	21.6	0.9	30.0
20	22.7	2.0	66.7
33	23.6	2.9	96.7
50	23.6	2.9	96.7
100	23.7	3.0	100.0

从表 5-2-8 中可以看出：（1）单独注入高相对分子质量聚合物提高采收率最大，单注 1790×10^4 相对分子质量聚合物比单注 1200×10^4 相对分子质量聚合物的采收率多提高 3.0 个百分点；（2）在低相对分子质量聚合物前加入一定量的高相对分子质量聚合物可以提高低相对分子质量聚合物驱的最终驱油效果。当前置高相对分子质量聚合物段塞占总用量的 20% 时，比单独注入 1200×10^4 的低相对分子质量聚合物可提高采收率 2.0%，占采收率总增值的 66.7%。当前置高相对分子质量聚合物段塞的比例达到 33% 以上时，基本上与单独注入高相对分子质量聚合物的驱油效果相同。

上述结果是在室内得到的。为了反映油层内的实际情况，在拟合室内物理模拟驱油实验结果的基础上，又对高、低相对分子质量聚合物的注入方式进行了数值模拟研究，结果表明，先注高分子聚合物其采收率提高值明显高于后注高分子聚合物，其提高值为 2.76 个百分点。而且随着高分子聚合物用量比例的增加，其驱油效果也在增加。但是在高分子聚合物用量比例大约为 15% 时，单位高分子聚合物用量所获得的采收率增值最高。这是因为尽管高分子聚合物用量只占总用量的 15%，但采收率增值却占整个采收率增值（单注高相对分子质量聚合物的采收率提高值 − 单注低相对分子质量聚合物的采收率提高值）的 60% 以上，此时，可比单注低相对分子质量聚合物提高采收率 1.50 个百分点以上。

综上可见，聚驱时采用高相对分子质量聚合物前置段塞，可比单独注中相对分子质量聚合物具有更好的增油降水效果，可在萨中以北地区葡Ⅰ组油层推广应用。

（三）现场应用效果

通过分析喇嘛甸油田北北块和南二区东部采用高相对分子质量聚合物前置段塞后的动态反映特点，该项技术措施实施后聚合物驱具有以下几个方面的效果：

（1）注入压力上升幅度和视吸水指数下降幅度大。

喇嘛甸油田北北块的注入压力上升幅度和视吸水指数下降幅度大于北东块。在注入孔隙体积倍数均为 0.44PV 时，北北块注入压力上升幅度为 7.5MPa，比北东块的 6.4MPa 高 1.1MPa。同时北北块视吸水指数下降了 48.0%，比北东块的 25.2% 多下降了 12.8 个百分点。

（2）单采中心井综合含水率下降幅度大。

喇嘛甸油田北北块单采中心井的综合含水率从 95.7% 下降到 77.9%，下降 17.8 个百分点，而北东块单采中心井的综合含水率从 93.7% 下降到 78.4%，下降 15.3 个百分点，北北块比北东块多下降 2.5 个百分点。

（3）聚驱见效后增油降水效果显著。

南二区东部聚驱采出井在聚合物用量 42mg/（L·PV）时开始见效，在聚合物用量 210mg/（L·PV）时达到受效高峰，此时日产油量 4214t，综合含水率 69.1%，与注聚前比，日增油 3587t，增油倍数 5.7 倍，综合含水率下降 23.7 个百分点，含水下降速度 0.11%/［mg/（L·PV）］。

目前南二区东部已进入含水回升期，截至 2002 年 10 月，注入地下孔隙体积 0.4907PV，聚合物用量 526.87mg/（L·PV）。日产油量 1286t，综合含水率 86.45%，与含水稳定阶段比含水率已回升 17.35 个百分点。考虑递减，聚驱阶段已累计增油 234.06×10⁴t，提高采收率 12.07 个百分点。预计聚驱全过程可累计增油 261.71×10⁴t，提高采收率 13.49 个百分点，开发效果明显好于方案预测。

统计分析南二区、南三区和北北块采取高分子聚合物前置段塞技术措施后，累计多增油 73.1×10⁴t，投入产出比 1：4.53。

三、深度调剖

（一）生产需求

随着聚合物驱技术在油田上推广应用，出现了注聚区块中部分注入井存在特高渗透层段，导致注聚压力低、生产井见聚合物早、采聚浓度上升快等问题。因此，为了进一步改善聚合物驱效果，开展了聚合物驱深度调剖技术研究和试验。主要有复合离子深度调剖技术、阴阳离子聚合物深度调剖技术、铝体系低浓度交联聚合物深度调剖技术、铬体系低浓度交联聚合物深度调剖技术、阴阳离子聚合物＋铝体系低浓度交联聚合物深度调剖技术和预交联体膨颗粒深度调剖技术。其中，复合离子深度调剖技术应用规模最大，先后在采油一厂、二厂、三厂、六厂18个区块207口注入井开展了复合离子聚合物深度调剖试验，相关油井435口。注聚前调剖162口井，占调剖总井数的78.26%，平均单井用量7567m³；注聚中调剖35口井，占调剖总井数的16.91%，平均单井用量5732m³；注聚后调剖10口井，占调剖总井数的4.83%，平均单井用量2318m³。

从统计结果可以看出，在注聚前期、注聚中期和注聚后期都开展了深度调剖试验。但是，每个时期试验规模、调剖剂用量和调剖效果存在很大差异。因此，为了评价深度调剖技术效果，通过数值模拟和室内物理模型实验开展了研究工作。

（二）应用数值模拟研究聚驱调剖几个技术问题

1. 地质模型

地质模型由三个等厚小层组成，各小层间无隔层，考虑垂向渗透率。模型平均渗透率1000mD，三个地质模型的渗透率变异系数 V_k 值分别为0.6、0.7、0.8。井网为五点法面积井网，注采井距250m。地质模型的参数见表5-2-9。

表5-2-9　地质模型参数

K=1000mD，V_k=0.6			K=1000mD，V_k=0.7			K=1000mD，V_k=0.8		
小层号	K/mD	h/m	小层号	K/mD	h/m	小层号	K/mD	h/m
1	267	2	1	154	2	1	62	2
2	674	2	2	506	2	2	296	2
3	2060	2	3	2341	2	3	2643	2
合计/平均	1000	6	合计/平均	1000	6	合计/平均	1000	6

2. 设计方案

（1）聚合物驱，各模型水驱到含水率90%，注聚浓度1000mg/L，计算聚合物段塞0.57PV时的效果，然后水驱到含水率98%结束。

（2）"调剖段塞＋聚合物段塞＋水驱"方式，各模型水驱到含水率90%，分别计算段塞组合"0.1PV+0.47PV""0.2PV+0.37PV""0.3PV+0.27PV""0.4PV+0.17PV""0.5PV+0.07PV"时的效果，聚合物段塞后水驱到含水率98%结束。

（3）"聚合物段塞＋调剖段塞＋水驱"方式，各模型水驱到含水率90%，分别计算段塞组合"0.47PV+0.1PV""0.37PV+0.2PV""0.27PV+0.3PV""0.17PV+0.4PV""0.07PV+0.5PV"时的效果，调剖剂段塞后水驱到含水率98%结束。

3. 计算结果分析

"调剖段塞＋聚合物段塞＋水驱"和"聚合物段塞＋调剖段塞＋水驱"方式的计算结果见表5-2-10。对比分析深度调剖数值模拟计算结果可以取得以下几点认识：

（1）注聚前深度调剖效果好于注聚后深度调剖。

对比分析计算结果看出，在总注入 PV 数为 0.57 条件下，相同用量的调剖段塞放在注聚前的深度调剖效果好于放在注聚后的深度调剖效果。

在调剖段塞为 0.2PV 和聚合物段塞为 0.37PV 条件下，当油层 V_k 值在 0.6 时，注聚前深度调剖比注聚后深度调剖多提高采收率 4.28 个百分点。当油层 V_k 值在 0.7 时，注聚前深度调剖比注聚后深度调剖多提高采收率 4.36 个百分点。当油层 V_k 值在 0.8 时，注聚前深度调剖比注聚后深度调剖多提高采收率 4.73 个百分点。

在调剖段塞量为 0.3PV 和聚合物段塞量为 0.27PV 条件下，当油层 V_k 值在 0.6 时，注聚前深度调剖比注聚后深度调剖多提高采收率 5.79 个百分点。当油层 V_k 值在 0.7 时，注聚前深度调剖比注聚后深度调剖多提高采收率 5.58 个百分点。当油层 V_k 值在 0.8 时，注聚前深度调剖比注聚后深度调剖多提高采收率 5.48 个百分点。

（2）调剖段塞用量在一定范围内，注聚前深度调剖效果好于聚驱，而注聚后深度调剖效果不如聚驱。

在总注入 PV 数为 0.57 条件下，当油层 V_k 值在 0.6～0.7 和调剖段塞用量在 0.1～0.4PV 时，注聚前深度调剖效果好于普通聚驱，并在调剖段塞用量 0.2PV 时获得最佳的深度调剖效果，比普通聚驱多提高采收率 2.7～3.1 个百分点。当油层 V_k 值在 0.8 和调剖段塞用量在 0.1～0.5PV 时，注聚前深度调剖效果好于普通聚驱，并在调剖段塞用量 0.3PV 时获得最佳的深度调剖效果，比普通聚驱多提高采收率 4.6 个百分点。

在总注入 PV 数为 0.57 条件下，当油层 V_k 值在 0.6～0.8 和调剖段塞用量大于 0.1PV 后，注聚后深度调剖效果不如普通聚驱。

表 5-2-10 "调剖段塞 + 聚合物段塞 + 水驱"和"聚合物段塞 + 调剖段塞 + 水驱"方式计算结果

调剖段塞 / PV	聚合物段塞 / PV	V_k=0.6，采收率 /%		V_k=0.7，采收率 /%		V_k=0.8，采收率 /%	
		前调	后调	前调	后调	前调	后调
0.0	0.57	55.31	55.31	51.70	51.70	43.85	43.85
0.1	0.47	57.47	55.46	54.12	52.14	47.26	45.22
0.2	0.37	57.97	53.69	54.77	50.41	48.35	43.62
0.3	0.27	57.35	51.56	54.27	48.69	48.46	42.98
0.4	0.17	55.68	50.37	52.97	47.78	48.24	42.43
0.5	0.07	52.41	49.44	49.86	46.69	45.47	41.26

（三）相关物理模拟实验研究

1. 复合离子聚合物具有较好的封堵性

注入井点、注采井中点、采出井点处全程压力监测资料表明，聚驱与调剖后聚驱注入压力均明显上升，并且调剖后聚驱压力升幅明显大于单纯聚驱。其中距注水井 1/3 处测压点调剖压力梯度明显高于聚驱，压力的提高是由于注入了高强度的调剖剂，封堵了注入井附近的高渗透层段及注入井与采出井之间高渗透条带而引起的。在距注入井较远的第二测压点、第三测压点，调剖后聚合物驱压力梯度并没有明显地升高，说明复合离子聚合物具有较好的封堵特性，调剖体系流动性能较差。

2. 调剖可以有效地改善平面、层间矛盾，扩大波及体积

单纯聚驱实验下，随着聚合物溶液的注入，第一段压力梯度迅速上升，随后第二段压力梯度、第三段压力梯度不断升高，说明注入聚合物后，聚合物溶液沿高渗透层的高渗透性条带迅速向采出井突破。调剖后，由于较高强度的调剖剂封堵了高渗透层，聚合物驱后流动方向及层段发生了改变，使聚合物溶液的推进更均匀，从而产生第二段、第三段压力上升的滞后。从实验结束后不同层采出油量看，调剖聚合物驱的葡Ⅰ12、葡Ⅰ22、葡Ⅰ3-4层采出油量均高于聚合物驱的采出油量。葡Ⅰ23层的采出油量低于聚合物驱的采出油量，说明调剖剂有效地封堵了葡Ⅰ23层，调整了层间矛盾，提高了低渗透层动用程度，表明注聚前调剖可以提高聚合物驱对油层平面及纵向上的波及体积。

3. 调剖后聚驱较单纯聚驱采收率多提高 2.17 个百分点

从物理模拟结果可以看出，调剖后进行聚合物驱效果较单纯聚合物驱效果好。在相同的聚合物用量下，聚合物驱结束时，调剖后聚驱较单纯聚驱累计多增油 81.9mL，含水率低 5.28 个百分点，采收率多提高 2.11 个百分点（表 5-2-11）。

表 5-2-11　相同聚合物用量不同注入方式效果对比表

项目		注入孔隙体积 / PV	累计产液量 / mL	累计产油量 / mL	结束时含水率 / %	采收率 / %
调剖 + 聚驱	水驱空白	0.972	4822.6	1080.3	91.42	27.84
	调剖 + 聚驱	1.526	7577.3	2008.3	80.53	51.76
	后续水驱	1.957	9713.2	2163.5	99.04	55.76
聚合 物驱	水驱空白	0.953	3646.9	1076.7	91.17	27.75
	聚合物驱	1.524	6570.6	1926.4	85.81	49.65
	后续水驱	2.099	9425.7	2079.1	98.36	53.59
聚驱结束时差值		0.020	1006.7	81.9	−5.28	2.11
全部结束时差值		−0.142	287.5	84.4	0.68	2.17

（四）现场应用效果

通过分析注聚过程中不同阶段的调剖效果，可以取得以下几点认识：

1. 注聚前的复合离子调剖试验效果明显

1）注入压力上升，压力指数（PI）值升高，流动系数下降

分析喇嘛甸油田南中块、北北块和北西块注聚前调剖的 93 口井的压力资料可以看

出，调剖前后平均注入压力上升幅度在 2.2MPa。与水驱相比，调剖井聚驱注入压力上升 5.8MPa，聚驱未调剖井压力上升 4.8MPa，调剖井比未调剖井压力多上升 1.0MPa。

南二区—南三区东部 10 口调剖井的 PI 值和流动系数资料表明，PI 值平均上升 6.5MPa；流动系数平均下降 0.1837D·m/（mPa·s），下降幅度达到 52.4%。

2）调剖井吸水厚度明显增加，吸水剖面得到有效调整

萨中聚驱复合离子调剖前后吸水剖面资料表明，调剖后高渗透层吸水量得到控制，低渗透层吸水能力得到加强。同时由于启动压力上升，全井的吸水厚度增加。

东丁 2-P2 井的吸水剖面资料显示，调剖后吸水厚度由 6.8m 增加到目前的 13.7m，增加了 6.9m，增加 1 倍。同时高渗透部位吸水比例也由调剖前的 84.7% 下降到初期的 57%，又降到目前的 16.4%，原不吸水部位吸水比例得到较大幅度提高。

分析南二区—南三区东部调剖前后吸水剖面资料可以看出，调剖后吸水厚度比例增加 24.4%。其中有效厚度小于 2m 的薄层吸水厚度比例增幅达到 47.4%，油层吸水状况得到明显改善。厚油层吸水比例由调剖前 85.8% 下降到调剖后 66.0%，减少了 19.8%，差油层的吸水量得到进一步加强。调剖目的层的吸水强度下降幅度显著。调剖后吸水强度为 16.5m³/m，与调剖前比，吸水强度下降 18.4m³/m，下降幅度达到 52.7%。

3）增加了油层动用程度，扩大了油层波及体积

萨中聚驱复合离子调剖采出井的采出液化验分析资料表明，调剖后采出井总矿化度比调剖前增加 656.85mg/L，氯离子含量增加 191.61mg/L。与注聚井对比，分别高 580mg/L 和 163mg/L。

南二区—南三区东部调剖井区内的 18 口采出井采出液化验资料显示，总矿化度 4787mg/L，氯离子浓度 930mg/L，比调剖前分别增加 875mg/L、213mg/L。

4）含水率下降幅度大，增油效果明显

北三西西块 6 口注入井调剖后，中心井含水率从 99.9% 下降到 55.4%，下降 44.5 个百分点，采油量从 0t/d 增加到 81t/d。调剖井区 12 口采油井综合含水率从 96.9% 下降到 60.1%，下降 36.8 个百分点，平均单井采油量从 4.3t/d 增加到 49.7t/d。而北三西西块聚驱 75 口采油井综合含水率从 93.55% 下降到 76.62%，下降 16.93 个百分点，平均单井采油量从 8.4t/d 增加到 31.2t/d。

北一区断东东块 5 口调剖井，与相似条件的聚合物驱采油井相比，调剖井组综合含水率下降到最低为 67.1%，综合含水率下降 24 个百分点，比聚驱井多下降 1.6 个百分点。调剖井组阶段单井累计增油量为 20058t，比聚驱井多 4790t。

北 1-5-P46 调剖井组，见效前平均单井日产液量 254t，日产油量 20t，综合含水率 92.1%。见效高峰时平均单井日产液量 238t，日产油量 123t，综合含水率 48.3%，与见效前对比，日产液量下降 16t，日产油量上升 103t，综合含水率下降 43.8 个百分点。比同期聚驱区块中心井日产油量高 65t，含水率低 32.0 个百分点。单井单位厚度累计多增油 1062t。

2. 注聚中期调剖，效果不明显

喇嘛甸油田南中块和北北块在含水回升期共有 10 口注聚井开展了复合离子调剖试验。南中块调剖前后压力上升 0.8MPa，北北块调剖前后压力上升 0.4MPa。只有部分油井在调剖后含水率有下降趋势。南中块复合离子调剖试验中的 8 口油井有 3 口单采井含水率有下降趋势，由见效前的 92.2% 下降到 90.8%，下降了 1.4 个百分点。北北块 6 口井复合离子聚合物调剖试验效果一般。

3. 注聚后调剖减缓产量递减幅度和含水回升速度

在北一二排中新 201 站有 6 口井开展了注聚结束后调剖试验，调剖初期见到了一定的调剖效果。

1）调剖井的注入压力下降幅度小于未调剖井

调剖前后对比，6 口调剖井注入压力由 9.1MPa 上升到 9.6MPa，上升了 0.5MPa，而未调剖的注水井注水压力则由注聚时的 13.1MPa 下降到 12.9MPa，下降了 0.2MPa。

2）吸水剖面得到明显改善

从调剖前后 5 口井同位素资料对比情况来看，调剖后吸水状况得到了明显改善，吸水厚度由 70.7m 增加到 80.1m，调剖层段的相对吸水量由调剖前的 74.2% 下降到调剖后的 50.6%，下降了 23.6 个百分点。

3）产油递减幅度和含水上升速度得到减缓

该站后续水驱一年时间，日产油量由 612t 下降到 332t，综合含水率由 86.7% 上升到 92.7%，产油递减幅度 45.8%，月含水上升速度 0.50%，分别比同期北一区断西工业性试验区后续水驱阶段低 22.2 个百分点和 0.12 个百分点。

4. 总体效果评价

统计分析 1996 年至 2001 年油田实施的 207 口井的复合离子深度调剖试验情况可以看出，注聚前调剖 162 口井，注聚中调剖 35 口井，注聚后调剖 10 口井。效果明显的有 173 口井，效果不明显的有 34 口井，成功率为 84%。

（1）效果好的经验：

① 结合注采井的动静态资料优选调剖井。

② 优选出调剖井后测试不同压力点下的注入剖面，能够比较准确地确定出调剖层段。

③ 在精细地质研究成果的基础上，准确地确定出连通方向，保证调剖井的调剖效果。

（2）效果差的原因：

① 聚驱中、后期调剖效果较差。由于聚合物驱后，高水淹厚度变大，在与注聚前调剖剂用量相同条件下，单位厚度调剖剂用量减少了。

② 注聚合物后，油层渗透率级差变得更大。在与注聚前调剖剂性能相同条件下，调剖效果变差。

5. 适应的油层条件及取得的效益

注聚前复合离子深度调剖增油降水效果明显，可以改善注聚效果和提高聚合物利用率。对于油层渗透率级差大，存在高渗透或高水淹层段的注入井，注聚前调剖可作为一项重要技术推广应用。

统计分析萨中、萨南、萨北和喇嘛甸油田 207 口井采取深度调剖技术措施后，累计多增油 $30.0162 \times 10^4 t$，投入产出比 1：6.5。

四、注采参数调整

（一）提液

1.现场提液效果分析

为了确保注聚区块达到方案设计的注入速度，保持注采平衡和合理的注采压力系统，在注聚过程中对采油井采取了抽油机调参、抽油机换电泵或小泵换大泵等提液措施。

北东块、南中块东部和北北块采取抽油机小泵换大泵和抽油机转电泵的 76 口井，换泵措施初期平均单井日增液 123t，日增油 13t，流压下降 3.30MPa（表 5-2-12）。

表 5-2-12　聚合物驱三换效果对比表

区块	井数 / 口	换泵初期				与换泵前差值			
		日产液量 / t	日产油量 / t	含水率 / %	流压 / MPa	产液量 / t	产油量 / t	含水率 / %	流压 / MPa
北东块	30	234	48	79.3	5.43	77	18	-1.0	-2.46
南中块东部	28	298	20	93.2	5.42	158	12	-1.0	-4.07
北北块	18	276	13	95.4	6.31	146	9	-1.6	-3.52
合计 / 平均	76	268	30	88.9	5.63	123	13	-1.2	-3.30

南中块东部和北北块聚合物驱主要为见效前高含水采油井换泵，北东块聚合物驱主要为见效后低含水采油井换泵。两类井效果不同，主要表现为：

1）见效前高含水采油井换泵，可以加快见效时间

根据对聚合物驱采油井见效时采出孔隙体积与注聚前剩余油量关系分析，相同含油饱和度的采油井在注聚后采出相同孔隙体积液体时间越短，含水见效时间越早，因此为了保证区块均衡开采，采油井采液速度要相同。

南中块东部和北北块聚合物驱 46 口换泵井中有 40 口井，由于注聚时机泵小，平均单井日产液量比方案低 68t，采液速度低于同区块其他井。从南中块东部 23 口注入半年后换泵提液井与区块其他井开采效果对比上看，产液量最高点比其他井滞后，换泵后流压才达到其他井的水平，含水率大幅度下降时间比其他井晚 3 个月。

2）见效后低含水采油井换泵，可以提高阶段采油速度

聚合物驱采油井采液指数与含水率变化表明，在注聚阶段当含水处于低含水稳定期和

含水上升期时采油井采液指数下降到最低点,这就反映了含水稳定期和含水上升期时采油井的产液量和流压将基本保持稳定,不会像含水下降期那样变化很快。对于油层发育好、连通状况好、井组注采比高且采油井采液指数较高的井,可以采取换泵措施。

北东块 30 口换泵井中在含水稳定期和含水上升期换泵的有 22 口,占总井数的73.3%。换泵初期日增液 75t,增液幅度 49.3%;日增油 28t,增油幅度 50.0%,不考虑含水上升影响,平均单井增油 3630t。但从 22 口换泵井与无措施对比井开发效果上看,换泵后含水上升速度明显加快,到含水率最高点 95.0% 时,月含水上升速度为 0.72%,比无措施对比井高 0.26 个百分点。

无措施井平均单位厚度累计增油 1170t,换泵井平均单位厚度累计增油 1610t,扣除换泵增油平均单位厚度增油为 1340t,仅比无措施井高 170t,而且无措施井目前含水率为92.9%,比换泵井含水率最高点时低 2.1 个百分点,聚驱最终增油量基本一致。

2. 应用条件

在注聚中期,部分高含水未见效或低含水已见效的采油井,流压大于 7MPa,生产压差小,周围注入井供液能力较强。对于这类井采取三换措施可以明显提高产液量和产油量,同时应充分考虑周围注入井的注入量与生产井采液强度的匹配关系,以确保提液后的生产井仍具有较高的生产能力。

(二)调整注聚浓度

1. 生产需求

聚合物驱过程中出现了注入压力上升幅度小、分布不均衡等问题。如北东块 8 排井区处于喇嘛甸油田构造轴部,葡 I 21、葡 I 22 和葡 I 23 三个沉积单元河道砂体大面积发育,渗透率较高,砂体纵向上下切叠,单元间夹层以三类、四类夹层为主,电测曲线形态以箱形为主,呈复合韵律特征,纵向上渗透率级差小,注聚后注入压力上升幅度小。分析油层剖面可以看出,8 排油层性质好,单一河道宽度 600～1200m,一类连通率 95%,有效渗透率 0.62D,注入速度 0.16PV/a。为解决这类平面上井间储层条件和注入能力差异大的矛盾,对该区 21 口注入压力低的注入井采取了调整注聚浓度的做法。

2. 调整注聚浓度效果的数值模拟研究

通过数值模拟计算了聚合物溶液注入浓度由 600mg/L 提高到 1500mg/L 时,不同聚合物溶液浓度对驱油效果影响,计算结果见表 5-2-13。计算结果表明,随着聚合物溶液浓度的增加,采收率增加,采收率提高值为 9.64%～11.69%。

在总注入量 570mg/(L·PV)不变的情况下,计算了不同浓度不同段塞组合对驱油效果的影响,计算结果见表 5-2-14。根据数值模拟计算结果,聚合物驱浓度从 1000mg/L 调整到 1200～1500mg/L 范围内,设计的 12 种注入段塞组合方式采收率均好于 1000mg/L 整体段塞的采收率,采收率比 1000mg/L 整体段塞高 0.22%～0.86%。

表 5-2-13   不同聚合物溶液浓度对驱油效果的影响

注入浓度 /（mg/L）	采收率 /%	采收率提高值 /%
600	48.00	9.64
800	48.63	10.27
1000	49.19	10.83
1200	49.66	11.30
1500	50.05	11.69

表 5-2-14   不同段塞组合对驱油效果的影响　　　　　　单位：%

注入段塞	采收率	采收率提高值	比未调浓度提高值
1200mg/L	49.66	11.30	0.47
0.05PV1000mg/L+0.43PV1200mg/L	49.60	11.24	0.41
0.10PV1000mg/L+0.39PV1200mg/L	49.54	11.18	0.35
0.15PV1000mg/L+0.35PV1200mg/L	49.48	11.12	0.29
0.20PV1000mg/L+0.31PV1200mg/L	49.45	11.09	0.26
0.30PV1000mg/L+0.23PV1200mg/L	49.41	11.05	0.22
1500mg/L	50.05	11.69	0.86
0.05PV1000mg/L+0.35PV1500mg/L	50.04	11.68	0.85
0.10PV1000mg/L+0.31PV1500mg/L	49.94	11.58	0.75
0.15PV1000mg/L+0.28PV1500mg/L	49.89	11.53	0.70
0.20PV1000mg/L+0.25PV1500mg/L	49.87	11.51	0.68
0.30PV1000mg/L+0.18PV1500mg/L	49.50	11.14	0.31

3. 现场应用效果

北东块 21 口注入压力低、压力上升幅度小的注入井采取了提高注入浓度措施，注入浓度由 1000mg/L 调整到 1200～1500mg/L，7～9 个月后，注入浓度调回 1000mg/L。采取措施后，注采井上效果明显，主要表现在以下几个方面。

1）注入压力上升速度明显加快

21 口注入井在注聚初期压力上升较慢，平均上升 2.2MPa，比全区平均压力上升幅度低 1.6MPa。在注聚 0.10PV 时提高注入浓度，之后注入压力上升速度加快。当注聚 0.22PV 时，注入压力基本达到全区水平，注入浓度调回 1000mg/L。此时注入压力达到 9.7MPa，与调整前相比注入压力上升了 2.1MPa；与水驱时相比注入压力上升了 6.1MPa，达到了全区注入压力上升水平。在提高注入浓度阶段，与相同井排未提高浓度注入井相比，调整浓度的注入井压力上升速度快 1.33 倍。

2）压力指数升高，油层阻力系数增大

从注入浓度为 1500mg/L 的 7 口井压降曲线上看，压力指数 P（90）值由水驱时的 5.26 上升到 13.45，上升了 8.19，对比注入浓度为 1000mg/L 的 5 口井 P（90）值由水驱时的 5.09 上升到 13.39，上升了 8.30，两者基本相同。

从累计注入压力与累计注入量关系曲线上可以看出，提高注入浓度后，曲线出现拐点，偏向累计注入压力轴，斜率明显变大，油层阻力系数由调整前的 0.0495 上升到 0.0612，增加了 23%，与相同井排未提高浓度注入井相比基本相同。

3）吸水剖面得到调整

北东块水驱最高吸水单元的 6 口井提浓度前的相对吸水量为 56.7%，比水驱低 10.3%；提浓度后的相对吸水量为 46.2%，比水驱低 20.8%，比调浓度前少吸水 10.5%。水驱最低吸水单元的 6 口井提浓度前的相对吸水量为 18.8%，比水驱高 8.2%；提浓度后的相对吸水量为 35.7%，比水驱高 25.1%，比调浓度前多吸水 16.9%。由此可见，北东块构造轴部吸水不均匀的剖面得到了调整。

4）采出井含水率下降幅度大

提高注入浓度井区油井在聚合物用量达到 80mg/（L·PV）时陆续开始见效，达到 210mg/（L·PV）时进入低含水期，含水率下降最低点为 76.8%，与见效前相比下降了 18.4 个百分点，比未调浓度井区油井多下降 2.7 个百分点。

5）油井增油幅度大，提高采收率明显

提高注入浓度井区的油井见效后，增油幅度达到 390%，未提高注入浓度井区的油井增油幅度为 355%，调浓度井区增油幅度是未调浓度井区的 1.1 倍。提高注入浓度井区的油井提高采收率 10.36%，平均单井单位厚度增油量为 1482t，比未调浓度井区平均单位厚度多增油 92t，采收率多提高 0.65 个百分点。在相同聚合物用量下［580mg/（L·PV）］，提高浓度井区阶段提高采收率为 9.88%，比未调浓度井区高 0.17 个百分点。

从整体开发效果上看，效果好的有 11 个井组，效果比较好的有 6 个井组，效果差的有 4 个井组，成功率为 81%。效果差的井组主要是渗透率高，平均渗透率为 1032D。

4. 调整注入浓度的条件

对于注聚初期注入压力上升缓慢和压力上升幅度小的井，同时该井的油层渗透率较高、全井吸水较均匀，可以采取提高注入浓度的措施，以增加注入井附近的渗流阻力，扩大聚合物驱的波及体积。比较合理的聚合物溶液浓度调整范围应该在 1200～1500mg/L 之间。

（三）调整注采量

1. 必要性分析

北东块进入含水上升期后，部分采出井存在含水上升速度快、采出液浓度高、平面矛盾较为突出等情况，为了控制全区含水上升速度，提高聚合物利用率，改善聚合物驱油效果，利用北东块注入速度下调的时机，在考虑全区进入后续水驱的基础上，有必要对北东块聚合物开采区块进行注采调整。

2. 具体操作方法

对部分油井含水上升快、采出液浓度高，对主要来聚方向进行控注。对部分液面低的低含水井，适当增加注入量。

（1）控注井区的选择方法：

① 对井组剩余油饱和度较高，井组聚合物用量、累计增油量相对较大，调整前已处于含水上升期，含水率大于全区平均含水率，采出液浓度大于 500mg/L 的井组进行控注。

② 对井组剩余油饱和度较低，注聚以来效果较差，累计增油量相对较低，含水率下降幅度较小，调整前已处于含水上升期，含水率高于全区平均含水率，采出液浓度相对较高的井组进行控注。

③ 油井地层压力高、注入井注入压力接近破裂压力，含水率接近全区平均含水率的井组下调配注量。

④ 控注后注入井配注强度按式（5-2-1）计算：

$$Q_i = \left[Q_{全区} V_i (1-f_{wi}) \right] / \left[V_{全区} (1-f_{w平均}) \right] \quad (5-2-1)$$

式中　Q_i——调整后注入井配注量，m^3/d；

　　　$Q_{全区}$——全区总配注量，m^3/d；

　　　V_i——井组注入孔隙体积，m^3；

　　　$V_{全区}$——全区注入孔隙体积，m^3；

　　　f_{wi}——井组调整前含水率；

　　　$f_{w平均}$——全区调整前含水率。

原则上配注量下调强度小于 40%。

（2）增注井区的选择方法：

① 对井组含油饱和度较高，聚合物用量、累计增油量均较大，调整前含水率低于全区平均含水率的井组进行增注。

② 对井组含油饱和度较低，注聚以来效果较差，累计增油量相对较低，但目前正处于含水下降期或稳定期的井组进行增注。

③ 增注后的强度按式（5-2-1）计算，原则上配注量上调强度小于 20%。

（3）控液。

油井含油饱和度较低，注聚以来效果较差，累计增油量相对较低，含水率下降幅度小，产液指数较大，调整前含水率和采出液浓度均高于全区平均水平。油井最大限度下调参数。

3. 实施效果及效益

北东块实施综合调整，全区共控注 109 口井，下调配注 5720m^3，平均单井注入强度下降 28.6%；增注 14 口井，上调配注 760m^3，平均单井注入强度上调 18.7%；采油井共下调参数 15 口井，日降液 675t。

1）全区产液结构得到调整

由于控注幅度比较大，综合调整后全区产液量明显下降，和调整前比，产液量由调整前的33601t下降到25363t，下降了8238t。其中受综合调整影响的144口油井，日产液量由27920t下降为21048t，下降了6872t；日产油量由4072t下降为1786t，下降了2286t。统计全区调整前含水率大于92%的16口中心单采井，日产液量由2640t下降为2043t，下降了597t，下降幅度22.61%；含水率小于85%的51口中心单采井，日产液量由10835t下降为9852t，下降了983t，下降幅度9.07%，比含水率大于92%的中心单采井下降幅度低13.54个百分点，全区产液结构趋于合理。

2）含水上升和产量递减速度明显减缓

实施半年后，北东块全区含水率91.3%，比运行指标低3.3个百分点，比半年前高5.8个百分点，月含水上升速度0.53个百分点，其中四季度月含水上升0.4个百分点，比实施初期减缓0.13个百分点。另外，从全区中心单采井含水率分级上看，含水率接近平均含水率的井有31口，占全区的31%；含水率大于86.0%和小于82.0%的井有83口，占全区的83%，单井间含水率分布比较集中，有利于全区转入后续水驱。

北东块葡Ⅰ1-2油层含水率和数模比，1999年11月综合含水率88.96%，比1998年12月上升了6.96个百分点，月含水上升0.63个百分点，比数模低0.41个百分点，其中二至四季度月含水上升速度0.46个百分点，比一季度低0.64个百分点。由于产液结构得到调整，含水上升和产量递减速度减缓，和一季度比，二季度至四季度的产量月递减5%，比一季度减少2.98个百分点。

受产液结构调整和含水影响，1999年11月全区中心单采井采出液浓度528mg/L，比1998年12月上升了120mg/L，月平均上升仅为10.9mg/L，比1998年下半年减缓12.6mg/L。通过平面调整提高了聚合物在地层中的滞留量。

3）地层压力略有下降

由于高含水井组下调配注，全区地层压力有所下降。调整前后对比11口油井，平均地层压力13.11MPa，总压差为1.81MPa，半年压差为-0.57MPa，年压差为-0.13MPa，和1998年12月比，流压小于4MPa的井由54口减少到34口；流压在4～8MPa的井由74口增加到89口，流压大于8MPa的井由20口增加到25口（有9口是油井下调参数控液所致），流压分布更趋合理。

4）取得的经济效益

统计分析萨中、萨北和喇嘛甸油田提液、提高注入浓度和调整注入方案等注采参数调整1962口井，采取调整措施后，累计多增油47.209×10⁴t，投入产出比1∶7.6。

五、采油井压裂

（一）生产需求

压裂对于聚合物驱同样是一种行之有效的增产措施。不同于水驱，聚合物驱油井压裂对实施时机及油层条件的选择需要明确。

为进一步研究聚驱采出井压裂对全区提高采收率的贡献，利用数值模拟技术对南二区东部聚驱开发效果进行了预测，预测共分两步，首先在目前跟踪数值模拟的基础上，对采取压裂措施后的聚驱开发效果进行了预测，然后在数模中去掉已采取过压裂措施的 33 口措施井，再对聚驱效果进行预测。数值模拟预测结果表明，在采取压裂措施后区块的最低含水率为 68.07%，比未采取压裂措施低 2.08 个百分点；区块的最终采收率为 56.94%，比未采取压裂措施的最终采收率高 0.79 个百分点，相当于增加区块产油量 15.31×10^4t。

（二）数值模拟研究采油井压裂时机及效果

为优选采油井压裂时机与压裂层位，建立了一个四注一采的地质模型，井区地质储量 25.23×10^4t，孔隙体积 $40.36 \times 10^4 \text{m}^3$，初始条件为聚合物注入速度 0.16PV/a，注入浓度 1000mg/L，聚合物总用量 570mg/（L·PV），采出井初期含水率为 93.5%。设计计算了四种压裂方案，计算结果见表 5-2-15。

方案一：在含水下降期对好油层与差油层分别进行压裂。

方案二：在含水稳定期对好油层与差油层分别进行压裂。

方案三：在含水回升初期对好油层与差油层分别进行压裂。

方案四：在含水下降期对好油层进行压裂，在含水回升初期再对差油层进行压裂。

表 5-2-15　数值模拟计算结果统计表

方案编号	压裂层位	累计增油量 /10^4t	措施增油量 /10^4t	提高采收率 /%
基础方案	不压裂	3.152		
方案一	主力油层	3.395	0.243	0.96
	薄差油层	3.235	0.083	0.33
方案二	主力油层	3.390	0.238	0.94
	薄差油层	3.250	0.098	0.39
方案三	主力油层	3.175	0.023	0.09
	薄差油层	3.295	0.143	0.56
方案四	主力＋薄差油层	3.485	0.333	1.32

通过数值模拟计算并结合现场实施效果分析，可以取得以下几点认识：

（1）聚驱采出井主力油层压裂应优选含水下降期及含水稳定期进行，在含水回升初期效果明显变差。

数值模拟计算结果表明，主力油层在含水下降期压裂采收率提高幅度为 0.96%；在含水稳定期压裂采收率提高幅度为 0.94%；而在含水回升期压裂仅能提高采收率 0.09%。

现场实施结果表明，在含水下降期压裂平均单井日增油 37t，含水率下降 9.8 个百分点；在含水稳定期压裂平均单井日增油 28t，含水率下降 2.1 个百分点；而在含水回升期实施的 2 口压裂井均造成含水率上升，成为仅增液不增油的无效井。

（2）聚驱采出井薄差油层压裂选择在含水回升初期效果较好。

数值模拟计算结果表明，薄差油层在含水回升初期压裂效果明显，提高采收率幅度为 0.56%，明显好于其他时期。

南二区东部在注聚见效期仅对河道砂变差部位及河道砂边部的 7 口采出井进行压裂，压裂初期日增液 481t，日增油 226t，含水率下降 2.7 个百分点，平均单井日增油 32t。在进入含水回升期后共对 9 口井的薄差油层进行了选择性压裂，压裂也取得较好效果，措施初期日增油 22t，含水率上升 1.1 个百分点。

（3）在含水下降期先对主力油层压裂，在含水回升期再对满足条件的薄差油层进行重复压裂效果更为明显。

数值模拟计算结果表明，采取重复压裂措施提高采收率 1.32 个百分点，平均每压裂一次提高采收率 0.66 个百分点。

综上可知，采油井压裂时机与油层适应条件：在注聚中期，含水下降期和含水稳定期，采油井压裂主力油层效果最好，在含水回升初期压裂低渗透的差油层会获得较好的效果。

（三）现场应用效果与效益

南二区—南三区东部注聚后，利用精细地质研究成果，结合采出井的见效情况，共对 97 口采出井采取压裂措施，措施井数占采出井总数的 31.8%，压裂方式为短宽缝压裂和多裂缝压裂，压裂后，聚驱采出井增液幅度大，增油效果明显。统计 97 口压裂井措施前后结果，有效井 91 口，成功率为 93.8%。措施后日增液 5364t，日增油 2319t，含水率下降 2.9 个百分点，平均单井日增液 59t，增液幅度 62.6%，平均单井日增油 25.5t。采取压裂措施后可提高全区采收率 0.8 个百分点左右。

统计分析萨中、萨南、萨北和喇嘛甸油田 433 口采油井采取压裂技术措施后，累计多增油 $65.4 \times 10^4 t$，投入产出比 1∶7.8。

六、合采井封堵

（一）生产需求

在聚驱中存在区块内合采井注聚油层和注水油层同采，边角井注聚油层受区块外注水影响同注同采的现象。注聚后聚驱层由于注入流体黏度增大，流动阻力增加，使压力传导能力下降。当聚驱层的产液能力低于水驱层产液能力时，油层间相互干扰。同时由于油层切叠和封固质量影响，部分水驱油井见到聚驱效果，部分水驱层注入水窜槽到聚驱层，影响聚驱开发效果。有必要对严重影响聚驱效果的区外注水井及区内合采油井的相应层位进行封堵。

（二）封堵合采井水驱油层提高聚驱效果

注聚区块合采井封堵的关键是判断合采井水驱油层对聚驱油层的干扰程度。统计合采井流压、聚驱油层地层系数占全井比例和含水率下降幅度关系可以得到如下认识：在相同地层系数比例下，流压越高含水率下降幅度越小；在相同流压下，地层系数比例越小含水率下降幅度越小。如 10-26 井流压一直在 9MPa 以上，地层系数比例不到 1/3，存在严重的水驱层对聚驱层的干扰，采取封堵水驱油层后，日降液 152t，日增油 47t，含水率下降 28.8 个百分点。

（三）调整水驱注入方案改善聚驱效果

为减少合采井水驱油层对聚驱油层的干扰，以及外围水驱注水对边角井的干扰和水驱窜槽层水驱的影响，及时采取调整水驱注入井方案，有利于改善聚驱开发效果。

参照南中块东部聚合物驱注聚前后对 22 口合采井周围水驱油层注水井下调注水方案，实注减少 1486m³，使合采井流压控制到 6MPa 以下。从合采井与单采井开发效果对比上看，合采井见效时间与单采井相同，单位厚度累计增油 653t/m，与单采井基本一致，说明在南中块东部聚合物驱合采井水驱油层的干扰已不存在（表 5-2-16）。

表 5-2-16　南中块东部合采井与单采井开发效果对比表

| 井别 | 井数/口 | 葡Ⅰ1-2层 | | 见效时间/月 | 注聚前 | | 调整后 | | 单位厚度增油/（t/m） |
		砂岩压度/m	有效压度/m		含水率/%	流压/MPa	含水率/%	流压/MPa	
合采井	22	17.5	15.0	4	95.0	7.66	89.2	5.97	653
单采井	95	16.0	15.6	4	95.5	6.83	87.0	5.48	636
差值				0	-0.5	0.83	2.2	0.49	17

（四）调整油井控制聚合物的无效采出

通过分析注采井连通关系，结合自喷找水资料，对有稳定隔层的高含水、高采聚浓度的采油井采取堵水措施。南中块 7 口采油井采取堵水措施后，平均单井日产液量下降 61t，日产油量下降 1t，含水率下降 2.2 个百分点，采聚浓度下降 182mg/L。

（五）结论认识及取得效益

（1）对注聚后见效缓慢、聚驱效果差、流压高的合采井可采取封堵水驱层位措施；

（2）对聚驱层位的产液量比例远低于地层系数比例的合采井可采取封堵水驱层位措施。

统计分析萨中、萨北和喇嘛甸油田 116 口井采取封堵措施后，累计多增油 6.757×10⁴t，投入产出比 1:1.6。

七、转后续水驱

（一）停注聚时机及注采井综合调整

当注聚区块注聚量达到方案设计时，虽然注聚过程有所调整，但井组间聚驱效果仍然存在着差异，主要是井组含水的差异。通过对相同含水级别、不同聚合物用量井组聚合物驱转后续水驱后含水变化曲线进行对比分析可以看出，相同含水级别、不同聚合物用量井组转后续水驱含水上升速度基本相同。且含水级别越高，井组转后续水驱后含水上升速度越慢；注聚与转后续水驱其含水上升速度的差别主要与所处的含水级别有关，含水级别越高，二者的差别越小，当含水率大于94%以后，二者含水上升速度基本一致。

对比聚合物驱和水驱的相渗透率曲线也可以看出，当含水级别较低时，在采出相同油量的条件下，水驱的含水上升速度远大于聚合物驱的含水上升速度，但是二者的差距随着含水级别的增大而逐渐缩小，当二者含水率大于92%以后，水驱和聚驱的含水上升速度明显减缓，并趋于一致。因此，把停注时周围油井的含水率确定为92%～94%。

从上述分析可以看出，含水级别是决定井组聚合物驱转后续水驱时机的主要因素。对于注聚区块的同一个注聚井组，含水率与聚合物用量之间有一一对应关系，可以通过确定该井组转后续水驱时的含水率得出该井组聚合物用量；而对于注聚区块内的不同井组，含水率与聚合物用量之间没有明确的一一对应关系。

根据以上分析结果结合矿场实践认识认为，聚合物驱转后续水驱时，注采井综合调整可以采取以下做法：

（1）聚合物驱转后续水驱时，注水井综合调整做法：

① 井组含水率回升到92%以上，吸水剖面调整较均匀，采出程度相对较高的井组转入后续水驱，降低注水强度以减少水驱对聚驱的影响。

② 井组含水率回升到92%以上，吸水剖面调整不均匀，若隔层发育稳定，则可以考虑采取分层注聚，同时根据注采平衡原则，适当降低注入量；若隔层发育较差或不发育，则采取深度调剖。

③ 井组含水率在90.0%～92.0%之间，采聚浓度大于600mg/L时，注入浓度由1000mg/L降低到600mg/L，以提高聚合物的利用率。

④ 井组含水率小于全区平均值，若油井流压和注入压力相对较低，则在注入压力允许条件下适当增加配注量。

⑤ 井组注入压力高或超过破裂压力，则降低注入量。

（2）聚合物驱转后续水驱时，采油井综合调整应该考虑以下几点：

① 采油井含水率高、采聚浓度高、隔层发育，采取油井堵水。

② 油井含水率接近98%，采出浓度大于700mg/L，采取油井关井。

③ 油井含水率在94%～97%之间，采出浓度大于600mg/L，采取油井降参控液。

（二）聚驱后剩余油分布决定后续水驱综合调整界限

1. 聚驱后剩余油分布

北东块聚驱葡 I 1-2 油层属于大型砂质辫状河沉积，非均质性比较严重。通过 4 年聚合物驱油的开采，虽然油层动用程度得到了较大提高，采出程度达到了 50.59%，但在平面上采出程度差异较大。其中采出程度小于 40% 的只有 21 个井组，占全区总井数的 12.9%；而采出程度大于 50% 的有 142 个井组，占全区总井数的 87.1%，平均采出程度达 52.66%。

从含水率分布状况看，含水率大于 96% 的井有 113 口，占全区总井数的 55.7%，而含水率小于 92% 的井只有 28 口，占全区总井数的 13.7%。平面上水淹状况比较严重，只有零星地区存在剩余油，这部分剩余油主要存在于单砂体控制不住地区和分流线滞留区。

从该区块的喇 8- 检 P182 井的水洗状况看，未水洗和弱水洗有效厚度比例分别只占 0.7% 和 3.3%，而中、强水洗有效厚度比例占全井厚度的 96.0%。驱油效率分别达到了 46.0% 和 61.6%。基本处于低效循环状态，聚驱后，只在层内存在微观剩余油。

从北东块历年吸水剖面资料看，原水驱高吸水层段的吸水量在聚驱过程中虽然得到一定调整，但相对吸水量仍然很高。找水资料也表明，在聚驱后期，下部高渗透油层仍然是主要产液层位，相对产液量达到了 90% 左右。从喇 8- 检 P182 井密闭取心资料看，纵向上呈多段水淹特点，在物性夹层上部水洗程度高，下部水洗程度相对较低，剩余油存在于每个韵律段的上部。

2. 后续水驱综合调整方法

1）开展不同注入速度试验，研究后续水驱合理注入速度

数值模拟研究表明，后续水驱注入速度由 0.08PV/a 提高到 0.16PV/a，采收率只下降 0.16%。原因是聚驱葡 I 1-2 油层层间干扰影响，在聚合物驱后续水驱阶段高速注入，注入水沿着聚合物已经突破的特高渗透层突进，只能造成含水上升加快。因此，为减少无效注水，在北东块选择一个 12 注 18 采的试验区块，进行 0.13PV/a 的低注入速度开采试验。从周围油井动态变化情况看，低速注入与高速注入中心单采井含水上升速度基本一致。在此基础上，降低了北东块的注入速度，下调注入方案 76 口井，日注水减少 4660m³，下调注入速度 0.039PV/a。调整后，周围有 52 口油井日产液量下降 1836t，日产油量只下降 41t，含水率下降 0.3 个百分点。

2）开展周期注水，提高注水利用率，挖掘层内剩余油

从喇 8- 检 P182 取心井资料看出，聚驱后剩余油主要分布在注采不完善部位及剥蚀面下部渗透率相对较低层位，厚度小且高度分散，聚驱后剩余油的挖潜难度较大。因此，在后续水驱阶段可以充分利用周期注水方式，激活差油层压力场，引起饱和度场发生改变，以提高油层平面和纵向不同部位的动用程度，在少注入水的条件下，可以有效地控制区块的含水上升速度。

根据北东块聚驱后地层压力仍然较高的实际情况，开展了两个后续水驱周期注水试

验，注水井 30 口，受效油井 48 口（其中中心井 16 口），注水半周期为 1 个月。周期注水后，单井注水强度由 8.3m³/（d·m）上调到 11.9m³/（d·m），共注入两个周期，在总注入量减少 15.0×10⁴m³ 情况下，油井含水率和产液量均保持稳定。

3）加大分层注水调整力度，严格控制高渗透部位的注水量，提高差油层注水强度

对注入剖面不均匀且隔层稳定发育的注入井，加大了分层注水的调整力度，控制高渗透层的注水量，提高差油层的动用程度。水井分层注水 34 口，高渗透、高含水层日注水减少 2700m³，低含水、差油层日注水增加 846m³；同时对物性隔层发育的注入井实施层内胶筒封堵 7 口，日注水减少 220m³。实施后，对比周围受效油井 21 口，日降液 389t，日降油 5t，含水率下降 0.2 个百分点。

4）进行注采系统调整，挖掘分流线滞留区剩余油

为了充分挖掘分流线滞留区的剩余油，在 10-26 井区开展了 12 注 20 采的注采系统调整。将原注采井距 212m 五点法面积井网变成注采井距 300m 的新五点法面积井网。注采系统调整后，新井网注水井的主流线均为原井网注水井的分流线，能够有效动用原井网分流线滞留区的剩余油。该试验区已转注 11 口井，与调整前相比，产液、产油和含水率基本稳定。

5）通过完善砂体注采关系，挖潜局部井区剩余潜力

为了提高砂体控制程度和储量动用程度，通过利用水驱低产能井补射聚驱层，完善注采关系。对 6 口水驱低产能井进行补孔，初期单井日增液 24t，日增油 11t，含水率下降 19.2 个百分点。

6）利用常规封堵技术，封堵高渗透部位无效采出量，挖掘差油层内部剩余油

对油层层间干扰严重且有隔层的高含水油井，应用动静结合方法综合分析剩余油的部位，实施机械封堵措施，同时对应水井采取分层注水，控制高渗透层注水量，加强中、低渗透层注水量，从而提高差油层的动用程度。实施 10 口井，对比 6 口井，初期平均单井日降液 83t，日增油 0.5t，含水率下降 10 个百分点。

7）探索利用全井封堵后二次选择性射孔技术，挖掘厚油层内部剩余潜力的途径

对于剩余油主要分布在沉积单元上部，具有较好的稳定发育的物性夹层但层段内及水泥环胶结面窜流的采出井，因为其窜流的存在，再采用常规的层位封堵技术已不能达到预期的目的，故考虑采取高强度封堵措施，封堵原来的射孔炮眼，然后进行二次选择性射孔进行挖潜。

对喇 8- 检 P182 井葡 I 1-2 油层剩余油较多部位选择性射孔试油，试油两个层位，其中葡 I 23 选射中水洗 0.4m，日产液量 25.1t，日产油量 2.8t，含水率 88.8%；葡 I 21 选射弱水洗和中水洗 0.4m，日产液量 13t，日产油量 2t，含水率 84.7%；从试油结果看，利用二次选择性射孔技术挖掘厚油层内部剩余油是可行的。

（三）实施效果

喇嘛甸油田北东块于 1996 年 7 月开始注聚，2000 年 1 月经过分批转注水和综合调

整后，2000 年 10 月全面转入后续水驱。到 2002 年 10 月，含水率 95.61%，比数模低 2.4 个百分点。累计产油 502.44×10^4t，注聚累计增油 356.15×10^4t，比数值模拟多增油 25.15×10^4t。通过后续水驱阶段的综合调整，该区块实际效果好于数模预测，无效注采水量明显减少，提高了聚驱经济效益，改善了聚合物驱的开发效果。

（四）对后续水驱综合调整的几点认识

（1）聚驱结束后，可根据不同井组含水率情况分批转注水，对于含水率高、采聚浓度高，无调整措施的井组先转入后续水驱；对于有调整余地的井组，先进行调整，然后根据动态变化确定后续水驱时机。

（2）聚驱后剩余油分布零散，平面上主要存在于部分注采不完善井区和分流线滞留区；纵向上剩余油主要存在于渗透性较差的沉积单元，单元内部存在于每个韵律段的上部。

（3）后续水驱阶段应以控制无效注采水量为主要调整内容，通过注采井综合配套调整，可以提高经济效益，改善聚驱整体开发效果。

第三节　适合化学驱开发地质储量潜力研究

一、二类油层聚合物驱开发潜力

大庆油田聚合物驱油技术经过"八五"和"九五"的科技攻关，取得了长足的发展，主力油层注聚取得了显著的增油降水效果，成为油田高水平、高效益开发的重要技术支撑。截至 2002 年，投入聚合物驱工业化推广应用的区块已达 28 个，含油面积 248.49km^2，地质储量 4.26×10^8t，工业化聚驱区块产油量达到 1056.7×10^4t，超过大庆油田年产油量的 1/5。目前葡 I 组主力油层聚驱储量已动用过半，未注聚区块越来越少，早期投注的主力油层注聚区块也陆续结束后续水驱，为保持油田持续高产和聚合物驱的现有规模，按规划要求，在主力油层结束注聚后，要实施上（下）返层聚合物驱。

上（下）返油层与葡 I 组主力油层相比，沉积环境差异较大，沉积相带和油层特征区别明显。纵向上单层厚度明显变薄，层数增多；平面上砂体变窄，连通性变差；同时低渗透层和表外层增多，油层渗透率下降。部分主力油层的聚驱技术界限已不适合上（下）返油层聚驱，为此，需要针对上（下）返油层的地质特征，进一步开展层系组合、井网井距、注入参数，以及开采指标预测等问题的研究。

（一）萨中以北地区上（下）返油层地质特征分析

萨中以北地区包括喇嘛甸、萨北、萨中三个开发区，自上而下发育萨尔图、葡萄花、高台子三套含油层系，在喇嘛甸和萨北分 8 个油层组：萨 I、萨 II、萨 III、葡 I、葡 II、高 I、高 II、高 III，在萨中增加一个高 IV 组，为 9 个油层组。上（下）返油层为高 I 组以上除葡Ⅰ组主力油层以外的其他油层。

通过对萨中以北地区 31 个开发区块上（下）返油层各个沉积单元的相带图进行逐一分析，以及对不同微相油层厚度、钻遇率、渗透率、夹层等地质参数的统计，可以明显地看到：由于沉积环境的不同，上（下）返油层与葡Ⅰ组主力油层呈现完全不同的沉积相带和油层特征。萨Ⅱ组、萨Ⅲ组、葡Ⅱ组油层沉积时，湖岸线多数在萨中、萨北一带变化，少数在喇嘛甸以北，因此在喇嘛甸以三角洲分流平原沉积为主，并有一定规模的曲流河沉积，只有少量的三角洲内前缘沉积；而在萨北、萨中一带三角洲分流平原沉积减少，三角洲内前缘沉积增多，到萨中南部有一定规模的外前缘沉积。萨Ⅰ组、高Ⅰ组沉积时，湖岸线在喇嘛甸以北，因此萨中以北地区萨Ⅰ组、高Ⅰ组以三角洲外前缘沉积为主，有少量内前缘沉积。

1. 萨中以北地区上（下）返油层沉积类型

萨中以北地区，上（下）返油层主要有以下几种沉积类型：

1) 泛滥平原曲流河沉积

此种类型砂体仅限于喇嘛甸北部的萨Ⅱ$2+3^1$、萨Ⅱ$2+3^2$及萨Ⅲ4+5单元，河道反复迁移和改道，以侧蚀和侧积方式建造了广阔的曲流带沉积，河道砂钻遇井点在 70% 以上，可见废弃河道，河道宽度 300～1000m，最宽可达 1500m，砂体厚度 2～6m，最大为 8m，渗透率 0.5～0.8D，砂体呈正韵律，下部连通较好，上部由于废弃河道和侧积夹层的遮挡，连通性变差。非河道砂以孤立的小片状、串珠状分布于两河交界处，渗透率 0.2～0.4D，尖灭井点不超过 10%。

2) 分流平原相沉积

该类型砂体由水上分流河道砂与河间薄层砂组成。水上分流河道砂按发育规模可分为大型高弯曲分流河道砂和小型低弯曲分流河道砂。大型高弯曲分流河道砂钻遇井点在 50%～70%，小型低弯曲分流河道砂钻遇井点在 30%～50%。河道条带性明显，宽度较曲流河变窄，为 200～800m，最大可达 1000m，决口河道发育，宽度 100～150m。砂体呈正韵律，厚度 2～5m，渗透率 0.4～0.65D。河间薄层砂呈片状分布于分流河道之间，钻遇井点在 20%～40%，渗透率 0.2～0.4D。尖灭区较曲流河明显增大，尖灭井点比例一般在 10%～30%。喇嘛甸地区大多数单元都为此种类型砂体，到萨北、萨中此类型砂体依次减少。

3) 内前缘相沉积

在萨中、萨北大量发育此类型砂体，喇嘛甸相对较少。根据砂体发育的不同特点可以分为枝状、坨状、枝—坨过渡状三种类型。

(1) 枝状三角洲前缘以窄小条带状断续分布的水下分流河道砂和大面积的尖灭区为特点。河道砂钻遇井点 10%～30%，河道宽度 100～300m，砂体厚度 2～4m，渗透率 0.3～0.5D，薄层砂呈条带状或不规则小片状分布于河道砂的两侧，一般为表外层，广阔的分流间地区为泥岩充填，尖灭区 30%～50%。以萨Ⅱ$1+2^1$、萨Ⅱ9、萨Ⅱ12、萨Ⅲ8、萨Ⅲ9、萨Ⅲ10 等单元为典型。

（2）坨状三角洲内前缘，大面积发育内前缘席状砂，钻遇井点40%~70%，渗透率0.3D以下，水下分流河道被湖浪和沿岸流的作用改造后，呈现豆荚状或不规则坨状，钻遇井点在30%以下，渗透率0.2~0.4D，尖灭井点很少见，以萨北、萨中地区的萨Ⅱ5+6、萨Ⅲ5+6、葡Ⅰ1等为典型。

（3）枝—坨过渡状内前缘，其特点界于枝状与坨状内前缘之间，河道的条带状不如枝状内前缘明显，钻遇率小于30%，河间薄层砂面积增大，在20%~40%，尖灭区明显变小，一般小于20%，以萨北、萨中的葡Ⅱ3—葡Ⅱ9为典型。

4）外前缘沉积

萨中、萨北地区的萨Ⅰ组各单元、萨Ⅲ7，萨中的葡Ⅱ10、高Ⅰ组各单元都是典型的外前缘沉积，以薄层席状砂为主，渗透率较低，渗透率大于0.1D的井点一般少于50%。靠近内前缘的外前缘席状砂呈大面积分布，连续性较好，有时有少量的坨状砂发育，尖灭井点少；向湖心一侧的外前缘沉积呈破席状，尖灭井点较多。

2. 萨中以北地区上（下）返油层发育状况

喇嘛甸、萨北、萨中三个开发区，自北而南萨Ⅰ、萨Ⅱ、萨Ⅲ、葡Ⅱ组各油层组总体上均呈现发育厚度依次变薄，小层数依次增多的趋势。在同一开发区，由于平面上的非均质性，不同区块油层发育厚度也有较大变化。

1）喇嘛甸开发区

萨Ⅰ组在喇嘛甸开发区为气顶，这里不作考虑。上返油层包括萨Ⅱ组和萨Ⅲ组。萨Ⅱ组分12个单元，萨Ⅲ组分8个单元，以分流平原相的高、低弯水上分流河道砂为主，北部还有三个单元发育泛滥平原的曲流河沉积，所以该地区上返油层总沉积厚度大，且单层厚度也较大。从北东块各单元不同有效厚度钻遇情况来看，有效厚度2m以上的砂体钻遇率较高，萨Ⅱ2+3^1、萨Ⅱ2+3^2、萨Ⅱ7+8、萨Ⅲ3^2、萨Ⅲ4+5和萨Ⅲ6+7单元砂体发育较厚，有效厚度2m以上砂体钻遇率分别为46.9%、57.7%、38.0%、37.6%、60.6%和45.6%。

喇嘛甸地区下返油层为葡Ⅰ4—高Ⅰ4+5，共有16个单元，发育三角洲分流平原相沉积和三角洲内前缘相沉积，其中北部地区有13个单元都发育了高弯或低弯分流河道沉积，到南部变为枝状或坨状三角洲前缘。多数单元河道砂钻遇率在20%以上，有的高达70%以上，总砂岩厚度19.4~29.1m，有效厚度10.5~20.5m。

2）萨北、萨中开发区

在萨北与萨中开发区，萨Ⅰ组基本为外前缘沉积，厚度薄，渗透率低，多数井点的渗透率都低于0.1D。

萨北和萨中开发区萨Ⅱ组发育砂岩厚度分别为22.2~26.4m、20.9~26.5m，有效厚度分别为13.9~18.4m、14.3~18.1m，单元数分别是17个、18个，以低弯曲分流河道和内前缘为主，北部分流河道砂较多，向南过渡为内前缘沉积，到萨中的南部除萨Ⅱ8以外，已全部变为内前缘沉积。萨Ⅲ组发育砂岩厚度分别为11.2~15.8m、11.0~14.0m，有效厚度分别为 5.6～9.9m、5.3～8.8m，单元数分别是 11 个、13 个，北部主要为内前缘沉积，向南逐渐过渡为外前缘沉积。

萨北比萨中上返油层各油层组的单元数略少或相当，总厚度略大，单层厚度也略大。但二者与喇嘛甸相比，油层总厚度明显减少，且单元数增多，特别是萨Ⅲ组，有效厚度比喇嘛甸低 5～6m，单元数却多 3～5 个，这说明萨北与萨中开发区油层的单层厚度要低于喇嘛甸开发区。

萨北地区葡Ⅰ5-7—高Ⅰ9，绝大多数为过渡状或坨状内前缘沉积，只在北三区西部东块葡Ⅱ组部分单元和北三东的高Ⅰ组上部部分单元发育低弯分流河道沉积，多数区块河道砂钻遇率低。葡Ⅱ组分 12 个单元，发育砂岩厚度 10.2～17.7m，有效厚度 5.1～10.0m。

萨中地区葡Ⅱ组分 12 个单元，发育砂岩厚度 15.7～18.5m，有效厚度 7.6～9.1m，除了断东的葡Ⅱ3^2 发育低弯分流河道砂外，其他均为枝状、过渡状或坨状内前缘沉积，到南部过渡为外前缘沉积，表外层大量发育，有的单元表外层加尖灭区钻遇率高达 78%，河道砂钻遇率大于 20% 的单元极少，一般为 0～2 个单元。其上部的葡Ⅰ5-7 砂岩组，凡是原留待下返的区块均为三角洲内前缘沉积，油层特点与葡Ⅱ组相似，而下部的高Ⅰ组已基本是外前缘沉积。

综上所述，不论在纵向上还是在平面上，上（下）返油层的沉积环境变化都较大，从泛滥平原到分流平原、三角洲内前缘、三角洲外前缘，不同沉积环境的各类砂体组合到一起，造成了纵向上不同相别、不同厚度、不同渗透率的油层交错分布；平面上相带变化复杂，砂体规模不一，油层厚度发育不均，砂体连通状况变差。与以泛滥平原河流相沉积为主的主力油层相比，上（下）返油层总体上呈现河道砂发育规模明显变小，小层数增多，单层厚度变薄、渗透率变低、平面及纵向非均质变严重的特点。特别是内前缘沉积砂体，由于河道砂规模的变小，以及表外层和尖灭区的发育，砂体连通性极差，平面非均质相当严重。

上（下）返油层不同于主力油层的这种地质特点，使原来适用于主力油层的层系组合方式、井网井距和潜力评价方法等，不再适用于上（下）返油层，因此有必要针对上（下）返油层的地质特点，对以上问题进行深入研究。

（二）萨中以北上（下）返油层层系优化组合

层系优化组合就是将油层性质相近的开采对象组合到一起，采用同一套井网开采，以减少层间干扰，达到提高最终采收率的目的，对于聚合物驱，还要同时满足一套层系内的油层要尽量适合于注同一种相对分子质量聚合物。

层系组合与开采对象、井网井距是互相联系、密不可分的。开采对象不同，所需要的井网井距就不同，层系组合原则和方式也不同，因此在进行上（下）返油层的层系组合时，首先要确定聚合物驱开采对象。

上（下）返油层与主力油层的区别除非均质增强，小层数增多外，还有一个不同是，低渗透层增加（喇嘛甸的萨Ⅲ组除外）。根据中区西部"两三结合"注聚试验区和杏十三工业注聚区块的经验，聚驱井射开油层差异越大，开发效果越差。因此上（下）返注聚时要对聚驱对象加以限制，将聚驱难以动用的低渗透层剔除。

1. 上（下）返油层注聚对象的确定

1）上（下）返油层聚合物驱渗透率下限的确定

根据文献调研，国外开展的聚合物驱油层的渗透率下限值为 0.02D，并且取得了一定的聚合物驱油效果。对于大庆油田上（下）返油层聚合物驱渗透率下限的确定，应该考虑到聚合物与油层的配伍性和聚合物驱提高采收率的大小。

大量的研究结果表明，聚合物的相对分子质量是影响聚合物驱油效果的一项重要参数，聚合物的相对分子质量越高，聚合物驱的采收率提高值越大，因此在地质条件和注入条件允许的情况下，应该尽量选择高相对分子质量的聚合物，以便在相同的条件下取得更好的聚合物驱油效果。根据萨中以北地区上（下）返油层的地质特点，选用中相对分子质量聚合物是比较合适的。主要原因：一是可以取得相对较好的聚合物驱油效果；二是与上（下）返油层具有一定的配伍性；三是如果选用太高的聚合物相对分子质量，将损失一部分油层的储量，如果降低聚合物的相对分子质量，又会降低聚合物驱的增油效果；四是喇南一区上返油层聚合物驱现场试验证明，在较低的注入速度下，中相对分子质量聚合物溶液能够顺利注入。因此，为了保证聚驱效果和聚合物的正常注入，采用中相对分子质量聚合物比较合适。

根据确定的上（下）返油层聚合物驱的聚合物相对分子质量，结合室内和现场的研究结果，确定萨中以北地区上（下）返油层聚合物驱的有效渗透率下限为 0.1D，其主要理由如下。

（1）室内研究结果表明，选用中相对分子质量聚合物对有效渗透率大于 0.1D 的岩心不会造成堵塞，而且能保证取得较高的提高采收率值。

为了研究中相对分子质量聚合物对不同渗透率油层的适应性，在不同渗透率岩心上进行了流动实验。实验所用聚合物为炼化公司的中相对分子质量聚合物产品，用工业化聚驱清水配制成 1000mg/L 的溶液，经剪切降解，黏度从 57mPa·s 降低到 29mPa·s。实验结果表明：对于中相对分子质量聚合物而言，岩心的有效渗透率大于 0.1D，不会对油层造成堵塞。室内实验结果还表明，在聚合物相对分子质量与岩心匹配的情况下，岩心渗透率小于 0.1D 后，聚合物驱采收率提高值明显下降。在渗透率为 0.1D 附近，采收率可以提高7% 左右，而渗透率下降到 0.05D 时，聚合物驱采收率提高值只有 4.5%，这说明聚合物驱采收率提高值与油层的渗透率有直接的关系，因此上返油层聚合物驱的渗透率下限不能定得太低。

（2）有效渗透率小于 0.1D 的油层与其他好油层组合到一起，在中相对分子质量聚合物驱油过程中动用程度较差。

在考虑不同油层发育情况下，利用数值模拟研究了聚合物驱结束时的剩余油分布情况，计算结果表明，所有含油饱和度大于 0.45 的地区，其渗透率均小于 0.1D，这说明把渗透率小于 0.1D 的油层，组合到聚合物驱层系中不会得到很好的动用。

（3）主力油层聚合物驱现场资料证明，在250m注采井距条件下，渗透率小于0.1D的油层不动用；175m注采井距时，注中相对分子质量聚合物，渗透率小于0.1D的油层动用仍然较差。

据萨中北一区中块和断东中块葡Ⅰ组主力油层不同渗透率薄差层吸水状况统计结果，渗透率小于0.1D的层100%的不吸水；渗透率大于0.2D而小于0.3D的层有80%的不吸水。这一方面与井距大有关，另一方面与葡Ⅰ组高渗透厚层（有效渗透率大于1.0D）与这些薄差层的级差过大有关。上（下）返油层中厚层最高渗透率一般在0.7D左右，与薄差层的级差减小，同时上（下）返注聚时要缩小井距，会在一定程度上改善薄差层的动用状况，但据201站试验区的统计资料，井距缩小到175m时，渗透率小于0.1D的层动用比例只有46.37%。

综合上述分析认为，上（下）返油层聚合物驱渗透率下限定为0.1D是比较合适的。

2）上（下）返油层注聚对象的确定

根据对葡Ⅰ组主力油层注聚和上（下）返油层注聚先导性试验区的实践认识，以及密闭取心井资料，主要注聚对象应是河道砂和有效厚度大于1m的非河道砂。

（1）密闭取心井资料依据。

根据密闭取心井北1-6-检27（聚驱前）、北1-6-检26（聚驱后）资料统计，聚驱后水洗程度高、采出程度高的油层是那些处于河道砂部位的厚层，如葡Ⅰ1、葡Ⅰ2、葡Ⅰ3单元。为非河道薄层砂的葡Ⅰ4单元（有效厚度0.5m），水洗程度在聚驱前后基本没有变化，而且采出程度只有10%左右，说明这部分油层在聚驱过程中基本没有动用。

（2）现场动态资料依据。

萨中北一区中块与断东东块葡Ⅰ组注聚井注聚过程中吸水资料的统计结果表明，在250m井距条件下，大型河道砂均吸水；窄小河道砂有86.4%的层吸水；有效厚度1~2m的薄层非河道砂，有50%的层吸水；有效厚度1m以下的薄层非河道砂，只有20%以下的层吸水。在吸水的薄差层中有87.5%的油层属于以下三种情况：

① 注入井的薄差层位于两河道交界处窄条非河道砂位置，与两河道内的采出井连通较好。

② 注入井的薄差层位于大片河道砂内的小片非河道砂上，与河道砂内的多口采出井连通较好，如北1-丁6-P32井的葡Ⅰ5单元。

③ 在注入井附近有射开对应薄差层的水驱采出井，井距在100m以内，会受到聚驱效果，同时使注入井的薄差层吸水状况变好，而且井距越近，采出井采聚浓度越高，注入井薄差层吸水状况越好，特别是同井场井，如北1-丁6-P32井的葡Ⅰ7单元，该井离射开葡Ⅰ7单元的北1-6-丙132井仅90m。

这说明在250m井距条件下，聚驱动用的油层基本是河道砂与有效厚度大于1m的非河道砂；河道砂内部小片薄层砂体及边部砂体与河道砂连通较好，也能动用。上（下）返油层注聚将缩小井距，会有助于薄层非河道砂的动用，但只要井距大于100m，有效厚度1m以下的层仍然不会有较大程度的改善。

中新201站上返试验区采出井见效情况反映，井组河道砂比例越高，增油倍数越高、降水幅度越大。中新201站上返试验区注入状况反映，没有钻遇河道砂的井注入困难。201站注聚后的生产动态反映，注入压力上升较快，4个月上升了3.0MPa，是主力油层上升速度的两倍。注聚两个月后就有14口井注入压力大于11MPa，占开井数的53.8%，有9口井因超过破裂压力无法连续注入。通过对沉积相的分析，发现这9口无法连续注入的井，未钻遇河道砂或只钻遇孤立河道砂。经过压裂改造和降低注入浓度等措施后，未钻遇河道砂的井仍然不能连续注入。

以上分析说明河道砂体是最有利的注聚对象，有效厚度大于1m的非河道砂体也能满足注聚要求。

（3）把单层有效厚度下限定为1m，能保证绝大多数注聚对象的渗透率高于0.1D。

河流—三角洲沉积油层的有效厚度与其渗透率具有一定的相关性，油层的单层有效厚度越大，其渗透率一般也越高，有效厚度1m的油层，有效渗透率大于0.1D的比例达到93.5%，所以把1m作为上（下）返油层注聚的有效厚度下限，可以保证93.5%以上的油层渗透率高于上（下）返油层注聚渗透率下限值。

（4）有效厚度下限定为1m，可使层间渗透率级差减小到3以下。

萨北河道砂的平均渗透率为0.52D，有效厚度大于1m非河道砂的平均渗透率为0.23D，有效厚度0.5～1m非河道砂的平均渗透率为0.16D，限制注聚对象后，渗透率级差由3.25下降到2.26。

（5）将1m以下的薄差层留作水驱开采对象，既减小了水驱井网的封堵工作量，降低了对水驱井网产量的影响，又给三次加密井留有可调厚度。

上返井与一次、二次、三次加密井的井距较近，就萨中北一二排来讲，上返聚驱井与一次、二次加密井处于同井场，与三次加密井相距125m左右。这些加密井的开采对象是萨葡薄差层，若上返注聚时，目的层段内的所有油层均射开，那么为了不影响聚驱效果，所有的一次加密井、二分之一的二次加密井和三分之一的三次加密井需要封堵，将影响水驱井网产量20%左右，三次加密井网可调厚度减小2～4m。限制注聚对象后，对水驱井网的产量影响将减少到15%，三次加密可调厚度减少不到1m。

另外，限制注聚对象，可为薄差储层化学驱技术发展留有余地，若薄差储层化学驱技术发展成熟，则可进一步延长水驱井网的寿命。

由以上研究结果，上（下）返油层主要注聚对象应确定为河道砂和有效厚度1m以上的非河道砂，有效渗透率下限为0.1D。为完善注采关系，河道砂内部和边部厚度虽小于1m，但有效渗透率大于0.1D的薄层也作为聚驱对象。

2. 上（下）返油层井网井距的确定

关于聚驱井网问题，在主力油层注聚时就已论证过，采用五点法均匀布井最好，而且主力油层的注聚实践经验也证明了这一点。这也同样适合于上（下）返油层，但是根据上返油层的发育状况和先导性试验区的动态反映特点，主力油层的注采井距对于上（下）返油层来说过大，要取得好的聚驱效果，必须缩小井距开采。根据现场实际情况和理论计算，认为针对不同区块注采井距可缩小到 175～200m。

（1）由于上（下）返油层的河道砂体明显变窄，加之 0.1D 以下的低渗透层和尖灭区发育面积较大，使得 250m 注采井距对上（下）返油层的控制程度较低，必须缩小井距，提高对开采对象的控制程度。

统计北一二排和北二西葡 I 组聚驱井网对有效厚度 1m 以上上返油层的控制程度看出，250m 注采井距对上返油层的控制程度较低，且以单、双向连通为主。当注采井距由 250m 缩小到 175m 时，井网对 1m 以上砂体控制程度提高 8%～10%，达到 70% 以上；进一步缩小到 150m 时，控制程度再提高 8%～10%，达到 80% 以上；当缩小到 125m 时，控制程度只比 150m 时提高不到 4%。

由此可得出上（下）返井网注采井距缩小到 175m 就能满足控制程度 70% 的需要，缩小到 150m，将会进一步提高控制程度，但是在萨中与萨北地区很难利用 250m 的五点法老聚驱井网，新钻井数将大幅度增加，这样会使投资大量增加，降低经济效益。

（2）注采井距从 250m 缩小到 175m 时，有效厚度 1m 以上的非河道砂动用状况明显变好。

统计 250m 注采井距的断西下返试验区、175m 注采井距的中新 201 站上返试验区、100m 注采井距的"两三结合"试验区的不同有效厚度油层动用状况，可以看到：三种井距下，河道砂基本都能动用；有效厚度 1m 以上的非河道砂，注采井距由 250m 缩小到 175m 时，动用厚度比例由 66.7% 增加到 86.8%，提高了 20.1%。这说明井距缩小到 175m，就能使绝大多数注聚对象得到动用。

（3）现场试验注入压力高，吸液能力差，反映出 250m 井距对于上（下）返油层来说过大。

断西下返试验区油层性质与上返油层接近，其注聚过程中反映出来的问题，也是上、下返注聚共同存在的问题。断西下返试验区有注入井 13 口，平均射开砂岩厚度 16.9m，有效厚度 8.2m。注聚后动态反映注入压力高，吸入困难，有 9 口井先后出现超过或接近破裂压力注入，砂岩吸水厚度比例由空白水驱的 89.6% 下降到注聚后的 54.9%，其中有效厚度小于 1.0m 的薄差层注聚后吸水厚度比例降为 0。而且注采压差上升幅度较大，1999年注采压差 12.6MPa，2001 年上升到 19.2MPa。这说明 250m 注采井距下，油层导压能力较低，对上（下）返油层注聚不适应。

（4）根据马斯凯特公式推导计算了聚驱控制程度 70%，井口注入压力 12.0MPa（不超过上返油层破裂压力）的情况下，不同渗透率油层注入聚合物能力（注入速度）与注采井距的关系可知，上返油层的平均有效渗透率为 0.5D 左右，近似于空气渗透率 1.0D，那么当注采井距由 250m 缩小到 200m 时，注入速度由 0.06PV/a 提高到 0.11PV/a；当井距为 175m 时，注入速度可达到 0.15PV/a，当井距为 150m 时，注入速度可达到 0.21PV/a。由此可知，对于上（下）返油层，在满足聚驱控制程度 70% 的前提下，上（下）返聚合物驱注采井距应缩小到 200m 以下，在 175～200m 比较合适。

针对一个具体区块，注采井距到底选择多少合适，必须做到聚驱控制程度、注入速度、原注聚井网利用、与水驱井网的衔接，以及经济效益等方面同时考虑。聚驱控制程度要达到 70% 以上，注入速度要满足 0.1PV/a 以上，尽量利用原注聚井网，与水驱井网的衔接较好，经济效益最优。

（1）喇嘛甸开发区的原聚驱井网有三种方式，北北块是 200m×300m 的行列井网，北西块和南中块西部是 212m 斜行列井网，北东块和南中块东部是 212m 五点法面积井网。

北北块的 200m×300m 的行列井网，原注入井全部利用，在原采出井排新布一排注入井，井位正对着原注入井，再在两排注入井之间新布一排采出井，井位与两排的注入井错开，形成 192m 五点法面积井网。

北西块和南中块西部的 212m 斜行列井网，可以直接利用。

北东块和南中块东部的 212m 五点法面积井网，有两种利用方式，一种方式是将原聚驱井井别互换（若井别不变直接利用，会造成不同井别的上返井与开采相同目的层的水驱井位于同井场），原注入井作为上返采油井。另一种方式是将原聚驱注、采油井全部作为上返注入井，在原相邻两口注入井的连线中点布采油井，形成 150m 五点法面积井网，这种方式投资大，但有利于提高采收率。从经济效益上讲，第一种方式更好。

（2）萨北与萨中都是 250m 五点法面积井网，可在原聚驱井网的基础上加密，形成 175m 五点法面积井网。萨北将原聚驱井全部作为油井利用，在原井排之间新布一排注入井，井位与原聚驱井错开；萨中将原聚驱井全部作为水井利用，在原井排之间新布一排采油井，井位与原聚驱井错开。

3. 层系组合原则的确定及组合结果

1）层系组合需要考虑的因素

（1）渗透率级差。

为了分析渗透率级差大小对聚合物驱油效果的影响，进行了数值模拟，得出以下几点认识。

首先，渗透率级差越小，聚合物驱含水率最低点越低，含水下降幅度越大。在注入条件相同的情况下，当油层渗透率级差由 5 减少到 2 时，聚合物驱最低含水率从 69.8% 下降到 62.8%，二者相差 7 个百分点。

其次，在注入条件相同的情况下，随着渗透率级差的变大，聚合物驱最终效果变差，而且随着低渗透油层厚度比例的增加，对聚合物驱最终采收率的影响也越来越大。但是当渗透率级差小于 3 时，对聚驱效果的影响相对较小。

因此在进行聚驱层系组合时，应尽量保证层间平均渗透率级差小于 3，遇到过大的情况，应采取分层注入措施，但要避免把过多的低渗透层组合进来。

（2）层系间隔层。

考虑夹层的稳定性，保证两套层系间有尽可能多的 2m 以上的泥岩夹层，以满足工艺要求，并且使隔层的储量损失降到最小限度。

由于沉积环境不同，上（下）返油层单元间的夹层发育状况也不同。曲流河沉积与大型高弯水上分流河道沉积，由于河道的下切，其与下单元间的夹层往往发育不好，一类夹层占 30%～60%；低弯水上分流河道沉积单元间一类夹层比例占 50%～80%；三角洲内前缘相沉积单元之间的泥岩夹层一般发育良好，一类夹层比例在 80% 以上。

砂岩组之间的夹层多数情况下发育良好，一类夹层的比例都在 75% 以上，而且越往南部发育越好，砂岩组间一类夹层的比例多在 90% 以上。

砂岩组间良好的夹层有利于层系的划分和减少储量的损失，并且为将来分注、压裂等措施提供隔层条件，因此层系组合时尽量以砂岩组为单元。

（3）层系厚度。

鉴于上（下）返油层纵向上小层多、非均质较严重的特点，层系厚度越小，一套层系内的小层数越少，层间干扰越轻，开采效果就越好，因此从最终开采效果这一角度出发，一套层系的厚度越小越好。但是随着层系厚度的减小，单井日产量降低，投资回收期延长，内部收益率下降，而且不利于原地面注聚设备的利用。因此考虑原地面注聚设备的利用和经济效益，又不能把一套层系的厚度定得太小。为此对于层系厚度的确定，作两种考虑方案。

方案一：

侧重考虑产量规模和地面设备的利用，一套层系的厚度应尽量接近本区块葡Ⅰ组注聚层段的厚度，并兼顾层系间的厚度均匀。这时，一套层系的最小厚度的确定一是考虑产量规模，二是考虑经济效益。

首先，考虑聚合物驱产量规模，主要是从单井的注采量和注入强度上考虑。首先一套层系组合的厚度应该达到一定的产量要求，同时注入井的注入强度又不能过高，以免导致过高的注入压力。空气渗透率 1000mD 的油层（与上返油层渗透率相近）在 175m 井距的条件下，有效连通厚度的注入强度为 $9.4m^3/$（d·m），若压力上升空间只有 2MPa 时，有效连通厚度的注入强度为 $7.9m^3/$（d·m）。那么针对上返油层不同的有效连通厚度和压力上升空间，注入强度应为 5.5～$8.5m^3/$（d·m）。根据目前大庆油田聚合物驱的注采状况，单井日注量最好不低于 $50m^3$，那么不同有效连通厚度、不同压力上升空间条件下，满足单井日注量 $50m^3$ 的最小油层厚度为 6～9m。

其次，从经济效益上考虑，对 175m 五点法面积井网（参照北一二排西部上返井网，利用原聚驱井网加密）条件下，不同层系组合厚度进行了经济评价表明，随着层系厚度的增加，内部收益率增大，投资回收期缩短。在聚驱阶段采出程度达到 16.4% 的情况下，如果上（下）返层系只有一套，那么层系厚度为 8m，可使税后内部收益率达到 15%；若上（下）返层系有两套，单套层系厚度为 6m，可使税后内部收益率达到 13%；若上（下）返层系有四套，单套层系厚度为 5m，可使税后内部收益率达到 13%。

综合考虑以上两点，一套层系的最小厚度，应视不同区块的具体情况定为 6～9m。

方案二：

以追求最高采收率为中心目标，力求达到最好的聚驱开发效果，因此层系划分得越细越好，一套层系的厚度，只要能有一定的产能维持正常生产，保证经济效益达到最低的行业标准即可。这样按照前面的评价结果，若上（下）返层系只有一套，则层系厚度定为

8m 左右；若上（下）返层系有两套，则单套层系厚度定为 6m 左右；若上（下）返层系有四套，则单套层系厚度可定为 5m 左右。根据已开辟的喇南上返试验区、201 站试验区，以及北一二排工业上返区块的注入、采出强度计算，5m 有效厚度能保持 30t 以上液量。

但是，由于上返层（特别是萨中、萨北地区）河道砂发育较窄，而且相邻单元河道砂发育往往具有一定的继承性，造成了油层发育厚度在平面上变化较大，因此层系划分过细，会造成低效井增多。考虑尽量减少低效井这一问题，在层系平均厚度 5m 的情况下，低效井比例不能超过 20%，如果超过，应增加层系厚度。

另外，在原聚驱井网全部利用的情况下再打新井加密，若上返时需全部打新井，即初期投资增加，或者是阶段采出程度达不到 16.4%，那么单套层系的最小厚度还需增加。

从技术上说，层系组合厚度缩小到 5m，可以使某些层系内的渗透率级差缩小，减小层间矛盾。喇嘛甸北北块由两套分为四套后，第二套上返层系萨 II 13+14—萨 III 3 和第三套上返层系萨 II 4—萨 II 12 的层间矛盾都有所减小，其他两套层系的渗透率级差没有变化，但是由于层段缩短，实施分注时分注层段减少，2~3 段足以满足需要，大大简化了分注工艺，而且可以达到较好的分注开采效果。参考主力油层分层注聚能提高采收率 1~2 个百分点的效果，预测层系细分后，能比原来的最终采收率至少提高 1%。

从经济效益上来讲，由于单套层系产量的降低，会造成投资回收期延长，内部收益率下降。

比较两个方案，第一种方案的优点是基本能保持目前聚合物驱的产量规模，地面设备能得到充分利用，节约大量资金，而且投资回收期短。缺点是一套层系小层多，层间干扰必然较严重；若采取分层注入工艺，也会由于分层过多，工艺复杂，影响分注效果。

第二种方案的优点是，纵向上单层数变少，减少了层间干扰；同时分注井层段减少，工艺上易于实现，可以达到较好的开采效果，并且可以延长油田开采时间，对于油田的可持续发展具有重要的意义。但是也存在两方面的缺点：一是地面设备利用率低，增加了投资；二是投资回收期过长，经济效益降低。

在编制具体区块的上（下）返方案时，要根据油田开发的具体形势，确定应用方案。

2）层系组合原则

根据以上几方面考虑因素，结合前述上（下）返油层的发育状况及注聚对象的限定，制定层系组合原则如下：

（1）一套层系内的聚驱单元要相对集中，层系内油层地质条件应尽量相近，层间平均渗透率级差要求小于 3。

（2）以砂岩组为单元进行层系组合，保证层系间有良好的隔层。

（3）组合对象以河道砂和有效厚度 1m 以上的非河道砂为主，有效渗透率要在 0.1D 以上，为了保证平面上的注采完善，部分河道砂内部和边部的单层有效厚度小于 1m，但渗透率大于 0.1D 的层也要组合进来。

（4）具体单元具体对待，采取不同的开采方式：

聚驱单元：曲流河与大型高弯分流河道沉积，河道砂发育面积占 60% 以上，有效厚度 1m 以上的非河道砂占 20% 以上，整个单元都采取聚驱。

聚水两驱单元：中小型低弯分流河道沉积，河道砂发育面积占 30%～60%，河道砂与非河道砂边界清晰，在河道砂及边部区域采取聚驱，其他区域水驱；内前缘相沉积，若河道砂发育面积大于 20%，且能连续成片，能形成 2 个以上的注采关系，则在河道砂发育区域及边部采取聚驱，其他区域水驱。

水驱单元：外前缘相沉积和河道砂发育面积小于 20% 的内前缘相沉积，很难形成 2 个以上的注采关系，不作为注聚对象。但水驱单元的河道砂体，若与相邻单元的注聚对象上下连通，则注聚开采。

（5）考虑地面注聚系统的利用、产量规模，以及经济效益，一套层系的厚度尽量接近葡 I 组厚度，最小厚度根据不同区块的具体情况定为 6～9m。若不考虑产量规模和设备利用，只考虑最终开采效果和满足最低的经济效益标准，根据上（下）返层系套数的不同，单套层系厚度定为 5～8m。

3）层系组合结果

根据以上原则对萨中以北地区的 31 个区块进行了分单元开采方式的确定和层系组合。

（1）层系厚度按方案一考虑的层系组合结果。

喇嘛甸的北西块（ I 区、 II 区）、南中块西部（ I 区、 II 区）由于受气顶及缓冲带的影响，只能上返萨 III 组一套层系，其他区块分两套层系上返，一套为萨 II 13+14—萨 III 10，一套为萨 II 1+2—萨 II 12。北北 II 区、北西 I 区可下返两套层系，一套为葡 I 4—葡 II 5+6，一套为葡 II 7—高 I 4+5，其他区块均下返一套层系。

萨北地区北二西东块、北二东西块的萨 II 7+8^1、萨 III 3+4^2、萨 III 5+6^1 沉积时期，由于西部的喇嘛甸河流系统与东部的萨东河流系统均没有发育到这一地区，萨 II 、萨 III 组油层厚度较小，因此只上返一次萨 II 组，其他区块分两套层系上返，一套为萨 II 10—萨 III 10（北二西西块为萨 II 13—萨 III 10，北过为萨 II 12—萨 III 10），一套为萨 II 1—萨 II 9（北二西西块为萨 II 1—萨 II 12，北过为萨 II 1—萨 II 10+11）。北二东东块、北三西西块、北三西东块、北三东西块、北三东东块可下返一套层系，其他区块暂不考虑下返。

萨中地区油层发育由北往南，由西往东变差，中区西部、中区东部、东区、南一区的东部，萨 III 组不能作为上返对象，南一区中部和西部的萨 III 组仅将萨 III 1-3 作为上返注聚对象。因此中区西部、中区东部、东区、南一区东部只上返一次萨 II 组；南一区中部只上返一次萨 II 1—萨 III 3；北一二排西部、北一二排东部、断东东部、断东西部、断西、西区、南一区西部分两套层系上返，一套为萨 II 10—萨 III 10（南一区西部为萨 II 10—萨 III 3），一套为萨 II 1—萨 II 9。

萨中地区葡 II 组油层发育较差，暂不考虑下返，依据如下。

首先，如前所述，萨中地区葡 II 组为内前缘和外前缘沉积，表外层与尖灭区大量发育，有的单元高达 78%，河道砂钻遇率大于 20% 的单元只有 0～2 个。下部的高 I 组已基本是外前缘沉积，不适合作为中相对分子质量聚合物驱油对象。

其次，从北一二排两口密闭取心井葡 II 组不同渗透率油层的比例来看，空气渗透率小于 0.3D（相当于有效渗透率 0.1D）的油层厚度占葡Ⅱ组总厚度的 50% 以上；北一二排西部测井解释数据的统计结果表明，葡Ⅱ组有效渗透率小于 0.1D 的油层厚度占总厚度的 48.6%。这一方面说明葡Ⅱ组油层有一半左右的厚度不能作为下返的聚驱对象，另一方面结合各单元河道砂钻遇率较低，表外砂发育的实际情况，可以判断能作为下返聚驱对象的油层也很难完善注采关系。

再次，从层系厚度上来看，葡Ⅱ组总有效厚度 7.6～9.1m，若将有效厚度小于 1m 的层扣除，那么有效厚度只有 4.2～5.9m，即使有的区块加上葡Ⅰ5-7 也不足以组成一套聚驱开采层系。

最后，从储量构成上看，萨中葡Ⅱ组河道砂储量比例占 17.4%～42.5%，河道砂加 1m 以上非河道砂储量比例也只有 38.3%～52.2%，多数区块不到一半，表外砂储量却占到 30% 左右。

考虑以上四点，萨中开发区暂不考虑下返。

（2）喇嘛甸开发区上返层系细分的可行性。

喇嘛甸开发区的萨Ⅱ、萨Ⅲ组油层较厚，按方案一组合成两套层系，每套层系的厚度多数区块大于 11m，而且每套层系有多个单元的河道砂发育面积较大，如果从追求最大采收率的角度出发，将两套层系进一步细分为四套，每套层系的厚度可在 5m 以上，且能保证有 2～4 个单元发育较大面积的河道砂，这样就不会产生过多的低效井，因此喇嘛甸开发区具备层系细分的条件。针对不同区块的具体情况，除南中块西部Ⅰ区、Ⅱ区不再细分外，其他区块可分为 2～4 套上返层系。

应用油气田建设项目经济评价系统软件，对喇嘛甸的北东块分两套层系和分四套层系作了经济效益对比分析。井网按 150m 五点法井网，新钻井数为 557 口。

喇嘛甸北东块分两套上返，聚驱采收率提高 8.4% 的情况下，税后财务内部收益率为 13%，投资回收期为 5.5 年。若分四套上返，采收率提高值 8.4% 时，税后财务内部收益率下降为 7%，高于行业标准 5%；若采收率提高值达到 10%，则税后财务内部收益率可达到 10%；若采收率提高值能达到 11%，则税后财务内部收益率可达到 12%。

由于该区块聚驱控制程度在 70% 以上，井网也可不进行加密，直接利用原聚驱井网井别互换即可，这样由于大大减少了初期投资，在提高采收率 10% 的情况下，内部收益率就能达到 12%。

该区块是层系细分后单套层系厚度较小的区块，初期投资又是按最大值测算，由此可推断其他区块的经济效益评价应好于北东块。因此在产量形势允许的情况下，从油田发展的长远利益出发，喇嘛甸开发区最好按层系细分后的结果实施。

萨北与萨中地区按方案一的层系组合结果，除已做完方案的北二西和已投入开发的北一二排外，其他区块一套层系的厚度多在 7～10m，厚度不大，且油层发育较差，细分后易出现较多的低效井。根据目前开展的工作，很难再进行细分，只推荐一套层系组合方案。

（三）萨中以北地区上（下）返油层注聚潜力评价

1. 储量潜力

层系组合确定后，一套层系内有的单元聚驱开采，有的单元采取聚水两驱，有的单元水驱，因此油层的潜力计算比较复杂，要做到相对准确，必须分区块逐个单元进行分析，特别是对聚水两驱的单元，首先要大致划定聚驱开采的区域再进行计算。

1）计算方法

首先，以精细地质静态库为依据，计算各区块分单元的地质储量。单元内地质储量要分不同砂体类型（河道砂、非河道砂）计算，同一砂体类型内再按不同有效厚度级别分别计算。

$$Q=Snhq \tag{5-3-1}$$

式中　Q——某砂体类型某有效厚度级别砂体的地质储量，10^4t；

　　　S——区块总面积，m^2；

　　　n——某砂体类型某有效厚度级别砂体钻遇井点百分数；

　　　h——某砂体类型某有效厚度级别砂体碾平厚度，m；

　　　q——相应的单储系数，$10^4t/m^3$。

对于聚驱单元，所有表内储量均计算在内。对于聚水两驱单元，有以下几种情况：

低弯分流河道，边部一般是天然堤，与河道砂连通较好，这类非河道砂发育厚度一般大于1m，所以低弯分流河道发育的单元，河道砂与1m以上的非河道砂储量参与计算；

枝状内前缘，往往是以发育窄河道砂与大片尖灭区为特点，非河道多是表外层，这种情况只有河道砂参与计算；

坨状三角洲内前缘，河道砂发育规模有限，但是其非河道砂由于波浪的改造作用连续性较好，相对均质，这种情况河道砂与1m以上非河道砂参与计算。

2）计算结果

按以上计算方法对各区块的每套层系都进行了潜力计算。喇嘛甸上、下返总储量潜力为 28388×10^4t，其中上返储量潜力 20096×10^4t（纯油区 17759×10^4t，一条带 2337×10^4t），下返储量潜力为 8292×10^4t；萨北上、下返总储量潜力为 23507×10^4t，其中上返储量潜力 18550×10^4t（纯油区 15834×10^4t，一条带 2716×10^4t），下返储量潜力为 4957×10^4t；萨中上返储量潜力 27324×10^4t（纯油区 25198×10^4t，一条带 2126×10^4t）。萨中以北地区上、下返油层总储量潜力为 79218×10^4t，其中上返储量潜力为 65969×10^4t，下返潜力为 13249×10^4t。

2. 增油潜力

以往对于主力油层聚驱效果影响因素的研究已做了大量的工作，在诸多的影响因素中，较为重要的是油层地质条件的影响，例如油层的厚度、渗透率、纵向非均质、平面连通情况等。单层厚度越大、平面连通越好，纵向非均质程度越低，注聚的最终效果越好。对于上（下）返油层，由于限制了注聚对象，纵向上的非均质程度有所降低，但是由前面所述油层沉积特征可知，在萨中以北的大部分地区，上（下）返油层的河道砂明显变窄，再加上渗透率小于 0.1D 的薄差层和尖灭区的大面积发育，使平面上的连通程度大幅度降低，即注采完善程度降低，这将对聚驱效果产生很大的影响。所以上（下）返油层注聚面临的最大矛盾是油层的平面矛盾。

鉴于以上原因，主力油层聚驱指标预测方法不再适用于上（下）返油层，为此引入了聚驱控制程度的概念，即连通的聚合物（这里是指中相对分子质量聚合物）可及孔隙体积占总孔隙体积的百分比，以此对聚驱预测指标进行修正。通过数模计算，上（下）返油层聚驱控制程度由 50% 上升到 100% 时，提高采收率值由 4.7% 上升到 11.4%。

上返油层的增油潜力是根据各区块的聚驱控制程度，给出对应的提高采收率指标来计算的。喇嘛甸上、下返总增油潜力为 $2896 \times 10^4 t$，其中上返增油潜力 $2080 \times 10^4 t$（纯油区 $1881 \times 10^4 t$，一条带 $199 \times 10^4 t$），下返增油潜力 $816 \times 10^4 t$；萨北上、下返总增油潜力为 $2240 \times 10^4 t$，其中上返增油潜力 $1784 \times 10^4 t$（纯油区 $1567 \times 10^4 t$，一条带 $217 \times 10^4 t$），下返增油潜力 $456 \times 10^4 t$；萨中上返增油潜力 $2617 \times 10^4 t$（纯油区 $2447 \times 10^4 t$，一条带 $170 \times 10^4 t$）。萨中以北上、下返油层总增油潜力为 $7753 \times 10^4 t$，其中上返 $6481 \times 10^4 t$，下返 $1272 \times 10^4 t$。

复合驱油技术不仅可以扩大波及体积，同时可以提高驱油效率，是一项可以大幅度提高原油采收率的技术。大庆油田自 1994 年在矿场应用以来，历经了先导性矿场试验、工业性矿场试验，于 2007 年开始工业化推广应用。先导性矿场试验和工业性矿场试验都取得了较好的开发效果，复合驱技术将成为大庆油田 $4000 \times 10^4 t$ 原油稳产的重要手段之一。下文主要介绍复合驱层系组合技术界限、全过程压力系统技术界限，以及动态指标变化规律等三个方面的研究方法与认识。

二、复合驱开发潜力

（一）油层动用技术界限

根据聚合物驱潜力研究成果，驱油对象主要是有效渗透率不小于 100mD、河道砂及有效厚度不小于 1m 的非河道砂。从室内实验、矿场试验，以及工业化推广区块动态反映看，适合聚合物驱的油层全部适合三元复合驱。但一方面从目前三元复合驱试验区及工业化推广区块来看，三元复合驱的油层动用程度，尤其是薄差层的动用程度明显好于聚合物驱；另一方面从喇萨杏一类、二类油层剩余潜力特点来看，各类油层发育差异大。因此，统一采用原聚合物驱油层对象标准，过于笼统，不利于保证三元复合驱的开发效果及储量的综合利用，需根据油层的动静态响应特点，制定个性化的油层动用技术界限，明确各类油层的驱油对象。

1. 油层渗透率界限

（1）室内驱油实验。

根据杏北、萨中、喇嘛甸开发区的油层条件，进行不同渗透率、不同驱替浓度的室内驱油实验,结果表明:渗透率大于100mD的油层适合中相对分子质量聚合物注入。

(2)矿场试验油层动用情况。

根据四个三元复合驱试验区小于1m油层的动用状况,有效渗透率不小于100mD的薄差层吸水厚度比例可达60%以上,吸水次数比例可达72.5%,而有效渗透率小于100mD油层动用较差,动用次数比例仅为13.1%(表5-3-1)。

综合室内实验、矿场试验研究成果,将三元复合驱油层渗透率界限定为100mD,与聚合物驱标准保持一致。

表5-3-1 四个三元复合驱试验区小于1m油层动用状况

连通类型	K<100mD			K≥100mD		
	总层数/ (个×次)	动用次数/ 次	动用百分数/ %	总层数/ (个×次)	动用次数/ 次	动用百分数/ %
无连通	52	0	0	0	0	0
与薄层连通	445	31	7.0	122	80	65.8
与河道连通	166	56	33.7	120	91	75.8
与河道黏连	0	0	0	16	16	100.0
合计/平均	663	87	13.1	258	187	72.5

2. 油层厚度界限

按照河道砂钻遇率、小于1m的油层比例等指标,结合开发动态响应特点,一类、二类剩余潜力油层可分为三类:

第Ⅰ类:泛滥平原、高弯分流河道沉积单元,主要包括喇嘛甸油田萨Ⅱ、萨Ⅲ、葡Ⅱ组油层,萨中、萨北萨Ⅱ2+3、萨Ⅱ7+8油层,与原标准相比增加小于1m非河道油层对象。

(1)小于1m非河道油层发育状况好,连通程度高。

这类油层的河道砂钻遇率高达60%以上,非河道小于1m的油层以土豆状或细条带状散布在油层之中,以与河道粘连或多向连通为主。通过对北东块Ⅱ区油层进行解剖,三元试验区小于1m油层以三、四方向连通为主,达到73.9%,且有56.5%的小层与河道连通(表5-3-2和表5-3-3)。

统计三个三元试验区非河道小于1m油层的渗透率分布,渗透率大于100mD的层数比例在80%以上(表5-3-4)。

表5-3-2 北东块Ⅱ区三元试验区非河道小于1m油层连通情况

连通方向	一向连通	两向连通	三向连通	四向连通	合计
层数/个	5	13	16	35	69
比例/%	7.3	18.8	23.2	50.7	100.0

表 5-3-3　北东块Ⅱ区三元试验区非河道小于 1m 油层与河道连通情况

与河道连通方向	一向	两向	三向	四向	合计
层数 / 个	13	17	2	7	39
比例 /%	18.9	24.6	2.9	10.1	56.5

表 5-3-4　河道砂钻遇率大于 60% 单元中非河道小于 1m 油层渗透率分级

渗透率分级 / mD	断东三元		北二西三元		北东块三元	
	层数 / 个	比例 /%	层数 / 个	比例 /%	层数 / 个	比例 /%
<100	28	9.9	5	8.3	13	18.8
100~200	68	24.0	29	48.3	23	33.3
200~300	74	26.2	19	31.7	17	24.6
>300	113	39.9	7	11.7	16	23.3
合计	283	100.0	60	100.0	69	100.0

（2）小于 1m 非河道油层动用程度高。

三个三元试验区中，非河道小于 1m 油层动用程度高达 78% 以上。北东块三元试验萨Ⅲ4+5 河道砂钻遇率 63%，薄差层动用程度 92.3%；北一区断东三元试验萨Ⅱ8a 河道砂钻遇率 65.9%，薄差层动用程度 85.6%；北二西三元试验萨Ⅱ12 河道砂钻遇率为 67.3%，薄差层动用程度 78.6%。

（3）小于 1m 非河道油层储量比例在 10% 以下。

该类油层非河道小于 1m 的储量比例在 10% 以下。喇嘛甸油田有效厚度小于 1m 非河道油层的储量占表内储量的 9%；萨北、萨中开发区分别占 5% 和 6%，将其全部作为三元复合驱对象有利于储量的综合利用。

第Ⅱ类：低弯分流河道、枝状内前缘沉积单元，主要包括萨北、萨中萨Ⅱ、萨Ⅲ组大部分油层，厚度下限与聚合物驱标准保持一致。

（1）平面上小于 1m 非河道油层分布散乱。

该类单元河道砂钻遇率在 30%~60%，河道与河间砂交互分布，非河道大于 1m 的油层主要镶嵌在河道边部或内部，而非河道小于 1m 的油层分布散乱。

（2）纵向上组合小于 1m 油层会扩大层间渗透率级差，影响开发效果。

以萨南开发区一类油层为例，南五区三元组合对象葡Ⅰ1-2，渗透率级差 1.65，层间矛盾小，目前已经取得提高采收率 20 个百分点的好效果；南六区三元组合对象为葡Ⅰ1-4，其中葡Ⅰ3、葡Ⅰ4 油层为小于 1m 油层，渗透率级差达到 4.46，目前区块仅提高采收率 10 个百分点左右，渗透率级差的扩大，严重影响了开发效果。

另外，如果扩进非河道小于 1m 的油层，将大幅度增加水驱一次、二次、三次加密井网的封堵工作量，并累计影响水驱产量 $377 \times 10^4 t$。

第Ⅲ类：坨状、枝—坨过渡状内前缘沉积单元，主要包括萨北的葡Ⅱ组、高Ⅰ1-9，萨中的葡Ⅱ组及萨南的萨Ⅱ组油层，与原聚合物驱标准相比新增0.5～1.0m非河道油层对象。

该类油层河道砂体发育规模有限，河道砂钻遇率一般小于30%，主要发育厚而稳定的席状砂体。统计北二东区西部葡Ⅱ组和南四东块萨Ⅱ7-12油层，河道及非河道大于1m的钻遇率仅为26%～38%，而大于0.5m的钻遇率达到50%以上。由此可见，非河道砂0.5～1.0m厚度油层在平面上占较大比例。

（1）该类油层大于1m油层化学驱控制程度低，扩进0.5～1m的油层可大幅提高化学驱控制程度。

对该类油层化学驱控制程度进行了测算，若仅射开大于1m油层，化学驱控制程度低于70%，扩进0.5～1m的油层后，化学驱控制程度可提高10个百分点以上（表5-3-5）。

表5-3-5　射开0.5～1m油层前后化学驱控制程度对比情况　　　　单位：%

区块名称	层位	河道＋不小于1m非河道控制程度	河道＋不小于0.5m非河道控制程度	控制程度提高值
萨北开发区	葡Ⅱ	59～69	72～76	6～12
萨中开发区	葡Ⅱ	62～69	73～79	9～12
萨南开发区	萨Ⅱ7-12	46～57	67～72	15～20

（2）有效厚度0.5～1m非河道油层，渗透率在200mD左右，可保证化学驱体系的顺利注入。

统计南二区东部萨Ⅱ7-12油层渗透率分布，各单元非河道砂0.5～1m油层渗透率在200mD以上，依据聚合物相对分子质量、浓度与注入渗透率界限关系可知，该类单元河道及非河道大于0.5m油层能够保证化学驱体系的顺利注入。

（3）有效厚度0.5～1m非河道油层吸液厚度比例达到60%以上，油层动用情况好。

从南三中聚合物试验区0.5～1.0m油层的吸液状况来看，有效厚度0.5～1m非河道油层吸液厚度比例和层数比例都达到了85%左右，油层动用情况较好。南二东聚合物试验区萨Ⅱ7-12油层，0.5～1.0m油层吸液比例达60%以上。

（4）数值模拟表明，扩进0.5～1m油层不会影响开发效果。

为了验证射开非河道砂0.5～1.0m油层对开发效果的影响，选取南三西萨Ⅱ7a油层参数，建立四注九采模型。模拟射开大于1.0m油层，水驱开发到含水率96%进行三元复合驱，最终采出程度和三元复合驱提高采收率分别为64.2%、16%；模拟射开大于0.5m油层，水驱开发到含水率96%进行三元复合驱，最终采出程度和提高采收率为63.7%、17.4%，扩进0.5～1.0m油层后仅影响最终采出程度0.5个百分点。

由两次模拟的化学驱前、后含水饱和度变化可以看出，射开0.5～1.0m油层后，大于1m的油层动用状况得到明显改善。

综上所述，在参考聚合物驱油层技术动用界限的基础上，根据潜力油层沉积类型、砂体发育状况，综合考虑化学驱控制程度、试验区开发效果、储量规模等因素，进一步细化了三元复合驱油层技术动用界限（表5-3-6）。

表5-3-6　二类油层三元复合驱潜力油层技术动用界限标准

聚合物驱标准	三元复合驱标准					三元增加对象
	分类	沉积类型	河道砂钻遇率	标准参数	典型单元	
（1）有效渗透率≥100mD；（2）河道砂及有效厚度不小于1m非河道砂	Ⅰ类	泛滥平原、分流平原	＞60%	河道砂及非河道砂	喇萨Ⅱ、萨Ⅲ；萨北萨Ⅱ7+8；萨中萨Ⅱ8	非河道砂小于1m
	Ⅱ类	分流平原、枝状内前缘	30%～60%	渗透率不小于100mD河道砂及有效厚度不小于1m非河道砂	萨北、萨中萨Ⅱ、萨Ⅲ	不变
	Ⅲ类	枝—坨过渡状、坨状内前缘	＜30%	渗透率不小于100mD河道砂及有效厚度不小于0.5m非河道砂	萨北、萨中葡Ⅱ；萨南萨Ⅱ	非河道砂0.5～1.0m

采用三元复合驱油层动用界限标准后，采油一厂至六厂适合三元复合驱的储量可达到 112455×10^4t，比原聚合物驱标准增加地质储量 9587×10^4t，可覆盖表内地质储量的92%。

（二）合理注采井距与层系优化组合

1. 三元复合驱合理注采井距

三元复合驱油层的注采井距与化学驱控制程度、注采能力，以及经济投入紧密相关。理论上讲，井距越小，化学驱控制程度越高，注采能力下降幅度越小，但与此同时需要的投资也相应增加。因此，需要深入研究三元复合驱合理的注采井距，使之既能保持较好的化学驱效果，又能保证较高的经济效益。

1）化学驱控制程度与注采井距的关系

化学驱控制程度是影响开发效果的关键因素之一，其不仅取决于油层发育情况，也取决于注采井距。四个三元复合驱矿场试验也表明：化学驱控制程度越高，开发效果越好。

由化学驱控制程度与注采井距的关系曲线可以看出：一类、二类油层保持化学驱控制程度75%的合理注采井距应在120～150m之间。

2）注入能力与注采井距的关系

根据理论研究，三元复合驱注入能力与地层条件、注采井距、注入强度、三元体系黏度、注入速度等多种因素有关。对于五点法面积井网，注入压力上升值可用式（5-3-2）表示：

$$\Delta p' = 0.002\phi \frac{\mu_{\text{asp}}}{K} \frac{r^2}{180} \ln\left(\frac{r}{r_{\text{w}}}\right) v_{\text{i}} \qquad (5-3-2)$$

式中　$\Delta p'$——注入压力上升值，MPa；

ϕ——孔隙度；

μ_{asp}——三元体系黏度，mPa·s；

K——地层渗透率，mD；

r——注采井距，m；

r_{w}——井筒半径，m；

v_{i}——注入速度，PV/a。

由不同注入速度下的三元复合驱注入能力曲线可以看出，在不同的渗透率条件下，注入能力是不同的。在注入速度为 0.20PV/a，注入压力上升值不超过 7MPa 的条件下，对应的极限井距应在 125～175m 之间。对于Ⅱ类 A 油层，由于渗透率一般在 500mD 以上，极限井距可在 175m 左右，对于Ⅱ类 B 油层，渗透率一般在 300～500mD 之间，注采井距应在 125～150m 之间（表 5-3-7）。

表 5-3-7　不同渗透率、不同注入速度对应的注采井距界限

注入速度 / （PV/a）	注采井距界限 /m			
	K=300mD	K=400mD	K=500mD	K=600mD
0.10	175	200	225	250
0.15	150	175	200	200
0.20	125	150	175	175
0.25	125	125	150	175
0.30	100	125	125	150

3）采出能力与注采井距的关系

根据已投三元复合驱试验区的实际资料，各区块随着注采井距增大，采液能力逐步降低。先导性试验，注采井距 75～250m，产液量下降幅度 42%～70%，产液指数下降幅度 47%～96%；工业性试验，注采井距 125～250m，产液量下降幅度 0～79.1%，产液指数下降幅度 14%～85%；工业化区块，注采井距 141～175m，产液量下降幅度 16%～32%，产液指数下降幅度 46%～89%。对于北二西和北一区断东三元试验，在 125m 井距条件下，保持了较好的采出能力（表 5-3-8）。

理论研究表明：采液速度维持在 0.20PV/a，井底流压保持在 3MPa，对应的极限井距为 150m 左右。

综上所述，三元复合驱的合理注采井距与区块油层特点有关，大庆二类油层的合理注采井距应在 125～175m 之间。

表 5-3-8　已投区块注采井距与注入能力统计表

区块性质	区块名称	注采井距 / m	有效渗透率 / mD	提高采收率 / %	注入速度 / (PV/a)	产液量下降幅度 / %	产液指数下降幅度 / %
先导试验	小井距南井组	75	467	24.7	0.71	41.7	47.3
	小井距北井组	75	567	23.2	0.75	46.1	74.7
	杏二西	200	675	19.4	0.30	69.9	95.5
	北一区断西	250	512	2.8	0.21	60.0	85.3
工业性试验	北二西	125	533	25.0	0.21	稳定	14.3
	北一区断东	125	670	27.2	0.18	14.3	44.5
	南五区	175	501	20.0	0.17	50.4	72.2
	杏二区中部	250	404	18.1	0.10	79.1	84.8
工业化区块	杏六区东部Ⅰ块	141	561	12.9	0.21	16.0	46.3
	杏六区东部Ⅱ块	150	511	10.2	0.16	32.0	62.3
	南六区	175	539	11.0	0.17	32.3	89.2

2. 三元复合驱层系组合原则

不同类型油层储层微观孔隙结构和矿物组成差异较大，将油层性质相差大的油层组合在一起，将会大幅影响三元复合驱的开发效果。因此，为了保证三元复合驱的开发效果及经济效益，在聚驱层系组合界限的基础上，创新发展了三元复合驱层系优化组合的技术界限。

1）层系组合厚度界限

定义内部收益率为 12% 时的层系厚度，即为层系组合厚度下限。依据费效对等、初次投资优先的原则，考虑各开发区实际油层特点，按照不同提高采收率，分区域、分级别给出南部一类、北部二类油层的组合厚度界限（表 5-3-9）。

投资劈分：

$$TZ = ZJ + (DM - PZ) + PZ \cdot N_S / N_Z + CS \qquad (5-3-3)$$

式中　TZ——总投资，万元；

　　　ZJ——钻井投资，万元；

　　　DM——地面投资，万元；

　　　N_S——区块地质储量，10^4t；

　　　PZ——配注站投资，万元；

　　　CS——投产前措施投资，万元；

　　　N_Z——配注站所辖区块的总地质储量，10^4t。

对于北部二类油层，在一套井网开采三套层系，三元复合驱提高采收率在 18 个百分点的情况下，单套层系厚度不得低于 5.4m；萨中南部、萨南开发区若仅有一套层系，在新钻一套井网的条件下，层系厚度不得低于 9.9m，若有三套层系，单套层系的厚度不得低于 7.6m。

杏北开发区，提高采收率 18 个百分点，仅有一套层系，厚度不得低于 8.5m，两套层系单套层系厚度不得低于 7.3m；杏南开发区一套层系，厚度不得低于 9.5m。

表 5-3-9　三元复合驱不同提高采收率值对应的层系组合厚度下限

开发区名称	层系	厚度下限 /m		
		提高采收率 20%	提高采收率 18%	提高采收率 16%
喇嘛甸、萨北、萨中北部	一套	6.4	7.1	8.0
	两套	5.1	5.7	6.5
	三套	4.8	5.4	6.1
萨中南部、萨南	一套	8.1	9.1	9.9
	两套	6.6	7.5	8.6
	三套	5.8	6.6	7.6
杏北开发区	一套	7.8	8.5	9.3
	两套	6.6	7.3	7.9
杏南开发区	一套			9.5

2）剩余储量丰度界限

由于三元复合驱驱油是在高含水、高采出程度下的油层进行，因此，油层的剩余储量比原始地质储量更具有实际意义。剩余储量丰度是指单位面积下剩余地质储量的多少，与水驱采出程度密切相关。

根据油藏工程理论及盈亏平衡原理，推导出了油层极限剩余储量丰度与目前采出程度及油价之间关系：

$$N_{or}' = \frac{\left[I_D(1+R_{inj})(1+R_{DM}) + C_{wo}t + ax + by + cz\right](1-R_f)}{AR_{sp}(C_0 - C_c - C_{tax})(R_{max} - R_f)} \qquad (5-3-4)$$

式中　I_D——地面投资，万元；

t——计算时间，年；

N_{or}'——极限剩余油储量丰度，$10^4 t/km^2$；

A——单井控制面积，km^2；

R_{sp}——原油商品率；

R_{max}——最终采出程度；

R_f——目前采出程度；

R_{inj}——注采井数比；

R_{DM}——地面建设与钻井投资比；

C_c——吨油操作费，万元/t；

a——单井聚合物用量，t；

b——单井表面活性剂用量，t；

c——单井碱用量，t；

x——聚合物干粉单价，万元/t；

y——表面活性剂单价，万元/t；

z——碱单价，万元/t；

C_0——油价，万元/t；

C_{tax}——税收与管理费，万元/t；

C_{wo}——年油水作业费，万元。

根据三元复合驱潜力油层的地层特征，利用数值模拟，对不同油层在采出程度40%时进行三元复合驱油，计算出最终采出程度为57%~68%。利用式（5-3-4），建立最终采出程度为57%、60%、68%，计算对应不同开采套数的剩余地质储量丰度界限。根据计算结果可知，若按一套井网上返三套、下返两套层系测算，在油价90美元/bbl下，对应的剩余储量丰度界限应为（29.1~47.1）×10^4t/km²。

3）层系跨度界限

层系组合跨度界限是指组合一套层系的最大井段长度，与所组合油层的非均质程度、沉积韵律性有密切关系。

对于均质油层，假设一套层系由 n 个小层组成，总跨度为 L，每个小层到油井井底的流压为 p_{w1}、p_{w2}、…、p_{wn}，地层静压为 p_{e1}、p_{e2}、…、p_{en}，油井的总产量为 Q。

依据油井平面径向流产量和井筒多相管流公式，推导出油井总产液量 Q 与生产跨度 L 之间的关系：

$$Q = \frac{2\pi Kh}{\mu \ln(r_e/r_w)}\left[n(p_{e1}-p_{w1}) - \frac{(2^{n-1}-1)L}{n}\left(f_m\frac{\rho_m}{d}\frac{v_o^2}{2}\right)\right] \quad (5-3-5)$$

式中　Q——单井产液量，m³/d；

K——地层渗透率，mD；

h——油层厚度，m；

μ——驱替液的黏度，mPa·s；

p_{e1}——第一层的地层压力，MPa；

p_{w1}——第一层的井底流压，MPa；

n——油层的小层数；

L——油层组合跨度，m；

f_m——采出液的摩擦阻力系数；

ρ_m——采出液密度，g/cm³；

d——油井直径，cm；

v_o——采出液流动速度，cm^3/s；

r_e——供液半径，m；

r_w——井筒半径，m。

依据上述理论，生产跨度主要通过影响生产压差来影响产液量，进而影响开发效果。通过数值模拟对比，对于均质油层，组合跨度不超过80m。

对于非均质油层，建立了渗透率级差为2、2.5、3的正反韵律、复合韵律模型（渗透率为170～500mD）。在水驱到含水率96%时开始三元复合驱油。数值模拟研究表明，非均质油层的组合跨度上限为60m左右。

对于三元复合驱的潜力油层，考虑到各开发区的油层沉积韵律和发育状况不尽相同，选取喇嘛甸油田上、下返油层，萨中、萨北、萨南典型区块的组合油层参数，模拟出了实际油层的组合跨度与开发效果关系。由各开发区可以看出，自北向南组合跨度呈现下降趋势。喇嘛甸油田上返油层组合跨度界限为70m左右，下返油层在满足开发要求的情况下应尽量细分；萨中、萨北开发区组合跨度界限为45m左右；萨南开发区层系组合跨度为25m左右。

4）渗透率级差界限

渗透率级差是油层层间非均质性的体现，室内实验表明，随着渗透率级差的增大，层间矛盾增强，当渗透率级差超过2时，无论怎样提高驱替相的黏度，低渗透层的动用程度都不会超过70%。

从南六区矿场统计情况看，渗透率级差过大不利于保证三元复合驱的开发效果。渗透率级差大于2.5，动用层数比例低于70%。

依据实际资料，分别建立级差为2、3、5的理想模型进行数值模拟，结果表明，渗透率级差越大，含水率下降幅度越小，低含水稳定期越短，三元复合驱的开发效果越差。对于总厚度相等的不同渗透率级差模型，如果分两层、三层、四层进行模拟，根据渗透率级差与提高采收率关系曲线，设定提高采收率为20%，则两层渗透率级差为2.5可以满足，四层渗透率级差可以放宽到3.5。

综上所述，三元复合驱的合理渗透率级差应该控制在2.5以内，如果层数增加，可以适当扩大渗透率级差。

5）低渗透层比例界限

低渗透层是指一套层系内油层发育相对较差的单元。根据萨中开发区小层渗透率分布情况，萨Ⅱ、萨Ⅲ组油层分为380mD、603mD、720mD、874mD四个级别，设定380mD左右的油层为低渗透单元；葡Ⅱ组油层分为200mD、300mD、500mD三个级别，设定200mD左右的油层为低渗透层。根据厚度比例建立模型，利用数值模拟，研究表明当低渗透层比例超过20%时采收率曲线出现拐点。因此，一套层系内低渗透层的比例不宜超过20%。

6）隔层界限

三元复合驱隔层界限在聚驱界限研究的基础上，统计了大庆油田95口井354个层段压裂资料。在泵压 17～36MPa 情况下，厚度为 2～3m 的 511 个隔层，仅压窜 2 个层，占总层数的 0.4%，因此，三元复合驱隔层平均厚度满足在 2m 左右即可。

利用数值模拟，设定隔层面积分别为 10%、30%、50%、65%、80%、100%，水驱至含水率 95% 时注三元，模拟最终采出程度。由隔层面积与采出程度关系曲线可以看出，隔层发育面积大于 80% 可保证较好的三元驱开发效果。

综合以上各项技术界限的研究结果，确定了三元复合驱层系优化组合的原则：

（1）一套层系内的油层条件尽量相近，层间渗透率级差应控制在 2.5 以内，当层数较多时可适当扩大渗透率级差；低渗透层比例不宜超过 20%。

（2）以砂岩组为单元进行层系组合，保证层间有良好的隔层，隔层厚度应满足大于 2m，分布面积在 80% 以上。

（3）层系组合对象分为三类：以泛滥平原、分流平原沉积为主的，组合进非河道小于 1m 的油层；以分流平原、枝状内前缘沉积为主的，组合渗透率大于 100mD，非河道砂大于 1m 油层；以枝—坨过渡状、坨状内前缘沉积为主的，组合渗透率大于 100mD，非河道砂大于 0.5m 的油层。

（4）层系组合跨度由各区域的油层发育状况确定，喇嘛甸油田上返油层组合跨度界限为 70m，下返油层尽量细分；萨中、萨北开发区组合跨度界限为 45m；萨南开发区层系组合跨度为 25m。

（5）为了保证一定的产量规模、经济效益和合理利用地面设备，各套层系应满足剩余储量丰度界限，且层系间厚度及储量规模尽量接近；北部二类油层，层系厚度为 5.4～9.9m；南部一类油层，层系厚度为 7.3～9.5m。

3. 三元复合驱层系优化组合方法

根据油田开发实践，一套开发层系必须是连续的油层单元组合。常规的组合方法是先保持油层单元连续性，组合出几套方案，然后对各个方案的优劣进行比较，最后给出相对最优的组合结果。常规组合方法考虑的因素不全面，主观因素多。因此研究建立了一套可检验、可操作的层系优化组合方法是非常必要的。

1）FFT 方法的原理和流程

FFT 方法即 Fuzzy Clustering-F 统计量 -Test 组合方法，其核心是通过选取油层描述的主要参数，将性质相近的油层进行聚类，通过设置一定的置信水平，从而形成动态的层系组合结果，在充分考虑三元复合驱各项技术经济界限的基础上，给出基本可行的层系优化组合结果。

2）FFT 方法的操作步骤

FFT 方法的具体操作步骤主要有四步。

第一步，以砂岩组为单元建立基础数据矩阵。

选取北北块 I 区萨 II 1—高 I 5 组油层为组合对象，扣除已注聚的萨 III 4-10 及葡 I 1-2 油层，依据 PVT 数据、测井数据、密闭取心井数据，建立 11 项参数的原始基础数据矩阵。

第二步，计算等价矩阵的模糊分类结果及 F 检验。

通过模糊聚类计算，得到各砂岩组的分类距离。

结合油田开发实践，由于经济效益和开发技术的限制，组合套数超过 10 套的方案不予考虑。当组合套数为 2～10 套时，F 值大于 $F_{0.05}$ 且差异明显的分类结果为分 2 套、3 套、4 套和 7 套四个方案（表 5-3-10）。

表 5-3-10　北北块 I 区层系细分结果

方案	分类数 R	$R-1$	$N-R$	$F_{0.05}$	F 值	分类结果
方案一	2	1	10	4.96	18.79	葡 II 1—高 I 5，萨 II 1-16+ 萨 III 1-3+ 葡 I 4-7
方案二	3	2	9	4.26	9.54	葡 II 1—高 I 5，萨 II 1-3，萨 II 4-16+ 葡 I 4-7
方案三	4	3	8	4.07	9.59	葡 II 1-10，高 I 1-5，萨 II 1-3，萨 II 4-16+ 葡 I 4-7
方案四	6	5	6	4.39	3.46	葡 II 1-6，高 I 1-5，葡 II 7-10，萨 II 1-3，葡 I 4-7，萨 II 4—萨 III 3
方案五	7	6	5	4.95	8.56	葡 II 1-6，高 I 1-5，葡 II 7-10，萨 II 1-3，葡 I 4-7，萨 II 13—萨 III 3，萨 II 4-12
方案六	9	8	3	8.85	5.91	葡 II 1-6，高 I 1-5，葡 II 7-10，萨 II 1-3，葡 I 4-7，萨 II 13-16，萨 III 1-3，萨 II 4-6，萨 II 7-12

第三步，对层系组合方案进行技术经济可行性检验。

分析四个组合方案的各层系基本参数情况，方案一、方案二、方案三，各套层系间厚度、储量规模差异大，不利于产量平稳衔接和地面设备的充分利用，方案五为最优方案（表 5-3-11）。

表 5-3-11　四套组合方案各套层系基本参数表

方案	套数	层系	砂岩厚度 /m	有效厚度 /m	有效渗透率 /mD	表内总储量 /10^4t	剩余储量丰度 /（10^4t/km^2）
方案一	2	萨 II 1-16+ 萨 III 1-3+ 葡 I 4-7	37.1	25.1	263.0	3524.3	250.0
		葡 II 1—高 I 5	23.6	15.2	171.0	941.8	66.8
方案二	3	萨 II 1-3	7.9	5.9	331.6	849.6	60.3
		萨 II 4-16+ 萨 III 1-3+ 葡 I 4-7	29.2	19.1	242.8	2674.8	189.7
		葡 II 1—高 I 5	23.6	15.2	171.0	941.8	66.8
方案三	4	萨 II 1-3	7.9	5.9	331.6	849.6	60.3
		萨 II 4-16+ 萨 III 1-3+ 葡 I 4-7	29.2	19.1	242.8	2674.8	189.7
		葡 II 1-10	16.4	10.5	180.9	758.1	53.8
		高 I 1-5	7.2	4.7	141.3	183.7	13.0

续表

方案	套数	层系	砂岩厚度/m	有效厚度/m	有效渗透率/mD	表内总储量/10⁴t	剩余储量丰度/(10⁴t/km²)
方案五	7	萨Ⅱ1-3	7.9	5.9	331.6	849.6	60.3
		萨Ⅱ4-12	11.7	7.5	243.4	1213.1	86.0
		萨Ⅱ13—萨Ⅲ3	12	8.0	241.9	1118.0	79.3
		葡Ⅰ4-7	5.6	3.6	241.6	343.6	24.4
		葡Ⅱ1-6	7.3	4.4	190.5	314.4	22.3
		葡Ⅱ7-10	9.1	6.0	173.8	443.7	31.5
		高Ⅰ1-5	7.2	4.7	141.4	183.7	13.0

第四步，对初选方案进行优化组合，给出最优的组合结果。

分析初选出的方案五，下返层系主要存在以下问题：各套层系厚度小（3~6m），低于层系组合厚度下限（5.8m）；层系剩余储量丰度低［剩余储量丰度界限（13~31）×10⁴t/km²］；各套层系储量规模小，不利于产量的平稳衔接。因此，对方案五的下返层段葡Ⅰ4—高Ⅰ5进行优化重组。下返层系重组后，各套层系渗透率级差能控制在2.5以内，每套层系的剩余储量丰度均在40.1×10⁴t/km²以上，均能经济有效开发，且层系间厚度、储量相对均匀，有利于产量的有序接替（表5-3-12）。

表5-3-12　北北块Ⅰ区上、下返层系优化重组结果及参数

层系	有效厚度/m	有效渗透率/mD	地质储量/10⁴t	渗透率级差	层系储量占总储量比例/%	剩余储量丰度/(10⁴t/km²)
萨Ⅱ1-3	5.9	331.6	849.6	1.42	19	60.3
萨Ⅱ4-12	7.5	243.4	1213.1	1.28	27	86.0
萨Ⅱ13—萨Ⅲ3	8.0	241.9	1118.0	1.14	25	79.3
葡Ⅰ4-7+葡Ⅱ1-6	8.0	213.3	658.0	1.56	15	46.7
葡Ⅱ7-10+高Ⅰ1-5	10.8	159.6	627.4	1.29	14	44.5

（三）潜力综合评价

三元复合驱潜力评价主要是通过提高采收率预测和经济评价，最终明确三元复合驱技术、经济可行潜力，以及增储潜力。

1. 已投区块效果的主要影响因素分析

基于北一区断东、北二西、喇北东和南五区4个试验区块的106口中心采油井开发效果分析结果和数值模拟单因素分析结果表明，在注入段塞条件一定的情况下，三元复合驱开发效果与化学驱前初期含水率、化学驱控制程度，以及渗透率级差相关性较好。

1）化学驱前初期含水率对开发效果的影响

三个三元试验区统计结果表明，单井含水级别不同，开发效果差异大，化学驱前单井含水率越高，开发效果越差（表 5-3-13）。

表 5-3-13　初期含水率与提高采收率统计表

区块	含水分级 /%	井数 / 口	平均含水率 /%	提高采收率 /%	剩余油饱和度 /%
断东	<95	12	90.82	26.75	51.56
	95～98	13	96.82	24.59	50.58
	≥98	5	98.90	23.70	48.24
北二西	<99	11	98.35	29.45	44.15
	≥99	9	99.48	20.71	42.74
南五区	<98	9	90.64	26.68	46.77
	≥98	11	99.08	16.78	46.14

2）化学驱控制程度对开发效果的影响

化学驱控制程度主要体现在连通程度及连通类型。从单井组各类连通厚度比例与提高采收率关系对比可以看出，河道—河道连通厚度比例较大的井组，提高采收率相对较低，而河道—非河道及非河道—非河道连通厚度比例较大的井组，提高采收率反而很高（表 5-3-14）。

表 5-3-14　单井组连通厚度比例与提高采收率关系对比表　　　　单位：%

单井组名称	提高采收率	剩余油饱和度	初期含水率	连通厚度比例		
				河道—河道	河道—非河道	非河道—非河道
B1-44-SE66	18.19	55.49	94.20	68.92	19.74	11.33
B1-51-SE66	37.24	54.85	94.90	41.28	31.01	27.71
B1-55-E63	46.01	51.67	96.20	51.24	27.24	21.52
B1-53-SE66	28.03	51.07	96.60	43.84	12.11	44.05
B1-53-E65	14.72	51.60	96.90	56.75	21.42	21.84
B1-61-SE67	28.19	51.08	97.20	37.81	44.97	17.23
B1-53-E62	27.14	49.18	98.50	37.50	26.63	35.87
B1-55-E62	16.67	49.09	99.60	60.86	23.14	16.00
B2-361-E66	25.28	41.26	98.10	70.76	29.24	0

单井组名称	提高采收率	剩余油饱和度	初期含水率	连通厚度比例		
				河道—河道	河道—非河道	非河道—非河道
B2-361-JE68	33.78	41.58	98.30	90.57	9.43	0
B2-351-E66	31.82	38.60	98.50	89.43	10.57	0
B2-354-SE66	23.50	37.89	98.80	73.62	26.38	0
N4-40-P31	21.59	44.77	97.00	48.94	49.27	1.79
N5-10-P30	15.63	45.81	98.40	71.48	25.65	2.86
N5-10-P32	16.47	45.31	99.10	75.62	19.05	5.33
N5-10-P34	21.33	45.77	99.10	0	62.11	37.89

这表明，水驱开采时河道部位剩余油较少，剩余油主要分布在河道边部及非河道部位，不同连通类型油层由于剩余油及连通质量的不同对开发效果的贡献也不同。

3）渗透率级差对开发效果的影响

从北一区断东、南五区、喇北东 3 个区块的单井统计来看，渗透率级差越大，层间干扰越严重，提高采收率越小。另外，南六区葡Ⅰ1-4 油层渗透率级差与动用层数比例关系也表明，渗透率级差小于 3.0，动用层数比例可以达到 70% 以上，渗透率级差大于 4.0 后，只有 20% 左右的小层可以动用到。因此，渗透率级差影响化学驱的波及体积，造成油层驱替的不均衡性，是影响开发效果的一项重要因素。

2. 提高采收率预测模型的建立

基于上述开发效果的主要影响因素，三元复合驱提高采收率预测模型主要考虑了初期含水率、层间渗透率级差、连通类型、连通厚度比例、动用厚度比例等 5 项主要指标，按照三个层次来建立。首先是注三元时刻不同的初期含水率，最终提高采收率不同；其次是不同的渗透率级差，提高采收率幅度不同；最后按照高、中、低渗透层对开发效果的贡献，根据提高采收率理论，建立三元复合驱提高采收率预测方法。

1）提高采收率预测模型的建立

三元复合驱提高采收率是化学驱阶段采出程度与水驱采收率的差值。

提高采收率理论公式：

$$\Delta R = E_v E_D - \Delta R_{wf} \tag{5-3-6}$$

式中　ΔR——提高采收率；

　　　E_v——波及系数；

　　　E_D——驱油效率；

　　　ΔR_{wf}——水驱采收率。

根据不同连通类型对提高波及体积系数和驱油效率贡献不同，式（5-3-6）细化为：

$$\Delta R=(E_{\mathrm{vh-h}}E_{\mathrm{Dh-h}}+E_{\mathrm{vh-f}}E_{\mathrm{Dh-f}}+E_{\mathrm{vf-f}}E_{\mathrm{Df-f}})-\Delta R_{\mathrm{wf}} \qquad (5-3-7)$$

式中　$E_{\mathrm{vh-h}}$——河道—河道连通油层波及系数；

　　　$E_{\mathrm{Dh-h}}$——河道—河道连通油层驱油效率；

　　　$E_{\mathrm{vh-f}}$——河道—非河道连通油层波及系数；

　　　$E_{\mathrm{Dh-f}}$——河道—非河道连通油层驱油效率；

　　　$E_{\mathrm{vf-f}}$——非河道—非河道连通油层波及系数；

　　　$E_{\mathrm{Df-f}}$——非河道—非河道连通油层驱油效率。

按照连通厚度比例、动用状况，将高、中、低渗透层的波及体积转化为纵向波及系数与平面波及系数之积：

$$\Delta R=(r_{\mathrm{h-h}}E_{\mathrm{S1}}E_{\mathrm{Ah-h}}E_{\mathrm{Dh-h}}+r_{\mathrm{h-f}}E_{\mathrm{S2}}E_{\mathrm{Ah-f}}E_{\mathrm{Dh-f+}}r_{\mathrm{f-f}}E_{\mathrm{S2}}E_{\mathrm{Af-f}}E_{\mathrm{Df-f}})-\Delta R_{\mathrm{wf}} \qquad (5-3-8)$$

式中　$r_{\mathrm{h-h}}$——高渗透层连通厚度比例；

　　　E_{S1}——高渗透层的动用厚度比例；

　　　$E_{\mathrm{Ah-h}}$——高渗透层的平面波及系数；

　　　$r_{\mathrm{h-f}}$——中渗透层连通厚度比例；

　　　E_{S2}——中渗透层的动用厚度比例；

　　　$E_{\mathrm{Ah-f}}$——中渗透层平面波及系数；

　　　$r_{\mathrm{f-f}}$——低渗透层连通厚度比例；

　　　E_{S3}——低渗透层的动用厚度比例；

　　　$E_{\mathrm{Af-f}}$——低渗透层平面波及系数。

定义平面波及系数与驱油效率的乘积为驱油因子，分别将高、中、低渗透层的驱油因子设为 e_1、e_2、e_3，则 $e_1=E_{\mathrm{Ah-h}}E_{\mathrm{Dh-h}}$；$e_2=E_{\mathrm{Ah-f}}E_{\mathrm{Dh-f}}$；$e_3=E_{\mathrm{Af-f}}E_{\mathrm{Df-f}}$。

三元复合驱提高采收率预测模型简化为：

$$\Delta R=r_{\mathrm{h-h}}E_{\mathrm{S1}}e_1+r_{\mathrm{h-f}}E_{\mathrm{S2}}e_{2+}r_{\mathrm{f-f}}E_{\mathrm{S2}}e_3-\Delta R_{\mathrm{wf}} \qquad (5-3-9)$$

2）预测模型参数的确定

提高采收率预测模型中需要确定驱油因子和水驱采收率两项参数。

（1）驱油因子的确定。

预测模型改写为：

$$\Delta R+\Delta R_{\mathrm{wf}}=r_{\mathrm{h-h}}E_{\mathrm{S1}}e_1+r_{\mathrm{h-f}}E_{\mathrm{S2}}e_2+r_{\mathrm{f-f}}E_{\mathrm{S2}}e_3 \qquad (5-3-10)$$

式（5-3-10）左边是化学驱阶段采出程度，右边是不同系数的驱油因子，利用三组已知的单井数据，根据式（5-3-10），解三元一次方程组确定 e_1、e_2、e_3。

$$\begin{cases} R_1 = r_{\mathrm{h-h1}}E_{\mathrm{S11}}e_1 + r_{\mathrm{h-f1}}E_{\mathrm{S21}}e_2 + r_{\mathrm{f-f1}}E_{\mathrm{S31}}e_3 \\ R_2 = r_{\mathrm{h-h2}}E_{\mathrm{S12}}e_1 + r_{\mathrm{h-f2}}E_{\mathrm{S22}}e_2 + r_{\mathrm{f-f2}}E_{\mathrm{S32}}e_3 \\ R_3 = r_{\mathrm{h-h3}}E_{\mathrm{S13}}e_1 + r_{\mathrm{h-f3}}E_{\mathrm{S23}}e_2 + r_{\mathrm{f-f3}}E_{\mathrm{S33}}e_3 \end{cases} \qquad (5-3-11)$$

由北一区断东、喇北东、北二西和南五区106口单井组资料，按照平均初期含水率97%、96%和94%三个级别归类，在每个级别内按渗透率级差进行二次分类，建立驱油因子系数库。

编制三元一次方程组自动求解软件，对不同含水率、不同渗透率级差的系数进行计算。对同一含水级别，同一渗透率级差的驱油因子进行平均，得到不同含水条件下的渗透率级差与驱油因子关系。

为了验证由单井资料反求驱油因子的可靠性，通过微观驱油可视化系统，对三组无隔层网格模型进行三元复合驱驱替实验。实验结果表明：高渗透层、中渗透层和低渗透层采出程度分别为30.23%、35.59%和22.25%（表5-3-15）。考虑网格模型中忽略纵向波及体积，高、中、低渗层的采出程度即为平面波及系数与驱油效率乘积，相当于驱油因子为0.30、0.35和0.22。因此，由试验区块单井确定的驱油因子范围与室内驱替实验相吻合。

表5-3-15　三组无隔层网格模型驱替实验结果统计表　　　　单位：%

油层	水驱			三元复合驱		
	面积波及系数	驱油效率	采出程度	面积波及系数	驱油效率	采出程度
高渗透层	75.2	37.2	28.00	90.00	64.7	30.23
中渗透层	58.6	32.6	19.13	89.80	60.93	35.59
低渗透层	33.6	23.7	7.95	60.90	49.59	22.25

（2）水驱采收率的确定。

水驱采收率 ΔR_f 主要由相渗曲线资料确定。整理不同渗透率级别下的相渗曲线进行归一化处理，得到含水率与采出程度关系曲线。给定一系列化学驱时的初期含水率，通过线性插值计算对应的采出程度，从初期含水率到含水率98%，两个对应采出程度之间的差值视为水驱采收率。收集整理了采油一厂至六厂不同渗透率范围的相渗曲线，通过插值、回归，可以得到初期含水率与水驱采收率 ΔR_f 的关系式。

3）预测模型精度检验

利用建立的提高采收率预测方法，选取5个已经结束的试验区块和4个正在进行的工业化区块资料，将预测结果与实际提高采收率（已结束区块）和数模预测提高采收率（未结束区块）对比。从结果可以看出，预测模型的精度在85%以上，可以满足三元复合驱潜力评价和长远规划的需要（表5-3-16）。

3. 三元复合驱技术应用潜力评价

1）增储潜力评价

根据建立的提高采收率预测模型，对各开发区各套层系在初期含水率为95%时开始注三元，预测提高采收率在13～20个百分点，所有层系均适合三元复合驱，地质储量为 $11.1 \times 10^8 t$，若所有潜力区块均实施三元复合驱，可累计增加可采储量为 $1.91 \times 10^8 t$。

表 5-3-16　三元复合驱提高采收率预测精度对比表　　　　单位：%

区块	实际提高采收率	数模预测提高采收率	数模预测精度	本方法预测提高采收率	本方法预测精度
喇北东	19.30	19.40	99.48	20.01	96.34
北二西	23.90	19.50	81.59	24.74	96.49
北一区断东	25.90	23.00	88.80	22.41	86.54
南五区	18.20	18.10	99.45	18.48	98.45
杏二中	12.60	18.10	56.35	13.79	90.54
南四区东部上返		16.00		15.72	98.23
北三东西上返		19.20		18.65	97.15
杏六区东部Ⅰ块		18.80		20.41	91.46
杏六区东部Ⅱ块		20.90		20.57	98.40

2）经济评价

依据 2015 年经济评价参数选取标准，对典型区块开展经济评价。内部收益率高于 12% 的区块作为经济有效开发潜力；内部收益率低于 12% 的区块主要在萨南开发区南四区—南八区、杏南开发区杏十区—杏十一区，地质储量 $7372 \times 10^4 t$。若考虑将来三类油层化学驱，则三元复合驱经济有效开发潜力 $11.1 \times 10^8 t$（表 5-3-17）。

表 5-3-17　典型区块化学驱经济评价结果（油价 90 美元 /bbl）

开发区	典型区块	开发模式	内部收益率 /%　聚驱	三元复合驱
喇嘛甸油田	北北块Ⅰ区	新钻一套井网自下而上上返三套层系（共2套井网）	42.17	49.78
	南中东Ⅱ区	新钻一套井网自下而上上返两套层系（共2套井网）	55.79	59.46
萨北开发区	北二东西	一套井网进行化学驱（共1套井网）	20.34	25.21
	北三东西	一套井网进行化学驱（共1套井网）	35.95	37.53
萨中开发区	南一区东部	一套井网进行化学驱（共1套井网）	9.96	14.95
萨南开发区	南四区西部	一套井网一套层系进行化学驱（共1套井网）	—	0.78
		一套井网考虑将来三类油层上下返三套层系	13.12	15.71
杏北开发区	杏三区—杏四区东部Ⅱ块	一套井网一套层系进行化学驱（共1套井网）	—	14.96
	杏七区中部	一套井网一套层系进行化学驱（共1套井网）		18.39

续表

开发区	典型区块	开发模式	内部收益率/%	
			聚驱	三元复合驱
杏南开发区	杏八区—杏九区丁块葡Ⅰ2-3	一套井网一套层系进行化学驱（共1套井网）	3.26	12.65
	杏八区—杏九区丁块葡Ⅰ3	一套井网一套层系进行化学驱（共1套井网）	—	—

三、化学驱合理产量规模研究

进入"十四五"以来大庆油田化学驱产量占总产量的三分之一，为油田稳产提供了有力支撑。但受油价持续低迷、开发对象变差，以及可投注储量规模降低的影响，今后化学驱应保持怎样的产量规模，聚驱与三元复合驱产量如何匹配等都成了制约决策部署的难题。因此，针对化学驱开发对象变差、多种驱替方式并存、技术政策界限不清晰的特点，从开发次序、投注储量规模、驱替方式匹配关系等方面入手，建立了一套化学驱技术政策界限及产量优化部署方法，并给出了不同情景下的合理产量规模和匹配关系。

（一）化学驱剩余潜力开发次序

按潜力研究结果，未来进行化学驱的潜力区块有75个，储量潜力 8.8×10^8t，其中二类油层在纵向上又划分为3～6套开发层系，因此，除去喇嘛甸油田气顶影响外，还有129套层系需要确定上、下返层次序和返层时机。为实现产量平稳衔接，合理优化剩余潜力开发次序，解决开发规划方案编制中的难题，需要在明确剩余潜力的开发次序基础上，给出喇萨杏油田北部二类油层在不同开发模式下的纵向开发次序和北部一类油层的投产时机。

首先应用综合层次分析法，通过构造层系综合评判模型，对129套层系进行了综合评价，然后结合综合评价因子，考虑首套投产时间、开发模式和上、下返工艺，综合优化了各开发区各区块（层系）平面及纵向开发次序，为规划编制提供有力的技术支撑。

1. 建立评价指标体系

根据化学驱开发规律和开发技术界限的相关研究，按照全面、独立、易于获取的原则，筛选了油层发育状况、储量规模、开发效益三大类12项参数作为层系综合评价的指标体系，包括有效厚度、有效渗透率、河道砂钻遇率、大于等于1m非河道砂钻遇率、石油地质储量、河道砂储量、大于等于1m非河道砂储量、小于1m非河道砂储量、单井控制储量、剩余储量丰度、层间级差和低渗透层比例等。

2. 评价指标归一化

为了去除量纲的影响，对筛选的12项指标进行归一化处理。对于正相关指标（包括有效厚度、渗透率、河道砂钻遇率、大于等于1m非河道砂钻遇率、石油地质储量、河道砂储量、大于等于1m非河道砂储量、单井控制储量、剩余储量丰度），利用式（5-3-12）进行转换。

$$Z_{ij} = \frac{X_{ij} - \min(X_{ij})}{\max(X_{ij}) - \min(X_{ij})}, i=1,2,3; j=1,2,3,4 \qquad (5\text{-}3\text{-}12)$$

式中　Z_{ij}——无量纲评价指标；

　　　X_{ij}——评价指标实际值；

　　　$\max(X_{ij})$——指标实际值的最大值；

　　　$\min(X_{ij})$——指标实际值的最小值。

对于负相关指标（包括小于1m非河道砂储量、层间级差和低渗透层比例），利用式（5-3-13）转换。

$$Z_{ij} = \frac{\max(X_{ij}) - X_{ij}}{\max(X_{ij}) - \min(X_{ij})}, i=1,2,3; j=1,2,3,4 \qquad (5\text{-}3\text{-}13)$$

3. 确定评价指标权重

利用层次分析法确定各级指标的权重。按照因素之间的相互影响和隶属关系将评价层系划分为不同层次的要素组合，形成有序的层次结构模型。这样不仅简化了系统分析和计算，把一些定性的因素进行定量化，而且还能帮助评价者和决策者保持其思维过程的一致性。

（1）确定评价指标体系的层次。评价指标体系分为目标层、中间层和基础层，此次评价中目标层为潜力层系技术经济开发适宜性，中间层为油层发育、储量规模、开发效果及效益，基础层为各项指标（表5-3-18）。

表5-3-18　评价指标体系的层次

目标层	潜力层系技术经济开发适宜性		
中间层	油层发育	储量规模	开发效益
基础层	有效厚度 有效渗透率 河道砂钻遇率 ≥1m非河道砂钻遇率	地质储量 河道砂储量 ≥1m非河道砂储量 <1m非河道砂储量	单井控制储量 剩余储量丰度 层间级差 低渗透层比例

（2）构造比较矩阵。以 u_i 表示某一层次的指标，u_{ij} 表示 u_i 相对于 u_j 的重要性数值，u_{ij} 取值采用（0,1,2）三标度法，对中间层和每个基础层的指标逐一进行两两比较后赋值，构造比较矩阵（表5-3-19至表5-3-22）。

表5-3-19　中间层指标的比较矩阵

中间指标	油层发育	储量规模	开发效益
油层发育	1	2	2
储量规模	0	1	2
开发效益	0	0	1

表 5-3-20 油层发育基础层指标的比较矩阵

基础指标	有效厚度	渗透率	河道砂钻遇率	≥1m 非河道砂钻遇率
有效厚度	1	2	0	2
渗透率	0	1	0	2
河道砂钻遇率	2	2	1	2
≥1m 非河道砂钻遇率	0	0	0	1

表 5-3-21 储量规模基础层指标的比较矩阵

基础指标	地质储量	河道砂储量	≥1m 非河道砂储量	<1m 非河道砂储量
地质储量	1	2	2	2
河道砂储量	0	1	2	2
≥1m 非河道储量	0	0	1	1
<1m 非河道储量	0	0	1	1

表 5-3-22 开发效益基础层指标的比较矩阵

基础指标	单井控制储量	剩余储量丰度	层间级差	低渗透层比例
单井控制储量	1	2	2	2
剩余储量丰度	0	1	0	2
层间级差	0	2	1	2
低渗透层比例	0	0	0	1

（3）转换判断矩阵。为了使比较矩阵的特征值和特征向量计算量大幅度减小，并且能够满足一致性检验，利用极差法将构造的比较矩阵转化为判断矩阵（表 5-3-23 至表 5-3-26）。

$$r_i = \sum_{j=1}^{n} u_{ij} \qquad (5-3-14)$$

$$f\left(u_i, u_j\right) = c_{ij} = c_b^{\frac{(r_i - r_j)}{R}} \qquad (5-3-15)$$

$$R = r_{\max} - r_{\min} \qquad (5-3-16)$$

$$r_{\max} = \max\left(r_1, \ r_2, \ \cdots, \ r_n\right) \qquad (5-3-17)$$

$$r_{\min} = \min\left(r_1, \ r_2, \ \cdots, \ r_n\right) \qquad (5-3-18)$$

式中 c_b——按某种标准预先给定的表示极差元素相对重要程度的常量，一般取值为 9。

表 5-3-23　中间层指标的判断矩阵

中间指标	油层发育	储量规模	开发效益
油层发育	1.000	1.732	3.000
储量规模	0.577	1.000	1.732
开发效益	0.333	0.577	1.000

表 5-3-24　油层发育基础层指标的判断矩阵

基础指标	有效厚度	渗透率	河道砂钻遇率	≥1m 非河道砂钻遇率
有效厚度	1.000	1.442	0.693	2.080
渗透率	0.693	1.000	0.481	1.442
河道砂钻遇率	1.442	2.080	1.000	3.000
≥1m 非河道砂钻遇率	0.481	0.693	0.333	1.000

表 5-3-25　储量规模基础层指标的判断矩阵

基础指标	地质储量	河道砂储量	≥1m 非河道砂储量	<1m 非河道砂储量
地质储量	1.000	1.552	3.000	3.000
河道砂储量	0.644	1.000	1.933	1.933
≥1m 非河道砂储量	3.000	0.517	1.000	1.000
<1m 非河道砂储量	0.333	0.517	1.000	1.000

表 5-3-26　开发效益基础层指标的判断矩阵

基础指标	单井控制储量	剩余储量丰度	层间级差	低渗透层比例
单井控制储量	1.000	2.080	1.442	3.000
剩余储量丰度	0.481	1.000	0.693	1.442
层间级差	1.442	1.442	1.000	2.080
低渗层比例	0.333	0.693	0.481	1.000

（4）求解特征向量，确定指标权重。将比较矩阵转化为判断矩阵后，计算判断矩阵每行元素的乘积为：

$$M_i = \prod_{j=i}^{n} c_{ij}, i = 1, 2, \cdots, n; j = 1, 2, \cdots, n \quad （5-3-19）$$

M_i 的 n 次方根 ϖ_i 为：

$$\varpi_i = \sqrt[n]{M_i} \quad （5-3-20）$$

对向量 $\boldsymbol{\varpi} = (\varpi_1, \varpi_2, \cdots, \varpi_n)^T$ 作归一化或者正规化处理：

$$\omega_i = \frac{\varpi_i}{\sum\limits_{i=1}^{n} \varpi_i} \qquad (5-3-21)$$

则 $\boldsymbol{\omega} = (\omega_1, \omega_2, \cdots, \omega_n)^T$ 即为所求指标权值的特征向量。通过计算得到各层指标的权重，见表 5-3-27。

表 5-3-27 评价指标体系的参数权重

指标层次	指标	权重	指标	权重	指标	权重
中间层	油层发育	0.350	储量规模	0.400	开发效益	0.250
基础层	有效厚度	0.276	地质储量	0.391	单井控制储量	0.378
	渗透率	0.192	河道砂储量	0.252	剩余储量丰度	0.182
	河道砂钻遇率	0.399	≥1m 非河道砂储量	0.226	层间级差	0.314
	≥1m 非河道砂钻遇率	0.133	<1m 非河道砂储量	0.131	低渗透层比例	0.126

4. 建立综合评价模型

根据中间层和基础层的指标权重和归一化的指标体系，建立目标层的综合评价模型，实现潜力层系（区块）的量化描述。潜力层系的综合评价分值可表示为：

$$K = \alpha_1 \sum_{j=1}^{4} \beta_{1j} Z_{1j} + \alpha_2 \sum_{j=1}^{4} \beta_{2j} Z_{2j} + \alpha_3 \sum_{j=1}^{4} \beta_{3j} Z_{3j} \qquad (5-3-22)$$

式中　K——潜力层系综合评价分值；

　　　α_1，α_2，α_3——中间层指标的权重；

　　　β_{1j}，β_{2j}，β_{3j}——基础层指标的权重。

利用综合评价模型和基本参数的归一化处理，得到喇萨杏六个开发区 129 套剩余潜力层系的综合评价结果。

5. 开发次序优化结果

以喇嘛甸油田为例，剩余层系为 43 套，其中受气顶影响的 13 套，不受气顶影响的 30 套。根据前期调研结果，喇嘛甸开发区上下返工艺技术条件是最大限制。从工艺技术角度来说，逐层上返开发封堵工艺相对成熟简单，下返封堵工艺较为复杂，一般选择上返工艺。而从产量平稳衔接角度，需根据油层性质由好到差、产量规模由大到小的次序逐层段上下返。因此，这样就会产生两种上下返模式。

喇嘛甸开发区最终按照先依据综合评价后兼顾工艺条件的原则，优化开发投注次序。平面上，按照上、下返时机兼顾首套层系投注时间逐块实施投注。纵向开发次序有三种情况，一是北部两套井网区域（北北块Ⅰ区、Ⅱ区和北东块Ⅰ区、Ⅱ区），依据综合评判因子兼顾上下返工艺，按照两套井网逐层上返；二是中部一套井网含气顶区域（北西块Ⅰ区、南中东Ⅰ区、南中西Ⅰ区），优先开发纯油区层系，待纯油区层系实施完毕，安排实施含气顶层系；三是南部两套井网潜力区域（南中东Ⅱ区，南中西Ⅱ区），首套井网考虑工艺条件逐层上返，二套井网一次选择葡Ⅱ1—高Ⅰ4+5层系开发，然后从下至上逐层上返（表5-3-28和表5-3-29）。

表5-3-28　喇嘛甸开发区首套萨Ⅲ4-10层系区块开发次序

区块	北北块Ⅰ区	北北块Ⅱ区	北东块Ⅰ区	北东块Ⅱ区	南中东Ⅰ区
层系	萨Ⅱ1-3	萨Ⅱ1-3	萨Ⅱ1-3		萨Ⅱ1-3
开发次序	二套3次	气顶区	气顶区		气顶区
层系	萨Ⅱ4-12	萨Ⅱ4-12	萨Ⅱ4-12	萨Ⅱ1-9	萨Ⅱ4-12
开发次序	首套3次	气顶区	气顶区	二套2次	气顶区
层系	萨Ⅱ13—萨Ⅲ3	萨Ⅱ13—萨Ⅲ3	萨Ⅱ13—萨Ⅲ3	萨Ⅱ10—萨Ⅲ3	萨Ⅱ13—萨Ⅲ3
开发次序	首套2次	首套2次	首套2次	二套1次	首套2次
层系	萨Ⅲ4-10	萨Ⅲ4-10	萨Ⅲ4-10	萨Ⅲ4-10	萨Ⅲ4-10
开发次序	首套1次	首套1次	首套1次	首套1次	首套1次
层系	葡Ⅰ4—葡Ⅱ6	葡Ⅰ4—葡Ⅱ6	葡Ⅰ4—葡Ⅱ6	葡Ⅰ4—葡Ⅱ6	葡Ⅰ4—葡Ⅱ3
开发次序	二套2次	二套2次	二套2次	首套2次	首套3次
层系	葡Ⅱ7—高Ⅰ4+5	葡Ⅱ7—高Ⅰ4+5	葡Ⅱ7—高Ⅰ4+5	葡Ⅱ7—高Ⅰ4+5	葡Ⅱ7—高Ⅰ5
开发次序	二套1次	二套1次	二套1次	首套3次	首套4次

表5-3-29　喇嘛甸开发区首套萨Ⅲ1-7层系区块开发次序

区块	北西块Ⅰ区	北西块Ⅱ断南	南中西Ⅰ区	南中西Ⅱ区	南中东Ⅱ区
层系	萨Ⅱ1-6	萨Ⅱ1-6	萨Ⅱ1-6	萨Ⅱ1-6	萨Ⅱ1-6
开发次序	气顶区	一套3次	气顶区	气顶区	首套3次
层系	萨Ⅱ7-16	萨Ⅱ7-16	萨Ⅱ7-16	萨Ⅱ7-16	萨Ⅱ7-16
开发次序	气顶区	一套2次	气顶区	首套2次	首套2次
层系	萨Ⅲ1-7	萨Ⅲ1-7	萨Ⅲ1-7	萨Ⅲ1-7	萨Ⅲ1-7
开发次序	一套1次	一套1次	一套1次	首套1次	首套1次
层系	萨Ⅲ8—葡Ⅱ3	萨Ⅲ8—葡Ⅱ3	萨Ⅲ8—葡Ⅱ3	萨Ⅲ8—葡Ⅰ7	萨Ⅲ8—葡Ⅰ7
开发次序	一套3次	一套5次	一套3次	二套2次	二套2次
层系	葡Ⅱ4—高Ⅰ4+5	葡Ⅱ4—高Ⅰ4+5	葡Ⅱ4—高Ⅰ4+5	葡Ⅱ1—高Ⅰ4+5	葡Ⅱ1—高Ⅰ4+5
开发次序	一套2次	一套4次	一套2次	二套1次	二套1次

（二）三种驱替方式实施技术经济潜力及匹配关系

大庆油田化学驱经过二十多年的开发实践获得了巨大成功，目前聚合物驱技术已成熟配套，三元复合驱应用规模不断扩大。三元复合驱与聚合物驱相比，提高采收率幅度更大，但开采成本和初期投资也更高。因此，为保证化学驱的开发效益的最优化，最大限度地提高油田采收率，驱替方式合理匹配成为油田亟须解决的技术难题。立足于油田开发层系井网及地面配套设施现状，研究确定了化学驱开发模式；以盈亏平衡原理建立了实施聚驱、强碱三元复合驱、弱碱三元复合驱技术经济界限评价模型，可方便快捷给出不同驱替方式在不同开发模式情况下实施的油价、单井控制地质储量及阶段采出程度界限；首次在模型中引入单井单位地质储量化学剂用量、年产油量比例及不同开发模式的投资分摊系数等相对量，消除了由绝对量差异造成的不可对比性，基于此，分别建立三种驱替方式两两对比效益模型，方便了三种驱替方式技术经济界限的对比；同时，以化学驱开发规律研究为基础，综合确定了年产油、化学剂用量比例，使得评价结果更加符合油田实际。综合技术、经济、产量需求等因素，研究确定了大庆油田各开发区今后化学驱驱替方式，为油田最大限度提高采收率和油田可持续发展提供决策参考。

目前一类油层基本以聚合物驱为主；强碱三元复合驱主要集中在杏北开发区及萨南开发区南六区；弱碱三元复合驱并未规模化实施。二类油层仍以聚合物驱为主，但三元复合驱推广规模逐渐加大。强碱三元复合驱主要分布在萨中开发区东区；萨北开发区东部及萨南开发区以弱碱三元复合驱为主。

1. 二类油层化学驱上（下）返开发模式的确定

开发模式的确定是化学驱确定技术经济界限制定的基础，也是不同驱替方式对比及匹配关系研究的前提。

大庆油田属于特大型砂岩油藏，油层埋深浅，油层厚度大，按照油层划分标准，分为三类油层，目前一类油层化学驱基本实施完毕，剩余潜力主要分布在二类油层，自北至南可划分为1～6套开发层系。考虑经济效益，对1～3套层系区今后主要的开发方式将是利用一套井网逐层开采多套层系，即一套层系化学驱结束后，将原目的层位封堵，射开新的层位，然后逐层上下返。对于4～6套层系区，则采用两套井网逐层上下返的开发模式。因此，综合开发层系、井网井距、地面配套等多方面因素确定化学驱可分为四种可能的开发模式，见表5-3-30。

表5-3-30 二类油层化学驱开发模式及对应投资分摊情况

评价模式	开发方式	对应的工作量及投资分摊系数 $1/n$				
		钻井	地面建设	采油工程	封堵	射孔
模式一	一套井网开采一套二类油层层系	1	1	1	0	1
模式二	一套井网开采两套二类油层层系	1/2	1/2	1/2	1/2	1
模式三	一套井网开采三套二类油层层系	1/3	1/3	1/3	2/3	1
模式四	利用原井网和地面配置系统	0	0	0	1	1

2. 三种驱替方式两两对比经济界限模型的建立

为了方便三种驱替方式进行经济效益对比，建立了经济界限对比模型。

设强碱三元复合驱和弱碱三元复合驱提高采收率幅度和年增油量水平基本相当，则二者收益项基本相同，即 $\sum_{i=1}^{t} S_{1i}(1+i_c)^{-i} \approx N\sum_{i=1}^{t} S_{2i}(1+i_c)^{-i}$ ，以此为条件建立了强碱三元复合驱效益好于弱碱三元复合驱多提高采收率的界限模型。

$$\Delta R_{C1,2} = \frac{N\sum_{i=1}^{t}(T_{1i}-T_{2i})(1+i_c)^{-i}}{N\sum_{i=1}^{t}S_{1i}(1+i_c)^{-i}} = \frac{\sum_{i=1}^{t}(T_{1i}-T_{2i})(1+i_c)^{-i}}{\sum_{i=1}^{t}S_{1i}(1+i_c)^{-i}} \qquad (5-3-23)$$

同时，考虑聚合物驱与强碱三元复合驱和弱碱三元复合驱投入、产出的不同，得到强碱三元复合驱效益好于聚驱、弱碱三元复合驱效益好于聚驱多提高采收率的界限模型。

$$\Delta R_{C1,3} = \frac{(I_{d1}-I_{d2})/n}{N\sum_{i=1}^{t}S_{1i}(1+i_c)^{-i}} + \frac{\sum_{i=1}^{t}(T_{1i}-T_{3i})(1+i_c)^{-i}+R_{C3}N\sum_{i=1}^{t}S_{3i}(1+i_c)^{-i}}{\sum_{i=1}^{t}S_{1i}(1+i_c)^{-i}} \qquad (5-3-24)$$

$$\Delta R_{C2,3} = \frac{(I_{d1}-I_{d2})/n}{N\sum_{i=1}^{t}S_{2i}(1+i_c)^{-i}} + \frac{\sum_{i=1}^{t}(T_{2i}-T_{3i})(1+i_c)^{-i}+R_{C3}N\sum_{i=1}^{t}S_{3i}(1+i_c)^{-i}}{\sum_{i=1}^{t}S_{2i}(1+i_c)^{-i}} \qquad (5-3-25)$$

式中　I_{d1}，I_{d2}，I_{d3}——分别为强碱、弱碱和聚驱地面投资，万元；

　　　I_z，I_f，I_b——分别为钻井、封堵和补孔产能投资，万元；

　　　I_{1i}，I_{2i}，I_{3i}——分别为强碱、弱碱和聚驱化学剂投资，万元；

　　　S_{1i}，S_{2i}，S_{3i}——分别为强碱、弱碱和聚驱年收益，万元；

　　　N——单井控制地质储量，10^4t；

　　　n——分摊系数；

　　　i_c——内部收益率。

该模型可以直观阐述三种驱替方式阶段采出程度界限与油价、单井控制地质储量之间的定量描述关系，可开展不同油价、不同驱替方式阶段采出程度界限、实施的油价界限、单井控制地质储量界限的敏感性分析，可快速实现多套方案的对比与优选。模型具有普遍适应性，即未知历年采油量等指标的情况，只需建立年产油量比例即可，降低了以往经济评价对开采指标预测的难度，方便了聚驱和三元复合驱开发效益对比。

3. 模型中关键参数的确定

1）单井控制地质储量的确定

在研究确定大庆油田二类油层剩余潜力的基础上，确定单套层系单井控制地质储量在

（0.8～4.6）×10⁴t 之间，其中 80% 以上在（1.6～3.2）×10⁴t 之间，因此确定单井控制地质储量评价范围在（1.6～3.2）×10⁴t 之间，并每隔 0.4×10⁴t 作为一个评价点，并对分布密集处进行了加密处理。

2）聚合物驱相关参数的确定

统计 21 个已结束注聚的区块，单井单位控制地质储量的聚合物干粉用量在 20～28t 之间，平均为 24.96t。

3）强碱三元复合驱相关参数的确定

统计 6 个强碱三元复合驱区块，单井单位地质储量聚合物、碱和表面活性剂的用量分别为 34.6t、444.3t 及 61.6t。

4）弱碱三元复合驱相关参数的确定

统计 7 个弱碱三元复合驱区块，平均单井单位地质储量聚合物、碱和表面活性剂的用量分别为 31.6t、421.8t 及 69.9t。

4. 三种驱替方式实施的技术经济界限及优化匹配关系

1）三种驱替方式实施的技术经济界限

按照三种驱替方式经济界限模型，分别计算了四种评价模式、七种油价（40～90 美元/bbl）、十二种单井控制储量（0.8×10⁴t～4.8×10⁴t）条件下，70 个区块三种驱替方式实施的经济界限。以 65 美元/bbl 为例，应用上述评价模型及相关参数，分别给出了四种评价模式下，南部和北部单井控制储量、油价和采出程度等指标技术经济界限（表 5-3-31）。

表 5-3-31　油价 65 美元/bbl 条件下三种驱替方式实施的技术经济界限

驱替方式	评价模式	单井控制地质储量界限/10⁴t		油价界限/（美元/bbl）		采出程度界限/%	
		北部开发区	南部开发区	北部开发区	南部开发区	北部开发区	南部开发区
聚合物驱	模式一	1.5	1.8	45	65	9.5	13.7
	模式二	0.8	0.8	40	50	5.8	8.1
	模式三	0.8 以下	0.8 以下	40 以下	40	4.5	6.3
	模式四	0.8 以下	0.8 以下	40 以下	40 以下	2.1	2.5
强碱三元	模式一	2.2	2.6	65	90	18.9	24.6
	模式二	1.2	1.6	55	65	13.7	16.9
	模式三	1.2	1.2	50	60	11.9	14.2
	模式四	0.8	0.8	40	45	8.4	9.0
弱碱三元	模式一	2.0	2.4	60	80	17.1	22.9
	模式二	1.2	1.2	50	60	11.8	15.0
	模式三	0.8	1.2	50	55	10.1	12.4
	模式四	0.8 以下	0.8	40	40	6.6	7.2

根据不同驱替方式的评价结果，明确了实施三种驱替方式的经济有效区块分布。强碱三元主要分布在北部二类油层剩余两套层系以上区块及杏北开发区所有区块，共 46 个区块；弱碱三元分布在强碱三元覆盖区块和萨南南二区—南三区多套层系区，共 53 个区块；聚合物驱主要覆盖弱碱复合驱区块和杏南开发区部分区块，共 67 个区块。

2）三种驱替方式两两对比匹配关系

利用三种驱替方式两两对比的评价模型，分别计算了四种评价模式、七种油价（40~90 美元 /bbl）、十二种单井控制储量（$0.8 \times 10^4 t$~$4.8 \times 10^4 t$）条件下，70 个区块三种驱替方式两两对比经济界限。

以 65 美元 /bbl 油价为例，给出了三种驱替方式两两对比的单井控制地质储量界限（表 5-3-32）。

表 5-3-32　油价 65 美元 /bbl 条件下三种驱替方式两两对比界限

对比方式	开发模式	单井控制地质储量 /10^4t			
		1.6	2.0	2.4	2.8
强碱与弱碱对比多提高采收率 /%	模式一	1.7			
	模式二				
	模式三				
	模式四				
强碱与聚驱对比多提高采收率 /%	模式一	10.1	9.1	8.5	8.0
	模式二	7.8	7.2	6.9	6.7
	模式三	7.0	6.8	6.4	6.2
	模式四	5.4	5.4	5.4	5.3
弱碱与聚驱对比多提高采收率 /%	模式一	8.2	7.2	6.6	6.1
	模式二	5.9	5.4	5.1	4.8
	模式三	5.5	4.8	4.6	4.4
	模式四	3.7	3.6	3.6	3.6

以三种驱替方式两两对比界限为依据，考虑各实际开发效果、已实施层系采用的驱替方式等因素，从两个角度明确了三种驱替方式匹配关系。从经济最优角度，未实施复合驱的区块，上下返层系以聚驱为主；已实施复合驱的区块，上下返层系以复合驱为；从最大限度提高采收率角度，将北二西等 8 个聚驱区块优化为复合驱，形成聚驱与复合驱同步推广，各有侧重的新格局。

（三）化学驱投注储量规模

从化学驱开发历程看，化学驱投注储量模式分为两种：即"区块新钻井接替模式"和

"层系上下返接替模式"。

区块新钻井接替模式：投注每套层系均采用新钻井的方式，投注储量等于各套层系储量之和：$N = N_1 + N_2$。

层系上下返接替模式：即采用一套井网多次上下返模式，低油价条件下，每新投注一套新的层系，相应封堵原开采层系，总投注储量稳中下降：$N = N_1 + N_3$。

1. 不同储量接替模式化学驱产量变化趋势

1）区块新钻井接替模式

1996年聚合物驱工业化推广以来，化学驱均采用区块新钻井接替模式实施，累计投注储量呈线性增加趋势，整体上产量也逐年增加，2014年产量达到最高峰。

通过多年积累，目前各阶段产量结构极不均衡，含水回升区块和后续水驱区块成为化学驱的主体，储量、液量、油量比例分别达到83.6%、73.7%和63.5%。但是，含水回升期区块平均采油速度为1.89%，一般2～3年后转入后续水驱，平均采油速度仅为0.5%左右，受规律性产量递减的影响，即使维持目前投注储量规模，化学驱产量仍呈快速递减趋势。

目前，三元复合驱各阶段产量、储量较为均衡，各阶段产量能实现均衡接替，按照目前投注储量规模，复合驱产量今后将稳中有升。

2）层系上下返接替模式

喇萨杏油田二类油层2019年以后将全面进入层系上下返储量接替模式，正在实施化学驱的地质储量预计在2020年左右达到历史最高峰，至2025年储量处于动态平衡过程中，但是受封堵及产量快速递减的影响，化学驱产量将进一步显著降低。

2. 层系返层时机研究

近年来，受层系井网的限制，化学驱可投注的储量规模大幅下降。为进一步有效利用资源，增大投注潜力，针对层系上下返接替模式，拓宽投注条件，研究确定了三种返层投注时机。

1）层系自然接替模式

层系自然接替模式指目前开采层系达到经济界限含水率点后开发待返层系。不需要封存有效产量，可以最大限度地利用资源。依据盈亏平衡原理，建立不同油价、液量规模条件下的含水界限模型，由此，给出各开发区各区块含水率经济界限，含水率经济界限对应的时间即为可以返层开发的时机。

$$f_w = \left[1 - \frac{Q_L(C_1 + C_2) + (C_3 + C_4 + C_5 + C_6) + 2(C_7 + C_8 + C_9)}{Q_L \gamma P_0 (1 - \alpha)}\right] \times 100\% \quad (5-3-26)$$

式中 Q_L——液量规模，$10^4 t/a$；

f_w——极限含水率；

P_o——油价，美元/bbl；

γ——商品率；

α——综合税率；

C_1——驱油物注入费，元/t；

C_2——油气处理费，元/t；

C_3——采出作业费，万元/口；

C_4——井下作业费，万元/口；

C_5——测井试井费，万元/口；

C_6——维护和维修费，万元/口；

C_7——运输费，万元/口；

C_8——其他辅助作业费，万元/口；

C_9——厂矿管理费，万元/口。

依据 2018 年各开发区成本参数，绘制了 65 美元/bbl 油价条件下，不同液量规模的含水率界限图版。利用储量评估软件，对 106 个化学驱区块进行含水率、产量预测。统计结果表明，化学驱达到经济界限含水率点的时间集中在 2020—2030 年，共有区块 67 个，地质储量 6.0×10^8t，其中一类油层区块 31 个，地质储量 3.0×10^8t，二类油层区块 36 个，地质储量 3.0×10^8t。"十四五"期间，二类油层达到经济极限含水率区块 16 个，地质储量 1.37×10^8t。二类油层多套层系区可以实施二次上（下）返进一步保持产量平稳过渡；一类油层急需攻关聚驱后提高采收率技术减少关停对产量带来的影响。

2）层系常规接替模式

层系常规接替模式按照区块含水率 98% 进行返层投注，喇萨杏油田二类油层分别测算各区块达到含水率 98% 的时间。统计结果表明，常规接替模式返层时间集中在 2018—2025 年，共有区块 69 个，地质储量 7.4×10^8t。其中，"十四五"期间，达到含水率 98% 的区块 31 个，地质储量 2.14×10^8t。

3）层系加快接替模式

根据效益追赶原理：加快接替时机取决于两套层系储量的比值与含水率差异，返层层系地质储量越大，含水率越低，接替时机前移；反之接替时机推后。

依据费效对等的原则，对比开发层系与待返层系地质储量、含水率等条件的差异，建立了一套井网多次上（下）返效益对比模型。

$$f_{w1} = 1 - \frac{N_2}{N_1}(1 - f_{w2}) - \frac{N_1 - N_2}{N_1}\frac{C_L}{P_0\gamma(1-\alpha)} + \frac{n(f_f + f_b)}{J_1 N_1 P_0 \gamma(1-\alpha)} \qquad （5-3-27）$$

式中　f_{w1}，f_{w2}——分别为目前正在实施的和今后要上下返层位的综合含水率；

N_1，N_2——分别为目前正在实施的和今后要上下返层位的地质储量，10^4t；

J_1——目前实施区块的采液速度；

C_L——后续水驱阶段吨液操作成本，元/t；

n——目前正在实施区块的注采井数，口；

f_f——单井封堵投资，万元/口；

f_b——单井地面投资，万元/口。

依据该模型，对比 129 套剩余潜力层系，油价 65 美元 /bbl 条件下，"十四五"期间，实现加快接替的区块有 38 个，地质储量 2.51×10⁸t，比自然接替模式多 22 个区块。

3. 不同接替模式条件下储量投注规模

针对目前剩余潜力层系，大庆油田化学驱储量接替模式为：南部一类油层接替采用新钻井模式，北部二类油层第一套、第二套井网采用新钻井模式（萨北过渡带二类油层采用上下返模式），其余采取井网上下返模式。因此，遵循两种储量接替模式，考虑不同储量接替的三种时机，综合确定"十四五"期间，化学驱储量投注的上限为北部二类油层加快接替储量、二套井网潜力区新钻井模式储量和南部一类油层新钻井储量之和；下限为北部二类油层上下返层自然接替储量和南部一类油层新钻井储量之和。

依据化学驱储量投注规模界限的确定方法，对"十四五"期间不同储量接替模式条件下储量投注规模进行了测算。考虑自然接替模式累计可投注储量为 2.22×10⁸t，年均可投注 3200×10⁴t；考虑常规接替模式，累计可投注储量为 3.24×10⁸t，年均可投注 4600×10⁴t；考虑加快模式，累计可投注储量为 4.05×10⁸t，年均可投注 5800×10⁴t（表 5-3-33）。

表 5-3-33 "十四五"期间不同储量接替模式条件下储量投注规模

储量投注模式	储量投注方式	累计可投储量 /10⁸t	年均可投储量 /10⁸t
自然接替	（1）二类油层按照自然接替模式实施返层	2.22	0.32
	（2）南部一类油层年均投注一个区块		
	（3）二类油层部分区块新钻井投注		
常规接替	（1）二类油层按照 98% 接替模式实施返层	3.24	0.46
	（2）南部一类油层年均投注一个区块		
	（3）二类油层部分区块新钻井投注		
加快接替	（1）二类油层按照加快接替模式实施返层	4.05	0.58
	（2）南部一类油层年均投注一个区块		
	（3）二类油层部分区块新钻井投注		

（四）不同情景模式下产量变化趋势

化学驱"十四五"产量规划部署以潜力层系开发次序和驱替方式匹配研究结果为基础，按照三种储量接替模式，考虑停注时机和关井界限，以及合理液量规模，制定了喇萨杏油田的基础方案。另外，在基础方案之上，加大三元、常规技术进步和接替技术突破等技术情景，优化部署"十四五"化学驱不同情景产量规模。

基础方案立足化学驱总效益最优和目前各开发区提高采收率水平，首先确定出 2020—2025 年接替区块和层系，给出三种接替模式下接替储量方案；然后，根据产量变化规律，预测年产油量，给出三种接替模式下产量方案。基础方案的投注储量分别为：自然接替模式年均投注储量 3062×10^4t，年均产油 825×10^4t，期末 654×10^4t；常规接替模式年均投注储量 4368×10^4t，年均产油 919×10^4t，期末 783×10^4t；加快接替模式年均投注储量 5208×10^4t，年均产油 963×10^4t，期末 924×10^4t。

针对基础方案，从封存储量、封存产量和可持续发展等方面，对比三种储量接替模式的优劣。可以看出，自然接替模式驱替至经济极限含水率实施上（下）返，不封堵经济有效产量；常规接替模式累计封存地质储量 2.16×10^8t，封存经济有效产量 201×10^4t；加快接替模式累计封存地质储量 2.43×10^8t，封存经济有效产量 285×10^4t。

从油田可持续发展看，截至 2025 年底，一类、二类油层三种开发模式剩余潜力均在 5.4×10^8t 以上，仍具有可观的物质基础。但加快接替模式条件下，各开发区剩余潜力极不均衡，不利于实现油田的可持续发展（表 5-3-34）。

表 5-3-34　2025 年以后三种接替模式下剩余一类、二类油层化学驱潜力

单位：10^4t

开发区	加快接替	常规接替	自然接替
萨中	13275	15083	18970
萨南	2962	2962	3928
萨北	12691	13487	14314
杏北	2781	2781	3441
杏南	741	741	1757
喇嘛甸	21532	23320	23800
合计	53982	58374	66210

通过综合对比分析，可以看出，不同的储量接替模式适用于不同的技术情景：自然接替模式适用于油田可持续发展模式；常规接替模式适用于油田产量有序递减模式；加快接替模式适用于油田稳产或近稳产模式（表 5-3-35）。

表 5-3-35　三种接替模式优劣对比及应用情景

开发模式	优势	劣势	应用情景
自然接替	封存储量少、不封存经济有效产量；给聚驱提高采收率留有空间；对水驱影响小；可持续发展	规划期内产量贡献小；油田开发整体效益差；不利于聚驱后进一步提高采收率	油田未设定产量目标；可持续发展模式
常规接替	整体效益较大；对水驱影响较为均衡	规划期内产量贡献较小；规划期封存储量 2.16×10^8t，封存经济有效产量 201×10^4t；加大水驱递减 0.42 个百分点	油田未设定一定产量目标；产量有序递减模式
加快接替	规划期内产量贡献大；油田开发整体效益优；有利于聚驱后提高采收率	封存储量 2.43×10^8t，封存经济有效产量 285×10^4t；转移储量规模大，加大水驱递减 1.07 个百分点；不利于油田可持续发展	油田产量不递减或者稳产目标；油田阶段稳产模式

第四节 化学驱成本变化规律及经济效益对比评价

一、复合驱成本变化规律及经济效益评价

由于复合驱在技术效果、油层条件、管理规范等多方面的不确定性，导致经济评价方法与常规方法有较大的不同。复合驱开发的经济效益评价只是通过预测相关开发指标，运用现金流方法或者"有无对比法"进行产能项目的效益计算，多数评价没有区分阶段产出和增量效益，没有对化学驱进行过全过程的经济效益论证。复合驱存在开发周期短、产量变化幅度大的特点，需要研究符合大庆油田三元复合驱特点的经济评价方法，根据三元复合驱提高采收率程度、储量投入的规模及区块的合理衔接，研究操作成本的运行规律，建立相应的参数预测模型及经济评价方法。

（一）复合驱生产成本构成

1. 构成特点

生产成本包括操作成本、化学药剂摊销和固定资产折旧折耗。其中，操作成本包括材料费、燃料费、水费、电费、员工费用、井下作业费、测井试井费、维护修理费、其他支出。统计的原则是：成本相关数据为从投产到含水率98%时实际发生；考虑了厂矿二级摊销，按照井数、费用比例和单立方米液成本比例分摊，计入固定资产折旧折耗，公司级摊销没有计入，大约5美元/bbl；投资按10年折旧计提，未考虑上返重复利用；化学药剂按投资计算，按注剂时间6年计提。

依据财务数据，已结束的工业试验和工业区全过程平均生产成本40.5美元/bbl；三项构成分别约占1/3，其中化学药剂摊销占比最低，操作成本占比略高。从构成看，化学药剂费用约占生产成本28.5%，其中表面活性剂占比最大；固定资产折旧约占生产成本34.3%，钻建投资中地面投资占比最大；操作成本约占生产成本37.2%，操作成本中材料、员工、电费及井下作业费占比较大。

从操作成本构成上看，材料费、员工费用和水电占比较大；药剂费用中表面活性剂所占比例最大，达45.3%；折旧折耗中单井基建是钻井的近1.5倍。

强碱区块除北一断东外均比较接近，主要原因是北一断东提高采收率远高于其他区块，对比显示该区块提高采收率高于其他区块8个百分点。弱碱区块生产成本较高，主要原因是：

一是由于注剂初期含水率较高使得北二西阶段操作成本高于其他区块。按水驱区块含水率与操作成本拟合关系，区块含水率从96%上升到98%，成本将翻倍。其他强碱区块若注剂含水率达到98%，与北二西相同时，按操作成本拟合趋势推算成本将达到26美元/bbl。二是与其他区块相比北二西提高采收率即是阶段采出程度，没有水驱带来增量产量；其他区块由于水驱成本较低使得加权后阶段成本较低。

统计两个工业化弱碱区块，生产成本低于强碱的40美元/bbl水平（表5-4-1）。

表 5-4-1　二类油层弱碱复合驱开发成本对比

区块	注剂年份	注剂初期含水率 /%	提高采收率 /%	生产成本 /（美元 /bbl）			
				操作成本	折旧折耗	药剂费用	合计
西区（上、下返）弱碱三元	2014	95.8	16.7	13.4	11.1	9.3	33.8
北二东西块二类油层弱碱	2015	95.9	18.9	13.1	10.4	8.9	32.5
北二西部东块弱碱	2008	98.4	29.4	17.7	16.7	7.5	41.9

复合驱单位生产成本约是同期邻近聚合物驱的 1.5 倍，主要受化学药剂费用和固定资产折耗高影响。

复合驱化学药剂费用和固定资产折耗较高的原因：一是两种驱替方式提高采收率值相差大约 4 个百分点，但复合驱的井距转为 125～141m，同时地面单井投资增加 25%，导致前期建设投资高了 65%（150m 转为 125m）；二是化学剂用量总量是聚合物驱的 1.7 倍。

2. 影响因素

按"十三五"期间价格水平预测，生产成本大约每年上升 7 美元 /bbl，其中操作成本变化最大，2007—2016 年，由于水、电等原材料价格和人工费用上涨引起大庆油田操作成本升高 5.7 美元 /bbl；由于规模化生产，药剂价格变化，按照目前药剂单价测算，强碱区块药剂费用可降低 15% 左右，弱碱可降低 27%，药剂成本降低 2.2 美元 /bbl；钻建价格上升，单井投资平均上升 28.3%，折旧折耗上升 3.9 美元 /bbl。典型区块按目前投注，注入周期的操作成本比 2007 年投注高 5.6 美元 /bbl。

钻建投资价格上升，引起复合驱折旧折耗上浮 2.8 美元 /bbl 左右。钻井定额从 1069 元 /m 涨到 1467 元 /m，上升 37.2%；工业化生产和地面系统优化使基建定额仅上涨 2.7%，综合引起折旧折耗上升 20.6%。由于规模化生产，聚合物和表面活性剂价格平均下降 31.6%、11.7%。

不同区块开发效果不同，成本变化对内部收益率影响不同，以单井控制地质储量 $2.0 \times 10^4 t$，阶段采出程度 24% 的区块为例，分析成本构成各项变化对内部收益率的影响。区块单井控制地质储量越大、采出程度越高，成本变化对收益率的影响越大；成本构成中操作成本变化对效益影响最大。操作成本下降 10%，收益率大约上升 1.3 个百分点；药剂费用下降 10%，收益率大约上升 0.7 个百分点；钻建投资下降 10%，收益率上升 0～1.4 个百分点。药剂投资由药剂配方和药剂价格决定，建设投资受物价、征地费用等综合因素影响。

（二）操作成本预测方法

受各区块的开发效果及驱替过程中价格因素影响，区块间的操作成本差异较大，实际发生区块操作成本在 13～17.2 美元 /bbl，考虑目前价格水平，在 18.7～22.9 美元 /bbl，相差近 40%。同一区块逐年操作成本最高与最低相差 3 倍左右。

1. 类比修正现有操作成本预测方法

在实际工作中，由于没有对应的复合驱成本参数，采用全厂数据替代后得到的预测值与实际相差较大。已完成注剂复合驱区块较少，单独用某个块和全厂平均的差值确定修正系数，进行复合驱操作成本预测不具有代表性。因此，将已结束 6 个区块成本参数与全厂平均参数的比值，作为确定修正系数的基数（表 5-4-2），确定单项成本费用定额修正系数。

表 5-4-2　三元驱各成本费用单耗与全厂平均对比

项目		燃料费	水费	电费	材料	员工费用	井下作业	测井试井	维护修理	其他支出
		元 /t							万元 / 口	
北东块	复合驱	0.5	0.2	1.2	8.2	9.7	3.8	1.8	3.4	2.7
	全厂	1.5	0.1	1.0	4.7	9.6	2.1	0.7	1.0	5.7
北一断东	复合驱	0.5	0.2	1.3	8.5	10.1	4.0	1.9	3.5	2.8
	全厂	0.9	0.1	1.2	3.4	9.0	2.6	0.4	1.0	1.8
南五区	复合驱	0.8	0.3	1.8	12.0	14.1	5.6	2.7	4.9	3.9
	全厂	1.3	0.2	1.5	4.5	8.6	2.9	0.7	1.2	2.0
北二西	复合驱	0.2	0.1	0.8	11.2	12.0	6.7	2.6	4.1	3.0
	全厂	1.1	0.1	0.9	4.0	8.0	1.4	0.7	0.8	0.7
杏六 I 块	复合驱	0.9	0.3	1.6	6.7	8.9	4.0	1.3	2.8	2.9
	全厂	1.9	0.2	1.7	3.5	8.6	1.6	0.4	1.0	2.3
杏六 II 块	复合驱	0.9	0.3	1.9	7.2	11.2	4.4	2.1	4.5	3.1
	全厂	2.3	0.2	1.7	3.7	9.7	2.1	0.5	1.4	3.0
平均倍数		0.4	1.6	1.1	2.3	1.2	2.4	3.7	3.7	1.8

（1）由于见效高峰期结垢严重，导致检泵、修井、防腐等作业井次增加（检泵周期：复合驱 330d，聚驱 500d），使得井下作业费比全厂平均高；

（2）由于复合驱分阶段注入化学剂不同，需要通过缩短测井试井的频次及时跟踪地下油水分布动态，使得测井试井费比全厂高；

（3）为达到注入效果，复合驱需进行清水配制使水费上升；

（4）从平均倍数看，复合驱材料费、井下作业费、测井试井费和维护修理费高出全厂平均 2 倍以上，为重点需要修正项；

（5）由于复合驱增加了地面配制及注入系统，注入体系对各种设备的腐蚀增大，使得维护修理费比全厂平均高。

将 6 个典型区块与全厂的各项成本费用之比作为样本点，应用最小距离公式，从不同均值函数测得的距离中选取距离最小的函数作为成本费用定额的修正系数公式，将该公式测得的系数作为修正系数（表 5-4-3）。

$$\min d = \sqrt{(x_1 - \bar{x})^2 + (x_2 - \bar{x})^2 + \ldots + (x_6 - \bar{x})^2} \qquad (5-4-1)$$

式中　d——欧式距离；

　　　x_1，x_2，$\cdots$，x_6——样本点参数；

　　　$\bar{x}$——样本点参数平均值。

表 5-4-3　操作成本各项费用构成系数及修正结果

项目	北东块	北一断东	南五区	北二西	杏六Ⅰ块	杏六Ⅱ块	修正后
材料费系数	1.9	2.7	1.9	3.4	1.7	2.5	2.3
井下作业系数	2.5	1.9	2.1	3.6	1.8	1.5	2.1
测井试井系数	3.3	3.9	4.2	5.1	2.6	4.8	3.9
维护修理系数	2.8	4.1	3.2	4.4	3.4	3.5	3.6

建立了复合驱类比修正操作成本预测方法，区块预测误差小于 10%。以成本项目为因素建立类比修正操作成本预测方法，适用于新投注区块全过程成本预测，类比修正操作成本预测公式见式（5-4-2），预测结果如图 5-4-1 所示。

$$DC = (0.4C_{rl} + 1.1C_{df})Q_Y + 1.6W_{sf}Q_w + (2.3C_{cl} + 1.2C_{ry} + 2.2C_{zy} + 4.0C_{sj} + 3.4C_{xl} + 1.6C_{qt})M_2 \qquad (5-4-2)$$

式中　DC——单位操作成本，美元 /bbl；

　　　C_{rl}——燃料费，万元 /t；

　　　C_{df}——动力费，万元 /t；

　　　Q_Y——产油量，10^4t；

　　　W_{sf}——注入费，万元 /10^4m^3；

　　　Q_w——产液量，10^4m^3；

　　　C_{cl}——材料费，万元 / 口；

　　　C_{ry}——员工费用，万元 / 口；

　　　C_{zy}——井下作业费，万元 / 口；

　　　C_{sj}——测井试井费，万元 / 口；

　　　C_{xl}——维护及修理费，万元 / 口；

　　　C_{qt}——其他支出，万元 / 口；

　　　M_2——井数，口。

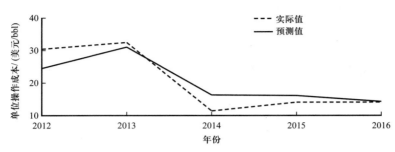

图 5-4-1　北三东西块操作成本预测结果

2. 应用统计分析建立多因素分阶段操作成本预测方法

根据现行成本核算方法，结合复合驱开发规律和生产特点，通过经验分析，初步得出影响操作成本 3 类 30 余项因素。然后应用复相关分析等方法筛选出 14 项相关因素（表 5-4-4）。

应用灰色关联分析法确定 14 项影响因素与操作成本的关联程度，得出关联度大于 0.85 的 5 项因素为密切相关因素（表 5-4-5）。

表 5-4-4　复合驱操作成本影响因素初选方法

影响因素		确定主要因素的原则及方法	确定结果
地质条件	地质储量、有效厚度、含油面积、孔隙度、原油黏度、表皮系数、渗透率	（1）将开发和地质相结合生成综合性指标，体现特点且可操作；（2）复相关分析确定代表性、独立性强的指标	单井控制地质储量、采油速度、乳化井数比例、井网密度、结垢期、注剂时含水率
开发动态及管理	波及体积、提高采收率、驱油效率、产油量、采油指数、采油速度、饱和度、采油井数、注剂时含水率、乳化井数比例、产液指数、产液量、流压		注入速度、注入系统黏损率、碱浓度、聚合物相对分子质量
	注入井数、注入量、注入速度、聚合物相对分子质量、注入系统黏损率、碱浓度、结垢期	采用复相关分析，结合指标内在关系确定出代表性和独立性强的指标	
	职工人数、检泵率		职工人数、检泵率
经济环境	油价、CPI、PPI、PMI		油价、CPI

表 5-4-5　确定与操作成本相关性密切程度

关系	具体指标
密切相关	采油速度、注剂时含水率、乳化井数比、检泵率、单井控制地质储量
部分相关	井网密度、注入速度、碱浓度、聚合物相对分子质量
相关较小	职工人数、油价、CPI、结垢期、注入系统黏损率

5项指标与操作成本关系的数据拟合分析显示，这些指标与操作成本的拟合关系较好，可作为操作成本预测自变量。

（1）综合含水率是影响复合驱操作成本变化的关键因素。

注剂时初期含水率越高，全过程平均操作成本越高；逐年操作成本随含水率变化而变化。

在相同注剂时初含水下率，北一区断东阶段平均操作成本水平低于其他区块，主要是提高采收率相对较高。

在相同提高采收率下，初期含水率低的阶段操作成本较低，初期含水率是影响复合驱操作成本变化的关键因素。

（2）年产量是影响复合驱操作成本变化的重要因素。

逐年单位操作成本与年采油速度变化负相关，采油速度越高，单位操作成本越低。

（3）检泵率越高，井下作业量增加，操作成本总额越高。乳化井数比例越高，采出程度相对越高，单位操作成本越低。注入量、井网密度和单井控制地质储量等指标也与操作成本相关，但规律不明显，主要是这些指标与含水率等指标复相关程度较高。

应用已结束的六个区块36组数据作为拟合组，采用五种预测方法对另两个已投产未结束区块进行预测，综合考虑各种方法的优缺点和预测的符合率，最终选取数据组合处理方法作为复合驱操作成本预测方法（表5-4-6）。

表5-4-6　各种多因素预测方法分析及结果对比

预测方法	优点	缺点	相对误差对比 /%		
			空白水驱	受效期	后续水驱
多元线性预测	考虑了多个影响因素	不能表述非线性关系，结果有误差	24.3	16.5	21.3
BP神经网络	具有自适应能力，能处理非线性、非局域性等问题	统计模型外延性较差，精度不高，需要大量的训练样本	26.7	7.5	13.4
GM（1，1）灰色预测	不需要大量样本，样本不需要规律性分布	用于基于时间的趋势预测，解决突变效果不好	24.8	12.8	19.5
支持向量机	能根据有限样本在模型的复杂性和学习能力间寻求最佳	需计算一个二次规划的优化问题，计算复杂	13.5	11.5	18.8
数据组合处理	把正交设计和回归分析结合，能解决变量多数据少问题	由多项式逼近复杂的非线性系统，运算工作大	8.7	7.4	9.6

以这五个指标为预测自变量，选取数据组合处理方法，建立预测公式，区块操作成本的预测符合率达90%。该方法用于把握全过程不同阶段的成本趋势和研究规律特点（表5-4-7）。

数据组合处理方法是通过将复杂的函数关系，由任意两变量构成二元二次完全多项式函数"部分实现"，然后选择准则集，淘汰出最优复杂度模型的方法。最后的优化模型

（各项指标均为均值化无量纲值）见式（5-4-3）。

$$y=a+by'+cy''+dy'y'''+ey'^2+fy''$$ （5-4-3）

式中　y'，y''，y'''——多项式逼近函数；

　　　a，b，c，d，e，f——多项式系数。

表5-4-7　北一断西分阶段操作成本预测公式

阶段	预测公式	符合率
空白水驱	$y=0.0785+1.2817y'-0.2113y''+0.494y'y'''-1.1534y'^2+0.49641y''$	91.3%
受效期	$y=0.7529-0.2779y'+1.5237y''+0.0934y'y'''-1.8890y'^2+2.3661y''$	92.6%
后续水驱	$y=0.2629+1.2292y'+0.8237y''+1.3425y'y'''-0.2354y'^2+1.4211y''$	90.4%

（三）创新两种经济评价方法，形成分层次经济评价模式

复合驱属于高投入、高成本、高风险的油田开发产能评价项目，在不同阶段和不同决策目标下需要采用不同的评价方法、评价指标和策略。对于已进入的复合驱项目，可采用增量效益与费用评价方法，开展投资决策时机分析，设定项目"止损"原则；对于拟进入的项目，则应加强情景分析研究并重视效益趋势跟踪的分析。目前油价下，常规评价85%以上的区块无法达到评价标准；根据复合驱可为油田带来综合效益和战略价值的效益特点，遵循"全过程、全成本、全要素"精细评价模式，建立适应不同层次、不同阶段目标和需求的经济评价方法。

复合驱新建产能项目经济评价采用现金流量法，目前国内各石油公司根据公司自身的经营状况、投资贷款利率和行业的平均收益水平情况，制定了投资项目的基准折现率。在投资项目评价时，只要按照基准折现率测算的财务净现值大于零，则项目有效。

动态现金流量方法是油田开发项目经济评价的主要方法。现金流量法主要是通过计算开发项目计算期内各年的现金收支（现金流入和现金流出）、各项动态和静态评价指标，进行项目盈利分析。复合驱项目的经济评价方法可以规范为现金流量的动态经济评价方法。复合驱项目的本质特征是以增量调动存量，以较少的新增投入取得较大的新增效益，具有典型的改扩建项目特征，因此，在经济评价时应用"增量效益"指标评价项目的经济性。但由于该项目的投入、产出不同于一般类型的建设项目，其经济评价方法也有所差别，复合驱项目经济评价方法原则上可以归属于石油工业的"改扩建"项目，评价方法包括有无对比法和增量评价法。即根据"有无项目对比法"，先计算"有复合驱项目"和"无复合驱项目"2种情况下的效益和费用，再通过效益和费用"有""无"的差额（即增量效益与增量费用），进一步计算增量的财务内部收益率、财务净现值、投资回收期、投资利润率、投资利税率等财务评价指标。

根据项目评价的不同角度和决策所处的不同阶段目标，复合驱新建产能项目经济评价可分为三个层次的评价。面对低油价，按照目前的油层现实条件和提高采收率程度，单纯

地应用项目评价方法无法客观地反映复合驱的实际效益情况。基于目前项目纯效益评价，根据评价的目的、阶段、需求和考虑角度不同，创新发展了综合效益和战略效益评价方法，形成包含三种层次"全过程、全成本、全要素"的精细方法。

1. 效益评价方法

1）项目纯效益评价

项目纯效益评价是从项目自身角度出发，测算项目的盈利能力。复合驱与原井网继续水驱对比，由于复合驱提高了油田的采收率，缩短了开发时间，加速了资金的回流，据折现现金流原理，建立了纯增量复合驱经济效益评价模型，确定复合驱有实施潜力的项目，评价考核指标是项目财务净现值大于零。

$$\text{NPV}_1 = \sum_{t=1}^{n} \frac{S_t + L_t + \text{SR}_t}{(1+i_c)^t} - \sum_{t=1}^{n} \frac{C_t + T_t + R_t + \text{TZ}_t + \omega_t P_J}{(1+i_c)^t} \qquad (5\text{-}4\text{-}4)$$

式中　NPV_1——项目财务净现值，万元；

　　　S_t——第 t 年销售收入，万元；

　　　L_t——第 t 年回收流动资金，万元；

　　　SR_t——第 t 年其他收入，万元；

　　　i_c——基准收益率；

　　　C_t——第 t 年经营成本费用，万元；

　　　T_t——第 t 年销售税金及附加，万元；

　　　R_t——第 t 年所得税，万元；

　　　TZ_t——第 t 年投资，万元；

　　　ω_t——第 t 年药剂用量，t；

　　　P_J——药剂价格，万元 /t。

主要评价指标测算方法如下：

（1）营业收入：

$$S_t = Pr_0 \Delta Q_o(t) \qquad (5\text{-}4\text{-}5)$$

式中　P——油价，元 /t；

　　　r_0——商品率；

　　　$\Delta Q_o(t)$——增油量，10^4t。

（2）营业税金及附加：

$$T_t = S_t R_z (R_c + R_e) + S_t R_r \qquad (5\text{-}4\text{-}6)$$

式中　R_z——油田近年来平均增值税额与营业收入的比例；

　　　R_c——城市维护建设税率；

　　　R_e——教育附加费率；

　　　R_r——资源税单位税率。

（3）建设投资：

$$TZ_t=ZJ_t/n+（DM_t-PZ_t）+PZ_t \cdot N_J/N_Z+BK_t+SK_t+YL_t+CJ_t \qquad （5-4-7）$$

或

$$TZ_t=ZJ_t/n_{bn}+（DM_t-PZ_t）+PZ_t \cdot N_J/N_{Zbn}+BK_t+SK_t+YL_t+CJ_t \qquad （5-4-8）$$

式中　　ZJ_t——第 t 年钻井投资，万元；

　　　　n——上返总次数；

　　　　DM_t——第 t 年地面投资，万元；

　　　　PZ_t——第 t 年配制站投资，万元；

　　　　N_J——聚驱区块地质储量，10^4t；

　　　　N_Z——配制站所辖区块的总地质储量，10^4t；

　　　　BK_t——第 t 年补孔投资，万元；

　　　　SK_t——第 t 年射孔投资，万元；

　　　　YL_t——第 t 年投产前压裂投资，万元；

　　　　CJ_t——第 t 年测井投资，万元。

　　　　n_{bn}——报废年限之内的上返总次数；

　　　　N_{Zbn}——复合驱区块地质储量，10^4t。

（4）经营成本和费用：

$$C_t=CB_t+GF_t+YF_t \qquad （5-4-9）$$

$$GF_t=G_f \Delta Q_o（t） \qquad （5-4-10）$$

$$YF_t=Y_f \Delta Q_o（t） \qquad （5-4-11）$$

式中　　CB_t——第 t 年操作成本，万元；

　　　　GF_t——第 t 年其他管理费用，万元；

　　　　G_f——其他管理费用定额，元 /t；

　　　　YF_t——第 t 年营业费用，万元；

　　　　Y_f——营业费用定额，元 /t。

2）项目综合效益评价

按照评价从油田公司整体考虑，结合复合驱开发特点，建立综合效益多套整体评价方法。

目前化学驱均采取一套井网两次以上开发利用，为科学评价复合驱效益，应采用多套层系整体评价；目前方法中管理费用按照公司平均分摊，人工成本和水电费等操作成本按各单位平均分摊。但考虑复合驱投产后其产量贡献，各项费用的平均指标下降，因此，复合驱的投产能够摊薄公司和厂矿的管理费用及人工成本等；中国石油项目考核标准执行的是税后指标，但国外公司和中国海油执行的均是税前指标，主要原因是所得税的上缴是公司整体有效才上缴，而不是按照一个区块单独核算。因此，评价时应采用税前指标考核。

$$\Delta \text{NPV}_2 = \sum_{t=1}^{n} \frac{S_t + L_t + \text{SR}_t}{(1+i_c)^t} - \sum_{t=1}^{n} \frac{C_t - \alpha \text{RG}_t - \beta(\text{CK}_t + \text{GF}_t) - \delta \text{QF}_t + T_t + R_t + \text{TZ}_t + \omega_t P_J}{(1+i_c)^t}$$

（5-4-12）

式中 ΔNPV_2——综合效益项目财务净现值，万元；

α——人工成本摊薄系数；

RG_t——第 t 年人工成本，万元；

β——厂矿管理费及其他管理费用摊薄系数；

CK_t——第 t 年厂矿管理费，万元。

3）项目战略效益评价

从长远角度、战略考虑，油价、储量和技术等具有不确定性，而这些不确定性因素的变化会带来相应的价值变化。期权价值模型由项目价值和期权价值组成，其判断标准是考虑期权综合效益大于零。

从长远发展看，由于油价的不确定性和复合驱技术的发展等因素变化，复合驱效益将发生大的变化。应通过考虑未来油价的变化和技术发展趋势所产生的决策权利（期权），引入期权价值体现不确定性因素带来的价值，建立考虑期权价值的战略效益评价模型。

$$\Delta \text{NPVN} = \Delta \text{NPV}_2 + C$$

（5-4-13）

其中

$$C = SN(d_1) - Ke^{-rt}N(d_2)$$

$$d_1 = \frac{\lg(S/K) + rT + \sigma^2 T/2}{\sigma\sqrt{T}}, \quad d_2 = \frac{\lg(S/K) + rT - \sigma^2 T/2}{\sigma\sqrt{T}}$$

式中 ΔNPVN——战略效益项目财务净现值，万元；

C——期权价值，万元；

S——标的资产的当前价格，万元；

$N(d_1)$——标准正态分布的累积概率分布函数；

K——期权执行价格，万元；

$N(d_2)$——标准正态分布的累积概率分布函数；

r——无风险复合利率；

σ——价格波动率，即年复合报酬率方差；

T——期权的到期时间，年。

2. 经济界限图版

1）建立方法

考虑复合驱经济效益主要油价、单井控制地质储量和提高采收率值的影响，建立了相应的复合驱经济界限公式。

油价界限：

$$P_o = \frac{I_D + I_Z + \sum_{t=1}^{n}(Q_{oi} \times C_m + Q_{pi} \times P_p)(1+i_c)^t}{\sum_{t=1}^{n}[Q_{oi}\alpha(1-T_x)](1+i_c)^t}$$ （5-4-14）

提高采收率界限：

$$R_{eor} = \frac{I_D + I_Z + \sum_{t=1}^{n}(Q_s P_s)(1+i_c)^t}{N \times \sum_{t=1}^{n}(P_o\alpha - T_x - C_m)(1+i_c)^t}$$ （5-4-15）

单井控制地质储量界限：

$$N_R = \frac{I_Z + I_D}{R_{eor}\sum_{t=1}^{n}[P_o\alpha(1-T_x) - C_0](1+i_c)^t}$$ （5-4-16）

式中　P_o——油价界限，元/t；

I_D——地面投资，万元；

I_Z——钻井投资，万元；

Q_{oi}——第 i 年的产油量，10^4t；

P_p——计算油价，元/t；

C_m——生产成本，万元；

i_c——贴现率；

α——分摊率；

T_x——税率；

R_{eor}——提高采收率界限；

N——地质储量，10^4t；

N_R——单井控制地质储量界限，10^4t。

从多套层系不同油价下内部收益率变化可以看出，单井控制地质储量越高，达到收益标准（6%）的油价界限越低；两套层系开发效果相近时，两套比单套开发油价界限低6～14美元/bbl（图5-4-2）。

2）测算结果

（1）从典型区块测算结果看，复合驱区块间效益差别较大。

分析典型区块主要开发指标与经济效益关系，单井控制地质储量和提高采收率值越高，经济效益越好。

（2）受油价影响更大，高油价下复合驱经济效益好于其他两种驱替方式。

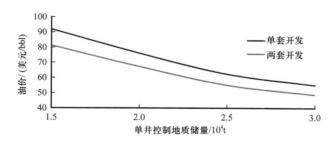

图 5-4-2　不同单井控制地质储量下的油价界限变化图

已投产区块三种驱替方式对比，由于地质条件、开发阶段和方式等差异，三元驱虽然在高油价下可以获得较好的效益，但完全成本较高。

为使不同驱动方式效益具有可比性，选取典型三元和聚合物驱区块模拟三种驱替方式，以区块投产为起点，开发至含水率98%全过程对比：三元驱产量最多，投入最高，成本居中；效益在油价60美元/bbl以上最高（表5-4-8）。

表 5-4-8　典型区块不同驱替方式模拟下指标对比

项目		采出程度/%	提高采收率/%	产油量/10⁴t	总投入/亿元	生产成本/（美元/bbl）
杏六区东部Ⅱ块三元区块	水驱	3.7		16.9	3.8	46.2
	聚驱	14.6	10.9	70.8	14.8	36.5
	复合驱	24.8	21.2	117.6	24.3	41.8
北一断东西块二类油层聚驱	水驱	7.5		143.5	22.3	31.8
	聚驱	21.0	13.5	401.7	42.9	21.8
	复合驱	29.7	22.2	568.1	71.3	25.7

注：杏六区东部Ⅱ块有效厚度6.7m，北一断东西块二类油层有效厚度12m。

（3）一套井网两套层系开发经济效益优于单套层系开发。

假设每套层系地质条件相同，由于多套层系共用一套井网开发，节约建设投资，开发经济效益优于一套井网一套层系开发（图5-4-3）。

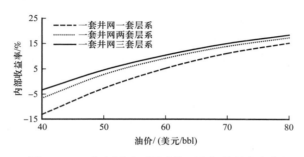

图 5-4-3　多套层系不同油价下内部收益率变化图

多套层系开发与单独开发一套层系相比，可提高内部收益率4%～7%；在两套层系的基础上再增加开发层系，由于评价时间增长，即使不考虑管网老化等原因增加的维护修理费，收益率增加仍然有限。因此，从经济效益角度考虑，建议一套井网采用两套层系开发。一套井网两套层系的经济油价界限低于一套层系3.5～18.5美元/bbl。油价越低增加开发层系对内部收益率影响越大。

多套层系共用一套井网开发，层系间差异不宜过大。从经济效益角度考虑，两套层系开发时，第二套的开发效果要达到第一套的28%以上。要达到多套层系开发效益较优，单井控制地质储量越低，第二套开发效果需更好。

在55美元/bbl时采取一套井网两套层系开发方式，按照各区剩余储量平均水平考虑，提高采收率18%以上可以实现效益开发。

按纯项目评价方法评价，在55美元/bbl油价下，各区达到效益标准最低需提高采收率22.1%；按照阶梯油价进行评价，各区达到效益标准最低需提高采收率19.0%（表5-4-9）。

表 5-4-9 分区纯效益提高采收率界限

区块	单井控制地质储量 / 10^4t	提高采收率界限 /%	
		55美元/bbl	阶梯油价
喇嘛甸	2.4	23.3	20.1
萨中	2.6	22.1	19.0
萨南	1.4	34.7	30.0
杏北	2.5	22.7	19.5
萨北	2.5	22.7	19.5

按综合效益评价，在55美元/bbl油价下，各区达到效益标准最低需提高采收率17.5%；按照阶梯油价进行评价，各区达到效益标准最低需提高采收率14.7%。

（四）复合驱经济效益评价实例

1. 典型区块选取及评价参数说明

根据油藏性质不同，考虑注剂时间的完整性，选取典型聚合物区块进行效益测算。六个复合驱区块为北东块、北一断东、南五区、北二西、杏六区东部Ⅰ块、杏六区东部Ⅱ块。

评价采用增量现金流量法，按照目前税费标准，油价取50美元/bbl。评价周期是从区块投产开始至含水率98%为止。固定投资折旧折耗评价期内完全回收，药剂费用当年使用当年摊销（表5-4-10）。

表 5-4-10 典型区块主要技术参数概况表

区块	北一断东	南五区	北二区西部	北东块	杏六区东部 I 块	杏六区东部 II 块
层位	萨 II 1-9	葡 I 1-2	萨 II 10-12	萨 III 4-10	葡 I 3	葡 I 3
地质储量 /10⁴t	240.7	231.3	116.3	193.5	461.4	452.3
提高采收率 /%	30.0	20.1	29.4	20.3	19.9	20.5
累计产油量 /10⁴t	75.3	68.2	41.1	39.6	98.7	117.6
采出程度 /%	33.8	22.5	29.4	23.6	21.4	23.0
注聚含水率 /%	95.7	95.1	98.4	96.8	95.6	96.0
注剂时间	2006 年 7 月	2006 年 7 月	2008 年 11 月	2008 年 7 月	2009 年 5 月	2009 年 10 月
井距 /m	125	175	125	120	141	141

2. 典型区块经济评价结果

1）项目纯效益评价结果

目前油价仍处于低位运行，但考虑到油价波动的阶段性，采用年平均的 50 美元 /bbl 和分年 50 美元 /bbl、50 美元 /bbl、60 美元 /bbl、60 美元 /bbl、70 美元 /bbl 的阶梯油价，对项目的纯效益进行经济分析。成本费用对比显示，强碱区块除北一断东外均比较接近，原因是北一断东提高采收率高于其他区块 8 个百分点（表 5-4-11）。

表 5-4-11 典型区块成本费用构成表

区块名称	投入 /亿元				生产成本 /（元 /t）			
	投资	操作费用	化学剂	合计	操作成本	折旧	化学剂	合计
北一断东	4.0	3.3	4.2	11.5	442.1	529.6	552.6	1524.4
南五区	5.1	5.1	3.7	13.9	741.5	746.1	543.4	2031.0
北二区西部	1.4	3.3	3.2	7.9	815.1	345.4	769.1	1929.6
北东块	2.2	2.4	2.8	7.5	612.5	566.5	704.6	1883.6
杏六区东部 I 块	6.6	6.4	6.4	19.4	644.8	672.4	644.8	1961.9
杏六区东部 II 块	7.5	8.7	6.4	22.6	741.5	635.5	543.4	1920.4

项目纯效益评价结果显示，阶梯油价下典型区块能实现经济有效开发，而在 50 美元 /bbl 时仅北一断东能达到评价标准（表 5-4-12）。

2）项目综合效益评价结果

考虑项目的综合效益后，由于在成本费用测算中不考虑人员费用和厂矿管理费等分摊费用，与项目纯效益评价对比，单位操作成本相差 90.1~281.3 元 /t，按照综合效益评价时不再考虑 307 元 /t 的管理费用。北东块和杏六区两个块仍未达到评价标准。

表 5-4-12　典型区块项目纯效益评价结果　　　　　　　　　单位：%

油价	北二西	北一断东	北东块	南五区	杏六区Ⅰ块	杏六区Ⅱ块
50美元/bbl	1.9	13.2	0.4	5.2	−3.9	0.3
阶梯油价	13.5	28.2	11.5	17.3	6.1	8.2

3）项目战略效益评价结果

复合驱的期权特征：

一是技术期权——随着工业应用，复合驱技术进步，开发效果应不断提升。应用注入参数优化技术和新型三元体系，室内实验时采收率还能提高 3～5 个百分点，现场应用中复合驱至少可提高 1 个百分点。

二是油价期权——反应油价变化趋势，长期油价围绕着一个基值波动。复合驱评价时不应固定油价，应考虑变化趋势。为此，定性与定量综合预测方法结合，确定大庆桶油价值 63 美元。

基于项目战略效益评价方法理论，项目除本身的效益外，还有期权带来的价值。采用实物期权评价方法测算北东块的期权价值为 7977.5 万元。北东块区块的项目净现值和期权价值合计构成项目的战略净现值，按项目的整体战略净现值考虑，北东块有价值。

按照一套井网两套层系考虑，采用期权价值评价已投产区块和"十三五"后三年区块均可经济有效动用。

（1）以 55 美元/bbl 油价，一套层系开发评价：按常规评价 85% 以上的区块均无法达到评价标准；考虑综合效益后，区块的内部收益率上升 1.5～9 个百分点，但仍有 75% 的区块无法达到评价标准。

（2）采取一套井网两套层系开发，采用期权价值评价：区块 100% 可经济有效动用。

按照一套井网两套层系考虑，采用期权价值评价大庆油田已投产区块均可经济有效动用。桶油价 55 美元，一套层系开发评价：常规评价 80% 以上的区块均无法达到评价标准；考虑综合效益后，区块的内部收益率上升 4.3～23.2 个百分点，但仍有 65% 的区块无法达标。采取一套井网两套层系开发，采用期权价值评价均可经济有效动用。

3. 经济转注时机

1）油价的经济转注时机

复合驱受油价波动的影响更敏感，依据已有成果认识，长期油价以 60 美元/bbl 为基值波动。考虑 2000 年以来油价年均变化情况，模拟五种油价走势对复合驱效益的影响。

2000 年以来大庆日油价 4083 个样本符合对数正态分布，样本期望值 63.73 美元/bbl。

$$f(\mathrm{YJ})=\begin{cases}\dfrac{1}{0.57x\sqrt{2\pi}}\,\mathrm{e}^{-\frac{(\ln X-4)^2}{2\times 0.57^2}}\,\tau & ,x>0\\ 0 & ,x\leqslant 0\end{cases}\qquad（5-4-17）$$

考虑 2000 年以来油价变化率的平均值是 10%，年均变化出现最多值为 33% 左右，按变化率 10%、33% 和不变设计五种油价变化趋势：

（1）缓慢平稳上升：起始年油价 40 美元 /bbl，年均上涨 10%，10 年后平均油价 64 美元 /bbl；

（2）缓慢平稳下降：起始年油价 98 美元 /bbl，年均降幅 10%，10 年后平均油价 64 美元 /bbl；

（3）急剧波动上升：起始年油价为 40 美元 /bbl，油价稳定 2～3 年后上涨 33% 再稳定，10 年后平均油价 64 美元 /bbl；

（4）急剧波动下降：起始年油价为 98 美元 /bbl，油价稳定 2～3 年后下降 33% 再稳定，10 年后平均油价 64 美元 /bbl；

（5）油价不变：保持 64 美元 /bbl 的油价不变。

平均值相同的五种油价变化模式，由于复合驱产量高峰期所处的油价不同，效益差别较大；复合驱产量高峰期相对集中，若高峰期处于较高油价，之后即便油价快速下降，仍可取得较好效益；因此低油价下可通过适当延迟开发提高复合驱经济效益。

低油价时，若油价逐年上升大于 2 美元 /bbl 可以弥补区块延迟开发（含水上升效益下降）对效益的影响（表 5-4-13）。

表 5-4-13　延迟一年开发内部收益率变化与油价界限

典型区块	延迟影响 /%	上涨界限 /（美元 /bbl）
喇北东	−1.07	1.56
南五区	−1.33	1.83
杏六区东部Ⅰ块	−1.24	1.72
杏六区东部Ⅱ块	−0.87	1.30

2）含水油价的经济转注时机

（1）从不同区块不同转注含水率的效益变化看，含水率高于 96% 后转注，复合驱生产成本上涨幅度加大，效益下降明显（表 5-4-14）。

表 5-4-14　不同转注含水率的效益和成本对比

转注时含水率 /%	内部收益率 /%				生产成本 /（美元 /bbl）			
	1.5	2.0	2.5	3.0	1.5	2.0	2.5	3.0
92	−2.0	9.8	15.9	22.9	56.2	46.2	42.5	39.0
94	−9.7	1.6	6.8	12.7	64.6	53.1	48.8	44.8
96	−14.2	−3.8	0.9	6.0	71.7	59.0	54.2	49.8
98	−30.4	−14.7	−9.9	−5.3	86.5	71.1	65.3	60.0

注：表中 1.5、2、2.5、3 是指单井控制地质储量，单位为 $10^4 t$/ 口。

（2）单井单层控制地质储量越低，区块效益受转注含水率的影响越大；含水率上升2%后转注，影响内部收益率4.5%～16.2%。

（3）区块转注时含水率越低，经济效益越好；随着转注时含水率的升高，区块的生产成本上升，内部收益率下降。

二、聚合物驱与水驱开发经济效益评价

聚合物驱采油技术在大庆油田已经规模化应用，为油田的可持续发展提供了有力支撑。从目前情况看，已有的水驱开发效果评价方法比较完善，评价的指标体系和模型也比较全面，而聚合物驱开发效果评价则比较单一，主要考虑提高采收率和增加可采储量的情况，还没有针对水驱、聚驱开发效果对比分析的研究。

聚合物驱的经济效益评价只是通过预测相关开发指标，运用现金流方法或者"有无对比法"进行产能项目的效益计算。目前还没有一套成型的对比的评价指标体系、评价方法和模型，国际上也没有关于经济效益的对比结论。因此，有必要开展聚合物驱与水驱开发经济效益评价及应用研究，建立开发与经济有机结合的评价指标体系，形成相应的开发效益计算模型，进行聚合物驱与水驱开发效益的全过程对比研究，给出水驱转聚驱界限模型，为确定聚合物驱产量的合理规模提供技术依据。

（一）聚合物驱经济评价参数体系及测算方法

通过调研国内、外聚合物驱经济评价参数预测方法的研究现状，结合目前大庆油田聚合物驱开发现状及财务核算体系，建立了体现聚合物驱开发特点的经济评价参数测算方法，形成较为完善的评价参数体系。与聚合物驱开发特点相适应，聚合物驱经济评价参数除了具有与常规开发方式相同的产能项目基本参数外，还增加了综合效益评价参数，体现聚合物驱的增储效果，以及与期权评价方法相适应的不确定性评价参数，体现聚合物驱开发的风险性和不确定性（表5-4-15）。

表5-4-15　聚合物驱经济评价新增参数构成表

参数	分项	测算方法
综合效益参数		增加可采储量节省的勘探投资
不确定性评价参数	标的资产的价格（S）	产能建设区块目前开发价值
	期权的执行价格（K）	区块开发成本现值，由历史数据预测确定
	无风险利率（r）	通常为一年期国债的利率
	期权的期限（T）	距离区块拟投入开发的时间
	标的资产价格波动的方差（σ^2）	受油价的波动性和储量估计的准确性等因素影响，采用风险分析法确定

与常规开发方式相同的产能项目基本参数包含成本参数、投资参数、税费参数、收入参数、基准参数和开发数据六类。其中聚合物驱操作成本预测方法实现了突破，建立了基于聚合物驱成本变动的多因素分类、分阶段操作成本预测方法。同时，为了体现二类油层聚合物驱开发采用一套井网通过上、下返的多次重复利用方式的特点，建立了适合二类油层聚合物驱的投资劈分方法（表5-4-16）。

表5-4-16 聚合物驱经济评价原有参数构成表

参数		分项	测算方法
基本参数	成本参数	操作成本	基于成本动因的多因素、分阶段的预测方法
		折旧	储量法，劈分后剩余投资以资产余值形式回收
		期间费用	根据国家现行财税制度
	投资参数	产能建设投资	根据开发井工程和地面工程量分别测算
		投资劈分参数	按照井网利用次数、地质储量比例劈分
		药剂分摊	根据药剂用量与分摊年限测算
	税费参数	营业税金及附加	根据国家现行财税制度
		所得税	根据国家现行财税制度
	收入参数	原油价格	执行中国石油天然气集团有限公司发布的参数，考虑国际油价变化
		商品率	由区块的原油损耗和自用水平确定
	基准参数	基准收益率标准	根据中国石油天然气股份有限公司标准
	开发数据	评价期	区块实际有效期（截至含水率98%）
		地质、开发数据	各专业提供

1. 新增两类评价参数的确定

1）综合效益参数的确定

从油田地区分公司的角度看，聚合物驱项目提高了采收率，增加了可采储量，节约了常规开发项目中储量的获得成本，而常规开发项目要增加可采储量需要投入一定的勘探投资，因此从油田地区分公司角度进行效益评价可将节约的勘探投资视为聚合物驱项目的综合效益。参数的确定依据区块所在油田公司的平均水平和相关规定。综合效益参数是节约常规开发项目中储量的获得成本，测算公式为：

$$X_{KT} = \Delta N \cdot C_{KT} \times 10^{-4} \qquad (5-4-18)$$

式中 X_{KT}——节约的勘探投资，万元；

ΔN——新增可采储量，$10^4 t$；

C_{KT}——勘探成本，元/t。

2）不确定性评价参数的确定

不确定性评价参数体现了期权价值的内涵及影响，消除了决策中不确定因素带来的风险。在聚合物驱项目评价中未开发聚合物驱产能建设区块即为标的资产，对应的标准 Black—Scholes 模型中的 S、K、r、T、σ^2 五个参数，产能建设区块期权评价中分别按如下方式确定：

（1）标的资产价格 S，当前未开发产能建设区块预期现金流收益的现值，即预期现金流量，为产能建设区块目前开发价值。

$$S = \sum_{t=1}^{n} \mathrm{CI}_t (1+i_c)^{-t} \qquad (5\text{-}4\text{-}19)$$

$$\mathrm{CI}_t = \mathrm{SR}_t + A_t + L_t + W_t - \mathrm{SI}_t - T_{1t} - T_{2t}$$

式中　CI_t——评价期各年预期现金流收益，万元；

　　　SR_t——年营业收入，万元；

　　　A_t——年补贴收入，万元；

　　　L_t——回收固定资产余值，万元；

　　　W_t——回收流动资金，万元；

　　　T_{1t}——年营业税金及附加，万元；

　　　T_{2t}——年所得税，万元；

　　　i_c——折现率；

　　　t——时间，年；

　　　n——项目生命期。

（2）期权执行价格，评价期内投资和成本支出，即投资费用，为区块开发成本的现值，可根据历史数据通过预测确定。

$$K = \sum_{t=1}^{n} (L_t + C_t)(1+i_c)^{-t} \qquad (5\text{-}4\text{-}20)$$

式中　L_t——项目总投资，万元；

　　　C_t——年营业成本费用，万元。

（3）无风险复合利率 r，通常一年期国债的利率被视为无风险利率。

（4）到期期限 T，即项目投资机会的持续时间。如果当海外石油租赁项目等合同规定所有权在一个固定期限后将会失去，则该固定期限就是期权的有效期限。另一种，是中国石油内部已开发未动用区块和待探明区块，为距离区块拟投入开发的时间。

（5）标的资产价格波动的方差 σ^2，即标的资产价格波动率。由于区块价值的现金流的现值有较大的不确定性，因此引起区块价值的偏差。σ^2 的预测是关键，由两个因素决定：油价的波动性和储量估计的准确性，对 σ^2 的预测采用风险分析法确定出区块现金流量的方差。在某些特殊的情况下，储量的数量已经准确地知道，则价值波动的方差将完全取决于油价波动的方差。

另外由于 Black—Scholes 模型仅能解决单一的不确定问题，表示 σ^2 是由于一种不确定因素造成的区块价值的变动。当有两种不确定性因素时，可以通过概率统计确定两种不确定性的变化情况，通过风险估计，在两种不确定风险的共同作用下，对区块价值的影响偏差作用 σ^2 则可以测出两种不确定引起的期权价值的变动。

$$\sigma = \sqrt{\sum_{i=1}^{n}\left(\frac{NPV_i}{NPV}-1\right)^2 \Big/ n} \qquad (5-4-21)$$

式中　NPV_i——样本净现值，万元。

2. 投资参数的测算及劈分方法

总投资又称投资费用，它包括固定资产投资（含油田基本建设投资、勘探投资、油田维护投资费用）、流动资金建设期贷款利息和固定资产投资方向调节税三部分。聚合物驱为提高原油采收率的化学驱项目，虽未计勘探投资，但包括钻井、射孔、测井、地面建设投资及药剂费用。

1）投资测算方法

（1）开发井综合投资包含钻井工程、射孔工程、测井工程及投产前压裂投资。钻井工程是以钻探井、开发井为工作内容，为认识油气藏性质，确定储量规模及其工业开采价值而进行油气资源开采的一项先行投资项目。在一般情况下，钻井投资额占油田开发固定资产投资的30%~40%。由于不同井型和井别的综合应用，钻井工程投资为不同种井的综合投资。不同井型的钻井工程定额不同，应采用相应的钻井工程费用定额进行计算。钻井工程投资计算公式为：

$$ZJ = C_{dw}W \qquad (5-4-22)$$

式中　ZJ——钻井工程投资，万元；

　　　C_{dw}——单井钻井成本，万元/口；

　　　W——评价方案总井数，口。

同一井区的钻井成本因受物价的上涨和劳务费用的增加等因素的影响，将使以货币表现的钻井成本发生很大变化，一般应选用近期在老区附近或邻近区所钻的新钻井单位成本资料为依据，此外还要考虑一些特殊的影响因素，即由于井下油水分布复杂，加之由于注水的作用，老区钻调整井会出现一些高压地层，这些都可能造成钻速下降，原材料消耗上升，从而使钻井成本增加；在老区钻井，由于地面管网、高压电网都已存在，这些为钻机搬迁带来麻烦，需考虑造成搬迁费上升。扩边井测算钻井成本时，可略低于老区井的值。

（2）油田地面建设投资的确定。

地面工程主要包括聚合物溶液配制站、注聚站、注聚设备，以及相关的土建、电路等工程，为节约工程投资、方便管理，配制站、注聚站的平面布置采用集中配液、分散注入的建站模式。

聚合物驱项目的增量投资主要指增量地面建设工程固定资产投资，主要包括：注聚站、混配装置、挤注泵、注聚管线，以及少量的完善调整井等。聚合物驱项目在可行性研究阶段所设计的地质模型一般比较简单，较难准确反映平面和垂直向上的非均质及剩余油的分布，故而聚合物驱项目原则上一般都以现井网为基础进行比较。在不考虑多打加密井的投资情况下，增量固定资产投资主要为注聚合物设计的地面建设工程投资（即注聚装置系统投资，系统流程、管线、基建工程投资，原油综合处理投资等），利用老井的堵、补孔投资也考虑计入地面建设工程投资。

根据注聚工程设施可以重复利用2~3次的实际情况，增量固定资产投资可以按分摊计算法处理。若该工程投资在该地区对不同层系可以考虑逐层上返或下返重复利用，其投资可以按预测使用情况分摊。在分摊时应考虑的影响因素包括：井网利用次数，配制站使用年限，区块地质储量，地层孔隙体积，聚合物驱使用效果。

（3）化学药剂费用。

按照化学剂用量和化学剂单价计算。这部分费用目前是单独列支。如果中国石油天然气股份有限公司规定该费用作为项目总投资估算的一部分，则这部分投资形成其他资产。由于聚合物驱项目多用高浓度聚合物等新型化学药剂，因此在计算时，应根据不同化学剂的单价分别计算。

2）投资劈分方法与劈分原则

长垣油田聚合物驱应用研究多为综合方案，一套井网综合利用，除了增储开发效果外，还有原井网利用及常规聚合物开发的效果。从表5-4-17信息中可以看出二类油层井网利用情况。

汇总长垣油田二类油层的井网层段利用次数可以总结出：喇嘛甸油田二类油层可上返1~4次、下返2次；萨北和萨中二类油层可上返1~2次、下返1次。现行的投资测算方式并没有考虑井网多次利用时投资的劈分，这样使得投资测算结果不合理，计算出的投资额没有反映出真实的投资情况，也没有反映出投资测算的真实性，所以根据经济评价的费效对等、资产保全、初次投资优先考虑和分类等原则，在确定长垣油田聚合物驱经济效益对应的投入后就涉及产能建设投资的劈分和分摊。

（1）投资劈分原则。

投资劈分原则按照井网一次利用和多次利用分开界定。

① 井网一次利用：不劈分。

② 井网多次利用：依据费效对等、资产保全、初次投资优先考虑等原则，按照井网利用次数、投入开发的地质储量比例等对投资进行劈分。

（2）投资劈分方法。

① 总上、下返开发年限小于实际资产的报废年限时：

表 5-4-17　喇嘛甸油田、萨北和萨中二类油层井网利用情况表

区块名称	利用次数	区块名称	利用次数
北北块Ⅰ区	4次	北二西部西块	2次
北北块Ⅱ区	4次	北二西部东块	1次
北西块Ⅰ区	2次	北二东部西块	1次
北西块Ⅱ区	2次	北二东部东块 + 东部过渡带南块	2次
北东块Ⅰ区	4次	北三西部西块	2次
北东块Ⅱ区	4次	北三东部东块 + 东过北块	2次
南中块东部Ⅰ区	4次	北一二排西部	2次
南中块东部Ⅱ区	4次	北一二排东部	2次
南中块西部Ⅰ区	1次	南一区西部	2次
南中块西部Ⅱ区	1次	南一区东部	1次
北一区断东西块	2次	南一区中部	1次
北一区断东东块	2次	北一区断西	2次
北三东部西块	2次	东区、中区东部	1次
北三西部东块	2次	中区西部	1次
北部过渡带	2次	西区及一二条带	2次

a. 纯钻井投资根据上返总次数劈分；

b. 配制站投资根据配制站所辖区块的地质储量劈分，劈分公式为：

$$TZ=ZJ/n+（DM-PZ）+PZ \cdot N_J/N_Z+BK+SK+YL+CJ \qquad （5-4-23）$$

式中　TZ——总投资，万元；

ZJ——钻井投资，万元；

n——上返总次数；

DM——地面投资，万元；

PZ——配制站投资，万元；

N_J——聚驱区块地质储量，10^4t；

N_Z——配制站所辖区块的总地质储量，10^4t；

BK——补孔投资，万元；

SK——射孔投资，万元；

YL——投产前压裂投资，万元；

CJ——测井投资，万元。

② 总上、下返开发年限大于实际资产的报废年限时：

a. 劈分次数 n_{bn} 为在报废年限之内的上返总次数；

b. 纯钻井投资根据报废年限之内的上返总次数劈分；

c. 配制站投资根据报废年限之内的配制站所辖区块的地质储量劈分，劈分公式为：

$$TZ=ZJ/n_{bn}+（DM-PZ）+PZ \cdot N_J/N_{Zbn}+BK+SK+YL+CJ \qquad （5-4-24）$$

式中　　n_{bn}——报废年限之内的上返总次数；

　　　　N_{Zbn}——聚驱区块地质储量，10^4t。

3. 聚合物驱与水驱成本变化规律及预测方法研究

油气操作成本是指为运行和维护油气井，以及相关设备和设施而发生的支出，一般以美元/bbl作为计量单位。在国际上，关于油气操作成本的构成没有统一的说法，国外油气操作成本的项目构成也有一些差别。操作成本也称作业成本，包括油气生产过程中发生的材料、燃料、动力、人员费用等。开发经济评价中的油气操作成本是指对油水井进行作业、维护及相关设备设施生产运行而发生的费用。包括直接材料费、直接燃料费、直接动力费、直接人员费、驱油物注入费、井下作业费、测井试井费、维护及修理费、稠油热采费、轻烃回收费、油气处理费、天然气净化费、运输费、其他直接费及厂矿管理费等15项。通常认为是油田的付现成本，是直接费用的范畴。它反映了油田单位直接发生的费用和消耗，直接影响到油田企业的经济效益。传统的油气操作成本分类方法是按财务成本核算要素进行分类。主要分析各成本要素在操作成本中的比重和在不同生产环节的分布情况，是事后的分析和总结。

成本预测是指依据掌握的经济信息和历史成本资料，以及成本与各种技术经济因素的相互依存关系，采用科学的方法，对企业未来成本水平及其变化趋势做出的科学推测。成本预测是成本管理的重要环节，实际工作中必须予以高度重视。

对于成本分析，现今西方一些大的石油公司对油气操作成本的管理已经完全由传统的事后核算，发展到事中控制，尤其是事前的精确预测，使成本管理的工作科学化和规范化。例如，这些大的石油公司在成本控制过程中，从成本控制理念到成本控制战略再到成本控制的计算等方面都有了新的突破和发展。在成本控制理念方面，它们已经将TCM即全面成本控制理念彻底地贯穿到整个成本控制的过程中；在成本控制战略方面，这些大的石油公司采用的是价值链分析，并在价值链分析的基础上实现了企业的低成本扩张；在成本控制与计算方法上，它们采用了作业成本法。

国内对油气操作成本的预测还没有形成一套完整的方法，即使采用了可靠的成本预测方法，但关于这方面的研究还比较欠缺，所能获得的数据较少，离推广应用还有很大的距离。目前比较通行的预测方法主要还是定性的方法，定性预测方法主要是采用过去的数据，通过专家考察和油田主管的经验推算来决定油气操作成本预测的目标，具有很大的局限性。因此在竞争日益激烈的情况下，定性的预测方法不能有效地发挥控制油气操作成本的目标；至于定量的方法，主要是一些理论非常成熟的预测方法，如比较分析法、因素分析法、趋势分析法，由于其原理简单，又有一定的可靠性，所以得到重视（表5-4-18）。

表5-4-18　国内外操作成本预测方法对比

地区	预测方法		特点
国外	定性预测	德尔菲法	在预测资料缺乏或难于定量分析时，多用此方法，它适用于中长期预测
		群众预测法	
		类比法	
	定量预测	指数平滑法	关键在于找到和建立合适的数学模型
		差异成本法	较简便，应用于需要做出选择的问题
		回归分析法	处理变量之间相关关系的一种数理统计分析方法，利用预测模型对形成油气操作成本的过程进行分析、预测和控制
		因素测算法	须首先掌握企业一定时期的目标利润
国内	比较分析法		比较指标必须一致并能联系起来和具有可比基准
	因素分析法		产能建设项目经济评价中估算操作成本的主要方法
	趋势分析法		是简单回归的一种特殊形式
	灰色预测法		需要的样本数据少，可操作性强，但受方法本身影响，仅能在各因素保持连续的前提下进行短期预测
	主成分回归法		综合多种影响因素，建立主成分，然后进行回归分析
	组合预测法		在已有预测模型基础上通过误差最小化的寻优机制建立新预测模型

1）聚合物驱和水驱单位操作成本变化特点

操作成本是效益分析最主要的指标，在聚合物驱与水驱效益对比前，需对单位操作成本变化规律进行分析。聚合物驱操作成本在不同注聚阶段变化趋势不同。根据典型区块聚合物驱和水驱操作成本变化趋势对比看，聚合物驱操作成本与水驱相比有以下特点：

（1）由于聚合物驱干粉的投入，含干粉费用的操作成本波动较大。

（2）从全过程对比看，聚合物驱平均操作成本均低于水驱。

（3）注聚后含水率下降，操作成本也下降；进入注聚后期随着含水率的上升，操作成本也随着上升；进入后续水驱阶段，操作成本随含水率的上升逐渐增加。

（4）水驱开发后期操作成本上升较快，水驱结束时的操作成本远高于聚合物驱结束时操作成本。

因此，聚合物驱操作成本预测方法应与水驱不同，不能简单地沿用水驱操作成本预测方法，有必要对影响水驱和聚合物驱开发操作成本的因素进行分析，建立体现聚合物驱开采特点的多因素分类、分阶段预测的方法，突破了套用目前水驱原有预测方法的针对性不强，忽视多种因素交叉影响等方面的局限。

2）聚合物驱与水驱开发的影响因素

（1）聚合物驱与水驱开发影响因素初步分析。

通过对比聚合物驱与水驱开发的单位操作成本特点，得出聚合物驱与水驱开发的单位操作成本有所不同。造成聚合物驱开采成本变化特点的主要原因有剩余开采储量减少、井下作业量增加、驱油物注入量的增加、处理费造成的油气处理作业物耗的增加、采油速度的提高、开采周期的缩短等方面。聚合物驱开发操作成本的影响因素比较复杂，通过收集大庆油田近六年 49 个聚合物驱区块的开发地质、生产动态及相关的宏观经济数据，并对操作成本总额和吨油操作成本与相关因素的关系进行逐项分析得出，这些因素有些与成本变化呈现出多种相关性，且无法用单一的相关性方法和单一的影响因素对操作成本进行预测，因此需要综合多种因素进行多因素分阶段的相关性分析及预测。

结合聚合物驱开发规律，根据现行的成本核算方法、生产实际和相关数据的拟合分析，初步选取了开发地质、生产动态、宏观经济三类 18 项影响因素（表 5-4-19）。

表 5-4-19　聚合物驱操作成本影响因素及分类表

分类	具体指标
开发地质	含油面积、动用地质储量、动用可采储量、油藏中深、平均渗透率、原油黏度
生产动态	采油速度、注入量、油井数、注入井数、产液量、井网密度、递减率、含水率
宏观经济	油价、CPI、PPI、职工人数

（2）操作成本影响因素的灰色关联分析。

从前述分析可以看出，操作成本受到许多不确定因素影响，在进行预测时需要将上述影响因素进行分析，去除相关性高的影响因素，最终确定影响操作成本的主要因素，在确定影响操作成本的主要因素时，采用灰色关联分析法。

由于地质等因素不随时间的变化而变化，在逐年操作成本预测时，一般不体现在预测模型中。而为了使操作成本的预测模型在不同地质条件下更具有针对性，采用这些影响操作成本的地质因素对区块进行分类，针对不同的区块类型建立相应的预测模型，因此在筛选操作成本预测的影响因素时排除地质方面的影响因素。同时，排除职工人数等在操作成本预测中很难体现的管理等人为因素，将剩余的 9 项因素进行灰色关联分析，由于含水率、油价和产油三项因素的关联度小于 0.85，因此，筛选出产液量、注入量、采油速度、注入井数、油井数和 PPI 六个影响聚合物驱操作成本的开发动态和宏观经济的主要因素（表 5-4-20）。

表 5-4-20　影响聚合物驱操作成本因素灰色关联筛选结果表

影响因素	产液量	注入量	采油速度	注入井数	油井数	PPI	含水率	油价	产油
灰关联度	0.924	0.919	0.915	0.905	0.898	0.878	0.827	0.737	0.564

从灰色关联分析结果看：开发地质因素与操作成本的关联度均低于 0.75，因此，地质因素可以由相应的生产动态和宏观经济指标来体现。从筛选出的六个主要影响因素看，定量分析上产液量是影响聚合物驱操作成本的最大因素。分析认为，产液量对操作成本的影响，不仅体现在采出作业费用上，而且还直接影响到处理作业中直接燃料费、直接动力费、直接人员费等相关费用。因此，筛选出的六项因素能够表征确定的 18 项聚合物驱的操作成本因素。

3）建立聚合物驱开发操作成本预测方法

基于前述聚合物驱开发操作成本的特点和影响因素的分析，考虑基于主成分分析方法，建立了基于聚合物驱成本变动的多因素、分阶段操作成本预测方法，突破了聚合物驱操作成本沿用水驱预测方法的局限性。

利用大庆油田单井效益评价数据库，统计 2006—2011 年聚合物驱区块开发和经济数据，筛选出 49 个区块。根据区块的油层性质和分布情况分为了拟合组和检验组（表 5-4-21）。

表 5-4-21 聚合物驱操作成本预测样本区块信息表　　　单位：个

采油厂	拟合组	检验组	合计
一厂	10	3	13
二厂	11	3	14
三厂	10	2	12
六厂	9	1	10
合计	40	6	49

拟合组应用主成分回归方法，建立分阶段的操作成本预测模型，验证组进行精度验证。拟合组建立的分阶段操作成本预测模型见式（5-4-25）：

$$CB_J = Y_i + Y_S, \quad i = 1, 2, 3 \qquad (5-4-25)$$

$$Y_i (Y_S) = aZ_1 + bZ_2 + cZ_3 + \cdots + K$$

式中　CB_J——聚驱操作成本总额，万元；

　　　Y_i——不同类型注聚阶段操作成本总额，万元；

　　　Y_S——水驱阶段操作成本总额，万元；

　　　Z_i——主成分；

　　　a, b, c, K——常数。

（1）运用拟合组数据建立模型。

将 49 个区块近 7 年的开发地质、生产动态及相关的宏观经济数据分为拟合组和检验组，拟合组拟合形成模型，检验组对模型的精度进行检验。通过主成分回归拟合的分阶段模型见表 5-4-22。

表 5-4-22　拟合组分类操作成本预测模型表

阶段	模型
注聚阶段	$Y_i=25.767Z_{i1}-149.108Z_{i2}-178.282Z_{i3}+11024.4$
水驱阶段	$Y_s=15.985Z_{s1}+1.22Z_{s2}-292.04$

注聚阶段主成分表达式：

$$Z_{i1}=0.467x'_1+0.275x'_2+0.43x'_3+0.5066x'_4+0.045x'_5+0.512x'_6$$

$$Z_{i2}=0.187x'_1-0.405x'_2+0.25x'_3-0.101x'_4+0.212x'_5-0.084x'_6$$

$$Z_{i3}=-0.129x'_1+0.103x'_2-0.125x'_3+0.071x'_4+0.510x'_5+0.053x'_6$$

水驱阶段主成分表达式：

$$Z_{s1}=0.634x'_1+0.372x'_2+0.605x'_3-0.293x'_4+0.053x'_5+0.610x'_6$$

$$Z_{s2}=-0.179x'_1+0.503x'_2-0.008x'_3+0.05x'_4-0.769x'_5-0.201x'_6$$

（2）运用验证组数据验证模型。

根据主成分分析方法建立的聚合物驱不同开发阶段的预测模型，采用 9 个检验区块实际数据对预测模型进行精度检验。从检验的情况看，误差在 5% 以内（表 5-4-23）。

表 5-4-23　拟合组分阶段操作成本预测精度表

不同开发阶段	区块数 / 个	误差 /%
空白水驱	9	2.78
注聚阶段	9	-4.33
后续水驱	6	2.27

基于聚合物驱成本变动的多因素、分阶段操作成本预测方法充分考虑区块地质特点和开发指标的动态变化，并与经济指标变化有机结合，突破了原有预测方法的局限性：改变了原方法忽视多种因素对操作成本各项费用交叉影响的现状，体现了各项费用同时受多项因素影响；分阶段建立不同的预测模型，符合聚合物驱开采特点和其操作成本在不同注聚阶段变化趋势的实际规律。

（二）聚合物驱与水驱开发经济效益对比模型

1.纯增量聚合物驱经济效益评价模型

目前动态现金流量方法是油田开发项目经济评价的主要方法。现金流量法主要是通过计算开发项目计算期内各年的现金收支（现金流入和现金流出），各项动态和静态评价指标，进行项目盈利分析。聚合物驱项目的经济评价方法可以规范为现金流量的动态经济评价方法。聚合物驱项目的本质特征是以增量调动存量，以较少的新增投入取得较大的新增效益，具有典型的改扩建项目特征，因此，在经济评价时应用"增量效益"指标评价项目的经济性。但由于该项目的投入产出不同于一般类型的建设项目，其经济评价方法也有所差别，荆克尧等认为聚合物驱项目经济方法原则上可以归属于石油工业的"改扩建"项目，评价方法包括有无对比法和增量评价法两种方法。即根据"有无项目对比法"，先计算"有聚合物驱项目"和"无聚合物驱项目"两种情况下的效益和费用，再通过效益和费用"有""无"的差额（即增量效益与增量费用），进一步计算增量的财务内部收益率、财务净现值、投资回收期、投资利润率、投资利税率等财务评价指标。探讨了简化"增量"评价法、完全"增量"评价法、整体效益评价法、储量有偿使用评价法、缩短计算期法等5种经济评价方法。但目前没有建立针对水驱与聚合物驱开发效益的对比模型。

聚合物驱与水驱开发经济效益对比分两种情况，即加密后聚合物驱与原井网继续水驱对比，或者加密后聚合物驱与加密后水驱进行对比，无论哪种情况，由于聚合物驱与纯水驱开发相比提高了油田的采收率，缩短了开发时间，加速了资金的回流。因此只要全过程聚合物驱增量全成本现值（ΔPC）低于净油价或增量净现值（ΔNPV）大于零，聚合物驱的效益就优于水驱。依据折现现金流和期权理论，应用建立的聚驱成本预测方法及投资劈分方法，建立了两种评价模型（表5-4-24）。

表 5-4-24　纯增量聚合物驱经济效益评价模型表

目标	方法及模型	判断标准
水驱、聚驱经济效益对比	适合两种对比情况	$\Delta PC \leq$ 净油价 或 $\Delta NPV \geq 0$
	$$\Delta PC = \frac{\sum_{t=1}^{n}\Delta C_t' + \Delta TZ_t + w_t P_J - \Delta L - \Delta W}{\sum_{t=1}^{n}\frac{\Delta Q_{ot}}{(1+i_c)^t}}$$ 或 $$\Delta NPV = \sum_{t=1}^{n}\frac{\Delta S_i + L + W}{(1+i_c)^t} - \sum_{t=1}^{n}\frac{\Delta C_t' + \Delta T_{1t} + \Delta T_{2t} + \Delta TZ_t + w_t P_J}{(1+i_c)^t}$$	
确定聚驱有实施潜力的项目	适合第一种情况	$\Delta NPVN \geq 0$
	$$\Delta NPVN = \sum_{t=1}^{n}\frac{\Delta S_t + L + W}{(1+i_c)^t} - \sum_{t=1}^{n}\frac{\Delta C_t' + \Delta T_{1t} + \Delta T_{2t} + \Delta TZ_t + w_t P_J}{(1+i_c)^t} + C$$	

注：ΔPC—增量全成本现值，万元；$\Delta C_t'$—增量经营成本费用，万元；ΔTZ_t—增量投资，万元；w_t—第t年干粉用量，10^4t；P_J—聚合物价格，万元/t；ΔL—回收固定资产余值，万元；ΔW—回收期末流动资金，万元；Q_{ot}—增油量，10^4t；i_c—基准收益率，%；ΔS_i—增量营业收入，万元；n—评价期；ΔT_{1t}—营业税金及附加，万元；ΔT_{2t}—所得税，万元；$\Delta NPVN$—考虑期权价值的增量净现值，万元；C—期权价值，万元。

两种聚合物驱与水驱开发经济效益对比情况虽然模型表示相同，但内涵不同。聚合物驱新建项目模型中的增量是指聚合物驱提高采收率部分带来的增量投入和产出。加密后水驱与加密后聚合物驱模型中的增量是指聚合物驱阶段产量与水驱加密调整产量差引起的增量投入和产出。

模型中主要评价指标测算方法：

（1）聚驱产油量。

通过模式图法，建立的聚合物驱开发的季度产油量公式：

$$Q(j)_{oi} = Q_{ori} = \frac{2v[PV + R_{IP}S_o(\rho B^{-1} - 1)(R_W + R_P)] \times (1 - f_{wi})}{R_{IP}S_o\rho B^{-1}(R_W + R_P)(8PV - N)} \times y_f, \quad i = 1, 2, \cdots, n$$

$$(5-4-26)$$

式中　v——注入速度；

　　　PV——注入油层孔隙体积倍数；

　　　S_o——含油饱和度；

　　　ρ——相对密度；

　　　R_{IP}——注聚全过程累计注采比；

　　　R_W——水驱采出程度；

　　　R_P——聚驱提高采收率；

　　　B——体积系数；

　　　f_{wi}——聚合物驱逐季度综合含水率；

　　　N——地质储量，10^4t；

　　　y_f——经验系数。

含水率经验公式：

$$\left| 1 - \frac{N\left[PV + R_{IP}S_o\left(\rho B^{-1} - 1\right)(R_W + R_P) \right] / \left(R_{IP}S_o\rho B^{-1} \right) - \sum_{i=1}^{n} Q_{Li}f_{wi}}{N\left(R_W + R_P \right)} \right| \leqslant 0.05\%$$

（2）水驱产油量。

水驱驱替特征曲线模型：

$$\ln W_p = a + bN_p \qquad (5-4-27)$$

式中　W_p——累计产水量，10^4t；

　　　a，b——水驱常数；

　　　N_p——累计产油量，10^4t。

（3）聚驱营业收入：

$$\Delta S_i = p \cdot r \Delta Q_i = p \cdot r \left[\Delta Q(j)_{oi} - Q(S)_{oi} \right] \qquad (5-4-28)$$

式中　p——油价，元/t；

　　　r——商品率；

　　　$Q(J)_{oi}$——井网聚驱第 i 年产量，10^4t；

　　　$Q(S)_{oi}$——井网水驱第 i 年产量，10^4t。

（4）营业税金及附加：

$$\Delta T_{1i}=\Delta S_i \cdot R_{12}（R_{ic}+R_{ed}）+\Delta S_i \cdot R_{ro} \qquad （5-4-29）$$

式中　R_{12}——油田近年来平均增值税额与销售收入的比率；

　　　R_{ic}——城市维护建设税率；

　　　R_{ed}——教育附加费率；

　　　R_{ro}——资源税单位税率。

（5）产能建设投资：

$$TZ=ZJ/n+（DM-PZ）+PZ \cdot N_J/N_Z+BK+SK+YL \qquad （5-4-30）$$

或

$$TZ=ZJ/n_{bn}+（DM-PZ）+PZ \cdot N_J/N_{Zbn}+BK+SK+YL \qquad （5-4-31）$$

（6）聚驱操作成本：

$$CB_J=Y_i+Y_S \qquad （5-4-32）$$

$$Y=aZ_1+bZ_2+cZ_3+\cdots+K \qquad （5-4-33）$$

（7）经营成本和费用：

$$\Delta C'=C_J-C_S \qquad （5-4-34）$$

其中

$$C_J=CB_J+F_{JG}+F_{JY}, \quad C_S=CB_S+F_{SG}+F_{SY}$$

式中　C_J——聚驱开发经营成本和费用，万元；

　　　C_S——水驱开发经营成本和费用，万元；

　　　CB_J——聚驱操作成本，万元；

　　　CB_S——水驱操作成本，万元；

　　　F_{JG}——聚驱不含摊销的管理费用，万元；

　　　F_{JY}——聚驱营业费用，万元；

　　　F_{SG}——水驱不含摊销的管理费用，万元；

　　　F_{SY}——水驱营业费用，万元。

（8）聚合物药剂投入：

$$YJ_J = \sum_{i=1}^{n} w_i P_J \qquad （5-4-35）$$

式中　YJ_J——聚合物药剂投入，万元。

（9）期权价值。

期权的看涨或看跌通过风险分析确定。

看涨期权：

$$C=SN(d_1)-Ke^{-rT}N(d_2) \qquad (5-4-36)$$

看跌期权：

$$C=S\left[N(d_1)-1\right]-Ke^{-rT}\left[N(d_2)-1\right] \qquad (5-4-37)$$

其中

$$K=\sum_{t=1}^{n}\left[L_t+C_t(1+i_c)^{-t}\right]$$

$$S=\sum_{t=1}^{n}\left[CI_t(1+i_c)^{-t}\right]$$

$$d_2=d_1-\sigma\sqrt{T}$$

$$d_1=\frac{\ln\left[\sum_{t=1}^{n}CI_t(1+i_c)^{-t}\right]-\ln\left[\sum_{t=1}^{n}(L_t+C_t)\cdot(1+i_c)^{-t}\right]+\left(r+\frac{\sigma^2}{2}\right)T}{\sigma\sqrt{T}}$$

式中　$N(d_1)$——标准正态分布的累积概率分布函数；

　　　$N(d_2)$——标准正态分布的累积概率分布函数。

纯增量聚合物驱经济效益评价模型与常规经济评价对比，引入了增量全成本现值和期权价值的概念，能够实现全过程全成本效益评价。它与常规经济评价对比在评价方法、参数预测方法和判别指标方面做了一些改进（表5-4-25）。

表5-4-25　纯增量聚合物驱经济效益评价模型与常规经济评价对比表

项目	常规经济评价模型	效益对比模型
方法	现金流量法 有无对比法	增量全成本现值法 增量效益净现值法 考虑期权价值的增量净现值法
参数预测	成本的因素预测法 投资预测及劈分方法	多因素分类、分阶段操作成本预测 投资预测及劈分方法 综合效益参数 期权价值参数预测
判别指标	内部收益率 财务净现值 投入产出比	增量全成本现值 增量净现值（增量内部收益率） 期权价值

2. 考虑期权价值的增量净现值模型

实物期权是一种较为普遍存在的客观事实，期权理论的诞生，使人们对以往无法准确估算的各种机会或灵活性能够定价，从而定量地对其进行评估决策。这是人类对复杂的不确定世界认识的一大飞跃。实物期权理论突破了传统决策分析方法的束缚，它不是对传统决策分析方法，如NPV等方法的简单否定，而是在保留传统方法思想的基础上，对不确定性因素及其相应的环境变化做出积极响应，是对传统方法的一种延伸。

传统经济评价方法是"静态"评价，忽视了知识价值和战略选择价值，随着开发风险和难度的逐渐加大，若计算参数中的风险贴现率调整不当，将影响评价结果，因此作为项目决策重要依据，传统的经济评价法已经不能满足人们的需要。

采用实物期权突破了原有经济评价的"静态"评价，解决分析问题中存在的不确定性。不再将不确定性因素作为消极的因素来看待，而是研究如何利用不确定性因素来获得更大的收益。实物期权理论充分发挥决策的灵活性，将决策灵活性的价值计入项目价值中去，使决策者通过分析决策，增加项目的价值。

传统净现值法是在假定未来的一切都是确定的条件下进行决策，与现实有一定的差距；实物期权理论充分考虑未来的不确定性，不确定性程度越高，则项目价值也越大。不确定性带来的投资战略调整往往无法预见，它对勘探开发项目的价值会产生重大的影响。

实物期权分析方法基本思路的建立是基于：决策信息是不完全的，是一个随着时间的推移不断积累的过程。与此相对应，一个投资项目往往可以按时间先后顺序，分解为多个相互联系的子项目的组合。或者说，投资决策往往是分阶段进行的，即所谓的序贯决策，每一个子项目代表决策的一个阶段。因此，管理者的决策不仅仅发生在当前时刻，而且贯穿于项目实施的全过程，发生在每个子项目的起始时刻，不同的决策点构成了一个决策序列。每一个决策点既代表着前一个阶段的结束，又代表新的一个阶段决策的开始。因此，在每一个决策点，根据前面各阶段决策的实际结果和当时所掌握的其他有关信息，管理者面临着新的选择，即对应着一个期权，这就是管理柔性的具体体现。

实物期权方法适合于投资周期长、投资成本高、投资风险大的投资决策。根据实物期权定价模型，可以准确地估算决策时所面临的机会，而且还可以根据这些机会的因素来主动调节、控制或增加机会的价值，以便尽可能降低风险，改善投资的战略决策。

油气勘探开发项目具有较多的灵活性，石油公司在项目决策及项目实施过程中拥有一定的选择权，应用期权方法考虑时间技术等不确定因素的期权价值，可以确定出目前可投资项目、将来一段时间通过采取技术进步可投入开发项目，以及考虑诸多有利条件将来仍无法投入开发的项目。传统评价法与实物期权法比较见表5-4-26。

表5-4-26 传统评价法与实物期权法比较表

项目	传统经济评价方法	实物期权法
投资策略	忽视了知识价值和战略选择价值；项目看成是静态和一次性的	决策的灵活性价值计入项目价值；动态决策，获得灵活性选择带来的收益
数据取值	受计算参数中风险贴现率影响；考虑预期现金流量、投资费用两个变量	价格波动率需估算；考虑五个变量：预期现金流量、投资、项目投资机会持续时间、标的资产价格波动率、无风险利率
风险态度	周期短、低投资低风险、低不确定性	周期长、高投资高风险、较高不确定性

实物期权法考虑了石油勘探开发项目进行过程中的多种不确定性，通过决策者对项目的干预，可能使项目的价值发生非常大的改观。具体而言，实物期权法应用到聚合物驱开

发经济评价中时，能更准确确定合理的投入开发时间、选择合理的技术开发方式，以及优化投资决策等内容。因此，实物期权法对于改善项目的经济评价结果，以及决策是否进行项目的勘探开发都有非常重要的意义。

实物期权是对实物资产的选择权，即期权持有者在进行资本投资的决策时所拥有的，能根据具体事物的发展态势而改变自己投资行为，等到最适当的时机才做出最适当的决策的权利。根据实物期权分析方法的基本思路，一个投资项目的实际实物期权价值等于项目净现值 NPV 加上该项目的柔性价值。因此，项目的真实价值又称为扩展的净现值（NPVN），以区别于传统意义上的 NPV，而机会的价值又称期权价值（C）。由此油气勘探项目的投资价值包括用净现值法求得的投资项目的内在价值和实物期权价值，模型为 NPVN=NPV+C，C 为实物期权价值。实物期权价值 C 的求解可采用 Black-Scholes（布莱克—休尔斯）期权定价模型和二叉树期权定价模型。期权价值（C）是由未来收益和投入的波动共同决定，考虑油价、技术等不确定因素，赋予投资决策的灵活性，可使效益评价更准确。

3. 应用建立的参数预测方法及评价模型对典型区块进行评价

1）选取典型区块

针对聚合物驱与水驱开发在开采周期、油层对象性质、经济评价参数选取方法等方面的不同情况，通过分析，确定了典型区块的选取原则：

（1）按照具有地质条件接近、投产时间相同的水驱可比区块的条件选取聚合物驱典型区块，同时考虑注聚时间的完整性；

（2）按照一类、二类油层和南、北部的划分原则，结合目前聚合物区块的实际分类、聚合物用量情况，确定聚合物驱及对比的水驱区块。

依据典型区块的选取原则选取了以下典型区块：一类油层选取南二区西部、杏四区—杏六区面积北部和喇嘛甸油田北东块三个聚合物区块；二类油层选取北一二排西部、北一二排东部、北二区西部西块三个聚合物区块。

2）典型区块评价参数说明

评价方法采用增量现金流量法，对比对象将这些区块的聚合物驱开发效益与同一区块模拟水驱的开发效益进行对比。评价油价取 70 美元/bbl，采用目前税费标准。评价周期是聚合物驱与水驱两种驱替方式开发指标都预测到含水率 98% 为止。投资处理中固定投资折旧折耗评价期内完全回收，药剂费用当年使用当年摊销。评价参数中已发生的应用实际数据，未发生的开发指标应用数值模拟，经济指标应用多因素预测法。

（1）一类油层聚合物驱与水驱两种开发方式对比。

三组一类油层聚驱与水驱典型区块主要技术参数概况见表 5-4-27。

经济评价参数中聚合物驱的投资、操作成本等经济评价参数取自实际发生数值，由财务部认可、采油厂劈分；水驱新井钻井投资同聚驱钻井投资，基建费用按 80 万元/口考虑，操作成本采用区块所在采油厂的平均操作成本；其中由于重组上市前后成本科目发生变化，喇嘛甸油田北东块 1996—1999 年生产成本中含有油田维护费、储量有偿使用费（聚驱共计为 7.03 亿元，水驱共计为 0.95 亿元），其余各块各年生产成本均为操作成本加折旧折耗的合计。一类油层典型区块的投入、成本对比见表 5-4-28。一类油层典型区块聚合物驱整个生产期生产成本总额为 73.3 亿元，比水驱高 34.0 亿元；单位生产成本聚合物驱为 432 元 /t，水驱比聚驱高 99 元 /t。

表 5-4-27   一类油层区块主要技术参数概况表

参数	喇嘛甸油田北东块		南二区西部		杏四区—杏六区面积北部	
	聚驱	水驱	聚驱	水驱	聚驱	水驱
层位	葡 I 1-2		葡 I 1-4		葡 I 1—葡 I 33	
地质储量 /10^4t	2848		2096		1169	
提高采收率 /%	12.65		17.49		15.16	
聚合物用量 /[mg/（L·PV）]	654.1		1023.8		1278.5	
阶段累计产油 /10^4t	778.4	156.7	616.3	177.1	299.1	99.7
阶段采出程度 /%	27.33	5.50	29.40	8.45	25.59	8.53
注聚时含水 /%	92.21		84.96		93.97	
钻井年份 / 注入年份	1994		2000/2001		2001	
井距 /m	212		175		200	

表 5-4-28   一类油层聚合物驱与水驱投入和成本对比表

区块名称和投产方式		投入 / 亿元				生产成本 /（元 /t）			
		投资	操作费用	化学剂	合计	操作成本	折旧	化学剂	合计
喇嘛甸油田北东块	聚驱	7.3	15.1	7.6	30.0	197	96	100	393
	水驱	4.9	12.2		17.1	305	129		434
	聚—水	2.4	2.9	7.6	12.9	78	66	209	353
南二区西部	聚驱	4.7	14.1	6.2	25.0	221	73	98	392
	水驱	4.1	9.2		13.3	389	172		561
	聚—水	0.6	4.9	6.2	11.7	123	15	155	293
杏四区—杏六区面积北部	聚驱	5.6	7.2	5.5	18.3	244	192	186	622
	水驱	4.2	4.7		8.9	454	453		907
	聚—水	1.4	2.5	5.5	9.4	129	76	287	492
合计	聚驱	17.6	36.3	19.4	73.3	214	104	114	432
	水驱	13.2	26.1		39.3	353	178		531
	聚—水	4.4	10.2	19.4	34.0	107	46	202	355

一类油层典型区块考虑将投入指标根据不同年份工业品出厂价格指数（PPI）归一化到 2011 年底水平，一类油层典型区块投入、成本对比见表 5-4-29。归一化后，一类油层典型区块聚合物驱整个生产期生产成本总额为 84.9 亿元，比水驱高 37 亿元；单位生产成本聚合物驱为 504 元/t，水驱比聚驱高 144 元/t。

表 5-4-29　一类油层聚合物驱与水驱投入和成本对比表（归一化）

区块名称和投产方式		投入/亿元				生产成本/（元/t）			
		投资	操作费用	化学剂	合计	操作成本	折旧	化学剂	合计
喇嘛甸油田北东块	聚驱	9.4	18.8	7.6	35.8	246	123	100	469
	水驱	6.4	14.9		21.3	373	167		540
	聚-水	3.0	3.9	7.6	14.5	107	83	209	399
南二区西部	聚驱	6.2	16.4	6.2	28.8	257	92	98	447
	水驱	5.4	10.4		15.8	440	228		668
	聚-水	0.8	6.0	6.2	13.0	150	21	155	326
杏四区—杏六区面积北部	聚驱	7.5	8.2	5.5	21.2	279	267	193	739
	水驱	5.6	5.2		10.8	507	542		1049
	聚-水	1.9	1.9	5.5	9.3	106	108	305	519
合计	聚驱	23.2	42.4	19.4	85.0	251	137	115	503
	水驱	17.4	30.5		47.9	413	235		648
	聚-水	5.8	11.9	19.4	37.1	125	61	204	390

（2）二类油层聚合物驱与水驱两种开发方式对比。

三组二类油层聚驱与水驱典型区块主要技术参数概况见表 5-4-30。

表 5-4-30　二类油层区块主要技术参数概况表

参数	北一二排东部上返		北一二排西部上返		北二区西部西块上返	
	聚驱	水驱	聚驱	水驱	聚驱	水驱
层位	萨Ⅱ10—萨Ⅲ10		萨Ⅱ10—萨Ⅲ10		萨Ⅱ13—萨Ⅲ	
地质储量/10^4t	763.0		1255.5		1296.0	
提高采收率/%	10.72		12.55		10.73	
聚合物用量/[mg/（L·PV）]	1210.7		999.9		835.7	
阶段累计产油/10^4t	157.31	75.52	304.90	160.20	314.50	149.04
阶段采出程度/%	20.62	9.90	26.44	13.89	24.27	11.50
注聚时含水率/%	94.50		92.09		93.00	
钻井年份/注入年份	2002	2004	2002	2003	2005	2006
井距/m	175		175		150	

各区块的投资和 2010 年以前的操作成本等经济评价参数取自实际发生数值，由采油厂提供，财务部审核。2010 年以后各区块的操作成本是依据 2010 年的水平，考虑今后区块的开发指标变化情况根据操作成本预测方法确定。水驱新井钻井投资同聚驱钻井投资，基建费用按 50 万元 / 口考虑。二类油层典型区块的投入、成本对比表见表 5-4-31 和表 5-4-32。二类油层典型区块聚合物驱整个生产期生产成本总额为 46.6 亿元，比水驱高 12.7 亿元；单位生产成本聚合物驱为 608 元 /t，水驱比聚驱高 388 元 /t。

表 5-4-31　二类油层聚合物驱与水驱投入和成本对比表

区块名称及投产方式		投入 / 亿元				生产成本 / （元 /t）			
		投资	操作费用	化学剂	合计	操作成本	折旧	化学剂	合计
北二区西部西块上返	聚驱	9.2	10.7	3.1	23.0	344	297	100	741
	水驱	5.6	10.3		15.9	952	513		1465
	聚—水	3.6	0.3	3.1	7.0	17	181	154	352
北一二排西部二类油层	聚驱	2.3	8.2	3.6	14.1	272	77	121	470
	水驱	2.0	9.3		11.3	591	124		715
	聚—水	0.4	-1.1	3.6	2.9	-79	26	253	200
北一二排东部二类油层	聚驱	1.8	5.5	2.1	9.4	355	119	138	612
	水驱	1.6	5.1		6.7	689	217		906
	聚—水	0.2	0.4	2.1	2.7	45	29	265	339
合计	聚驱	13.4	24.3	8.9	46.6	318	175	116	609
	水驱	9.1	24.8		33.9	728	268		996
	聚—水	4.2	-0.4	8.9	12.7	-10	100	209	299

表 5-4-32　二类油层聚合物驱与水驱投入和成本对比表（归一化）

区块名称及投产方式		投入 / 亿元				生产成本 / （元 /t）			
		投资	操作费用	化学剂	合计	操作成本	折旧	化学剂	合计
北二区西部西块上返	聚驱	12.1	11.5	3.1	26.7	373	390	100	863
	水驱	7.4	11.2		18.6	1035	715		1750
	聚—水	4.7	0.3	3.1	8.1	16	234	154	404
北一二排西部二类油层	聚驱	3.2	9.1	3.6	15.9	303	106	121	530
	水驱	2.7	10.2		12.9	650	170		820
	聚—水	0.5	-1.1	3.6	3.0	-78	35	253	210

区块名称及投产方式		投入/亿元				生产成本/（元/t）			
		投资	操作费用	化学剂	合计	操作成本	折旧	化学剂	合计
北一二排东部二类油层	聚驱	2.5	6.1	2.1	10.7	397	163	138	698
	水驱	2.2	5.6		7.8	759	297		1056
	聚—水	0.3	0.5	2.1	2.9	62	39	265	366
合计	聚驱	17.8	26.8	8.9	53.5	350	232	116	698
	水驱	12.3	27.1		39.4	797	360		1157
	聚—水	5.5	−0.3	8.9	14.1	−7	130	209	332

二类油层典型区块考虑将投入指标根据不同年份工业品出厂价格指数（PPI）归一化到2011年底水平，归一化后，二类油层典型区块聚合物驱整个生产期生产成本总额为53.5亿元，比水驱高14.1亿元；单位生产成本聚合物驱为699元/t，水驱比聚驱高458元/t。

3）典型区块聚合物驱与水驱开发评价结果

一类油层典型区块聚驱平均内部收益率为196%，财务净现值（i_c=12%）1644301万元，投资回收期1.04年；水驱平均内部收益率为136%，财务净现值558628万元，投资回收期0.68年。归一化后聚驱平均内部收益率为154%，财务净现值1571901万元，投资回收期1.16年；水驱平均内部收益率为96%，财务净现值508566万元，投资回收期0.94年（表5-4-33）。

表5-4-33　一类油层聚合物驱与水驱常规评价效益对比表（油价：70美元/bbl）

区块名称及投产方式		实际投资、成本			投入与生产成本归一化		
		内部收益率/%	净现值/万元	投资回收期/年	内部收益率/%	净现值/万元	投资回收期/年
喇嘛甸油田北东块	聚驱	256	754961	2.04	205	726087	2.12
	水驱	222	323373	0.44	160	301907	0.62
	聚—水	330	431588	1.32	308	424181	1.35
南二区西部	聚驱	207	621384	1.95	212	599294	2.13
	水驱	145	177734	0.62	103	162533	0.83
	聚—水	420	442300	1.24	338	435416	1.31
杏四区一杏六区面积北部	聚驱	126	267957	2.09	215	249225	2.28
	水驱	47	56171	1.81	531	42782	2.59
	聚—水	271	211785	0.63	216	203739	0.84

区块名称及投产方式		实际投资、成本			投入与生产成本归一化		
		内部收益率/%	净现值/万元	投资回收期/年	内部收益率/%	净现值/万元	投资回收期/年
平均	聚驱	196	1644301	1.04	154	1574606	1.16
	水驱	136	558628	0.68	96	508566	0.94
	聚—水	321	1085673	1.21	273	1063336	1.25

二类油层典型区块聚驱平均内部收益率为71%，财务净现值（i_c=12%）559075万元，投资回收期2.22年；水驱平均内部收益率为50%，财务净现值171865万元，投资回收期2.06年。归一化后聚驱平均内部收益率为59%，财务净现值531023万元，投资回收期2.49年；水驱平均内部收益率为37%，财务净现值144184万元，投资回收期2.53年（表5-4-34）。

表5-4-34　二类油层聚合物驱与水驱常规评价效益对比表（油价：70美元/bbl）

区块名称及投产方式		实际投资、成本			投入与生产成本归一化		
		内部收益率/%	净现值/万元	投资回收期/年	内部收益率/%	净现值/万元	投资回收期/年
北二区西部西块上返	聚驱	52	208183	2.77	42	185659	3.11
	水驱	26	32095	3.11	17	15286	4.15
	聚—水	80	196690	2.64	65	170373	2.8
北一二排西部二类油层	聚驱	112	245016	1.56	91	235046	1.82
	水驱	95	105542	1.44	72	96428	1.65
	聚—水	166	158279	2.06	130	138619	2.26
北一二排东部二类油层	聚驱	82	105877	1.75	70	110317	1.97
	水驱	48	34229	2.14	38	32471	2.51
	聚—水	185	89121	1.26	173	77847	1.22
平均	聚驱	71	559075	2.22	59	531023	2.49
	水驱	50	171865	2.06	37	144184	2.53
	聚—水	102	387210	2.34	89	386838	2.47

综上所述，典型区块不同油价和归一化后的常规经济评价结果均表明聚合物驱效益总体好于水驱。

对不同油层典型区块进行增量净现值和增量全成本分析表明：油层性质相近的情况下，虽然聚驱单井总投入（含投资、操作成本）都高于水驱，但聚驱吨油操作成本和生产成本均低于水驱区块，开发经济效益均好于水驱；从聚驱优于水驱的经济效益程度看，一类油层好于二类油层，北部区块好于南部区块，西部好于东部（表 5-4-35）。

表 5-4-35　不同油层典型区块效益对比表

区块名称	增量净现值/亿元	现值成本/（元/t）	区块名称	增量净现值/亿元	现值成本/（元/t）
喇嘛甸油田北东块	43.2	799	北二区西部西块上返	17.6	1423
南二区西部	44.4	851	北一二排西部二类油层	13.9	869
杏四区—杏六区面积北部	21.2	1246	北一二排东部二类油层	7.2	1166
合计/平均	108.8	913	合计/平均	38.7	1184

（三）水驱转聚合物驱经济效益评价

聚合物注入时机是一个油田开发的综合问题，要根据油田实际状况进行整体部署，确定注聚时间。根据建立的效益对比模型，可以确定出水驱转注聚的时机。通过分析水驱转聚驱效益的影响因素，设定不同条件下的方案组，然后根据方案评价结果求解经济界限，最终给出不同油价水驱开发经济有效转注聚合物开发的时机。

1. 主要影响因素

在典型区块单因素分析初选影响因素的基础上，通过数据拟合、复相关分析等相关分析方法，最终确定出水驱转聚驱后经济界限模型需考虑的影响因素。

1）影响因素的初选

根据典型区块水驱转聚合物驱后效益的单因素分析，确定出地质储量、油价、提高采收率、老井利用率、井网井距、聚合物用量、转聚时含水率、投资和成本等 9 项影响因素，并对这 9 项影响因素进行相关性分析。

（1）从油价、地质储量、提高采收率和老井利用率四项因素与内部收益率的相关关系看，随着这四项因素的逐渐增加效益增加（IRR 值增大），效益与这四项因素呈正相关关系。

（2）随着转聚时含水率、投资、成本三项因素逐渐增加，效益逐渐减少，效益与这三项呈负相关关系。

（3）随着井网井距和聚合物用量的增加，效益先增加，然后在出现拐点后逐渐下降。效益与这两项因素呈双向性关系。

2）经济界限影响因素的确定

正相关因素和负相关因素在经济界限模型建立的时候会出现唯一的效益界限值，能得出它们的确切的界限值。而双向性影响因素由于存在拐点，在建立经济界限模型的时候经济界限会出现多解，致使模型失去意义。因此，需要通过因素转换实现将双向性影响因素向单向影响因素转变。通过分析，用单井控制地质储量和吨聚增油量代替井网井距和聚合物用量，可实现双向性影响因素向单向影响因素的转变，以利于模型的建立。采用数据拟合、指标间内在关系分析和复相关分析等方法去除具有密切相关关系的因素，最终得出建立模型需考虑的油价、单井控制地质储量、提高采收率、老井利用率、转聚时含水率等5项因素。

（1）数据拟合排除吨聚增油量因素。

将吨聚增油量、老井利用率、提高采收率与单井控制地质储量四项指标之间进行数据拟合，分析显示：吨聚增油量与单井控制地质储量、提高采收率具有较好的指数相关性，其中南部一类油层的吨聚增油量与提高采收率和单井控制地质储量拟合程度较高。

当包含有利用井区块的数据时，提高采收率与单井控制地质储量的拟合关系不理想；当不含利用井区块的数据时，提高采收率与单井控制地质储量的拟合效果较好。说明受老井利用的影响，单井控制地质储量与提高采收率的相关关系不明显。由于二类油层各区块普遍存在利用井，因此在模型建立时，需要考虑利用井。由于利用井的存在，在建立模型时，单井控制地质储量与提高采收率不能互相替代，均应考虑。

（2）指标间内在关系分析排除投资和成本因素。

由投资和成本的定义及与地质和开发相关因素的关系（表5-4-36）可以看出，投资和成本是由面积、注采井距、老井利用率等因素或由井数、注入速度、注水量、年产液量等中间变量决定。而这些中间变量可以从地质储量、提高采收率等地质、开发因素得出，因此在建立模型考虑影响开发效益的指标中，排除了投资和成本两项因素。

表5-4-36　投资、成本与相关因素关系表

因素	中间变量		输出指标
面积 注采井距 老井利用率	井数		投资
地质储量 注聚初始含水率 聚驱提高采收率	注入速度	注水量	成本
	注入浓度	干粉用量	
	聚驱逐年产液量		
	水驱逐年产油量		
	聚驱逐年增油量		

（3）复相关分析方法筛选结果。

应用复相关分析方法，采用逐步排除相关系数大的指标去除包含信息重复的因素（表5-4-37），与前述两种分析方法结论相同，投资、成本和吨聚增油量三项因素可以去除。

由复相关分析结果可以看出，投资、成本、产油量、吨聚增油量所表示的重复信息较大，因此可以排除。

表 5-4-37 影响聚驱效益因素复相关分析表

因素	老井利用率	提高采收率	单井控制地质储量	投资	成本	产油量	吨聚增油量
复相关系数（ρ^2）	0.214	0.803	0.814	0.839	0.774	0.819	0.785
	0.105	0.683	0.612	0.727	0.748	—	0.780
	0.067	0.325	0.600	0.660	0.747	—	—
	0.059	0.101	0.524	0.531	—	—	—
	0.048	0.098	0.354	0.457	—	—	—

2. 不同油价下水驱转聚合物驱时机

为了使建立的模型具有实用性，需要确定各项影响因素的边界值。根据已投产及"十二五"潜力区块的二类油层确定出建立模型的各项因素边界值，见表 5-4-38。

表 5-4-38 二类油层单向因素界限值统计表

项目	最大值	最小值
单井控制地质储量 /10^4t	6.04	1.51
提高采收率 /%	18.46	6.28
老井利用率 /%	50	0
转聚时含水率 /%	88.9	96.5

在这些边界值界定的范围内，根据建立相应的效益对比评价模型，给出了不同油价、不同单井控制地质储量、不同含水率，以及不同老井利用率条件下的提高采收率界限结果：

（1）单井控制地质储量和提高采收率呈负相关，即当单井控制地质储量增大时，经济有效地提高采收率的最低界限值就会逐渐变小。反之，当提高采收率值增大时，经济有效的单井控制地质储量最低界限值就会逐渐变小。

（2）油价、老井利用率的变化同样可以导致经济有效的单井控制地质储量和提高采收率的最低界限值的变化，且老井利用率的变化趋势与油价变化趋势相同，都是随着两者的提高单井控制地质储量和提高采收率的界限值降低。

（3）当水驱转注聚合物驱含水率增大时，经济有效地提高采收率和单井控制地质储量最低界限值都会逐渐变大。

（4）在提高采收率12%的目标下（转聚含水率94%），油价50～80美元/bbl，无老井利用区块的单井控制地质储量下界限需达到（2.3～3.5）×10^4t。

以萨中以北的三个采油厂为例，"十二五"期间二类油层潜力区块在内部收益率达到12%条件下含水率、提高采收率、油价界限见表 5-4-39。

表 5-4-39　二类油层单向因素界限值统计表

项目	采油一厂	采油三厂	采油六厂
提高采收率界限 /%	8.9	9.2	11.5
油价界限 / (美元 /bbl)	47.1	48.7	55.2
含水率界限 /%	97.3	96.9	95.3

3. 经济时机研究表明，越早注聚效益越好、成本越低

利用数模、物模方法研究水驱不同开发阶段转注化学驱的开发效果，经济评价指标按全油田的平均水平，测算不同含水时期（80%，85%，90%，95% 四个含水级别）转注化学驱的开发效益情况，给出了化学驱不同含水率点转注后的效益变化。含水率 85% 时转注，生产成本为 17.1 美元 /bbl，内部收益率 74.0%；当含水率上升到 90% 时转注，生产成本增加到 19.0 美元 /bbl，内部收益率降为 58.3%。因此，越早注聚效益越好、成本越低。

参 考 文 献

［1］刘恒 . 大庆油田中区西部聚合物驱油试验研究成果集［M］. 北京：人民交通出版社，1995.
［2］程杰成，王德民，吴军政，等 . 驱油用聚合物的分子量优选［J］. 石油学报，2000，21（1）：102-106.
［3］卢祥国，高振环 . 聚合物分子量与岩心渗透率配伍性—孔隙喉道与聚合物分子线团回旋半径比［J］. 油田化学，1996，13（1）：72-75.
［4］孙春芬，赵兰水，金桂芳，等 . 聚合物驱和三元复合驱经济效益分析［J］. 石油规划设计，2006，17（1）：23-25.
［5］杨雪雁，张广杰 . 油田开发调整项目的经济评价与决策方法［J］. 石油勘探与开发，2006，33（2）：246-249.

第六章

多构成油田储采规律及增储经济界限

随着大庆主体喇萨杏油田进入特高含水期开发阶段，以及化学驱规模逐渐扩大，油田形成了多种油藏类型、多种驱替方式及多个开发阶段共同存在的格局。大庆油田是由多开发阶段、多驱替方式、多类型油藏构成的油田，由于各种类型的开发特征不同、增储能力不同、指标变化规律也各不相同，油田的增储结构也在不断地演化。储采比作为衡量和评价油田储采关系的重要指标，需要持续深入研究探索。

第一节 储采比基本理论

一、储采比综述

（一）储采比的概念

储采比是一个广泛使用的术语，可用来评估局部、区域和世界范围的天然能源和矿物资源。储采比这一概念，首先是苏联人提出来的，指当年年初（即上年年底）油气工业储量与当年的油气产量的比值。它表示在油气工业储量不变的情况下，如以当年的油气产量生产可维持生产多少年。它是油气产量保证程度的一种指标，是石油工业内部一个重要的比例关系，它也是油气勘探经济效果的综合性指标。

1. 储采比的定义

通常，储采比的定义被表述为某个国家、含油气盆地、油气区或油气田上年末的剩余可采储量与当年的产油量之比。这个定义得到了各有关方面的基本认可，也是与苏联的定义相一致的。作为一个比值，储采比并不直接给出某个国家、含油气盆地、油气区或油气田的剩余可采储量和年产油量，但它可以比较直观地反映油气生产的"保障程度"。由于它是"储"与"采"的比值，因此很大程度上可以综合地反映勘探开发形势。

在苏联石油工业规划中，通常利用储采比来概算储量增长计划和勘探工作量，确定合理储采比，既能保证原油产量正常增加，又能对油气勘探工作进行合理投资。如果储采比过大，会形成资金以储量形式的积压，过小会导致产量保证程度低。因此，研究储采比对石油工业具有重要意义。

储采比的变化不仅深刻地影响着人们在勘探和开发方面的行为，而且也促使人们在石油天然气工业的发展方面不断提出相应的对策和做出相应的决策。

2. 储采比的单位

储采比应采用什么单位，石油地质界也有不同的认识。有学者认为储采比的单位为"a"（年），即任何能源和矿物以它的储量来维持目前生产水平的年数。目前世界范围内石油、天然气和煤的估计储采比分别为 40 年、62 年和 224 年。也有学者认为作为一个比值，储采比的单位应该是无量纲的，这如同注采比、水油比、黏度比、流度比、泊松比等比值单位一样，如果一定要使用单位的话，储采比的单位应该是"1"。储采比用"a"（年）作单位，大概出于如下考虑：既然储采比是剩余可采储量与年产油量之比，那么其单位应该是"a"（年）。其实，如果泛泛地说产量，就必须给出什么时间的产量，其单位应为吨或立方米每年（月，天）；但是如果规定了时间段，那么产量的单位只能是 t 或 m³。因此，认为储采比的单位应该是无量纲的。国内矿场技术人员通常把储采比称为"储量寿命"，认为这样相对准确和贴切，直接表示剩余可采储量在目前开采状态下还可以开采多少年，因而给它加上"年"的单位。

3. 储采比的研究范围

储采比研究的对象（范围）可以是一个油气藏、一个油气田、一个油气区或一个含油气盆地，也可以是一个国家。但由于储采比是一个具有战略意义的指标，它的研究对象应该具有相当大的规模，起码应该是一个含油气区，或者是一个含油气盆地。对于一个具体的油气藏或规模不大的油气田来说，由于其可采储量已经基本给定（即使有变化也不会很大），剩余可采储量也将随开采时间单调下降，因此研究其储采比的战略意义自然会比较有限。而对一个油气区或含油气盆地来讲，由于新油田的不断发现和探明，可采储量和年产油量都将会有较大幅度的变化，其勘探开发形势的变化也比较复杂，因此研究其储采比的战略意义无疑显得更加重要。

4. 储采比的影响因素

影响储采比的因素很多，如储量增长速度、采油速度、储量集中程度和动用程度；储量结构，油田地质情况，以及政治背景、经济技术状况、资源政策等都会使储采比受到影响。

储采比的大小与石油年产量有关。产量越高则储采比越小，年产量的高低主要取决于油田的地质特征。例如，在具有活跃水驱动系统的高渗透裂缝性碳酸盐岩油田，年产量可达到储量的 15%。相比之下，在低渗透油藏，年产量可能不超过储量的 2%。而生产速率同时也取决于储量是自然生产还是强化开采。因此，储采比的大小可能由于强制性的低年产量而较高，反之则较低。

储采比的大小与油田开发阶段紧密相关。油藏开发的早期阶段通常具有较高的初始储采比。当更多的井投入生产时，储采比急剧下降到某一水平。产量下降之后，储采比有可能继续下降，或在某一时期内保持稳定，也有可能增加。在产量永久性递减情况下可实现较高的储采比，尤其是发生产量暴跌时。

比较不同国家间的储采比大小时，有必要把油气储量分类和估计方法中存在的差异考虑在内。例如，生产上尽管可能将美国的探明储量（美国全部使用探明储量）与苏联的A+B和部分C_1储量分类相比较，但在估计可采储量的大小方面仍存在很大差异。

在美国，确定储量首先要计算泄油体系中每个沉积的最小探明储量（采收率20%或更小），然而在引入二次开采方法后，这些储量会增加。

在苏联，确定储量的方法是建立在不同技术经济计算基础上的，要与其他油田进行类比；储量估计采用的是最大可获得油量（采收率40%或更高），其结果来自最先进的强化开采方法。绝大多数情况都假设油田开发初始阶段后采用水驱。尽管水驱的良好效果已在其他油田得到了证实，但强化开采的其他方法还没有在石油界得到广泛的认同。因此，用该方法计算的探明储量之和要比根据美国的储量分类法计算的大2~3倍。

美国还有其他地质、技术和经济限制（SPE和WPC的"石油储量定义"，1996年），严格限制了探明储量的范围（例如，要求至少有90%的估计概率）。相比之下，在苏联，有些储量的生产是没有任何利润的，有些地方已确定了开采石油的合理技术，而有些地方的储量估计不能满足高水平概率的要求。由于存在这些差异，苏联的储采比要高于美国和其他使用这种分类的国家。

在某些时期，由于特殊的政治、经济和环境原因，储采比可能较高。例如，在某些国家，拥有探明储量的油田没有投产或生产水平受到政治或经济原因的限制。这些现象可能是供需状况或出口油价引起的，目的是维持足够高和稳定的国际价格。这可能使得这些国家脱离其他国家，只考虑储采比满足石油产量的增长需求就可以了（例如欧佩克的许多国家，尤其是伊朗）。

上述所描述的因素显示：

（1）储采比的大小受所考虑因素的影响而敏感变化；

（2）每个产油区和产油国都有各自随时间变化的储采比范围，这可以认为是必需的或合理的；

（3）储采比的大小不仅取决于储量的质量，而且也要考虑生产速率、油田的开发阶段、储量的结构和动态，以及某些地质、技术和经济因素。

此外，在储采比的大小与产量增长速度和储量补充程度之间有一个严格的定量关系。重要的是要注意，石油的储采比是可与其他矿物资源相比较的唯一特性。对某些矿物来说（例如铀矿石和煤），通常可保持很长一段时间的固定产量，利用这种性质，可精确地估计现有探明储量可支持的生产年数。然而对于石油来说，生产水平最终将遵循产量递减规律。

因此，将储采比应用于石油工业时，实际上它反映的只是一个特定年的产量。关于年数，只能假定接下来的几年里不会增加探明储量且产量也没有变化。此外，也不能从字面上理解为15年后生产将突然停止。如果没有储量补充，产量将会逐年递减，生产寿命将会更长，直到生产井的生产水平低于它的经济极限。实际上，探明储量除了由于生产和对以前估计修正而缩减之外，储量每年都会增加，包括新油田发现、已知油田的增长或修正（包括已知油藏的扩边、新油藏发现）、来自水驱和蒸汽驱项目或其他EOR技术的附加采油量。当然，每年增加到储量表中的现有储量比例越大，储采比就越高。

重要的是要强调，储采比本身并没有反映储量质量的重要特性——长期增加石油产量（或保持稳定产量）的能力。由于未来的石油产量取决于储量的质量，因此要考虑的一个重要因素就是储量质量的永久性退化。几乎在每一个含油气盆地，规模或面积较大、物性较好的油田通常在勘探的前半阶段就已经发现。在以后的勘探阶段，发现的油田规模（面积或储量）变得越来越小、品位越来越差，许多这样的油田属于经济上不可行的资源，包括"接近边际"（接近"经济上可行"）和"边际以下"，要使这些资源变得"经济上可行"，需要油价有相当大的上升，或由于技术进步而使开采成本大幅度下降。

（二）国内外储采比对比

1. 美国与苏联储采比变化

研究储采比的历史变化，不仅有助于分析研究区域的勘探开发形势，而且还有助于分析国家的能源政策（表 6-1-1），从表 6-1-1 中可以看出：

（1）无论是美国还是苏联，从 1960 年以来，储采比基本都是单调下降的，这种情况在世界上是普遍现象。对于我国及我国各大含油气盆地来讲，也都是如此。储采比单调下降，表明可采储量的增长已不能满足稳定（或提高）年产量的需要。也就是说，通过勘探新找到的油气储量的增长势头已满足不了开发的需要。20 世纪下半叶，随着各国经济发展对能源需求的迅速增长，"强化开采"日益成为油气田开发中一种占主导地位的理念。所谓"强化开采"，就是力争将已探明的油气藏（油气田）中具有商业价值的可采储量在尽量短的时间内全部采出。开采时间缩短了，既可以大幅度降低采油成本而获得更大的利润，同时又可以满足国民经济发展的需要。

表 6-1-1　美国、苏联年产油量与储采比数据表

年份	美国				苏联			
	年产油量 / 10^4t	累计产油量 / 10^4t	储采比	采出程度 / %	年产油量 / 10^4t	累计产油量 / 10^4t	储采比	采出程度 / %
1960	35915	932435	44.60	36.79	16607	19227	129.48	8.21
1961	36660	969095	42.69	38.24	18624	210899	114.45	9.00
1962	37709	1006803	40.51	39.73	20607	231506	102.44	9.88
1963	38176	1044979	39.01	41.23	22360	253866	93.41	10.84
1964	39021	1084000	37.17	42.77	24289	278155	84.99	11.87
1965	41476	1125476	33.97	44.41	26513	304667	76.86	13.01
1966	44051	1169527	30.98	46.15	28807	333474	69.74	14.24
1967	45603	1215131	28.93	47.95	30915	364389	63.98	15.56

年份	美国				苏联			
	年产油量/ 10^4t	累计产油量/ 10^4t	储采比	采出程度/ %	年产油量/ 10^4t	累计产油量/ 10^4t	储采比	采出程度/ %
1968	46188	1261319	27.56	49.77	32837	397226	59.24	16.96
1969	48184	1309503	25.42	51.67	35339	432565	54.05	18.47
1970	47314	1356817	24.89	53.54	37708	470273	49.65	20.08
1971	47334	1404151	23.88	55.41	40044	510317	45.75	21.79
1972	46040	1450191	23.55	57.22	42904	553221	41.70	23.62
1973	43871	1494062	23.71	58.95	45880	599101	38.00	25.00
1974	41874	1535935	23.84	60.61	49100	648201	34.51	27.67
1975	40770	1576705	23.49	62.22	51858	700058	31.67	29.89
1976	41223	1617928	22.23	63.84	54600	754658	29.08	32.22
1977	43573	1661465	20.05	65.56	57150	811808	26.78	34.66
1978	42758	1704223	19.41	67.25	58761	870569	25.05	37.16
1979	43101	1747323	18.26	68.95	60135	930704	23.48	39.73
1980	42858	1790181	17.36	70.64	60900	991604	22.18	42.33
1981	43243	1833424	16.21	72.35	61250	1052854	21.05	44.95
1982	43438	1876862	15.13	74.06	61799	1114653	19.87	47.58
1983	44516	1921379	13.77	75.82	61133	1175785	19.08	50.19
1984	44857	1966236	12.66	77.59	59800	1123585	18.15	52.75
1985	43401	2009636	12.09	79.30	61500	1297085	17.00	55.37
1986	41475	2051381	11.57	80.95	62400	1359485	15.75	58.04
1987	40812	2092193	10.83	82.56	62260	1421745	14.79	60.69
1989	38235	2130428	10.56	84.07	60700	1482445	14.17	63.29
1990	38365	2168793	9.53	85.58	57000	1539445	14.09	65.72

（2）尽管苏联的储采比在 31 年中始终比美国的高，但是其下降速度却比美国快。储采比下降速度快的原因是多方面的，但有一点不可忽视，那就是美国对本国的资源采取了积极的保护政策，并且更注重利用国外资源，而苏联并没有像美国那样做，在采出程度（指可采储量采出程度）为 60% 左右时，随着开采程度的加深，美国的储采比略高于 20，而苏联的储采比也降低到 14 左右。

（3）尽管美国对本国资源采取了积极的保护政策，但到了1990年，其可采储量采出程度高达85%以上，剩余储采比也已不足10。

2. 国内外大石油公司储采比状况

根据收集到的《国际大石油公司储量和上游历史成本》资料，可以得到BPAmoco、ChevronTexaco（CVX）、Chevron、Texaco、Conoco、ExxonMobil、Eni、Kerr-McGee、Phillips、Repsol、RoyalDutch/Shell、Statoil、Total、TotalFinaElf 和 Unocal，共15个国际大石油公司1990—2001年石油储采比数据（表6-1-2），对比分析表明：

（1）15个国际大石油公司的储采比范围在7~21之间，主要集中在9~13之间。

（2）BPAmoco公司石油储采比在早期（1992—1998年）趋于平稳，集中在11~12之间；ExxonMobil公司石油储采比一直趋于平稳，保持在10~12之间；RoyalDutch/Shell公司石油储采比一直趋于平稳，保持在10~12之间；其他公司历年来石油储采比有时骤升，有时骤降，变化范围较大。

表 6-1-2　国际大石油公司石油储采比情况

石油公司	年份											
	1990	1991	1992	1993	1994	1995	1996	1997	1998	1999	2000	2001
BPAmoco			10.5	11.1	10.9	11.6	11.9	12.0	11.0	10.0	10.0	12.0
CVX										11.1	11.7	11.9
Chevron	9.5	9.0	9.0	12.1	11.5	11.9	11.4	11.5	11.6	11.6	11.8	
Texaco	9.2	9.2	9.8	9.8	9.0	9.2	9.0	10.3	10.2	10.4	11.5	
Conoco									12.5	11.7	12.0	13.6
ExxonMobile	11.4	11.2	10.9	10.8	10.6	10.6	11.5	11.6	12.0	11.8	12.0	12.1
Eni	14.6	13.6	12.4	11.8	11.5	10.6	11.1	12.0	12.0	12.9	12.5	12.6
Kerr-McGee								9.0	9.2	8.0	9.2	11.7
Phillips							11.5	11.9	12.1	12.2	20.3	16.2
Repsol	7.6	7.3	7.0	7.0	7.4	9.4	9.9	10.0	8.6	13.1	10.2	9.7
Royal Dutch/shell			11.9	11.7	11.2	10.7	11.2	11.4	11.7	11.8	11.7	11.7
Statoil										9.1	9.1	8.1
Total			15.5	16.9	18.4	16.7	15.1	14.6	14.7	14.6		
Total Fina Elf									12.7	15.6	13.9	13.7
Unocal										8.7	9.7	11.4

注：有些公司数据不全，仅能得到近几年的储采比数据；有些公司因存在合并的问题，储采比数值会发生突变。

从 20 世纪初的统计结果来看（表 6-1-3），中国石油剩余可采储量储采比高于国内外其他石油公司，储采比递减走势平缓。从后备资源的角度来说，国内三大石油公司中中国石油的后备资源略高于其他石油公司，这有利于中国石油将来的发展。但是，过高的储采比可能使得公司的利润无法最大化。因此，储采比的保持要结合两方面考虑，一是保持在合理的储采比下生产，二是同时实现最大化的利润。1994—2003 年间国内外各大石油公司储采比指标对比中，中国石油在国内三大石油公司中储采比居高水平，均高于中国石化和中国海油。

表 6-1-3　国内石油公司储采比统计表

公司	储采比				
	1999 年	2000 年	2001 年	2002 年	2003 年
中国石油	18.0	19.0	20.0	20.0	20.0
中国石化		12.0	13.6	12.9	12.4
中国海油	23.6	20.1	18.7	15.9	16.3

二、储采比与相关指标理论分析

（一）储采比与生产参数相关关系

1. 储采比与开采时间等理论关系

根据威布尔预测模型有以下基本关系式：

$$\omega = \frac{N_R - N_P}{Q} \tag{6-1-1}$$

$$Q = a_w t^{b_w} e^{-\left(t^{b_w+1}/c_w\right)} \tag{6-1-2}$$

$$N_P = N_R \left[1 - e^{-\left(t^\alpha/\beta\right)}\right] \tag{6-1-3}$$

$$N_R = a_w c_w / (b_w + 1) \tag{6-1-4}$$

$$Q_{max} = a_w \frac{b_w c_w}{2.718(b_w+1)} \frac{b_w}{b_w+1} \tag{6-1-5}$$

$$t_m = \left(\frac{b_w c_w}{b_w+1}\right)^{\frac{1}{b_w+1}} \tag{6-1-6}$$

式中　ω——储采比；

N_R——可采储量，10^4t；

N_P——累计产油，10^4t；

Q——年产油，10^4t；

Q_{max}——最大年产油，10^4t；

a_w，b_w，c_w——威布尔模型系数；

t——时间，年；

α，β——矿场动态拟合系数；

t_m——最大年产油时间，年。

将式（6-1-6）代入式（6-1-3）得，当油气田产量达到最高年产量时的累计产量为：

$$N_{Pm} = 0.3679N_R \qquad (6-1-7)$$

式中　N_{Pm}——最高年产量时的累计产量，10^4t。

由式（6-1-7）可以看出，对于威布尔预测模型来说，采出可采储量的36.79%时，油气田的产量即达到最大值。换句话说，采出可采储量的36.79%时，油田即进入递减阶段。

储采比与开发时间的关系式为：

$$\omega = \frac{N_R}{a_w t^{b_w}} \qquad (6-1-8)$$

对式（6-1-8）等号两端取对数得：

$$\lg \omega = A - B \lg t \qquad (6-1-9)$$

其中：

$$A = \lg\left(N_R / a_w\right)$$

$$B = b_w$$

由式（6-1-9）可以看出，油气田的储采比与开发时间呈双对数的直线关系。也就是说，将油气田的储采比与相应的开发时间绘于双对数坐标纸上，将成一条下降的直线。

取 Q 为 Q_{max}，并和式（6-1-7）一起代入式（6-1-1）得，油气田进入递减时的储采比为：

$$\omega_d = \frac{0.6321N_R}{Q_{max}} \qquad (6-1-10)$$

式中　ω_d——递减时储采比。

由式（6-1-10）看出，油气田进入递减时的储采比正比于可采储量，反比于最高年产量。

2. 储采比与累计产量等理论关系

逻辑斯谛（Logistic）预测模型，具有以下基本关系式：

$$Q = \frac{a_L b_L N_R e^{-b_L t}}{\left(1 + a_L e^{-b_L t}\right)^2} \qquad (6-1-11)$$

$$N_P = \frac{N_R}{1 + a_L e^{-b_L t}} \qquad (6-1-12)$$

$$Q_{\max} = 0.25 b_L N_R \qquad (6-1-13)$$

$$t_m = \frac{1}{b_L} \ln a_L \qquad (6-1-14)$$

$$N_{Pm} = 0.5 N_R \qquad (6-1-15)$$

式中　a_L，b_L——逻辑斯谛模型系数。

将式（6-1-11）除以式（6-1-12）得：

$$\frac{Q}{N_P} = \frac{a_L b_L N_R e^{-b_L t}}{N_R \left(1 + a_L e^{-b_L t}\right)} \qquad (6-1-16)$$

再将式（6-1-12）代入式（6-1-16）得：

$$\frac{Q}{N_P} = \frac{a_L b_L N_P e^{-b_L t}}{N_R} \qquad (6-1-17)$$

若将式（6-1-17）等号右端同时加和减一项"b_L、N_P"得：

$$\frac{Q}{N_P} = \frac{b_L N_P \left(1 + a_L e^{-b_L t}\right)}{N_R} - \frac{b_L N_P}{N_R} \qquad (6-1-18)$$

将式（6-1-12）改为：

$$N_R = N_P \left(1 + a_L e^{-b_L t}\right) \qquad (6-1-19)$$

再将式（6-1-19）代入式（6-1-18）得：

$$\frac{Q}{N_P} = b_L \left(\frac{N_R - N_P}{N_R}\right) \qquad (6-1-20)$$

再将式（6-1-20）改为：

$$\frac{N_R - N_P}{Q} = \frac{N_R}{b_L N_P} \qquad (6-1-21)$$

最后，将式（6-1-1）代入式（6-1-21）得，储采比与累计产量的关系式为：

$$\omega = \frac{N_R}{b_L N_P} \qquad (6-1-22)$$

对式（6-1-22）等号两端取常用对数得：

$$\lg \omega = \alpha_1 - \beta_1 \lg N_P \qquad (6-1-23)$$

其中：

$$\alpha_1 = \lg (N_R/b_L)$$
$$\beta_1 = 1$$

由式（6-1-23）可以看出，油气田的储采比与累计产量之间存在着双对数的直线关系，且具有直线斜率等于1的特点。也就是说，若将油气田的储采比与相应的累计产量绘于双对数坐标纸上，将成一条具有45°的直线。

3. 储采比与采出程度等理论关系

将式（6-1-22）改为：

$$\omega = 1/(b_L R_D) \qquad (6-1-24)$$

其中：

$$R_D = N_P / N_R \qquad (6-1-25)$$

对式（6-1-24）等号两端取常用对数得：

$$\lg \omega = \alpha_2 - \beta_2 \lg R_D \qquad (6-1-26)$$

其中：

$$\alpha_2 = \lg (1/b_L)$$
$$\beta_2 = 1$$

由式（6-1-26）看出，油气田的储采比与可采储量采出程度之间，也存在着双对数的直线关系，也具有直线斜率等于1的特点。也就是说，两者的相应数据，若绘于双对数坐标纸上，也是一条成45°的直线。

（二）不同开采阶段的储采比变化规律

考虑到大中型注水开发油田开发模式通用性，一般具有三个阶段的特点，即上产阶段、稳产阶段和产量递减阶段。

1. 上产阶段

根据累计产量的定义：

$$N_P = \int_0^t Q dt \qquad (6-1-27)$$

将式（6-1-27）带入储采比公式（6-1-1），得：

$$\omega = \frac{N_R - \int_0^t Q\mathrm{d}t}{Q} \qquad (6-1-28)$$

令 $Q = at$，则：

$$\frac{\int_0^t Q\mathrm{d}t}{Q} = t/2 \qquad (6-1-29)$$

将式（6-1-29）代入到式（6-1-28）可得：

$$\omega + t/2 = N_R/Q \qquad (6-1-30)$$

式（6-1-30）变形为：

$$\lg(\omega + t/2) = A - B\lg Q \qquad (6-1-31)$$

其中：$A = \lg N_R$，B 为修正系数。

2. 稳产阶段

具有三个开发阶段的注水开发油田进入稳产阶段某一开发时间的储采比表示为：

$$\omega = \frac{N_R - N_{PI} - N_P^S}{Q_o^S} \qquad (6-1-32)$$

式中 N_{PI}，N_P^S，Q_o^S——上产阶段累计产油、稳产阶段累计产油、稳产阶段年产油，$10^4\mathrm{t}$。

稳产阶段某一开发时间内的累计产量可表示为：

$$N_P^S = Q_o^S(t - t_1) \qquad (6-1-33)$$

将式（6-1-33）代入式（6-1-32）得，稳产阶段储采比与开发时间的关系式为：

$$\omega = E - t \qquad (6-1-34)$$

其中：

$$E = \frac{N_R - N_{PI}}{Q_o^S} + t_1$$

由式（6-1-33）可以看出，稳产阶段的储采比 ω 与开发时间 t 为斜率等于 -1 的直线下降关系。

3. 递减阶段

在油田上产期和稳产期，储采比呈下降趋势。其中，上产期储采比随着产量上升急剧下降，稳产期储采比缓慢下降，而当油田进入递减期，储采比既可能呈下降趋势也可能呈上升趋势。

油田稳产期末储采比处于一个较高水平时，递减率较小。通过提高采液量可以使产量保持相对稳定，储采比逐步下降。当采液量不能进一步提高时，随着含水率的上升，产量递减加大，油田进入递减期。递减期储采比是下降还是上升，主要取决于产量的递减率，而产量递减率的大小又取决于油田采液量能否进一步提高。

（1）储采比下降。

$$N_P = a\left(\frac{1}{Q_o}\right)^b \tag{6-1-35}$$

式中　a，b——拟合系数。

将式（6-1-35）代入到式（6-1-23）中，得：

$$\lg\omega = \alpha + \beta\lg Q_o \tag{6-1-36}$$

其中：

$$\alpha = \alpha_1 - \beta_1\lg a, \quad \beta = \beta_1 b \tag{6-1-37}$$

由式（6-1-36）可知，随产量递减，储采比呈下降趋势。

（2）储采比上升。

具有三个开发阶段的注水开发油田进入递减阶段之后的储采比可表示为：

$$\omega = \frac{N_R - N_{PI} - N_P^S - N_P^d}{Q_o} \tag{6-1-38}$$

式中　N_{PI}，N_P^S，N_P^d——上产阶段累计产油、稳产阶段累计产油、递减阶段累计产油，10^4t。

在递减阶段的某一开发时间内，递减阶段的累计产量与产量之间存在如下的线性关系：

$$N_P^d = a - bQ_o^{1-n} \tag{6-1-39}$$

其中：

$$a = \frac{Q_o^S}{D_i(1-n)}$$

$$b = \frac{(Q_o^S)^n}{D_i(1-n)}$$

式中　D_i——产量初始递减率。

将式（6-1-39）代入式（6-1-38）得：

$$\omega = \frac{N_R - N_{PI} - N_P^S - a + bQ_o^{1-n}}{Q_o} \tag{6-1-40}$$

递减阶段的累计产量表示为:

$$N_P^d = \int_{t_2}^{t} Q_o \, dt \tag{6-1-41}$$

当 t 趋于 t_{max} 时,N_P 趋于 N_{Pmax},由式(6-1-41)得:

$$N_{Pmax} = \int_{t_2}^{t_{max}} Q_o \, dt \tag{6-1-42}$$

再由式(6-1-39)也可以看出,当 Q_o 趋近于 0 时,N_P^d 趋近于 N_{Pmax},因此,由式(6-1-39)可得:

$$N_{Pmax} = a \tag{6-1-43}$$

注水开发油田的可采储量可表示为:

$$N_R = N_{PI} + N_P^S + N_{Pmax} \tag{6-1-44}$$

由式(6-1-44)可得:

$$N_{Pmax} = N_R - N_{PI} - N_P^S \tag{6-1-45}$$

再由式(6-1-43)与式(6-1-45)相等,得:

$$a = N_R - N_{PI} - N_P^S \tag{6-1-46}$$

将式(6-1-46)代入式(6-1-40)得:

$$\omega = bQ_o^{-n} \tag{6-1-47}$$

对式(6-1-47)等号两端取对数得:

$$\lg \omega = \alpha + \beta \lg Q_o \tag{6-1-48}$$

其中:

$$\alpha = \lg b, \quad \beta = -n$$

由式(6-1-48)可以看出,递减阶段的储采比 ω 与产量 Q_o 之间存在双对数的直线关系,且斜率为负,说明随产量递减,储采比呈上升趋势。

由式(6-1-36)和式(6-1-48)可以看出,这两个式子是统一的,只是体现在常数项 α 和系数项 β 的值不同:β 为正数,随产量递减,储采比呈下降趋势;斜率为负,随产量递减,储采比呈上升趋势。

（三）储采比与储量替换率等相互关系分析

1. 储量替换率

探明储量当年动用率 100% 时为储采平衡系数与储量替换率相等。

根据储采比及阶段递减率的定义有：

$$\omega_{t+1} = \frac{N_{R0} - \sum_{i=1}^{t-1} Q_i + \sum_{i=1}^{t} \Delta N_{Ri}}{Q_{t+1}} \tag{6-1-49}$$

$$D_{t+1} = \frac{Q_t - Q_{t+1}}{Q_t} \tag{6-1-50}$$

$$D_{t+1} = 1 - \left(1 + \frac{nD_i}{1 + nD_i t}\right)^{-\frac{1}{n}} \tag{6-1-51}$$

式中　N_{R0}——初始剩余可采储量，$10^4 t$；

　　　ΔN_{Ri}——第 i 年年增可采储量，$10^4 t$；

　　　D_{t+1}——第 $t+1$ 年递减率；

　　　Q_i——第 i 年年产油，$10^4 t$；

　　　n——递减指数。

联立式（6-1-49）至式（6-1-51），并注意到 $N_{R0} = \omega \cdot Q_t$ 和 $\Delta N_{Ri} = \lambda_i \cdot Q_t$，可消去产量 Q，从而得到：

$$\omega_{t+1} = \frac{\omega_t - (1 - \lambda_t)}{1 - D_{t+1}} \tag{6-1-52a}$$

式中　λ——第 t 年储量替换率。

式（6-1-52a）表明，如果储量替换率一定，当年储采比一定的条件下，下年递减率大，储采比增大；如果递减率、初始储采比一定的条件下，储量替换率增大，储采比增大。变形式（6-1-52a），得：

$$D_{t+1} = \frac{(\omega_{t+1} - \omega_t) + (1 - \lambda_t)}{\omega_{t+1}} \tag{6-1-52b}$$

式（6-1-52b）表明，如果上年储量替换率大，即增加可采储量多，则递减率较小。

设油田开发过程中，储采比保持不变，即 $\omega_t = \omega_{t+1}$，代入式（6-1-52b）得：

$$D_{t+1} = \frac{1 - \lambda_t}{\omega_t} \tag{6-1-53}$$

进一步，可得：

$$\frac{Q_{t+1}}{Q_t} = 1 - \frac{1-\lambda_t}{\omega_t} \qquad (6-1-54)$$

可以看出，如果储采比保持不变，递减率与储采平衡系数成反比，与$1-\lambda_t$成正比。如果$\lambda_t=0$，则递减率是储采比的倒数。

要保持一定的储采比，油田年度递减率不同，需要的储量替换率不同，递减率小需要的储量替换率大。要保持一定的储采比，储量替换率越大，产量变化幅度越大；以储量替换率100%为界，储量替换率小于100%，储采比越大产量变化幅度越大，储量替换率大于100%，储采比越大产量变化幅度越小。

2. 稳产年限

假设油田处于稳产时，则：

$$Q_1 = Q_2 \qquad (6-1-55)$$

根据储采比定义，第1年和第2年的储采比分别为：

$$\omega_1 = (N_R - N_P)/Q_1 \qquad (6-1-56)$$

$$\omega_2 = (N_R - N_P')/Q_1 \qquad (6-1-57)$$

油田稳产时，储采比变化关系式为：

$$\omega_2 = \omega_1 - 1 \qquad (6-1-58)$$

式中　ω_1——上一年的储采比；

　　　ω_2——当年的储采比。

由油田目前的储采比可以推算出油田稳产年限。对还没有投入开发的油田，根据开发方案要求的稳产年限，还可以求出该油田投产后，产能控制的大致范围。

一个油田稳产期的长短，除受油田本身的地质条件影响外，还与开发方案密切相关，如井网密度、开发方式、生产压差等，这些人为因素可以直接影响到新投产油田的储采比的大小。投产初期的储采比小，油田稳产的年限就短，反之储采比大，稳产年限就长。

根据理论分析，当油田产油量稳定时即处于稳产期，储采比呈逐年下降趋势，储采比下降到一定幅度时，由于含水上升，采液量又不能进一步提高，产油量将开始递减，进入递减期，所以上产期末的储采比与油田的稳产年限有密切关系。

喇萨杏油田实际资料统计表明，上产期末的储采比与油田的稳产年限呈线性对数关系，上产期末的储采比越大，油田保持稳产的年限越长，反之越短。同时，稳产年限与油田的稳产期末的储采比也有相似的关系。

3. 递减率

通过推导，可以建立起不同递减规律下递减率与储采比的相关关系式。

1）Arps 递减

Arps 递减是双曲递减、指数递减，以及调和递减的总称。其中，前两种递减方程在相当长一段时间里被油藏工程师们用来预测油藏产量动态变化；后一个递减方程一般很少出现。

双曲递减：

$$Q = Q_i \left(1 + nD_i t\right)^{-1/n} \tag{6-1-59}$$

$$N_R = N_{P0} + \frac{Q_i}{(1-n)D_i} \tag{6-1-60}$$

$$N_P = N_{P0} + \frac{Q_i}{(1-n)D_i}\left[1 - \left(1 + nD_i t\right)^{1-1/n}\right] \tag{6-1-61}$$

$$\omega = \frac{1 + nD_i t}{(1-n)D_i} + 1 \tag{6-1-62}$$

指数递减：

$$Q = Q_i \, e^{-D_i t} \tag{6-1-63}$$

$$N_P = N_{P0} + \frac{Q_i}{D_i}\left(1 - e^{-D_i t}\right) \tag{6-1-64}$$

$$N_R = N_{P0} + \frac{Q_i}{D_i} \tag{6-1-65}$$

$$\omega = \left[\frac{N_R - N_{P0}}{Q_i} - \frac{\ln\left(1 + D_i t\right)}{D_i}\right]\left(1 + D_i t\right) + 1 \tag{6-1-66}$$

调和递减：

$$Q = Q_i \left(1 + D_i t\right)^{-1} \tag{6-1-67}$$

$$N_P = N_{P0} + \frac{Q_i}{D_i}\ln\left(1 + D_i t\right) \tag{6-1-68}$$

$$\omega = \left[\frac{N_R - N_{P0}}{Q_i} - \frac{\ln\left(1 + D_i t\right)}{D_i}\right]\left(1 + D_i t\right) + 1 \tag{6-1-69}$$

2）Logistic 递减

Logistic 递减是基于增长曲线的一种递减方程，也被油藏工程师们用来预测油藏产量动态变化：

$$Q = Q_i \frac{1+a}{a + e^{(1+a)D_i t}} \qquad (6-1-70)$$

$$N_P = N_{P0} + \frac{Q_i}{aD_i} \ln \frac{1+a}{1 + a e^{-(1+a)D_i t}} \qquad (6-1-71)$$

$$N_R = N_{P0} + \frac{Q_i}{aD_i} \ln(1+a) \qquad (6-1-72)$$

$$\omega = \frac{\ln\{1 + a\exp[(1+a)D_i t]\}}{a(1+a)D_i}\{a + \exp[(1+a)D_i t]\} + 1 \qquad (6-1-73)$$

式中　D_i——初始递减率；

　　　Q_i——初始产量。

其他类型预测模型储采比与递减率的关系见表 6-1-4。

表 6-1-4　不同预测模型储采比与递减率关系

预测模型	储采比与时间	递减率与时间	储采比与递减率
指数递减	$\omega(t) = \text{const}$	$D = D_i = \text{const}$	$\omega(t) = \frac{1}{D_i}$
双曲递减	$\omega(t) = \frac{1+nD_i t}{(1-n)D_i}$	$D = D_i(1+nD_i t)^{-1}$	$\omega(t) = \frac{1}{(1-n)D(t+1)}$
调和递减	$\omega(t) = \left[\frac{\ln Q_i}{D_i} - \frac{\ln(1+D_i t)}{D_i}\right](1+D_i t)$	$D(t+1) = \frac{D_i}{1+D_i t}$	$\omega(t) = \frac{1}{D(t+1)}\left[\ln\frac{Q_i}{D_i} + \ln D(t+1)\right]$
Weibull 模型	$\omega(t) = \frac{\beta}{\alpha}t^{1-\alpha}$	$D(t+1) = \frac{\alpha}{\beta}t^{\alpha-1} - \frac{\alpha-1}{t}$	$D(t+1) = \frac{1}{\omega(t)} - (\alpha-1)\left[\frac{\omega(t)\alpha}{\beta}\right]^{\frac{1}{\alpha-1}}$
HCZ 模型	$\omega(t) = \frac{e^{bt}}{a}\left(e^{\frac{a}{b}e^{-bt}} - 1\right)$	$D(t+1) = b - ae^{-bt}$	$\omega(t) = \frac{1}{b-D(t+1)}\left[e^{\frac{D(t+1)}{b}} - 1\right]$
Logistic 模型	$\omega(t) = \frac{1}{a}(1+ce^{-at})$	$D(t+1) = \frac{a(1-ce^{-at})}{1+ce^{-at}}$	$D(t+1) = \frac{2}{\omega} - a$
灰色预测	$\omega(t) = \frac{1}{e^a-1} = \text{const}$	$D(t+1) = a = \text{const}$	$\omega(t) = \frac{1}{e^a-1}$

将喇萨杏油田生产时间较长的基础井和一次加密井根据理论公式进行了统计验算，结果见表 6-1-5。

表 6-1-5　喇萨杏基础井和一次加密井储采比与递减率关系

类别	Q_i	n	D_i	相关系数	储采比与递减率关系
萨中基础井	748.83	0.2214	0.0829	0.9947	$\omega = \dfrac{1+0.01835D}{0.0645}+1$
萨中一次加密井	344.38	0.1186	0.0793	0.9677	$\omega = \dfrac{1+0.0094D}{0.0699}+1$
萨南基础井	805.56	0.2520	0.0911	0.9890	$\omega = \dfrac{1+0.2295D}{0.0681}+1$
萨南一次加密井	362.43	0.4436	0.1264	0.9982	$\omega = \dfrac{1+0.0553D}{0.0703}+1$
萨北基础井	507.45	0.1152	0.0816	0.9829	$\omega = \dfrac{1+0.0094D}{0.0722}+1$
萨北一次加密井	220.31	0.0561	0.000018	0.9577	$\omega = \dfrac{1+1.009\times10^{-6}D}{0.000017}+1$
杏北基础井	792.25	0.2651	0.1083	0.9873	$\omega = \dfrac{1+0.0287D}{0.0796}+1$
杏北一次加密井	455.74	0.3712	0.1510	0.9985	$\omega = \dfrac{1+0.05605D}{0.0949}+1$
杏南基础井	376.52	0.3908	0.1434	0.9784	$\omega = \dfrac{1+0.56D}{0.0873}+1$
杏南一次加密井	226.95	0.4747	0.1476	0.9892	$\omega = \dfrac{1+0.0701D}{0.0775}+1$
喇嘛甸基础井	984.01	0.0922	0.0816	0.9957	$\omega = \dfrac{1+0.007523D}{0.0741}+1$
喇嘛甸一次加密井	293.26	0.4644	0.1509	0.9969	$\omega = \dfrac{1+0.07D}{0.0808}+1$

分析喇萨杏油田 6 个区块的产量数据，认为基础井网与一次加密井的产量递减趋势比较明显。通过对这 12 组数据进行拟合，得出基础井网与一次加密井都比较符合 Arps 递减规律，其中萨中一次加密井、喇嘛甸基础井、萨北基础井和萨北一次加密井递减规律比较接近指数递减，其他井都比较符合双曲递减。计算得到的相关系数都比较高，可以达到拟合精度。

方法 1（Arps 递减）中是以历年标定技术可采储量为基础计算储采比，方法 2（Logistic 递减）中则是以目前标定的技术可采储量为基础来计算的。两种方法计算的结果在新增可采储量比较大时，有一定差距。但是确定了递减规律后，所计算储采比变化趋势与方法 1 和方法 2 的变化趋势是基本一致的。萨南与杏北基础井方法 1 和方法 2 所计算储采比都有增长趋势，且十分明显，双曲递减规律下的储采比与它们的结果比较接近。方法 1 和方法 2 所计算的储采比变化幅度不是很大，而双曲递减所计算的结果增幅相当小，几乎是直线，也与前者吻合。

因此，认为用 Arps 递减预测储采比与实际结果基本吻合，而且在标定可采储量不减少的情况下，储采比都有微增的趋势。

（四）喇萨杏油田储采比及相关指标变化趋势

1. 储采接替状况变差

喇萨杏油田近年储量接替状况很差，储采平衡系数逐年减小，从 1991 年的 1 下降到 2003 年的 0.3。其中，水驱储量接替率逐年减小，到 2003 年已减小到不足 0.1，说明已基本上没有储量补充。聚驱储量接替较好，近年基本保持在 1 以上（表 6-1-6）。

表 6-1-6　1991—2003 年喇萨杏油田储采平衡系数

年份	储采平衡系数		
	水驱	聚驱	综合
1991	1.1183		1.0289
1992	0.8696		0.8104
1993	0.7990		0.7495
1994	0.7648		0.7238
1995	0.5296		0.4938
1996	0.5174	1.1051	0.5716
1997	0.4824	1.1090	0.5746
1998	0.3744	1.0426	0.4941
1999	0.1877	1.4785	0.4251
2000	0.2658	1.2890	0.4851
2001	0.1255	1.7792	0.5035
2002	0.1554	1.2017	0.4331
2003	0.0202	0.9663	0.2962

如果以油田为单元分析，不断有新储量、产量补充，规律不好分析，因此按不同井网分析。可以看到，只有开采较晚的二次加密井储采平衡系数相对较高，但近年也降到了 0.5～0.6，而基础井、一次加密井、高台子井储采平衡系数均小于 1（表 6-1-7）。

表 6-1-7　喇萨杏油田水驱不同井网储采平衡系数

年份	储采平衡系数			
	基础井	一次加密井	二次加密井	高台子井
1991	0.0670	1.4223	17.5325	2.4260
1992	0.1402	0.8565	7.7462	1.5952
1993	0.1356	0.9543	7.0012	0.4518
1994	0.1607	0.2929	5.1176	1.1196
1995	0.2184	0.3193	3.0526	0.0000
1996	0.0801	0.3898	1.8765	0.3021
1997	0.0060	0.5358	1.5714	0
1998	−0.1516	0.1984	1.6859	0
1999	−0.3211	0.0151	1.1511	0.0473
2000	−0.2489	0.0864	1.2161	0.0397
2001	−0.2898	0.0335	0.6729	0.0257
2002	−0.2152	0.0307	0.6834	0.0200
2003	−0.5545	0.0146	0.5139	0.0201

2. 基础井、一次加密井、高台子井水驱产量储采比呈上升趋势

由于产量大幅度递减，基础井、一次加密井、高台子井水驱产量储采比呈上升趋势，若假设可采储量保持 2003 年底水平（近年基础井可采储量减少，且一次加密井、高台子井储量增加比例非常小），产量按双曲递减规律计算，到 2010 年储采比将超过 20。过高的储采比显然是不利的（表 6-1-8）。

表 6-1-8　基础井、一次加密井、高台子井水驱产量储采比

年份		2004	2005	2006	2007	2008	2009	2010
储采比	基础井	19.69	20.20	20.75	21.34	21.98	22.66	23.39
	一次加密井	17.56	18.18	18.86	19.61	20.43	21.33	22.32
	高台子井	14.27	14.74	15.27	15.85	16.50	17.22	18.02

3. 二次加密井储采比偏低且仍处于减小趋势

二次加密井由于处于递减初期，储采平衡系数仍保持接近 1，因此应尽量保持在使产量不递减的储采比水平，根据实际生产数据分析，二次加密井储采比至少应保持在 8 左右。

4. 聚驱储采比

聚驱产量、储量变化情况与今后的开发策略、投入的区块有关，根据"十一五"规划初步安排，2010年聚驱储采比为4.21（表6-1-9）。

表6-1-9　喇萨杏油田聚驱产量储采比

年份	2004	2005	2006	2007	2008	2009	2010
产量 /10^4t	1166	1132	1113	1051	983	954	922
可采储量 /10^4t	29686	30108	31003	31528	32257	32837	33601
储采比	5.46	4.97	4.84	4.57	4.56	4.27	4.21

第二节　特高含水期增加可采储量经济界限

经济可采储量是油田发展的重要物质基础，也是生产经营的核心资产。利用现有的一些资料建立一种快速、准确、简便的可采资源储量的预测关系到企业经营管理的基本环节[1-5]，决定着企业能否顺畅、高效地进行经济活动并取得最好的经营成果，为石油企业制定经营方针和做出决策提供客观的依据。进行经济可采储量研究，可使石油生产企业制定合理的企业发展战略和生产计划，合理调整油田开发技术经济政策，建立新的经营机制，充分挖掘老油田生产潜力，经济有效地开发动用新的储量，增加新的能力，实现增产与增效统一，达到利润最大化。本节在研究长垣水驱层系井网调整及精细挖潜、不同类型油层化学驱及聚驱后进一步建立提高采收率增加经济可采储量评价模型，为经济可采储量精准评价提供依据。

一、经济可采储量评价模型

经济可采储量评价模型由经济极限产量计算和产油量预测两个关键环节构成。对达到经济极限产量之前各月产油量加和得到经济可采储量，从而得到增储和提高采收率效果。

（一）经济极限产量概念

目前我国大多数油田已经进入开发中后期，其中注水油田进入高含水、高采出的"双高"阶段，产量递减已不可避免，剩余可采储量逐年减少，开采成本逐年递增。因此，研究油田的经济极限产量对于油田设计开发方案，确定剩余开采时间等都具有重要的现实意义。所谓经济极限产量，是指油田生产进入中后期，产量开始递减，经济效益随之下降，当产量下滑到某一数值时，油田的生产效益只能满足生产成本的需要，此时的产量称之为经济极限产量。在产量递减到经济极限产量之后，如果继续开采，就意味着亏本生产。经济可采储量是动态的。对经济可采储量的判定不能一成不变。由于经济可采储量价格的计算基于经济评价，其中各个参数在未来开采时期具有不确定性，因而使经济可采储量也跟着发生变动。

产量是储量和效益的连接点，是企业实现经济效益的物质载体。油田以经济产量生产，可以有效地利用储量资源，实现有限资源的最经济开发。经济极限是指能够支付直接作业成本的最低产量。经济极限的计算依据可以是一口井、一个油藏或一个油田。经济极限可以有不同的表现形式，如产油量或产气量、废弃压力、最大含水率、水油比，以及最大气油比等。采用经济极限法计算经济可采储量。经济极限产量作为产量下限，高于经济极限产量的阶段累计产油量即为评价单元的剩余经济可采储量。

（二）经济极限产量计算方法

在未实施调整产量变化规律上，若在 T_1 时刻达到盈亏平衡，则 T_1 时刻对应产量 Q_o 为未调整经济极限产量；在实施调整的产量变化规律上，若在 T_2 时刻达到盈亏平衡，则 T_2 时刻对应产量 Q_o' 为调整后方案经济极限产量。经济极限产量计算公式为：

$$Q_{EL} = \frac{C_T}{D_a\left[\left(P_o - T_{axo} - C_V\right)D_o + GOR \cdot D_g\left(P_g - T_{axg}\right)\right]} \quad (6-2-1)$$

式中　Q_{EL}——单井经济极限产油量，t/d；

C_T——单井固定成本，元/年；

D_a——单井每年生产天数，d；

P_o——原油销售价格，元/t；

T_{axo}——原油综合税费，元/t；

C_V——可变成本，元/t；

D_o——原油商品率；

GOR——气油比，$10^3 m^3/t$；

D_g——天然气商品率；

P_g——天然气销售价格，元/$10^3 m^3$；

T_{axg}——天然气综合税费，元/$10^3 m^3$。

在明确区块具体调整方案后，可变成本也随之确定，由此可计算出调整后区块单井经济极限产油量，单井经济极限产油量加和便可得到全区经济极限产油量。

（三）产量剖面确定

在明确区块经济极限产量后，想要求得经济可采储量还需明确产量变化，包括调整前后产量剖面。这里的调整前后指的是发生了规模化的措施调整，如进行层系井网优化调整、精细挖潜、化学驱（聚驱、复合驱），调整区块产量变化模式包括 3 个阶段，分别为上升、下降、稳定递减三个阶段。

区块分为已实施且已进入稳定递减阶段区块和未实施及已实施但未进入稳定递减阶段区块。

对于已实施且已进入稳定递减阶段区块，已实施调整且产量进入稳定下降期，应用产量递减规律预测产油量。

对于未实施及已实施但未进入稳定递减阶段区块，无调整产量变化处于稳定递减阶段，可用产量递减法预测无调整产油量。对于有调整产量预测，调整阶段产量变化未知，此时应借鉴已实施且已进入稳定递减阶段区块调整阶段产量变化，对目标区块调整阶段产量变化展开研究。

（四）经济可采储量及增储效果

计算了经济极限产量、达到经济极限产量时间、产量剖面之后，就可以确定经济可采储量、经济可采储量增量和提高采收率效果。

无调整经济可采储量：

$$N_{P1} = N_{P0} + \sum_{t=T_0}^{T_1} Q_o \qquad (6-2-2)$$

有调整经济可采储量：

$$N_{P2} = N_{P0} + \sum_{t=T_0}^{T_2} Q'_o \qquad (6-2-3)$$

经济可采储量增量：

$$\Delta N = N_{P2} - N_{P1} = \sum_{t=T_0}^{T_2} Q'_o - \sum_{t=T_0}^{T_1} Q_o \qquad (6-2-4)$$

提高采收率效果：

$$\Delta R = \frac{\Delta N}{N} \times 100\% \qquad (6-2-5)$$

式中　N_{P1}——无调整经济可采储量，10^4t；

N_{P2}——有调整经济可采储量，10^4t；

ΔN——经济可采储量增量，10^4t；

ΔR——提高采收率；

N——区块地质储量，10^4t；

N_{P0}——调整开始时刻之前累计产油，10^4t；

Q_o——无调整产量变化，10^4t/月；

Q'_o——有调整产量变化，10^4t/月；

T_0——调整开始时间，月；

T_1——无调整达到经济极限产量时间，月；

T_2——有调整达到经济极限产量时间，月。

二、水驱层系井网优化调整增加经济可采储量评价模型

对于水驱层系井网优化调整未实施或已实施但未进入稳定递减阶段区块的经济可采储量评价，还可选用预测模型法，步骤如下：

（1）建立目标区块无调整的产量递减模型，预测未来该区块的产量；

（2）基于所选相似区块，建立相似区块的增油量预测模型，确定各模型系数；

（3）基于建立的模型和确定的系数对目标区块增油量进行预测，将某时刻增油量与同一时刻无调整的产油量相加，可得有调整的产量（若只有 1 个相似区块，则用该相似区块的模型系数计算增油量；若有多个相似区块，则分别用各相似区块的模型系数计算目标区块的增油量，取各计算结果的平均值作为目标区块增油量）；

（4）当有调整的产量与经济极限产量相等时，确定经济极限产量时间，将各月产量累加至经济极限产量时间，从而确定经济可采储量。

（一）泊松旋回模型

我国著名的地球物理专家，已故的中科院院士翁文波先生出版的专著《预测论基础》中首次提出了泊松旋回预测模型（即翁氏旋回模型），并将其应用于油气田产量及可采储量的预测。翁氏旋回模型受到国内外石油科技专家的高度重视，并获得了广泛的应用。在油气田产量预测工作中，翁氏产量预测模型可表示为：

$$\Delta Q = Bt^n e^{-ct} \tag{6-2-6}$$

式中　ΔQ——增油量，m^3；

　　　t——生产时间，月；

　　　B，n，c——待定参数，其值为非负实数。

多年的理论与实践证明，泊松旋回预测模型在油气田产量与可采储量预测中是实用有效的。

该模型函数的性质如下：

（1）$\dfrac{d\Delta Q}{dt} = \dfrac{\Delta Q}{t}(n-ct)$，当 $t > \dfrac{n}{c}$ 时，$\dfrac{d\Delta Q}{dt} < 0$；当 $t < \dfrac{n}{c}$ 时，$\dfrac{d\Delta Q}{dt} > 0$。

（2）$\dfrac{d_2\Delta Q}{dt} = \dfrac{\Delta Q}{t}\left[c^2t^2 + c(1-2n)t + n(n-1)\right]$，当 $t = \left[\dfrac{(2n-1) \pm \sqrt{(2n-1)^2 - 4n(n-1)}}{2c}\right]$

时，$\dfrac{d^2\Delta Q}{dt^2} = 0$。

从以上性质可知，油气田寿命期可以划分为以下 4 个阶段：

（1）产量加速上升阶段：$t = 0 \sim t_1$；

（2）产量一般上升阶段：$t = t_1 \sim t_m$；

（3）产量一般下降阶段：$t=t_m \sim t_2$；

（4）产量缓慢下降阶段：$t=t_2 \sim \infty$。

以上表述中，t_1 与 t_2 为曲线拐点的时间值，且 $t_1 < t_2$，其值大小由 $\dfrac{d^2 \Delta Q}{dt^2}=0$ 决定；t_m 为曲线极值点对应的时间值。

油田调整后增油量变化与泊松旋回模型类似，具有加速上升、一般上升、一般下降、缓慢下降的特征，因此可用泊松旋回模型来描述增油量变化。

泊松旋回模型函数是一个超越函数，有 B、c、n 共 3 个参数，一般的求解方法难以奏效，这里采用线性试差法求解模型参数。增油量泊松旋回模型为：

$$\Delta Q = Bt^n e^{-ct} \tag{6-2-7}$$

两端取对数，可得：

$$\lg \frac{\Delta Q}{t^n} = \lg B - \frac{c}{2.303}t \tag{6-2-8}$$

其中，$\lg B$ 为截距，对于系数 n，可采用线性迭代试差法进行求解。

通过给定不同的 n 值，根据已知的 ΔQ 和 t，进行线性迭代试差，对于能够得到相关系数最高和最佳拟合结果的 n 值，就是欲求的 n 值。

增油量泊松旋回模型是一种唯象的基值预测模型。唯象是指对信息的定义和性质不作任何事先的假设，而是从数据序列里找出信息来。以唯象的拟合信息为基础的预测，称为"基值预测"。对于油气田开发系统，预测产量或增油量很可能低于今后的实际产量或增油量，计算出的可采储量也应理解为实际可采储量的下限，同样，增油量也应理解为实际增油量的下限，因为增油量泊松旋回模型实际上是在假设油气田开发技术水平的发展速度与过去相同的情况下推出的，而实际上，油气田开发技术水平有加速发展的趋势。尽管如此，增油量泊松旋回模型仍然是一种十分重要和十分有效的油气田产量与增油量预测模型。

（二）威布尔预测模型

威布尔寿命分布由寿命分布函数数学描述。每个元件、设备或者系统都具有的特征：可靠时间，叫作寿命。由于技术不能做出一个保证永远不发生故障的元件、设备或者系统，所以每个元件、设备或者系统都有一个寿命。并且，假设它仅有两个状态，正常和故障。假设元件、设备或者系统从生产出来的时刻为 0，其发生故障的时刻为 t，这段时间它是正常工作的，t 就是它的寿命。寿命分布可靠性统计的基本概念之一是寿命这个随机变量的函数分布。常用其分布函数表示：

$$F(t)=P(T \leqslant t) \tag{6-2-9}$$

$$f(t)=F'(t) \tag{6-2-10}$$

常用的寿命分布有指数分布、威布尔分布、对数正态分布、伽马分布等。

对于每个希望在需要时进行可靠的可靠性工程判断的可靠性工程师来说，对寿命分布的全面了解是必不可少的。威布尔分布是由瑞典威布尔通过研究金属疲劳失效实验发现。它由位置参数 c 和形状参数 a 来描述，并且在许多方面类似于对数正态分布。它们之间的两个主要区别是：

（1）威布尔分布的概率密度函数并非从零开始；

（2）其故障率曲线 $l(t)$ 对于 $a>1$ 单调增加，对于 $a<1$ 单调减小。

威布尔分布可以采用多种形状，具体取决于形状参数 a 的值。故障率随时间降低的早期生命阶段可以由 $a<1$ 的威布尔分布表示。故障率恒定的稳态阶段可以由 $a=1$ 的威布尔分布表示。最后，令 $a>1$ 将使威布尔分布成为磨损阶段的模型，其中失效率随时间增加。

三参数威布尔分布是一种比较完善的分布，对随机数据的拟合非常灵活，对数据有很强的适应性。正因为如此，三参数威布尔分布具有有效地描述疲劳寿命的概率分布的性质。威布尔模型的关系式为：

$$\Delta Q = a t^b \mathrm{e}^{\frac{t^{b+1}}{c}} \qquad (6-2-11)$$

其中，参数 a、b 和 c 分别称为形状、尺度和位置参数。其中威布尔分布的形状参数 a 影响分布曲线的形状变化；尺度参数 b 起着缩小和放大横坐标尺度的作用；位置参数 c 则决定曲线的起始位置。

（1）性质1，当 $c=0$，$a=1$ 时，由它的概率密度函数转化为：

$$f(x,1,b,0) = \begin{cases} \dfrac{1}{b}\exp\left(-\dfrac{x}{b}\right) & , x \geqslant 0 \\ 0 & , x < 0 \end{cases} \qquad (6-2-12)$$

当 $\lambda = \dfrac{1}{b}$ 时，若随机变量 X 的概率密度为：

$$f(x,\lambda) = \begin{cases} \lambda \exp(-\lambda x) & , x \geqslant 0 \\ 0 & , x < 0 \end{cases} \qquad (6-2-13)$$

则称随机变量 X 服从参数为 λ 的指数分布。记为 $X \sim EP(\lambda)$。

当 $c=0$，$a=2$ 时，由其概率密度函数转化为：

$$f(x,2,b,c) = \begin{cases} \dfrac{2x}{b}\exp\left(-\dfrac{x^2}{b}\right) & , x \geqslant 0 \\ 0 & , x < 0 \end{cases} \qquad (6-2-14)$$

这就是非常有名的瑞利（Rayleigh）分布。

（2）性质2，设 $X \sim EP$（1），令 $Y = (Xb)^{\frac{1}{a}} + c$，则 $Y \sim W$（a，b，c）。

（3）性质3，设随机变量 X_1，X_2，…，X_m 独立同分布，且 $X_i \sim W$（a，b，c，i=1，2，…，m），则：

$$X_{(1)} = \min\{X_1, X_2, \cdots, X_m\} \sim W\left(a, \frac{b}{m}, c\right) \tag{6-2-15}$$

（4）性质4，设随机变量 X_1，X_2，…，X_m 独立同分布，且 $X_1 \sim W$（a，b，c），则 $X_1 \sim W$（a，mb，c）。

将式（6-2-11）变形，可得：

$$\frac{\Delta Q}{t^b} = a e^{-\frac{t^{b+1}}{c}} \tag{6-2-16}$$

两端取对数，可得：

$$\lg \frac{\Delta Q}{t^b} = \alpha - \beta t^{b+1} \tag{6-2-17}$$

其中，$\alpha = \lg a$，$\beta = 1/(2.303c)$。

给定不同的 b 值进行线性试差求解，当相关系数最高，即可得到合适而正确的 b 值。进而得到截距 α 和斜率 β 的数值，最后确定 a 和 c 的数值。

（三）实例计算

1. 泊松旋回模型

杏五区西部在2018年进行井网调整，选取2013年末至2017年末数据作为调整前开发数据，计算递减规律。

筛选相似区块建立增油量泊松旋回模型，代入工具软件，计算得最优 n 值为0.6704、斜率 c 为 −0.0152、截距 $\lg B$ 为2.2409，故可得增油预测模型：

$$\Delta Q = 3912.3840 t^{0.6704} e^{-0.0152t} \tag{6-2-18}$$

根据油价、成本和费用等数据（油价：70美元/bbl；固定成本：28.9万元/井；可变成本：239.55元/t），计算得到区块经济极限产油量为5154.6t/月，确定出无调整经济可采储量为 1516.60×10^4t，有调整经济可采储量为 1559.45×10^4t，调整增储为 42.85×10^4t，提高采收率1.8个百分点。

2. 威布尔预测模型

杏五区西部在2018年进行井网调整，选取2013年末至2017年末数据作为调整前开发数据，计算无调整递减规律。筛选相似区块建立威布尔预测模型，代入工具软件，计算得最优 b 值为0.3610、斜率 β 为 −0.0007、截距 α 为2.5314。

增油预测模型：

$$\Delta Q = 7637.35 t^{0.3610} \mathrm{e}^{\frac{t^{0.3619+1}}{620.31}}$$　　　　　　（6-2-19）

根据油价、成本和费用等数据（油价：70美元/bbl；固定成本：28.9万元/井；可变成本：239.55元/t），计算得到区块经济极限产油量为5154.6t/月，结合前面预测的产量剖面，确定出无调整经济可采储量为 1516.60×10^4 t，有调整经济可采储量为 1568.21×10^4 t，调整增储为 51.61×10^4 t，提高采收率2.17个百分点。

三、水驱精细挖潜增加经济可采储量评价模型

对于一个区块，实施压裂、酸化、补孔、注水井层段细分/重组等精细挖潜措施，区块整体增油效果由这些措施效果共同构成。基于渗流力学原理，通过引入措施改造系数，推导建立措施增油量表达式。最后与无措施条件下产油量叠加便可得到全区产油变化规律。

（一）无调整产量模型

大庆油田1985年以后，为保持原油稳产，开采方式由自喷转向抽油，尤其是近几年来的大规模的"三换"，使油井流压远低于泡点压力，从而在油井附近形成脱气圈，渗流条件发生了变化。根据流态，可将油井渗流区划分成两个流动区域，在脱气区内考虑油气两相存在，在未脱气区内仅考虑油相。两个区域遵循不同的渗流规律。

依据油气两相渗流的赫氏理论和单相裘布依（Dupuit）公式，结合大庆油田油气相对渗透率曲线和高压物性特征，可以推出：

（1）单井产液量模型。

生产数据统计结果可推出含水条件下的单井产液量公式（通过相似分析已知含水率变化规律）：

$$q_{\mathrm{lu}} = \mathrm{e}^{bf_{\mathrm{w}}} J_{\mathrm{b}} \left[(p_{\mathrm{R}} - p_{\mathrm{f}}) - c(p_{\mathrm{b}} - p_{\mathrm{f}})^2 \right]$$　　　　　　（6-2-20）

（2）单井产油量计算模型：

$$q_{\mathrm{ou}} = \mathrm{e}^{bf_{\mathrm{w}}} J_{\mathrm{b}} (1 - f_{\mathrm{w}}) \left[(p_{\mathrm{R}} - p_{\mathrm{f}}) - c(p_{\mathrm{b}} - p_{\mathrm{f}})^2 \right]$$　　　　　　（6-2-21）

（3）全区产液量计算模型：

$$Q_{\mathrm{Lu}} = n_0 \mathrm{e}^{bf_{\mathrm{w}}} J_{\mathrm{b}} \left[(p_{\mathrm{R}} - p_{\mathrm{f}}) - c(p_{\mathrm{b}} - p_{\mathrm{f}})^2 \right]$$　　　　　　（6-2-22）

（4）全区产油量计算模型：

$$Q_{\mathrm{Ou}} = n_\mathrm{o} \mathrm{e}^{bf_{\mathrm{w}}} J_{\mathrm{b}} (1 - f_{\mathrm{w}}) \left[(p_{\mathrm{R}} - p_{\mathrm{f}}) - c(p_{\mathrm{b}} - p_{\mathrm{f}})^2 \right]$$　　　　　　（6-2-23）

式中　q_{ou}——单井产油量，t；

q_{lu}——单井产液量，t；

Q_{Ou}——全区产油量，t；

Q_{Lu}——全区产液量，t；

f_w——含水率；

J_b——流压高于泡点条件下采油指数，t/d；

p_R——地层压力，MPa；

p_f——流压，MPa；

p_b——饱和压力（泡点压力），MPa；

b，c——与油层流体性质相关的常数；

n_o——全区油井数，口。

（二）压裂增油量模型

由于压裂效果受到油层本身岩性物性参数、含水率、压裂设备、压裂液和填充砂的特性，以及工艺过程、管理方法等多种因素的影响，完全依靠矿场统计的油量、含水率变化在时间和区域上很难具有普遍性。因此应该从压裂改造油层机制出发，分析压裂对开发指标的作用特点。

从地质观点看，压裂在油井（或水井）附近人为地造一条高渗透带，从而增强油井渗流能力，并可用减小渗流阻力倍数来表征。此种情况下压裂井的产液量可修正为：

（1）单井增液量模型：

$$\Delta q_{lf} = e^{bf_w} J_b K_f \left[(p_R - p_f) - c(p_b - p_f)^2 \right] \qquad (6-2-24)$$

（2）单井增油量模型：

$$\Delta q_{of} = e^{bf_w} J_b (1 - f_w) K_f \left[(p_R - p_f) - c(p_b - p_f)^2 \right] \qquad (6-2-25)$$

（3）全区增液量模型：

$$\Delta Q_{lf} = K_f n_f e^{bf_w} J_b \left[(p_R - p_f) - c(p_b - p_f)^2 \right] \qquad (6-2-26)$$

（4）全区增油量模型：

$$\Delta Q_{Of} = K_f n_f e^{bf_w} J_b (1 - f_w) \left[(p_R - p_f) - c(p_b - p_f)^2 \right] \qquad (6-2-27)$$

式中　K_f——压裂改造措施系数；

　　　n_f——全区压裂井数，口。

（三）酸化增油量模型

从渗流力学角度看，酸化在油井（或水井）附近人为地扩大了油水井打开面积，从而增强油井渗流能力、水井吸水能力，可用措施改造系数 K_a 来表征，若酸化油井数为 n_a，则酸化后增液量、增油量模型为：

（1）单井增液量模型：

$$\Delta q_{la} = e^{bf_w} J_b K_a \left[(p_R - p_f) - c(p_b - p_f)^2 \right] \qquad （6-2-28）$$

（2）单井增油量模型：

$$\Delta q_{oa} = e^{bf_w} J_b (1 - f_w) K_a \left[(p_R - p_f) - c(p_b - p_f)^2 \right] \qquad （6-2-29）$$

（3）全区增液量模型：

$$\Delta Q_{La} = K_a n_a e^{bf_w} J_b \left[(p_R - p_f) - c(p_b - p_f)^2 \right] \qquad （6-2-30）$$

（4）全区增油量模型：

$$\Delta Q_{Oa} = K_a n_a e^{bf_w} J_b (1 - f_w) \left[(p_R - p_f) - c(p_b - p_f)^2 \right] \qquad （6-2-31）$$

（四）补孔增油量模型

从渗流力学角度看，补孔在油井（或水井）附近人为地扩大了油藏与井筒之间的渗流通道，从而增强油井渗流能力、水井吸水能力，可用措施改造系数 K_p 来表征，若补孔油井数为 n_p，则补孔后增液量、增油量公式为：

（1）单井增液量模型：

$$\Delta q_{lp} = e^{bf_w} J_b K_p \left[(p_R - p_f) - c(p_b - p_f)^2 \right] \qquad （6-2-32）$$

（2）单井增油量模型：

$$\Delta q_{op} = e^{bf_w} J_b (1 - f_w) K_p \left[(p_R - p_f) - c(p_b - p_f)^2 \right] \qquad （6-2-33）$$

（3）全区增液量模型：

$$\Delta Q_{Lp} = K_p n_p e^{bf_w} J_b \left[(p_R - p_f) - c(p_b - p_f)^2 \right] \qquad （6-2-34）$$

（4）全区增油量模型：

$$\Delta Q_{Op} = K_p n_p e^{bf_w} J_b (1 - f_w) \left[(p_R - p_f) - c(p_b - p_f)^2 \right] \qquad （6-2-35）$$

（五）注水井细分 / 重组增油量模型

从渗流力学角度看，注水井细分 / 重组人为地提高了注水井吸水效率，进而提高了周围油井的液量，可用措施改造系数 K_w 来表征，若注水井细分 / 重组井数为 n_w，注采井数比为 F_{now}，则注水井细分 / 重组后增液量、增油量模型为：

（1）单井增液量模型：

$$\Delta q_{lw} = e^{bf_w} J_b K_w \left[(p_R - p_f) - c(p_b - p_f)^2 \right] \qquad (6-2-36)$$

（2）单井增油量模型：

$$\Delta q_{ow} = e^{bf_w} J_b (1 - f_w) K_w \left[(p_R - p_f) - c(p_b - p_f)^2 \right] \qquad (6-2-37)$$

（3）全区增液量模型：

$$\Delta Q_{Lw} = K_w \frac{n_w}{F_{now}} e^{bf_w} J_b \left[(p_R - p_f) - c(p_b - p_f)^2 \right] \qquad (6-2-38)$$

（4）全区增油量模型：

$$\Delta Q_{Ow} = K_w \frac{n_w}{F_{now}} e^{bf_w} J_b (1 - f_w) \left[(p_R - p_f) - c(p_b - p_f)^2 \right] \qquad (6-2-39)$$

（六）实例计算

以杏六区东部为例，首先对无调整情况下产量进行预测。杏六区东部在 2017 年实施精细挖潜调整，为已实施但未进入稳定递减阶段区块。选取区块渗流力学参数，应用工具软件计算无调整产量。

$$Q_{Ou} = n_o e^{bf_w} J_b (1 - f_w) \left[(p_R - p_f) - c(p_b - p_f)^2 \right] \qquad (6-2-40)$$

$$Q_{Ou} = 9059 e^{0.02411 \times (0.9492 + 0.0004t)} \times (150 - 0.005t) \times (0.0508 - 0.0004t) \qquad (6-2-41)$$

无调整产量预测结束后，基于相似区块增油措施及增油规律对措施改造系数进行回归，得出措施改造随措施参数变化规律，与无调整产量相乘便可得到各措施增油效果，然后进行有调整增油量预测。

将无调整产量和措施增油量相加得到有调整产量。根据油价、成本和费用等数据（油价：70 美元 /bbl；固定成本：28.86 万元 / 井；可变成本：312.99 元 /t），计算得到区块经济极限产油量为 4912.2t/ 月，结合前面预测的产量剖面，确定出无调整经济可采储量为 $2198.76 \times 10^4 t$，有调整经济可采储量为 $2237.65 \times 10^4 t$，调整增储为 $38.89 \times 10^4 t$，提高采收率 1.05 个百分点。

四、化学驱增加经济可采储量评价模型

（一）增长曲线法

油田实际生产中的化学驱动态曲线往往存在一定的波动性，会影响到对其进行有效的定量预测分析。因此建立包含有若干特征参数的动态预测模型，然后与实际动态曲线进行

拟合，就可以预测并把握化学驱动态曲线的变化趋势，分析这些回归得到的预测模型的特征参数，就可以进行化学驱生产动态的变化规律的预测。

1. 开发指标预测模型建立

1) 含水预测模型

考虑到化学驱含水率曲线先下降后上升的特点，呈现出漏斗形状，并且当 $t \to \infty$，对于含水率变化曲线有 $\Delta f \to 0$，可采用增长曲线法进行含水率预测。

通过转换变形，含水率变化公式可用式（6-2-42）表示。

$$f_{\mathrm{w}} = f_{\mathrm{w0}} + \Delta f_{\mathrm{wmax}} \left(\frac{Z - Z_0}{Z_1 - Z_0} \right)^b \mathrm{e}^{b\left(1 - \frac{Z - Z_0}{Z_1 - Z_0}\right)} \tag{6-2-42}$$

式中　f_{w0}——空白水驱结束时刻含水率；

Δf_{wmax}——含水率最大下降幅度值；

Z——累计注入 PV 数；

Z_0——注聚见效时刻；

Z_1——含水率下降到最大幅度时对应的累计注入 PV 数；

b——待定系数。

其中待定参数包括 Z_0、Z_1、b、Δf_{wmax}，可通过后续待定参数回归公式求得。

2) 产油预测模型

考虑到化学驱产油量曲线先上升后下降的特点，呈现出倒漏斗形状，并且当 $t \to \infty$，对于产油量变化曲线有 $\Delta q \to 0$，可采用增长曲线法进行产油量预测。

通过转换变形，产油量变化公式可用式（6-2-43）表示。

$$q_{\mathrm{o}} = q_{\mathrm{o0}} + \Delta q_{\mathrm{omax}} \left(\frac{Z - Z_0}{Z_1 - Z_0} \right)^b \mathrm{e}^{b\left(1 - \frac{Z - Z_0}{Z_1 - Z_0}\right)} \tag{6-2-43}$$

式中　q_{o0}——空白水驱结束时刻产油量，t；

Δq_{omax}——增油最大幅度值，t；

Z——累计注入 PV 数；

Z_0——注聚见效时刻；

Z_1——增油达到最大幅度值时对应的累计注入 PV 数；

b——待定系数。

其中待定参数包括 Z_0、Z_1、b、Δq_{omax}，可通过后续待定参数回归公式求得。

2. 待定参数求取

结合已实施且已进入稳定递减阶段区块化学驱区块相关参数数据，对注聚见效时刻累计注入 PV 数 Z_0，达到最大产油量对应的累计注入 PV 数 Z_1，最大增油量和系数 b 进行回归。

1) 建立矩阵

通过对化学驱基础数据处理、参数提取、参数相关度分析后，对所选参数建立相关矩阵，进行多元回归求解。矩阵见式（6-2-44）至式（6-2-48），分别为注聚见效时刻累计注入 PV 数关于参数的矩阵方程，见效高峰时刻累计注入 PV 数关于参数的矩阵方程，最大含水率下降幅度值关于参数的矩阵方程，最大增油量关于参数的矩阵方程，b 值关于参数的矩阵方程。

$$\boldsymbol{Z}_0 = \begin{bmatrix} Z_{01} \\ Z_{02} \\ Z_{03} \\ \cdots \\ Z_{0n} \end{bmatrix} \boldsymbol{X}_{i,j} = \begin{bmatrix} x_{1,1} & x_{1,2} & \cdots & x_{1,7} \\ x_{2,1} & x_{2,2} & \cdots & x_{2,7} \\ x_{3,1} & x_{3,2} & \cdots & x_{3,7} \\ \cdots & \cdots & \cdots & \cdots \\ x_{n,1} & x_{n,2} & \cdots & x_{n,7} \end{bmatrix} \qquad （6-2-44）$$

$$\boldsymbol{Z}_1 = \begin{bmatrix} Z_{11} \\ Z_{12} \\ Z_{13} \\ \cdots \\ Z_{1n} \end{bmatrix} \boldsymbol{X}_{i,j} = \begin{bmatrix} x_{1,1} & x_{1,2} & \cdots & x_{1,7} \\ x_{2,1} & x_{2,2} & \cdots & x_{2,7} \\ x_{3,1} & x_{3,2} & \cdots & x_{3,7} \\ \cdots & \cdots & \cdots & \cdots \\ x_{n,1} & x_{n,2} & \cdots & x_{n,7} \end{bmatrix} \qquad （6-2-45）$$

$$\Delta \boldsymbol{f}_{\mathrm{wmax}} = \begin{bmatrix} \Delta f_{\mathrm{wmax}1} \\ \Delta f_{\mathrm{wmax}2} \\ \Delta f_{\mathrm{wmax}3} \\ \cdots \\ \Delta f_{\mathrm{wmax}\,n} \end{bmatrix} \boldsymbol{X}_{i,j} = \begin{bmatrix} x_{1,1} & x_{1,2} & \cdots & x_{1,7} \\ x_{2,1} & x_{2,2} & \cdots & x_{2,7} \\ x_{3,1} & x_{3,2} & \cdots & x_{3,7} \\ \cdots & \cdots & \cdots & \cdots \\ x_{n,1} & x_{n,2} & \cdots & x_{n,7} \end{bmatrix} \qquad （6-2-46）$$

$$\Delta \boldsymbol{q}_{\mathrm{omax}} = \begin{bmatrix} \Delta q_{\mathrm{omax}1} \\ \Delta q_{\mathrm{omax}2} \\ \Delta q_{\mathrm{omax}3} \\ \cdots \\ \Delta q_{\mathrm{omax}\,n} \end{bmatrix} \boldsymbol{X}_{i,j} = \begin{bmatrix} x_{1,1} & x_{1,2} & \cdots & x_{1,7} \\ x_{2,1} & x_{2,2} & \cdots & x_{2,7} \\ x_{3,1} & x_{3,2} & \cdots & x_{3,7} \\ \cdots & \cdots & \cdots & \cdots \\ x_{n,1} & x_{n,2} & \cdots & x_{n,7} \end{bmatrix} \qquad （6-2-47）$$

$$\boldsymbol{b} = \begin{bmatrix} b_1 \\ b_2 \\ b_3 \\ \cdots \\ b_n \end{bmatrix} \boldsymbol{X}_{i,j} = \begin{bmatrix} x_{1,1} & x_{1,2} & \cdots & x_{1,7} \\ x_{2,1} & x_{2,2} & \cdots & x_{2,7} \\ x_{3,1} & x_{3,2} & \cdots & x_{3,7} \\ \cdots & \cdots & \cdots & \cdots \\ x_{n,1} & x_{n,2} & \cdots & x_{n,7} \end{bmatrix} \qquad （6-2-48）$$

2）确定回归方程

基于相关矩阵计算各参数系数，通过多元回归建立 Z_0、Z_1、最大增油量、最大含水率下降值和系数 b 回归方程，见式（6-2-49）至式（6-2-53）。

$$Z_0 = a_0 + a_1 K + a_2 h + a_3 f_{w0} + a_4 R_0 + a_5 \eta_{聚} + a_6 I_{PV} + a_7 v \qquad (6-2-49)$$

$$Z_1 = b_0 + b_1 K + b_2 h + b_3 f_{w0} + b_4 R_0 + b_5 \eta_{聚} + b_6 I_{PV} + b_7 v \qquad (6-2-50)$$

$$\Delta f_{wmax} = c_0 + c_1 K + c_2 h + c_3 f_{w0} + c_4 R_0 + c_5 \eta_{聚} + c_6 I_{PV} + c_7 v \qquad (6-2-51)$$

$$\Delta q_{omax} = d_0 + d_1 K + d_2 h + d_3 f_{w0} + d_4 R_0 + d_5 \eta_{聚} + d_6 I_{PV} + d_7 v \qquad (6-2-52)$$

$$b = g_0 + g_1 K + g_2 h + g_3 f_{w0} + g_4 R_0 + g_5 \eta_{聚} + g_6 I_{PV} + g_7 v \qquad (6-2-53)$$

式中　K——油层平均渗透率，mD；

　　　h——油层有效厚度，m；

　　　f_{w0}——空白水驱结束时刻含水率；

　　　R_0——空白水驱结束时刻采出程度；

　　　$\eta_{聚}$——化学剂浓度，mg/L；

　　　I_{PV}——累计注入 PV 数；

　　　v——注入速度，PV/a。

目标区块以上参数均可从化学驱油方案和开发动态数据表中获得，在此基础上，求解得到目标区块特征点及重要参数取值，结合所建立的含水率、产油预测模型便可对目标区块进行预测，最终结合经济极限产量便可求得目标区块经济可采储量。

3. 实例计算

以北一区中块为例进行计算。首先对无调整情况下产量进行预测。北一区中块在 1996—2001 年实施化学驱。选取 1994—1995 年数据作为调整前数据，应用工具软件计算无调整情况下递减率、无调整情况下产量。

然后对化学驱产油量进行计算，根据区块化学驱参数，选择所属模式，应用工具软件计算化学驱产量。

根据油价、成本和费用等数据（油价：70 美元 /bbl；固定成本：27.23 万元 / 井；可变成本：199.19 元 /t），计算得到区块经济极限产油量为 199.5t/ 月，结合前面预测的产量剖面，确定出无调整经济可采储量为 $620.31 \times 10^4 t$，有调整经济可采储量为 $840.89 \times 10^4 t$，调整增储为 $220.58 \times 10^4 t$，提高采收率 11.84 个百分点。

将各月产量叠加至经济极限产量时间，可得无调整情况下剩余经济可采储量，见式（6-2-54）。

$$N_{P1} = \sum_{T_0}^{T_1} 2.52 e^{-0.008467t} \qquad (6-2-54)$$

目标区块有调整剩余经济可采储量见式（6-2-55）。

$$N_{P2} = \sum_{T_0}^{T_2} 2.55 + 6.1895 \left(\frac{Z - 0.01041}{0.2358 - 0.01041} \right)^2 e^{2\left(1 - \frac{Z - 0.01041}{0.2358 - 0.01041}\right)} \quad (6-2-55)$$

进行化学驱调整后经济可采储量增量见式（6-2-56）。

$$\Delta N = \sum_{T_0}^{T_2} 2.55 + 6.1895 \left(\frac{Z - 0.01041}{0.2358 - 0.01041} \right)^2 e^{2\left(\frac{Z - 0.01041}{0.2358 - 0.01041}\right)}$$
$$- \sum_{T_0}^{T_1} 2.52 e^{-0.008467t} \quad (6-2-56)$$

（二）支持向量机法

支持向量机法是在已明确已知区块影响因素的前提下通过引入支持向量机原理对已知区块特征值进行训练，通过选择合适的核函数得出特征值训练模型，结合目标区块影响因素可预测出目标区块特征值，最终结合定量表征预测方法对注聚阶段开发指标进行预测。

1. 开发指标预测模型建立

1）含水预测模型

含水预测模型依据已开发区块的含水率变化规律，建立了正弦函数加双曲递减函数的预测模型。

含水预测模型第一段函数：

$$f = f_{w0} - \frac{1}{2} \Delta f_{wmax} \left\{ 1 - \cos \left[\frac{\pi \left(t - t_{q0} \right)}{t_{qmax} - t_{q0}} \right] \right\} \quad (6-2-57)$$

含水预测模型第二段函数：

$$f = f_{wi} + 0.01 f_{wi} / \left\{ 1 + \left[1 + 0.5 D_i \left(t - t_i \right) \right]^{(-0.5)} \right\} \quad (6-2-58)$$

分界点为：

$$t_i = t_{wmax} + \frac{1}{3} \left(t_{wmax} - t_{w0} \right) \quad (6-2-59)$$

式中 　t_{qmax}——产量最大时对应的累计注入 PV 数；

　　　t_{q0}——注聚见效时刻注入的 PV 数；

　　　f_{wi}——分段含水率；

　　　D_i——初始递减率；

　　　f_{w0}——空白水驱结束时刻含水率；

　　　Δf_{wmax}——含水率最大下降幅度值；

　　　t——累计注入 PV 数；

t_{w0}——注聚见效时刻；

t_{wmax}——含水率下降到最大幅度时对应的累计注入 PV 数；

t_i——分界点对应的累计注入 PV 数。

其中待定参数包括 t_{w0}、t_{wmax}、Δf_{wmax}，可通过支持向量机特征值训练模型求得。

2）产油预测模型

依据已开发区块的月产油量变化规律，建立了余弦函数加双曲递减函数的预测模型。

产油预测模型第一段函数：

$$q = q_{o0} + \Delta q_{max} \sin\left[\frac{\pi(t - t_{w0})}{2(t_{wmax} - t_{w0})} \right] \qquad (6-2-60)$$

产油预测模型第二段函数：

$$q = q_{oi}\left[1 + 0.5D_i(t - t_i) \right]^{(-1/0.5)} \qquad (6-2-61)$$

分界点为：

$$t_i = t_{wmax} + \frac{1}{3}(t_{wmax} - t_{w0}) \qquad (6-2-62)$$

式中　q_{o0}——空白水驱结束时刻产油量，t；

Δq_{max}——增油最大值，t。

其中待定参数包括 Δq_{max}，可通过支持向量机特征值训练模型求得。

2. 待定参数求取

支持向量机法是通过在预测特征值方面，引入支持向量机原理，通过选定合适的核函数，把众多的影响因素分别映射到高维空间上去，将开发指标和影响因素转换呈线性关系。该方法以训练误差作为优化问题的约束条件，以置信范围值最小化作为优化目标，将算法转化为一个求凸二次优化问题的全局最优解，从总体样本中挑选出少数具有代表性的样本，即所谓支持向量，构建拟合函数。

拟合函数为：

$$y(x) = \sum_{j=1}^{n} \beta_j K(x_i, \ x_j) + b_0 \qquad (6-2-63)$$

式中　n——输入样本的个数；

$K(x_i, \ x_j)$——核函数，常用的核函数有多项式核函数、RBF 核函数和 sigmoid 核函数。

系数 b_0，β_1，β_2，$\cdots$，β_n 变成下述二次规划问题的解：

$$\min \Omega(\beta) = \frac{1}{2} \sum_{j-1}^{n} \beta_j^2 \qquad (6-2-64)$$

$$y_i - \sum_{j-1}^{n} \beta_j K\left(x_i,\ x_j\right) - b_0 \leqslant \varepsilon \qquad (6\text{-}2\text{-}65)$$

$$\sum_{j-1}^{n} \beta_j K\left(x_i,\ x_j\right) + b_0 - y_i \leqslant \varepsilon,\ \ i=1,2,\cdots,n \qquad (6\text{-}2\text{-}66)$$

其中，式（6-2-64）至式（6-2-66）体现了支持向量机预测误差最小化和推广能力最强的准则。将求得的系数和确定的核函数类型带入式（6-2-63）可得到拟合函数。通过拟合函数便可求得特征值。

3. 实例计算

以北一区中块为例进行计算。首先对无调整情况下产量进行预测。北一区中块在 1996—2001 年实施化学驱。选取 1994—1995 年数据作为调整前数据，应用工具软件计算有调整情况下递减率和产量。

然后对化学驱产油量进行计算，根据区块化学驱参数，选择所属模式，应用工具软件计算化学驱产量。

根据油价、成本和费用等数据（油价：70 美元 /bbl；固定成本：27.23 万元 / 井；可变成本：199.19 元 /t），计算得到区块经济极限产油量为 199.5t/ 月，结合前面预测的产量剖面，确定出无调整经济可采储量为 620.31×10^4t，有调整经济可采储量为 855.98×10^4t，调整增储为 235.67×10^4t，提高采收率 12.65 个百分点。

将各月产量叠加至经济极限产量时间，可得无调整情况下剩余经济可采储量，见式（6-2-67）。

$$N_{P1} = \sum_{T_0}^{T_1} 2.52\mathrm{e}^{-0.008467t} \qquad (6\text{-}2\text{-}67)$$

目标区块有调整剩余经济可采储量见式（6-2-68）。

$$N_{P2} = \sum_{T_0}^{T_{21}} 2.52 + 6.1895\left\{1 - \cos\left[\frac{\pi(t-0.01041)}{0.2358-0.01041}\right]\right\}$$
$$+ \sum_{T_0}^{T_{22}} 2.52 + 6.1895\left[1 + 0.0194 \times 0.6(t-0.1432)\right]^{(-1/0.6)} \qquad (6\text{-}2\text{-}68)$$

进行化学驱调整后经济可采储量增量见式（6-2-69）。

$$\Delta N = \sum_{T_0}^{T_{21}} 2.52 + 6.1895\left\{1 - \cos\left[\frac{\pi(t-0.01041)}{0.2358-0.01041}\right]\right\}$$
$$+ \sum_{T_0}^{T_{22}} 2.52 + 6.1895\left[1 + 0.0194 \times 0.6(t-0.1432)\right]^{(-1/0.6)} - \sum_{T_0}^{T_1} 2.52\mathrm{e}^{-0.008467t} \qquad (6\text{-}2\text{-}69)$$

第三节 大庆油田多构成条件下合理储采比界限

储采比是反映一个国家、地区或油田储量保证程度的一个重要指标，通过储采比可以分析、判断油田是否具备可持续发展性、是否实现了资源接替的良性循环。一个油田要想实现稳产或长期可持续开采，则要求每年必须增加一定的可采储量来平衡或减缓产量的递减，以保证一定的储采比，即有一个合理的储采比界限。但由于不同油田其地质特征、开采方式、所处开发阶段、经济技术条件等的不同，其储采比变化趋势也不同，保持稳产的合理储采比也不同。

一、储采比变化历程

对一般油田而言，随着开发的不断深入，储采比变化主要分为以下几个阶段：在上产阶段，产量迅速增加，剩余可采储量减少，随着采出程度的提高，储采比主要呈现快速下降趋势；在油田稳产阶段，由于年产油量基本保持稳定，这一时期基本属于高速采油阶段，油田增储一般很难弥补产量造成的亏空，所以储采比也主要呈下降趋势，但降幅要比上产阶段小；在油田开发后期，产量进入递减阶段，由于各油田的递减规律不同，储采比的变化趋势不同，但储采比在这一阶段变化相对平缓。根据大庆油田的产量变化趋势，划分了不同开发阶段，并对各阶段储采比的变化进行了分析。

（一）储采比变化历史分析

1. 自投产至今，大庆油田总的储采比呈下降趋势，但降幅逐渐变小

大庆油田于 1960 年 5 月投入开发，主要经历基础井网、井网加密、注采系统调整、长垣南部和外围油田逐步投入开发、聚合物驱油技术全面推广应用等开发调整过程，从 1976 年到 2002 年在 $5000 \times 10^4 t$ 以上稳产了 27 年。

从大庆油田总的储采比变化趋势可以看出，随着油田采出程度的提高，总的储采比逐渐下降，由投产初期的 48 降到目前的 10.8，但降幅逐渐变小，自 1976 年上产 $5000 \times 10^4 t$ 到 2002 年结束稳产，储采比从 16.6 下降到 11.8，27 年的时间只减少了 4.8，储采比降幅变缓一方面说明这一阶段的储量增长状况与产油量基本上保持平衡，另一方面也与油田本身的产量递减有关。虽说储采比降幅变小，但油田储采失衡的矛盾并没有根本改变，从储采平衡系数的变化也可以看出这一点，在稳产前期，储采平衡系数逐渐变大并连续 8 年保持在 1 以上，但自 1993 开始，储采平衡系数一直小于 1，到 2002 年只有 0.52，2009 年为 0.62。

2. 不同阶段，储采比变化规律不同，$5000 \times 10^4 t$ 以上稳产的储采比基本在 12 以上

1）在上产阶段，储采比呈快速下降趋势

1960—1975 年为开发建设阶段，储采比从 48 快速下降到 18，降低了 63%。主要原

因是在这一时期明确提出了"早期内部注水，保持压力采油"的开发原则，并在实践中逐步发展了以"六分四清"为主要内容的分层开采技术，在发挥主力油层作用的同时，进一步作好注水调整，改造和挖掘较差油层生产潜力的工作，使油田年产油量迅速上升到 4626×10^4 t，虽然这一时期增加的可采储量大于产油量，但由于油田处于快速上产阶段，所以储采比仍快速下降。

2）在 5000×10^4 t 以上稳产阶段，储采比继续平缓下降

从 1976 年到 2002 年，大庆油田实现了原油 5000×10^4 t 以上高产稳产 27 年，这一时期储采比由 16.6 下降到 11.8，降低了 28.9%，降幅较为平稳。由于整个稳产期油田所采用的技术和做法不同，进一步分为以下 3 个阶段进行详细分析：

（1）"五五"期间（1976—1980 年），储采比由 16.6 下降到 14.4，下降了 13.3%。这一阶段稳产仍然靠基础井网，主要采取了"四个"立足的技术政策，通过不断提高注水强度，提高油田压力水平，放大生产压差，并对主力油层进行细分注水、平面调整、压裂改造、分层堵水等措施，不断提高注水波及体积，实现了中含水期的油田稳产，这一阶段累计产油 25324.6×10^4 t，累计增加可采储量 12787×10^4 t，阶段储采平衡系数 0.5，新增储量难以弥补产量造成的亏空，致使储采比不断降低。

（2）"六五""七五"期间（1981—1990 年），储采比呈先下降后上升趋势，阶段初为 13.7，阶段末为 13.4，基本保持稳定。这一阶段的技术政策主要采取"三个转变"：即调整措施从"六分四清"为主的综合调整转变到以钻细分层系的调整井为主；开发方式由自喷开采逐步转变到全面机械采油；挖潜对象从高渗透主力油层逐步转变到中低渗透率的非主力油层。"六五"稳产期间，基础井网产量开始出现递减，年均递减幅度在 5% 左右，此时基础井的储采比在 15 左右，由于递减率小于储采比的倒数，所以储采比仍呈下降趋势，同时投入的一次加密井储采比较低，在 10 左右，致使老区总的储采比呈下降趋势。虽然此时长垣南部和外围油田陆续投产，但由于处在上产初期，其各自的储采比也呈下降趋势，长垣南部从 9.1 降到 8.7，外围油田从 18.3 降到 7.8，由于大庆油田各个结构的储采比都呈下降趋势，所以总的储采比也呈下降趋势，由"六五"初期的 13.7 下降到 12.6。"七五"稳产期间，基础井网的产量递减率加大，年均递减幅度在 7% 左右，此时的递减率大于储采比的倒数，基础井储采比开始上升，此时一次加密井的储采比基本保持平稳，但由于其产量比例仅占 40%，所以老区总的储采比呈上升趋势，同时长垣南部和外围油田此时增储速度也逐渐加快，储采比不断上升，南部的储采比从 9.7 升到 13.3，外围油田的储采比从 6.1 升到 14.6，由于各个结构的储采比都呈上升趋势，所以大庆油田总的储采比也呈上升趋势，由"七五"初期的 12.8 上升到 13.4。

（3）"八五"以来，储采失衡矛盾突出，储采比继续呈下降趋势。

从"八五"期间（1991—1995 年）至 2002 年稳产结束，大庆油田总的储采比仍呈下降趋势，由 13.6 下降到 11.8。分析原因一是油田仍处于储采不平衡状态，该阶段累计增加可采储量 46476×10^4 t，累计采油 65609.7×10^4 t，阶段储采平衡系数 0.7，由于储采不平衡性导致储采比继续下降；二是采油速度较高、储采比较低的三次采油于 1996 年大规模

投入开发，使储采比下降。到 2002 年三次采油产量已达 $1200 \times 10^4 t$，储采比却从投入初期的 11 迅速下降到 5.3，而长垣水驱此时除继续投产二次加密井外，开始进行三次加密调整，同时进行了大量注水结构调整、产液结构调整和注采系统调整，储采比基本稳定在 13 左右，由于三次采油储采比的快速下降，使老区总的储采比呈下降趋势；外围油田虽不断上产，但增储规模也不断扩大，储采比略有下降但基本稳定在 12 以上，由于老区和外围的储采比都呈下降趋势，致使大庆油田总的储采比也呈下降趋势。

3）稳产结束至今，储采比继续平缓下降

自 2003 年结束 $5000 \times 10^4 t$ 稳产至 2009 年，大庆油田总的储采比继续平缓下降，由 11.7 降到 10.8。分析原因一是储采不平衡造成，年均储采平衡系数只有 0.5 左右，长垣老区只有 0.2 左右，虽然近几年储采失衡状况有所好转，但新增储量主要集中在外围油田，2007 年以来，外围油田新增储量比例一直在 60% 以上（表 6-3-1），由于外围油田储量品位差，所以开采难度大。二是三次采油储采比较低，目前只有 4 左右，而长垣基础井、一次加密井的储采比呈上升趋势，二次加密井的储采比基本保持稳定，但其产量比例较小，因而长垣水驱储采比呈上升趋势，但整个老区的储采比呈下降趋势；外围油田储采比略有上升，但幅度不大，同时其产量比例较小，只有 10% 左右，所以整个大庆油田的储采比由 2003 年的 11.7 降低到 2009 年的 10.8。

表 6-3-1　大庆油田新增可采储量构成

年份	长垣水驱		三次采油		长垣外围		海塔	
	储量 $/10^4 t$	比例 /%	储量 $/10^4 t$	比例 /%	储量 $/10^4 t$	比例 /%	储量 $/10^4 t$	比例 /%
2001	1100	32.1	1506	43.9	827	24.1		
2002	946	36.1	1182	45.0	407	15.5	90	3.4
2003	628	32.3	821	42.2	419	21.5	78	4.0
2004	621	25.8	1005	41.8	479	19.9	301	12.5
2005	349	14.9	532	22.7	1225	52.2	142	10.3
2006	241	12.2	672	34.1	662	33.6	398	20.2
2007	309	12.4	456	18.3	1399	56.1	328	13.2
2008	171	6.8	640	25.4	1435	57.0	274	10.9
2009	153	6.2	658	26.7	710	28.8	942	38.2

通过对大庆油田不同开发阶段储采比变化分析，可以得出以下几点认识：

一是大庆油田总的储采比呈下降趋势，但降幅逐渐变小。总储采比的变化受各结构储采比变化的影响，产量变化规律不同，增储情况不同，储采比变化也不相同。

二是油田稳产规模与一定的储采比界限有关。大庆油田 $5000 \times 10^4 t$ 以上稳产的储采比界限基本在 12 以上，当储采比低于该界限时，油田产量开始递减。

三是要针对大庆油田多种开发结构并存的现实，分别研究不同结构的储采比变化趋势，进而确定大庆油田原油 $4000 \times 10^4 t$ 持续稳产期间的储采比。

（二）与国内外典型油田的对比

为了解和掌握国内外典型油田稳产期间的储采比变化，以便与大庆油田进行对比分析，选取了几个比较有代表性的油田，分别是俄罗斯的萨马特洛尔、罗马什金，以及国内的胜利油田，并对各油田稳产期的一些关键指标做了对比（表 6-3-2）。在这里，由于各个油田储量不同，年产油量差别较大，所以稳产期的划分以童宪章关于稳产期的划分标准为依据，即最大年产油量到最大年产油量的 0.8 倍的整个开发阶段都为稳产期。

表 6-3-2　国内外典型油田稳产期指标统计表

油田名称	稳产年份	稳产年限 / 年	稳产期末可采储量采出程度 /%	稳产期末可采储量采油速度 /%	稳产期末综合含水率 /%	稳产期开始储采比	稳产期结束储采比
罗马什金	1964—1978	15	52.2	2.7	59.7	35.0	16.2
萨马特洛尔	1977—1984	8	43.5	3.8	61.0	23.6	15.7
胜利	1985—2002	18	76.2	2.6	89.9	9.5	8.8
喇萨杏	1974—2004	31	80.2	1.9	90.3	19.1	11.3
大庆	1976—2002	27	75.2	2.2	88.0	16.7	11.8

通过对上述几个典型油田的对比分析，可以得出以下认识：

（1）不论国内油田还是国外油田，稳产期的储采比都呈下降趋势，但国外油田降幅要快一些，国内油田降幅相对平缓。考虑到稳产期长短的影响，国外油田年均降幅在 3.5% 以上，而胜利和大庆油田年均降幅则分别只有 0.4% 和 1.1%。

（2）国外油田无论是稳产期初始还是结束期，储采比都要高一些，表 6-3-2 中两个国外油田结束稳产的储采比分别为 16.2 和 15.7。分析原因主要是国外油田一般在较低含水率及采出程度阶段就进入稳产期，从表 6-3-2 可以看出，稳产结束时含水率基本在 60% 左右，可采储量采出程度也只略高于 50%，但采油速度却相对较高，这一方面说明稳产结束时还有相当数量的可采储量留在地层中，另一方面说明国外油田在投产不久就通过迅速提高采油速度实现稳产，所以其稳产期与国内油田相比也要短一些。

（3）与国外油田不同，国内油田稳产结束时储采比要低一些，见表 6-3-2，胜利油田稳产结束时储采比只有 8.8，大庆油田虽略高一些但也只有 11.8。主要原因是国内油田在实现稳产的过程中不单只提高采油速度，还通过不断增加新的可采储量来弥补产量亏空，所以其稳产时间较长，稳产结束时含水率及采出程度较高，无论胜利还是大庆油田，其结束稳产时采出程度均已达到 75% 以上，含水率接近 90%，说明国内油田稳产结束时地层中剩余可采储量较少，开发效果较好。

上文对大庆油田的储采比变化历程进行了分析，并与国内外部分典型油田做了对比，从中可以看出，随着油田开发的不断深入，储采比下降是普遍的趋势，但降幅却并不相同，尤其是在保持油田稳产时，储采比不宜过低，否则油田将不可避免地进入递减阶段。大庆油田在 $5000 \times 10^4 t$ 以上稳产期间采取了加大老井综合调整力度、新井加密调整、长垣南部和外围油田陆续投入开发、三次采油规模化推广应用等切实有效的增储和保稳产措施，在实现稳产的同时，储采比虽有下降但降幅很小，稳产结束时基本保持在 12 以上。如今，大庆油田已进入特高含水期，剩余可采储量主要集中在特高含水井层，新增储量也主要集中在外围低渗透层，动用难度大，为实现原油 $4000 \times 10^4 t$ 持续稳产，在加快提交优质储量的同时，还必须加大提高采收率技术的研究及应用力度，合理优化长垣水驱、三次采油及外围油田的不同产量结构，研究各部分的增储潜力，预测不同结构的储采比变化趋势，在保证大庆油田稳产目标的前提下，确定合理的储采比界限[6-11]。

二、多构成油田储采比理论模型

（一）合理储采比含义

目前对合理储采比还没有一个统一、明确的定义，常用的表述形式主要有以下几种：

1. 包括探明储量和已投产部分储量计算的储采比

如苏联在石油工业中，通常利用储采比来概算储量增长计划和勘探工作量，并提出了A+B级储量的合理储采比为 20，其意义为如果低于这个储采比的话，原油产量便不可能再增加了，这是根据苏联的具体情况而制定的。

2. 已动用部分储量计算的储采比，即开发上常用的储采比

1）合理储采比就是油田保持稳产最后一年所对应的储采比

此种观点从油田稳产与储采比的关系出发，对合理储采比只定义其下限值，即油田保持稳产的最后一年对应的储采比。油田要保持相对稳产，储采比必须大于或等于此值，否则油田产量将出现大幅度递减。

2）合理储采比就是一定技术经济条件下尽可能低的储采比

从开发上讲，不追求稳产时间的长短，追求尽可能低的储采比，使有限的储量资源在尽可能短的时间内实现其价值，这个"尽可能低的储采比"就是合理储采比。国际石油公司的储采比一般为 11 左右，由于产量最大化始终是国际各大石油公司的经营理念，因此这样的储采比基本可以认为已达合理下限值。而我国陆上油田按 SEC 标准计算的储采比为 13 左右，可将此值作综合平均使用。

对于某一特定油田，在合理"开发方式、开发层系组合、井网密度、生产压差、开发速度"条件下的储采比就是合理储采比，其取值应该是一个范围。因为油田在追求效益的同时，还受到产量目标的约束，在实现阶段目标的前提下，还要考虑长远发展，其合理的储采比应该在一定的区域内取得。

就大庆油田而言，其总的储采比受不同开发结构的影响，并且各结构储采比变化规律也不相同，所以其合理储采比不单是针对整个油田，还要满足各个结构都处在相对合理的范围内，这种意义下的储采比才是大庆油田的合理储采比。

（二）储采比影响因素

1. 采油速度

储采比的大小与年产量有关，可采储量不变时产量越高则储采比越小，而采油速度的高低主要取决于油田的地质特性，也取决于生产方式的选择。

1）地质条件

喇萨杏油田自北向南分为喇嘛甸、萨尔图、杏树岗三个油田。萨、葡油层由于受自北向南沉积方向的控制，北部相对靠近物源区，以三角洲平原相沉积为主，局部还有泛滥平原相的沉积，而南部靠近松辽古湖盆的中央，是以三角洲前缘相沉积为主，少数层相变为前三角洲的泥岩沉积。由于受这种总的沉积背景的控制，使得储层具有以下变化特点：

储油砂岩总厚度北部大，向南逐渐变小，喇嘛甸地区为79.7m，杏南地区45.6m。砂岩厚度占整个地层厚度的比例，喇嘛甸至萨中地区高达0.44～0.37，而杏北至杏南地区仅为0.26～0.19。单层砂岩厚度是北厚南薄，而砂岩层数是北少南多。储层渗透率北部高，非均质严重，向南部渗透率略变低，而非均质程度变小。表外储层由北向南明显增加。

由于喇萨杏油田的地质特点，其北部油田采油速度相对较高，储采比相对较低，在相同采出程度（即相同开采阶段），喇嘛甸储采比明显低于萨北和杏南。

2）注采强度

喇萨杏油田1960年投入开发，通过基础井网主力油层实施早期内部注水分层开采。开发进入高含水期以后，高渗透主力油层对低渗透差油层的干扰越来越严重，因此全面均匀部署了一次加密井网进行层系细分调整，使低渗透油层潜力得到有效发挥。在一次加密调整的过程中，发现薄差层仍有20%～30%的厚度动用差或未动用，并且开展了表外储层研究，逐步认识了表外层的地质特征、开采中的作用和潜力分布，为油田全面开展二次加密调整提供了理论和实践基础，通过开展二次加密调整，使表外层和薄差层得到有效动用。

从地质条件看，应是基础井好于一次加密井，一次加密井好于二次加密井，但从油水井数看，2003年底基础井为5769口，一次加密井为9942口，二次加密井为12908口，注采井数比分别为0.56、0.52、0.59，二次加密井可采储量采油速度高达8%～10%，一次加密井可采储量采油速度最高达到6%，目前下降到2%左右，而基础井最高只有4%，目前在1%左右。在相同采出程度，即相同开采阶段时，存在储采比基础井＞一次加密井＞二次加密井的规律，采出程度大于60%以后，一次加密井储采比高于基础井。

3）不同开发方式

喇萨杏油田有水驱和聚驱两种开采方式。聚合物驱开采阶段性强，时间短，产量变化大，地质储量采油速度在2%～5%之间变化，大大高于水驱采油速度。整个开采阶段，聚合物驱储采比均低于水驱。

2. 开发阶段

储采比的大小取决于油田开发阶段，在油藏开发的早期阶段通常具有较高的初始储采比。当更多的井投入生产时储采比急剧下降到某一水平。产量下降之后，储采比可能继续下降，或在某一时期内保持稳定，也有可能增加。

对喇萨杏油田不同区块按照可采储量采出程度分级分为四个开采阶段进行统计。第一阶段储采比往往都是较大的值，这与初期产量较低是密切相关的，以后储采比随开采程度深入而逐渐减小（表6-3-3和表6-3-4）。

表6-3-3　喇萨杏油田不同区块不同采出程度储采比统计

区块	采出程度			
	<40%	40%～60%	60%～80%	>80%
萨中	96.47	20.29	13.31	
萨南	66.11	21.75	14.88	
萨北	222.72	20.86	15.38	11.88
杏北	233.85	19.97	13.64	
杏南	460.43	21.75	15.68	
喇嘛甸	44.45	16.99	13.78	10.42
喇萨杏	232.93	19.05	13.02	—

表6-3-4　喇萨杏油田不同井网不同开发阶段储采比统计

井网	采出程度			
	<40%	40%～60%	60%～80%	>80%
基础井网	179.07	50.14	15.87	18.15
一次加密井网	111.34	14.10	16.04	
二次加密井网	39.59	7.68		
高台子井网	73.50	11.74	12.93	

3. 产量、储量结构

对一个含油气盆地来说，随着勘探程度的提高，不断会有新油田发现，从而使储量增加，而在已开发油田内部，由于开发调整等挖潜措施的采用，可采储量也在增加。因此储采比的变化必然会受到新增储量的影响，既包括新增储量的数量，也包括新增储量的品质。

由表6-3-5和表6-3-6可见，随着总产量结构中低储采比聚合物驱产量比例的不断增加，总储采比与水驱储采比的差距越来越大。

表 6-3-5　2003 年底新增可采储量对储采比影响

年份	1996	1997	1998	1999	2000	2001	2002	2003
水驱储采比	13.7	14.1	14.1	13.7	13.9	13.7	13.9	14.0
水驱＋聚驱储采比	13.3	12.9	12.5	12.3	12.1	12.0	11.8	11.5
聚驱产量比例 /%	5.9	11.2	16.5	17.2	19.5	21.1	25.9	29.4

表 6-3-6　新增储量对储采比变化的影响

区块	萨中	萨南	萨北	杏北	杏南	喇嘛甸	喇萨杏
水驱＋聚驱储采比	11.26	11.19	11.88	11.99	15.03	10.4	11.55
水驱储采比	13.27	15.68	14.26	12.95	15.24	12.68	13.96

4. 经济因素

目前计算储采比采用的可采储量值是技术可采储量，是油田开采到含水率 98% 时的累计采油量，其中部分产量在低油价下是没有经济效益的，因而如果采用经济可采储量计算，储采比会较小；而在高油价下，部分含水率超过 98% 的可采储量是有效的，因而如果采用经济可采储量计算，储采比值偏大。

经济可采储量可采用预测模型法、扩展 Arps 法、现金流量法等方法计算，对于这三种方法，现金流量法计算涉及内容比较多，计算起来比较复杂；扩展 Arps 法使用的条件都是在产量递减趋势已经非常明显的条件下进行的；因此，对于分区块、分井网的计算考虑采用预测模型的方法。通过 HCZ 预测模型对区块与井网进行全程的预测，但发现预测可采储量比年底标定的可采储量普遍偏大，但产量递减阶段开始后的产量拟合结果相当好，因此经济可采储量计算时需考虑采各种方法的适应性。

5. 政治环境因素

在某些时期，由于特殊的政治、经济和环境原因，储采比可能较高。例如，某些国家拥有探明储量的油田没有投产或生产水平受到政治或经济原因的限制，这些现象可能是供需状况或出口油价引起的，目的是维持足够高和稳定的国际价格。这些特性可能使某些国家脱离其他国家，考虑只要使储采比满足石油产量的增长需求就可以了，例如欧佩克的许多国家。

6. 递减规律

不同递减规律下储采比有不同的变化趋势，这里不再赘述，重点讨论稳产期末储采比与递减率关系。

稳产期末油田储采比越低，油田结束稳产后产量递减得就越快。根据储采比、储量替换率、稳产期等相互关系分析中的理论分析结果，进一步讨论在初始储采比、递减指数、储采平衡系数一定时，稳产期末不同初始储采比及递减率对递减阶段储采比的影响。

由于已经证实大多数油田都符合 Arps 递减中的双曲递减与指数递减，分析不同递减率储采比变化可知，在初始储采比、递减指数及储采平衡系数为定值的情况下，储采比变化趋势与初始递减率关系较大，初始递减率 D_i=0.07 时，储采比呈缓慢递增趋势；初始递减率 $D_i \leqslant 0.06$ 时，储采比都呈递减状态。因此，这种储采比递增与递减趋势有一个初始递减率界限。递减指数的减小对储采比变化趋势也是有影响的，递减指数越小，初始递减率界限将会越低。

可以看出，递减指数与初始递减率对储采比的影响都是至关重要的。另外，初始递减率界限也是影响储采比变化趋势的重要因素。

初始储采比由 12 增加到 15，当递减指数 n=0.5，储采平衡系数 λ=0.4 时，初始递减率界限由 0.063 降低到 0.04；当递减指数 n=0.05，储采平衡系数 λ=0.4 时，初始递减率界限由 0.05 降低到 0.048。可知，初始储采比增加相同值，递减指数为 0.5 时初始递减率界限下降幅度比为 0.05 时下降幅度大。总体而言，初始储采比的增加会使储采比变化趋势分界重新划分。储采平衡系数不同的情况下，初始递减率界限也会有很大的变化。

从前面的理论分析得知，油田的储采比与年递减率存在着内在的联系，随着储采比（稳产期末）增大，初始递减率减小。一般根据阿普斯（Arps）提出的产量递减规律，拟合各油田的递减曲线，得出其初始递减率，建立稳产期末储采比与初始递减率关系，进行预测和推断。

（三）单构成储采比合理性评价方法

1. 保持产量不递减的合理储采比下限

1）递减分析

从概念可知，油田保持稳产的最后一年，其对应的储采比为保持稳产所需要的最低储采比。因此，油田要保持相对的稳产，储采比必须大于或等于此值，否则油田的产量将出现递减。

根据建立起递减率和储采比的关系式，可以推出产量遵循不同递减方程时，油田保持稳产的合理储采比下限值分别为：

双曲递减：

$$\omega_{RPS} = \frac{1}{(1-n)D_i} + 1 \qquad (6-3-1)$$

指数递减：

$$\omega_{RPS} = \frac{1}{D_i} + 1 \qquad (6-3-2)$$

调和递减：

$$\omega_{RPS} = \frac{N_R - N_{Po}}{Q_i} + 1 \qquad (6-3-3)$$

Logistic 递减：

$$\omega_{RPS} = \frac{\ln(1+a)}{aD_i} + 1 \qquad (6-3-4)$$

式中　　a——矿场动态拟合系数；

　　　　ω_{RPS}——油田保持稳产的合理储采比下限值；

　　　　n——递减指数；

　　　　D_i——初始递减率；

　　　　Q_i——初始递减产量，10^4t；

　　　　N_R——可采储量，10^4t；

　　　　N_{Po}——累计产油量，10^4t。

分析表 6-3-7，可知双曲递减规律下对稳产期末储采比计算与实际稳产期末储采比有一定差距，除萨中一次加密井、萨北一次加密井、杏北一次加密井，以及喇嘛甸基础井外。可见，这种方法对于稳产期末储采比的预测精度是不够的。主要原因可能是，双曲递减仅是对产量进行拟合，并没有考虑到可采储量对这个储采比的影响。因此出现一些计算值比实际值偏小的情况。

表 6-3-7　稳产期末储采比及递减率

区块井网	动态储采比	静态储采比	实际储采比	初始递减率
萨中基础	19.14	18.64	15.62	0.0229563
萨中一次	13.73	15.00	15.42	0.0092044
萨南基础	16.12	16.55	15.16	0.0417639
萨南一次	15.05	17.61	15.94	0.0169368
萨北基础	15.82	17.12	15.63	0.0452330
萨北一次	10.82	17.55	18.81	0.0528560
杏北基础	14.68	15.29	13.15	0.0044366
杏北一次	10.64	10.67	12.56	0.1425983
杏南基础	12.99	14.37	11.84	0.0339468
杏南一次	10.58	10.67	9.25	0.0951446
喇嘛甸基础	13.05	12.79	12.81	0.0271901
喇嘛甸一次	11.79	11.91	10.49	0.0959139

2）产量预测模型

考虑上述方法的精确度不够，采用数学模型法进行计算。数学模型法是油藏工程的重要预测方法，可以预测油田产油量及累计产量随时间的变化趋势。自 1984 年翁氏模型问世后，近年来已有几种预测模型相继发表。

国内外大量油气田开发资料统计研究表明，任何油气田的产量和累计产量的比值与其开发时间之间存在着相当好的半对数直线关系，即

$$\lg\left(Q_o / N_P\right) = A - Bt \tag{6-3-5}$$

进而，得到原油产量和累计产量的预测公式：

$$Q_o = aN_R \exp\left(-\frac{a}{b}e^{-bt} - bt\right) \tag{6-3-6}$$

$$N_P = N_R \exp\left(-\frac{a}{b}e^{-bt}\right) \tag{6-3-7}$$

根据式（6-3-6）和式（6-3-7）可以推导出油田最高年产量及其发生时间，以及产油量最大时的累计产油量值：

$$Q_{max} = 0.3679bN_R \tag{6-3-8}$$

$$t_m = (1/b)\ln(a/b) \tag{6-3-9}$$

其中：

$$a = 10^A，\quad b = 2.303B$$

由此可以看出，当油田的产油量达到最大时，累计产量是可采储量的 36.79%，也就是说当可采储量采出程度为 36.79% 时，油田即进入递减阶段。

3）稳产期末储采比的确定

根据经验，油田储采比的高低与油田产量变化趋势有密切的关系。目前的储采比越小，采油速度就越高，要长期保持高速开采的难度就大（表 6-3-8）。因此，为了使产量不至于快速递减，油田的储采比应该保持在一个合理的范围内。

根据定义：

$$R_P = \left(N_R - N_P + Q_o\right) / Q_o \tag{6-3-10}$$

将式（6-3-7）和式（6-3-8）代入式（6-3-10），可得：

$$R_{Pmin} = 1 + 0.746 / B \tag{6-3-11}$$

表 6-3-8 国内外不同油田稳产期末储采比对比表

油田	开始递减时的储采比	可采储量/10^4t	油田	开始递减时的储采比	可采储量/10^4t
双河油田	10.40	4134	萨马特洛尔油田	10.42	246363
胜坨油田	11.56	16856	陪拉基阿金气田	9.00	2225
东辛油田	11.83	8203	巴夫雷油田	10.80	6705
胜利油区	9.59	86895	辽河高升油田	11.55	2062
孤东油田	8.16	6207	辽河兴隆台油田	11.52	3161
孤岛油田	9.93	12107	中原濮城油田	10.47	4353
中原油区	9.66	12121	河南下二门油田	13.90	813
河南油区	10.46	6117	江汉王场油田	8.19	1368
南二区—南三区油田	10.60	3230	江苏真武油田	12.50	800
罗马什金油田	11.70	213532	华北别古庄油田	12.40	839

由式（6-3-11）可以看出当油田达到最高年产量时，储采比为（1+0.746/B），换言之，储采比降到此值时，油田即进入了递减阶段。因此，式（6-3-11）便是保证油田持续稳产时的最低极限储采比，当油田储采比低于最低极限储采比时，产量便开始递减。根据统计资料，虽然任何油田都能很好满足理论结果，但由于不同油田的地质、技术、经济等因素差异很大，因此，回归出的常数（斜率）有差异，从而算出的最低极限储采比也不同（表 6-3-9）。

表 6-3-9 国外不同油田稳产期末储采比对比表

油气田	斜率	相关系数	最低极限储采比
罗马什金油田	0.08983	0.9988	9.30
加奇萨兰油田	0.09367	0.9825	8.96
北斯塔夫罗波尔气田	0.07919	0.9836	10.42

对于大庆喇萨杏油田而言，它的基础井与一次加密井产量递减趋势比较明显，采用 HCZ 模型进行预测，达到了较高的精确程度，见表 6-3-10，稳产期末储采比的预测都与实际值比较接近。

2. 经济极限法确定合理储采比下限

从经济评价角度看，合理储采比的下限就是经济极限储采比，即油田的产量达到经济极限条件时的储采比，可由式（6-3-12）表示：

表 6-3-10　喇萨杏油田不同区块基础井与一次加密井稳产期末储采比对比

区块井网	动态储采比	静态储采比	斜率	相关系数	稳产期末极限储采比
萨中基础	19.14	18.64	0.0429	0.975	18.39
萨中一次	13.73	15.00	0.0539	0.993	14.84
萨南基础	16.12	16.55	0.0470	0.985	16.87
萨南一次	15.05	17.61	0.0587	0.996	13.71
萨北基础	15.82	17.12	0.0462	0.978	17.15
萨北一次	10.82	17.55	0.0466	0.720	17.01
杏北基础	14.68	15.29	0.0524	0.986	15.24
杏北一次	10.64	10.67	0.0825	0.994	10.04
杏南基础	12.99	14.37	0.0577	0.982	13.93
杏南一次	10.58	10.67	0.0910	0.994	9.20
喇嘛甸基础	13.05	12.79	0.0641	0.946	12.64
喇嘛甸一次	11.79	11.91	0.0807	0.984	10.25

$$\omega_e = \frac{N_R - N_{Re}}{Q_{el}} \qquad (6-3-12)$$

由于在储采比即将接近经济极限储采比时，油田已经进入中、高含水开发后期，建设初期的固定资产投资已提取完毕。因此，经济极限产量法具有以下基本假定：

（1）地质储量基本不再发生变化，最终可采储量在现有的技术、经济、生产条件下趋向于定值。

（2）油气田已经进入开发中后期，折旧费已经提完，因此，不再考虑油气田的勘探、开发和地面建设的原投资费用。

（3）油气田的开发已经进入递减阶段，不再考虑进行层系、井网、注采方式的重大调整。

（4）维持目前的生产措施，不再考虑地面各种生产设备、装置、集输管站等设施的扩建和改建工作。

（5）保持目前油气田生产总成本和费用的规模，且不因产量的下降而改变。

（6）目前的油气价格和现行税种税率不变。

由此可见，经济极限储采比随着技术、经济、生产条件的改变而变化。在油气田的不同阶段所计算的经济储采比的数值是不同的。

利用上述的 6 个假定，对于一个油田或一个独立的开发单元，在油田开发的中后期，根据投入与产出平衡的原理，可写出油田经济极限条件下的关系式：

$$C_t = \eta Q_{el}\left(A_o + A_g \cdot \text{GOR}\right)\left(1 - T_x\right) \quad\quad (6\text{-}3\text{-}13)$$

式中　C_t——总投入，万元；

　　　η——投入产出比；

　　　Q_{el}——经济极限产量，10^4t；

　　　A_o——原油销售价格，元/t；

　　　A_g——天然气销售价格，元/t；

　　　GOR——气油比；

　　　T_x——税率。

由式（6-3-13）得到经济极限产量表达式如下：

$$Q_{el} = \dfrac{C_t}{\eta\left(A_o + A_g \cdot \text{GOR}\right)\left(1 - T_x\right)} \quad\quad (6\text{-}3\text{-}14)$$

1）经济可采储量预测方法

（1）预测模型法。

当全程预测出产量、累计产量，以及经济极限产量之后，即可进行经济可采储量的预测。首先，进行全程预测，使某一产量 Q_{bj} 逼近经济极限产量，当达到符合条件的某一精度之后，逼近结束，此时的产量 Q_{bj} 称为经济极限产量逼近产量。如取经济极限产量与经济极限产量逼近产量的绝对误差小于等于 0.01，即 $|Q_{bj} - Q_{el}| \leqslant 0.01$。取经济极限产量逼近产量 Q_{bj} 近似为经济极限产量 Q_{el}，那么，经济极限产量逼近产量 Q_{el} 所对应的累计产量即为经济可采储量。如果没有对应的工具软件，或为方便起见，可近似取与经济极限产量最为接近的年产量为经济极限产量 Q_{el}，其对应的累计产量为经济可采储量。

（2）扩展 Arps 法。

对于不同储层类型、驱动类型和开发方式的油气田，就其产量随时间变化所描述的开发模式而言，大体上可划分为 4 种：模式 1 为油气田投产即进入递减阶段；模式 2 为油气田投产后，经过一个稳产阶段而进入递减阶段；模式 3 为油气田投产后，先是产量上升，达到最大值后进入递减阶段；模式 4 为油气田投产后，产量先是上升，再是稳定，接着进入递减阶段。

对于上述 4 种常见的开发模式，无论哪一种都存在着产量递减阶段，当然，第一种开发模式只有产量递减阶段。因此，产量递减阶段是油气田开发的基本阶段或必然阶段。在当油田开发进入递减阶段之后的某一时间，油田的总累计产量为递减阶段之前和递减阶段之后累计产油量之和。由式（6-3-15）表示：

$$N_{Pi} = N_{Po} + N_P \quad\quad (6\text{-}3\text{-}15)$$

而递减阶段的累计产油量，其关系式可表示为：

$$N_P = a_1 - b_1 Q^{1-n}, \ 0 \leqslant n \leqslant 1 \quad\quad (6\text{-}3\text{-}16)$$

其中：

$$a_1 = \frac{Q_i}{D_i(1-n)}$$

$$b_1 = \frac{Q_i^n}{D_i(1-n)}$$

根据递减阶段的实际开发数据，可通过线性试差法求出 n 值，然后根据线性回归求出 a_1、b_1。当根据经济评价方法求出经济极限产量 Q_{el} 后，可由式（6-3-17）得到油气田的经济可采储量：

$$N_{Re} = N_{Po} + a_1 - b_1 Q_{el}^{1-n} \qquad (6-3-17)$$

（3）现金流量法。

这是一种成熟的、科学的常用经济分析方法，是在油藏地质评价、油藏工程评价，以及地面工程评价提供开发基础参数及经济参数的基础上，编制出该油藏的现金流量表，并计算其投入等于产出年份时的最大累计产油量及伴生物量，该值即为该油藏的经济可采储量（或剩余经济可采储量），此时的累计净现值即为该油藏的经济可采储量价值（或剩余经济可采储量价值）。

2）经济极限储采比的确定方法

根据上述 3 种方法，相应地可以建立经济极限储采比的确定方法（表 6-3-11）。

表 6-3-11　经济极限储采比的确定方法

方法	经济极限储采比	注解
方法一	$\omega_e = \dfrac{N_R - N_{Re}}{Q_{el}}$	适合各种预测模型及现金流模型
方法二	$t_a = t_0 + c\left[\left(\dfrac{Q_i}{Q}\right)^n - 1\right]$ $\omega_e = \dfrac{c_w}{t_a^b(b+1)}$	由于该方法所涉及的方法多，而每种方法之间在实际操作上又存在着误差，因此，可操作性不高
方法三	$\omega_e = b_1 Q_{el}^{-n}$	适合 Arps 法计算

根据以上关系式，计算喇萨杏油田经济极限储采比，见表 6-3-12。

3. 经验法确定递减期合理储采比范围

根据采出程度与储采比的双对数关系回归式，预测储采比与采出程度变化的理论值，并通过递减区间的确定（含水率 98% 时为下限），来确定递减期合理储采比下限。其中，递减期合理储采比上限可以认为是稳产期末储采比预测值。如表 6-3-13 和表 6-3-14 所示，经验法确定的合理储采比下限大都略高。由于受求解经济极限储采比的条件限制，因此并不是所有油田都适合采用该方法，经验法作为经济极限储采比求解法的补充，能够很好地确定油田递减期的合理储采比下限（表 6-3-13 和表 6-3-14）。

表 6-3-12　喇萨杏油田不同区块经济极限储采比对比

区块	经济极限储采比			经济极限可采储量 /10⁴t		
	18 美元 /bbl	25 美元 /bbl	30 美元 /bbl	18 美元 /bbl	25 美元 /bbl	30 美元 /bbl
萨尔图	7.65	4.92	2.95	124777.68	128685.74	130482.12
杏树岗	9.15	8.26	8.04	43114.54	44055.38	44416.58
喇嘛甸	8.34	7.76	7.22	31742.75	32187.65	32305.11
喇萨杏	7.84	4.85	3.59	200975.18	206849.62	208698.43

表 6-3-13　喇萨杏油田各区块递减期合理储采比范围

区块	稳产期末储采比预测	递减期末储采比预测	实际稳产期末储采比
萨中	11.7	9.0	11.3
萨南	12.2	9.7	11.2
萨北	22.3	9.3	20.67
萨尔图	11.9	9.3	11.3
杏北	13.3	11.2	13.6
杏南	15.1	12.5	15.0
杏树岗	14.0	10.7	14.3
喇嘛甸	19.1	7.7	17.0
喇萨杏	12.8	8.2	12.3

表 6-3-14　喇萨杏油田水驱、聚驱合理储采比范围

项目	稳产期末储采比预测	递减期末储采比预测	实际稳产期末储采比
喇萨杏水驱	14.8	11.3	14.1
喇萨杏聚驱	4.15	2.3	—
喇萨杏油田	12.8	8.2	12.3

（四）多构成储采比合理性评价方法

由于储采比能综合反映可采储量变动与油田产量变化二者之间的关系，所以用该指标的变化趋势来判断油气田的开发形势显得更加科学合理。因为产量的变化可以用递减率的大小来表示，而可采储量的变化可以用储采平衡系数来反映，所以接下来重点研究储采

比与递减率、储采平衡系数之间的理论关系。对多构成油田而言，由于不同构成间的递减率、储采平衡系数变化差异较大，因而需要明确不同构成对总体的影响。

以前的研究大多数基于某种产量模型来预测不同递减规律下储采比的变化，其可采储量采用的是一个定值，这对一些储量变化不大的小规模油田来说是适用的，但对于一些大规模的油田、油区或滚动开发的油田来说，由于可采储量处于不断地变化之中，这就使一些研究成果的应用受到了限制。为此，考虑可采储量的变化情况，从储采比的定义出发，建立储采比、递减率、储采平衡系数三者之间的理论关系。

根据储采比的定义，第 t 年储采比：

$$\omega_t = \frac{N_{RRt}}{Q_t} \qquad (6\text{-}3\text{-}18)$$

又因为：

$$N_{RRt} = N_{R0} - N_{P(t-1)} + \Sigma\Delta N_{R(t-1)} \qquad (6\text{-}3\text{-}19)$$

代入式（6-3-18）得：

$$\omega_t = \frac{N_{R0} - N_{P(t-1)} + \Sigma\Delta N_{R(t-1)}}{Q_t} \qquad (6\text{-}3\text{-}20)$$

则第 $t+1$ 年的储采比：

$$\omega_{t+1} = \frac{N_{R0} - N_{Pt} + \Sigma\Delta N_{Rt}}{Q_{t+1}} \qquad (6\text{-}3\text{-}21)$$

又因为：

$$N_{Pt} = N_{P(t-1)} + Q_t \qquad (6\text{-}3\text{-}22)$$

$$\Sigma\Delta N_{Rt} = \Sigma\Delta N_{R(t-1)} + \Delta N_{Rt} \qquad (6\text{-}3\text{-}23)$$

联立式（6-3-21）至式（6-3-23），可得：

$$\omega_{t+1} = \frac{N_{R0} - N_{P(t-1)} - Q_t + \Sigma\Delta N_{R(t-1)} + \Delta N_{Rt}}{Q_{t+1}} \qquad (6\text{-}3\text{-}24)$$

进一步整理式（6-3-24），可得：

$$\omega_{t+1} = \frac{N_{R0} - N_{P(t-1)} + \Sigma\Delta N_{R(t-1)} - Q_t + \Delta N_{Rt}}{Q_{t+1}} \qquad (6\text{-}3\text{-}25)$$

又因为：

$$\Delta N_{Rt} = \lambda_t Q_t \qquad (6\text{-}3\text{-}26)$$

联立式（6-3-25）和式（6-3-26），可得：

$$\omega_{t+1} = \frac{\omega_t Q_t - Q_t + \lambda_t Q_t}{Q_{t+1}} \qquad (6\text{-}3\text{-}27)$$

定义年对年递减率为 D，则第 $t+1$ 年递减率为：

$$D_{t+1} = \frac{Q_t - Q_{t+1}}{Q_t} = 1 - \frac{Q_{t+1}}{Q_t} \qquad (6\text{-}3\text{-}28)$$

进一步整理可得：

$$\omega_{t+1} = \frac{1}{1 - D_{t+1}} \left(\omega_t - 1 + \lambda_t \right) \qquad (6\text{-}3\text{-}29)$$

式中 ω_t，ω_{t+1}——分别为第 t 年、第 $t+1$ 年储采比；

Q_t，Q_{t+1}——分别为第 t 年、第 $t+1$ 年产油量，10^4t；

N_{Pt}，$N_{P(t-1)}$——分别为第 t 年、第 $t+1$ 年累计产油量，10^4t；

N_{R0}，N_{RRt}——分别为初始可采储量、第 t 年年初剩余可采储量，10^4t；

$\Sigma\Delta N_{Rt}$，$\Sigma\Delta N_{R(t-1)}$——分别为截至第 t 年、第 $t-1$ 年累计增加可采储量，10^4t；

ΔN_{Rt}——第 t 年增加可采储量，10^4t；

λ_t——第 t 年储采平衡系数。

式（6-3-29）即为年度储采比变化与年对年递减率及储采平衡系数之间的关系通式。由于推导完全是从各个参数的定义出发，所以式（6-3-29）适用于各种油藏类型、驱动方式、递减规律的储采比变化。

从式（6-3-29）可以看出，储采比是受递减率和储采平衡系数决定的一个变量，递减规律不同，增储情况不同，则储采比变化趋势也不相同。

（1）在不增储的情况下，储采比的变化主要受递减率影响，若储采比保持不变，其值与递减率的倒数相等。

由公式（6-3-29）可得，当 $\lambda_t=0$ 时：

$$\omega_{t+1} = \frac{1}{1 - D_{t+1}} \left(R_{RPt} - 1 \right) \qquad (6\text{-}3\text{-}30)$$

式中 R_{RPt}——结构储采比。

即储采比的变化与阶段递减率和初始储采比的大小有关。递减率的变化情况不同，储采比的变化趋势也不同，以递减率保持不变为例：

若年度递减率保持不变，则储采比的变化情况取决于递减率与初始储采比的倒数关系，如果递减率大于初始储采比的倒数，则储采比上升；如果递减率等于初始储采比的倒数，则储采比不变；如果递减率小于初始储采比的倒数，则储采比下降。

若储采比保持不变，则由式（6-3-30）可得：

$$D_{t+1} = \frac{1}{\omega_{t+1}} \qquad (6-3-31)$$

即只有当储采比不变时，阶段递减率才与储采比的倒数相等。

（2）在增储的情况下，储采比的变化既与递减率有关，还与新增储量有关。对于多结构油田，总储采比的变化趋势与新增部分的储采比和产量比例有关。

假设油田存在 n 个不同的开发结构，每个结构的储采比为 R_{RPit}，产量为 Q_{it}，油田总的产量为 Q_t，则油田总的储采比为：

$$\omega_t = \frac{N_{RR(t-1)}}{Q_t} \qquad (6-3-32)$$

又因为：

$$\omega_{it} = \frac{N_{RRi(t-1)}}{Q_{it}} \qquad (6-3-33)$$

$$Q_t = \sum_{i=1}^{n} Q_{it} \qquad (6-3-34)$$

$$N_{RR(t-1)} = \sum_{i=1}^{n} N_{RRi(t-1)} \qquad (6-3-35)$$

联立式（6-3-33）至式（6-3-35），可得：

$$\omega_t = \frac{N_{RR(t-1)}}{Q_t} = \frac{\sum_{i=1}^{n} \omega_{it} Q_{it}}{\sum_{i=1}^{n} Q_{it}} = \sum_{i=1}^{n} \frac{Q_{it}}{\sum_{i=1}^{n} Q_{it}} \omega_{it} \qquad (6-3-36)$$

式（6-3-36）即为结构储采比理论计算公式，可以看出，油田总的储采比变化与每个部分的储采比有关，也与每一部分的产量比例有关。

假设油田存在两个不同的开发结构，某一年有一部分新储量投入开发，按上述理论有：

$$\omega_t = \frac{N_{RRt1} + N_{RRt2}}{Q_{t1} + Q_{t2}} \qquad (6-3-37)$$

整理得：

$$\omega_t = \frac{Q_{t1}}{Q_{t1} + Q_{t2}} \omega_{t1} + \frac{Q_{t2}}{Q_{t1} + Q_{t2}} \omega_{t2} \qquad (6-3-38)$$

即总储采比的变化受新增可采储量品质的影响，如果新增部分的储采比高，总储采比上升；如果新增部分的储采比低，总储采比下降；上升或下降的程度取决于其产油量比例。大庆喇萨杏油田的实际储采比变化也符合这一理论。

大庆油田老区和外围性质差别较大，驱动形式有水驱和三次采油，各个结构的储采比变化趋势差别较大，这就要求根据理论研究成果，并结合大庆油田的实际情况，针对每一部分研究其合理的储采比变化趋势，只有各个部分都处在相对合理的变化范围内，那么整个大庆油田的储采比变化才是相对合理的，以此对大庆油田原油 $4000 \times 10^4 t$ 持续稳产提供技术政策界限支持。

三、多构成油田实现阶段稳产合理储采比界限

油田要稳产并实现可持续发展，必须有一定的储采比作保障，储采比过低，油田或不可避免地进入快速递减阶段，或在较高的采油速度下保持稳产，不利于油田的长远发展；但储采比也不能过高，一方面油田有产量目标的约束，另一方面过高的储采比会造成油田资源以储量形式积压，不能在短期内转化成效益，影响油田的后期投入和开发，单纯追求过高的储采比也没有实际意义，因为还涉及储量品质好坏的问题。由此看来，对某一油田而言，存在着一个合理的储采比。下面以大庆油田"十二五"期间及以后原油 $4000 \times 10^4 t$ 阶段稳产为例，说明建立的多构成油田合理储采比界限确定方法，以及阶段稳产条件下的合理储采比界限。

（一）油田面临形势

截止到 2009 年底，大庆油田探明油田 37 个，气田油环 3 个，已开发油田 34 个，气田油环 1 个，已探明石油地质储量 $65.21 \times 10^8 t$，动用地质储量 $52.92 \times 10^8 t$，可采储量 $24.43 \times 10^8 t$，标定采收率 46.2%，累计产油 $20.31 \times 10^8 t$，剩余可采储量 $4.12 \times 10^8 t$，已采出地质储量的 38.38%，采出可采储量的 83.14%。投产油水井 82975 口，年产油 $4000 \times 10^4 t$，综合含水率 91.4%。

1. 储采平衡状况呈现好转趋势

"十一五"前四年，长垣油田通过进一步改善水驱和三次采油开发效果，外围油田不断加大新区储量动用程度，大庆油田年均新增动用可采储量 $2000 \times 10^4 t$ 以上，储采平衡状况保持平稳，储采平衡系数保持在 0.5 以上，扭转了进一步下滑的趋势。从新增可采储量的构成比例来看，长垣外围及海塔油田所占比例不断上升，2009 年达到 67.1%，成为大庆油田新增动用可采储量的主体。

2007 年开始油田储采平衡系数达到 0.60，并一直保持稳定。从构成上看，长垣油田储采不平衡状况依然严重，长垣外围及海塔盆地由于储量品质差，动用难度大，采油速度低，处于储大于采的状态。

2. 长垣水驱产量保持在长垣总产量的 60% 以上

"十一五"前四年，长垣水驱累计产油 $9576 \times 10^4 t$，占长垣总产量的 67.4%，2009 年

产量 $2176.9 \times 10^4 t$，占长垣产量比例 64.2%，保持在 60% 以上。作为大庆油田产量的主体，长垣水驱集成成熟配套技术，加大精细挖潜、精细调整力度，有效控制了产量递减，产量年递减幅度由"十五"期间的 $240 \times 10^4 t$ 控制到"十一五"的 $140 \times 10^4 t$。在新井产量保持平稳的情况下，主要是控制老井递减。一是加大以完善单砂体注采关系为核心的综合调整力度，"十一五"年均注采系统和注采结构工作量比"十五"增加 2000 口，每年未措施老井少递减产量 $30 \times 10^4 t$ 左右；二是加大长关井治理力度，从 2006 年至 2009 年累计治理井数 1086 口，累计增油 $74 \times 10^4 t$。

3. 三次采油产量连续八年保持 $1000 \times 10^4 t$ 以上

一是针对开发对象转变为以二类油层为主，非均质性严重的现状，采取个性化方案设计，提高了聚合物驱开发效果；二是加大了高浓度聚合物驱应用力度，在聚合物用量达到 $700mg/（L \cdot PV）$ 的区块中优选部分井组改注高浓度，3 个区块整体改注高浓度，改善了聚驱开发效果；三是优选了 10 个区块优化聚合物段塞，延长注聚时间，减缓了含水上升速度；四是加大了分注、调剖、方案调整、油井压裂和"三换"等措施力度，2009 年措施工作量比 2005 年增加 5869 口，主要是针对二类油层加大了方案综合调整力度，增加井数 4184 口；五是三元复合驱进入工业化推广应用，推广区块达到 4 个，动用地质储量 $2841 \times 10^4 t$。

4. 长垣外围油田产量保持在 $530 \times 10^4 t$ 以上

一是加大新区储量动用力度，在特低丰度葡萄花油层继续扩大水平井与直井联合开发规模，在特低渗透扶杨油层应用矩形井网与大型压裂相结合技术，难采储量得到动用。"十一五"前四年年均动用地质储量 $5300 \times 10^4 t$ 以上，比"十五"年均多动用 $2000 \times 10^4 t$，2003 年以后提交探明储量动用率达到 85% 以上。二是已开发油田通过加大井网加密、注采系统调整力度，有效控制了老井产量递减，两年老井产量自然递减率由"十五"末的 16.6% 降低到 2009 年的 15.5%。

5. 海塔盆地持续稳步上产

自 2002 年投入开发以来，海塔盆地加快了勘探开发一体化进程，复杂断块、潜山油藏勘探开发技术有了新的突破，现场开发试验见到了良好的效果，到 2009 年底，动用地质储量 $1.4 \times 10^8 t$，累计建成产能 $148.84 \times 10^4 t$，年产油 $72.91 \times 10^4 t$。

6. 长垣水驱含水上升、产量递减得到有效控制

"十一五"期间，采取多项措施加大控含水和控递减力度：一是继续推广应用周期注水、堵水及浅调剖等控水措施，并重点加大了堵水力度，"十一五"年均堵水井数 187 口；二是扩大了水井综合调整实施规模，"十一五"前四年年均调整井数 3300 口，比"十五"年均增加 1000 井次，连通未措施采油井受效后含水率下降 0.21 个百分点；三是继续加大注采系统调整实施力度，"十一五"前四年年均转注 168 口井，有效地提高了水驱控制程度；四是应用多学科油藏研究成果开展区块综合治理，完善单砂体注采系统，2009 年治理的 60 个区块递减率降低 1.82 个百分点。含水上升率由"十五"末的 0.83% 降低到 2009

年的 0.7%，自然递减率由"十五"期间的 11% 降低到 2006 年的 9%，并连续四年控制在 9% 以内。

7. 油田套损井数控制在 600 口以内

2005 年以来通过加大区块综合治理，完善注采系统，在深入研究套损形成原因的基础上，采取有效措施控制套损井比例。一是开展井层治理工作，每年平均治理 600 井次；二是加强钻关恢复，采取逐级恢复的做法调整了区块间的压力平衡，连续三年特低特高压井的比例控制在 10% 以内；三是加强油水井日常管理，严格执行《套管保护法规》，最大限度降低套损概率；四是加强套管监测，及时发现，及时治理。通过上述措施连续四年套损井数控制在 600 口以内。百井作业套损率呈现逐年下降趋势，2009 年控制在 1.5% 以内。

（二）有利条件

1. 资源基础

在勘探上，"十二五"期间力争实现新增探明储量 $4.8 \times 10^8 t$。其中，长垣过渡带及扶余油层提交探明储量 $0.6 \times 10^8 t$，长垣外围葡萄花、扶杨油层提交 $0.9 \times 10^8 t$，海塔盆地提交 $3.3 \times 10^8 t$。

在开发上，努力增加可采储量 $1.31 \times 10^8 t$。其中长垣水驱依靠三次加密、"两三结合"，以及过渡带扩边新增动用可采储量 $1876 \times 10^4 t$，三次采油依靠高浓度聚合物驱、扩大复合驱现场试验规模，新增动用可采储量 $4094 \times 10^4 t$，长垣外围通过老区加密、注采系统调整，新区储量动用新增动用可采储量 $3217 \times 10^4 t$，海塔盆地通过储量的大规模动用，新增动用可采储量 $3908 \times 10^4 t$。至 2009 年，大庆油田剩余可采储量 $4.12 \times 10^8 t$，到 2015 年预计增加可采储量 $1.31 \times 10^8 t$，"十二五"期间年共有 $5.43 \times 10^8 t$ 可采储量可供开发。

2. 技术优势

经过这些年的实践，大庆油田发展完善了一系列成熟技术：

一是以多学科集成化油藏研究为核心的特高含水期控水挖潜配套技术。通过开展精细三维地震和地质一体化研究，确定了层系井网演化的总体思路，形成了以完善单砂体注采关系为核心的薄差层注采井网调整技术及细分层开采技术；针对加密井调整对象层数多、油层厚度薄、隔层小、自然产能低，研究建立了定位平衡细分控制工艺技术；针对厚层内部低效无效循环严重、剩余油主要集中在厚油层顶部的实际，研究建立厚油层层内堵水技术；为解决水井调配效率低、测试成本高的问题，创新研制了地面直读、地下可调的机电一体化高效智能测调工艺技术。

二是以聚合物驱集成配套为主导的提高采收率技术。聚合物驱集成配套技术包括：聚合物驱方案设计优化技术，聚合物驱跟踪调整技术，聚合物驱分层注入技术，聚合物驱有杆泵举升及防偏磨技术，聚合物配制、注入及采出液处理技术。复合驱技术正在通过现场试验，攻关建立配套技术。

三是以非达西渗流理论为指导的井网优化、超薄油层水平井等外围油田开发技术。主要包括：开发地震技术，复杂油水层识别技术，天然裂缝及地应力描述技术，石油富集区块优选技术，开发方案优化设计，特低丰度超薄油层水平井开发技术，精细油藏描述及开发调整技术。这些技术不断进步成熟，为外围油田增储上产提供了技术支撑。

四是自海塔盆地开发以来，通过实施勘探开发一体化，深化复杂断块油田地质认识，建立了整体部署、分批实施、三角形井网灵活布井、边底部注水的开发模式，在强水敏砂砾岩、凝灰质、潜山油藏先后实现了注水开发。目前通过实施现场试验，积极探索特低渗透储层注气开发有效动用技术、国外油田注水开发技术、老油田井网加密提高油田采收率技术。

（三）面临挑战

一是稳产基础的问题，即储采失衡与需要大幅度提高可采储量之间的矛盾。"十五"以来，油田新增动用可采储量的主体转向长垣外围及海塔盆地，2009 年外围油田新增动用可采储量占总储量的 67.1%。受经济技术条件制约，在国际油价 70～80 美元 /bbl 情况下，为保证外围油田有效开发，2009 年动用地质储量 3000×10^4t，动用规模减小 2000×10^4t 左右，而且目前长垣老区的储采平衡系数在 0.24，如何大幅度增加可采储量，稳固持续稳产的资源基础，是亟待解决的问题。

二是精细挖潜的问题，即剩余油高度分散与有效挖潜配套技术适应性的矛盾。2009 年，长垣油田综合含水率达到 92.47%，长垣水驱含水率大于 80% 的生产井比例达到 92%，其产液量比例占 96%，多层高含水、井井高含水的现象愈加严重，剩余油挖潜难度也在逐年加大。按照长垣油田实现双 60% 目标来要求，需要进一步攻克精细挖潜及进一步提高采收率技术瓶颈。

三是开发效益的问题，即持续稳产与经济效益之间的矛盾。长垣老区进入特高含水期开发，外围油田储量品质在变差，每年投产井单井日产量逐年下降，由 2000 年的 4.7t 下降到 2.2t，致使建百万吨产能井数由 1021 口增加到 2154 口，增加了一倍。2008 年油田百万吨产能投资平均 57.84 亿元（老区 55.27 亿元，外围 63.99 亿元），与中国石油天然气股份有限公司计划相比存在很大缺口，因此，如何有效控制投资成本是实现持续稳产的关键问题。

四是海塔盆地快速上产的问题，即高效开发、快速开发与经济技术条件制约之间的矛盾。从资源潜力看，目前的勘探程度较低，除预测储量区块外，仅有零散的工业油流井，高品质储量很难达到规划目标；从开发技术看，快速上产阶段存在构造精细解释难、油水层识别难、渗流机理不清楚等技术难题，需要边研究、边认识、边调整；从开发政策看，海塔盆地快速上产工作的重点在国外，但由于塔木察格开发属于国际合作，受国际油价波动影响大于国内、单井产量经济界限高于国内，抗风险能力差，加之蒙古国法律政策制约，影响油田地面建设步伐，制约了储量快速动用、产量快速上升。

面对新形势下油田开发中的挑战，长垣水驱确立实施"四个精细"的措施，即精细油藏研究、精细注采结构调整、精细注采系统调整、精细生产管理，并重点在注好水上下功夫，加细注水层段、加密测试周期、加大措施力度、加快细分开采。加快技术攻关、推广步伐，积极推广高效分采管柱，解决层间、平面、层内矛盾，努力控制产量递减；三次采油通过"四最"，即"最大限度地提高采收率、最小尺度的个性化设计、最及时有效的跟踪调整、最佳的经济效益"，提高聚合物驱开发效率，同时攻关研究复合驱技术、聚驱后进一步提高采收率技术；外围油田依靠"一套理论"，即非达西渗流理论，"三套技术"，即井网优化技术、水平井开发技术、注气开发技术，实施"三不"措施，即没有效益不钻井、没有效益不基建、没有效益不措施，实现经济有效开发。

（四）原油 $4000 \times 10^4 t$ 持续稳产期间合理储采比

1. 预测模型的建立

经过调研整理，目前比较常用的储采比预测模型主要有以下几种：

1）统计回归模型

统计了 44 个油田稳产期末的数据，并用这些数据最终拟合出储采比与稳产期末可采储量采油速度及采出程度的定量关系：

$$\lg R_{RP}=1.8336-1.0747\lg v_R \qquad (6-3-39)$$

$$\lg R_{RP}=1.4396-0.0098R_D \qquad (6-3-40)$$

式中　R_{RP}——储采比；

　　　v_R——可采储量采油速度；

　　　R_D——可采储量采出程度。

2）理论预测模型

这其中比较典型的一种是陈元千基于威布尔模型和 Logistic 旋回模型，推导出储采比与开发时间、累计产油量、可采储量采出程度在双对数坐标下呈直线关系，具体关系式如下：

$$\lg R_{RP}=A-B\lg t \qquad (6-3-41)$$

$$\lg R_{RP}=C-D\lg N_P \qquad (6-3-42)$$

$$\lg R_{RP}=\alpha-\beta\lg R_D \qquad (6-3-43)$$

式中　R_{RP}——储采比；

　　　t——为开发时间，年；

　　　N_P——累计产油量，$10^4 t$；

　　　R_D——可采储量采出程度；

　　　A，B，C，D，α，β——线性回归系数。

第二种是基于 Arps 递减规律，建立储采比与递减指数、初始递减率及开发时间的关系预测储采比变化，以双曲递减为例：

$$\omega_{RPt} = \frac{1 + nD_i t}{(1-n)D_i} + 1 \qquad (6-3-44)$$

式中 ω_{RPt}——储采比；

t——开发时间，年；

n——递减指数；

D_i——初始递减率。

上述几种方法或是在推导过程中没有考虑可采储量的变化，或是应用于大庆油田实际时误差较大，所以都不太适合大庆油田（表6-3-15）。对大庆油田这种多个开发结构并存的油田，必须建立统一的预测模型，分块预测，优化组合，进而确定原油 $4000 \times 10^4 t$ 持续稳产期间合理储采比。

表 6-3-15　大庆油田稳产期末储采比预测值与实际值对比（统计回归模型）

模型类别	预测值	实际值	相对误差 /%
储采比与可采储量采出程度	5.0	11.81	134.4
储采比与可采储量采油速度	29.4	11.81	59.9

针对以上几种模型存在的问题，综合考虑产量及可采储量变化情况，建立了储采比、阶段递减率、储采平衡系数三者之间的关系，得出式（6-3-45）：

$$R_{RP(t+1)} = \frac{1}{1 - D_{t+1}} \left(R_{RPt} - 1 + \lambda_t \right) \qquad (6-3-45)$$

式（6-3-45）理论依据充分、考虑因素全面、计算过程简便，对大庆这种各个结构产量及储量变化均差异较大的油田非常适用，因此，选用此模型预测大庆油田原油 $4000 \times 10^4 t$ 持续稳产期间储采比的变化。

2. 不同结构储采比变化趋势预测

1）长垣水驱

产量变化趋势预测：自投产以来，长垣水驱先后经历了基础井网、加密调整、南部油田开发等阶段。"十五"以后，产油量年均下降 $200 \times 10^4 t$ 左右，2009年以来近五年年均下降 $150 \times 10^4 t$ 左右，产量年均降幅总体上呈减小趋势。分析原因主要是加大了老井控递减、控含水工作量，并加大了长关、低效井治理力度，使老井的产量降幅由"十五"期间的年均 $220 \times 10^4 t$ 下降到"十一五"前四年的平均 $140 \times 10^4 t$，在新井补产能力减弱及措施规模总体平稳的情况下，使长垣水驱年对年递减率控制在 6% 左右。

"十二五"期间，按照"突出长垣，突出水驱，加大低成本产量在 $4000 \times 10^4 t$ 稳产中的比重"的指导思想，长垣水驱还会在目前基础上进一步加大控含水、控递减工作量，加大老井措施力度，其产量下降幅度会进一步减小。

新增可采储量变化趋势预测：自投产以来，长垣水驱加密调整对象逐渐变差，由初期的中、高渗透层逐渐转变为低渗透及表外储层。"十五"以来，新建产能逐渐减少，储采失衡矛盾尤为突出，新增可采储量由"十五"期间的平均 749×10^4t 下降到"十一五"期间的平均 218.4×10^4t，储采平衡系数由 0.23 降到 0.09。"十二五"期间，长垣水驱在加密及扩边基础上，萨中开发区采取"两三结合"开发模式，杏北及杏南推广应用扶杨油层有效开发技术，攻关萨零组有效开发，研究部署高效开发井，探索过渡带开发技术，长垣水驱储采平衡状况有望在目前基础上得到改善。

综合上述关于长垣水驱产量及可采储量变化趋势预测，共编制如下几套方案预测储采比变化：

递减率：4%，5%，6%，7%，8%，9%；

储采平衡系数：0.1，0.15，0.2，0.25，0.3。

2）三次采油

产量变化趋势预测：大庆油田三次采油自 1996 年工业化推广以来，生产规模不断扩大，2002 年，产量达到 1135×10^4t，并连续在 1000×10^4t 以上稳产 8 年。进入"十一五"以来，三次采油开采对象逐步由一类油层向二类油层转化，但通过采取个性化方案设计、加大高浓度聚合物驱应用力度、加大聚合物用量、加大措施力度等保证了聚驱开发效果，提高了区块采收率，三采产量保持在 1100×10^4t 以上。

作为大庆油田的重要组成部分，三次采油技术是实现 4000×10^4t 持续稳产的重要技术支撑。按照关于三次采油"最小尺度的个性化设计、最及时有效的跟踪调整、最大限度提高采收率、最佳的经济效果"的总体要求，在"十二五"及稳产期间，大庆油田会进一步发展完善聚合物驱开发技术，集成配套并规模化应用，同时进一步加大二类油层高浓度聚合物驱技术的攻关和完善，攻关研究复合驱配套技术，加强注聚后期综合调整及聚驱后进一步提高采收率技术研究，预计三次采油规模会在目前基础上进一步扩大，产量将保持在 1200×10^4t 以上。

新增可采储量变化趋势预测：大庆油田适合三次采油的总地质储量是 23.13×10^8t，其中一类油层 8.09×10^8t，二类油层 15.04×10^8t。2009 年底，一类油层已动用 6.67×10^8t，剩余 1.42×10^8t；二类油层已动用 1.38×10^8t，剩余 13.66×10^8t，三次采油年均动用地质储量 5000×10^4t 左右，"十一五"后两年动用规模都在 6000×10^4t 以上。从可采储量变化情况看，与"十五"对比，新增储量逐渐减少，"十一五"期间年均新增动用可采储量 606.6×10^4t，储采平衡系数也由"十五"期间的 0.87 下降到 0.52。随着开采对象的变差，为保持三采的产量规模，在"十二五"及稳产期间，三次采油年均动用储量规模会在目前基础上进一步扩大，预计将达到 7000×10^4t 左右，新增动用可采储量也会有所增加，储采平衡状况有望在目前基础上得到改善。

综合上述关于三次采油产量及可采储量变化趋势预测，共编制如下几套方案预测储采比变化：

递减率：-4%，-3%，-2%，-1%，1%，2%；

储采平衡系数：0.4，0.5，0.6，0.7，0.8。

3）长垣外围

产量变化趋势预测：长垣外围油田自投入开发以来，产量规模不断增加，有效弥补了大庆油田产量递减，成为油田保持 5000×10^4t 稳产的重要组成部分。2007 年，长垣外围产油量达到 518×10^4t，并在 500×10^4t 以上连续稳产 3 年。分析原因主要是针对长垣外围"三低"油藏特性，不断加大技术攻关，采取了切实有效的开发政策。对已开发油田重点实施精细挖潜，扩大加密及注采系统规模，加大区块综合调整力度，努力控制产量递减；对新区开发，以非达西渗流理论为指导，研究应用井网优化技术、水平井开发技术、难采储层增产改造技术，攻关注气开发技术，稳定并提高单井产量，使难采储量得到经济有效开发，通过上述措施，使其产量一直保持上升趋势。

"十二五"期间，按照"技术先行，效益优先，择机上产"的原则，预计长垣外围产量规模将是总体平稳、略有上升的一个变化趋势，但上升幅度不会太快。

新增可采储量变化趋势预测：长垣外围油田油层连续性差、油水关系复杂，储量品位差，由于投产以来产量不断上升，所以新增储量也不断增加。尤其是进入"十一五"以来，伴随着产量上升到 500×10^4t，年均新增动用可采储量达到 1051.3×10^4t，几乎占到了大庆油田新增可采储量比例的 50%，与"十五"对比，年均上升近 400×10^4t，储采平衡系数达到 2.01。2009 年，由于更加注重经济有效开发，其新增可采储量下降到 709.6×10^4t。随着新增储量品质的逐渐变差，"十二五"期间，长垣外围将以效益优先为前提，优选新区储量动用，控制无效益产能投资，同时攻关技术瓶颈，有效动用难采储量，预计其新增动用可采储量规模会在 2009 年基础上继续下降。

4）海塔盆地

产量变化趋势预测：海塔盆地于 2002 年投入开发以来，通过加快勘探开发一体化进程，加大油藏评价和难采储量评价力度，加快储量动用步伐，研究突破复杂断块、潜山油藏勘探开发技术等措施，产量不断上升，2009 年产油量达到 73×10^4t。

按照"加快海塔"的总体工作目标，以经济效益为核心，进一步解放思想、创新技术，加强评价，深化调整，优化设计，强化勘探开发一体化工作，海塔盆地将实现快速上产，预计"十二五"期间，其产量规模将在目前基础上迅速扩大。

新增可采储量变化趋势预测：海塔盆地自投产以来，随着产量的不断增加，新增动用可采储量呈上升趋势，由"十五"期间的平均 243×10^4t 上升到"十一五"期间的平均 485.2×10^4t，尤其是 2009 年，新增动用可采储量达到 941.8×10^4t。其储采平衡系数也一直较高，"十一五"平均为 7.6，2009 年达到了 12.9。按照加快海塔盆地上产的指导思想，油田开发工作重点由国内转向国外，建立国内区块持续上产和国外区块上产两种模式，预计"十二五"期间，其新增动用可采储量将在"十一五"平均水平上继续增加，与 2009 年的增储规模基本相当，由于产量将有大幅度提升，所以其储采平衡系数会有所下降。

对于整个外围油田来说，2009 年产油为 607.9×10^4t，新增动用可采储量 1651.4×10^4t，储采平衡系数 2.72，综合上述关于长垣外围和海塔盆地的产量及新增可采储量变化趋势，外围油田产量也将呈一个快速上升的趋势，增储规模与目前水平基本相当，为此共编制如下几套方案预测储采比变化：

递减率：-9%，-8%，-7%，-6%，-5%，-4%；

储采平衡系数：1，1.5，2，2.5，3。

5）方案组合与优选

用正交设计法进行方案组合。以上针对大庆油田的不同开发结构，在历程分析及趋势预测的基础上，编制了不同方案来预测储采比的变化。由于大庆油田总的储采比受各个结构储采比的影响，因此，必须将各部分的方案进行组合、优化。由于每一部分的递减率和储采平衡系数分级和变化都不相同（表6-3-16），其各自组合都有30套方案，则整个大庆油田方案组合起来将达到27000套，如果把所有的方案组合结果进行分析几乎是不可能完成的，为此，运用正交设计法以较少的方案组合来代表全部方案。

表6-3-16 大庆油田不同结构递减率及储采平衡系数设计方案

序号	长垣水驱		三次采油		外围油田	
	递减率	储采平衡系数	递减率	储采平衡系数	递减率	储采平衡系数
1	0.04	0.10	-0.04	0.40	-0.04	1.00
2	0.05	0.15	-0.03	0.50	-0.05	1.50
3	0.06	0.20	-0.02	0.60	-0.06	2.00
4	0.07	0.25	-0.01	0.70	-0.07	2.50
5	0.08	0.30	0.01	0.80	-0.08	3.00
6	0.09		0.02		-0.09	

所谓正交试验设计，就是利用一套现成的规格化正交设计表来安排多因素试验，并对试验结果进行统计分析，找出较优（或最优）试验方案的一种科学方法。将该种方法应用到方案组合上来，可以大大减少工作量。对大庆油田的上述方案组合而言，相当于规定6个变量，每个变量分6级或5级不等，各级别的水平见表6-3-16，用SPSS软件对所有方案进行组合，最终生成49套方案，用这49套方案就可以代表所有的27000套方案组合，再对这49套方案做进一步的分析。

首先以"十二五"期间产量满足4000×10^4t为约束条件，进一步优选出8套方案，其稳产期末的储采比变化范围为7.5～9.4，对于储采比为7.5的低方案，大庆油田年均增储1500×10^4t左右，储采平衡系数只有0.38，到2015年三采产量达到1537×10^4t，不符合"增水驱，控三采"的战略要求，较小的增储规模也不利于油田的长远发展；对于储采比为9.4的方案，大庆油田年均增储达到3500×10^4t左右，储采平衡系数0.88，且增储主要集中在三采和外围，这与目前的实际增储能力差距较大；依据油田目前开发实际，比较符合的方案其年均增储2500×10^4t左右，"十二五"末整个油田储采比为8.7，其中长垣水驱

11.9，三次采油 3.5，外围油田 13.1。

上述计算是在给定设计方案前提下得到的，与实际油田的产量和新增可采储量变化规律相比肯定存在误差，但可以作为稳产规划安排的参考和借鉴。另外，随着油田的不断开发，新增可采储量的品质会逐渐变差，为了保持油田长期可持续发展，储采比不宜太过低于上述确定的合理值。综合以上分析，依据大庆油田在该阶段的战略目标及要求，"十二五" 末整个油田的储采比不能低于 7.5，规划安排部署应达到 8.7 左右。

参 考 文 献

［1］郑花利 . 水驱精细挖潜可采储量的评价［J］. 化学工程与装备，2022（1）：94-97，102.

［2］宋新民，曲德斌，邹存友 . 低油价常态下中国油田开发低成本战略［J］. 石油勘探与开发，2021，48（4）：869-878.

［3］王禄春，孙志杰，杨吉祥，等 . 水驱调整措施增加可采储量预测新方法［J］. 化学工程与装备，2020（7）：102-105.

［4］周鹏 . 一种预测水驱油田开发指标的改进型增长曲线［J］. 新疆石油地质，2020，41（2）：243-247.

［5］王永卓，方艳君，吴晓慧，等 . 基于生长曲线的大庆长垣油田特高含水期开发指标预测方法［J］. 大庆石油地质与开发，2019，38（5）：169-173.

［6］吴晓慧，冯程程，赵云飞，等 . 大庆长垣油田三次采油储量转移后水驱开发指标变化趋势［J］. 大庆石油地质与开发，2019，38（6）：66-70.

［7］王迪，杨海玉 . 聚驱后高浓度注聚开发指标变化规律研究［J］. 当代化工，2016，45（6）：1225-1229.

［8］赵光杰 . 建立聚合物驱 SEC 储量评估指标预测方法［J］. 内蒙古石油化工，2015，41（8）：85-87.

［9］高玉鑫 . 萨中二类油层聚合物驱开发指标预测方法研究［D］. 大庆：东北石油大学，2014.

［10］金英华 . 稠油油田聚驱阶段开发指标预测方法［J］. 大庆石油地质与开发，2014，33（1）：131-134.

［11］郑花利，于虹 . 水驱开发指标的数学模型联解预测方法［J］. 海洋石油，2009，29（1）：86-89.